前沿科技·人工智能系列

蒙特卡罗方法与人工智能

[美] 巴布·艾俊（Adrian Barbu）
朱松纯（Song-Chun Zhu） 著

魏 平 译

電子工業出版社
Publishing House of Electronics Industry
北京·BEIJING

内 容 简 介

本书全面叙述了蒙特卡罗方法，包括序贯蒙特卡罗方法、马尔可夫链蒙特卡罗方法基础、Metropolis 算法及其变体、吉布斯采样器及其变体、聚类采样方法、马尔可夫链蒙特卡罗的收敛性分析、数据驱动的马尔可夫链蒙特卡罗方法、哈密顿和朗之万蒙特卡罗方法、随机梯度学习和可视化能级图等。为了便于学习，每章都包含了不同领域的代表性应用实例。本书旨在统计学和计算机科学之间架起一座桥梁以弥合它们之间的鸿沟，以便将其应用于计算机视觉、计算机图形学、机器学习、机器人学、人工智能等领域解决更广泛的问题，同时使这些领域的科学家和工程师们更容易地利用蒙特卡罗方法加强他们的研究。

本书适合计算机、人工智能、机器人等领域的教师、学生阅读和参考，也适合相关领域的研究者和工业界的从业者阅读。

图书在版编目（CIP）数据

蒙特卡罗方法与人工智能 /（美）巴布・艾俊（Adrian Barbu），朱松纯著；魏平译. —北京：电子工业出版社，2024.1
（前沿科技. 人工智能系列）
书名原文：Monte Carlo Methods
ISBN 978-7-121-47020-2

Ⅰ. ①蒙…　Ⅱ. ①巴…　②朱…　③魏…　Ⅲ. ①蒙特卡罗法－应用－人工智能　Ⅳ. ①TP18

中国国家版本馆 CIP 数据核字（2023）第 244982 号

责任编辑：李树林
印　　刷：涿州市般润文化传播有限公司
装　　订：涿州市般润文化传播有限公司
出版发行：电子工业出版社
　　　　　北京市海淀区万寿路 173 信箱　　邮编：100036
开　　本：787×1 092　1/16　印张：21.5　字数：550 千字
版　　次：2024 年 1 月第 1 版（原著第 1 版）
印　　次：2025 年 1 月第 4 次印刷
定　　价：138.00 元

凡所购买电子工业出版社图书有缺损问题，请向购买书店调换。若书店售缺，请与本社发行部联系，联系及邮购电话：（010）88254888，88258888。

质量投诉请发邮件至 zlts@phei.com.cn，盗版侵权举报请发邮件至 dbqq@phei.com.cn。

本书咨询和投稿联系方式：（010）88254463，lisl@phei.com.cn。

译　者　序

蒙特卡罗方法是一种基于概率统计和随机采样的数值计算方法。18 世纪 70 年代，法国数学家蒲丰用投针实验方法求圆周率 π，一般被认为是蒙特卡罗方法的起源。20 世纪 30 年代，费米运用类似蒙特卡罗思路的方法来解决中子研究中的计算问题，但他并没有正式命名或发表这些方法。直到 20 世纪 40 年代，为了解决科学实践中遇到的大规模数值计算问题，冯·诺伊曼和乌拉姆等科学家正式提出并命名了蒙特卡罗方法。进入 21 世纪，随着计算能力的高速增长和数据的极大丰富，蒙特卡罗方法在人工智能、计算机、工程学、物理、生物、经济、金融等领域发挥着越来越重要的作用。

蒙特卡罗方法与人工智能任务的结合是一个自然而美妙的过程，因为两者都要面对并解决“不确定性”问题。但蒙特卡罗方法的基础理论复杂，计算框架灵活，算法思路精巧，导致很多研究者和工程师觉得用蒙特卡罗方法解决人工智能问题的门槛较高，领域内也缺少系统探讨将蒙特卡罗方法与人工智能相结合的资料。

正因此，朱松纯教授和巴布·艾俊教授撰写了《蒙特卡罗方法与人工智能》（*Monte Carlo Methods*），并于 2020 年由施普林格（Springer）出版社出版。该书系统介绍了蒙特卡罗方法及其在计算机和人工智能中的应用，包括计算机视觉、计算机图形学、机器学习、机器人等领域，目的是在蒙特卡罗方法和人工智能之间架起一座桥梁，促进该方法更好地应用于人工智能。

朱松纯教授和巴布·艾俊教授一直耕耘于统计学习和人工智能领域的前沿。自 20 世纪 90 年代中期，朱松纯教授引领了视觉统计建模与计算理论的发展潮流，是数据驱动的马尔可夫链蒙特卡罗（DDMCMC）、FRAME 等众多著名的统计学习方法的提出者。朱松纯教授为人工智能的发展和人才培养做出了重要贡献。

《蒙特卡罗方法与人工智能》英文版完成后，朱松纯教授深感有必要推出中文版本，以方便我国的学者特别是青年学生和初学者使用。我很荣幸受朱松纯教授委托负责翻译出版《蒙特卡罗方法与人工智能》中文版。

感谢西安交通大学郑南宁教授和原著作者朱松纯教授给予的建议和帮助。感谢电子工业出版社李树林编辑，他认真负责、精益求精，给出了大量修改建议。同时，我的研究生们在书稿整理、校对等方面做了大量工作，在此表示感谢。正是有了他们的帮助，《蒙特卡罗方法与人工智能》中文版才得以顺利出版。

特别说明，为了与原著对应，译者在翻译过程中对参考文献并未做修改，完全保留原著格式；为了符合中文出版规范，中文版书中修改了原著中的部分数学符号及表达形式。同时，为了便于读者阅读，特准备了原著中的彩色图片资料包，读者可从电子工业出版社华信教育资源网（https://www.hxedu.com.cn）下载。

译者虽尽心竭力以期尽可能传达原意，但因水平和能力有限，对此博大精深内容仅知皮毛，书中难免有翻译谬误和不当之处，敬请读者批评指正，以期今后进一步修改完善。

魏 平

2023 年 11 月于西安交通大学人工智能学院

中 文 版 序

在很多科学领域（如物理学、化学与生物学）与工程领域（如计算机视觉、图形学与仿真），还有经济与社会模拟领域，蒙特卡罗方法已经得到广泛应用。近年来，统计建模与机器学习成为人工智能发展的主要推动力量，而模型的模拟、推理、学习都是基于各种蒙特卡罗方法的。可以说，统计建模与蒙特卡罗方法是未来人工智能科学发展的主流，这个趋势在后面的发展中还会得到加强。

我在加州大学洛杉矶分校（UCLA）教了“蒙特卡罗方法”（Monte Carlo Methods）这门课 10 多年后，在我的一名博士生巴布·艾俊（Adrian Barbu）协助下根据教案于 2020 年完成了英文版教材的编写并出版。目前，我们正计划于 2024 年春天在北京大学开设“蒙特卡罗方法与人工智能”的课程。

西安交通大学魏平教授用了几年的时间，把该教材翻译成中文，交由电子工业出版社出版，这必将有助于促进蒙特卡罗方法在人工智能中的应用和推广。非常感谢魏平教授在翻译和出版过程中所做的大量工作。由于中英文排版的习惯不同，蒙特卡罗方法术语众多、公式复杂，他在翻译过程中做了很多细致的修改，几易其稿，多次校正，才形成了目前的版本。

相信中文版一定有助于促进和推广蒙特卡罗方法在人工智能以及其他相关领域的应用，助力我国人工智能人才的培养。

朱松纯

2023 年 11 月于北京

前　言

在科学（如物理学、化学和生物学）和工程（如视觉、图形和机器人）中研究的现实世界系统涉及大量要素之间的复杂交互，我们可以用高维空间中定义在图上的概率模型表达这种系统，但这种模型的解析解通常是难以获得的。因此，蒙特卡罗方法已作为通用工具，用在科学和工程的模拟、估计、推理和学习中。毫无疑问，Metropolis 算法是 20 世纪科学实践中最常用的十大算法之一（Dongarra 和 Sullivan，2000）。随着计算能力的不断增强，研究人员需要解决更加复杂的问题并采用更加先进的模型。在 21 世纪科学和工程的发展中，蒙特卡罗方法将继续发挥重要的作用，而哈密顿和郎之万蒙特卡罗方法在近期发展的深度学习的随机梯度下降法中的应用是这个趋势的又一个例子。

在历史上，一些领域为蒙特卡罗方法的发展做出了贡献。

- 物理和化学：早期的 Metropolis 算法（Metropolis、Rosenbluth、Rosenbluth、Teller 和 Teller，1953）、模拟退火（Kirkpatrick、Gelatt 和 Vecchi，1983）、聚类采样（Swendsen 和 Wang，1987；Edwards 和 Sokal，1988），以及近期用于可视化自旋玻璃（Spin Glass）模型能级图的工作（Becker 和 Karpus，1997）。
- 概率学和统计学：随机梯度（Robin 和 Monro，1951；Younes，1988），Hastings 动态过程（Hastings，1970），数据增强（Tanner 和 Wong，1987），可逆跳跃（Green，1995），用于研究生物信息学的动态加权（Wong 和 Liang，1997），以及限制马尔可夫链蒙特卡罗收敛的数值分析（Diaconis，1988；Diaconis 和 Stroock，1991；Liu，1991）。
- 理论计算机科学：聚类采样的收敛率（Jerrum 和 Sinclair，1989；Cooper 和 Frieze，1999）。
- 计算机视觉和模式理论：用于图像处理的吉布斯采样器（Geman 和 Geman，1984），用于分割的跳跃扩散（Miller 和 Grenander，1994），用于目标跟踪的条件密度传播或粒子滤波算法（Isard 和 Blake，1996），以及近期用于图像分割和解析的数据驱动的马尔可夫链蒙特卡罗方法（Tu 和 Zhu，2002）和广义 SW 切分算法（Barbu 和 Zhu，2005）。

考虑到这些多样化的领域使用不同的方法和语言，跨学科交流一直都非常少。这给想要使用蒙特卡罗方法的计算机科学与工程领域的从业者带来了巨大的挑战。

一方面，有效的蒙特卡罗方法必须探索问题领域的基础结构，因此它们是针对特定领域或问题而很难被领域外的人理解的。例如，物理学中的许多重要著作，如 SW 算法

(Swendsen 和 Wang，1987)，只有 2～3 页，并且不包含背景或介绍，这使它们对计算机科学家和工程师显得十分神秘。

另一方面，虽然统计学家发明的通用或领域无关的蒙特卡罗方法具有很好的可解释性，但是当工程师在不利用底层模型和表示结构的情况下以通用方式来实现这些方法时，通常会发现它们不是很有效。因此，科学家和研究人员普遍有一种误解，认为这些方法计算效率太低并且通常效果不好。这对蒙特卡罗方法不公平，同时对初出茅庐的学生来说也是不幸的。

本书基于作者过去 10 年为加州大学洛杉矶分校（UCLA）统计系和计算机科学系学生授课的材料和草稿，是为统计学、计算机科学和工程学领域的研究人员和研究生而编写的。它涵盖了蒙特卡罗计算中广泛的主题，包括在上述几个领域发展的理论基础和直观思想，同时省略了在实践中较少使用或不起作用的小技巧。它采用计算机视觉、图形学和机器学习中的经典问题阐述了蒙特卡罗设计的艺术，因此可以被计算机视觉与模式识别、机器学习、图形学、机器人学和人工智能领域的研究人员用作参考书。

感谢 UCLA 许多在读和已毕业的博士研究生，他们为本书做出了贡献。Mitchell Hill 以他的学位论文工作为基础，为第 9 章、第 10 章和第 11 章做出了贡献，这些工作丰富了本书的内容。Zachary Stokes 润色了手稿中的许多细节。Maria Pavlovskaia、Kewei Tu、Zhuowen Tu、Jacob Porway、Tianfu Wu、Craig Yu、Ruiqi Gao 和 Erik Nijkamp 贡献了作为例子的材料和图表。作者在 UCLA 的同事 Qing Zhou 教授等为本书的改进提供了非常宝贵的建议。

还要感谢 DARPA、ONR MURI 基金和 NSF 在完成本书过程中的支持。

巴布·艾俊
朱松纯

目　录

第 1 章　蒙特卡罗方法简介

摩纳哥的蒙特卡罗赌场

人生的意义不在于总拿到一手好牌，而在于如何把烂牌打好。

——杰克·伦敦

1.1　引言

蒙特卡罗方法是以摩纳哥的一个赌场命名的，它使用简单的随机事件模拟复杂的概率事件，比如抛掷一对骰子来模拟赌场的整体商业模型。在蒙特卡罗计算中，算法反复调用一个伪随机数生成器，它返回一个在[0, 1]中的实数，并利用其结果生成一个样本分布，该样本分布是所研究的目标概率分布的一个公平表示。本章介绍蒙特卡罗方法的主要概念，包括两个主要类别（序贯和马尔可夫链）和五个目标（模拟、估计、优化、学习和可视化）。本章还给出每个任务的例子，并研究近似计数、光线追踪和粒子滤波等应用。

1.2　动机和目标

一般来说，蒙特卡罗方法可以分为两类。

（1）序贯蒙特卡罗方法：通常在低维状态空间中通过序贯采样和重要性重加权来保留

和传播一组样本。

（2）马尔可夫链蒙特卡罗方法：通过模拟马尔可夫链，探索具有平稳概率的状态空间，使该平稳概率收敛到一个给定的目标概率。

在工程应用中，例如计算机视觉、图形学和机器学习等，目标函数是定义在图表达上的，研究人员在以下三种类型的建模和计算范式之间进行选择，以权衡模型的精确度和计算的复杂性。

（1）具有精确计算的近似模型：这种模型通过打破循环连接或移除某些能量项来简化表示。一旦底层的图为树或链，类似动态规划这样的算法就适用于寻找近似问题的精确解。在这类问题中，还包括寻找能量凸近似并使用凸优化算法来搜索全局能量最优的问题。这些例子包括 L_1 惩罚回归（LASSO）[7]和分类，这里非零模型权重数量的非凸 L_0 惩罚被凸 L_1 惩罚代替。

（2）具有局部计算的精确模型：这种模型保留原始表示和目标函数，但使用梯度下降等近似算法先找到一个局部解，然后用启发式搜索来指导初始状态。

（3）具有渐近全局计算的精确模型：该类模型包含蒙特卡罗方法，它随时间变化模拟足够多的样本，并以大概率收敛到全局最优解。

蒙特卡罗方法已经被用于许多不同的任务中，我们将在 1.3 节用一些例子进行详细解释。

（1）模拟一个系统及其概率分布 $\pi(x)$，即

$$x \sim \pi(x) \tag{1-1}$$

（2）通过蒙特卡罗积分估算一个未知量：

$$c = E_{\pi}[f(x)] = \int \pi(x) f(x) \mathrm{d}x \tag{1-2}$$

（3）优化目标函数以找到其众数（最大值或最小值）：

$$x^* = \operatorname{argmax} \pi(x) \tag{1-3}$$

（4）从训练集中学习参数以优化某些损失函数，如在一组样本 $\{x_i, i = 1,2,\ldots,M\}$ 中进行最大似然估计：

$$\Theta^* = \operatorname{argmax} \sum_{i=1}^{M} \log p(x_i;\Theta) \tag{1-4}$$

（5）可视化目标函数的能级图，从而量化上述任务的难度和各种算法的效率。例如，生物学家对蛋白质折叠的能级图感兴趣。不同的蛋白质具有不同的能级图，能级图的局部最小值可能与某些疾病（如阿尔茨海默病）有关。在计算机视觉中，卷积神经网络（CNN）等学习算法的能级图是一个有意义的研究，可以用来理解为什么它们似乎能提供独立于初始化的良好结果（不考虑滤波器的排列组合，所有局部最小值等价吗？），或者在其他学习算法中用于了解学习正确模型的难度，以及能级图如何随观测数据的数量而变化。

由此可以看出，蒙特卡罗方法可以用于解决许多复杂的问题。

1.3 蒙特卡罗计算中的任务

在科学（物理学、化学和生物学等）和工程（视觉、图形学、机器学习和机器人学等）

中真实世界系统的研究涉及大量要素之间的复杂交互。这些系统通常可以表示为图，其中图的顶点表示要素，图的边表示交互关系。系统的行为由定义在图上的概率模型控制。

例如，在统计物理学中，铁磁材料由经典的伊辛模型（Ising model）和波茨模型（Potts model）表示[6]。在计算机视觉中，这些模型还以吉布斯分布（Gibbs distributions）和马尔可夫随机场（Markov random fields）的形式表示相邻像素之间的依赖性。

一般意义上，我们给定一些观测数据 $\{\boldsymbol{x}_1,\ldots,\boldsymbol{x}_n\}\sim f(\boldsymbol{x})$ 表示来自“真实”概率模型 $f(\boldsymbol{x})$ 的样本。但实际上，$f(\boldsymbol{x})$ 通常是未知的，而且只能通过经验样本 $\{\boldsymbol{x}_1,\ldots,\boldsymbol{x}_n\}$ 来近似。

1.3.1　任务 1：采样和模拟

很多时候，我们对学习未知的“真实”模型 $f(\boldsymbol{x})$ 感兴趣，即用一个参数模型 $P(\boldsymbol{x};\theta)$ 来近似它。在许多情况下，学习一个模型或者判断学习的模型 $P(\boldsymbol{x};\theta)$ 与真实模型相比有多好，意味着从参数模型中获取样本 $\boldsymbol{x}\sim P(\boldsymbol{x};\theta)$，并在这些样本上计算某种充分统计量。因此，采样是蒙特卡罗计算的基本任务之一。

例如，我们将一个二维图像栅格表示为

$$\Lambda=\{(i,j):1\leqslant i,j\leqslant N\} \tag{1-5}$$

每个像素是一个图像强度值为 $\boldsymbol{I}(i,j)\in\{0,\ldots,255\}$ 的顶点。图像 $\boldsymbol{I}_\Lambda$ 是由概率 $\pi(\boldsymbol{I}_\Lambda;\boldsymbol{\Theta})$ 描述的底层系统的一个微观态。换句话说，当系统达到动态平衡时，其状态遵循吉布斯分布

$$\boldsymbol{I}_\Lambda\sim\pi(\boldsymbol{I}_\Lambda;\boldsymbol{\Theta}) \tag{1-6}$$

其中，$\boldsymbol{\Theta}$ 是具有 K 个参数的向量。吉布斯分布可写成以下形式：

$$\pi(\boldsymbol{I}_\Lambda;\boldsymbol{\Theta})=\frac{1}{Z}\exp\{-<\boldsymbol{\Theta},\boldsymbol{H}(\boldsymbol{I}_\Lambda)>\} \tag{1-7}$$

在上式中，Z 是一个归一化常数，$\boldsymbol{H}(\boldsymbol{I}_\Lambda)$是图像 $\boldsymbol{I}_\Lambda$ 的 K 个充分统计量构成的向量，内积部分称为势函数 $U(\boldsymbol{I})=<\boldsymbol{\Theta},\boldsymbol{H}(\boldsymbol{I}_\Lambda)>$。

当栅格足够大时，$\pi(\boldsymbol{I}_\Lambda;\boldsymbol{\Theta})$ 的概率质量将集中在一个子空间内，在统计物理学中称为微正则系综[4]，即

$$\Omega_\Lambda(\boldsymbol{h})=\{\boldsymbol{I}_\Lambda:\boldsymbol{H}(\boldsymbol{I}_\Lambda)=\boldsymbol{h}\} \tag{1-8}$$

式中，$\boldsymbol{h}=(h_1,\ldots,h_k)$ 是一个常向量，称为系统的宏观态。

因此，从分布 $\Omega_\Lambda(\boldsymbol{h})\sim\pi(\boldsymbol{I}_\Lambda;\boldsymbol{\Theta})$ 中采样无偏样本等价于从系综 $\Omega_\Lambda(\boldsymbol{h})$ 中采样。通俗来说，采样过程旨在模拟系统的“典型”微观态。在计算机视觉中，这通常被称为合成——一种验证底层模型充分性的方式。

例 1-1　模拟高斯噪声图像　在一个大的栅格上，我们将“高斯噪声”模式定义为具有固定均值和方差的图像系综。

$$\text{高斯噪声}=\Omega_\Lambda(\mu,\sigma^2)=\left\{\boldsymbol{I}_\Lambda:\frac{1}{N^2}\sum_{(i,j)\in\Lambda}\boldsymbol{I}(i,j)=\mu,\frac{1}{N^2}\sum_{(i,j)\in\Lambda}(\boldsymbol{I}(i,j)-\mu)^2=\sigma^2\right\}$$

在这种情况下，模型具有 $K=2$ 个充分统计量。图 1-1 显示了一个典型的噪声图像，它是该系综或分布的一个样本。图 1-1（a）是从高斯模型中采样的一个典型图像；图 1-1（b）

是一组嵌套的系综空间 $\Omega_\Lambda(\boldsymbol{h})$，受到从 $K=0, 1, 2, 3$ 逐渐增加的约束。

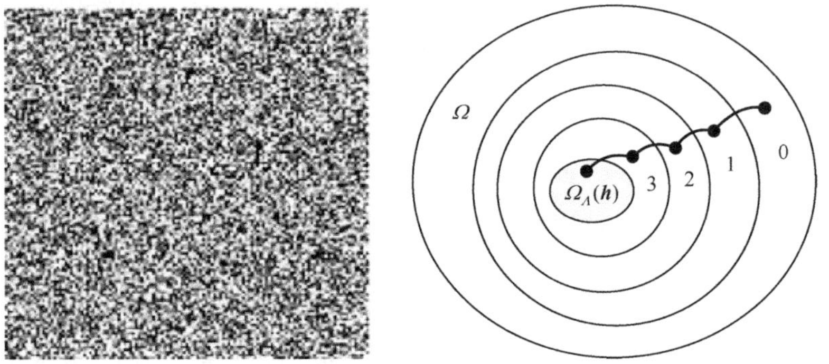

(a) 从高斯模型中采样的一个典型图像　　(b) 一组嵌套的系综空间 $\Omega_\Lambda(\boldsymbol{h})$

图 1-1　典型的噪声图像

> **注**
>
> 为什么最大概率的图像 $\boldsymbol{I}_\Lambda$ 不是来自 $\Omega_\Lambda(\mu,\sigma^2)$ 的一个典型图像？

例 1-2　模拟纹理模式　正如我们将在本书 5.5 节中讨论的那样，每个纹理模式被定义为一个等价类，即

$$\text{纹理}=\Omega_\Lambda(\boldsymbol{h})=\{\boldsymbol{I}_\Lambda:\boldsymbol{H}(\boldsymbol{I}_\Lambda)=\boldsymbol{h}=(h_1,\ldots,h_K)\} \tag{1-9}$$

在例 1-2 中，充分统计量 $\boldsymbol{H}_k(\boldsymbol{I}_\Lambda)$（$k=1,2,\ldots,K$）是 Gabor 滤波器的直方图集。也就是说，如果任何两个纹理图像共享相同的 Gabor 滤波器直方图集，则它们是感知等价的。更详细的讨论参考本书 5.5 节和参考文献[9-10]。

图 1-2 模拟 5 个不同等价类的纹理模式，分别为：图 1-2（a）$\boldsymbol{I}^{\text{obs}}$；图 1-2（b）$\boldsymbol{I}_0^{\text{syn}}\sim\Omega_\Lambda(\boldsymbol{h})$，$K=0$；图 1-2（c）$\boldsymbol{I}_1^{\text{syn}}\sim\Omega_\Lambda(\boldsymbol{h})$，$K=1$；图 1-2（d）$\boldsymbol{I}_3^{\text{syn}}\sim\Omega_\Lambda(\boldsymbol{h})$，$K=3$；图 1-2（e）$\boldsymbol{I}_4^{\text{syn}}\sim\Omega_\Lambda(\boldsymbol{h})$，$K=4$；图 1-2（f）$\boldsymbol{I}_7^{\text{syn}}\sim\Omega_\Lambda(\boldsymbol{h})$，$K=7$。图 1-2 显示了一个纹理建模和模拟的例子，并展示了马尔可夫链蒙特卡罗（MCMC）方法的能力。自 20 世纪 60 年代以来，著名的心理物理学家 Julesz 研究了纹理感知，提出了一个后来被称为“Julesz 问题”的经典问题：

“如果共享相同特征和统计量的两个纹理图像不能通过前注意加工来区分，这样的一组特征和统计量是什么？”

虽然心理学的兴趣是从一个图像 $\boldsymbol{I}_\Lambda$ 中找到充分统计量 $\boldsymbol{h}$，但 Julesz 问题提出了一个重大的技术挑战：如何为一个给定的统计量 $\boldsymbol{h}$ 生成无偏样本？20 世纪 90 年代后期，Zhu 和 Mumford 使用 MCMC 方法[10]回答了这个问题。图 1-2（a）是一个观测纹理图像 $\boldsymbol{I}^{\text{obs}}$，从中可以提取任何感兴趣的充分统计量 $\boldsymbol{h}$。为了验证统计量，需要从系综或等价的吉布斯分布中抽取典型样本，使它们满足 K 特征统计。图 1-2（b）～图 1-2（f）是 $K=0, 1, 3, 4, 7$ 的例子。每个统计量是汇集所有像素上的 Gabor 滤波响应的直方图，并在学习过程中序贯选择 [10]。如图 1-2 所示，使用 $K=7$ 选择的统计量，生成的纹理图像 $\boldsymbol{I}_7^{\text{syn}}$ 在感知上等价于观测图像 $\boldsymbol{I}^{\text{obs}}$，即

$$h_k(\boldsymbol{I}_7^{\text{syn}})=h_k(\boldsymbol{I}^{\text{obs}}),\ \ k=1,2,\ldots,7 \tag{1-10}$$

因此，MCMC 方法在解决 Julesz 问题中起着关键作用。

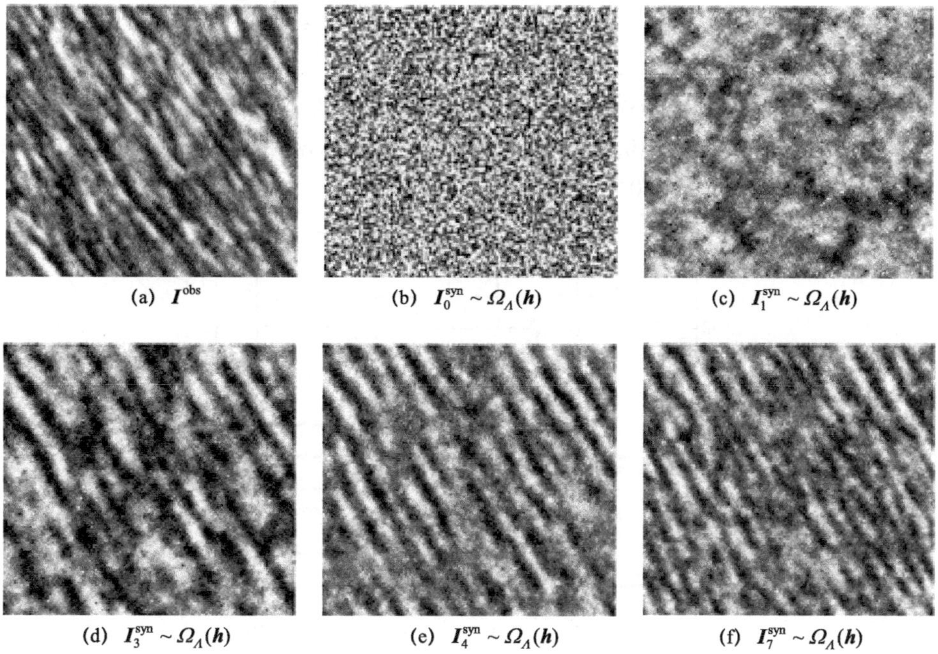

图 1-2　模拟 5 个不同等价类的纹理模式

©[1997] MIT Press，获许可使用，来自参考文献[10]

1.3.2　任务 2：通过蒙特卡罗模拟估算未知量

科学计算中的一个常见问题是在极高维空间 Ω 中计算一个函数的积分：

$$c=\int_\Omega \pi(\boldsymbol{x})f(\boldsymbol{x})\mathrm{d}x \tag{1-11}$$

这通常可以通过蒙特卡罗积分来估计。从 $\pi(\boldsymbol{x})$ 中抽取 M 个样本：

$$\boldsymbol{x}_1,\boldsymbol{x}_2,\ldots,\boldsymbol{x}_M\sim\pi(\boldsymbol{x})$$

我们可以用样本均值来估算 c：

$$\overline{c}=\frac{1}{M}\sum_{i=1}^{M}f(\boldsymbol{x}_i) \tag{1-12}$$

这通常可以通过序贯蒙特卡罗（SMC）方法完成。接下来我们简要讨论 SMC 的三个例子。

例 1-3　近似计数　化学中的一个有趣的问题是计算单位面积中的聚合物数量。在蒙特卡罗计算中，这被抽象为一个自避游走（SAW）问题。在一个 $N\times N$ 的栅格中，SAW $\boldsymbol{r}$ 是一条不经过任何地点两次的路径。图 1-3 给出了 SAW 的一个例子。我们将 SAW 的集合表示为

$$\Omega_{N^2}=\{\boldsymbol{r}:\text{SAW}(\boldsymbol{r})=1\} \tag{1-13}$$

式中，SAW()是一个逻辑指示器。正如我们将在本书第 2 章中讨论的那样，Ω_{N^2} 的基数可以通过蒙特卡罗积分来估计，即

$$\left|\Omega_{N^2}\right| = \sum_{r\in\Omega_{N^2}} 1 = \sum_{r\in\Omega_{N^2}} \frac{1}{p(\boldsymbol{r})} p(\boldsymbol{r}) = E_p\left[\frac{1}{p(\boldsymbol{r})}\right] \approx \frac{1}{M}\sum_{i=1}^{M}\frac{1}{p(\boldsymbol{r}_i)} \tag{1-14}$$

在式（1-14）中，SAW 路径从参考模型 $p(\boldsymbol{r}_i)$中通过顺序增长链路的随机游走采样。例如，当 $N=10$ 时，从左下角(0, 0)到右上角(10, 10)的 SAW 路径的估计数量是$(1.6\pm 0.3)\times 10^{24}$，真实的数量是 1.56875×10^{24}。

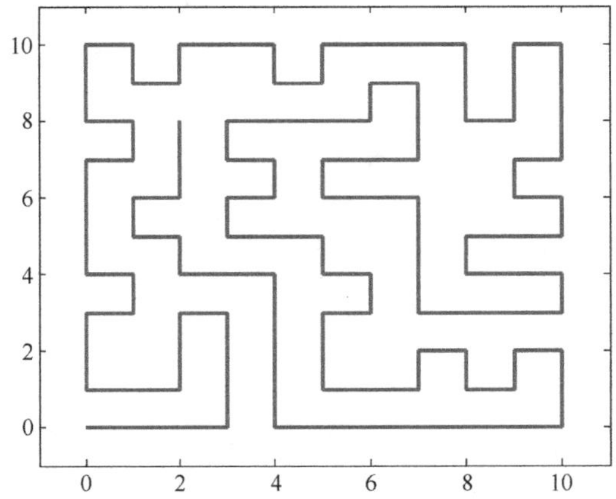

图 1-3　一个长度为 115 步的自避游走

例 1-4　粒子滤波　在计算机视觉中，一个众所周知的任务是跟踪视频序列中的目标。图 1-4 展示了一个简化的例子，其中目标（这里的人）的位置由水平轴 x 表示，每行是一个时间 t 处的视频帧 $\boldsymbol{I}(t)$。给定一个输入视频 $\boldsymbol{I}[0, t]$，在线跟踪的目的是用一组样本来近似表示位置的后验概率，即

$$S(t) = \{(x_i(t), \omega_i(t)) : i = 1,2,\ldots,M\} \approx \pi(x(t)|\boldsymbol{I}[0,t]) \tag{1-15}$$

式中，$\omega_i(t)$ 是 $x_i(t)$ 的权重。如图 1-4 中的每行所示，$S(t)$ 表示一个非参数分布，并通过以下递归积分在时间上传播：

$$\pi(x(t+1)|\boldsymbol{I}[0,t+1]) = \int g(\boldsymbol{I}(t+1)|x(t+1))p(x(t+1)|x(t))\cdot\pi(x(t)|\boldsymbol{I}[0,t])\mathrm{d}x(t) \tag{1-16}$$

在该积分中，$p(x(t+1)|x(t))$ 是目标运动的动态模型，$g(\boldsymbol{I}(t+1)|x(t+1))$ 是衡量位置 $x(t+1)$ 与观测的匹配程度的图像似然模型。集合 $S(t)$ 中的每个样本称为粒子。通过表示整个后验概率，样本集 $S(t)$ 保持了实现稳健性目标跟踪的灵活性。

例 1-5　蒙特卡罗光线追踪　在计算机图形学中，蒙特卡罗积分用来实现渲染图像的光线追踪算法。给定一个具有几何、反射和光度的三维物理场景，从光源发射的光子将会在物体表面之间反弹，或者在它们撞击成像平面之前穿过透明物体。光线追踪方法通过在所有光源上求和（积分）来计算成像平面上每个像素的颜色和强度，在这些光源中，可以通过像素和各种目标将光线引回到光源。这个过程需要大量计算，可以通过蒙特卡罗积分来近似，我们将在本书第 2 章中详细介绍。

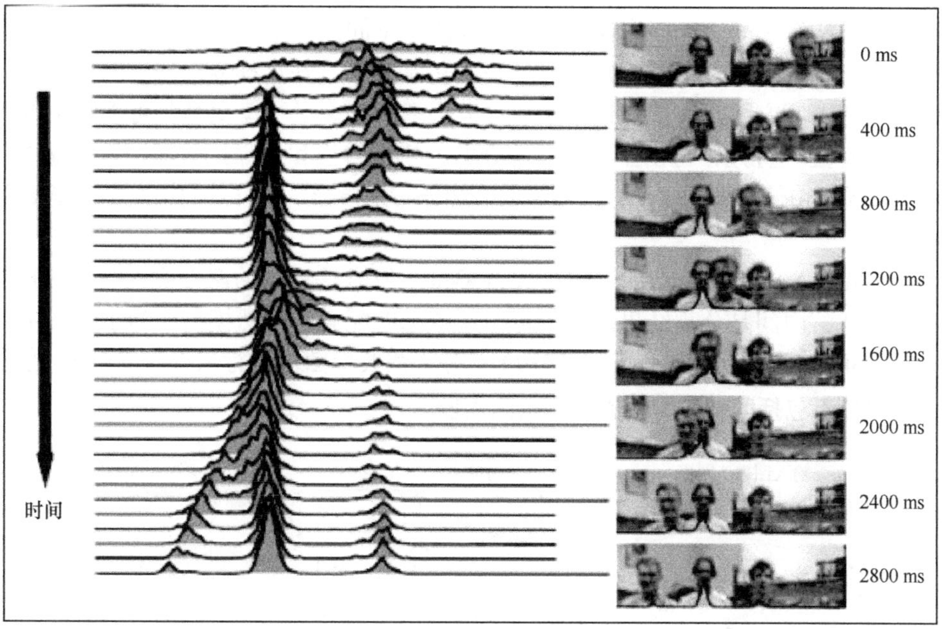

图 1-4　序贯蒙特卡罗方法的目标跟踪

©[1998] Springer，获许可使用，来自参考文献[3]

1.3.3　任务 3：优化和贝叶斯推理

自亥姆霍兹理论（Helmholtz，1860）以来，计算视觉中的一个基本假设是，生物视觉和机器视觉计算输入图像中最可能的解释。假设该解释表示为 W，对感知世界我们可以将其表达为一个最大化贝叶斯后验概率的优化问题，即

$$W^* = \text{argmax}\ \pi(W|\boldsymbol{I}) = \text{argmax}\ p(\boldsymbol{I}|W)p(W) \tag{1-17}$$

式中，$p(W)$ 是真实世界场景如何组织的先验模型，$p(\boldsymbol{I}|W)$ 是从给定场景 W 生成图像 $\boldsymbol{I}$ 的似然模型。

有时，图像有多种看似合理的解释，因此在更一般的背景下，我们需要保留多种不同的解释来近似表示后验概率：

$$\{(W_i, \omega_i): i = 1, 2, \ldots, M\} \approx p(W|\boldsymbol{I}) \tag{1-18}$$

马尔可夫链蒙特卡罗（MCMC）方法可用于从后验概率 $p(W|\boldsymbol{I})$ 获取样本；然而，对后验概率进行采样与使其最大化并不是一回事。后验概率也可以通过模拟退火算法来最大化，这意味着对 $p(W|\boldsymbol{I})^{1/T}$ 采样，其中 T 是在过程中改变的温度参数。在退火过程的开始阶段温度很高，这意味着 $p(W|\boldsymbol{I})^{1/T}$ 接近均匀，MCMC 方法可以自由探索解空间。在退火过程中，根据退火程式，温度缓慢降低。随着温度的降低，概率 $p(W|\boldsymbol{I})^{1/T}$ 越来越集中在最大位置附近，MCMC 方法会更仔细地探索这些位置。当温度非常小时，MCMC 应当已经接近后验概率 $p(W|\boldsymbol{I})$ 的一个最大值。

例 1-6　图像分割和解析　图像分割和解析是计算机视觉中的一个核心问题。在此类任务中，由于底层场景的复杂性未知，所以 W 中的变量数不固定。因此，先验模型 $\pi(W)$

分布在一个异构解空间上，该空间是不同维度的子空间的并集。当场景中的目标是组合的时，解 W 是一个解析图，且解空间的结构变得更加复杂。在这样复杂的空间中寻找最优解可以通过蒙特卡罗方法来实现，该方法通过混合多种动态过程模拟马尔可夫链来遍历解空间，这些动态过程有死亡与出生、分裂与合并、模型转换和边界扩散等。为了提高计算效率，马尔可夫链由使用数据驱动方法计算的边缘分布来指导，而且我们将在本书第 8 章中进行详细介绍。

图 1-5 展示了由数据驱动的马尔可夫链蒙特卡罗方法计算的两个实例[8]。图的左列是两个输入图像；中间是分割结果，其中每个区域都匹配某个似然模型。为了验证由计算机算法计算的 W^*，我们从似然 $\boldsymbol{I}^{\text{syn}} \sim p(W|\boldsymbol{I})$ 中对一些典型图像进行采样（右列）。在上面的示例中，似然不包括面部模型，因此不构造人脸。

图 1-5　数据驱动的马尔可夫链蒙特卡罗图像分割

1.3.4　任务 4：学习和模型估计

在统计和机器学习中，我们需要计算能优化某些损失函数的参数，这些函数通常是高度非凸的，尤其是涉及隐变量的时候。接下来，我们简要讨论两个例子。

例 1-7　学习吉布斯分布　考虑我们在本书 1.3.1 节中提到的吉布斯模型。为清晰起见，我们省略了栅格符号 Λ，即

$$p(\boldsymbol{I};\boldsymbol{\Theta}) = \frac{1}{Z}\exp\{-<\boldsymbol{\Theta}, \boldsymbol{H}(\boldsymbol{I})>\} \tag{1-19}$$

给定一组例子 $\{\boldsymbol{I}^{\text{obs}}, i=1,2,...,M\}$，学习的目的是，通过最大化数据的似然来估计参数：

$$\boldsymbol{\Theta}^* = \text{argmax}\ \ell(\boldsymbol{\Theta}), \ell(\boldsymbol{\Theta}) = \sum_{i=1}^{M}\log p(\boldsymbol{I}_i^{\text{obs}};\boldsymbol{\Theta}) \tag{1-20}$$

损失函数 $\ell(\boldsymbol{\Theta})$相对于 $\boldsymbol{\Theta}$ 是凸的。令 $\dfrac{\partial \ell}{\partial \boldsymbol{\Theta}} = 0$，我们得出以下约束方程：

$$\int \boldsymbol{H}(\boldsymbol{I})p(\boldsymbol{I};\boldsymbol{\Theta})\mathrm{d}\boldsymbol{I} = \boldsymbol{h} = \frac{1}{M}\sum_{i=1}^{M}\boldsymbol{H}(\boldsymbol{I}_i^{\mathrm{obs}}) \tag{1-21}$$

$\boldsymbol{\Theta}$ 通常须通过随机梯度求解。设 t 表示时间步长，如例 1-2 中的一样，我们使用马尔可夫链蒙特卡罗方法从当前模型 $p(\boldsymbol{I};\boldsymbol{\Theta}(t))$ 中对一组典型样本 $\{\boldsymbol{I}_i^{\mathrm{syn}}, i=1,2,\ldots,M\}$ 进行采样，并使用样本均值 $\hat{\boldsymbol{h}}(t) = \frac{1}{M}\sum_{i=1}^{M}\boldsymbol{H}(\boldsymbol{I}_i^{\mathrm{syn}})$ 来估计期望（蒙特卡罗积分）。其参数通过梯度上升更新，即

$$\frac{\mathrm{d}\boldsymbol{\Theta}}{\mathrm{d}t} = \eta(\boldsymbol{h} - \hat{\boldsymbol{h}}(t)) \tag{1-22}$$

式中，η 是步长。

直观上，参数 $\boldsymbol{\Theta}$ 被更新，这样根据 $\boldsymbol{H}(\boldsymbol{I})$ 所表示的一些充分统计量无法将观测数据上的分布和模型分布分开。

例 1-8　受限玻尔兹曼机　在深度学习中，受限玻尔兹曼机（RBM）是具有二值输入和输出的神经网络。它有一个权重矩阵（参数）$\boldsymbol{W} = (W_{ij})$ 来连接一个可见单元的矢量（输入）$\boldsymbol{v}$ 和一个隐单元的矢量（输出）$\boldsymbol{h}$。请注意，此表示法与前一个例子中的 $\boldsymbol{h}$ 含义不同。它还有可见单元和隐单元的偏移量 $\boldsymbol{a}$ 和 $\boldsymbol{b}$。RBM 的概率是一个吉布斯分布：

$$p(\boldsymbol{v},\boldsymbol{h};\boldsymbol{\Theta}) = \frac{1}{Z}\exp(-E(\boldsymbol{v},\boldsymbol{h}))$$

基于 RBM 能量函数

$$E(\boldsymbol{v},\boldsymbol{h};\boldsymbol{\Theta}) = -\boldsymbol{a}^{\mathrm{T}}\boldsymbol{v} - \boldsymbol{b}^{\mathrm{T}}\boldsymbol{h} - \boldsymbol{v}^{\mathrm{T}}\boldsymbol{W}\boldsymbol{h}$$

使用一组样本 $\boldsymbol{v}_1, \ldots, \boldsymbol{v}_n$ 训练 RBM，通常意味着最大化对数似然函数：

$$\boldsymbol{\Theta}^* = (\boldsymbol{W},\mathbf{a},\mathbf{b})^* = \mathrm{argmax}\sum_{i=1}^{n}\log\int p(\boldsymbol{v}_i,\boldsymbol{h};\boldsymbol{\Theta})\mathrm{d}\boldsymbol{h}$$

这个优化通过与前一个例子相同的蒙特卡罗方法完成，而在参考文献[2]中使用的一个变体方法，实际上就是所谓的对比散度。

1.3.5　任务 5：可视化能级图

在之前的任务中，蒙特卡罗方法用于从目标分布中抽取无偏样本（任务 1），然后使用这些样本通过蒙特卡罗积分来估计未知量（任务 2），并优化状态空间中的一些后验概率（任务 3）或模型空间中的损失函数（任务 4）。使用蒙特卡罗方法的最雄心勃勃的任务是可视化整个能级图。此能量函数可以是推理任务中 Ω_X 上的负对数后验概率 $-\log p(W|\boldsymbol{I})$，或者学习任务中参数空间中的损失函数 $L(\boldsymbol{\Theta}|\mathrm{Data})$。

在实际应用中，这些函数是高度非凸的，是复杂且常常令人震惊的能级图，其在高维空间中具有指数倍增数量的局部极小值。图 1-6 展示了 k 均值聚类和学习问题中的一个简化的二维能量函数。其中，图 1-6（a）示出的是二维空间中的能量函数，图 1-6（b）示出的是树形表示，深色代表更低的能量。该能量函数具有不同深度和宽度的多个局部极小值，由字母 $A, B, \ldots, H$ 表示。环绕曲线是由具有相同能量水平的点组成的水平集。

任务 5 的目标是使用有效的马尔可夫链蒙特卡罗方法从整个空间中抽取有效样本，然后在定位连接相邻盆地的鞍点时，绘制其能量盆中的所有局部极小值。结果由树形结构表示，物理学家在绘制自旋玻璃（Spin Glass）模型的能级图时称其为非连通图[1]。在该图中，每个叶节点表示局部极小值，其颜色深度表示能量水平。两个相邻叶节点相遇的能量水平由其鞍点决定。

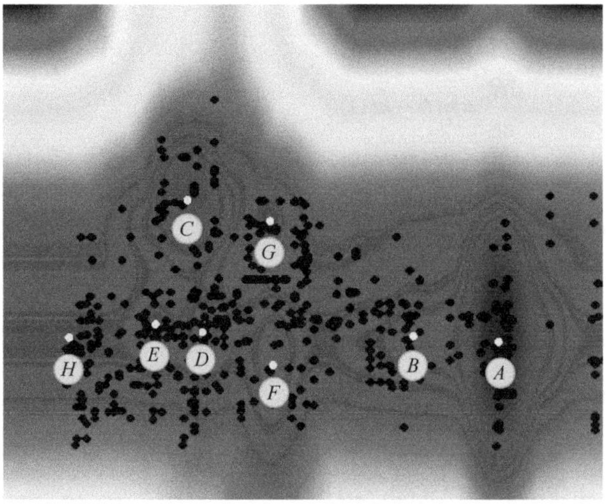

(a) 能量函数

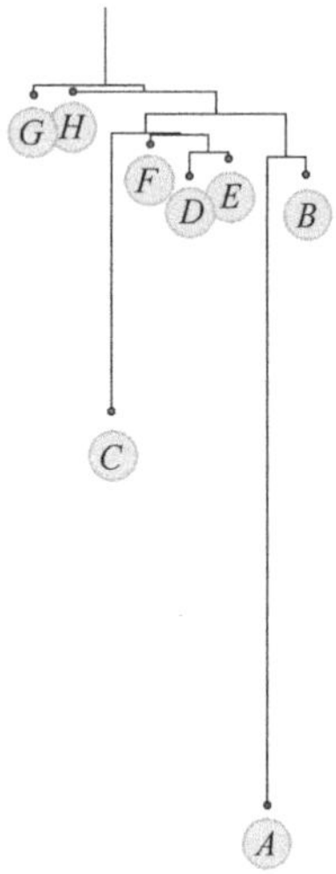

(b) 树形表示

图 1-6　可视化能级图

©[2014] Maria Pavlovskaia，获许可使用，来自参考文献[5]

接下来，我们将展示一个学习例子，其中能级图在模型空间中而不是在状态空间中，因此更难以计算。

例 1-9　数据聚类的能级图　k 均值聚类是统计和机器学习中的经典问题。给定有限数量的点，其颜色表示真实标签，学习问题是找到最匹配数据的参数 $\boldsymbol{\Theta}$ 。这里，$\boldsymbol{\Theta}$ 包括 $K=3$ 高斯模型的均值、方差和权重。能量函数 $\ell(\boldsymbol{\Theta})$ 是带有似然和一个 $\boldsymbol{\Theta}$ 先验的后验概率函数。在文献中，流行的算法是 k 均值聚类和最大期望算法（Expectation Maximization Algorithm，EM 算法），它们只能找到局部极小值。通过探索空间，该空间中每个点是一个模型 $\boldsymbol{\Theta}$ ，我们可以在图 1-7 中可视化能级图。在图 1-7 中，输入数据来自机器学习中的 Iris 数据集；两侧显示了 12 个局部极小值 $A,B,\ldots,L$，其中每个高斯模型是一个椭圆。

通过这种能级图，无论是用于推理还是学习，人们可以进一步可视化各种算法的行为，并量化目标函数的内在困难。同时，人们还可以用它来研究影响能级图复杂性的关键因素。

例 1-10　用于高斯混合模型的 SWC　设 $\{\boldsymbol{x}_i\in\mathbb{R}^d$ ，$i=1,\ldots,n\}$ 是来自具有 K 个多元高斯混合模型的数据点，对 $i=1,\ldots,K$，其混合权重 α_i 未知，均值为 $\boldsymbol{\mu}_i\in\mathbb{R}^d$ ，协方差矩阵为 $\boldsymbol{\Sigma}_i$ 。设 $\boldsymbol{\Theta}$ 包含所有未知混合参数 α_i、$\boldsymbol{\mu}_i$、$\boldsymbol{\Sigma}_i$ ，$i=1,\ldots,K$。

该高斯混合模型的对数似然函数（能量）是：

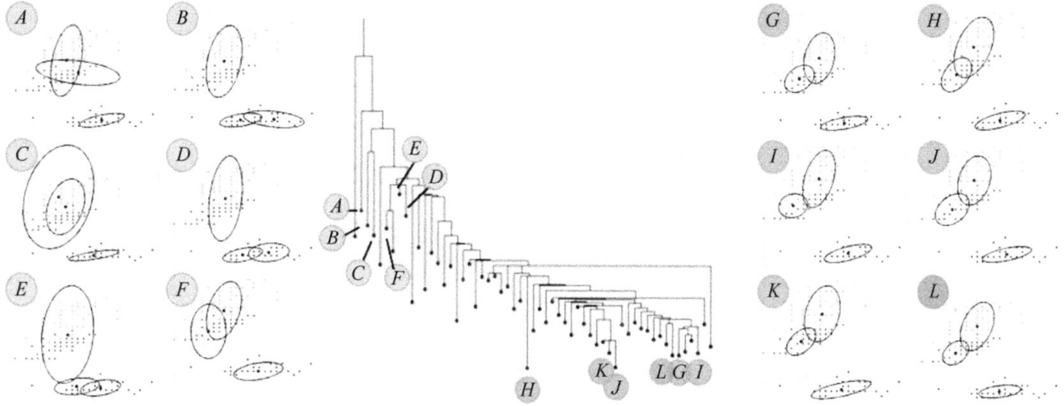

图 1-7　可视化聚类问题的能级图

©[2014] Maria Pavlovskaia，获许可使用，来自参考文献[5]

$$\log P(\boldsymbol{\Theta})=\sum_{i=1}^{n}\log\sum_{j=1}^{K}\alpha_j G(\boldsymbol{x}_i;\boldsymbol{\mu}_j,\boldsymbol{\Sigma}_j)-\log Z(\boldsymbol{\Theta}) \tag{1-23}$$

这里，$G(\boldsymbol{x}_i;\boldsymbol{\mu}_j,\boldsymbol{\Sigma}_j)=\dfrac{1}{\sqrt{\det(2\pi\boldsymbol{\Sigma}_j)}}\exp\left[-\dfrac{1}{2}(\boldsymbol{x}_i-\boldsymbol{\mu}_j)^{\mathrm{T}}\boldsymbol{\Sigma}_j^{-1}(\boldsymbol{x}_i-\boldsymbol{\mu}_j)\right]$ 是高斯分布，$Z(\boldsymbol{\Theta})$ 是归一化常数。

如果已知指向聚类的点的标签，即 $\boldsymbol{L}=(l_1,\dots,l_n)$，则对数似然函数为

$$\log P(\boldsymbol{L},\boldsymbol{\Theta})=\sum_{j=1}^{K}\sum_{i\in L_j}\log G(\boldsymbol{x}_i;\boldsymbol{\mu}_j,\boldsymbol{\Sigma}_j)$$

这里，$L_j=\{i, l_i=j\}$。

采样 $P(\boldsymbol{\Theta})$ 可以通过采样 $P(\boldsymbol{L},\boldsymbol{\Theta})$ 并取边缘分布 $P(\boldsymbol{\Theta})$ 来完成。采样 $P(\boldsymbol{L},\boldsymbol{\Theta})$ 可以通过交替采样 $P(\boldsymbol{L}|\boldsymbol{\Theta})$ 和 $P(\boldsymbol{\Theta}|\boldsymbol{L})$ 来完成。

对于 $P(\boldsymbol{L}|\boldsymbol{\Theta})$ 的采样，我们可以使用 SWC 算法。我们将 SWC 图构造为 k 最近邻（k-Nearest Neighbor，k-NN）图，并对所有边权重使用常数概率 q。

采样 $P(\boldsymbol{\Theta}|\boldsymbol{L})$ 则更加复杂。首先我们应该观察到 $P(\boldsymbol{\Theta}|\boldsymbol{L})=\prod_{j=1}^{K}\prod_{i\in L_j}G(\boldsymbol{x}_i;\boldsymbol{\mu}_j,\boldsymbol{\Sigma}_j)$ 分裂为多个独立的部分：$P(\boldsymbol{\Theta}|\boldsymbol{L})=\prod_{j=1}^{K}P(\boldsymbol{\Theta}_j|L_j)$，这里 $\boldsymbol{\Theta}_j=(\alpha_j,\boldsymbol{\mu}_j,\boldsymbol{\Sigma}_j)$。因此，我们可以通过采样 $P(\boldsymbol{\mu}_j|L_j,\boldsymbol{\Sigma}_j)$ 和 $P(\boldsymbol{\Sigma}_j|\boldsymbol{\mu}_j,L_j)$ 为每个 j 独立地采样 $P(\boldsymbol{\Theta}_j|L_j)$。现在

$$P(\boldsymbol{\mu}_j|\boldsymbol{\Sigma}_j,L_j)=\prod_{i\in L_j}G(\boldsymbol{x}_i;\boldsymbol{\mu}_j,\boldsymbol{\Sigma}_j)\propto G\left(\boldsymbol{\mu}_j,\frac{1}{n_j}\sum_{i\in L_j}\boldsymbol{x}_i,\frac{1}{n_j}\boldsymbol{\Sigma}_j\right)$$

只是一个高斯分布，其中 $n_j=|L_j|$。并且

$$P(\boldsymbol{\Sigma}_j|\boldsymbol{\mu}_j,L_j)=\det(\boldsymbol{\Sigma}_j)^{-\frac{n_j}{2}}\exp\left(-\frac{1}{2}\sum_{i\in L_j}(\boldsymbol{\mu}_j-\boldsymbol{x}_i)^{\mathrm{T}}\boldsymbol{\Sigma}_j^{-1}(\boldsymbol{\mu}_j-\boldsymbol{x}_i)\right)$$

$$=\det(\boldsymbol{\Sigma}_j)^{-n_j/2}\exp\left(-\frac{1}{2}\mathrm{tr}(\hat{\boldsymbol{\Sigma}}\boldsymbol{\Sigma}_j^{-1})\right)$$

其中，$\hat{\boldsymbol{\Sigma}}=\sum_{i\in L_j}(\boldsymbol{\mu}_j-\boldsymbol{x}_i)(\boldsymbol{\mu}_j-\boldsymbol{x}_i)^{\mathrm{T}}$，这里我们用到 tr($\boldsymbol{AB}$)=tr($\boldsymbol{BA}$)，而且 $\boldsymbol{A}=(\boldsymbol{\mu}_j-\boldsymbol{x}_i)$，$\boldsymbol{B}=(\boldsymbol{\mu}_j-\boldsymbol{x}_i)^{\mathrm{T}}\boldsymbol{\Sigma}^{-1}$。由于 $\hat{\boldsymbol{\Sigma}}$ 是对称且正定的，因此存在对称正定矩阵 $\boldsymbol{S}$ 使得 $\hat{\boldsymbol{\Sigma}}=\boldsymbol{S}^2$。令 $\boldsymbol{B}=\boldsymbol{S}\boldsymbol{\Sigma}_j^{-1}\boldsymbol{S}$，我们得到

$$P(\boldsymbol{\Sigma}_j|\boldsymbol{\mu}_j,L_j)=\det(\boldsymbol{\Sigma})^{-\frac{n_j}{2}}\exp\left(-\frac{1}{2}\mathrm{tr}(\boldsymbol{S}\boldsymbol{\Sigma}^{-1}\boldsymbol{S})\right)=\det(\boldsymbol{S})^{-\frac{n_j}{2}}\det(\boldsymbol{B})^{\frac{n_j}{2}}\exp\left(-\frac{1}{2}\mathrm{tr}(\boldsymbol{B})\right)$$

令 $\boldsymbol{B}=\boldsymbol{UDU}^{\mathrm{T}}$，其中 $\boldsymbol{D}=\mathrm{diag}(\lambda_1,\ldots,\lambda_d)$是对角矩阵，我们得到

$$P(\boldsymbol{\Sigma}_j|\boldsymbol{\mu}_j,L_j)\propto\det(\boldsymbol{D})^{n_j/2}\exp\left(-\frac{1}{2}\mathrm{tr}(\boldsymbol{D})\right)=\prod_{i=1}^{d}\lambda_i^{n/2}\mathrm{e}^{-\lambda_i/2}$$

因此，为了对 $\boldsymbol{\Sigma}$ 进行采样，我们首先从伽马分布（Gamma Distribution，也称 Γ 分布）$\Gamma\left(1+\frac{n_j}{2},2\right)$ 中独立地采样特征值 λ_i，以得到 $\boldsymbol{D}=\mathrm{diag}(\lambda_1,\ldots,\lambda_d)$，然后取任意旋转矩阵 $\boldsymbol{U}$ 得到 $\boldsymbol{B}=\boldsymbol{UDU}^{\mathrm{T}}$ 和 $\boldsymbol{\Sigma}_j=\boldsymbol{SUDU}^{\mathrm{T}}\boldsymbol{S}$。

图 1-8 中显示了具有四个混合成分和低可分性的一维高斯混合模型的能级图。我们可以看出 k 均值聚类陷入到许多局部极小值中，而 SWC 总是能够找到全局最小值。

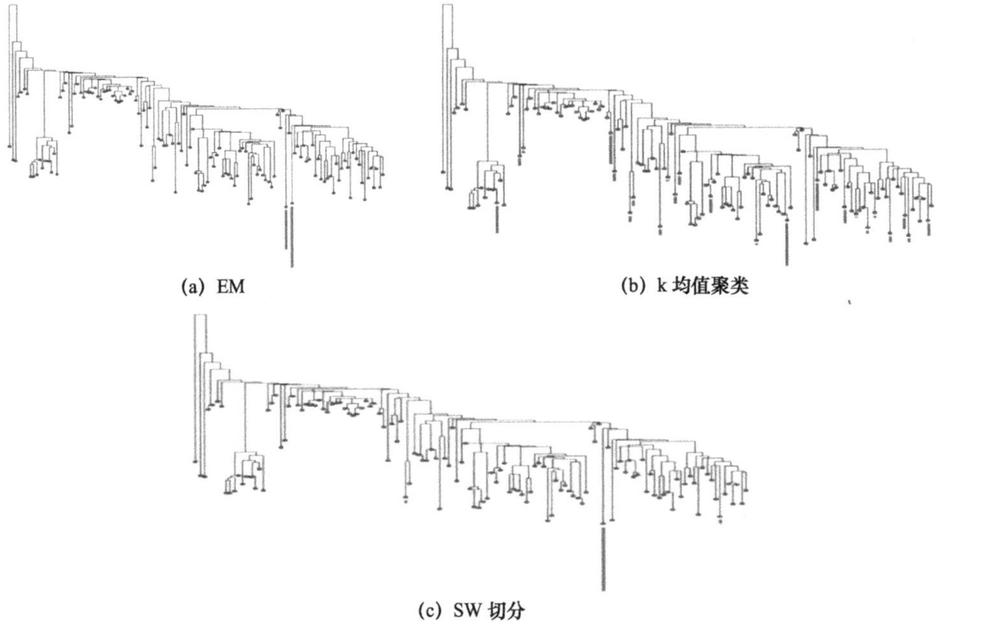

(a) EM　　(b) k 均值聚类

(c) SW 切分

图 1-8　ELM 上的 EM、k 均值聚类和 SW 切分算法的性能

本章参考文献

[1] Becker OM, Karplus M (1997) The topology of multidimensional potential energy surfaces: theory and application to peptide structure and kinetics. J Chem Phys 106(4):1495–1517.

[2] Hinton G (2002) Training products of experts by minimizing contrastive divergence. Neural Comput 14(8):1771–1800.

[3] Isard M, Blake A (1998) Condensation: conditional density propagation for visual tracking. Int J Comput Vis 29(1):5–28.

[4] Lewis JT, Pfister C-E, Sullivan WG (1995) Entropy, concentration of probability and conditional limit theorems. Markov Process Relat Fields 1(GR-PF-ARTICLE-1995-004):319–386.

[5] Pavlovskaia M (2014) Mapping highly nonconvex energy landscapes in clustering, grammatical and curriculum learning. Ph.D. thesis, Doctoral Dissertation, UCLA.

[6] Potts RB (1952) Some generalized order-disorder transformations. In: Proceedings of the Cambridge philosophical society, vol 48, pp 106–109.

[7] Tibshirani R (1996) Regression shrinkage and selection via the lasso. J R Stat Soc Ser B (Methodol) 58(1):267–288.

[8] Tu Z, Zhu S-C (2002) Image segmentation by data-driven Markov chain monte carlo. IEEE Trans Pattern Anal Mach Intell 24(5):657–673.

[9] Zhu SC, Liu X (1999) Equivalence of Julesz and Gibbs texture ensembles. In: ICCV, vol 2, pp 1025–1032.

[10] Zhu SC, Mumford D (1997) Minimax entropy principle and its application to texture modeling. Neural Comput 9(8):1627–1660.

第2章　序贯蒙特卡罗方法

给我一个支点，我能用杠杆撬起地球。

——阿基米德

2.1　引言

当感兴趣的分布是一维或多维分布并可以进行分解时，我们常常使用序贯蒙特卡罗（SMC）方法。设 $f(x)$ 表示调控一个过程的真实概率分布函数，$\pi(x)$表示基于模型的目标概率分布，我们的目标是找到一个使目标密度分布函数 $\pi(x)$收敛到 $f(x)$ 的模型。为了找到该模型，需要用到一个已知的试验概率密度函数 $g(x)$。本章涵盖了与 SMC 方法的 $g(x)$ 选择相关的样本加权和重要性采样等概念，以及自避游走、Parzen 窗口、光线追踪、粒子滤波和光泽高光等应用，并在本章末尾讨论了蒙特卡罗树搜索。

2.2　一维密度采样

假设 $f(x)$：$\mathbb{R} \to \mathbb{R}$ 是一维概率密度函数（PDF）。同时，累积密度函数（CDF）$F(x)$：$\mathbb{R} \to [0, 1]$定义为

$$F(x) \stackrel{\text{def}}{=} \int_{-\infty}^{x} f(x)\mathrm{d}x$$

利用均匀样本 u，通过 $F(x)$ 求逆 $x = F^{-1}(u)$，我们可以得到 $f(x)$ 的样本。更严格来说，我们可以用引理 2-1 来描述。

引理 2-1　假设 $U \sim \text{unif}\ [0, 1]$且 F 是一个一维概率密度函数 f 的累积密度函数，那么 $X = F^{-1}(U)$ 服从分布 f。这里，我们定义 $F^{-1}(u) = \inf\{x : F(x) \geqslant u\}$。

证明：

$$P(X \leqslant x) = P(F^{-1}(u) \leqslant x) = P(U \leqslant F(x)) = F(x) = \int_{-\infty}^{x} f(x)\mathrm{d}x$$

根据定义，我们知道 $\dfrac{\mathrm{d}u}{\mathrm{d}x} = \dfrac{\mathrm{d}F(x)}{\mathrm{d}x} = f(x)$，因此 $P(x \in (x_0, x_0 + \mathrm{d}x)) = P(u \in (u_0, u_0 + \mathrm{d}u)) = f(x) \cdot \mathrm{d}x$。概率密度函数和累计密度函数如图 2-1 所示。

在更高维空间中，只要可以量化 / 排序所有数据序列，就可以将 $f(x)$ 简化为一维问题。但是当数据的维度 $d \geqslant 3$ 时，我们通常不使用此方法，因为计算复杂度呈指数增长。

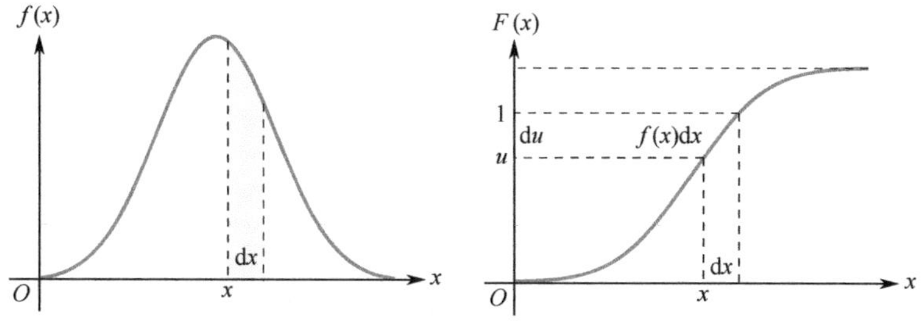

(a) PDF $f(x)$阴影区域的面积$f(x)\mathrm{d}x=\mathrm{d}u$　　(b) 对应的CDF $F(x)$

图 2-1　概率密度函数和累计密度函数

2.3 重要性采样和加权样本

假设我们要估计一个未知量：

$$C=\int_{\Omega}\pi(x)\cdot h(x)\mathrm{d}x=E_{\pi}[h(x)] \tag{2-1}$$

式中，$\pi(x)$是概率密度函数。多模函数 $h(x)$如图 2-2 所示。

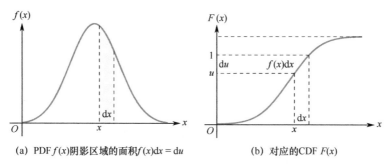

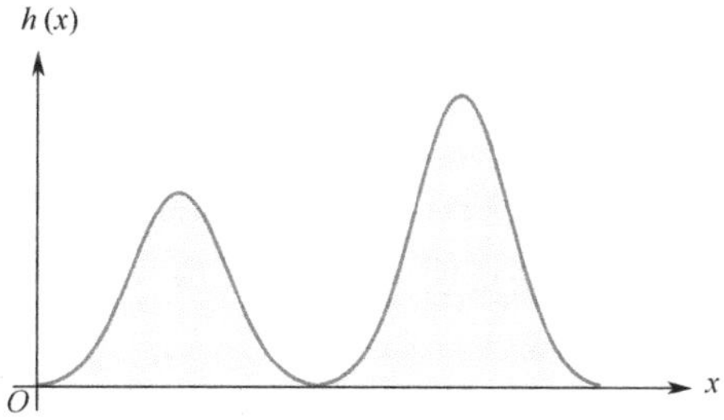

图 2-2　多模函数 $h(x)$

如果我们可以从 $\pi(x)$中抽取样本，$D=\{x_1, x_2,\ldots,x_n\}\sim\pi(x)$，那么就可以很容易地估计 C，即

$$\hat{C}=\frac{1}{n}\sum_{i=1}^{n}h(x_i)$$

因为 $\pi(x)$的信息是 D 中固有的，我们不需要在公式中写出它。但是，如果难以直接从 $\pi(x)$抽取样本，那么我们可以从更简单的试验分布 $g(x)$中较容易地抽取样本，$D'=\{x'_1,x'_2,\ldots,x'_n\}$。则式 2-1 可以表达为

$$C=\int_{\Omega}\pi(x)\cdot h(x)\mathrm{d}x=\int_{\Omega}g(x)\cdot\left[\frac{\pi(x)}{g(x)}\cdot h(x)\right]\mathrm{d}x \tag{2-2}$$

假设比例 $\frac{\pi(x)}{g(x)}\cdot h(x)$ 是可以计算的，我们就可以估计 C 为

$$\hat{C}=\frac{1}{n}\sum_{i=1}^{n}\frac{\pi(x'_i)}{g(x'_i)}\cdot h(x'_i)=\frac{1}{n}\sum_{i=1}^{n}\omega(x'_i)h(x'_i) \tag{2-3}$$

式中，$\omega(x'_i)$ 是样本 i 的权重。

注

在式（2-3）中，权重 $\{\omega(x'_i),i=1,2,\ldots,n\}$ 依赖于分母中的 $g(x'_i)$。因此，每当 $\pi(x)\neq 0$，我们都不能让 $g(x)=0$。

设 $\pi(x)=\frac{1}{Z}\exp(-E(x)/T)$，这里 Z 是归一化常数，但不可计算。因此，$\pi(x)$ 由加权样本 $\{(x^{(i)},\omega^{(i)}),i=1,\ldots,n\}$ 表示，如图 2-3 所示。

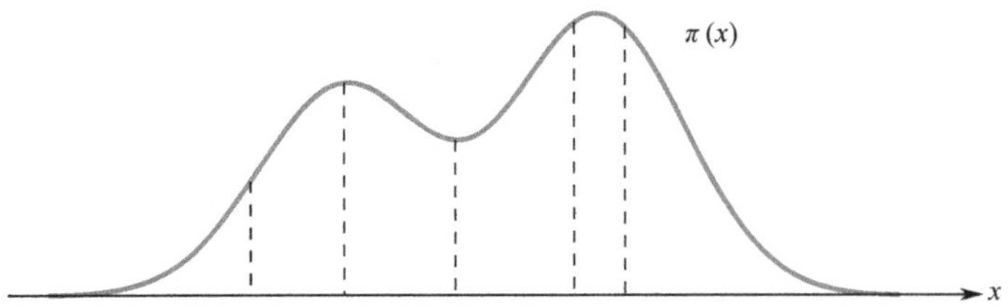

图 2-3　由加权样本近似的概率密度函数 $\pi(x)$

下面介绍一个特例。如果

$$g(x)=\mathrm{unif}[a,b]=\begin{cases}\dfrac{1}{b-a} & x\in[a,b]\\ 0 & \text{其他}\end{cases}$$

则

$$\hat{C}=\frac{1}{n}\sum_{i=1}^{n}\frac{\pi(x_i')}{g(x_i')}\cdot h(x_i')=\frac{b-a}{n}\sum_{i=1}^{n}\pi(x_i')\cdot h(x_i')$$

通常，我们将有以下三种情况：

（1）我们从均匀分布中采样，给每个样本一个特定的权重。

（2）我们从更简单的、$\pi(x)$ 的近似分布 $g(x)$ 中采样，给每个样本一个特定的频率和权重。

（3）我们直接从 $\pi(x)$ 采样，给每个样本一个特定的频率但权重相同。

很容易证明（1）≪（2）≪（3），其中“$a \ll b$”表示 a 比 b 差得多。直观上，最好的情况是 $g(x)=\pi(x)$。

因为我们要求的一个约束条件是

$$\lim_{n\to\infty}(\hat{C}-C)=0$$

并且上述三种情况都要满足这一点，它们之间的唯一区别在于估计量收敛或方差消失所需的样本数目。另一个约束条件是

$$\lim_{n\to\infty}\|\hat{C}-C\|^2=0$$

近似分布 $g(x)$ 起杠杆的作用，可以用来控制 $\pi(x)$。古希腊数学家阿基米德（前 287—前 212）因其著名的言论而闻名：给我一个支点，我能用杠杆撬起地球。

受他的启发，我们可以把 $g(x)$ 称为 $\pi(x)$ 的阿基米德杠杆。

例 2-1　对于上面的情况（2），下面给出阿基米德杠杆的例子。

$$\pi(x)=\frac{1}{Z}\exp\left\{-\sum_{i=1}^{K}\beta_i h_i(x)\right\},\quad g(x)=\frac{1}{Z'}\exp\left\{-\sum_{i=1}^{K'<K}\beta_i h_i(x)\right\}$$

例 2-2　在高斯分布情形中，我们可以使用下面例子中所示的方案：

$$\pi(x)=\frac{1}{Z}\exp\{-(ax^2+bx+c)\},\quad g(x)=\frac{1}{Z'}\exp\{-ax^2\}$$

通常，我们使用来自“经验分布” $g(x)$ 的一组加权样本 $\{(x_i,\omega_i),i=1,2,\dots,m\}$ 来表示 $\pi(x)$。当 $\boldsymbol{x}=(x_1,x_2,\dots,x_n)\in\mathbb{R}^n$ 是高维度的时，我们可以用两种方式简化它。

$$\begin{aligned} g(\boldsymbol{x}) &= g\left(x_1, x_2, \ldots, x_n\right) \\ &\cong g(x_1)\cdot g(x_2)\cdots g(x_n) \text{（通过分解和独立性假设）} \quad (2\text{-}4) \\ &\cong g(x_1)\cdot g(x_2)\cdot g(x_3|x_2)\cdot g(x_4|x_1,x_2)\ldots \text{（通过分解）} \quad (2\text{-}5) \end{aligned}$$

在式（2-4）中，我们假设 x_i 是独立的，我们可以单独地对每个维度进行采样；然而，事实上，它们总是相互依赖的。要更正这一点，我们需要像式（2-5）那样，使用条件依赖性来简化问题。

因为 $\hat{C}=\frac{1}{m}\sum_{i=1}^{m}w(x_i)h(x_i)$，我们得到 $\text{var}_m(\hat{C})=\frac{1}{m}\text{var}_1(\hat{C})$。这表明当我们有足够多的样本时，不管维数 n 如何，总的方差会趋于 0 且收敛速度是 $\frac{1}{m}$。图 2-4 中的三个图说明了这个观点。在图 2-4（a）中，$g(x)$ 和 $\pi(x)$ 接近，分布的收敛速度较快；在图 2-4（b）中，$g(x)$ 和 $\pi(x)$ 相差较大，分布的收敛速度较慢；在图 2-4（c）中，一般情况下，$g(x)$ 在 $\pi(x)$ 非零的地方应不为零，而这种情况可能不会发生，其分布可能会出现权重膨胀至∞的问题。

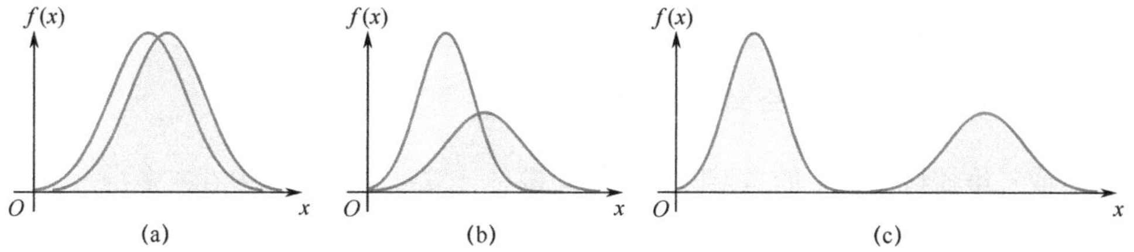

图 2-4　不同收敛速度示意

衡量 $g(x)$ 的样本有效性的启发式方法是测量权重的方差。一个有用的经验法则是使用有效样本量（ESS）来测量试验分布与目标分布的差异。假设从 $g(x)$ 生成 m 个独立样本，则 ESS 被定义为

$$\text{ESS}(m)=\frac{m}{1+\text{var}[\omega(x)]} \quad (2\text{-}6)$$

在 $g(x)=\pi(x)$ 的理想情况下，$\omega(x)=1$，$\text{var}_g[\omega(x)]=0$，因此整个样本是有效的。忽略归一化常数，目标分布 π 在许多问题中是已知的，因此归一化权重的方差需要通过非归一化权重的变异系数（CV）来估计：

$$\text{CV}^2(\omega)=\frac{1}{m-1}\sum_{i=1}^{m}\frac{(\omega_i-\overline{\omega})^2}{\overline{\omega}^2} \quad (2\text{-}7)$$

一般来说，分层采样是一种降低 $\text{var}(\hat{C})$ 的方法。假设空间 Ω 是许多不相交子空间的并集 $\Omega=\bigcup_{j=1}^{M}\Omega_j$。在每一个子空间 Ω_j 中，我们可以将不同的 $g_j(x)$ 定义为试验分布。因此，我们得到

$$C=\sum_{j=1}^{M}\int_{\Omega_j}g_j(x)\cdot\frac{\pi(x)}{g_j(x)}\cdot h(x)\mathrm{d}x \quad (2\text{-}8)$$

在这个计算中，我们可以忽略 $g_j(x)$ 在高维空间中的重叠。

2.4 序贯重要性采样（SIS）

在高维空间中，通常很难找到有效的$g(x)$。假设我们可以通过链式法则将$\boldsymbol{x}$分解为$\boldsymbol{x}=(x_1,\ldots,x_n)$，则试验密度函数可以构造为

$$g(\boldsymbol{x})=g_1(x_1)\cdot g_2(x_2|x_1)\cdots g_n(x_n|x_1,\ldots,x_{n-1}) \tag{2-9}$$

通常这样做是不现实的，但在某些情况下，如果$\pi(\boldsymbol{x})$可以被类似地分解，就可以这样做。对应于$\boldsymbol{x}$的分解，我们可以将目标密度函数表达为

$$\pi(\boldsymbol{x})=\pi_1(x_1)\cdot \pi_2(x_2|x_1)\cdots \pi_n(x_n|x_1,\ldots,x_{n-1}) \tag{2-10}$$

其重要性权重是

$$\omega(\boldsymbol{x})=\frac{g(\boldsymbol{x})=g_1(x_1)\cdot g_2(x_2|x_1)\cdots g_n(x_n|x_1,\ldots,x_{n-1})}{\pi(\boldsymbol{x})=\pi_1(x_1)\cdot \pi_2(x_2|x_1)\cdots \pi_n(x_n|x_1,\ldots,x_{n-1})} \tag{2-11}$$

接下来，我们将讨论两个应用例子：

（1）表达聚合物生长的自避游走（SAW）；

（2）目标跟踪的非线性 / 粒子滤波。

2.4.1 应用：表达聚合物生长的自避游走

二维或三维栅格空间中的自避随机游走问题是计算一个给定域中存在多少个自避游走的问题。

我们可以使用硬核模型来描述这个问题。一连串的原子$\boldsymbol{x}=(x_1,x_2,\ldots,x_N)$通过共价键连接。为清楚起见，我们假设每个分子是二维 / 三维空间 / 栅格中的一个点，并且键的长度是1，则该势被称为硬核的。在二维或三维空间中，链不允许自身相交。

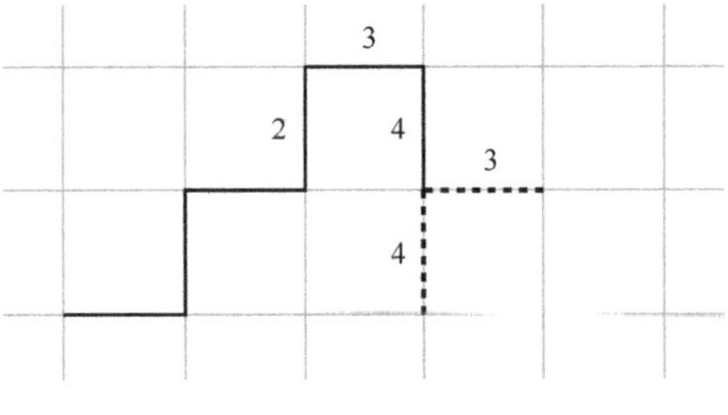

图 2-5　自避游走示例

在本节中，我们将关注在二维空间$\{0,1,\ldots,n\}\times\{0,1,\ldots,n\}$中的情况。如图 2-5 所示，假设我们总是从左下角即位置(0, 0)开始。我们用数字 1、2、3 和 4 分别表示左、上、右和下的移动，SAW 链的吉布斯 / 玻尔兹曼分布可以表示为

$$\pi(\boldsymbol{x})=\text{unif}[\Omega],\quad \Omega=\{\boldsymbol{x}:\text{SAW}(\boldsymbol{x})=1\},\quad \boldsymbol{x}\in\{1,2,3,4\}^n$$

我们对自避游走（SAW）的总数感兴趣。为了估计这个值，我们使用蒙特卡罗积分。我们为 SAW($\boldsymbol{x}$)设计了一个试验概率$g(\boldsymbol{x})$，更容易对$\boldsymbol{x}$进行采样。然后，我们从$g(\boldsymbol{x})$中抽取M个 SAW 样本并通过以下方式估计总数：

$$\|\Omega\|=\theta=\sum_{\boldsymbol{x}\in\Omega}1=\sum_{\boldsymbol{x}\in\Omega}\frac{1}{g(\boldsymbol{x})}g(\boldsymbol{x})\cong\frac{1}{M}\sum_{i=1}^{M}\frac{1}{g(\boldsymbol{x}_i)} \tag{2-12}$$

式中，$\dfrac{1}{g(\boldsymbol{x}_i)}$用作$\boldsymbol{x}_i$的权重$\omega(\boldsymbol{x}_i)$。

试验概率涵盖了所有可能的路径，因此我们可以用它来计算 SAW 集合中许多子集的

大小，例如从一个角落开始到另一个角落结束的 SAW 集合，或者长度为 n 的 SAW 集合。我们不需要担心这个新子集下的归一化常数。

因此，问题在于如何设计 $g(\boldsymbol{x})$，有几种方法可以做到这一点。我们研究了在 $n=10$ 的二维栅格中 $g(\boldsymbol{x})$ 的三种不同模型表达，来生成 $M=10^7$ 个样本。

设计 1　作为初始方法，我们使用

$$g_1(\boldsymbol{x})=\prod_{j=1}^{m}\frac{1}{k_j}$$

式中，m 是路径的总长度，k_j 是第 j 步移动的可能选择数，在第 j 步我们从 k_j 个选择中均匀地采样。使用 $M=10^7$ 个样本，估计的 SAW 数量是 $K_1=3.3844\times10^{25}$ 个。采样游走的长度分布如图 2-6 所示。由于我们不限制游走的长度，因此所获得的分布类似于一个高斯分布。

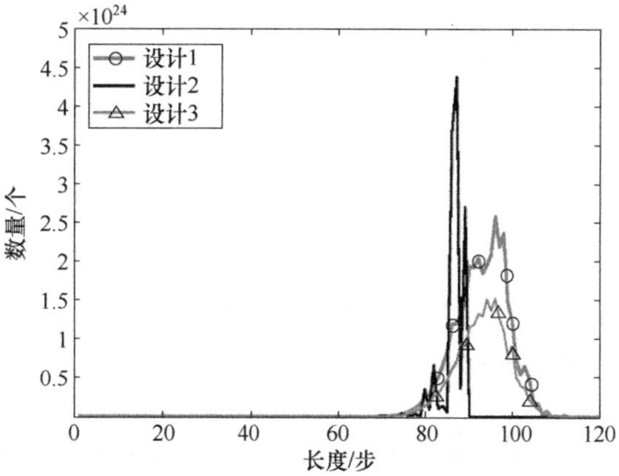

图 2-6　三种设计的 SAW 长度分布

设计 2　作为试验分布的另一种设计，我们在每个步骤引入提前终止概率 $\epsilon=0.1$ 并得到

$$g_2(\boldsymbol{x})=(1-\epsilon)^m\prod_{j=1}^{m}\frac{1}{k_j}$$

很明显，在这种情况下，我们期望得到比设计 1 更短的游走。采样游走的长度分布也如图 2-6 所示，估计的 SAW 数量是 $K_2=6.3852\times10^{25}$ 个。

设计 3　对于第三种设计，我们调整设计 1 以支持更长的游走。对于任何超过 50 的游走，我们从该游走中生成 5 个子游走，并以 $w_0=w/5$ 对每个子游走进行重新加权。采样游走的长度分布还是如图 2-6 所示，估计的 SAW 数量为 $K_3=7.3327\times10^{25}$ 个。

三种设计中最长 SAW 例子如图 2-7 所示。

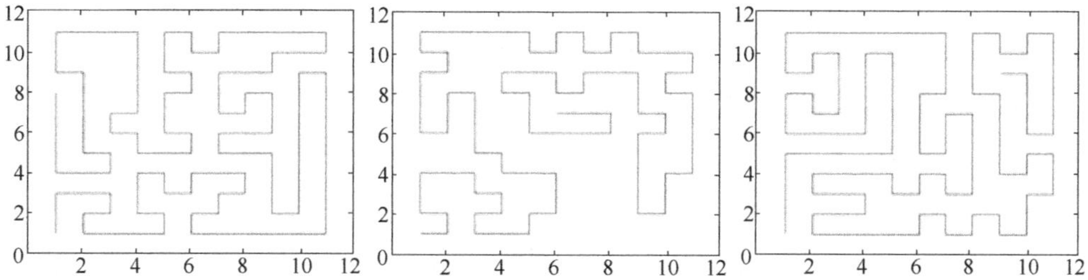

(a) 设计1（长度为114步）　(b) 设计2（长度为90步）　(c) 设计3（长度为115步）

图 2-7　不同设计的最长 SAW

估计的 SAW 数量 K 相对于样本数量 M 的双对数坐标如图 2-8 所示。很明显，设计 3 收敛最快，设计 2 收敛最慢。

设计试验概率 $g(\boldsymbol{x})$ 的其他方法包括：

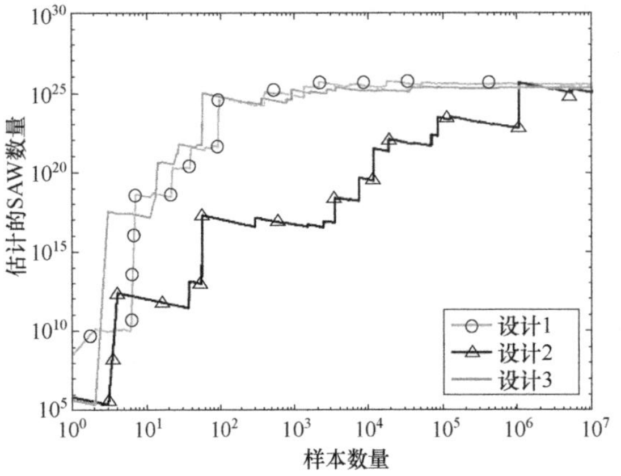

图 2-8　三种设计的收敛速度比较

（1）随时停止（设计 2）。

（2）固定长度 N。

（3）丰富样本：从一定的长度开始（设计 3），增强更长的样本。

（4）全局引导，如 $(0,0) \to (n,n)$ 。

我们有时候也要计算从 $(0,0)$ 延伸到 (n,n) 的 SAW 步数。为了获得到达 (n,n) 的样本，我们重新采样直到获得一个这样的样本，然后给它重新赋予权重 $w_0 = w/u$，其中 u 是尝试的次数。这意味着我们尝试的次数越多，这个样本的权重就越低。当生成 10^6 个样本时，我们估计从(0, 0)到 (n,n) 的 SAW 总数约为 1.7403×10^{24}（非常接近真实值 1.5687×10^{24}）。

2.4.2　应用：目标跟踪的非线性 / 粒子滤波

Michael Isard

假设在一个目标跟踪问题中，时间 t 时的状态表示为 $\boldsymbol{x}_t$，图像的观测特征表示为 $\boldsymbol{z}_t$。$\mathcal{X}_t = \{\boldsymbol{x}_1,\dots,\boldsymbol{x}_t\}$ 表示历史状态，$\mathcal{Z}_t = \{\boldsymbol{z}_1,\dots,\boldsymbol{z}_t\}$ 表示历史特征。

我们假设目标运动遵循马尔可夫链，即当前状态仅取决于前一状态，独立于历史状态。马尔可夫链如图 2-9 所示。动态过程 $\boldsymbol{x}_t$ 仅依赖于先前状态 $\boldsymbol{x}_{t-1}$，那么有

$$p(\boldsymbol{x}_{t+1} | \mathcal{X}_t) = p(\boldsymbol{x}_{t+1} | \boldsymbol{x}_t)$$

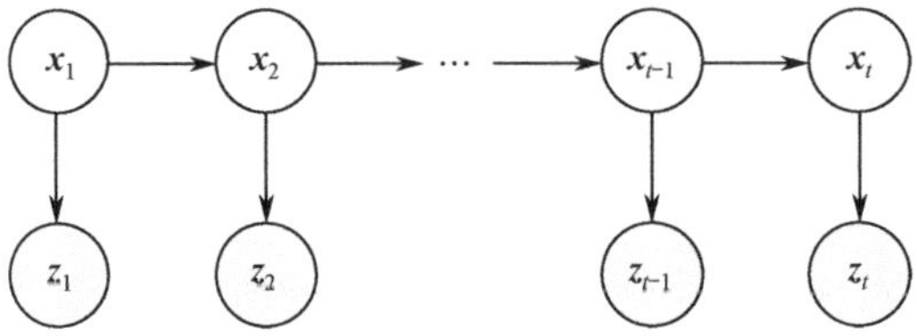

图 2-9　马尔可夫链

Andrew Blake

假设相对于动态过程，观测 $\boldsymbol{z}_t$ 彼此独立，如图 2-9 所示。我们需要估计 $p(\boldsymbol{x}_{t+1} | \mathcal{Z}_{t+1})$，即给定到当前为止所接收数据的状态 $\boldsymbol{x}_{t+1}$ 的分布。因为 $\boldsymbol{z}_{t+1}$ 独立于 $\mathcal{Z}_t$，我们有

$$p(\boldsymbol{x}_{t+1} | \mathcal{Z}_{t+1}) = p(\boldsymbol{x}_{t+1} | \boldsymbol{z}_{t+1}, \mathcal{Z}_t) = \frac{p(\boldsymbol{x}_{t+1}, \boldsymbol{z}_{t+1} | \mathcal{Z}_t)}{p(\boldsymbol{z}_{t+1} | \mathcal{Z})}$$

$$\propto p(\boldsymbol{z}_{t+1} | \boldsymbol{x}_{t+1}, \mathcal{Z}_t) p(\boldsymbol{x}_{t+1} | \mathcal{Z}_t) = p(\boldsymbol{z}_{t+1} | \boldsymbol{x}_{t+1}) p(\boldsymbol{x}_{t+1} | \mathcal{Z}_t)$$

我们可以计算

$$p(\boldsymbol{x}_{t+1} | \mathcal{Z}_t) = \int p(\boldsymbol{x}_{t+1}, \boldsymbol{x}_t | \mathcal{Z}_t) \mathrm{d}\boldsymbol{x}_t = \int p(\boldsymbol{x}_{t+1} | \boldsymbol{x}_t) p(\boldsymbol{x}_t | \mathcal{Z}_t) \mathrm{d}\boldsymbol{x}_t$$

所以我们得出结论：

$$p(\boldsymbol{x}_{t+1}|\mathcal{Z}_{t+1}) \propto \int p(\boldsymbol{z}_{t+1}|\boldsymbol{x}_{t+1})p(\boldsymbol{x}_{t+1}|\boldsymbol{x}_t)p(\boldsymbol{x}_t|\mathcal{Z}_t)\mathrm{d}\boldsymbol{x}_t$$

概率 $p(\boldsymbol{z}_{t+1}|\boldsymbol{x}_{t+1})$ 可以认为是自下而上的检测概率，而乘积 $p(\boldsymbol{x}_{t+1}|\boldsymbol{x}_t)p(\boldsymbol{x}_t|\mathcal{Z}_t)$ 是基于动态模型的预测。

条件密度传播（CONDENSATION）算法[4]利用重要性采样将 $p(\boldsymbol{x}_t|\mathcal{Z}_t)$ 的分布表示为一个带有权重 $\pi_t^{(n)}$ 的加权样本集 $\{\boldsymbol{s}_t^{(n)}, n=1,\ldots,N\}$。图 2-10 和算法 2-1 分别解释和描述了算法的一个步骤。

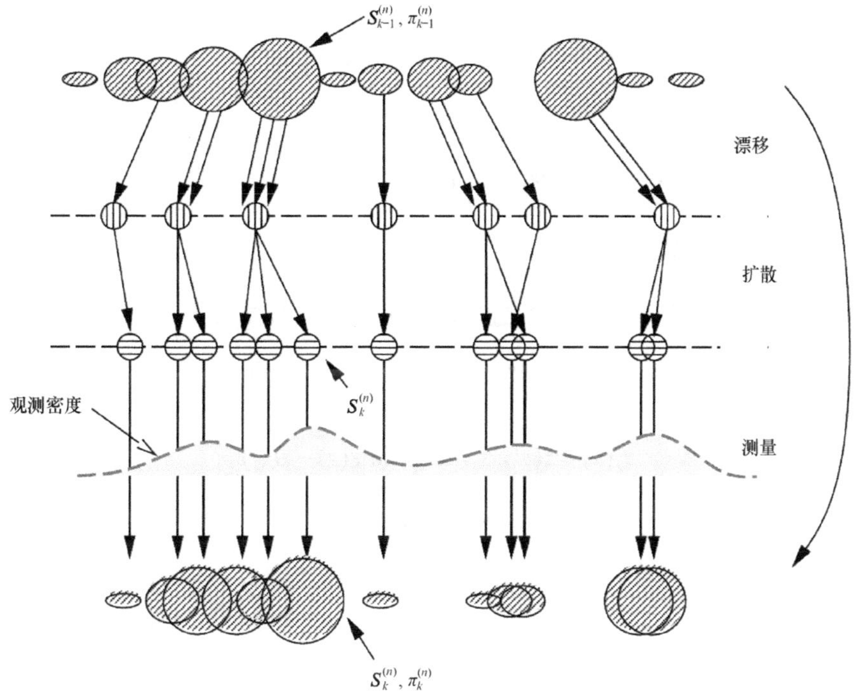

图 2-10　条件密度传播算法的一个步骤图示

©[1998] Springer，获许可使用，来自参考文献[4]

算法 2-1　条件密度传播算法的一个步骤[4]

Input：样本集合 $\{(\boldsymbol{s}_{t-1}^{(n)}, \pi_{t-1}^{(n)}), n=1,\ldots,N\}$
计算累计分布值 $\mathrm{c}_{t-1}^{(k)} = \sum_{i=1}^{k}\pi_{t-1}^{(i)}$
for $n=1,\ldots,N$ **do**
　漂移：从累计分布 $c_{t-1}^{(k)}, k=1,\ldots,N$ 中采样 $\boldsymbol{s}_t'^{(n)}$
　扩散：从动态模型 $\boldsymbol{s}_t^{(n)} \sim p(\boldsymbol{x}_t|\boldsymbol{x}_{t-1}=\boldsymbol{s}_t'^{(n)})$ 中采样 $\boldsymbol{s}_t^{(n)}$
　测量和重加权样本 $\boldsymbol{s}_t^{(n)}$，权重为 $\pi_t^{(n)} = p(z_t|\boldsymbol{x}_t=\boldsymbol{s}_t^{(n)})$
end for
归一化 $\pi_t^{(n)}$ 使 $\sum_{n=1}^{N}\pi_t^{(n)}=1$
Output：样本集合 $\{(\boldsymbol{s}_t^{(n)}, \pi_t^{(n)}), n=1,\ldots,N\}$

上述算法也可以用于曲线跟踪。

一条曲线在时间 t 表示为 $\boldsymbol{r}(s,t)$，它可以参数化为一个 B 样条：

$$\boldsymbol{r}(s,t)=(\boldsymbol{B}(s)Q^x(t),\boldsymbol{B}(s)Q^y(t)),s\in[0,L]$$

式中，$\boldsymbol{B}(s)=(B_1(s),\ldots,B_{N_B}(s))^{\mathrm{T}}$ 是 B 样条基函数向量。向量 $\boldsymbol{X}_t=(Q^x,Q^y)^{\mathrm{T}}$ 包含样条控制点的坐标。

动态模型是一阶自回归的：

$$\boldsymbol{x}_t-\overline{\boldsymbol{x}}=A(\boldsymbol{x}_{t-1}-\overline{\boldsymbol{x}})+B\boldsymbol{w}_t$$

式中，$\boldsymbol{w}_t$ 是独立同分布$\mathcal{N}(0, 1)$的独立向量，$\boldsymbol{x}_t=\begin{pmatrix}\boldsymbol{X}_{t-1}\\ \boldsymbol{X}_t\end{pmatrix}$。

动态模型也可以表示为

$$p(\boldsymbol{x}_t|\boldsymbol{x}_{t-1})\propto\exp\left(-\frac{1}{2}\|(\boldsymbol{x}_t-\overline{\boldsymbol{x}})-A(\boldsymbol{x}_{t-1}-\overline{\boldsymbol{x}})\|^2\right)$$

二维曲线的观测模型可以是：

$$p(\boldsymbol{z}\,|\,\boldsymbol{x})\propto\exp\left(-\sum_{m=1}^{M}\frac{1}{2rM}f\left(\boldsymbol{z}_i\left(\frac{m}{M}\right)-\boldsymbol{r}\left(\frac{m}{M}\right);\mu\right)\right)$$

式中，r、μ 是常数，M 是曲线离散化的点数，$f(x;\mu)=\min(x^2,\mu^2)$①，$\boldsymbol{z}_1(s)$ 是与 $\boldsymbol{r}(s)$ 最接近的图像特征：

$$\boldsymbol{z}_i(s)=\boldsymbol{z}(s'),\ s'=\underset{s'\in g^{-1}(s)}{\operatorname{argmin}}\left|\boldsymbol{r}(s)-\boldsymbol{z}(s')\right|$$

使用该模型获得的跟踪结果示例如图 2-11 所示。

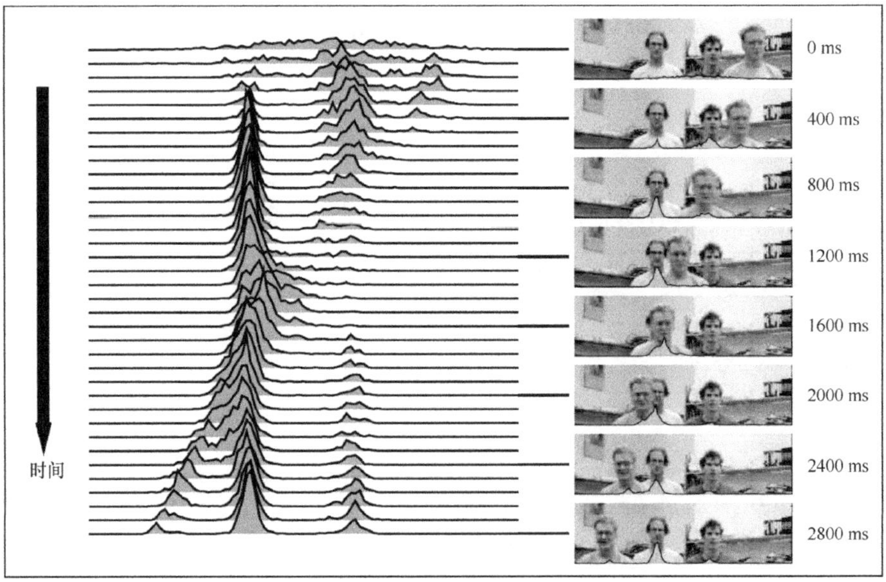

图 2-11　视频的多帧图像状态密度的一维投影

©[1998] Springer，获许可使用，来自参考文献[4]

① 译者注：此处 x 代表一个变量并用来定义函数。

2.4.3 SMC 方法框架总结

在序贯蒙特卡罗（SMC）方法中，术语“序贯”有两个含义：

一是将联合状态 $\boldsymbol{x}=(x_1,x_2,\ldots,x_d)$展开成分量，如本书 2.4.1 节中的自避游走。

二是像在本书 2.4.2 节的粒子滤波器中那样随时间更新 $\boldsymbol{x}_t$。

SMC/SIS 的设计中存在以下两个问题。

（1）试验概率的选择。例如，在粒子滤波中，

$$p(\boldsymbol{x}_{t+1}|\mathcal{Z}_{t+1})=\int_{\boldsymbol{x}_t}p(z_{t+1}|\boldsymbol{x}_{t+1})p(\boldsymbol{x}_{t+1}|\boldsymbol{x}_t)p(\boldsymbol{x}_t|\mathcal{Z}_t)\mathrm{d}\boldsymbol{x}_t$$

我们可以利用以下方式产生粒子：

一是数据驱动方法，从 $p(z_{t+1}|\boldsymbol{x}_{t+1})$ 采样（通过检测跟踪）。这种方法在处理目标丢失时很重要。

二是动态驱动方法，从 $p(\boldsymbol{x}_{t+1}|\boldsymbol{x}_t)p(\boldsymbol{x}_t|\mathcal{Z}_t)$ 采样并根据证据 $p(z_{t+1}|\boldsymbol{x}_{t+1})$ 重新加权。

更好的选择是同时使用数据驱动和动态驱动的方法作为不同的通道来生成粒子，这些通道可以根据每个时间步骤的数据质量相互完成。

（2）如何重新激活样本——巩固、丰富和重采样 / 重加权。

例 2-3　在自避游走中，假设我们有一个长度为 n 的部分样本 $\boldsymbol{x}^{(j)}$，其中 n 足够大，试验概率为 $g_1(\boldsymbol{x}^{(j)})=\dfrac{1}{k_1}\dfrac{1}{k_2}\cdots\dfrac{1}{k_n}$，非常小。$\omega^{(j)}=k_1,\ldots,k_n$ 参与最终求和，而且非常大。一个想法是对 $\boldsymbol{x}^{(j)}$ 产生 k 个副本，每个副本具有 $\dfrac{1}{k}\omega^{(j)}$ 的权重。这等价于改变提议概率 $g(\boldsymbol{x})$，使 $g(\boldsymbol{x}^{(j)})$ 是原来的 k 倍。

例 2-4　类似地，在粒子滤波中，我们可以使用包含强样本的重复副本的等权重集 $\hat{S}=\{(\hat{\boldsymbol{x}}^{(j)},\omega^{(j)}),j=1,\ldots,m\}$ 来重新采样加权样本集 $S=\{\boldsymbol{x}^{(j)},j=1,\ldots,m\}$，以便在下一步中使强样本产生更多子代。

在这两个例子中，通过这种重采样方案，方法的性能有了显著提高。

重采样准则。在 SMC 方法中，我们可以通过权重向量 $\boldsymbol{w}=(\omega^{(1)},\ldots,\omega^{(m)})$ 的方差或变异系数来监控样本 $S=\{(\boldsymbol{x}^{(j)},\omega^{(j)}),j=1,\ldots,m\}$。变异系数为

$$\mathrm{CV}(\boldsymbol{w})=\sqrt{\frac{\sum_{j=1}^{m}(\omega^{(j)}-\overline{\omega})^2}{(m-1)\overline{\omega}^2}}$$

当 $\mathrm{CV}(\boldsymbol{w})$ 太大时，$\mathrm{CV}(\boldsymbol{w})>c_0$，因此重采样步骤是必要的。

重加权。当重采样 $S=\{(\boldsymbol{x}^{(j)},\omega^{(j)}),j=1,\ldots,m\}$ 时，我们可能并不总是必须使用权重向量 $\boldsymbol{w}=(\omega^{(1)},\ldots,\omega^{(m)})$ 来按比例产生权重。相反，我们可以选择具有非零元素的任意向量 $\boldsymbol{a}=(a^{(1)},\ldots,a^{(m)}),a_i>0$，并将样本重加权为 $\omega^{*(j)}=\omega^{(j)}/a^{(j)}$。$\boldsymbol{a}$ 的元素的设计，应尽量遵循惩罚冗余样本并鼓励独特样本的原则。

2.5 应用：利用 SMC 方法进行光线追踪

SMC 方法的另一个应用是光线追踪[10]，它在给定作用于某一表面的光源情况下，计算该表面的光照。给定入射光函数 $L_{\mathrm{i}}(\boldsymbol{x},\omega_{\mathrm{i}})$，在点 $\boldsymbol{x}$ 处反射光遵循反射率方程：

$$L_{\mathrm{r}}(\boldsymbol{x},\omega_{\mathrm{r}})=\int_{S^2} f_{\mathrm{r}}(\boldsymbol{x},\omega_{\mathrm{i}}\leftrightarrow\omega_{\mathrm{r}})L_{\mathrm{i}}(\boldsymbol{x},\omega_{\mathrm{i}})\left|\cos(\theta_{\mathrm{i}})\right|\mathrm{d}\sigma(\omega_{\mathrm{i}}) \tag{2-13}$$

式中，f_{r} 是双向反射分布函数（BRDF），S^2 是三维空间中的单位球，σ 是立体角，θ_{i} 是 ω_{i} 与 $\boldsymbol{x}$ 处的表面法线之间的角度。

如果我们只想使用场景中的点，我们也可以将反射率方程写为

$$L_{\mathrm{r}}(\boldsymbol{x}\to\boldsymbol{x}'')=\int_{\mathcal{M}} f_{\mathrm{r}}(\boldsymbol{x}'\leftrightarrow\boldsymbol{x}\leftrightarrow\boldsymbol{x}'')L_{\mathrm{i}}(\boldsymbol{x}'\to\boldsymbol{x})G(\boldsymbol{x}\leftrightarrow\boldsymbol{x}')\mathrm{d}A(\boldsymbol{x}') \tag{2-14}$$

式中，$G(\boldsymbol{x}\leftrightarrow\boldsymbol{x}')=V(\boldsymbol{x}\leftrightarrow\boldsymbol{x}')\dfrac{\cos(\theta_{\mathrm{r}}')\cos(\theta_{\mathrm{i}})}{\|\boldsymbol{x}-\boldsymbol{x}'\|2}$，$A$ 是表面积，θ_{r}' 和 θ_{i} 是 $\boldsymbol{x}\leftrightarrow\boldsymbol{x}'$ 与 $\boldsymbol{x}$ 和 $\boldsymbol{x}'$ 的表面法线之间的角度，如图 2-12 所示。如果 $\boldsymbol{x}$ 和 $\boldsymbol{x}'$ 是相互可见的，则函数 $V(\boldsymbol{x}\leftrightarrow\boldsymbol{x}')$ 为 1，否则为 0。

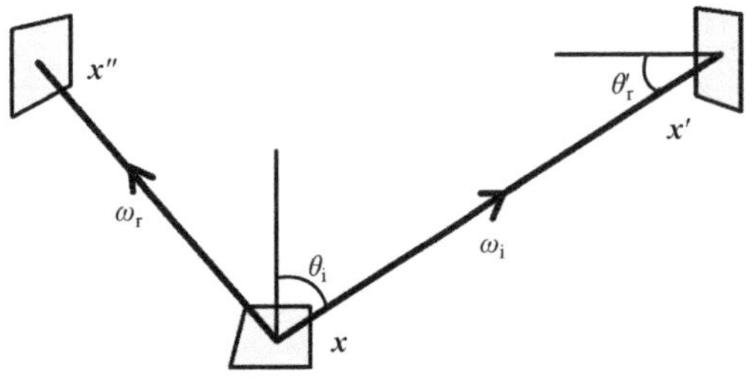

图 2-12　反射率方程的图示

©[1995] ACM，获许可使用，来自参考文献[10]

我们得到了全局光照问题，即寻找满足以下条件的平衡光照分布 L：

$$L(\boldsymbol{x}\to\boldsymbol{x}'')=L_{\mathrm{e}}(\boldsymbol{x}\to\boldsymbol{x}'')+\int_{\mathcal{M}} f_{\mathrm{r}}(\boldsymbol{x}'\leftrightarrow\boldsymbol{x}\leftrightarrow\boldsymbol{x}'')L(\boldsymbol{x}'\to\boldsymbol{x})G(\boldsymbol{x}\leftrightarrow\boldsymbol{x}')\mathrm{d}A(\boldsymbol{x}')$$

式中，发射的光照分布 L_{e} 是给定的。这是三点渲染方程[5]，它可以简写为 $L=L_{\mathrm{e}}+\mathcal{T}L$，其中 $\mathcal{T}$ 是光传输运算符。在弱假设下，解为诺伊曼级数：

$$L=\sum_{i=1}^{\infty}\mathcal{T}^i L_{\mathrm{e}}$$

接下来我们以光泽高光为例进行介绍。

考虑光线追踪问题，即渲染由附近光泽表面上的面光源 S 产生的高光，如图 2-13 所示。有两种显而易见的策略可以使用蒙特卡罗方法来近似反射光照，即分别使用式（2-13）和式（2-14）。对于这两种策略，我们使用重要性采样，其中样本 $x_1,\ldots,x_n$ 是从分布 $p(x)$ 获得的。积分可近似为

$$\int_{\Omega} f(x)\mathrm{d}\mu(x)\approx\frac{1}{n}\sum_{i=1}^{n}\frac{f(x_i)}{p(x_i)}$$

通过区域采样，我们随机选择表面上的点来对式（2-14）进行近似。例如，可以相对于表面面积或发射功率在光源 S 上均匀地选择这些点。

通过定向采样，我们使用方向 ω_{i} 的随机样本来对式（2-13）进行近似。通常选择与 $f_{\mathrm{r}}(\boldsymbol{x}\omega_{\mathrm{i}}\leftrightarrow\omega_{\mathrm{r}})$ 或 $f_{\mathrm{r}}(\boldsymbol{x}\omega_{\mathrm{i}}\leftrightarrow\omega_{\mathrm{r}})|\cos(\theta_{\mathrm{i}})|$ 成比例的 $p(\omega_{\mathrm{i}})\mathrm{d}\sigma(\omega_{\mathrm{i}})$。

图 2-13 显示了使用不同采样方法得到渲染的例子。场景包含四个不同半径和颜色的球面光源，以及顶上的聚光灯。所有球面光源发出相同的总功率。场景中还有四个不同表面

粗糙度的光亮矩形板，这些矩形板被倾斜以使得反射光源可见。给定一个照射到光滑表面的观测光线，图 2-13 中的（a）、（b）和（c）使用不同的技术进行高光计算。所有图像均为 500 × 450 像素。MC 技术是：

（1）区域采样，如图 2-13（a）所示。每个像素 4 个样本，在每个光源的方向锥内均匀地选择样本方向 ω_{i}（相对于立体角）。

（2）定向采样，如图 2-13（b）所示。每个像素 4 个样本，以与 BRDF $f_{\mathrm{r}}(\boldsymbol{x}\omega_{\mathrm{i}} \leftrightarrow \omega_{\mathrm{r}}) \cdot \mathrm{d}\sigma(\omega_{\mathrm{i}})$成比例的概率选择方向 ω_{i}。

（3）启发式使用 $\beta = 2$ 的幂来计算来自（a）和（b）的样本的加权组合，如图 2-13（c）所示。

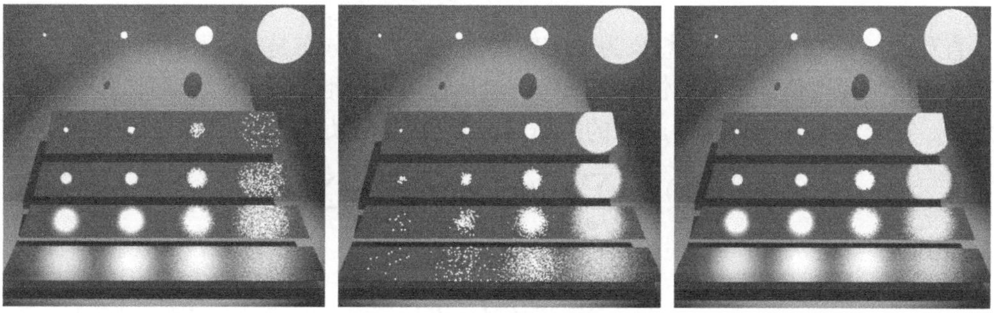

(a) 区域采样　　(b) 定向采样　　(c) 来自 (a) 和 (b) 的样本加权组合

图 2-13　面光源的光泽高光采样

©[1995] ACM，获许可使用，来自参考文献[10]

光滑的 BRDF 是冯模型（Phong model）的一个对称的、节能的变体。冯指数（Phong exponent）指数为 $n = 1/r - 1$，其中 $r \in (0, 1)$是表面粗糙度参数。光滑表面也具有小的扩散成分。

2.6 在重要性采样中保持样本多样性

2.6.1 基本方法

为了简化表示，我们用 $p(\boldsymbol{x})$ 表示空间 Ω 中的一个任意分布。对于利用贝叶斯推理的图像分割问题，我们观察到 $p(\boldsymbol{x})$ 有两个重要的性质。

（1）$p(\boldsymbol{x})$ 具有很大数量的局部最大值（在统计学中称为众数）。一个重要众数对应于图像的一个确切的解释，并且众数周围的云包含区域边界或模型参数的局部小扰动。这些 $p(\boldsymbol{x})$ 的重要众数表示为 $\boldsymbol{x}_i$，其中 $i = 1,2,\ldots$，由于维度高，它们可以很好地彼此分离。

（2）每个众数 $\boldsymbol{x}_i$ 具有权重 $\omega_i = p(\boldsymbol{x}_i)$，其能量被定义为 $E(\boldsymbol{x}_i) = -\log p(\boldsymbol{x}_i)$。这些众数的能量均匀分布在一个宽阔的范围$[E_{\min}, E_{\max}]$内，如[1000, 10000]。例如，通常具有其能量差为 500 阶或更大阶的解（或局部极大值）。因此，它们的概率（权重）在 e^{-500} 阶上不同，我们的感知对那些“平凡的”局部众数感兴趣！

保持样本多样性是维持概率分布众数的重要问题。维持概率的众数是很重要的，如对保持图 2-14 中图像解释的模糊性。

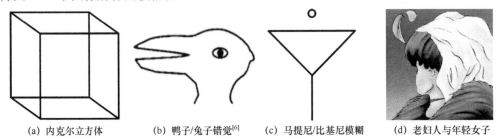

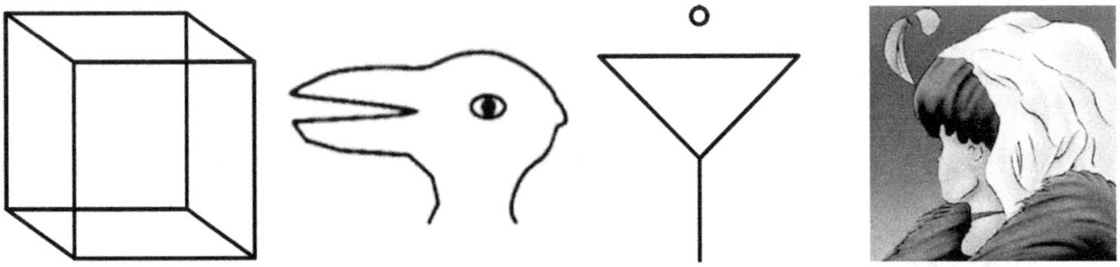

(a) 内克尔立方体　(b) 鸭子/兔子错觉[6]　(c) 马提尼/比基尼模糊　(d) 老妇人与年轻女子

图 2-14　不同的图像有多种解释

直观上，将 Ω 中的 $p(\boldsymbol{x})$ 想象为像宇宙的质量一样的分布是很有用的。每颗星都是质量密度的局部极大值。重要的恒星和成熟的星体彼此很好地分开，它们的质量可以相差许多量级。这个比喻将我们引向 $p(\boldsymbol{x})$ 的高斯混合表示。对于足够大的 N，我们有

$$p(\boldsymbol{x})=\frac{1}{\omega}\sum_{j=1}^{N}\omega_j G(\boldsymbol{x}-\boldsymbol{x}_j,\sigma_j^2),\quad \omega=\sum_{j=1}^{N}\omega_j$$

我们用

$$S_o=\{(\omega_j,\boldsymbol{x}_j),\ j=1,2,\dots,N\}$$

表示加权粒子（或众数）的集合。因此，我们的任务是从 S_o 中选择一组 $K \ll N$ 的粒子 S。我们定义从 S 的索引到 S_o 的索引的映射为

$$\tau:\{1,2,\dots,K\}\to\{1,2,\dots,N\}$$

因此

$$S=\{(\omega_{\tau(i)},\boldsymbol{x}_{\tau(i)});i=1,2,\dots,K\}$$

通过

$$\hat{p}(\boldsymbol{x})=\frac{1}{\alpha}\sum_{i=1}^{K}\omega_{\tau(i)}G(\boldsymbol{x}-\boldsymbol{x}_{\tau(i)},\sigma_{\tau(i)}^2),\ \alpha=\sum_{i=1}^{K}\omega_{\tau(i)}$$

编码了一个非参数模型来近似 $p(\boldsymbol{x})$。我们的目标是计算

$$S^*=\arg\min_{|S|=K}D(p\,\|\,\hat{p})$$

为了简化标记，我们假设所有的高斯函数在近似 $p(\boldsymbol{x})$ 时具有相同的方差，即 $\sigma_j=\sigma$，$j=1,2,\dots,N$。按照我们的比喻，所有“星星”具有相同的体积，但重量不同。利用 $p(\boldsymbol{x})$ 的两个性质，我们可以按照以下方式近似计算 $D(p\,\|\,\hat{p})$。我们从观察高斯分布的 KL 散度开始。

设 $p_1(\boldsymbol{x})=G(\boldsymbol{x}-\mu_1;\sigma^2)$ 和 $p_2(\boldsymbol{x})=G(\boldsymbol{x}-\mu_2;\sigma^2)$ 是两个高斯分布，我们很容易得到

$$D(p_1\,\|\,p_2)=\frac{(\mu_1-\mu_2)^2}{2\sigma^2}$$

我们将解空间 Ω 划分为不相交的域：

$$\Omega=\bigcup_{i=1}^{N}D_i,\ D_i\cap D_j=\varnothing\text{且}\forall i\neq j$$

式中，D_i 是一个域，其中 $p(\boldsymbol{x})$由粒子$(\omega_i,\boldsymbol{x}_i)$，$i\in\{1,\dots,N\}$决定。这样划分的原因是 S 中的粒子在高维空间中彼此远离，并且它们的能量基于本节开头描述的两个性质而显著变化。在每

个域内，可以合理地假设 $p(\boldsymbol{x})$ 由混合项中的一个项支配，而其他 $N-1$ 项是可以忽略的。

$$p(\boldsymbol{x}) \approx \frac{\omega_i}{\omega} G(\boldsymbol{x}-\boldsymbol{x}_i;\sigma^2),\quad \boldsymbol{x}\in D_i \text{且} i=1,2,\ldots,N$$

D_i 远大于 σ^2，在空间中移除 $N-K$ 个粒子后，它由一个在 S 中选择的附近的粒子主导。

我们定义第二个映射函数

$$c:\{1,2,\ldots,N\}\to\{1,2,\ldots,K\}$$

使 D_i 中的 $\hat{p}(\boldsymbol{x})$ 由粒子 $\boldsymbol{x}_{\tau(c(i))}\in S_k$ 主导，且

$$\hat{p}(\boldsymbol{x}) \approx \frac{\omega_{c(i)}}{\alpha} G(\boldsymbol{x}-\boldsymbol{x}_{\tau(c(i))};\sigma^2),\ \boldsymbol{x}\in D_i \text{且} i=1,2,\ldots,N$$

直观上，N 个区域被划分为 K 个组，每个组由 S_K 中的一个粒子支配。因此我们可以将 $D(p\,\|\,\hat{p})$ 近似为

$$\begin{aligned}
D(p\,\|\,\hat{p}) &= \sum_{n=1}^{N}\int_{D_n} p(\boldsymbol{x})\log\frac{p(\boldsymbol{x})}{\hat{p}(\boldsymbol{x})}\mathrm{d}\boldsymbol{x} \\
&= \sum_{n=1}^{N}\int_{D_n}\frac{1}{\omega}\sum_{i=1}^{N}\omega_i G(\boldsymbol{x}-\boldsymbol{x}_i;\sigma^2)\log\frac{\frac{1}{\omega}\sum_{i=1}^{N}\omega_i G(\boldsymbol{x}-\boldsymbol{x}_i;\sigma^2)}{\frac{1}{\alpha}\sum_{j=1}^{k}\omega_{\tau(j)} G(\boldsymbol{x}-\boldsymbol{\mu}_{\tau(j)};\sigma^2)}\mathrm{d}\boldsymbol{x} \\
&\approx \sum_{n=1}^{N}\int_{D_n}\frac{\omega_n}{\omega}G(\boldsymbol{x}-\boldsymbol{x}_n;\sigma^2)\left[\log\frac{\alpha}{\omega}+\log\frac{\omega_n G(\boldsymbol{x}-\boldsymbol{x}_n;\sigma^2)}{\omega_{\tau(c(n))}G(\boldsymbol{x}-\boldsymbol{x}_{\tau(c(n))};\sigma^2)}\right]\mathrm{d}\boldsymbol{x} \qquad (2\text{-}15) \\
&= \sum_{n=1}^{N}\frac{\omega_n}{\omega}\left[\log\frac{\alpha}{\omega}+\log\frac{\omega_n}{\omega_{\tau(c(n))}}+\frac{(\boldsymbol{x}_n-\boldsymbol{x}_{\tau(c(n))})^2}{2\sigma^2}\right] \\
&= \log\frac{\alpha}{\omega}+\sum_{n=1}^{N}\frac{\omega_n}{\omega}\left[(E(\boldsymbol{x}_{\tau(c(n))})-E(\boldsymbol{x}_n))+\frac{(\boldsymbol{x}_n-\boldsymbol{x}_{\tau(c(n))})^2}{2\sigma^2}\right] \\
&= \hat{D}(p\,\|\,\hat{p})
\end{aligned}$$

式（2-15）具有直观的含义。第二项表明每个选定的 $\boldsymbol{x}_{\tau(c(n))}$ 应具有较大的权重 $\omega_{\tau(c(n))}$。第三项包含从 S_0 中的粒子到 S 中粒子的吸引力。因此，该项有助于将 S_k 中的粒子拉开，并且还起到鼓励选择具有较大权重粒子的作用，和第二项一样。

为了证明 $\hat{D}(p\,\|\,\hat{p})$ 到 $D(p\,\|\,\hat{p})$ 的近似的好处，接下来介绍两个实验。

图 2-15（a）显示了一个一维分布 $p(\boldsymbol{x})$，它是 $N=4$ 高斯（粒子）的混合模型。我们索引从左到右的中心 $x_1<x_2<x_3<x_4$。假设我们为 S_K 和 $\hat{p}(\boldsymbol{x})$ 选择 $K=3$ 个粒子。

表 2-1 显示了四种可能的组合中 $p(\boldsymbol{x})$和 $\hat{p}(\boldsymbol{x})$ 之间的距离。表 2-1 中的第二行是 KL 散度 $D(p\,\|\,\hat{p})$，第三行是估计值 $\hat{D}(p\,\|\,\hat{p})$。如果粒子分离良好，那么这个近似就是非常准确的。

两种方法都选择（x_1, x_3, x_4）作为最佳 S。粒子 x_2 虽然比 x_3 和 x_4 具有更高的权重，但是由于它接近 x_1，所以它没有受到 KL 散度的支持。表 2-1 中的第四行显示了 $p(\boldsymbol{x})$和 $\hat{p}(\boldsymbol{x})$ 之间差的绝对值。这个距离支持（x_1, x_2, x_3）和（x_1, x_2, x_4）。相比之下，KL 散度支持彼此分离的粒子，并在尾部获得显著的峰值。

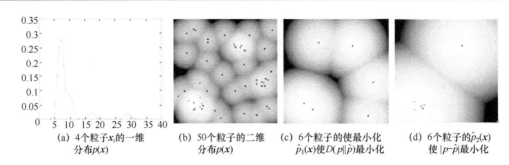

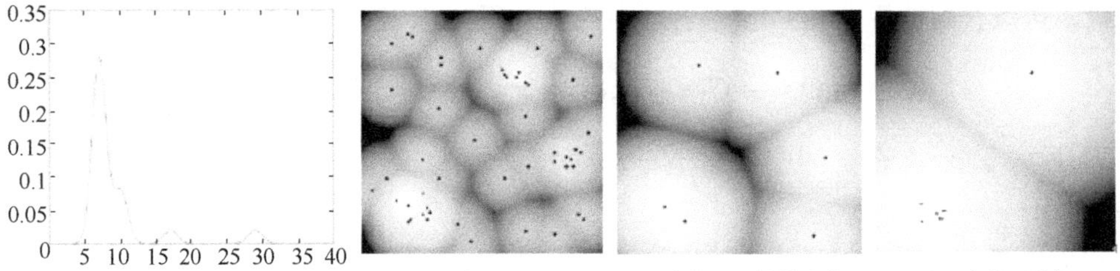

(a) 4个粒子x_i的一维分布$p(x)$　(b) 50个粒子的二维分布$p(x)$　(c) 6个粒子的使最小化$\hat{p}_1(x)$使$D(p\|\hat{p})$最小化　(d) 6个粒子的$\hat{p}_2(x)$使$|p-\hat{p}|$最小化

图 2-15　高斯混合分布

表 2-1　图 2-15（a）中一维分布的不同粒子集 S_3 的 $p(\boldsymbol{x})$ 和 $\hat{p}(\boldsymbol{x})$ 之间的距离

S_3	$\{x_1, x_2, x_3\}$	$\{x_1, x_2, x_4\}$	$\{x_1, x_3, x_4\}$	$\{x_2, x_3, x_4\}$
$D(p\|\hat{p})$	3.5487	1.1029	0.5373	2.9430
$\hat{D}(p\|\hat{p})$	3.5487	1.1044	0.4263	2.8230
$\|p-\hat{p}\|$	0.1000	0.1000	0.3500	1.2482

这个想法在图 2-15 中得到了很好的证明。图 2-15（b）显示了 $\log p(\boldsymbol{x}) = -E(\boldsymbol{x})$，为了可视化，它被重新进行了归一化。$p(\boldsymbol{x})$由 $N = 50$ 个粒子组成，粒子中心由黑点表示。能量 $E(\boldsymbol{x}_i)$, $i = 1,2,\ldots,N$ 均匀地分布在区间[0, 100]中。因此它们的权重跟具有的指数阶不同。图 2-15（c）展示了带有 $k = 6$ 个粒子的 $\log \hat{p}(\boldsymbol{x})$，它使得 $D(p\|\hat{p})$ 和 $\hat{D}(p\|\hat{p})$ 最小化。图 2-15（d）显示了最小化绝对值$|p-\hat{p}|$的 6 个粒子。很明显，图 2-15（c）具有更分散的粒子。

2.6.2　Parzen 窗讨论

利用来自 SMC 的 n 个样本来估计密度 $p(\boldsymbol{x})$ 的一个类似方法是 Parzen 窗。对于这种方法，我们假设 $\boldsymbol{x}$ 周围区域的分布具有特定的形式。例如，假设与核函数相似的窗函数 $\phi(\boldsymbol{x})$ 是 d 维超立方体。此函数是一个指示器，如果样本位于以原点为中心的单位超立方体内，则返回值 1，否则返回 0。落入 $\boldsymbol{x}_i$ 周围边长为 ℓ 的立方体中的样本数 S_n 为

$$S_n = \sum_{i=1}^{n} \phi\left(\frac{\boldsymbol{x} - \boldsymbol{x}_i}{\ell}\right)$$

为了把这个计数转换成 $\boldsymbol{x}$ 的分布的估计，我们可以简单除以样本的数目和窗口的体积

$$p_n(\boldsymbol{x}) = \frac{1}{nV} S_n$$

该策略通过允许其他样本的影响随与 $\boldsymbol{x}$ 的接近而增加，来估计 $\boldsymbol{x}$ 的分布。

这是 Parzen 窗的一般框架，实际上我们可以选择任何积分为 1 的非负窗口函数 $\phi(\boldsymbol{x})$。此外，我们可以为不同的样本点选择不同的函数。这意味着可以将分布估计为窗函数的线性组合。根据所选窗口的大小，分布将或多或少地集中起来。

图 2-16 显示了相同数据使用不同大小的高斯窗函数的一系列图示。我们看到，窗口越大，概率函数越平滑。对于小窗口，能级图呈现为一组分离的尖峰。

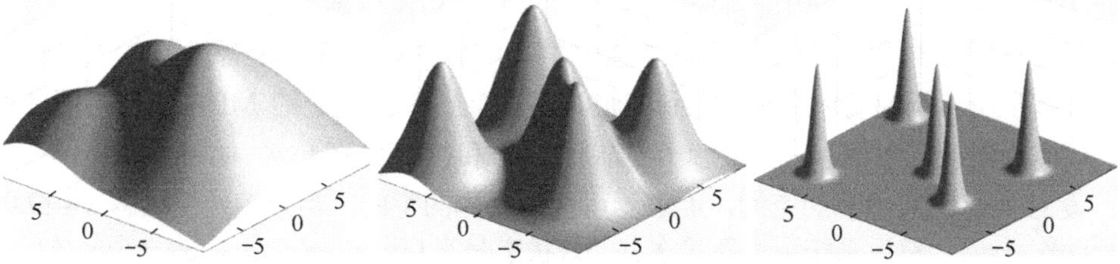

图 2-16　使用 3 种不同窗口大小的 Parzen 窗估计，窗口大小从左向右减小

为了理解这一点，考虑在山地景观中使用相机进行近景拍摄。在远景拍摄时，对应于较小的 ℓ，山是完全可见的，但与图像其余部分的其他特征（湖泊、田地等）相比，山呈现为小而尖锐的峰。另外，当相机对山脉进行放大时，它们开始占据整个画面，山脉整个范围中可见的部分越来越小。山峰之间的山脊的具体细节可能成为焦点，但整体景观更难理解。要想有效地使用这种技术，就需要在这两种想法之间找到平衡点。

为了将这种想法与 SMC 方法结合起来，回想一下我们用分布 $g(\boldsymbol{x})$近似目标概率 $p(\boldsymbol{x})$。样本从 $g(\boldsymbol{x})$中收集，且每个样本根据$\omega(\boldsymbol{x}_i)=\dfrac{p(\boldsymbol{x}_i)}{g(\boldsymbol{x}_i)}$分配权重。对于每一个样本 $\boldsymbol{x}_i$，我们有一个特定的窗函数，比如具有均值$\boldsymbol{x}_i$和方差 v_i的正态分布。那么，$p(\boldsymbol{x})$的 Parzen 窗估计由下式给出：

$$p_n(\boldsymbol{x})=\sum_{i=1}^{n}\omega(\boldsymbol{x}_i)N(\boldsymbol{x}-\boldsymbol{x}_i,v_i)$$

上面的一般 Parzen 窗估计的均值 $\overline{p}_n$ 可以通过式（2-16）计算。

$$\overline{p}_n(\boldsymbol{x})=E[p_n(\boldsymbol{x})]=\frac{1}{n}E\left[\frac{1}{V}S_n\right]=\frac{1}{n}E\left[\sum_{i=1}^{n}\frac{1}{V}\phi\left(\frac{\boldsymbol{x}-\boldsymbol{x}_i}{\ell}\right)\right]\xrightarrow{n\to\infty}\int\frac{1}{V}\phi\left(\frac{\boldsymbol{x}-z}{\ell}\right)p(z)\mathrm{d}z \tag{2-16}$$

正如前面所讨论的，但现在用数学方法来展示，平均值为目标分布与窗口函数的卷积。从渐近的角度看，如果要求 $\lim\limits_{n\to\infty}V=0$，则均值将接近真值。对于方差，因为 $p(\boldsymbol{x})$ 是自变量的和，所以我们可以简单地对每个变量的方差求和并推导得出：

$$\begin{aligned}n\sigma_n^2(\boldsymbol{x})&=n\sum_{i=1}^{n}E\left[\left(\frac{1}{nV}\phi\left(\frac{\boldsymbol{x}-\boldsymbol{x}_i}{\ell}\right)-\frac{1}{n}\overline{p}_n(\boldsymbol{x})\right)^2\right]\\&=n\sum_{i=1}^{n}E\left[\frac{1}{n^2V^2}\phi^2\left(\frac{\boldsymbol{x}-\boldsymbol{x}_i}{\ell}\right)\right]-\overline{p}_n^2(\boldsymbol{x})\\&\xrightarrow{n\to\infty}\frac{1}{V}\int\frac{1}{V}\phi^2\left(\frac{\boldsymbol{x}-z}{\ell}\right)p(z)\mathrm{d}z-\left(\int\frac{1}{V}\phi\left(\frac{\boldsymbol{x}-z}{\ell}\right)p(z)\mathrm{d}z\right)^2\end{aligned} \tag{2-17}$$

这一结果与先前提出的对山地景观的类比一致。方差与窗口 V 的体积高度相关。对于较大体积或等价的较大的 ℓ，每个点的窗函数都是平滑的，并且所得分布的方差是减小的。

2.7　蒙特卡罗树搜索

蒙特卡罗树搜索（MCTS）是马尔可夫决策过程中的一种随机决策过程，其工作原理是预先搜索多个场景，并利用它们为最有希望的即时动作积累支撑。

马尔可夫决策过程（MDP）在用于强化学习的时候，其中一个智能体在环境中执行动作，并且基于所执行的动作不时地得到奖励。在具有当前状态 s 的 MDP 中，智能体执行动作 a，环境达到新状态 s'，其仅依赖于当前状态 s 和执行的动作 a。同时，智能体得到奖励 $R(s')$。设 Ω 表示所有状态的空间，A 表示可能的动作的空间，当系统处于状态 $s\in\Omega$ 时智能体执行动作 $a\in A$，然后系统到达新状态 s'，该状态是来自分布 $p(s'|a,s)$ 的一个样本。

MDP 的例子是诸如双陆棋、国际象棋和围棋之类的游戏，或者探索环境的机器人。杆平衡是另一个例子，其中每次杆倒下时奖励为负，否则为零。

我们的目标是学习在每个状态中采取什么动作以便使期望的奖励最大化。为此，人们希望学习一种策略 $\pi:\Omega\to A$，其中 $\pi(s)$ 表示对一个状态 s 为使期望奖励最大化而采取的最佳动作。在某些情况下使用非确定性策略 $\pi:A\times\Omega\to\mathbb{R}$，其中 $\pi(a|s)$ 表示在状态 s 中采取动作 a 的概率。

基于当前策略 π，从每个状态 s 开始的期望奖励由状态–价值函数 $\upsilon_\pi:\Omega\to\mathbb{R}$ 表示。我们还可以考虑动作–价值函数 $q_\pi:\Omega\times A\to\mathbb{R}$，其中 $q(s,\ a)$表示在状态 s 中采取动作 a 时总的期望奖励。

在动作状态空间 $\Omega\times A$ 是有限的且不是很大的特殊情况下，可以在智能体探索环境时估计状态–价值函数和动作–价值函数，并通过一些动态规划类型的算法，学习到越来越好的策略。然而，在大多数应用中，状态空间太大以至于实际上不可能记住状态–价值函数 $\upsilon_\pi(s)$ 或动作–价值函数 $q_\pi(s,a)$。在这些情况下，可以使用近似方法。

蒙特卡罗树搜索就是这样一种近似方法，它通过探索不同的动作，并基于同时获得的奖励来获得对每个动作的支持，从而从当前状态 s_t 开始估计即时动作–价值函数 $q_\pi(s_t,a)$。请注意，对于所探索的每个状态 s_t，都运行单独的蒙特卡罗树搜索。蒙特卡罗树搜索如图 2-17 所示，它通过估计每个可能的即时动作的预期奖励来决定在当前状态 s_t 中要采取的最佳动作。

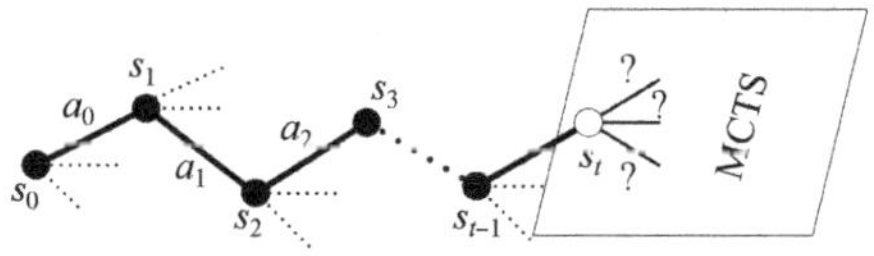

图 2-17　蒙特卡罗树搜索

蒙特卡罗树搜索（MCTS）的不同变体已在许多应用中取得了成功。一个应用是特征选择[3]，其中 MCTS 在 NIPS 2003 特征选择挑战的许多数据集上获得了当时最好的结果。另一个应用是解决量化约束满足问题（QCSP），其中参考文献[1]中描述的改进 MCTS 方法在大规模问题上的性能表现超过了现有最好的 $\alpha-\beta$ 搜索算法。

2.7.1　纯蒙特卡罗树搜索

在当前状态 s_t 下，蒙特卡罗树搜索（MCTS）方法用于构建对最有希望的动作的支持，并决定可能采取的最佳动作。为此，树以当前状态为根进行生长，以最优的动作为直接分支。树是迭代构建的，在每次 MCTS 迭代中，一片叶子被添加到树中，并且更新树策略。

树策略用于引导树到达叶节点。树策略平衡了对新分支的探索和对已存在的树分支的利用。可以使用的树策略有很多，但有一种流行的策略是树的上限置信算法（UCT），在本节末尾将对其进行介绍。从叶节点开始，一种默认策略被用于树搜索，直到一段搜索结束（例如，当达到一个胜利 / 失败状态时）。

每个 MCTS 的迭代过程可以分解成四部分，如图 2-18 所示。

（1）选择，如图 2-18（a）所示。在这个阶段，树策略是根据已知的获胜机会对最有希望的状态进行随机采样，直到到达具有未访问子节点的节点 L。

（2）扩张，如图 2-18（b）所示。除非搜索在节点 L 处结束，否则用一个或多个子节点（基于可能的动作）来扩张节点，并且随机选择一个子节点 C。

（3）模拟，如图 2-18（c）所示。使用从状态 C 开始的默认策略来搜索，直到达到结果（例如搜索结束）。

（4）反向传播，如图 2-18（d）所示。结果用于更新从叶节点 C 到根的路径上的获胜计数（树策略）。

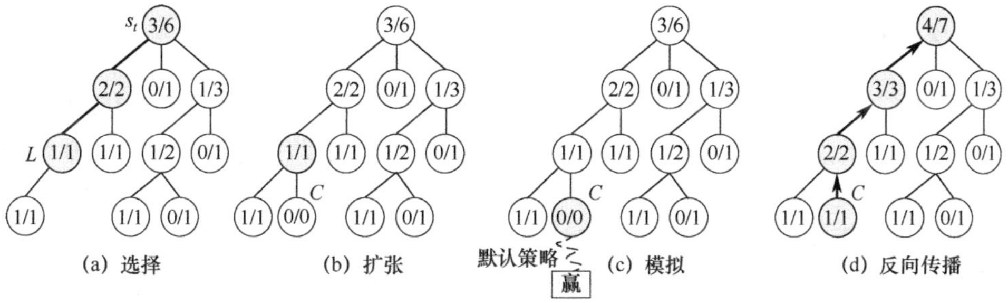

图 2-18　蒙特卡罗树搜索迭代的四部分

这四部分在 MCTS 的每次迭代中执行，并且迭代次数取决于计算上限。当达到计算上限时，搜索终止，并且使用最新的树策略来决定在根节点 s_t 处采取的最佳动作。在采取该动作之后，新状态为 s_{t+1}，并且以 s_{t+1} 作为根节点再次执行 MCTS。用 s_t 作为根节点生长的树可以被丢弃，但更好的是，具有根 s_{t+1} 的子树可以被重新用于新的 MCTS。

观察到在每次 MCTS 迭代中，至少有一个节点被添加到树中，并且根节点处的总计数递增 1。通过这种方式，在多次迭代之后，根节点的子节点处的总计数很高，因此在估计这些子节点中的每一个期望奖励时将获得越来越高的准确性。

对于每个树节点 v，两个值需要保持：节点已被访问的次数 $N(v)$ 和经过节点的模拟量（playout）[①]的总奖励 $Q(v)$。比率 $Q(v)/N(v)$ 就是经过节点 v 模拟量的期望奖励的近似值。

$N(v)$ 和 $Q(v)$ 的值用于定义树策略，它们因此随着树的增长而变化。最受欢迎的树策略之一是树的上限置信算法（UCT）。它旨在平衡对未访问子节点的探索和对已访问子节点的利用（再访）。

根据 UCT，对于每个树节点 v，选择子节点 j 来进行最大化：

① 译者注：围棋里的一个 playout，是指从当前盘面开始，经过一次快速模拟走子直到终局，获得一个胜负结果的过程。

$$\mathrm{UCT}(j)=\frac{Q(j)}{N(j)}+c\sqrt{\frac{2\ln N(v)}{N(j)}} \tag{2-18}$$

式中，$c>0$ 是常数。注意，如果$N(j)=0$，则$\mathrm{UCT}(j)=\infty$，因而在进一步探索已访问的子节点之前，必须访问所有未访问的子节点。所以，UCT 是一种广度优先搜索策略。

当达到计算上限时，可根据参考文献[7]中描述的下列标准之一来选择要采取的最佳行为：

（1）最大子节点。选择最高估计奖励的子节点。

（2）稳健子节点。选择访问量最多的子节点。

（3）最大-稳健子节点。选择同时访问最多和最高奖励的子节点。如果没有这样的子节点存在，MCTS 将继续进行，直到达到最高奖励的子节点的最低访问次数。

（4）安全子节点。选择最大化置信下限的子节点。

MCTS 有许多变体，包括多树策略、学习策略等。关于 MCTS 方法和应用的全面讲解可以参考文献[2]。

2.7.2 AlphaGo

AlphaGo[8]是对 MCTS 的修改，以适用于玩围棋游戏。围棋是一种比国际象棋更具挑战性的游戏，因为所有可能的游戏空间大小具有 $250^{150} \approx 2^{1200}$（每种配置约 250 个可能的走法，总游戏长度约为 150）的数量级，而国际象棋的空间大小为 $35^{80} \approx 2^{410}$ 的数量级。搜索空间的庞大规模使得穷尽搜索最佳走法不可行。除了较大的搜索空间，一个可能更大的挑战是很难找到一个好的状态值函数，而该状态值函数用于评估任意位置的获胜机会。

由于纯 MCTS 的广度优先搜索特性以及从每个位置大量的可能走法，直接应用 MCTS 是不合适的。由于这些原因，作者采用了基于学习的策略来减小游戏的广度（从当前配置可能的走法的空间）和每个走法评估的深度。

通过使用树策略来减小游戏的广度，该策略在给定当前配置的情况下估计下一个棋子的最有希望的位置 a。通过利用一个学习到的价值函数 $V(s)$来评估从状态 s 中获胜的机会，每个可能走法的评估深度也降低了。

为了描述策略和价值函数，我们首先需要描述在 AlphaGo MCTS 策略和价值函数中使用的三个学习策略网络——$p_\sigma(a|s)$、$p_\rho(a|s)$、$p_\pi(a|s)$，以及一个价值网络$v_\theta(s)$。

（1）策略网络$p_\sigma(a|s)$从 16 万个游戏和大约 3000 万个棋盘走法中，以有监督方式学习得到。基于从当前配置 s 中提取的大量特征，该模型建立了一个 13 层的卷积神经网络（CNN）。

（2）通过增加更多的训练数据，策略网络被进一步改进。这些训练数据是在当前策略网络与旧的策略网络自我博弈下产生的。这样就得到了一个改进的策略网络$p_\rho(a|s)$。

（3）默认（快速模拟走子）策略$p_\pi(a|s)$也被训练为扩展特征集上的线性模型。快速模拟走子策略比策略网络快约 1000 倍，并用于蒙特卡罗树搜索的模拟步骤。

（4）价值网络$v_\theta(s)$也被训练为 CNN，使用与策略网络$p_\sigma(a|s)$相同的特征，再加上一个表示当前玩家颜色的特征。为了避免过拟合，训练数据由 3000 万组配置组成，这些

配置是通过独立游戏的自我对弈得到的。使用快速模拟走子策略 $p_\pi(a|s)$，价值网络 $v_\theta(s)$ 获得比蒙特卡罗快速模拟走子更好的位置评价准确度，并且与使用策略网络 $p_\rho(a|s)$ 的蒙特卡罗快速模拟走子相当，但快 15000 倍。

对于 MCTS，树的每个边 (s,a) 都存储了 MCTS 模拟上的访问计数 $N(s,a)$、动作价值 $Q(s,a)$ 和先验概率 $P(s,a)=p_\sigma(a|s)$。然后，MCTS 以下列步骤进行。

（1）选择：游戏通过在配置 s 处选择动作

$$a_t = \underset{a}{\operatorname{argmax}}[Q(s,a)+u(s,a)] \tag{2-19}$$

来玩，直到到达叶子节点 s_L，其中 $u(s,a) \propto P(s,a)/(1+N(s,a))$。

（2）扩张：除非游戏在叶子节点 s_L 处结束，否则叶子节点通过合理的走法 a 进行扩张，并计算、存储先验概率 $P(s_L,a)=p_\sigma(a|s_L)$。

（3）模拟：使用从节点 s_L 开始直到游戏结束的快速策略 $p_\pi(a|s)$，游戏通过蒙特卡罗快速模拟走子来玩，获得输出结果 z_L。s_L 的值计算如下：

$$V(s_L)=(1-\lambda)v_\theta(s_L)+\lambda z_L \tag{2-20}$$

（4）反向传播：游戏结果 z_L 用于更新从叶子节点 s_L 到根部路径上的访问次数 $N(s,a)$ 和动作价值 $Q(s,a)$，如式（2-21）所示。

在 n 次 MCTS 模拟之后，访问次数和动作价值为

$$\begin{aligned} N(s,a) &= \sum_{i=1}^{n}\mathbf{1}(s,a,i) \\ Q(s,a) &= \frac{1}{N(s,a)}\sum_{i=1}^{n}\mathbf{1}(s,a,i)V(s_L^i) \end{aligned} \tag{2-21}$$

式中，s_L^i 是在模拟 i 中到达的叶子节点；$\mathbf{1}(s,a,i)$ 是二值指示器，指示是否在模拟 i 中遍历了边(s, a)。

我们注意到，与标准的 MCTS 不同，叶子节点的值 $V(s_L)$ 不完全由蒙特卡罗快速模拟走子确定，而是快速模拟走子输出和价值网络 $v_\theta(S_L)$预测的混合。比较 AlphaGo 仅使用价值网络（没有快速模拟走子）或仅使用快速模拟走子的性能，结果表明，快速模拟走子的性能优于价值网络，但是来自式（2-20）且 $\lambda=0.5$ 的组合比两者都好得多。

2015 年 10 月，AlphaGo 以 5∶0 战胜欧洲冠军二段选手樊麾，并于 2016 年 3 月以 4∶1 战胜九段职业选手李世石。随后在 2017 年，AlphaGo 以 3∶0 战胜了世界排名第一的围棋选手柯洁，并被中国围棋协会授予专业九段。

2.8　本章练习

问题 1　重要性采样和有效样本数。在二维平面中，假设目标分布 $\pi(x,y)$ 是对称高斯分布，均值 $\mu=(2,2)$，标准差 $\sigma=1$。假设我们使用近似分布 $g(x,y)$ 作为试验密度，它是一个均值为 $\mu_0=(0,0)$，标准差为 σ_0 的高斯分布，则

$$\pi(x,y)=\frac{1}{2\pi}\mathrm{e}^{-\frac{1}{2[(x-2)^2+(y-2)^2]}},\ g(x,y)=\frac{1}{2\pi\sigma_0}\mathrm{e}^{-1/(2\sigma_0^2)(x^2+y^2)}$$

我们估计变量 $\theta=\int\sqrt{y^2+x^2}\pi(x,y)\mathrm{d}x\mathrm{d}y$。我们比较了重要性采样中三种参考概率的有效性。

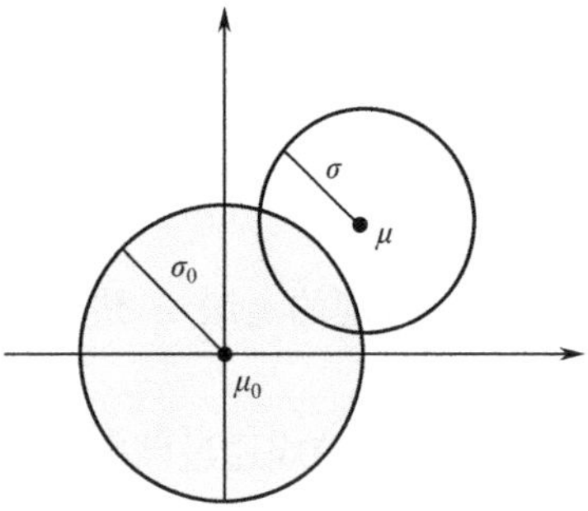

图 2-19　问题 1 的图

步骤 1，计算 $\hat{\theta}_1$：通过直接从 $\pi(x, y)$采样 n_1 个样本来估计 θ。由于这两个维度是独立的，因此可以从一维边缘高斯中对 x 和 y 进行采样。

步骤 2，计算 $\hat{\theta}_2$：通过从 $g(x, y)$采样 n_2 个样本来估计 θ，其中 $\sigma_0=1$。

步骤 3，计算 $\hat{\theta}_3$：通过从 $g(x, y)$采样 n_3 个样本来估计 θ，其中 $\sigma_0=4$。

（1）在一个图中，相对于 n（增加 n 以使它们收敛）绘制 $\hat{\theta}_1,\hat{\theta}_2,\hat{\theta}_3$ 以比较收敛速率。在运行实验之前，请尝试猜测步骤 3 是否比步骤 2 更有效。（可以在几个点 $n=10,100,1000,10000,\dots$ 使用对数图）

（2）估算“有效样本量”的值。我们建议令式（2-6）中的估计量为

$$\mathrm{ESS}(n)=\frac{n}{1+\mathrm{var}_g[\omega]}$$

但我们不确定它有多好。由于步骤 1 中的样本都是直接从目标分布中抽取的“有效”样本，我们使用 $\mathrm{ESS}^*(n_1)=n_1$ 作为真实值，并比较步骤 2 和步骤 3 的有效样本大小，即真实 $\mathrm{ESS}^*(n_2)$ 和 $\mathrm{ESS}^*(n_3)$ 是估计误差达到与步骤 1 的相同水平时的数值。绘制相对于 $\mathrm{ESS}^*(n_2)$ 的 $\mathrm{ESS}(n_2)$和相对于 $\mathrm{ESS}^*(n_3)$ 的 $\mathrm{ESS}(n_3)$，并讨论结果。

问题 2　估计$(n+1)\times(n+1)$栅格中自避游走（SAW）的数量。假设我们总是从位置(0, 0)即左下角开始。我们对变化长度 N 的 SAW $r=(r_1,r_2,\dots,r_N)$ 设计了一个试验（参考）概率 $p(r)$。然后我们从 $p(r)$中采样了 M 个 SAW，并且估计量的计算如下。本章前面内容中已举例说明了一些结果。

在每一步，试验概率 $p(r)$可以选择停止（中断路径）或向左 / 右 / 上 / 下，只要它不与自己相交。每个选项都与概率（读者设计的）相关联，并且这些概率在每一点上的和是 1。

（1）对于 $n=10$（尝试 $M=107$ 到 108），SAW 的总数 K 是多少？说明：一个正方形是 2×2 的栅格且 $n=1$。绘制 K 对 M（在双对数坐标系中）的图示并监督序贯重要性采样（SIS）过程是否已收敛。至少尝试比较 $p(r)$的 3 种不同设计，看看哪种设计更有效。例如，只要正确计算 $p(r)$，就可以多次从之前找到的路径开始。

（2）从(0, 0)开始到(n, n) 结束的 SAW 总数是多少？在这里，读者仍可以使用与上面相同的采样过程，但只需记录成功到达(n, n)的 SAW。这个数字的真值是我们讨论过的：1.5687×10^{24}。

（3）对于（1）和（2）中的每个实验，在直方图中绘制 SAW 的长度 N 的分布（想一想：在计算直方图时是否需要对 SAW 进行加权？）并可视化（打印）你找到的最长 SAW。

本章参考文献

[1] Baba Satomi YJ, Iwasaki A, Yokoo M (2011) Real-time solving of quantified CSPS based on monte-carlo game tree search. In: Proceedings of the twenty-second international joint conference on artificial intelligence.

[2] Browne CB, Powley E, Whitehouse D, Lucas SM, Cowling PI, Rohlfshagen P, Tavener S, Perez D, Samothrakis S, Colton S (2012) A survey of monte carlo tree search methods. IEEE Trans Comput Intell AI Games 4(1):1–43.

[3] Gaudel R, Sebag M (2010) Feature selection as a one-player game. In: International conference on machine learning, pp 359–366.

[4] Isard M, Blake A (1998) Condensation: conditional density propagation for visual tracking. Int J Comput Vis 29(1):5–28.

[5] Kajiya JT (1986) The rendering equation. In: ACM SIGGRAPH computer graphics, vol 20. ACM, Dallas, pp 143–150.

[6] Porway J, Zhu S-C (2011) C^4: exploring multiple solutions in graphical models by cluster sampling. IEEE Trans Pattern Anal Mach Intell 33(9):1713–1727.

[7] Schadd FC (2009) Monte-Carlo search techniques in the modern board game Thurn and Taxis. M.sc, Maastricht University.

[8] Silver D, Huang A, Maddison CJ, Guez A, Sifre L, Van Den Driessche G, Schrittwieser J, Antonoglou I, Panneershelvam V, Lanctot M et al (2016) Mastering the game of go with deep neural networks and tree search. Nature 529(7587):484–489.

[9] Tu Z, Zhu S-C (2002) Image segmentation by data-driven Markov chain monte carlo. IEEE Trans Pattern Anal Mach Intell 24(5):657–673.

[10] Veach E, Guibas LJ (1995) Optimally combining sampling techniques for monte carlo rendering. In: Proceedings of the 22nd annual conference on computer graphics and interactive techniques. ACM, pp 419–428.

第 3 章　马尔可夫链蒙特卡罗方法基础

松下问童子，言师采药去。只在此山中，云深不知处。

——贾岛（779—843）

3.1　引言

想象你进入了一个很大的国家公园（在上面的诗中是一座山），你的路径本质上是一个有界空间中的马尔可夫链。你在一个景点驻足的频率正比于它的名气。怎样才能预测你的朋友在某一时刻 t 的位置 x？该位置的不确定性服从分布 $p_t(x)$。

马尔可夫

马尔可夫链蒙特卡罗（MCMC）方法是一种在高维空间中从概率生成无偏样本的通用技术，由在区间[a, b]上的均匀分布中抽取的随机数驱动。概率分布函数 $\pi(x)$ 被设计为马尔可夫链的平稳（不变）概率。物理、化学和经济学中的许多随机系统都可以用 MCMC 来模拟。本章概述了马尔可夫链及其定义属性。此外，还讨论了马尔可夫链唯一平稳分布的存在性定理，并给出了在模拟退火和网页流行度排序中的应用。

3.2　马尔可夫链基础

马尔可夫链是一种随机系统的数学模型，它的状态（离散的或连续的）由转移概率 P 控制。马尔可夫链中的当前状态仅取决于最近的先前状态，例如一阶马尔可夫链：

$$X_t \left| X_{t-1},\ldots,X_0 \sim P(X_t \left| X_{t-1},\ldots,X_0\right.) = P(X_t \left| X_{t-1}\right.)\right.$$

马尔可夫性意味着空间或时间上的“局部性”，例如马尔可夫随机场和马尔可夫链。事实上，离散时间马尔可夫链可以看作马尔可夫随机场（因果和一维）的一种特殊情况。

一个马尔可夫链（MC）通常表示为

$$\mathrm{MC} = (\Omega, \boldsymbol{v}_0, \boldsymbol{K})$$

式中，Ω 是状态空间；$\boldsymbol{v}_0 : \Omega \to \mathbb{R}$ 是状态的初始概率分布；$\boldsymbol{K} : \Omega \times \Omega \to \mathbb{R}$ 是转移概率，也称转移核。

假设 Ω 是可数的（甚至是更理想的状态：有限的），$\boldsymbol{K}$ 是转移概率矩阵 $\boldsymbol{K}(X_{t+1}|X_t)$。在时间 n 处，马尔可夫链的状态将服从如下概率分布：

$$\boldsymbol{v}_n = \boldsymbol{v}_0 \boldsymbol{K}^n$$

例 3-1　假设有一个有限的状态空间，$|\Omega| = N \sim 10^{30}$，转移概率 $\boldsymbol{K}$ 将由 $N \times N$ 的转移矩阵表示：

$$\boldsymbol{K}(X_{t+1} | X_t) = \begin{bmatrix} K_{11} & \cdots & K_{N1} \\ \vdots & \ddots & \vdots \\ K_{1N} & \cdots & K_{NN} \end{bmatrix}_{(N\times N)}$$

转移矩阵通常是稀疏的，但并非总是如此。

因此，在 SMC 方法中我们尝试构造试验概率 $g(x)$，在 MCMC 方法中我们构造转移矩阵 $\boldsymbol{K}(X_{t+1}|X_t)$。因此，有

$$X_n \sim \underbrace{(\cdots)_{(1\times N)}}_{\boldsymbol{v}_n} = \underbrace{(\cdots)_{(1\times N)}}_{\boldsymbol{v}_{n-1}} \begin{bmatrix} K_{11} & \cdots & K_{N1} \\ \vdots & \ddots & \vdots \\ K_{1N} & \cdots & K_{NN} \end{bmatrix}_{(N\times N)}$$

例 3-2　五个家庭。假设一个岛上有五个家庭。流通货币有 1000000 个代币，我们将货币的总数进行归一化处理：值为 1 意味着拥有所有代币。设一个 5×1 的向量 $\boldsymbol{v}_t$ 表示 t 年之后 5 个家庭的财富。每个家庭都会与其他家庭进行商品交易。例如，家庭 1 会用自己收入的 60%从家庭 2 中购买商品，剩下的 40%储蓄起来，依此类推，如图 3-1 所示，图中的 x 为家庭代号。问题：几年后，这笔财富将如何在家庭之间分配？换一种方式提问，假设我们用一种特殊的颜色（例如，红色）标记一个代币，我们想知道，几年后，决定谁拥有这个代币的概率分布是什么。

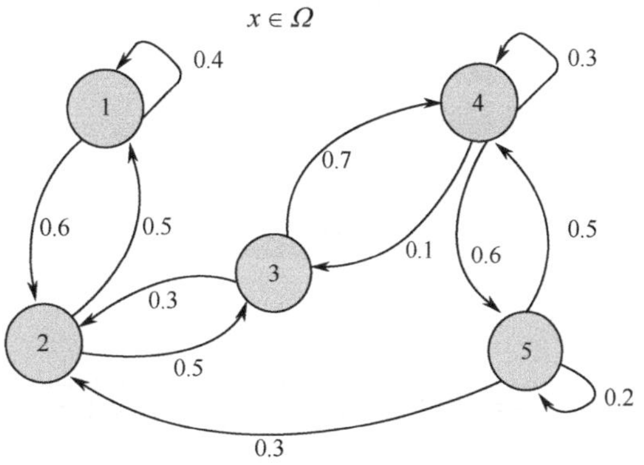

图 3-1　五个家庭的交易图示

我们将其转换为数学模型，用 $\Omega=\{1,2,3,4,5\}$ 表示红色代币的状态空间。转移核为

$$\boldsymbol{K}=\begin{pmatrix}0.4 & 0.6 & 0.0 & 0.0 & 0.0\\ 0.5 & 0.0 & 0.5 & 0.0 & 0.0\\ 0.0 & 0.3 & 0.0 & 0.7 & 0.0\\ 0.0 & 0.0 & 0.1 & 0.3 & 0.6\\ 0.0 & 0.3 & 0.0 & 0.5 & 0.2\end{pmatrix}$$

从不同的初始条件开始，分别计算财富的分配，我们得到表 3-1 中的结果，表中的 A、B 表示两种具有不同初始参数的情况。

表 3-1　在例 3-2 中，当从不同的初始分布开始时，收敛后的最终财富分配情况

年	A					B				
1	1.0	0.0	0.0	0.0	0.0	0.0	0	1.0	0.0	0.0
2	0.4	0.6	0.0	0.0	0.0	0.0	0.3	0.0	0.7	0.0
3	0.46	0.24	0.30	0.0	0.0	0.15	0.0	0.22	0.21	0.42
4	…					…				
5	…					…				
6	0.23	0.21	0.16	0.21	0.17	0.17	0.16	0.16	0.26	0.25
⋮	⋮					⋮				
结果	0.17	0.20	0.13	0.28	0.21	0.17	0.20	0.13	0.28	0.21

在有限状态马尔可夫链的某些条件下，该状态收敛到一个不变概率

$$\lim_{n\to\infty}\boldsymbol{v}_0\boldsymbol{K}^n=\boldsymbol{\pi}$$

在贝叶斯推理中，给定一个目标概率 $\boldsymbol{\pi}$，我们目的是构造一个马尔可夫链核 $\boldsymbol{K}$，使 $\boldsymbol{\pi}$ 是 $\boldsymbol{K}$ 的唯一不变概率。

一般来说，有无限多的 $\boldsymbol{K}$ 具有相同的不变概率。

$$\begin{array}{ccccccccc} X_1 & \to & X_2 & \to & \cdots & \to & X_n & \to & \\ \wr & & \wr & & & & \wr & & \wr \\ \boldsymbol{v}_1 & & \boldsymbol{v}_2 & & \cdots & & \boldsymbol{v}_n & & \boldsymbol{\pi} \end{array}$$

假设给定 Ω 和目标概率 $\boldsymbol{\pi}=(\pi_1,\dots,\pi_N)_{(1\times N)}$，我们的目的是构造 $\boldsymbol{v}_0$ 和 $\boldsymbol{K}$，使得：

（1）$\boldsymbol{\pi K}=\boldsymbol{\pi}$；这是马尔可夫链具有平稳概率 $\boldsymbol{\pi}$ 的必要条件。

（2）快速收敛。通过以下方式可以实现快速收敛：

一是良好的初始概率 $\boldsymbol{v}_0$。

二是良好的转移矩阵 $\boldsymbol{K}$。

通常，由于局部连通性，转移矩阵是稀疏的（几乎处处为零），因为 MCMC 方法移动的新状态通常接近当前状态。但有些特例并非如此，例如本书第 6 章中的 Swendsen-Wang 算法（简称 SW 算法）。

3.3　转移矩阵的拓扑：连通与周期

现在，我们讨论马尔可夫链设计的条件。

1. 随机矩阵

一个必要条件是核矩阵 $\boldsymbol{K}$ 应当是一个随机矩阵，即

$$\sum_{j=1}^{N} K_{ij} = 1,\ \forall i \in \Omega,\ K_{ij} \geqslant 0$$

或以矩阵形式表示：

$$\boldsymbol{K1} = \boldsymbol{1}$$

式中，$\boldsymbol{1}$ 是元素为 1 的 $N\times1$ 向量，即 $\boldsymbol{1} = (1,\cdots,1)^{\mathrm{T}}$。

2. 全局平衡

另一个必要条件是全局平衡：

$$\boldsymbol{\pi K} = \boldsymbol{\pi} \qquad \rightarrow \qquad \sum_{i=1}^{N} \pi_i K_{ij} = \pi_j \qquad\qquad \forall j \in \Omega$$

这个条件可以用细致平衡条件（充分非必要条件）代替：

$$\pi_i K_{ij} = \pi_j K_{ji},\ \forall i, j \in \Omega \tag{3-1}$$

实际上，细致平衡意味着平稳性：

$$\begin{aligned}\boldsymbol{\pi K} &= \sum_i \pi_i K_i = \sum_i \pi_i (K_{i1},\ldots,K_{iN}) \\ &= \sum_i (\pi_1 K_{1i},\ldots,\pi_N K_{Ni}) \\ &= \boldsymbol{\pi}\end{aligned}$$

特别地，全局平衡表示为

$$\sum_i \pi_i K_{ij} = \sum_i \pi_j K_{ji} = \pi_j \sum_i K_{ji} = \pi_j$$

满足细致平衡条件的核被称为可逆核。

回到例 3-2，我们可以推断，全局平衡方程代表了总财富守恒。实际上，家庭 j 收到的总额是 $\sum_i \pi_i K_{ij}$，它等于家庭 j 的财富 π_j，即家庭 j 花费的金额。

在给定 $\boldsymbol{\pi}$ 的情况下，有非常多的方法来构造 $\boldsymbol{K}$。在全局平衡中，我们有 $2N$ 个方程，包含 $N\times N$ 个未知数；在细致平衡中，我们有 $\dfrac{N^2}{2}+N$ 个方程，包含 $N\times N$ 个未知数。

3. 不可约性

如果存在一个步骤 M，使 $(\boldsymbol{K}^M)_{ij} > 0$，其中，

$$i \rightarrow j \qquad\qquad (\boldsymbol{K}^M)_{ij} = \sum_{i_1,\ldots,i_{M-1}} K_{ii_1} \cdots K_{i_{M-1}j} > 0$$

我们说状态 j 从状态 i 可达。如果 i 和 j 相互可达，我们记为 $i\leftrightarrow j$。连通关系 $\leftrightarrow$ 将状态空间划分为不相交的等价（连通）类，即

$$\Omega = \bigcup_{i=1}^{C} \Omega_i$$

定义 3-1　如果马尔可夫链的转移矩阵 $\boldsymbol{K}$ 只有 1 个连通类，则它是不可约的。

例 3-3 不可约的马尔可夫链，如图 3-2 所示。

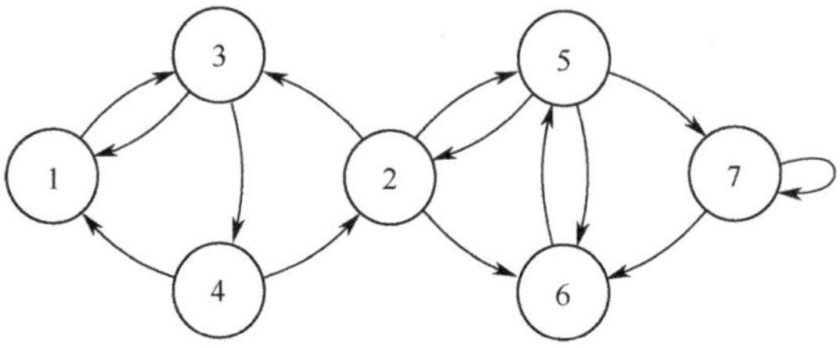

图 3-2 不可约的马尔可夫链

例 3-4 可约的马尔可夫链，如图 3-3 所示。

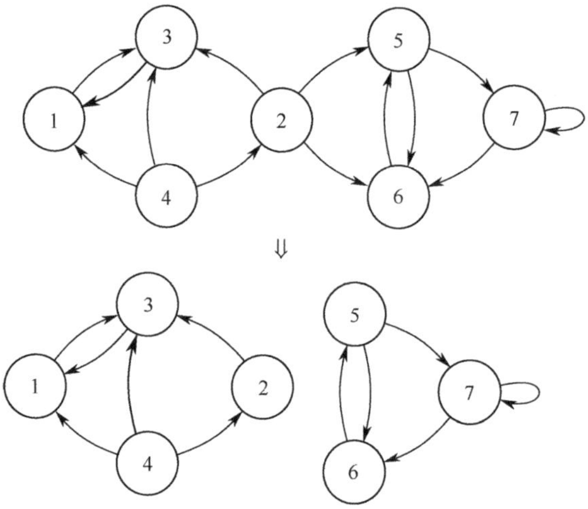

图 3-3 可约的马尔可夫链

一般来说，贪心优化算法有一个可约链，会陷入局部最优。

给定目标分布 $\boldsymbol{\pi}$，理想的转换核是 $\boldsymbol{K}=\begin{pmatrix}\boldsymbol{\pi}\\ \boldsymbol{\pi}\\ \vdots\\ \boldsymbol{\pi}\end{pmatrix}$，无论它从哪里开始，它总是一步收敛。然而，通常很难直接对分布 $\boldsymbol{\pi}$ 进行采样，因此该核在实践中并非很有用。

4. 非周期性

为了定义非周期性，我们首先需要定义一个周期性马尔可夫链。

定义 3-2 对于具有转移矩阵 $\boldsymbol{K}$ 的不可约马尔可夫链，如果存在一个唯一的划分将图 G 分成 d 个循环类：

$$C_1,\ldots,C_d,\quad \sum_{j\in C_k}K_{ij}=1,\quad \forall i\in C_{k-1}$$

则该马尔可夫链具有周期 d。

备注 3-1 在周期性马尔可夫链中，每个循环类内部的状态之间没有连接。转移矩阵是以下形式的分块矩阵：

$\boldsymbol{K}=$ 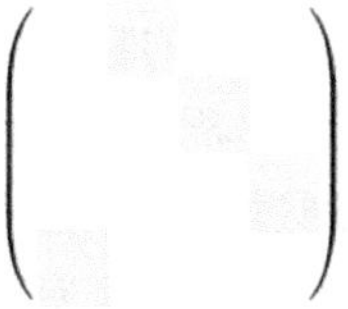

那么，$\boldsymbol{K}^d$ 的转移矩阵可变为对角分块矩阵。

$\boldsymbol{K}^d=$ 

这意味着 $\boldsymbol{K}$ 有一个连通类，但 $\boldsymbol{K}^d$ 有 d 个连通类。

例 3-5　考虑具有以下转移核的马尔可夫链：$\boldsymbol{K}=\begin{pmatrix}0&1&0\\0&0&1\\1&0&0\end{pmatrix}$。

它的周期是 3 并且在三个分布之间交替：(100)→(010)→(001)，如图 3-4 所示。

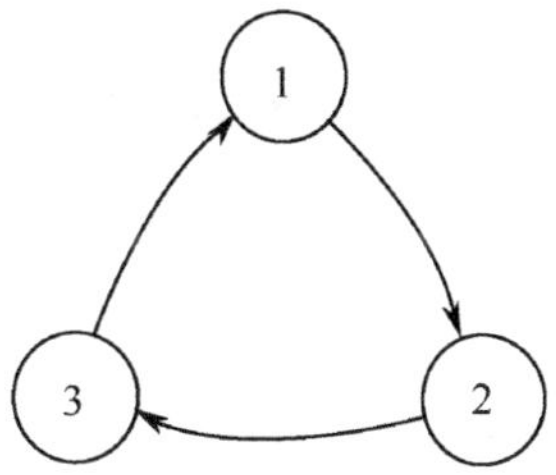

图 3-4　例 3-5 对应的马尔可夫链

定义 3-3　如果具有转移矩阵 $\boldsymbol{K}$ 的不可约马尔可夫链的最大周期 $d=1$，则它是非周期性的。

5. 平稳分布

如果转移核为 $\boldsymbol{K}$ 的马尔可夫链满足 $\boldsymbol{\pi}\boldsymbol{K}=\boldsymbol{\pi}$，则其具有平稳分布 $\boldsymbol{\pi}$。

可能存在许多关于 $\boldsymbol{K}$ 的平稳分布。对于一个马尔可夫链，即使它存在一个平稳分布，也可能并不总收敛于该分布。

例 3-6　考虑具有转移核 $\boldsymbol{K}$ 的马尔可夫链 $\boldsymbol{K}=\begin{pmatrix}0&1&0\\0&0&1\\1&0&0\end{pmatrix}$，$\boldsymbol{\pi}=\begin{pmatrix}\frac{1}{3}&\frac{1}{3}&\frac{1}{3}\end{pmatrix}$是它的一个平稳分布，但它可能永远不会收敛于该分布，如例 3-5 所示。

3.4　Perron-Frobenius 定理

定理 3-1（Perron-Frobenius 定理）　对于任何 $N\times N$ 的本原（不可约的和非周期的）随机矩阵 $\boldsymbol{K}$，$\boldsymbol{K}$ 具有特征值：

$$1=\lambda_1>|\lambda_2|>\ldots>|\lambda_r|$$

及重数 $m_1,\ldots,m_r$，以及左右特征向量 $(\boldsymbol{u}_i,\boldsymbol{v}_i)$，则 $\boldsymbol{u}_1=\boldsymbol{\pi}$、$\boldsymbol{v}_1=\boldsymbol{1}$，且

$$\boldsymbol{K}^n=\boldsymbol{1}\cdot\boldsymbol{\pi}+O\left(n^{m_2-1}\left|\lambda_2\right|^n\right)$$

我们定义其第二大特征值的模 $\lambda_{\text{slem}}=|\lambda_2|$。可以看出，收敛速度取决于 λ_{slem}。

备注 3-2　如果 $\boldsymbol{K}$ 是可约的，并且具有 C 个连通类，则它是一个具有 C 块的分块对角

矩阵。因此，特征值 1 具有至少 C 个不同的特征向量，且 $\boldsymbol{K}$ 不具有唯一不变概率。

备注 3-3 如果 $\boldsymbol{K}$ 是不可约的，但是周期 $d>1$，那么它至少有 d 个模为 1 的不同的特征值，即 d 个单位根。这是因为可以通过归纳来证明它的特征多项式是 $\det(t\boldsymbol{I}-\boldsymbol{K})=\det(t^d\boldsymbol{I}-\boldsymbol{K}_1\cdots\boldsymbol{K}_d)$，其中 $\boldsymbol{K}_1,\ldots,\boldsymbol{K}_d$ 是非零块。$\boldsymbol{K}_1,\ldots,\boldsymbol{K}_d$ 都有特征值 1，所以 $\boldsymbol{U}=\boldsymbol{K}_1\ldots\boldsymbol{K}_d$ 具有特征值 1，因此其特征多项式 $\det(t\boldsymbol{I}-\boldsymbol{U})$ 可被 $t-1$ 整除。因此，$\det(t\boldsymbol{I}-\boldsymbol{K})=\det(t^d\boldsymbol{I}-\boldsymbol{U})$ 可被 t^d-1 整除。

复习

假设 $\boldsymbol{K}$ 是 $N\times N$ 非对称正矩阵，并且具有 N 个特征值。

$$\lambda_1\ \boldsymbol{u}_1\boldsymbol{v}_1\cdots\lambda_N\ \boldsymbol{u}_N\ \boldsymbol{v}_N$$

每个特征值具有相应的左右特征向量。λ、$\boldsymbol{u}$、$\boldsymbol{v}$ 都是复数。

$$\boldsymbol{u}_i\boldsymbol{K}=\lambda_i\boldsymbol{u}_i,\quad \boldsymbol{u}_i:1\times N$$

$$\boldsymbol{K}\boldsymbol{v}_i=\lambda_i\boldsymbol{v}_i,\quad \boldsymbol{v}_i:N\times 1$$

所以

$$\boldsymbol{K}=\lambda_1\boldsymbol{v}_1\boldsymbol{u}_1+\lambda_2\boldsymbol{v}_2\boldsymbol{u}_2+\cdots+\lambda_N\boldsymbol{v}_N\boldsymbol{u}_N$$

$$\boldsymbol{K}\cdot\boldsymbol{K}=\sum_{i=1}^{N}\lambda_i\boldsymbol{v}_i\boldsymbol{u}_i\cdot\sum_{j=1}^{N}\lambda_j\boldsymbol{v}_j\boldsymbol{u}_j=\sum_{\substack{i=1\\j=1}}^{N}\lambda_i\lambda_j\boldsymbol{v}_i\boldsymbol{u}_i\boldsymbol{v}_j\boldsymbol{u}_j,\quad \begin{cases}\text{如果} i\neq j & \boldsymbol{u}_i\boldsymbol{v}_j=0\\ \text{如果} i=j & \boldsymbol{u}_i\boldsymbol{v}_j=1\end{cases}$$

所以

$$\boldsymbol{K}^n=\lambda_1^n\boldsymbol{v}_1\boldsymbol{u}_1+\lambda_2^n\boldsymbol{v}_2\boldsymbol{u}_2+\cdots+\lambda_N^n\boldsymbol{v}_N\boldsymbol{u}_N$$

既然我们有全局平衡：

$$\left.\begin{aligned}\boldsymbol{\pi}\boldsymbol{K}=\boldsymbol{\pi}\quad&\Rightarrow\quad\lambda_1=1,\ \boldsymbol{u}_1=\boldsymbol{\pi}\\ \boldsymbol{K}\mathbf{1}=\mathbf{1}\quad&\Rightarrow\quad\lambda_1=1,\ \boldsymbol{v}_1=\mathbf{1}\end{aligned}\right\}\Rightarrow\lambda_1\cdot\boldsymbol{v}_1\cdot\boldsymbol{u}_1=\begin{pmatrix}\boldsymbol{\pi}\\ \boldsymbol{\pi}\\ \vdots\\ \boldsymbol{\pi}\end{pmatrix}$$

于是

$$\boldsymbol{K}^n=\begin{pmatrix}\boldsymbol{\pi}\\ \boldsymbol{\pi}\\ \vdots\\ \boldsymbol{\pi}\end{pmatrix}+\underbrace{\epsilon}_{\to 0},\quad \text{如果}|\lambda_i|<1,\forall i>1$$

所以当 $n\to\infty$ 时，$\boldsymbol{K}^n$ 逼近理想的核 $\begin{pmatrix}\boldsymbol{\pi}\\ \boldsymbol{\pi}\\ \vdots\\ \boldsymbol{\pi}\end{pmatrix}$。

3.5 收敛性度量

让人比较感兴趣的是概率的全局最优状态 i，即

$$i^*= \operatorname{argmax}\ \pi(x)$$

定义 3-4　给定具有转移核 $\boldsymbol{K}$ 和不变概率 $\boldsymbol{\pi}$ 的马尔可夫链（$x_0,\ldots,x_n,\ldots$），我们定义：

（1）状态 i 的首中时（在有限状态下）：

$$\tau_{\text{hit}}(i) = \inf\{n \geqslant 1; x_n = i, x_0 \sim v_0\}，\quad \forall i \in \Omega$$

$E[\tau_{\text{hit}}(i)]$是由 $\boldsymbol{K}$ 控制的马尔可夫链的 i 的平均首中时。

（2）状态 i 的首次返回时间：

$$\tau_{\text{ret}}(i) = \inf\{n \geqslant 1; x_n = i, x_0 = i\}，\quad \forall i \in \Omega$$

（3）混合时间：

$$\tau_{\text{mix}} = \min_n \left\{ \left\| \boldsymbol{v}_0 \boldsymbol{K}^n - \boldsymbol{\pi} \right\|_{\text{TV}} \leqslant \epsilon, \forall \boldsymbol{v}_0 \right\}$$

式中，全变差（TV）定义为

$$\| \boldsymbol{\mu} - \boldsymbol{v} \|_{\text{TV}} = \frac{1}{2} \sum_{i \in \Omega} |\mu(i) - \nu(i)| = \sum_A (\mu(i) - \nu(i)),\ A = \{i : \mu(i) \geqslant \nu(i), i \in \Omega\}$$

定义 3-5　$\boldsymbol{K}$ 的收缩系数是转移核中任意两行之间的最大全变差（TV）范数，它由下式计算：

$$C(\boldsymbol{K}) = \max_{x,y} \| \boldsymbol{K}(x,\cdot) - \boldsymbol{K}(y,\cdot) \|_{\text{TV}}$$

例 3-7　考虑生活在岛上的五个家庭的马尔可夫核，其中 $\boldsymbol{K}$ 的值与例 3-2 中的值不同。

$$\boldsymbol{K} = \begin{pmatrix} 0.3 & 0.6 & 0.1 & 0.0 & 0.0 \\ 0.2 & 0.0 & 0.7 & 0.0 & 0.1 \\ 0.0 & 0.5 & 0.0 & 0.5 & 0.0 \\ 0.0 & 0.0 & 0.4 & 0.1 & 0.5 \\ 0.4 & 0.1 & 0.0 & 0.4 & 0.1 \end{pmatrix}$$

（1）在图 3-5 左边，我们在二维平面中绘制了五个复特征值，图 3-5 右边是 $\boldsymbol{\mu}_n = \boldsymbol{v} \cdot \boldsymbol{K}^n$ 和不变概率 $\boldsymbol{\pi}$ 之间的 TV 范数和 KL 散度。不变概率是 $\boldsymbol{\pi} = (0.1488,\ 0.2353,\ 0.2635,\ 0.2098,\ 0.1427)$。第二大特征值满足 $\lambda_{\text{slem}} = \|\lambda_2\| = 0.7833$。

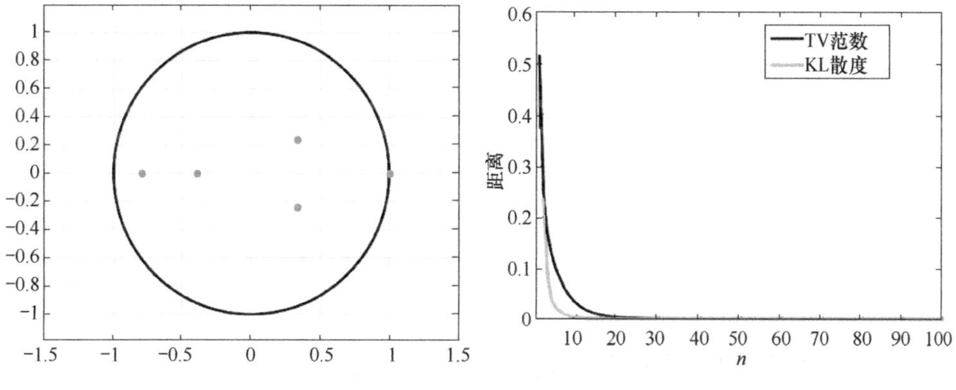

图 3-5　例 3-7 的五个家庭的马尔可夫核

（2）假设我们从初始概率 $\boldsymbol{v} = (1,\ 0,\ 0,\ 0,\ 0)$开始，即我们确定初始状态是在 $x_0 = 1$ 时。因此，在第 n 步，马尔可夫链状态服从分布 $\boldsymbol{\mu}_n = \boldsymbol{v} \cdot \boldsymbol{K}^n$。我们使用 TV 范数计算 $\boldsymbol{\mu}_n$ 和 $\boldsymbol{\pi}$ 之间

的距离：

$$d_{\mathrm{TV}}(n)=\|\boldsymbol{\pi}-\boldsymbol{\mu}_n\|_{\mathrm{TV}}=\frac{1}{2}\sum_{i=1}^{5}|\pi(i)-\mu_n(i)|$$

或者 KL 散度：

$$d_{\mathrm{KL}}(n)=\sum_{i=1}^{5}\pi(i)\log\frac{\pi(i)}{\mu_n(i)}$$

图 3-5 右边显示了前 100 步的两个距离 $d_{\mathrm{TV}}(n)$和 $d_{\mathrm{KL}}(n)$。

（3）我们计算 $\boldsymbol{K}$ 的收缩系数。注意收缩系数是转移核中任意两行之间的最大 TV 范数：

$$C(K)\ =\ \max_{x,y}\ \|K(x,\cdot)-K(y,\cdot)\|_{\mathrm{TV}}$$

我们可以证明：

$$\|\boldsymbol{v}_1\cdot\boldsymbol{K}-\boldsymbol{v}_2\cdot\boldsymbol{K}\|_{\mathrm{TV}}\leqslant C(\boldsymbol{K})\|\boldsymbol{v}_1-\boldsymbol{v}_2\|_{\mathrm{TV}}$$

因为$\|\boldsymbol{v}_1-\boldsymbol{v}_2\|_{\mathrm{TV}}\leqslant 1$，如果 $C(\boldsymbol{K})<1$，那么收敛速度的上界为

$$A(n)=C^n(\boldsymbol{K})\geqslant C^n(\boldsymbol{K})\|\boldsymbol{v}_1-\boldsymbol{v}_2\|_{\mathrm{TV}}\geqslant\|\boldsymbol{v}_1\cdot\boldsymbol{K}^n-\boldsymbol{v}_2\cdot\boldsymbol{K}^n\|_{\mathrm{TV}},\forall\boldsymbol{v}_1,\boldsymbol{v}_2 \tag{3-2}$$

对于这个例子，可以看到 $C(\boldsymbol{K})=1$，所以约束不是很有用。

（4）另一个界限——Diaconis-Hanlon 界限为

$$B(n)=\sqrt{\frac{1-\pi(x_0)}{4\pi(x_0)}}\lambda_{\mathrm{slem}}^n\geqslant\|\boldsymbol{\pi}-\boldsymbol{v}\boldsymbol{K}^n\|_{\mathrm{TV}} \tag{3-3}$$

式中，$x_0=1$ 是初始状态，$\pi(x_0)$是 $x=1$ 时的目标概率。在原始比例和对数比例上，图 3-6 显示了实际收敛速度 $d_{\mathrm{TV}}(n)$与 $A(n)$和 $B(n)$的比较，图中纵坐标为 $\boldsymbol{\mu}_n=\boldsymbol{v}\boldsymbol{K}^n$ 和不变概率 $\boldsymbol{\pi}$ 之间的 TV 范数，以及分别来自式（3-2）和式（3-3）的两个界限 $A(n)$和 $B(n)$。图 3-6 的左边是用的原始比例，图 3-6 的右边是用的对数比例。可见，该界限会一直保持，直到达到机器精度。

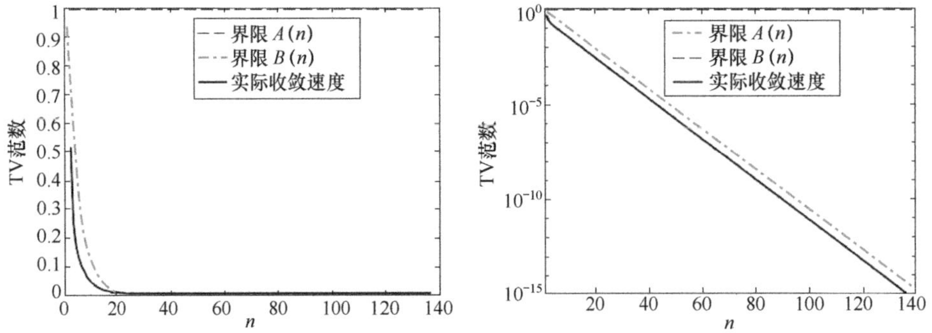

图 3-6 实际收敛速度 $d_{\mathrm{TV}}(n)$与 $A(n)$和 $B(n)$的比较

3.6 连续或异构状态空间中的马尔可夫链

在连续情况下，目标分布 $\pi:\Omega\to\mathbb{R}$ 是一个概率分布函数 $\pi(x)$，转移核是一个条件概率分布函数 $K(x,y)=K(y\mid x)$，所以 $\int_\Omega K(x,y)\mathrm{d}y=1$。

那么对于任何事件 $A \subseteq \Omega$，全局平衡方程都一定满足：

$$\pi K(A) = \int_A \int_\Omega \pi(x) K(x,y) \mathrm{d}x\mathrm{d}y = \int_A \pi(x)\mathrm{d}x = \pi(A)$$

连续情况下的细致平衡方程为

$$\int_A \int_B \pi(x) K(x,y) \mathrm{d}x\mathrm{d}y = \int_A \int_B \pi(y) K(y,x) \mathrm{d}x\mathrm{d}y$$

在实践中，Ω 是由离散 / 有限和连续变量组成的混合 / 异构空间。

例 3-8　考虑 $X=\{N,(x_i, y_i), i=1,\ldots,N\}$ 的异构空间，其中 N 是一个图片中的人数，(x_i, y_i) 是他们的位置。在这种情况下，有许多不同的马尔可夫链过程，如图 3-7 所示。不可约的 MCMC 将具有许多动态过程（子链），例如：

$$\begin{cases} \text{跳跃}\begin{cases}\text{死亡 / 出生} \\ \text{分开 / 合并}\end{cases}\text{过程} \\ \text{扩散} \end{cases}$$

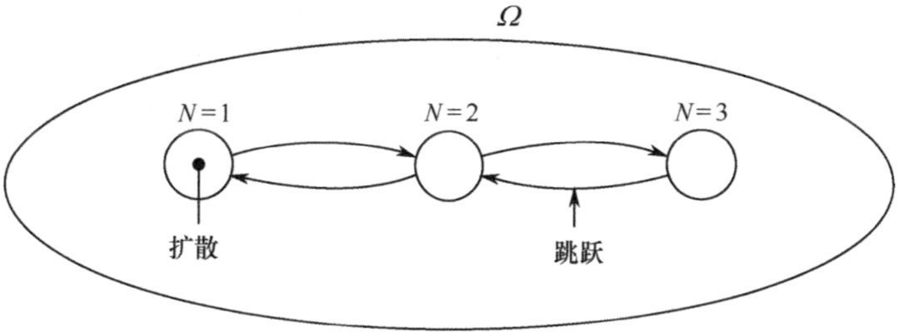

图 3-7　例 3-8 中异构空间的跳跃—扩散过程

3.7　各态遍历性定理

定义 3-6　如果有

$$P(\tau_{\text{ret}}(i) < \infty) = 1$$

状态 i 被称为常返态，否则被称为暂态。其中，$\tau_{\text{ret}}(i)$是返回时间，即从 x 返回到 x 所需的总的步数。

定义 3-7　若状态 i 满足

$$E[\tau_{\text{ret}}(i)] < \infty$$

则称状态 i 是正常返的，否则为零常返的。如果一个马尔可夫链的所有状态都是正常返的，那么这个马尔可夫链就是正常返的。

通常，正常返是具有无限状态的空间的一个条件。

定理 3-2（各态遍历性定理）　对于一个不可约、正常返、具有平稳概率 π 的马尔可夫链，在状态空间 Ω 中，设 $f(x)$ 为具有关于 π 的有限均值的任何实值函数，那么对于任意初始概率，几乎肯定有

$$\lim_{N\to\infty}\frac{1}{N}\sum_{i=1}^{N}f(x_i)=\sum_{x\in\Omega}f(x)\pi(x)=E_{\pi}[f(x)],\ \forall f$$

式中，x_i 是马尔可夫链状态（但不需要是独立同分布的）。

3.8 通过模拟退火进行 MCMC 优化

设计一个 MCMC 算法旨在从后验分布 π 中获得样本 $X\sim\pi$。我们看到在某些条件下（细致平衡、不可约性和非周期性），马尔可夫链不变概率将在老化期后收敛到平稳分布 π。

在运行马尔可夫链时通过缓慢改变平稳分布 π 可以使 MCMC 算法用于优化。假设我们想要最大化函数 $f(x):\Omega\to\mathbb{R}$。我们考虑后验概率：

$$\pi(x;T)=\frac{1}{Z(T)}\exp(-f(x)/T)$$

其依赖于温度参数 T。当 T 很大时，概率 $\pi(x, T)$将具有较小的峰值和局部极大值，使其更容易采样。当 T 非常小时，概率 $\pi(x, T)$将集中在其全局最大值上。温度对概率分布的影响如图 3-8 所示，在温度 $T=10$ 时，概率接近均匀分布，而在 $T=0.3$ 时，全局最优解得以清楚地呈现。

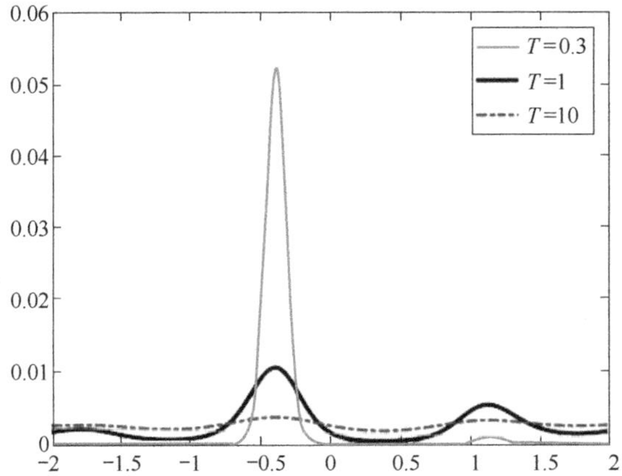

图 3-8 温度对概率分布的影响

Scott Kirkpatrick

退火程序[1]要求在高温下启动马尔可夫链并缓慢降低，直到非常低的温度。该程序的灵感来自在金属或其他材料中产生晶体结构的退火方法。在该过程中，将材料加热至高温直至其熔化，然后缓慢降低温度以允许原子将其自身定位在低能量构型中，产生晶体结构。如果材料冷却太快，会产生裂缝或其他缺陷，如小晶体。如果冷却足够慢，则可以获得具有较少缺陷的较大晶体。

类似地，对于优化，需要选择退火程序，其规定了在马尔可夫链每一步中使用的温度。该程序从较高的 T_0 开始，当 $k\to\infty$ 时减小到 0，即 $\lim_{k\to\infty}T_k=0$。通过退火程序，概率 $\pi(x, T)$变为一个与时间相关的概率 $\pi(x,T_k)$。模拟退火算法见算法 3-1，对于任何 $x \in \Omega$，$N(x)$是在一个马尔可夫链步骤中可从状态 x 到达的可能状态的集合。

算法 3-1 模拟退火

Input：初始解 $x \in \Omega$
　　温度冷却程序 T_k
　　初始温度 $T = T_0 > 0$
　　重复程序 M_k——在每个温度 T_k 下执行的迭代次数
　　设置温度变化计数器 $k = 0$

repeat
　for m=0 到 M_k **do**
　　生成一个解 $x' \in N(x)$
　　计算 $\varDelta_{x,x'} = f(x') - f(x)$
　　if $\varDelta_{x,x'} \leqslant 0$ **then**
　　　$x \leftarrow x'$
　　else
　　　$x \leftarrow x'$，以概率 $\exp(-\varDelta_{x,x'} / T_k)$
　　end if
　end for
　$k = k+1$
until 满足停止标准

基于将上述算法建模为齐次马尔可夫链序列或单个非齐次马尔可夫链，存在两种类型的收敛结果。以下是来自 Mitra[2]的非齐次马尔可夫链的结果。

定理 3-3（Mitra[2]） 一个模拟退火算法具有更新函数：

$$T_k = \frac{\gamma}{\log(k + k_0 + 1)}$$

对于任何参数 $k_0 \geqslant 1$ 且足够大的 γ，与该模拟退火算法相关联的马尔可夫链，无论初始解 $x \in \Omega$ 是什么，都会收敛到一个全局最优解。

在实际中，我们不能花费太久时间去寻找解，实践中采用更快的退火算法，t 线性地甚至呈指数级递减。利用这些算法，优化找到局部最优解，其好坏依赖于退火算法和使用的 MCMC 算法。一些 MCMC 算法，如吉布斯采样器，需要缓慢的退火算法来得到较好的解；而其他算法，如 Swendsen-Wang 切分（简称 SW 切分），则允许更快的冷却算法来得到类似解。

备注 3-4 在许多计算机视觉问题中，寻找 $\pi(x)$的全局最优解可能是 NP−难问题，这意味着不太可能找到一个多项式优化算法。在这些情况下，退火程式必须以对数方式减小 t，从而在相对于问题的大小（如 Ω 的维数）的指数时间内找到全局最优解。

接下来，介绍一个 Page Rank 例子。

作为 MCMC 方法应用的最后一个例子，我们考虑对一组网页的重要性进行排序。考虑一个有向图 $G=\langle V,E\rangle$，其中页面作为节点集合 V，页面链接作为边缘集合 E。对于特定页面 x，考虑以下两个集合：

$$\text{out}(x)=\{w \mid x\to w\in E\},\ \text{in}(x)=\{y \mid y\to x\in E\}$$

为了充分衡量页面的重要性，我们需要考虑其连接的页面的两个特征：

第一，指向 x 的链接是来自具有许多其他链接的页面，还是来自仅显示几个选项的页面？

第二，指向 x 的链接是来自著名的高流量的页面，还是来自个人网站或博客？

第一点表示，对于所有连接到 x 的页面 y，排序度量应该考虑 $|\text{out}(y)|$；而第二点表示页面的重要性 $\pi(x)$，应相对于连接到它的页面的重要性 $\pi(y)$进行递归定义。考虑到这些，我们定义：

$$\pi(x)=\sum_{y\in\text{in}(x)}\frac{\pi(y)}{|\text{out}(y)|}$$

为了从排序网页的这种分布中采样，我们使用具有以下转移概率的 MCMC 方法：

$$K(y,x)=\frac{1}{|\text{out}(y)|}$$

可见，π 确实是这个马尔可夫链的一个平稳分布，因为 K 满足：

$$\sum_{y\in V}\pi(y)K(y,x)=\sum_{y\in\text{in}(x)}\pi(y)K(y,x)=\sum_{y\in\text{in}(x)}\frac{\pi(y)}{|\text{out}(y)|}=\pi(x)$$

虽然这个链的确具有一个平稳分布 π，但它不具有遍历性，因为可能有几个页面不包含链接，除非 G 具有高连通性。由于这个原因，我们引入了概率 α，表示用户在链接中键入并跳转到一个未连接页面的概率。如果有 $N=|V|$个网页，则新的转移概率为

$$K(x,y)=\begin{cases}\dfrac{1-\alpha}{N} & x\to y\notin E\\[2ex] \dfrac{1-\alpha}{N}+\dfrac{\alpha}{|\text{out}(y)|} & x\to y\in E\end{cases}$$

因为无论图形如何连接，这个新链都是不可约的，所以它具有遍历性。

为了证明这一观点，图 3-9 显示了一个个人网站的图表示，图中的转移概率由上面的式子计算。该网站包含 5 个页面：Homepage、About、Projects、Publications 和 Contact。每个页面的链接在表 3-2 中给出。

在所有状态下，用户都可以点击后退按钮返回上一页面并刷新当前页面。用户总是从主页开始，即初始概率为（1, 0, 0, 0, 0）。运行此马尔可夫链，将会通过产生用户访问特定页面的平稳概率，来生成页面的排序。

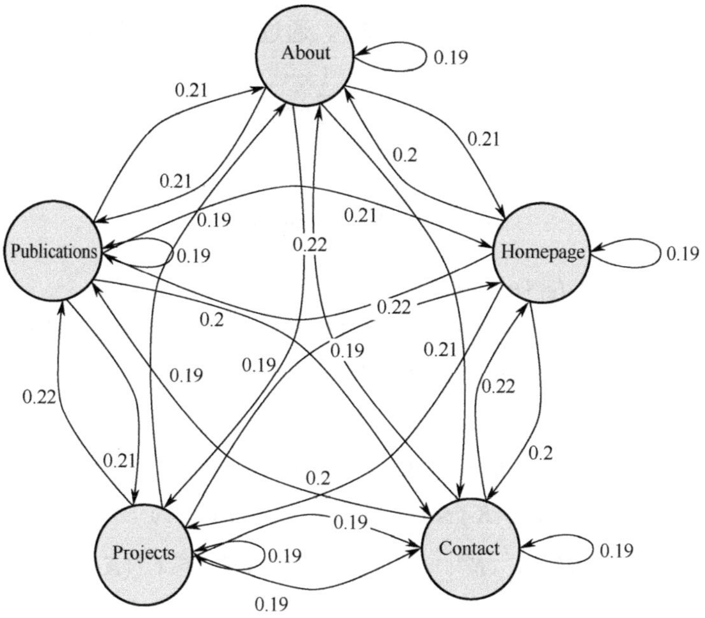

图 3-9　Page Rank 应用的示例图

表 3-2　示例网页中显示的链接

页　面	Homepage	About	Projects	Publications	Contact
链接	About	Homepage	Homepage	Homepage	Homepage
	Projects	Publications	Publications	About	About
	Publications	Contact		Projects	
	Contact				

3.9　本章练习

问题 1　考虑生活在一个岛上的五个家庭的马尔可夫核，其中 $\boldsymbol{K}$ 的值发生了变化，即

$$\boldsymbol{K}=\begin{pmatrix} 0.3 & 0.6 & 0.1 & 0.0 & 0.0 \\ 0.2 & 0.0 & 0.7 & 0.0 & 0.1 \\ 0.0 & 0.5 & 0.0 & 0.5 & 0.0 \\ 0.0 & 0.0 & 0.4 & 0.1 & 0.5 \\ 0.4 & 0.1 & 0.0 & 0.4 & 0.1 \end{pmatrix}$$

（1）计算 5 个特征值，以及它们对应的左右特征向量（可以使用任何软件包）。

- 在二维平面中绘制 5 个特征值（复数），即在单位圆上用点表示（绘制单位圆以供参考）。
- 它的不变概率 $\boldsymbol{\pi}$ 是多少？
- λ_{slem} 的值是多少？

（2）假设从初始概率 $\boldsymbol{v}=(1,0,0,0,0)$开始，即我们确定初始状态是在 $x_0=1$ 时。因此，

在第 n 步，马尔可夫链状态服从分布 $\boldsymbol{\mu}_n=\boldsymbol{v}\cdot\boldsymbol{K}^n$。通过 TV 范数计算 $\boldsymbol{\mu}_n$ 和 $\boldsymbol{\pi}$ 之间的距离：

$$d_{\mathrm{TV}}(n)=\|\boldsymbol{\pi}-\boldsymbol{\mu}_n\|_{\mathrm{TV}}=\frac{1}{2}\sum_{i=1}^{5}|\pi(i)-\mu_n(i)|$$

或 KL 散度：

$$d_{\mathrm{KL}}(n)=\sum_{i=1}^{5}\pi(i)\log\frac{\pi(i)}{\mu_n(i)}$$

绘制前 1000 步的 $d_{\mathrm{TV}}(n)$和$d_{\mathrm{KL}}(n)$ 的曲线。

（3）计算 $\boldsymbol{K}$ 的收缩系数。注意收缩系数是转移核中任意两行之间的最大 TV 范数：

$$C(\boldsymbol{K})=\max_{x,y}\|\boldsymbol{K}(x,\cdot)-\boldsymbol{K}(y,\cdot)\|_{\mathrm{TV}}$$

可以证明：

$$\|\boldsymbol{v}_1\cdot\boldsymbol{K}-\boldsymbol{v}_2\cdot\boldsymbol{K}\|_{\mathrm{TV}}\leqslant C(\boldsymbol{K})\|\boldsymbol{v}_1-\boldsymbol{v}_2\|_{\mathrm{TV}}$$

因为$\|\boldsymbol{v}_1-\boldsymbol{v}_2\|_{\mathrm{TV}}\leqslant 1$，如果 $C(\boldsymbol{K})<1$，则收敛速度的上界为

$$A(n)=\|\boldsymbol{v}_1\cdot\boldsymbol{K}^n-\boldsymbol{v}_2\cdot\boldsymbol{K}^n\|_{\mathrm{TV}}\leqslant C^n(\boldsymbol{K})\|\boldsymbol{v}_1-\boldsymbol{v}_2\|_{\mathrm{TV}}\leqslant C^n(\boldsymbol{K}),\forall\nu_1,\nu_2$$

在 $n=1,\ldots,1000$ 上绘制界限 $C^n(\boldsymbol{K})$ 的曲线。

（4）另一个界限——Diaconis-Hanlon 界限为

$$B(n)=\|\boldsymbol{\pi}-\boldsymbol{v}\boldsymbol{K}^n\|_{\mathrm{TV}}\leqslant\sqrt{\frac{1-\pi(x_0)}{4\pi(x_0)}}\lambda_{\mathrm{slem}}^n$$

式中，$x_0=1$ 是初始状态，$\pi(x_0)$是 $x=1$ 的目标概率。与 $A(n)$和 $B(n)$相比，绘制实际收敛速度 $d_{\mathrm{TV}}(n)$的曲线。

提示：在同一图中绘制三条曲线进行比较，然后绘制第二张图来比较它们的对数图，因为它们是指数速率的。

（5）我们定义了一个新的具有转移核 $\boldsymbol{P}=\boldsymbol{K}^n$ 的马尔可夫链。然后在二维复平面上绘制 $\boldsymbol{P}$ 的 5 个特征值，如在（1）中所做的那样。显示这些特征值在三个阶段 $n=10,100,1000$ 时如何在平面上移动。画出 5 点的轨迹（连接 5 点的移动以显示它们的轨迹）。

打印 $n=1000$ 的矩阵 $\boldsymbol{P}$，看看它是否变成了“理想”的转移核。

问题 2 现在考虑两个以上的转移矩阵：

$$\boldsymbol{K}_1=\begin{pmatrix}0.1&0.4&0.3&0.0&0.2\\0.5&0.3&0.2&0.0&0.0\\0.0&0.4&0.5&0.1&0.0\\0.0&0.0&0.0&0.5&0.5\\0.0&0.0&0.0&0.7&0.3\end{pmatrix},\quad\boldsymbol{K}_2=\begin{pmatrix}0.0&0.0&0.0&0.4&0.6\\0.0&0.0&0.0&0.5&0.5\\0.0&0.0&0.0&0.9&0.1\\0.0&0.2&0.8&0.0&0.0\\0.3&0.0&0.7&0.0&0.0\end{pmatrix}$$

（1）$\boldsymbol{K}_1$ 和 $\boldsymbol{K}_2$ 是不可约或非周期性的吗？

（2）打印出两个矩阵的 5 个特征值和 5 个特征向量。

（3）每个矩阵的不变概率有多少个，是多少？

问题 3 马尔可夫链的返回时间 $\tau_{\mathrm{ret}}(i)$，是马尔可夫链离开状态 i 后返回 i 的最小步数。假设我们在可数的非负数集合 $\Omega=\{0,1,2,\ldots,\}$ 中考虑随机游走。在一步中，马尔可夫链

状态 $x_t=n$ 有 α 的概率增长（如 $x_{t+1}=n+1$）和 $1-\alpha$ 的概率返回到 $x_{t+1}=0$。计算在有限步数内返回状态 0 的概率：

$$P(\tau_{\text{ret}}(0)<\infty)=\sum_{\tau(0)=1}^{\infty}P(\tau(0))$$

计算预期返回时间：

$$E[\tau_{\text{ret}}(0)]$$

问题 4　设 Ω 为具有$|\Omega|=N$个状态的有限状态空间，$\boldsymbol{P}$ 为 Ω 上具有不变概率 $\boldsymbol{\pi}$ 的 $N\times N$ 马尔可夫核。（注意，$\boldsymbol{P}$ 服从全局平衡方程，不一定是细致平衡方程）。我们定义一个反向链，它的核 $\boldsymbol{Q}$ 是一个满足以下方程的随机矩阵：

$$\pi(x)\,Q(x,y)=\pi(y)\,P(y,x),\ \ \forall x,y$$

这表明 $\boldsymbol{\pi}$ 也是 $\boldsymbol{Q}$ 的不变概率。

问题 5　在有限状态空间 Ω 中，假设在耦合模式中运行两个马尔可夫链 $\{X_t\}_{t\geqslant 0}$ 和 $\{Y_t\}_{t\geqslant 0}$，即两个链在每一步共享相同的转移核 $\boldsymbol{P}$。假设第一个链是 $X_t\sim\boldsymbol{\pi}$ 的平稳链，第二个链具有状态概率 $Y_t\sim\boldsymbol{\mu}_t$。考虑联合概率 $P(X_t, Y_t)$，证明：

$$\|\boldsymbol{\pi}-\boldsymbol{\mu}_t\|_{\text{TV}}\leqslant 1-P(X_t=Y_t)$$

也就是说，在 t 时刻，TV 范数小于 1 减去两条链折叠（耦合）的概率。

提示：TV 范数可以写成其他形式：

$$\|\boldsymbol{\mu}-\boldsymbol{\nu}\|_{\text{TV}}=\max_{A\subset\Omega}(\mu(A)-\nu(A))$$

本章参考文献

[1] Kirkpatrick S, Vecchi MP et al (1983) Optimization by simulated annealing. Science 220(4598):671–680.

[2] Mitra D, Romeo F, Sangiovanni-Vincentelli A (1986) Convergence and finite-time behavior of simulated annealing. Adv Appl Probab 18(3):747–771.

第 4 章　Metropolis 算法及其变体

Nicholas Metropolis 坐在 MANIAC 计算机前

我们大多数人已经对计算机的发展和能力（甚至是一些引人注目的成功）习以为常，以至于很难相信或想象曾经有过一段时间，我们忍受着嘈杂的、十分缓慢的、随穿孔卡片咯咯作响的机电设备。

——Nicholas Metropolis

4.1　引言

Metropolis 算法[15-16]已被 Dongarra 和 Sullivan 宣布为 20 世纪科学实践中最常用的十大算法之一[4]。原算法[15]被提出用于化学物理方程，后来被 Hastings[10]推广到当前的形式。在本章中，我们讨论原算法的几种变体，以及可逆跳跃和扩散的概念。应用例子主要包括简单的图像分割、家具布置和人数统计。

Wilfred Keith Hastings

4.2　Metropolis-Hastings 算法

Metropolis-Hastings 算法是一种简单方法，可以处理从当前状态 X 跳转到新状态 Y 的任意算法。它通过一定概率接受跳转而小幅修改算法，以使得到的算法满足细致平衡方程式（3-1）。

例 4-1　Metropolis-Hastings 算法示意图如图 4-1 所示。假设有一个“提议”算法试图根据图 4-1（a）显示的概率在 X 和 Y 之间移动。

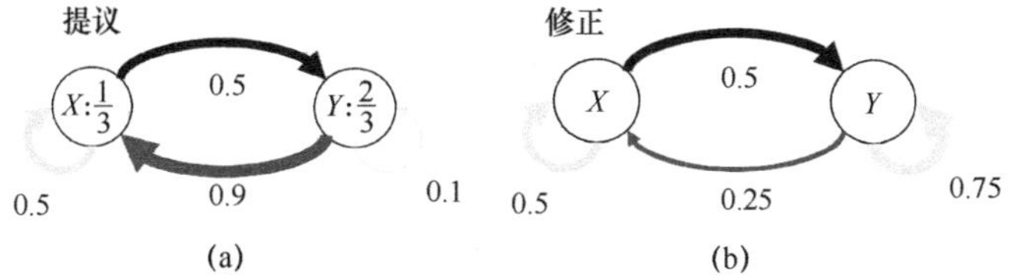

图 4-1　Metropolis-Hastings 算法示意图

由于 $\pi(X)=\frac{1}{3}$，$\pi(Y)=\frac{2}{3}$，细致平衡方程为

$$K(X,Y)\frac{1}{3}=K(Y,X)\frac{2}{3}$$

很容易验证，在提议的转移概率下该式不成立。

X 和 Y 之间的移动用一个可接受概率 $\alpha=\dfrac{0.5\times\frac{1}{3}}{0.9\times\frac{2}{3}}=\dfrac{5}{18}$ 进行修正。从 Y 到 X，只允许 $\dfrac{5}{18}$ 的提议，而从 X 到 Y 全部的提议都被允许。接受概率修正了提议概率，因此 MC 服从目标分布。修正后的概率如图 4-1（b）所示。

4.2.1　原始 Metropolis-Hastings 算法

Mtropolis-Hastings 算法使用更简单的分布 $Q(x,y)$ 来产生提议样本，然后通过接受概率重新加权，因此其类似于重要性采样。一般来说，提议分布 $Q(x,y)$ 是比较简单的，可以轻松获得以 x 为条件的 y 的样本。

定理 4-1（Metropolis-Hastings）　算法 4-1 中的 Metropolis-Hastings 算法满足细致平衡方程。

算法 4-1　Metropolis-Hastings 算法的一步

Input：目标概率分布 $\pi(x)$、当前状态 $x^{(t)}\in\Omega$ 和提议概率分布 $Q(x,y)$

Output：新状态 $x^{(t+1)}\in\Omega$

1．从 $Q(x^{(t)},y)$ 采样提议一个新状态 y

2．计算接受概率：

$$\alpha(x,y)=\min\left(1,\frac{Q(y,x)}{Q(x,y)}\cdot\frac{\pi(y)}{\pi(x)}\right)\tag{4-1}$$

3．以概率 $\alpha(x,y)$ 接受移动并使 $x^{(t+1)}=y$，否则 $x^{(t+1)}=x^{(t)}$

证明：我们有

$$\underbrace{K(x,y)}_{\text{转移概率}}=\begin{cases}\underbrace{Q(x,y)}_{\text{提议}}\cdot\underbrace{\alpha(x,y)}_{\text{接受概率}}=Q(x,y)\cdot\min\left(1,\underbrace{\frac{Q(y,x)}{Q(x,y)}}_{\text{提议}}\cdot\underbrace{\frac{\pi(y)}{\pi(x)}}_{\text{验证}}\right),\forall y\neq x\\ 1-\sum_{y\neq x}Q(x,y)\alpha(x,y),\ \ y=x\end{cases}$$

由于

$$\alpha(x,y)=\min\left(1,\ \frac{Q(y,x)}{Q(x,y)}\cdot\frac{\pi(y)}{\pi(x)}\right)$$

$$\alpha(y,x)=\min\left(1,\ \frac{Q(x,y)}{Q(y,x)}\cdot\frac{\pi(x)}{\pi(y)}\right)$$

我们有 $\alpha(x,y)=1$ 或 $\alpha(y,x)=1$。因此，对细致平衡方程，左侧是

$$\begin{aligned}\pi(x)K(x,y)&=\pi(x)Q(x,y)\alpha(x,y)\\&=\pi(x)Q(x,y)\min\left(1,\ \frac{Q(y,x)}{Q(x,y)}\cdot\frac{\pi(y)}{\pi(x)}\right)\\&=\min(\pi(x)Q(x,y),\pi(y)Q(y,x))\end{aligned}$$

右侧是

$$\begin{aligned}\pi(y)K(y,x)&=\pi(y)Q(y,x)\alpha(y,x)\\&=\pi(y)Q(y,x)\min\left(1,\ \frac{Q(x,y)}{Q(y,x)}\cdot\frac{\pi(x)}{\pi(y)}\right)\\&=\min(\pi(x)Q(x,y),\pi(y)Q(y,x))\end{aligned}$$

因此，Metropolis-Hastings 算法是满足细致平衡方程的。

4.2.2 Metropolis-Hastings 算法的另一形式

在很多情况下，目标概率被写为一个吉布斯分布：

$$\pi(x)=\frac{1}{Z}\mathrm{e}^{-E(x)}$$

其归一化常数很难计算。假设提议概率是对称的（$Q(x,y)=Q(y,x)$），接受概率变为

$$\alpha(x,y)=\min\left(1,\frac{\pi(x)}{\pi(x)}\right)=\min(1,\mathrm{e}^{-(E(x)-E(y))})=\min(1,\mathrm{e}^{-\Delta E})$$

因此

如果$\Delta E<0$，那么 $\alpha(x,y)=1$，即 y 是一个比 x 更低（好）的能量状态。

如果$\Delta E>0$，那么 $\alpha(x,y)=\mathrm{e}^{-\Delta E}<1$，即 y 是一个比 x 更高（差）的能量状态。

因为两个状态 x 和 y 共享大部分元素，所以ΔE 通常在局部计算。当提议被拒绝时（概率为 $1-\alpha$），马尔可夫链保持在状态 x。

该过程如图 4-2 所示。注意，$Q(y,x)$的设计目的是做出正确的提议，从而引导马尔可夫链向正确的方向发展。

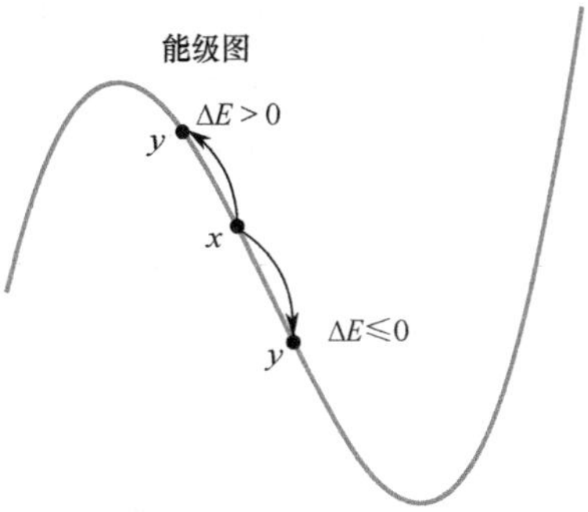

图 4-2　吉布斯分布的 Metropolis-Hastings 算法变体图示

备注 4-1　我们必须谨慎对待假设 $Q(x, y)= Q(y, x)$，因为通常 Ω 域的边界处无法满足该假设。

4.2.3　其他接受概率设计

对于接受概率，存在其他设计能够保证细致平衡方程，如

$$\alpha(x,y)=\frac{\pi(y)Q(y,x)}{\pi(y)Q(y,x)+\pi(x)Q(x,y)}$$

或更一般地说

$$\alpha(x,y)=\frac{s(x,y)}{\pi(x)Q(x,y)}$$

式中，$s(x,y)$ 是任意一个对称函数。

备注 4-2　回到例 3-2，可以认为 $\pi(x)$是经常相互交易的一些家庭的财富的均衡分布。$Q(x, y)$可视为家庭之间的交易提议。在这种情况下，Metropolis-Hastings 对接受概率的选择，是从所有基于满足细致平衡的 $Q(x, y)$中，选择可以最大化所有家庭间交易的设计。

4.2.4　Metropolis 算法设计中的关键问题

直观上，Metropolis-Hastings 算法允许概率跳出局部极小值。设计 Metropolis 算法的关键问题是设计提议概率 $Q(x, y)$。我们希望 $Q(x, y)$具有以下属性：

（1）对于任意 x，可达状态集合$\{y, Q(x, y)>0\}$的元素数目很大，因此 $K(x, y)$的连接更紧密。

（2）对于任意 x，概率 $Q(x, y)$是非常不均匀的（信息确切）。

4.3　独立 Metropolis 采样

独立 Metropolis 采样（IMS）是提议分布独立于链的当前状态的一种 Metropolis-Hastings 算法。它也被称为 Metropolized 独立采样（Liu[12]）。其目标是模拟在 Ω 中取值且具有平稳分布 $\boldsymbol{\pi}=(\pi_1,\pi_2,\ldots,\pi_N)$（目标概率）的马尔可夫链$\{X_m\}_{m\geqslant 0}$，其 N 值非常大，如 $N=10^{20}$，实际上这时不可能枚举所有状态。在这种情况下，对于每一步，都会根据 $j\sim q_j$ 从提议概率 $\boldsymbol{q}=(q_1,q_2,\ldots,q_N)$ 中采样得到一个新状态 $j\in\Omega$，并且以如下概率被接受：

$$\alpha(i,j)=\min\left\{1,\frac{q_i}{\pi_i}\frac{\pi_j}{q_j}\right\}$$

因此，从 X_m 到 X_{m+1} 的转移由具有以下形式的转移核决定：

$$K(i,j)=\begin{cases} q_j\alpha(i,j), & j\neq i \\ 1-\sum\limits_{k\neq i}K(i,k), & j=i \end{cases}$$

初始状态可以是固定的，也可以从一个自然选择的 $\boldsymbol{q}$ 分布中生成。在本书 4.3.3 部分，我们

将说明为什么从 $\boldsymbol{q}$ 生成初始状态更有效，而不是确定地选择初始状态。

很容易证明 $\boldsymbol{\pi}$ 是链的不变（平稳）分布。换句话说，$\boldsymbol{\pi K}=\boldsymbol{\pi}$。由于 $\boldsymbol{q}>0$，因此 $\boldsymbol{K}$ 是各态遍历的，则 $\boldsymbol{\pi}$ 也是链的平衡分布。因此，当 m 足够大时，在第 m 步，链的边缘分布近似为 $\boldsymbol{\pi}$。

然而，相比于试图从目标分布 $\boldsymbol{\pi}$ 中进行采样，我们可能更有兴趣搜索一个状态 i^*，其满足最大概率 $i^*=\underset{i\in\Omega}{\operatorname{argmax}}\pi_i$。这是平均首中时可以起作用的地方。$E[\tau(i^*)]$通常是衡量搜索速度的一个很好的方法。作为一个特殊情况，我们想知道最优状态的 $E[\tau(i^*)]$。

此分析的一个关键量是概率比 $w_i=q_i/\pi_i$，这点在后文中会详细介绍。概率比度量了启发式的 q_i 对 π_i 的认知程度，换句话说，对于状态 i，$\boldsymbol{q}$ 对于 $\boldsymbol{\pi}$ 有多少认知。因此，我们定义了以下概念。

定义 4-1 如果 $q_i>\pi_i$，则称状态 i 是过知的；如果 $q_i<\pi_i$，则称状态 i 是欠知的。

下面定义三种特殊状态。

定义 4-2 如果 $q_i=\pi_i$，那么称状态 i 是确知的。如果它具有最高（或最低）比率 $w_i=q_i/\pi_i$，则称状态 i 是最高知的（或最低知的）：

$$i_{\max}=\underset{i\in\Omega}{\operatorname{argmax}}\{w_i\},i_{\min}=\underset{i\in\Omega}{\operatorname{argmin}}\{w_i\}$$

Liu[12]注意到，通过信息认知程度对状态进行升序排列，转移核能写成更简单的形式。因为对于$i\neq j,K_{ij}=q_j\min\{1,w_i/w_j\}$，如果 $w_1\leqslant w_2\leqslant\ldots\leqslant w_n$，那么

$$K_{ij}=\begin{cases}w_i\pi_j & i<j\\ 1-\sum\limits_{k<i}q_k-w_i\sum\limits_{k>i}\pi_k & i=j\\ q_j=w_j\pi_j & i>j\end{cases}$$

在不失一般性的情况下，可以假设状态被 $w_1\leqslant w_2\leqslant\ldots\leqslant w_n$索引，以便转移核具有这种更易于处理的形式。

4.3.1 IMS 的特征结构

在过去的二十年中，有相当多的工作致力于研究 IMS 的属性。对于这些研究及成果，我们不需要面面俱到地介绍，只进行简要回顾。对于有限状态空间，Diaconis、Hanlon[3]和 Liu[12]证明了 IMS 的更新分布和目标分布之间全变差距离的各种上界。他们证明，马尔可夫链的收敛速度上界被一个依赖于第二大特征值的量约束：

$$\lambda_{\text{slem}}=1-\min_i\left\{\frac{q_i}{\pi_i}\right\}$$

备注 4-3 在连续情况下，记 $\lambda^*=1-\inf\limits_x\left\{\dfrac{q(\boldsymbol{x})}{p(\boldsymbol{x})}\right\}$，Mengersen 和 Tweedie[14]证明，如果 λ^* 严格小于 1，则链是均匀各态遍历的；如果 λ^* 等于 1，该链的收敛甚至不是几何的。Smith 和 Tierney[19]得到了类似的结果。这些结果表明，IMS 的马尔可夫链的收敛速度受到最坏情况的支配。对于有限的情况，与最小概率比 q_i/π_i 有关的状态决定了收敛速率。也

就是说，只有一个来自潜在巨大状态空间的状态决定了马尔可夫链的收敛速度，这种状态甚至可能与 MCMC 的所有任务都不相关！在连续的空间中也会发生类似的情况。

为了解释这种现象，接下来介绍一个简单的例子。

例 4-2　设 q 和 π 是两个具有相同方差的高斯分布，其均值有略微差异，则提议分布 q 将很准确地近似目标 π。但是，很容易看出 $\inf_x\{q(x)/p(x)\}=0$，因此 IMS 不会具有几何收敛速度。

这种令人沮丧的行为激发了人们对研究平均首中时作为马尔可夫链“速度”度量的兴趣。这在处理随机搜索算法时尤其合适，此时的重点可能是寻找单个状态，而不是链的全局收敛。例如，在计算机视觉问题中，人们经常搜索对场景最可能的解释，并且为此可以采用各种 Metropolis-Hastings 类型的算法。有关示例和讨论，请参考 Tu 和 Zhu 的工作[20]。在这种背景下，我们感兴趣的是找到一些状态的首中时的行为，例如给定输入图像时，该场景后验分布的众数。

4.3.2　有限空间的一般首中时

考虑有限空间 $\Omega=\{1,2,\ldots,n\}$ 上的各态遍历马尔可夫链 $\{X_m\}_m$。设 $\boldsymbol{K}$ 是转移核，$\boldsymbol{\pi}$ 是唯一的平稳概率，$\boldsymbol{q}$ 是起始分布。对于每个状态 $i\in\Omega$，首中时 $\tau_{\text{hit}}(i)$ 已在本书 3.5 节中进行了定义。

对于任意 i，$\boldsymbol{K}_{-i}$ 表示 $\boldsymbol{K}$ 删除第 i 行和第 i 列得到的 $(n-1)\times(n-1)$ 矩阵，即 $\boldsymbol{K}_{-i}(k,j)=\boldsymbol{K}(k,j)$，$\forall k\neq i$，$j\neq i$。设 $\boldsymbol{q}_{-i}=(q_1,\ldots,q_{i-1},q_{i+1},\ldots,q_n)$，则 $P(\tau(i)>m)=\boldsymbol{q}_{-i}\boldsymbol{K}_{-i}^{m-1}\mathbf{1}$，其中 $\mathbf{1}:=(1,1,\ldots,1)^{\mathrm{T}}$。我们得到以下期望公式：

$$E_q[\tau(i)]=1+\boldsymbol{q}_{-i}(\boldsymbol{I}-\boldsymbol{K}_{-i})^{-1}\mathbf{1} \tag{4-2}$$

式中，$\boldsymbol{I}$ 表示单位矩阵。$\boldsymbol{I}-\boldsymbol{K}_{-i}$ 的亚随机性和 $\boldsymbol{K}$ 的不可约性表明了 $\boldsymbol{I}-\boldsymbol{K}_{-i}$ 的逆的存在（Bremaud[1]）。更一般来说，Ω 的子集 A 的平均首中时由下式给出：

$$E_q[\tau(A)]=1+\boldsymbol{q}_{-A}(\boldsymbol{I}-\boldsymbol{K}_{-A})^{-1}\mathbf{1},\ \forall A\subset\Omega \tag{4-3}$$

4.3.3　IMS 击中时分析

这里，我们将充分利用之前的结果来计算 IMS 的平均首中时，并通过利用 IMS 核的特征结构分析其界限。

定理 4-2[13]　根据具有提议概率 $\boldsymbol{q}$ 和目标概率 $\boldsymbol{\pi}$ 的 IMS 转移核，模拟一个从 $\boldsymbol{q}$ 开始的马尔可夫链。然后，使用之前的符号：

（1）$E[\tau(i)]=\dfrac{1}{\pi_i(1-\lambda_i)}$，$\forall i\in\Omega$

（2）$\dfrac{1}{\min\{q_i,\pi_i\}}\leqslant E[\tau(i)]\leqslant\dfrac{1}{\min\{q_i,\pi_i\}}\dfrac{1}{\mathbf{1}-\|\boldsymbol{\pi}-\boldsymbol{q}\|_{\text{TV}}}$

我们定义 λ_n 等于零，$\|\boldsymbol{\pi}-\boldsymbol{q}\|_{\text{TV}}$ 表示 $\boldsymbol{\pi}$ 和 $\boldsymbol{q}$ 之间的全变差距离，对定义 4-2 中的三个特殊状态的等式成立。

该定理的证明可参考文献[13]。定理 4-2 可以通过某些特定集合的首中时来拓展。参考文献[13]也证明了以下推论成立。

推论 4-1 设 $A \subset \Omega$ 具有形式 $A=\{i+1,i+2,\ldots,i+k\}$，且 $w_1 \leqslant w_2 \leqslant \ldots \leqslant w_n$；记 $\pi_A := \pi_{i+1}+\pi_{i+2}+\ldots+\pi_{i+k}$，$q_A := q_{i+1}+q_{i+2}+\ldots+q_{i+k}$，$w_A := q_A/\pi_A$ 和 $\lambda_A := (q_{i+1}+\ldots+q_n)-(\pi_{i+1}+\ldots+\pi_n)w_A$；则定理 4-2 的（1）和（2）在 i 被替换为 A 后也成立。

在本节（4.3 节）引言中，我们暗示了为什么从 $\boldsymbol{q}$ 生成初始状态比从固定状态 $j \neq i$ 开始更好。下面的结果解释了这个问题。

命题 4-1 假设 $w_1 \leqslant w_2 \leqslant \ldots \leqslant w_n$，则以下不等式成立：

$$E_1[\tau(i)] \geqslant E_2[\tau(i)] \geqslant \ldots \geqslant E_{i-1}[\tau(i)] \geqslant E_{i+1}[\tau(i)] = \ldots = E_n[\tau(i)] = E[\tau(i)], \quad \forall i \in \Omega$$

例 4-3 我们可以通过一个简单的例子来说明定理 4-2 中的主要结果。考虑一个有 $n=1000$ 个状态的空间。设 π 和 q 为两个离散高斯的混合，尾部被截断，然后归一化为 1，如图 4-3（a）中实线 π 和虚线 q 所示。图 4-3（b）显示了期望首中时的对数 $\ln E[\tau(i)]$和界限。定理 4-2 中的下界和上界在对数尺度上绘制为虚线，其几乎与击中时图重合。为了更清晰观察，我们聚焦于众数周围的局部图上，这三条曲线在图 4-3（c）中变得更加清晰。可以看到众数 $x^*=333$ 有 $\pi(x^*)\approx 0.012$，且对 q 来说，它平均被击中 $E[\tau_x^*]\approx 162$ 次，其远远小于穷举搜索的平均时间 $n/2=500$。相比之下，对于信息不足的（均匀的）提议，结果是 $E[\tau_x^*]=1000$。因此，可以看出“好”的提议 q 是如何影响这种随机采样速度的。

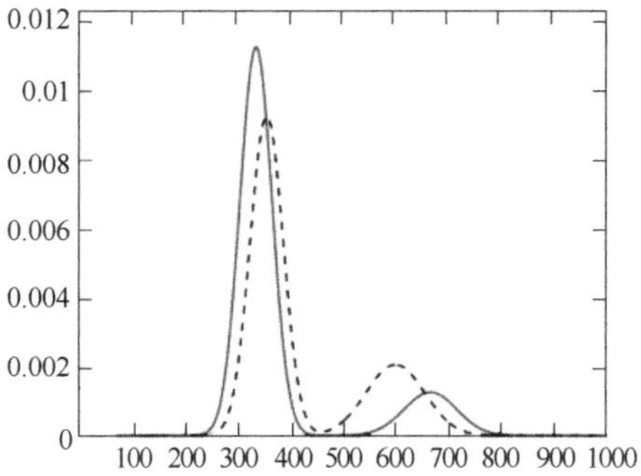

(a) π（实线）和q（虚线）

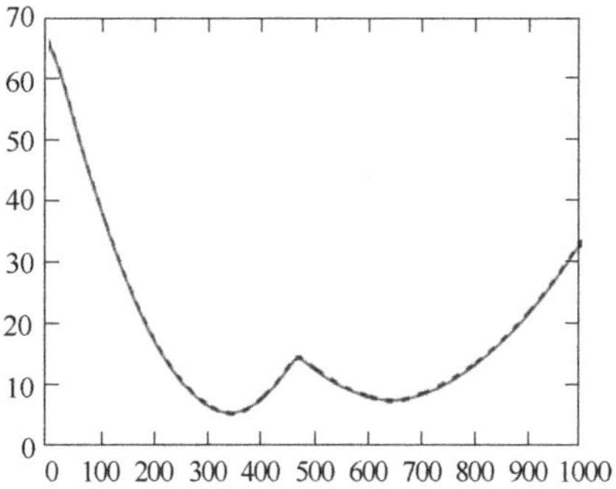

(b) $\ln E[\tau(i)]$和界限

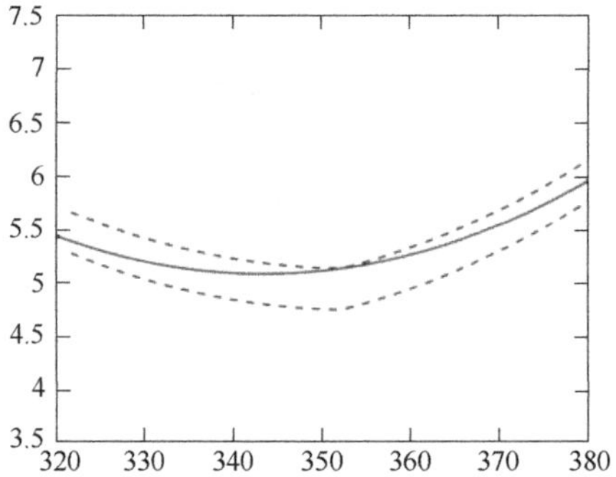

(c) 图(b)放大后

图 4-3 例 4-3 的平均首中时和界限

定理 4-3[13] 设 $\boldsymbol{p}$ 和 $\boldsymbol{Q}$ 分别为 Metropolis-Hastings 采样的目标概率和提议矩阵；设 $M=\max\limits_{ij}Q_{ij}/p_j$，$m=\min\limits_{ij}Q_{ij}/p_j$，并假设 $m>0$；对于任意初始分布 $\boldsymbol{q}$，期望的首中时具有以下界限：

$$p_i+\frac{1-q_i}{M}\leqslant p_iE_{\boldsymbol{q}}^{\boldsymbol{Q}}[\tau(i)]\leqslant p_i+\frac{1-q_i}{m},\ \forall i$$

当 $\forall i,j$，$Q_{ij}=p_j$ 时，等式成立。该定理的证明可参考文献[13]。

4.4 可逆跳跃和跨维 MCMC

Grenander

在许多情况下，我们可能需要对在不同维度空间的并集上定义的后验概率进行采样。例如，我们可以为图像中的对象定义参数量可变的贝叶斯模型，并且可能有兴趣从这些模型中采样，以估计给定图像最可能的观测值。

这个问题首先由 Grenander 和 Miller 在 1994 年为了进行图像分析而提出[8]，而后，1995 年 Green 为了进行贝叶斯模型的选择而提到它[7]。

4.4.1 可逆跳跃

Miller

设 $\varOmega=\bigcup_{i=1}^{\infty}\varOmega_i$ 是一个解空间，它可以写为不同维度的子空间并集，$\dim(\varOmega_i)=d_i$，且 π 是定义在 $\varOmega$ 上的概率分布。可逆跳跃是一个状态从一个空间 $\varOmega_i$ 到另一个空间 $\varOmega_j$ 的 MCMC 移动，满足关于 π 的细致平衡方程。

一般情况下，可以实现从 $\boldsymbol{x}\in\varOmega_i$ 到 $\boldsymbol{x}'\in\varOmega_j$ 的可逆跳跃移动 $q(\boldsymbol{x}\to\boldsymbol{x}')$，如图 4-4 所示，首先从概率 $q(j|i,\boldsymbol{x})$ 中采样 j，再从概率密度函数 $q(\boldsymbol{u}|\boldsymbol{x})$ 中采样一个辅助向量 $\boldsymbol{u}\in\mathbb{R}^m$（需要指定对于某个维度 m），然后通过确定性函数 $\boldsymbol{x}'=f_1(\boldsymbol{x},\boldsymbol{u})$ 得到 $\boldsymbol{x}'$。反向移动的 $q(\boldsymbol{x}'\to\boldsymbol{x})$ 可以用类似的方式定义，从概率 $q(i|j,\boldsymbol{x}')$ 中采样 i 和从概率密度函数 $q(\boldsymbol{u}'|\boldsymbol{x}')$ 中采样辅助向量 $\boldsymbol{u}'\in\mathbb{R}^{m'}$。一定有一个双射 $f:\varOmega_i\times\mathbb{R}^m\to\varOmega_j\times\mathbb{R}^{m'}$ 使得 $f(\boldsymbol{x},\boldsymbol{u})=(\boldsymbol{x}',\boldsymbol{u}')$。因此，必须满足维度匹配条件 $d_i+m=d_j+m'$ 以及 $\dfrac{\mathrm{d}\boldsymbol{x}'\mathrm{d}\boldsymbol{u}'}{\mathrm{d}\boldsymbol{x}\mathrm{d}\boldsymbol{u}}=\dfrac{\partial f(\boldsymbol{x},\boldsymbol{u})}{\partial(\boldsymbol{x},\boldsymbol{u})}$。

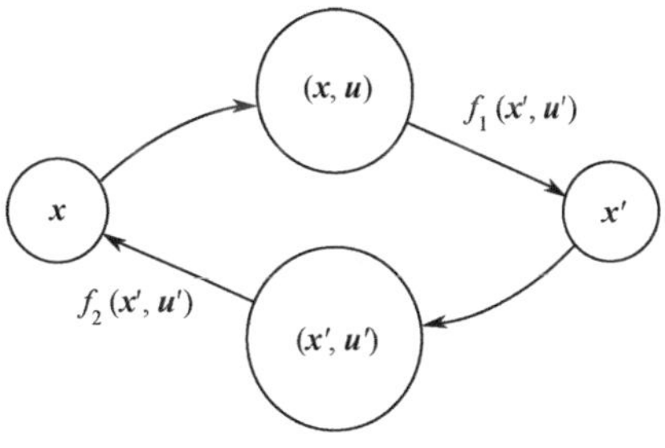

图 4-4 从 $\boldsymbol{x}\in\varOmega_i$ 到 $\boldsymbol{x}'\in\varOmega_j$ 的可逆跳跃

为了满足细致平衡，提议移动 $q(\boldsymbol{x}\to\boldsymbol{x}')$ 以如下概率被接受：

$$\alpha(\boldsymbol{x}\to\boldsymbol{x}')=\min\left(1,\frac{q(i|j,\boldsymbol{x}')q(\boldsymbol{u}'|\boldsymbol{x}')\pi(\boldsymbol{x}')}{q(j|i,\boldsymbol{x})q(\boldsymbol{u}|\boldsymbol{x})\pi(\boldsymbol{x})}\left|\det\frac{\partial f(\boldsymbol{x},\boldsymbol{u})}{\partial(\boldsymbol{x},\boldsymbol{u})}\right|\right) \tag{4-4}$$

下面介绍膨胀收缩。可逆跳跃的一个特例是膨胀收缩移动，其中 $\varOmega_j=\varOmega_i\times Z$。从

$\boldsymbol{x} \in \Omega_i$ 开始，可以选择 $\boldsymbol{u} \in Z$ 且 f 作为恒等函数，从而得到膨胀移动 $q(\boldsymbol{x} \to \boldsymbol{x}') = (\boldsymbol{x}, \boldsymbol{u})$。从 $\boldsymbol{x}' = (\boldsymbol{x}, \boldsymbol{u}) \in \Omega_j$ 开始，收缩移动只会降低 $\boldsymbol{u}$，因此 $q(\boldsymbol{x}' \to \boldsymbol{x}) = \boldsymbol{x}$。膨胀移动的接受概率为

$$\alpha(\boldsymbol{x} \to \boldsymbol{x}') = \min\left(1, \frac{\pi(\boldsymbol{x}')}{\pi(\boldsymbol{x})q(\boldsymbol{u} \mid \boldsymbol{x})}\right) \tag{4-5}$$

对于收缩移动则是

$$\alpha(\boldsymbol{x}' \to \boldsymbol{x}) = \min\left(1, \frac{\pi(\boldsymbol{x})q(\boldsymbol{u} \mid \boldsymbol{x})}{\pi(\boldsymbol{x}')}\right) \tag{4-6}$$

4.4.2 简单例子：一维图像分割

图 4-5 显示了一个模拟一维图像 $I(x), x \in [0,1]$的例子。该模拟图像通过将高斯噪声 $N(0, \sigma^2)$加到图 4-5（b）中的原始面 I_o 而生成的。I_o 由未知数量的 k 个面组成，这些面可以由直线或圆弧组成，由 k–1 个变化点分隔，即

$$0 = x_0 < x_1 < \ldots < x_k = 1$$

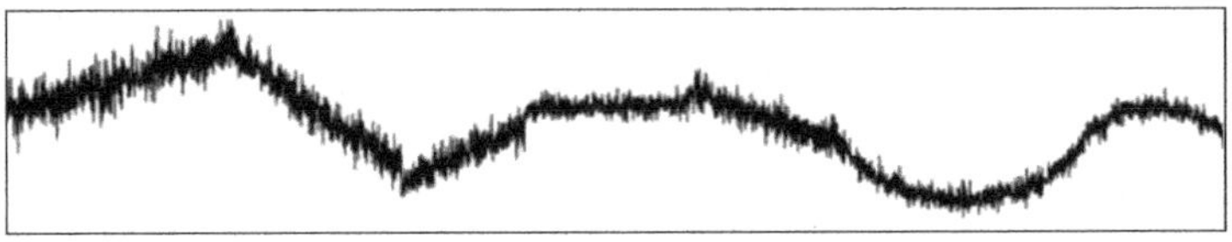

(a) 一维范围内的图像$I(x)$，$x \in [0,1]$

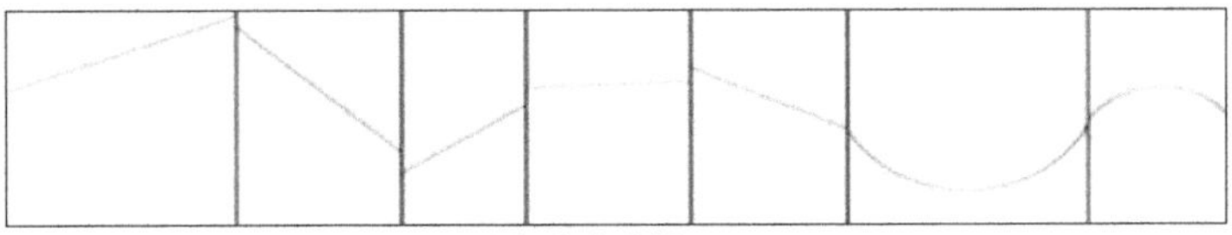

(b) 真实分割，W_{th}

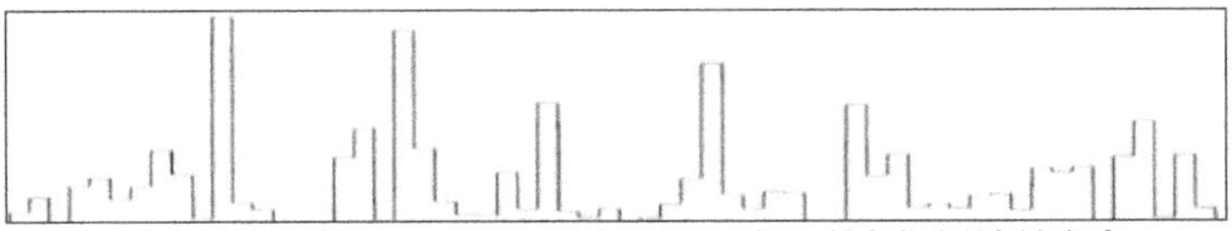

(c) 边缘度量$b(x)$，$x \subset [0,1]$，较大值的$b(x)$表示x是变化点的概率很高

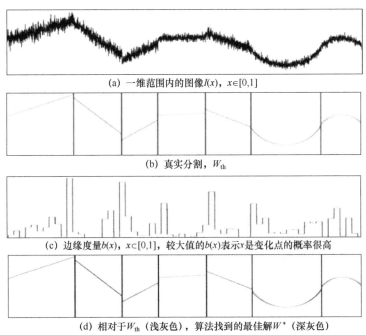

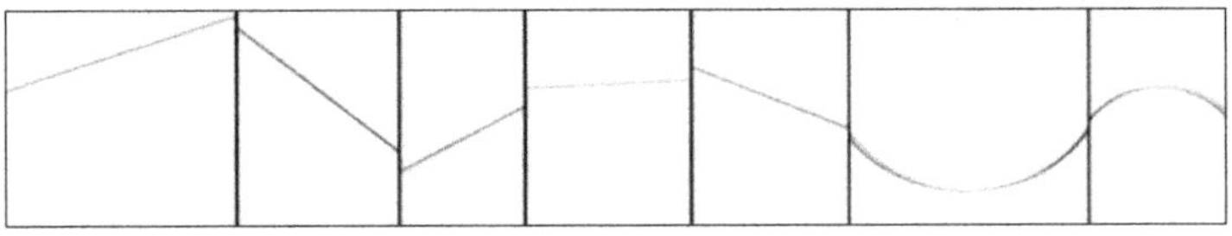

(d) 相对于W_{th}（浅灰色），算法找到的最佳解W^*（深灰色）

图 4-5 模拟一维图像 $I(x), x \in [0,1]$ 的例子

©[2004] IEEE，获许可使用，来自参考文献[9]

设 $l_i \in \{$直线,圆弧$\}$索引区间 $[x_{i-1}, x_i)$ 上的面类型，具有参数 $\boldsymbol{\theta}_i, i = 1, \ldots, k$。对于一条直线，$\boldsymbol{\theta} = (s, \rho)$表示斜率 s 和截距 ρ。对于一条圆弧，$\boldsymbol{\theta} = (u, v, R)$表示圆心$(u, v)$和半径 R。因此，一维“世界场景”由随机变量的向量来表示：

$$\boldsymbol{W} = (k, \{x_i, i = 1, \ldots, k-1\}, \{(l_i, \boldsymbol{\theta}_i), i = 1, \ldots, k\})$$

曲面 I_o 完全由 $\boldsymbol{W}$ 决定，有 $I_o(x) = I_o(x, l_i, \boldsymbol{\theta}_i), x \in [x_{i-1}, x_i), i = 1, \ldots, k$。

通过标准贝叶斯公式，我们得到了后验概率：

$$p(\boldsymbol{W}|I) \propto \exp\left\{-\frac{1}{2\sigma^2}\sum_{i=1}^{k}\int_{x_{i-1}}^{x_i}(I(x)-I_o(x,l_i,\boldsymbol{\theta}_i))^2\mathrm{d}x\right\}\cdot p(k)\prod_{i=1}^{k}p(l_i)p(\boldsymbol{\theta}_i|l_i) \tag{4-7}$$

式中，第一个因子是似然，其余的是先验概率 $p(k)\propto\exp(-\lambda_0 k)$和 $p(\boldsymbol{\theta}_i|l_i)\propto\exp(-\lambda\#\boldsymbol{\theta}_i)$，它惩罚了参数的数量$\#\boldsymbol{\theta}_i$。$p(l_i)$是线和弧上的均匀概率。因此，能量函数定义为

$$E(\boldsymbol{W})=\frac{1}{2\sigma^2}\sum_{i=1}^{k}\int_{x_{i-1}}^{x_i}(I(x)-I_o(x,l_i,\boldsymbol{\theta}_i))^2\mathrm{d}x+\lambda_0 k+\lambda\sum_{i=1}^{k}\#\boldsymbol{\theta}_i \tag{4-8}$$

与此相关一个问题是 $\boldsymbol{W}$ 没有固定的维度。因此，概率 $p(\boldsymbol{W}|I)$（或能量 $E(\boldsymbol{W})$）分布在可变维度的可数子空间上。接下来，4.4.2.1 节简要介绍探索这种解空间的跳跃扩散过程。

4.4.2.1　跳跃扩散

考虑一个解空间 $\Omega=\bigcup_{n=1}^{\infty}\Omega_n$，其中子空间索引为 $n=(k,l_1,\ldots,l_k)$，包含了模型的离散变量。为了遍历求解空间，算法需要两种类型的移动：不同子空间之间的可逆跳跃和每个连续子空间内的随机扩散。

Peter Green

1. 可逆跳跃

设$\boldsymbol{W}=(i,\boldsymbol{x})$，是马尔可夫链在 t 时间的状态，其中 $\boldsymbol{x}\in\Omega_i$ 表示解的连续变量。在无穷小的时间间隔 dt 中，马尔可夫链跳跃到另一个子空间 $\Omega_j, j\neq i$ 中的新状态$\boldsymbol{W}'=(j,\boldsymbol{x}')$。其有三种类型的跳跃：

（1）从直线切换到圆弧或从圆弧切换到直线；

（2）两个相邻的区间合并为直线或圆；

（3）一个区间分成两个区间（线或圆）。

该跳跃通过一个 Metropolis 移动[15]来实现，即通过一个前向提议概率 $q(\boldsymbol{W}'|\boldsymbol{W})=q(i\to j)q(\boldsymbol{x}'|j)$ 来实现从 $\boldsymbol{W}$ 到 $\boldsymbol{W}'$ 的移动。反向提议概率是 $q(\boldsymbol{W}|\boldsymbol{W}')=q(j\to i)q(\boldsymbol{x}|i)$。前向提议以如下概率被接受：

$$\alpha(\boldsymbol{W}\to\boldsymbol{W}')=\min\left(1,\frac{q(j\to i)q(\boldsymbol{x}|i)\pi(\boldsymbol{W}')}{q(i\to j)q(\boldsymbol{x}'|j)\pi(\boldsymbol{W})}\right) \tag{4-9}$$

在上述概率比中的维度是匹配的。

2. 随机扩散

在每个子空间Ω_n中，$n=(k, l_1, \ldots, l_k)$是固定的，能量函数$E(\boldsymbol{x})$为

$$E(\boldsymbol{x})=E(x_1,\ldots,x_{k-1},\boldsymbol{\theta}_1,\ldots,\boldsymbol{\theta}_k)=\frac{1}{2\sigma^2}\sum_{i=1}^{k}\int_{x_{i-1}}^{x_i}(I(x)-I_o(x,l_i,\boldsymbol{\theta}_i))^2\mathrm{d}x+\mathrm{const}$$

式中，const 为常数。我们采用随机扩散（或郎之万）方程来探索子空间。郎之万方程是由温度为 T 的布朗运动 d$B(t)$来驱动的最速下降偏微分方程（PDE）。设 $\boldsymbol{x}(t)$ 表示 t 时的变量，则

$$\mathrm{d}\boldsymbol{x}(t)=-\frac{\mathrm{d}E(\boldsymbol{x})}{\mathrm{d}\boldsymbol{x}}\mathrm{d}t+\sqrt{2T(t)}\mathrm{d}w_t,\ \mathrm{d}w_t\sim N(0,(\mathrm{d}t)^2) \tag{4-10}$$

例如，变化点 x_i 的运动方程为

$$\frac{\mathrm{d}x_i(t)}{\mathrm{d}t}=\frac{1}{2\sigma^2}[(I(x)-I_o(x,l_{i-1},\boldsymbol{\theta}_{i-1}))^2-(I(x)-I_o(x,l_i,\boldsymbol{\theta}_i))^2]+\sqrt{2T(t)}N(0,1)$$

这是区域竞争方程的一维形式[23]。点 x_i 的移动是由数据 $I(x_i)$对两个相邻区间的表面模型的适应性以及布朗运动驱动的。在实践中，布朗运动有助于避免局部陷阱。

为了计算参数 $\boldsymbol{\theta}_i$, i=1,…,k，采取扩散的方法比为每个区间$[x_{i-1}, x_i)$确定性地拟合最佳 $\boldsymbol{\theta}_i$ 更加稳健、更加快速，因为确定性拟合是“过度承诺”。当当前区间包含多个对象时更是如此。

众所周知[6]，式（4-10）中的连续郎之万方程模拟了具有平稳密度 $p(\boldsymbol{x})\propto\exp(-E(\boldsymbol{x})/T)$ 的马尔可夫链。这是在温度 T 处子空间 $\boldsymbol{\Omega}_n$ 内的后验概率。

3. 跳跃和扩散的协调

在泊松事件的时间点 $t_1<t_2<\ldots<t_M$ 处，连续的扩散会被跳跃打断。在实践中，扩散总是以离散的时间步长 δ_t 执行。因此，两次连续跳跃之间的离散等待时间是

$$w=\frac{t_{j+1}-t_j}{\delta_t}\sim p(w)=\mathrm{e}^{-\tau}\frac{\tau^w}{w!}$$

式中，期望等待时间 $E(w)=\tau$ 控制跳跃的频率。为了逐步降低温度，跳跃和扩散过程都应采用退火方案。

跳跃扩散试验过程的能量图如图 4-6 所示。其中，图 4-6（a）为跳跃扩散，显示了在图 4-5（a）中输入的一维数据上运行的跳跃扩散过程的两次试验（细的为 MCMC II 和粗的为 MCMC III），即两次试验的跳跃扩散过程的能量图，扩散中的连续能量变化被能量跳跃中断，或者说能量图上下波动（算法不贪婪），连续能量曲线（扩散）被跳跃中断。图 4-6（b）为平均能量图，比较了三个马尔可夫链（MCMC I、MCMC II 和 MCMC III）的前 10000 步能量曲线，每条马尔可夫链都包含超过 100 个随机生成的信号。图 4-6（c）放大呈现 MCMC II 和 MCMC III 的前 2000 步能量曲线。注意，图 4-6（c）中的能量数量级与图 4-6（b）不同。

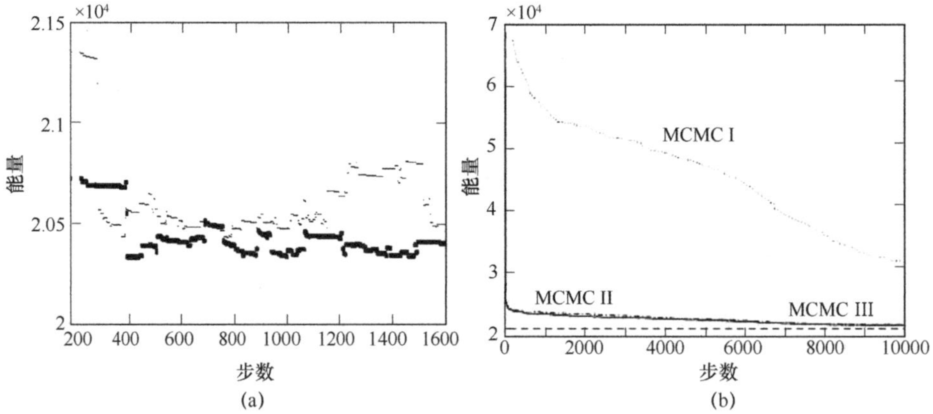

图 4-6 跳跃扩散试验过程的能量图

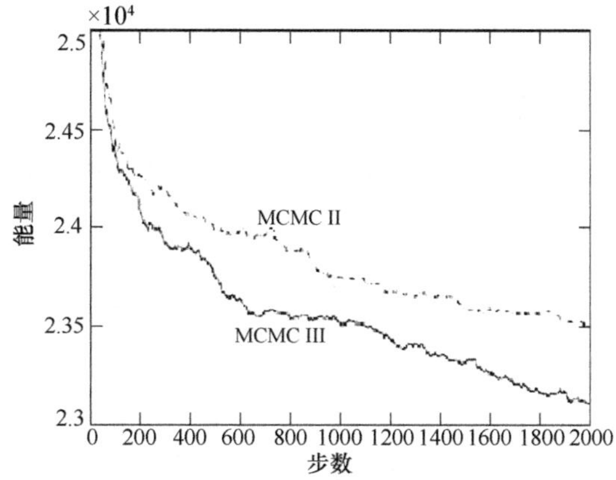

(c)

图 4-6　跳跃扩散试验过程的能量图（续）

4. 可逆性和全局优化

从工程角度看，跳跃扩散过程最重要的特性是它模拟了穿越复杂解空间的马尔可夫链。这个属性将其与贪婪局部方法区分开来。理论上，这个马尔可夫链从解空间 Ω 上的后验概率 $p(W|I)$ 采样[8]。利用退火方案，理论上可以实现概率接近 1 的全局最优解。跳跃的可逆性可能不是必要条件，然而它是在复杂解空间中实现马尔可夫链不可约的有效工具。

5. 速度瓶颈

传统的跳跃扩散设计受到其计算速度的限制。但是，通过设计更好的提议概率可以克服这个问题，这将在 4.5 节中介绍。我们观察到跳跃中的瓶颈受到提议概率的影响。在式（4-9）中，区间$[x_{i-1}, x_i)$中的提议概率 $q(\boldsymbol{x}'|j)$ 可分为三种情况：

（1）转换到 $\boldsymbol{x}'=\boldsymbol{\theta}_i$ 的新模型；

（2）合并形成类型为 l、参数 $\boldsymbol{x}$ 的新区间$[x_{i-2}, x_i)$；

（3）分开形成两个新的区间，分别对应模型 $(l_a,\boldsymbol{\theta}_a)$ 和 $(l_b,\boldsymbol{\theta}_b)$。

$$q(\boldsymbol{x}|m)=\begin{cases} q(\boldsymbol{\theta}_i|l_i,[x_{i-1},x_i)) & \text{把}[x_{i-1},x_i)\text{转换到模型}(l_i,\boldsymbol{\theta}_i) \\ q(\boldsymbol{\theta}|l,[x_{i-2},x_i)) & \text{合并到模型}(l,\boldsymbol{\theta}) \\ q(x|[x_{i-1},x_i))q(\boldsymbol{\theta}_a|l_a,[x_{i-1},x))q(\boldsymbol{\theta}_b|l_b,[x,x_i)) & \text{在}x\text{处将}[x_{i-1},x_i) \\ & \text{分为}(l_a,\boldsymbol{\theta}_a)\text{和}(l_b,\boldsymbol{\theta}_b) \end{cases}$$

4.5　应用：计算人数

参考文献[5]展示了将 Metropolis-Hastings 算法用于检测和统计拥挤场景中的人数。该问题可以在标值点过程框架下表示，其中每个人被表示为一个标值点 $\boldsymbol{s}$，包含一个表示图像位置的空间过程 $\boldsymbol{p}\in\mathbb{R}^2$ 和一个表示人的宽度、高度、方向和形状的标值过程 $\boldsymbol{m}=(w,h,\theta,j)$。

这些一起形成了标值点 $\boldsymbol{s}=(\boldsymbol{p},(w,h,\theta,j))$。

4.5.1 标值点过程模型

该模型假设标值点依赖于标值过程的空间位置，因此对于每个标值点 $\boldsymbol{s}=(\boldsymbol{p},(w,h,\theta,j))$，有

$$\pi(\boldsymbol{s})=\pi(\boldsymbol{p})\pi(w,h,\theta,j\mid\boldsymbol{p})$$

点过程的先验 $\pi(\boldsymbol{p})$ 是一个齐次泊松点过程，即点的总数遵循泊松分布，且给定点数，它们在该区域内的位置是均匀的。来自泊松点过程先验 $\pi(\boldsymbol{s})$ 的样本模拟如图 4-7 所示。

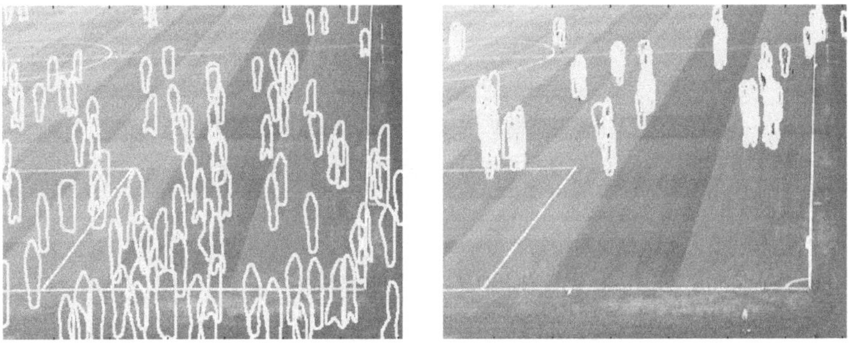

图 4-7 来自泊松点过程先验 $\pi(\boldsymbol{s})$的样本模拟

条件标记过程 $\pi(w,h,\theta,j|\boldsymbol{p})$ 用独立高斯表达宽度、高度和方向，其依赖于图像位置 $\boldsymbol{p}$；用均匀分布表达形状 j，其来自一组可能的形状。空间相关的均值和方差被存储为查找表。通过期望最大化，从一组手动分割的边界框中学习 Bernoulli（伯努利）模板混合模型表示可能的形状集。

处理输入图像得到前景掩模（mask）数据 $\boldsymbol{y}$，其中如果像素 i 是前景像素则 $y_i=1$，如果像素 i 是背景像素则 $y_i=0$。给定当前点结构 $s_1,\dots,s_n$，构造标签图像，对于图像中的像素，如果其中 n 个标值点对应的任何形状覆盖了某个像素，则该像素被标记为前景像素，否则标记为背景像素。实际上，掩模和标签图像都用软标签，即包含区间[0,1]中的值。

似然函数表示为

$$\log\mathcal{L}(\boldsymbol{y}|\boldsymbol{x})=\sum(x_i\log y_i+(1-x_i)\log(1-y_i))$$

4.5.2 MCMC 推理

给定具有前景掩模 $\boldsymbol{y}$ 的输入图像，通过最大后验概率（MAP）估计可获得最可能的标值点结构，即后验概率函数 $\pi(\boldsymbol{s}|\boldsymbol{y})=\pi(\boldsymbol{y}|\boldsymbol{x}(\boldsymbol{s}))\pi(\boldsymbol{s})$ 的最大化。

这可以通过下面三种类型的可逆移动来实现。

（1）出生提议。根据前景掩模，在均匀位置提出一个标值点。宽度、高度和方向从相应的、以该点为条件的高斯分布中采样。形状的类型从学习到的形状原型集合中随机均匀地选择。这种模式的逆向就是死亡提议。

（2）死亡提议。以与出生提议相反的方式随机地去掉一个点。

（3）更新提议。随机选择一个标值点，并修改其位置或标值参数。该位置被修改为随机游走。修改标值可通过选择三个参数中的一个，并从给定当前位置的条件分布中对其进行采样来实现，或者从可能的形状中随机选择形状类型来实现。

这三种类型的移动分别使用概率 0.4、0.2 和 0.4。从一个空结构开始，一张图像需要大约 500～3000 次移动。越是拥挤的场景需要越多的移动。

4.5.3　结果

MCMC 方法在两个具有真值标注的基准序列上进行了测试：EU CAVIAR 数据集和 VSPETS 足球序列，其结果如图 4-8 和 4-9 所示。从图 4-9 中可知，直到有明显的重叠，计数一直是比较精确的。

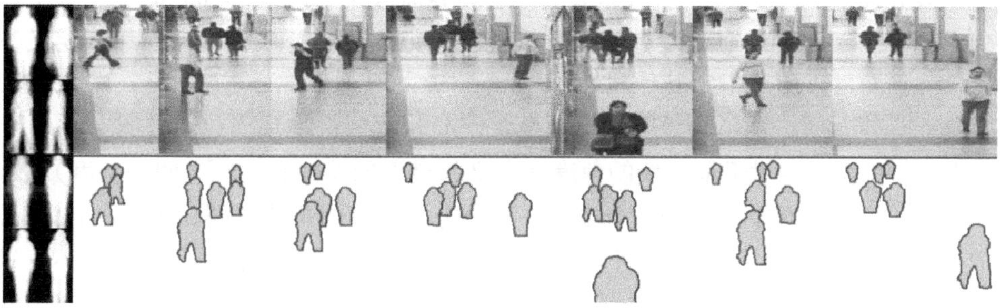

图 4-8　EU CAVIAR 数据集图像上的结果

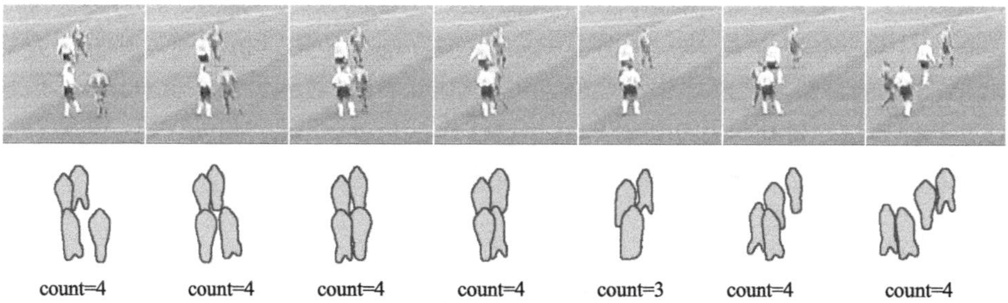

图 4-9　VSPETS 序列的 7 帧结果

4.6　应用：家具布置

Metropolis-Hastings 算法的一个应用是家具布置[21]，如图 4-10 所示。图 4-10 中的左图是家具布局的任意初始化，图中的中间和右侧是两个依据人体工程学标准（例如无障碍的可达性和可见性）进行优化合成的家具布置。该过程包括两个阶段：（1）从正样本中提取空间、层次和成对关系；（2）通过优化合成新的家具布置。

图 4-10　Metropolis-Hastings 算法在家具布置中的应用

1. 物体表示

将室内家具的摆放优化为逼真的功能性的布局依赖于对各种交互因素的建模，例如成对家具关系、与房间相关的空间关系以及其他人为因素。

（1）边界面：场景中的每个物体都由一组边界面表示。除顶面和底面外，每个物体都有一个“背”面，这是最靠近墙壁的面。其他面标记为“非背”面。背面用作定义参考平面，该参考平面可以用于指定其他属性。

（2）中心和方向：一个物体的关键属性是中心和方向，分别用$(\boldsymbol{p}_i,\theta_i)$表示，其中$\boldsymbol{p}_i$表示$(x, y)$坐标，$\theta_i$表示相对于最近墙的角度（定义为最近的墙面和背面之间的角度）。

（3）可达空间：对于物体的每个表面，都分配了相应的可达空间。我们将$\boldsymbol{a}_{ik}$定义为物体 i 的可达空间 k 的坐标中心。该区域的对角线由 ad_{ik} 度量，用于测量其他物体在优化期间能够穿透到该空间的深度。可达空间的大小由可用样本设置，或作为与人体大小相关的输入给出。如果在所有样本中，空间都非常靠近墙壁，则对应的表面不需要是可达的；否则，如果没有给出这样的测量，则将其设置为中等大小的成年人的尺寸。

（4）视锥：对于某些物体，例如电视和绘画，正面必须是可见的。视锥被分配给这种特定表面，对于一个物体 i，由一系列具有中心坐标 $\boldsymbol{v}_{ik}$ 的矩形近似得到，其中 k 是矩形索引。vd_{ik}是矩形的对角线，其在定义类似于可达空间的穿透成本方面十分有用。

（5）其他属性：优化过程中涉及的其他属性包括从 $\boldsymbol{p}_i$ 到最近墙的距离，定义为 d_i，以及对角线 b_i，从 $\boldsymbol{p}_i$ 到边界框的角点；同时还有物体的位置 z_i 。

2. 代价函数

优化过程的目标是最小化代价函数，该函数描述了真实的、功能性的家具布置。虽然通常很难量化家具布置的“真实性”或“功能性”，但不应违反以下基本准则。

为了能实现功能，一个家具物体必须是可达的[2,17]。为了支持可达性，只要任何物体移动到另一个物体的可达空间中，代价就会增加。假设物体 i 与物体 j 的可达空间 k 重叠，则可达性代价定义为

$$C_a(\phi)=\sum_i\sum_j\sum_k \max\left[0,1-\frac{\left\|\boldsymbol{p}_i-\boldsymbol{a}_{jk}\right\|}{b_i+\text{ad}_{jk}}\right] \tag{4-11}$$

还有其他代价项，如可见性、通向门的路径、某些家具物体（例如面向沙发的电视）之间的成对约束、训练样本中见到的布置的一个先验等。

3. 家具布置优化

由于物体在优化过程中是相互依赖的，因此该问题的搜索空间非常复杂。家具的位置和方向依赖于许多因素，例如物体是否应该是可见的或可达的。很难获得一个全局优化方案或封闭形式的唯一最优解。

为了处理这个问题，采用模拟退火[11]和 Metropolis-Hastings 状态搜索步骤[10,15]，来搜索全局最优解的较好近似值。但请注意，给定一个房间、一组家具物体以及先验空间和层次关系，可以实现许多可接受的好的布置。这是在合理的短时间内找到较好近似值的基本原理，而不是在复杂的搜索空间上进行穷尽搜索以找到代价函数的全局最优解。

为了有效地探索可能布置的空间，提议移动 $\phi \to \phi'$ 既包括修改当前布置的局部调整，也包括交换物体的全局重新布置步骤，从而显著改变布置。有三种类型的移动：平移和旋转、交换物体和移动路径控制点。更多细节请参考文献[21]。

通过上述移动，给定一个平面图和由固定数量的家具物体所定义的解空间，家具物体的位置 $(\boldsymbol{p}_i, \theta_i)$ 很有可能移动到任何其他位置 $(\boldsymbol{p}_i', \theta_i')$。给定退火方案，在优化的早期阶段，可通过较大的移动更广泛地探索解空间，而最终阶段可通过较小的移动来精确调整家具布置。家具布置的合成结果示例如图 4-11 所示，图中从上到下，分别为画廊、度假村和餐厅。

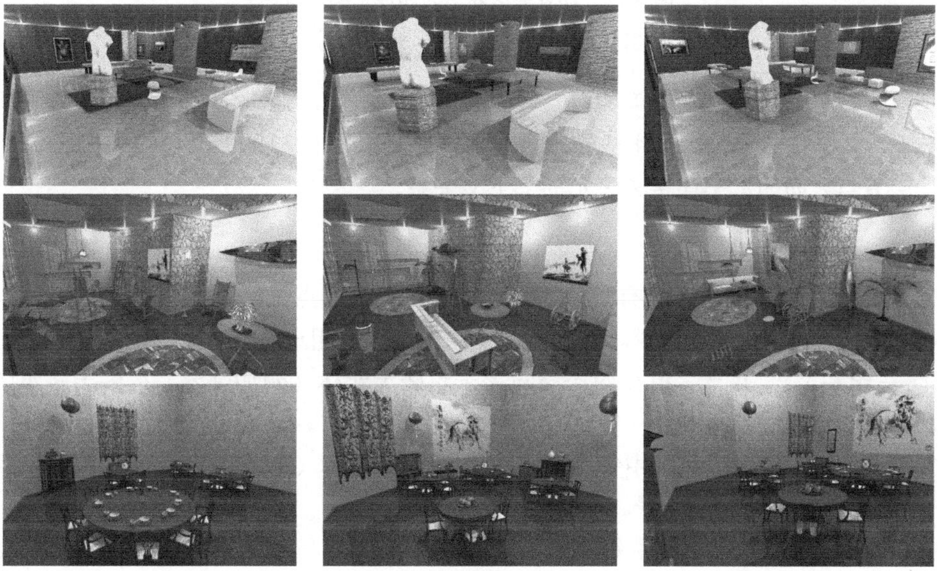

合成结果 1　　合成结果 2　　合成结果 3

图 4-11 合成结果的部分视图

4.7 应用：场景合成

Metropolis-Hastings 算法的另一个应用是以人为中心的场景合成[18]。这里，一个属性空间与或图（Spatial And-Or Graph，S-AOG）用于表示室内场景图，如图 4-12 所示。从室内场景数据集中学习模型分布，新的布局可以使用马尔可夫链蒙特卡罗采样得到。

1. 室内场景表示

属性 S-AOG[22]被用于表示室内场景。属性 S-AOG 是在终端节点上具有属性的概率语法模型。该模型包含了：（1）概率上下文无关语法（PCFG）；（2）在马尔可夫随机场（MRF）上定义的上下文关系，即节点之间的水平连接。PCFG 通过一组终端和非终端节点，来表示从场景（顶层）到物体（底层）的层次分解，而上下文关系通过水平连接表示了空间和功能关系。

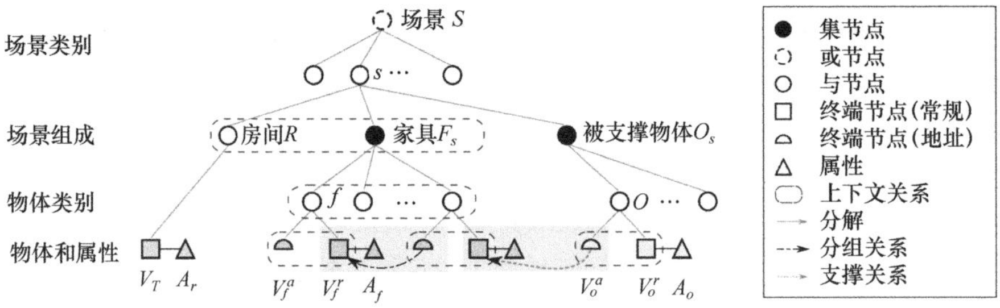

图 4-12 场景语法表示为属性空间与或图

©[2018] IEEE，获许可使用，来自参考文献[18]

形式上，一个 S-AOG 被定义为一个 5 元组：$G=\langle S,V,R,P,E\rangle$，其中 S 是场景语法的根节点，V 是顶点集，R 是生成规则，P 是定义在属性 S-AOG 上的概率模型，E 包含通过同一层节点之间的水平连接来表示的上下文关系。①

2. 顶点集

顶点集 V 可以分解为一组有限的非终端节点和终端节点：$V=V_{\mathrm{NT}}\cup V_T$。

（1）$V_{\mathrm{NT}}=V^{\mathrm{And}}\cup V^{\mathrm{Or}}\cup V^{\mathrm{Set}}$。非终端节点由三个子集组成。

① 一组与节点 V^{And}，其中每个节点表示将较大实体（例如卧室）分解为较小的组件（如墙壁、家具和支撑物体）。

② 一组或节点 V^{Or}，其中每个节点分叉到可选分解（如室内场景可以是卧室或起居室），使算法能够重新构造场景。

③ 一组集节点 V^{Set}，其中每个节点表示一个嵌套的与或关系：一组用作子分支的或节点被一个与节点组合在一起，并且每个子分支可以包括不同数量的物体。

（2）$V_T=V_T^r\cup V_T^a$。终端节点集合由两个节点子集组成：常规节点和地址节点。

① 一个常规终端节点 $v\in V_T^r$ 表示具有属性的场景（如卧室中的办公椅）中的空间实体。这里，属性包括物体尺寸(w,l,h)的内部属性 A_{int}，物体位置(x,y,z)和方向（$x-y$ 平面）θ 的外部属性 A_{ext}，以及人体位置 A_h。

② 为了避免图的过度密集，引入了地址终端节点 $v\in V_T^a$ 来表示仅在特定语境存在但在

① 我们使用术语“顶点”而不是“符号”（在传统的PCFG定义中）以便与图模型中的符号一致。

其他语境中不存在的交互。它是指向常规终端节点的指针，从集合$V_T^r \cup \{\text{nil}\}$中取值，表示支撑或分组关系。

3. 上下文关系

节点之间的上下文关系 E 由 S-AOG 中在终端节点上形成 MRF 的水平连接来表示。为了编码上下文关系，为不同的团定义了不同类型的势函数。上下文关系 $E=E_f \cup E_o \cup E_g \cup E_r$ 分为四个子集：

（1）家具之间的关系 E_f；

（2）被支撑物体与支撑物体之间的关系 E_o（如桌面上的监视器）；

（3）功能对 E_g（如椅子和桌子）中的物体之间的关系；

（4）家具和房间之间的关系 E_r。

因此，在终端层中形成的团也可以分成四个子集：$C=C_f \cup C_o \cup C_g \cup C_r$。使用动允性（affordance）作为表征物体–人–物体关系的桥梁来计算势，而不是直接捕捉物体–物体的关系。

分层解析树 pt 是 S-AOG 的一个实现，通过为与节点选择子节点，以及确定集节点的每个子节点的状态来实现。解析图 pg 由解析树 pt 和解析树上的许多上下文关系 E 组成：$\text{pg}=(\text{pt},E_{\text{pt}})$。图 4-13 显示了一个解析图的简单例子和终端层中形成的四种团。在图 4-13 中，图（a）为卧室解析图的简化示例，解析图的终端节点在终端层中形成 MRF，投射到终端层的上下文关系形成了团；图（b）～图（e）显示了四种类型的团的示例，表示四种不同类型的上下文关系。

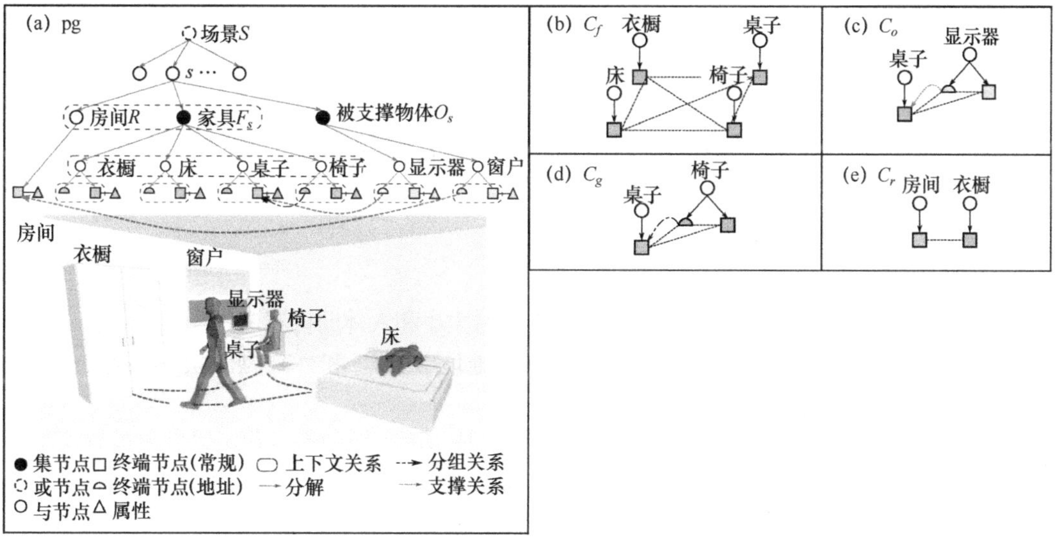

图 4-13　一个解析图的简单例子和终端层中形成的四种团

©[2018] IEEE，获许可使用，来自参考文献[18]

4. S-AOG 的概率建模

一个场景布置由解析图 pg 表示，包括场景中的物体和相关属性。由 Θ 参数化的、

S-AOG 生成的 pg 的先验概率为一个吉布斯分布：

$$p(\text{pg}|\Theta)=\frac{1}{Z}\exp\{-\varepsilon(\text{pg}|\Theta)\}=\frac{1}{Z}\exp\{-\varepsilon(\text{pg}|\Theta)-\varepsilon(E_{\text{pt}}|\Theta)\} \tag{4-12}$$

式中，$\varepsilon(\text{pg}|\Theta)$ 是解析图的能量函数，$\varepsilon(\text{pt}|\Theta)$ 是解析树的能量函数，$\varepsilon(E_{\text{pt}}|\Theta)$ 是上下文关系的能量项。

$\varepsilon(\text{pt}|\Theta)$ 可以进一步分解为不同类型的非终端节点的能量函数，以及常规终端节点和地址终端节点的内部属性的能量函数：

$$E(\text{pt}\Theta)=\underbrace{\sum_{v\in V^{\text{Or}}}\varepsilon_{\Theta}^{\text{Or}}(v)+\sum_{v\in V^{\text{Set}}}\varepsilon_{\Theta}^{\text{Set}}(v)}_{\text{非终端节点}}+\underbrace{\sum_{v\in V_T^r}\varepsilon_{\Theta}^{A_{\text{in}}}(v)}_{\text{终端节点}} \tag{4-13}$$

式中，或节点 $v\in V^{\text{Or}}$ 的子节点的选择和集节点 $v\in V^{\text{Set}}$ 的子分支的选择服从不同的多项分布。由于与节点是确定地扩展的，因此在这里没有与节点的能量项。终端节点的内部属性 A_{in}（大小）服从由核密度估计学习的非参数概率分布。

$\varepsilon(E_{\text{pt}}|\Theta)$ 结合了终端层中形成的四种团的势，整合人体属性和常规终端节点的外部属性，可得

$$p(E_{\text{pt}}|\Theta)=\frac{1}{Z}\exp\{-\varepsilon(E_{\text{pt}}|\Theta)\}=\prod_{c\in C_f}\phi_f(c)\prod_{c\in C_o}\phi_o(c)\prod_{c\in C_g}\phi_g(c)\prod_{c\in C_r}\phi_r(c) \tag{4-14}$$

5. 合成场景布置

合成场景布置是通过从 S-AOG 定义的先验概率 $p(\text{pg}|\Theta)$中采样解析图 pg 来完成的。解析树 pt 的结构（或节点和集节点子分支的选择）和物体的内部属性（大小）可以容易地从封闭形式的分布或非参数分布中采样得到。然而，物体的外部属性（位置和方向）受到多个势函数的约束，因此它们太复杂而无法直接采样。这里，马尔可夫链蒙特卡罗（MCMC）采样用于提取分布中的典型状态。每次采样过程可分为以下两个主要步骤。

（1）直接采样 pt 的结构和内部属性 A_{in}:

① 为或节点采样子节点；

② 确定集节点的每个子分支的状态；

③ 对于每个常规终端节点，从学习的分布中对大小和人体的位置进行采样。

（2）使用 MCMC 方法通过提议移动来采样地址节点V^a 和外部属性 A_{ex} 的值。马尔可夫链收敛后将选择一个样本。

以概率 q_i, i=1, 2，随机地使用两种简单类型的马尔可夫链动态过程，以做出提议移动：

① 动态过程 q_1：物体平移。此动态过程选择常规终端节点，并基于当前位置 $\boldsymbol{x}$ 对新位置进行采样：$\boldsymbol{x}\to\boldsymbol{x}+\Delta\boldsymbol{x}$，其中 $\Delta\boldsymbol{x}$ 服从二元正态分布。

② 动态过程 q_2：物体旋转。此动态过程选择常规终端节点，并基于物体的当前方向对新方向进行采样：$\theta\to\theta+\Delta\theta$，其中 $\Delta\theta$ 服从正态分布。

采用 Metropolis-Hastings 算法，新解析图 pg′ 根据以下提议概率被接受：

$$\alpha(\text{pg}'|\text{pg},\Theta)=\min\left(1,\frac{p(\text{pg}'|\Theta)p(\text{pg}|\text{pg}')}{p(\text{pg}|\Theta)p(\text{pg}'|\text{pg})}\right)=\min(1,\exp(\varepsilon(\text{pg}|\Theta)-\varepsilon(\text{pg}'|\Theta))) \tag{4-15}$$

其中，由于提议移动在概率上是对称的，因此提议概率比被取消。采用模拟退火方案得到高概率样本。该过程如图 4-14 所示，图中从左到右是模拟退火过程中得到的场景布置。图 4-15 显示了高概率样本，图中上图是俯视图，中图是侧视图，下图是动允性热量图。

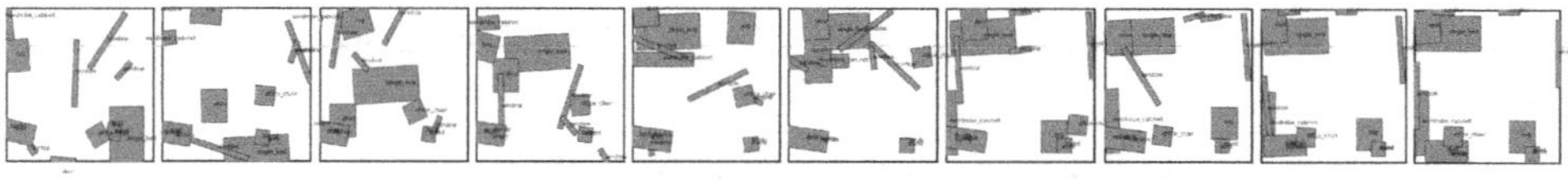

图 4-14　MCMC 采样过程示例

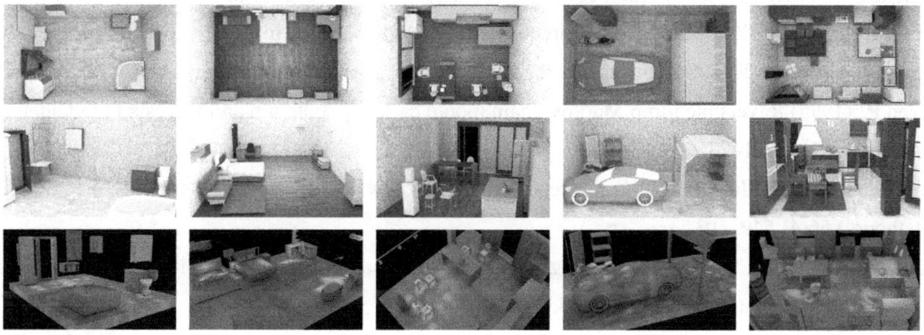

©[2018] IEEE，获许可使用，来自参考文献[18]

| 卫生间 | 卧室 | 餐厅 | 车库 | 厨房 |

图 4-15　五种不同类别的场景示例

©[2018] IEEE，获许可使用，来自参考文献[18]

4.8　本章练习

问题 1　考虑一个具有 $n=1000$ 个状态的空间，参见例 4-3。概率 π 是一个混合高斯分布，其均值分别为 330 和 670，标准差分别为 40 和 50，权重分别为 0.9 和 0.1。提议概率 q 也是一个混合高斯分布，其均值分别为 350 和 600，标准差分别为 40 和 50，权重分别为 0.75 和 0.25。两个概率都离散化为状态 1,…,1000 且归一化到 1。

（1）对于每一个 i，使用 100 个马尔可夫链估计所有状态的首中时 $E[\tau(i)]$。画出预估击中时和 i 的关系图。

（2）计算所有状态的首中时，并将他们和估计的时间以及来自定理 4-2 的限界一起绘制。

问题 2　假设我们有一个一维图像，该图像由 $y(x)=\alpha|x|+\epsilon$，$x\in\{-100,-99,…,100\}$ 得到，这里 α 控制信号强度且 $\epsilon\sim\mathcal{N}(0,1)$。通过一个简单的可逆跳跃扩散算法将该图像最多分割为两部分。可逆跳跃在一个分割和两个分割解之间。两个分割空间的扩散将移动共同端点（断开）的位置。当分割的数目和断点的位置给定时，利用普通最小二乘法去匹配最好的分割。试一试不同的信号强度 $\alpha\in\{0.01,0.003,0.1,0.3,1\}$，画出 10 个独立运行的平均能量（4～8）相对于计算时间（秒）的图示。

本章参考文献

[1] Bremaud P (1999) Markov chains: Gibbs fields, Monte Carlo simulation, and queues, vol 31. Springer, New York.

[2] Ching FDK, Binggeli C (2012) Interior design illustrated. Wiley, Hoboken.

[3] Diaconis P, Hanlon P (1992) Eigen-analysis for some examples of the metropolis algorithm. Contemp Math 138:99–117.

[4] Dongarra J, Sullivan F (2000) Guest editors introduction: the top 10 algorithms. Comput Sci Eng 2(1):22–23.

[5] Ge W, Collins RT (2009) Marked point processes for crowd counting. In: CVPR. IEEE, pp 2913–2920.

[6] Geman S, Hwang C-R (1986) Diffusions for global optimization. SIAM J Control Optim24(5):1031–1043.

[7] Green PJ (1995) Reversible jump Markov chain monte carlo computation and Bayesian modeldetermination. Biometrika 82(4):711–732.

[8] Grenander ULF, Miller MI (1994) Representations of knowledge in complex systems. J R Stat Soc Ser B (Methodol) 56(4):549–603.

[9] Han F, Tu Z, Zhu S-C (2004) Range image segmentation by an effective jump-diffusion method. IEEE Trans Pattern Anal Mach Intell 26(9):1138–1153.

[10] Hastings WK (1970) Monte carlo sampling methods using Markov chains and their applications. Biometrika 57(1):97–109.

[11] Kirkpatrick S, Vecchi MP, et al (1983) Optimization by simulated annealing. Science 220(4598):671–680.

[12] Liu JS (1996) Metropolized independent sampling with comparisons to rejection sampling and importance sampling. Stat Comput 6(2):113–119.

[13] Maciuca R, Zhu S-C (2006) First hitting time analysis of the independence metropolis sampler. J Theor Probab 19(1):235–261.

[14] Mengersen KL, Tweedie RL, et al (1996) Rates of convergence of the hastings and metropolis algorithms. Ann Stat 24(1):101–121.

[15] Metropolis N, Rosenbluth AW, Rosenbluth MN, Teller AH, Teller E (1953) Equation of state calculations by fast computing machines. J Chem Phys 21(6):1087–1092.

[16] Metropolis N, Ulam S (1949) The monte carlo method. J Am Stat Assoc 44(247):335–341.

[17] Mitton M, Nystuen C (2011) Residential interior design: a guide to planning spaces. Wiley, Hoboken.

[18] Qi S, Zhu Y, Huang S, Jiang C, Zhu S-C (2018) Human-centric indoor scene synthesis using stochastic grammar. In: Conference on computer vision and pattern recognition (CVPR).

[19] Smith RL, Tierney L (1996) Exact transition probabilities for the independence metropolis sampler. Preprint.

[20] Tu Z, Zhu S-C (2002) Image segmentation by data-driven markov chain monte carlo. IEEE Trans Pattern Anal Mach Intell 24(5):657–673.

[21] Yu L-F, Yeung SK, Tang C-K, Terzopoulos D, Chan TF, Osher S (2011) Make it home: automatic optimization of furniture arrangement. ACM Trans Graph 30(4):86.

[22] Zhu S-C, Mumford D (2007) A stochastic grammar of images. Now Publishers Inc, Hanover.

[23] Zhu SC, Yuille A (1996) Region competition: unifying snakes, region growing, and bayes/MDL for multiband image segmentation. IEEE Trans Pattern Anal Mach Intell 18(9):884–900.

第 5 章　吉布斯采样器及其变体

合抱之木，生于毫末；九层之台，起于累土；千里之行，始于足下。

——老子

5.1　引言

吉布斯采样器[9]，最初由 Geman 兄弟 Donald 和 Stuart 提出，是一种 MCMC 算法，用于从难以采样的分布中获取样本。通常，分布以吉布斯形式表示：

$$\pi(\boldsymbol{x}) = \frac{1}{Z}\mathrm{e}^{-E(\boldsymbol{x})},\ \ \boldsymbol{x} = (x_1, \dots, x_d) \in \Omega$$

Donald Geman 和 Stuart Geman

这种分布常出现在解决约束（硬、软）满足问题（如图像去噪）或贝叶斯推理中。

例 5-1　八皇后问题是约束满足问题的一个例子。这个问题是在 8×8 的国际象棋棋盘上放置 8 个皇后，使得它们都不会相互威胁：即任意两个皇后都没有处于同一行、列或对角线。用 $\boldsymbol{s} \in \{1, \dots, 64\}^8$ 表示一个可能的解，该解包含 8 个皇后的棋盘坐标。所有解的集合可以表示为

$$\Omega^* = \{\boldsymbol{s} \in \{1, \dots, 64\}^8,\ \ h_i(\boldsymbol{s}) \leqslant 1,\ \ i = 1, \dots, 46\}$$

式中，$h_i(\boldsymbol{s})$ 是计算每行、每列和每个对角线上的皇后数的 8+8+30 个约束。

例 5-2　标记线条图的边，使得它们一致，如图 5-1 所示。这是一个图 $G = \{V, E\}$ 上的约束满足问题。我们可以定义解集为

$$\Omega^* = \{\boldsymbol{s} \in \{+, -, <, >\}^{|E|},\ \ h_i(\boldsymbol{s}) = 1,\ \ i = 1, \dots, |V|\}$$

式中，$h_i(\boldsymbol{s})$ 是每个顶点的一致性硬（逻辑）约束。根据连接类型，这些约束如图 5-2 所示。

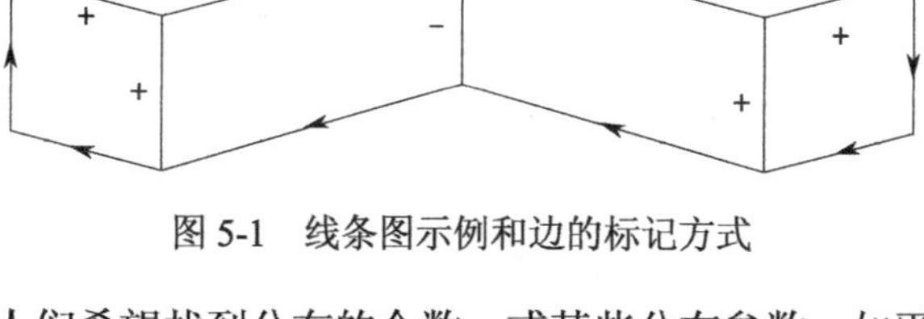

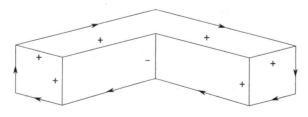

图 5-1　线条图示例和边的标记方式

在这些情况下，人们希望找到分布的众数，或某些分布参数，如平均值、标准差等。在吉布斯采样器之前，使用松弛标记算法[19]找到众数，该算法和算法 5-1 的描述类似。

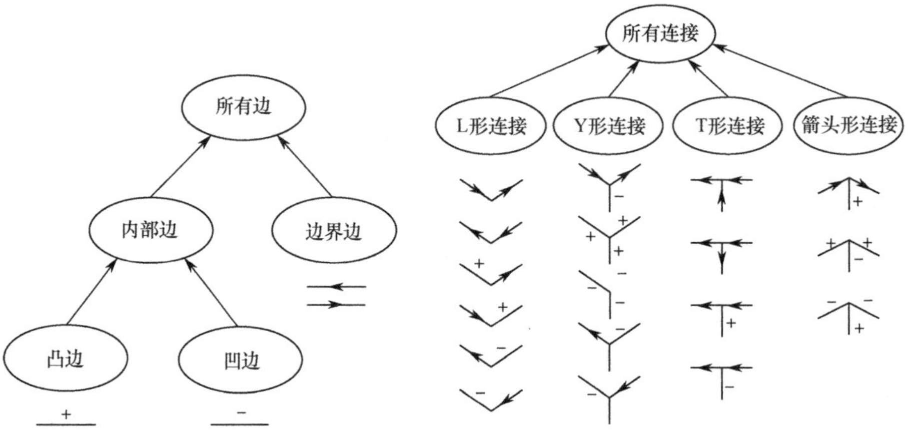

图 5-2 这些允许的边的标签和连接类型表示强约束和先验知识

算法 5-1 松弛算法
Input：能量函数 $E[\boldsymbol{x}]$，当前状态 $\boldsymbol{x}^{(t)}=(x_1,\ldots,x_d)\in\Omega$
Output：新状态 $\boldsymbol{x}^{(t+1)}\in\Omega$
1. 随机选择一个变量 $i\in\{1,\ldots,d\}$
2. 计算 $$u=\mathrm{argmin}(E[x_i=1\|x_{-i}],\ldots,E[x_i=L\|x_{-i}])$$
3. 设置 $$x_{-i}^{(t+1)}=x_{-i}^{(t)},x_i^{(t+1)}=u$$

这种贪婪算法的问题在于它无法保证找到全局最优。实际上，其经常陷入局部最优。吉布斯采样器作为松弛算法的随机版本引入，这就是为什么 Geman 和 Geman（1984）的论文标题为“随机松弛”的原因。[9]

本章将讨论吉布斯采样器及其问题和泛化，同时还介绍了数据增强的问题，并对其在 Julesz 系综中的应用进行了研究。

5.2 吉布斯采样器

5.2.1 吉布斯采样器介绍

吉布斯采样器的目标是对联合概率进行采样，即

$$\boldsymbol{X}=(x_1,x_2,\ldots,x_d)\sim\pi(x_1,x_2,\ldots,x_d)$$

根据条件概率在每个维度中采样，即

$$x_i\sim\pi(x_i|\underbrace{x_{-i}}_{\text{固定}})=\frac{1}{Z}\exp(-E[x_i|x_{-i}]),\forall i$$

这里 $\pi(x_i|x_{-i})$ 是一个在位点（变量）i 以其他变量为条件的条件概率。

假设 Ω 是 d 维的，每个维度被离散化为 L 个有限状态。因此状态的总数是 L^d。吉布

斯采样器过程见算法 5-2。

算法 5-2　吉布斯采样器

Input：概率函数 $\pi(\boldsymbol{x})$，当前状态 $\boldsymbol{x}^{(t)}=(x_1,\ldots,x_d)\in\Omega$

Output：新状态 $\boldsymbol{x}^{(t+1)}\in\Omega$

1. 随机选择一个变量 $i\in\{1,\ldots,d\}$，可以取 L 个值 $y_1,\ldots,y_L$。
2. 使用下式计算条件概率向量 $\boldsymbol{u}=(u_1,\ldots,u_L)$。
$$u_k=\pi(x_i=v_k|x_{-i})$$
3. 采样 $j\sim\boldsymbol{u}$，并置
$$x_{-i}^{(t+1)}=x_{-i}^{(t)},\ x_i^{(t+1)}=y_j$$

在上面的步骤 1 中，选择变量的顺序可以是随机的，也可以是遵循预定义的方案，如 $1,2,\ldots,d$。

定义 5-1　吉布斯采样器的一次扫描是对所有位点（变量）的一次顺序访问。

虽然一个吉布斯步的转移矩阵 $\boldsymbol{K}_i$ 可能不是不可约和非周期性的，但很容易证明总转移矩阵 $\boldsymbol{K}=\boldsymbol{K}_1\cdot\boldsymbol{K}_2\ldots\boldsymbol{K}_d$ 在一次扫描后确实具有这些特征。因此，收缩系数满足 $C(\boldsymbol{K})<1$。

如果在 t 时刻 $\boldsymbol{x}^{(t)}\sim\pi(\boldsymbol{x})$，且 $\boldsymbol{x}^{(t+1)}\sim\pi(\boldsymbol{x})$，那么 $\boldsymbol{K}$ 以 π 作为其不变概率，即

$$\boldsymbol{x}^{(t)}=(x_1,\ldots,x_i,x_{i+1},\ldots,x_d)\sim\pi(\boldsymbol{x})$$
$$\boldsymbol{x}^{(t+1)}=(x_1,\ldots,y_j,x_{i+1},\ldots,x_d)$$

在两个状态之间移动时发生的唯一变化是用 y_j 替换 x_i。然而，我们知道

$$\boldsymbol{x}^{(t+1)}\sim\pi(x_1,\ldots,x_{i-1},x_{i+1},\ldots,x_d)\cdot\pi(y_j|x_1,\ldots,x_{i-1},x_{i+1},\ldots,x_d)\Rightarrow\boldsymbol{x}^{(t+1)}\sim\pi(\boldsymbol{x})$$

事实上，可以证明[3]周期性吉布斯采样器（使用预定义方案 $1,2,\ldots,d$ 访问位点）具有几何收敛率：

$$\left\|\boldsymbol{\mu}\boldsymbol{K}^n-\boldsymbol{\pi}\right\|_{\mathrm{TV}}\leqslant\frac{1}{2}(1-\mathrm{e}^{d\Delta})^n\,\|\boldsymbol{\mu}-\boldsymbol{\pi}\|_{\mathrm{TV}}$$

式中，$\Delta=\sup\limits_i\delta_i$，具有：

$$\delta_i=\sup\{|E(\boldsymbol{x})-E(\boldsymbol{y})|;x_j=y_j\forall j\neq i\}$$

这里，我们使用 $E[\boldsymbol{x}]$，它是 $\pi[\boldsymbol{x}]$ 的能量，即 $\pi(\boldsymbol{x})=\dfrac{1}{Z}\exp\{-E(\boldsymbol{x})\}$。注意，$E[\boldsymbol{x}]$ 取决于一个相加性常数。

5.2.2　吉布斯采样器的一个主要问题

下面用例子来说明吉布斯采样器存在的一个主要问题。

例 5-3　对于一个概率 $\pi(x_1,x_2)$，其概率质量集中在一维线段上，如图 5-3 所示，图的左半部分显示吉布斯采样器很难对具有两个紧密耦合变量的概率进行采样，图的右半部分显示吉布斯采样器很难对集中在流形上的数据进行采样，对这两个维度进行迭代采样显然是低效的，即链是“锯齿状”的。

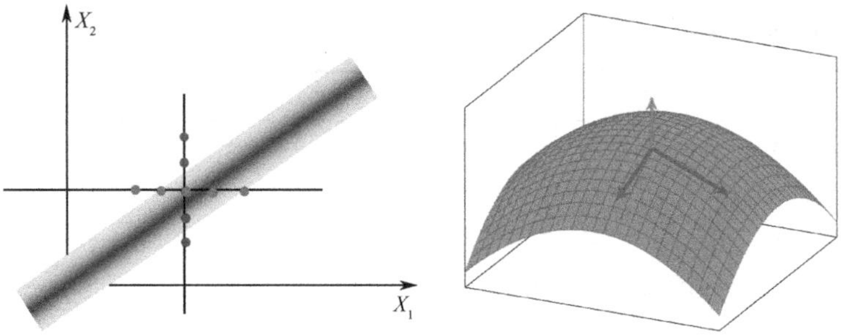

图 5-3　吉布斯采样器很难完成采样的两个例子

这个问题产生的原因是两个变量的紧密耦合。在采样时我们最好沿着线的方向移动。通常，当概率集中在 d 维空间中的较低维度流形中时会产生这个问题。马尔可夫链不允许在法线方向（离开流形）移动，而仅能在切线方向上移动。

我们知道，吉布斯分布源自变量 $\boldsymbol{x}$ 上的约束，因此它们是在一些隐式流形上定义的，即

$$\Omega(H_0)=\{X:H_i(\boldsymbol{x})=h_i,\ i=1,2,\ldots,K\},\quad H_0=(h_1,h_2,\ldots,h_K)$$

在吉布斯分布的例子中，一般马尔可夫随机场难以使用吉布斯采样器采样，特别是伊辛 / 波茨模型。

设 $G=\{V,E\}$ 是邻接图，例如一个具有 4 个最近邻连接的栅格。每个顶点 $v_i\in V$ 都有一个具有有限数量标签（或颜色）的状态变量 x_i， $x_i\in\{1,2,\ldots,L\}$。标签的总数 L 是预先定义的。

定义 5-2　设 $\boldsymbol{x}=(x_1,x_2,\ldots,x_{|V|})$ 表示图的标记，那么伊辛 / 波茨模型是一个马尔可夫随机场，即

$$\pi_{\text{PTS}}(\boldsymbol{x})=\frac{1}{Z}\exp\left\{-\sum_{<s,t>\in E}\beta_{st}\mathbf{1}(x_s\neq x_t)\right\} \tag{5-1}$$

式中，$\mathbf{1}(x_s\neq x_t)$ 是一个布尔函数，若满足条件 $x_s\neq x_t$ 则等于 1，否则等于 0。如果可能的标签数量是 $L=2$，则 π 称为伊辛模型；如果 $L\geqslant 3$，则 π 称为波茨模型。

对于一个更倾向于相邻顶点的颜色相同的铁磁体系统，我们通常认为 $\beta_{st}>0$。波茨模型及其扩展在许多贝叶斯推理任务中被用作先验概率。

例 5-4　对于定义在伊辛模型式（5-1）上的单位点吉布斯采样器，由于具有平坦的能级图，如图 5-4 所示，边界顶点以概率 $p=1/2$ 翻转。翻转一串长度为 n 的字符串平均需要 $t\geqslant 1/p^n=2^n$ 步！这意味着等待时间是指数级的。

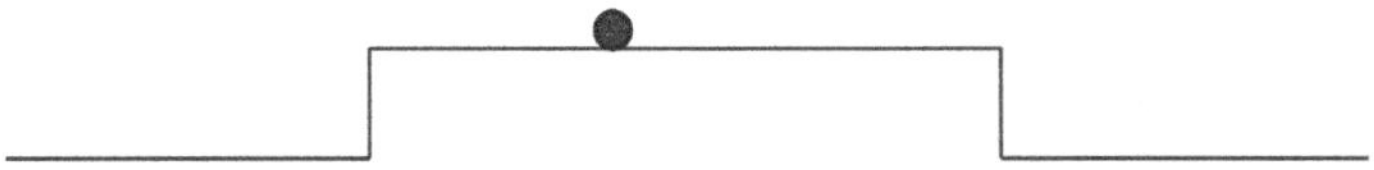

图 5-4　伊辛模型具有平坦的能级图，难以对其采样

5.3　吉布斯采样器扩展

本节介绍几个吉布斯采样器的修正和扩展，这些修正和扩展减轻了对本书 5.2.2 节中

强调的相关变量所使用的方法所带来的一些困难。

5.3.1　击中逃跑

该设计随机选择一个方向并在该方向上进行采样。假设当前状态是 $\boldsymbol{x}^{(t)}$ 。

（1）选择一个方向或坐标轴 $\boldsymbol{e}_t$ 。

（2）沿坐标轴采样，即

$$r \sim \pi(\boldsymbol{x}^{(t)} + r \cdot \boldsymbol{e}_t)$$

（3）更新状态，即

$$\boldsymbol{x}^{(t+1)} = \boldsymbol{x}^{(t)} + r \cdot \boldsymbol{e}_t$$

沿着坐标轴的采样是一个连续的吉布斯采样器，可以通过 Multi-Try Metropolis 实现。然而，这种设计仍然存在一个问题，那就是如何选择采样方向。

5.3.2　广义吉布斯采样器

作为进一步扩展，我们可以不必沿直线移动。在更一般的情况下，只要移动保持不变概率，就可以将一组变换用于可能的移动。

定理（**Liu**[12]）　设 $\Gamma = \{\gamma\}$ 是一个局部紧群，它作用于空间 Ω ，每个元素乘法是一个可能的移动，由下式给出：

$$\boldsymbol{x}^{(t)} \to \boldsymbol{x}^{(t+1)} = \gamma \cdot \boldsymbol{x}^{(t)}$$

如果 $\boldsymbol{x} \sim \pi$ 且元素 $\gamma \in \Gamma$ 由下式选择：

$$\gamma | \boldsymbol{x} \sim \pi(\gamma \cdot \boldsymbol{x}) | J_\gamma(\boldsymbol{x}) | H(\mathrm{d}\gamma)$$

式中，$J_\gamma(\boldsymbol{x})$ 是在 $\boldsymbol{x}$ 处计算的变换 $\boldsymbol{x} \to \gamma \cdot \boldsymbol{x}$ 的雅可比矩阵，$H(\mathrm{d}\gamma)$ 是左不变哈尔测度，即

$$H(\gamma \cdot B) = H(B),\ \ \forall \gamma, B$$

则新状态服从不变概率，即

$$\boldsymbol{x}^{(t+1)} = \gamma \cdot \boldsymbol{x} \sim \pi$$

5.3.3　广义击中逃跑

从概念上讲，将击中逃跑的想法推广到空间的任意分区，尤其在有限状态空间中是有益的，如图 5-5 所示。这个概念是由 Persi Diaconis 在 2000 年提出的。

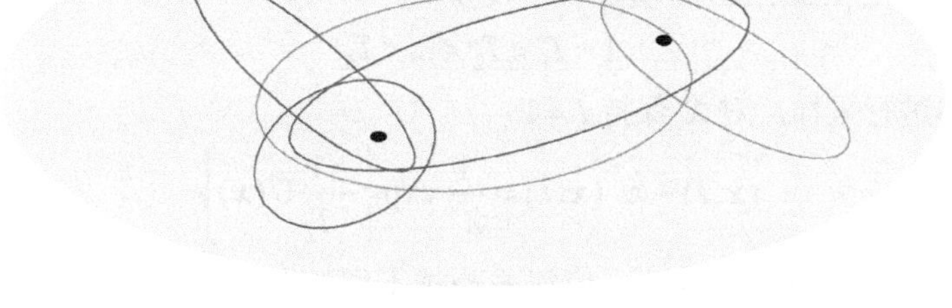

图 5-5　击中逃跑

假设马尔可夫链由许多子链组成，转移概率是线性加权和，即

$$K(\boldsymbol{x},\boldsymbol{y})=\sum_{i=1}^{N}\omega_i K_i(\boldsymbol{x},\boldsymbol{y}),\omega_i=p(i),\ \sum_{i=1}^{N}\omega_i=1$$

如果每个子核具有相同的不变概率，即

$$\sum_{\boldsymbol{x}}\pi(\boldsymbol{x})K_i(\boldsymbol{x},\boldsymbol{y})=\pi(\boldsymbol{y}),\ \forall\boldsymbol{y}\in\Omega$$

那么整个马尔可夫链服从 $\pi(\boldsymbol{x})$。通过第 i 个类型，核为 K_i 的移动连接到 $\boldsymbol{x}$ 的状态的集合表示为

$$\Omega_i(\boldsymbol{x})=\{\boldsymbol{y}\in\Omega:K_i(\boldsymbol{x},\boldsymbol{y})>0\}$$

$\boldsymbol{x}$ 连接到集合：

$$\Omega(\boldsymbol{x})=\bigcup_{i=1}^{N}\Omega_i(\boldsymbol{x})$$

这个方法的关键问题是：

（1）如何以一种系统的、有规则的方式，确定采样维度、方向、群变换，以及集合 $\Omega_i(\boldsymbol{x})$？

（2）如何调度由 $p(i)$ 控制的访问顺序？比如，如何选择移动方向、群和集合？

5.3.4 利用辅助变量采样

我们想从 $\pi(\boldsymbol{x})$ 中采样 $\boldsymbol{x}$，但由于变量之间的相关性，可能很难从中采样。克服这些相关性的一个系统性方法是引入辅助随机变量 y，使得

$$\boldsymbol{x}\sim\pi(\boldsymbol{x})\to(\boldsymbol{x},y)\sim\pi^{+}(\boldsymbol{x},y)$$

辅助随机变量 y 在不同的应用中代表了不同的物理含义，例如：

（1）T（Temperature，温度）：模拟退火。[11]

（2）S（Scale，尺度）：多栅格采样。

（3）w（Weight，权重）：动态加权。

（4）b（Bond，键）：聚类采样，SW 算法[7,13]。

（5）U（Encrgy Level，能级）：切片采样[7]。

5.3.5 模拟退火

设目标概率为

$$\pi(\boldsymbol{x})=\frac{1}{Z}\exp\{-U(\boldsymbol{x})\}$$

对于 L 个温度级，在 $\{1,2,\ldots,L\}$ 中增加一个变量 I：

$$1=T_1<T_2<\ldots<T_L$$

然后对联合概率进行采样，对 X 保持 $I=1$：

$$(\boldsymbol{x},I)\sim\pi^{+}(\boldsymbol{x},I)=\frac{1}{Z^{+}}\exp\left\{-\frac{1}{T_I}U(\boldsymbol{x})\right\}$$

采样器在高温下可以更自由地移动，但很难跨越不同的温度级。假设在 L 个温度级上并行地运行马尔可夫链，对所有链定义一个联合概率：

$$\pi^{+}(\boldsymbol{x}_1,\dots,\boldsymbol{x}_L)\propto\prod_{i=1}^{L}\exp\left\{-\frac{1}{T_i}U(\boldsymbol{x}_i)\right\}$$

对两条链进行重新排序：

$$(\dots,\boldsymbol{x}_i,\dots,\boldsymbol{x}_j,\dots)\to(\dots,\boldsymbol{x}_j,\dots,\boldsymbol{x}_i,\dots)$$

最后以 Metropolis-Hastings 接受：

$$\alpha=\min\left(1,\exp\left\{\left(\frac{1}{T_j}-\frac{1}{T_i}\right)(U(\boldsymbol{x}_j)-U(\boldsymbol{x}_i))\right\}\right)$$

5.3.6　切片采样

假设 $\boldsymbol{x}\sim\pi(\boldsymbol{x})$ 是一个一维分布。我们引入一个辅助变量 $y\in[0,1]$ 来表示概率水平。因此，对 $\pi(\boldsymbol{x})$ 采样相当于从 $(\boldsymbol{x},y)$ 空间中的阴影区域均匀采样，如图 5-6 所示。

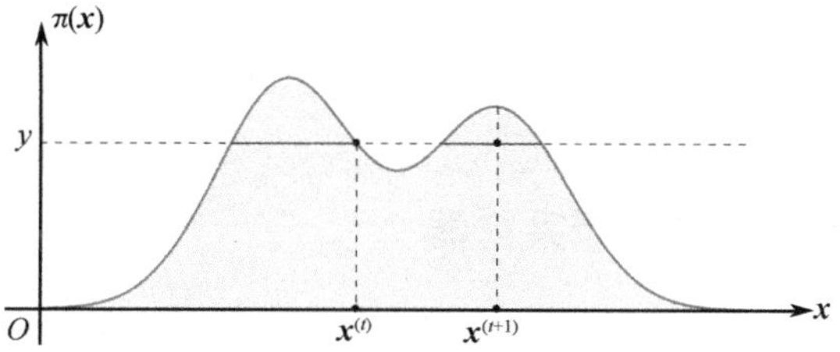

图 5-6　对 $\pi(\boldsymbol{x})$ 采样相当于从 $(\boldsymbol{x},y)$ 空间中的阴影区域均匀采样

使满足条件

$$\sum_{y}\pi^{+}(\boldsymbol{x},y)=\pi(\boldsymbol{x})$$

但是

$$\begin{cases}y\sim\pi^{+}(y|\boldsymbol{x})=\mathrm{unif}(0,\pi(\boldsymbol{x}))\leftarrow\text{容易采样}\\ \boldsymbol{x}\sim\pi^{+}(\boldsymbol{x}|y)=\mathrm{unif}\overbrace{(\{\boldsymbol{x};\pi(\boldsymbol{x})\geqslant y\})}^{\text{水平集}}\leftarrow\text{难以采样}\end{cases}$$

切片 $\{\boldsymbol{x};\pi(\boldsymbol{x})\geqslant y\}$ 通常包含由水平集 $\pi(b\boldsymbol{x})=y$ 限定的多个部分，并且难以采样。这种情况如图 5-7 所示。

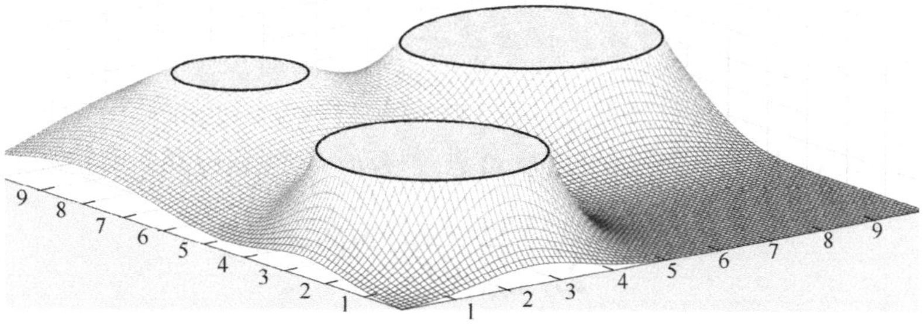

图 5-7　切片 $\{\boldsymbol{x};\pi(\boldsymbol{x})\geqslant y\}$ 通常包含多个部分，并且难以采样

5.3.7 数据增强

对下式给出的辅助变量，切片采样方法提出两个一般条件：

$$\boldsymbol{x} \sim \pi(\boldsymbol{x}) \rightarrow (\boldsymbol{x}, y) \sim \pi^{+}(\boldsymbol{x}, y)$$

（1）边缘概率是：

$$\sum_{y} \pi^{+}(\boldsymbol{x}, y) = \pi(\boldsymbol{x})$$

（2）两个条件概率都可以分解，并且易于从下式中采样：

$$\begin{cases} \boldsymbol{x} \sim \pi^{+}(\boldsymbol{x} | y) \\ y \sim \pi^{+}(y | \boldsymbol{x}) \end{cases}$$

数据增强的直观含义如下：

在很多情况下，概率集中在分离的众数（区域）上，并且在这些众数之间跳跃是很困难的，因为马尔可夫链通常在局部移动。好的辅助变量将会：

（1）有助于选择移动方向 / 群 / 集合（在广义击中逃跑中）。

（2）扩大搜索范围。

5.3.8 Metropolized 吉布斯采样器

回到本书 5.3.3 节中的广义击中逃跑设置，其中核包含许多子核：

$$K(\boldsymbol{x}, \boldsymbol{y}) = \sum_{i=1}^{N} \omega_i K_i(\boldsymbol{x}, \boldsymbol{y}), \omega_i = p(i), \ \sum_{i=1}^{N} \omega_i = 1$$

这些子核具有相同的不变概率，即

$$\sum_{\boldsymbol{x}} \pi(\boldsymbol{x}) K_i(\boldsymbol{x}, \boldsymbol{y}) = \pi(\boldsymbol{y}), \ \ \forall \boldsymbol{y} \in \Omega$$

通过第 i 类移动连接到 $\boldsymbol{x}$ 的状态集合为

$$\Omega_i(\boldsymbol{x}) = \{\boldsymbol{y} \in \Omega : K_i(\boldsymbol{x}, \boldsymbol{y}) > 0\}$$

$\boldsymbol{x}$ 连接到集合：

$$\Omega(\boldsymbol{x}) = \cup_{i=1}^{N} \Omega_i(\boldsymbol{x})$$

我们知道一般有两种设计：吉布斯（Gibbs）和 Metropolis。

（1）吉布斯：在每个集合中采样概率为

$$\boldsymbol{y} \sim [\pi]_i(\boldsymbol{y}), \ \ [\pi]_i(\boldsymbol{y}) \sim \begin{cases} \pi(\boldsymbol{y}) & \boldsymbol{y} \in \Omega_i(\boldsymbol{x}) \\ 0 & \boldsymbol{y} \notin \Omega_i(\boldsymbol{x}) \end{cases}$$

在这种情况下，移动是对称的

$$\Omega_i(\boldsymbol{x}) = \Omega_i(\boldsymbol{y})$$

（2）Metropolis：按照一个任意的 $\Omega_i(\boldsymbol{x})$ 进行移动，但提议分布 q 未知，其中

$$q_i(\boldsymbol{x}, \boldsymbol{y}) = \frac{\pi(\boldsymbol{y})}{\sum_{\boldsymbol{y}' \in \Omega_i(\boldsymbol{x})} \pi(\boldsymbol{y}')}, \ \ \forall \boldsymbol{y}' \in \Omega_i(\boldsymbol{x})$$

但是需要检查

$$q_i(\boldsymbol{y},\boldsymbol{x})=\frac{\pi(\boldsymbol{x})}{\sum_{\boldsymbol{x}'\in\Omega_i(\boldsymbol{y})}\pi(\boldsymbol{x}')},\forall \boldsymbol{x}'\in\Omega_i(\boldsymbol{y})$$

现在的问题是，移动不再是对称的，即 $\Omega_i(\boldsymbol{x})\neq\Omega_i(\boldsymbol{y})$。虽然进行了归一化，但由于集合不同，可能无法满足细致平衡方程。为了修正这种移动并得到正确的平衡，我们需要一个条件，即

$$\boldsymbol{y}\in\Omega_i(\boldsymbol{x})\Leftrightarrow \boldsymbol{x}\in\Omega_i(\boldsymbol{y})$$

我们取接受概率为

$$\alpha_i(\boldsymbol{x},\boldsymbol{y})=\min\left(1,\frac{q_i(\boldsymbol{y},\boldsymbol{x})\cdot\pi(\boldsymbol{y})}{q_i(\boldsymbol{x},\boldsymbol{y})\cdot\pi(\boldsymbol{x})}\right)=\min\left(1,\frac{\dfrac{\pi(\boldsymbol{x})}{\sum_{\boldsymbol{x}'\in\Omega_i(\boldsymbol{y})}\pi(\boldsymbol{x}')}\cdot\pi(\boldsymbol{y})}{\dfrac{\pi(\boldsymbol{y})}{\sum_{\boldsymbol{y}'\in\Omega_i(\boldsymbol{x})}\pi(\boldsymbol{y}')}\cdot\pi(\boldsymbol{x})}\right)$$

$$=\left(1,\frac{\overbrace{\sum_{\boldsymbol{y}'\in\Omega_i(\boldsymbol{x})}\pi(\boldsymbol{y}')}^{\Omega_i(\boldsymbol{x})\text{的总概率质量}}}{\underbrace{\sum_{\boldsymbol{x}'\in\Omega_i(\boldsymbol{y})}\pi(\boldsymbol{x}')}_{\Omega_i(\boldsymbol{y})\text{的总概率质量}}}\right)$$

子核是成对设计的，即

$$K_i(\boldsymbol{x},\boldsymbol{y})=\omega_{il}K_{il}(\boldsymbol{x},\boldsymbol{y})+\omega_{ir}K_{ir}(\boldsymbol{x},\boldsymbol{y})$$

并有相应的空间 $\Omega_{il}(\boldsymbol{x})$ 和 $\Omega_{ir}(\boldsymbol{x})$。在这种情况下，接受比是

$$\alpha_i(\boldsymbol{x},\boldsymbol{y})=\min\left(1,\frac{\sum_{\boldsymbol{y}'\in\Omega_{il}(\boldsymbol{x})}\pi(\boldsymbol{y}')}{\sum_{\boldsymbol{x}'\in\Omega_{ir}(\boldsymbol{y})}\pi(\boldsymbol{x}')}\right),\ \boldsymbol{y}\in\Omega_{il}(\boldsymbol{x})$$

如果集合是对称的，即 $\Omega_{il}(\boldsymbol{x})=\Omega_{ir}(\boldsymbol{y})$，如图 5-8 所示，那么接受比为 1。如果集合是非对称的，则需要 Metropolis 接受步骤来重新平衡移动。

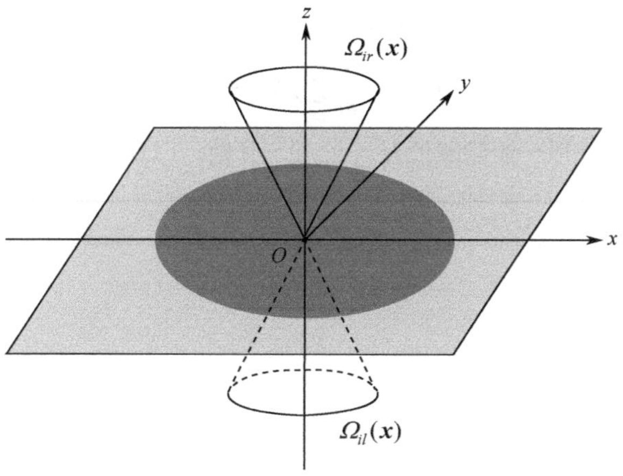

图 5-8　$\Omega_{ir}(\boldsymbol{x})$ 和 $\Omega_{il}(\boldsymbol{x})$ 空间

我们可以改进传统的吉布斯采样器，改进方法为禁止马尔可夫链在条件概率中保持其

当前状态。因此，这些集合肯定是不对称的，需要 Metropolis 接受步骤来重新平衡。该方法称为 Metropolized 吉布斯采样器（MGS）。马尔可夫链有一个非常实用的性质，提议矩阵的对角元素为 0，正是该性质使得马尔可夫链具有很短的混合时间。

$$q(\boldsymbol{x},\boldsymbol{y})=\frac{\pi(\boldsymbol{y})}{1-\pi(\boldsymbol{x})},\ \boldsymbol{y}\in\Omega(\boldsymbol{x}),\ \boldsymbol{x}\notin\Omega(\boldsymbol{x})$$

式中，1 表示归一化因子。因此，接受比为

$$\alpha(\boldsymbol{x},\boldsymbol{y})=\min\left(1,\frac{1-\pi(\boldsymbol{x})}{1-\pi(\boldsymbol{y})}\right)$$

此外，对 MGS 和吉布斯采样器来说，下述结论成立：

$$K_{\mathrm{MGS}}(\boldsymbol{x},\boldsymbol{y})\geqslant K_{\mathrm{Gibbs}}(\boldsymbol{x},\boldsymbol{y}),\ \forall\boldsymbol{x}\neq\boldsymbol{y}\in\Omega$$

5.4 数据关联和数据增强

在许多情况下，可以通过在观测数据 $\boldsymbol{y}$ 中增加一些丢失数据或隐藏数据 $\boldsymbol{h}$，得到精确的模型 $f(\boldsymbol{y},\boldsymbol{h}|\theta)$。例如，如果观测的灰度图像增加一个包含面部位置、旋转、尺度、3D 姿势以及其他变量（如太阳眼镜、胡须等）的向量 $\boldsymbol{h}$，则可以获得更精确的人脸模型 $f(\boldsymbol{y},\boldsymbol{h}|\theta)$，其中 $\theta\in\{0,1\}$，表示人脸 / 非人脸。

然后通过对隐变量积分，得到以观测数据为条件的参数 θ 的后验分布：

$$p(\theta|\boldsymbol{y})=\int p(\theta|\boldsymbol{y},\boldsymbol{h})p(\boldsymbol{h}|\boldsymbol{y})\mathrm{d}\boldsymbol{h} \tag{5-2}$$

如果能对 $p(\boldsymbol{h}|\boldsymbol{y})$ 采样，那么我们可以使用式（5-2）来得到 $p(\theta|\boldsymbol{y})$ 的蒙特卡罗近似。Tanner 和 Wong[14]发现可以使用目标分布 $p(\theta|\boldsymbol{y})$ 的初始近似 $f(\theta)$，首先通过对 $\theta_i\sim f(\theta)$ 采样，从

$$\tilde{p}(\boldsymbol{h})=\int p(\boldsymbol{h}|\theta,\boldsymbol{y})f(\theta)\mathrm{d}\theta$$

中获得隐变量 $\boldsymbol{h}_1,\ldots,\boldsymbol{h}_m$，则 $\boldsymbol{h}_i\sim p(\boldsymbol{h}|\theta_i,\boldsymbol{y})$。这些隐样本也称为多重插补。我们可以使用它们来获得（有可能的）更好的目标分布近似：

$$f(\theta)=\frac{1}{m}\sum_{i=1}^{m}p(\theta|\boldsymbol{y},\boldsymbol{h}_i)$$

因此，原始数据增强算法以一组隐藏值 $\boldsymbol{h}_1^{(0)},\ldots,\boldsymbol{h}_m^{(0)}$ 开始，以算法 5-3 的方式执行。

算法 5-3 数据增强（DA）

初始化 $\boldsymbol{h}_1^{(0)},\ldots,\boldsymbol{h}_m^{(0)}$
for 从 t=1 到 N^{iter} **do**
  for 从 i=1 到 m **do**
    从$\{1,\ldots,m\}$中随机选择 k
    采样 $\theta'\sim p(\theta|\boldsymbol{y},\boldsymbol{h}_k^{(t-1)})$
    采样 $\boldsymbol{h}_k^{(t)}\sim p(\boldsymbol{h}|\boldsymbol{y},\theta')$
  end for
end for

需要关注的一个重要问题是，DA 算法等价于 $m=1$ 的算法版本。因为当前的每个元素 $\boldsymbol{h}_1^{(t)},\ldots,\boldsymbol{h}_m^{(t)}$ 都可以追溯到它的源点，当 t 足够大时，t 代的所有样本都源于单个元素。因为父母是以完全随机的方式选择的，因此共同祖先的选择是无偏的。故 DA 算法等价于一种吉布斯采样器类型的算法，该算法在对参数 θ 进行采样和对隐变量 $\boldsymbol{h}$ 进行采样之间交替进行。简化的数据增强见算法 5-4。

算法 5-4　简化的数据增强
初始化 $\boldsymbol{h}$
for 从 $t=1$ 到 N^{iter} **do**
采样 $\theta' \sim p(\theta \mid \boldsymbol{y}, \boldsymbol{h}^{(t-1)})$
采样 $\boldsymbol{h}^{(t)} \sim p(\boldsymbol{h} \mid \boldsymbol{y}, \theta')$
end for

5.5　Julesz 系综和 MCMC 纹理采样

设 $\boldsymbol{I}$ 是定义在有限栅格 $\Lambda \subset \mathbf{Z}^2$ 上的图像。对于每个像素 $v=(x,y)\in\Lambda$，其灰度值表示为 $\boldsymbol{I}(v)\in S$，S 是实的有限区间或量化的灰度级的有限集合。我们用 $\Omega_\Lambda = S^{|\Lambda|}$ 表示 Λ 上所有图像的空间。

对均匀纹理图像建模时，我们对探索局部图像特征的有限统计量集合感兴趣。研究者们早期通过使用多边形和团上的共生矩阵对这些统计量进行了研究，但后来被证明不足以描述真实世界的图像，且与生物视觉系统无关。20 世纪 80 年代后期，人们认识到真实世界的成像能被空间 / 频率基更好地表示，如 Gabor 滤波器[6]、小波变换[5]和滤波器金字塔等。

给定一个滤波器的集合 $\{F^{(\alpha)},\alpha=1,2,\ldots,K\}$，为每个滤波器 $F^{(\alpha)}$ 计算一个子带图像 $\boldsymbol{I}^{(\alpha)}=F^{(\alpha)}*\boldsymbol{I}$，然后从子带图像或金字塔而不是从强度图像中提取统计量。从降维的角度看，滤波器能够表征局部纹理特征，则子带图像的简单统计量可以捕获在高维空间中需要 k 百分度或团统计量的信息。

尽管 Gabor 滤波器在生物视觉方面具有良好的基础[4]，但人们对视觉皮层如何在图像中池化统计量知之甚少。现有文献中有四种流行的统计量的选择：

（1）单个滤波器响应的矩，如 $\boldsymbol{I}^{(\alpha)}$ 的均值和方差。

（2）类似于“开 / 关”单元响应的整流函数[2]：

$$\boldsymbol{h}^{(\alpha,+)}(\boldsymbol{I})=\frac{1}{|\Lambda|}\sum_{v\in\Lambda}R^{+}(\boldsymbol{I}^{(\alpha)}(v)),\quad \boldsymbol{h}^{(\alpha,-)}(\boldsymbol{I})=\frac{1}{|\Lambda|}\sum_{v\in\Lambda}R^{-}(\boldsymbol{I}^{(\alpha)}(v))$$

（3）$\boldsymbol{I}^{(\alpha)}$ 的经验直方图的一个单元区间。

（4）$(\boldsymbol{I}^{(1)},\cdots,\boldsymbol{I}^{(k)})$ 的完整联合直方图的一个区间。

接下来，我们将研究基于 Julesz 系综的滤波器统计量的纹理的数学定义，以及从其中采样图像的算法。

5.5.1 Julesz 系综：纹理的数学定义

给定一个含有 K 个统计量的集合 $\boldsymbol{h}=\{\boldsymbol{h}^{(\alpha)}:\alpha=1,2,\ldots,K\}$，其相对于栅格 $|\Lambda|$ 的大小已经进行了归一化，图像 $\boldsymbol{I}$ 被映射到统计空间中的一个点 $\boldsymbol{h}(\boldsymbol{I})=(\boldsymbol{h}^{(1)}(\boldsymbol{I}),\ldots,\boldsymbol{h}^{(K)}(\boldsymbol{I}))$。设

$$\Omega_\Lambda(\boldsymbol{h}_0)=\{\boldsymbol{I}:\boldsymbol{h}(\boldsymbol{I})=\boldsymbol{h}_0\}$$

为共享相同统计量 $\boldsymbol{h}_0$ 的图像集合。图像空间 Ω_Λ 划分为等价类：

$$\Omega_\Lambda=\cup_{\boldsymbol{h}}\Omega_\Lambda(\boldsymbol{h})$$

由于有限栅格中的强度量化，实际上要减小对统计量的约束，并将图像集合定义为

$$\Omega_\Lambda(\mathcal{H})=\{\boldsymbol{I}:\boldsymbol{h}(\boldsymbol{I})\in\mathcal{H}\}$$

式中，$\mathcal{H}$ 是 $\boldsymbol{h}_0$ 周围的开集，$\Omega_\Lambda(\mathcal{H})$ 刻画了一个均匀分布：

$$q(\boldsymbol{I};\mathcal{H})=\begin{cases}\dfrac{1}{|\Omega_\Lambda(\mathcal{H})|} & \boldsymbol{I}\in\Omega_\Lambda(\mathcal{H})\\ 0 & \text{其他}\end{cases}$$

式中，$|\Omega_\Lambda(\mathcal{H})|$ 是集合的大小。

定义 5-3 给定一组归一化的统计量 $\boldsymbol{h}=\{\boldsymbol{h}^{(\alpha)}:\alpha=1,2,\ldots,K\}$，一个 Julesz 系综 $\Omega(\boldsymbol{h})$ 是在某些边界条件下当 $\Lambda\to\mathbf{Z}^2$ 且 $\mathcal{H}\to\{\boldsymbol{h}\}$ 时 $\Omega_\Lambda(\mathcal{H})$ 的极限。

一个 Julesz 系综 $\Omega(\boldsymbol{h})$ 是在一个 $\mathcal{H}$ 接近 $\boldsymbol{h}$ 的大的栅格上 $\Omega_\Lambda(\mathcal{H})$ 的数学理想化。当 $\Lambda\to\mathbf{Z}^2$ 时，使归一化统计量 $\mathcal{H}\to\{\boldsymbol{h}\}$ 是有意义的。我们在与 van Hove[10]同样的情况下假设 $\Lambda\to\mathbf{Z}^2$，即边界大小与 Λ 大小之间的比率趋向于 0，$\dfrac{|\partial\Lambda|}{|\Lambda|}\to 0$。事实上，如果 $\dfrac{|\partial\Lambda|}{|\Lambda|}$ 非常小，我们通常会认为栅格足够大，如 1/15。因此，略微滥用一下这个概念并避免处理极限的技术性细节，我们将一个足够大的图像（如 256×256 像素）看作一个无限图像。更详细的说明可以参考文献[15]。

一个 Julesz 系综 $\Omega(\boldsymbol{h})$ 在 $\mathbf{Z}^2$ 上定义了一个纹理模式，并将纹理映射到特征统计空间 $\boldsymbol{h}$ 中。与颜色类比，一个波长为 $\lambda\in[400, 700]$nm 的电磁波定义了一种独特的可见颜色，统计值 $\boldsymbol{h}$ 定义了纹理模式。①

纹理的数学定义可能与人类的纹理感知不同。后者对统计量 $\boldsymbol{h}$ 具有非常粗的精度，并且经常受到经验的影响。

在创建纹理的数学定义时，建模被视为反问题。假设有一组观测的训练图像 $\Omega_{\text{obs}}=\{\boldsymbol{I}_{\text{obs},1},\boldsymbol{I}_{\text{obs},2},\ldots,\boldsymbol{I}_{\text{obs},M}\}$，它们是从一个未知的 Julesz 系综 $\Omega_*=\Omega(\boldsymbol{h}_*)$ 中采样得到的。纹理建模的目的是搜索统计量 $\boldsymbol{h}_*$。

如上所述，我们首先从字典 B 中选择 K 个统计量，接着利用式（5-3）计算观测图像的归一化统计量 $\boldsymbol{h}_{\text{obs}}=(\boldsymbol{h}_{\text{obs}}^{(1)},\ldots,\boldsymbol{h}_{\text{obs}}^{(K)})$，

$$\boldsymbol{h}_{\text{obs}}^{(\alpha)}=\frac{1}{M}\sum_{i=1}^{M}\boldsymbol{h}^{(\alpha)}(\boldsymbol{I}_{\text{obs},i}),\ \alpha=1,2,\ldots,K \tag{5-3}$$

然后，使用 $\boldsymbol{h}_{\text{obs}}$ 定义纹理图像的系综：

① 我们用 Julesz 命名这个系综，以纪念他在纹理方面的先驱性工作但这并不意味着 Julesz 用这种数学公式定义了纹理模式。

$$\Omega_{K,\epsilon}=\{\boldsymbol{I}:D(\boldsymbol{h}^{(\alpha)}(\boldsymbol{I}),\boldsymbol{h}^{(\alpha)}_{\text{obs}})\leqslant\epsilon,\forall\alpha\} \tag{5-4}$$

式中，D 是某种距离，例如直方图的 L_1 距离。如果 $\varLambda$ 足够大到可以被认为是无限的，则可以设 ϵ 趋近于 0，并将相应的 $\Omega_{K,\epsilon}$ 表示为 Ω_K。系综 Ω_K 刻画了 Ω_K 上的均匀分布 $q(\boldsymbol{I};\boldsymbol{h})$，其熵是 $\log|\Omega_K|$。

为了搜索潜在的 Julesz 系综 Ω_*，我们可以采用 Zhu 和 Mumford 使用的搜寻策略[17]。当 $k=0$ 时，有 $\Omega_0=\Omega_\varLambda$。假设在步骤 k，统计量 $\boldsymbol{h}$ 被选择。然后，在步骤$(k+1)$一个统计量 $\boldsymbol{h}^{(k+1)}$ 被加入而得到 $\boldsymbol{h}_+=(\boldsymbol{h},\boldsymbol{h}^{(k+1)})$。选择 $\boldsymbol{h}^{(k+1)}$ 使得其在字典 B 的所有统计量中熵减最大，即

$$\begin{aligned}\boldsymbol{h}^{(k+1)}&=\underset{\beta\in B}{\operatorname{argmax}}[\text{entropy}(q(\boldsymbol{I};\boldsymbol{h}))-\text{entropy}(q(\boldsymbol{I};\boldsymbol{h}_+))]\\&=\underset{\beta\in B}{\operatorname{argmax}}\Big[\log|\Omega_k|-\log|\Omega_{k+1}|\Big]\end{aligned} \tag{5-5}$$

熵减称为 $\boldsymbol{h}^{(k+1)}$ 的信息增益。

从图 5-9 可知，随着增加更多的统计量，Julesz 系综的熵或容量单调减少：

$$\Omega_\varLambda=\Omega_0\supseteq\Omega_1\supseteq\ldots\supseteq\Omega_k\supseteq\ldots$$

显然，引入太多统计量会导致过拟合。在极限 $k\to\infty$ 中，Ω_∞ 仅包括 Ω_{obs} 中的观测图像及其转化版本。

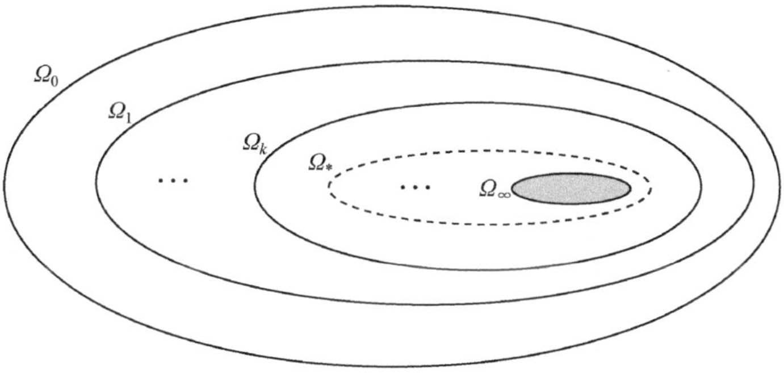

图 5-9　随着加入更多的统计约束，Julesz 系综的熵或容量单调减少

给定观测的有限图像，统计量 $\boldsymbol{h}$ 和 Julesz 系综 $\Omega(\boldsymbol{h})$ 的选择是一个模型复杂度的问题，其在统计学文献中已进行了广泛研究。在最大最小熵模型[17-18]中，AIC 准则[1]被用来进行模型选择。AIC 的直观想法很简单。给定有限图像，我们应该测量新统计量 $\boldsymbol{h}^{(k+1)}$ 对 Ω_{obs} 中训练图像的波动。因此，当添加一个新的统计量时，它会带来新的信息以及估计误差。当 $\boldsymbol{h}^{(k+1)}$ 带来的估计误差大于其信息增益时，应该停止特征搜寻过程。

5.5.2　吉布斯系综和系综等价性

在本节中，我们将讨论吉布斯系综，以及 Julesz 系综和吉布斯系综之间的等价性。文献[15]中对这个问题给出了详细的讨论。给定一组观测图像 Ω_{obs} 和统计量 $\boldsymbol{h}_{\text{obs}}$，另一个研究方向是探索概率纹理模型，特别是在吉布斯分布或 MRF 模型中。MRF 模型的一个一般类

型是由 Zhu 和 Mumford 1997 年提出的 FRAME 模型[17-18]。源自最大熵准则的 FRAME 模型具有吉布斯形式：

$$p(\boldsymbol{I};\boldsymbol{\beta})=\frac{1}{Z(\boldsymbol{\beta})}\exp\left\{-\sum_{\alpha=1}^{K}<\beta^{(\alpha)},\boldsymbol{h}^{(\alpha)}(\boldsymbol{I})>\right\}=\frac{1}{Z(\boldsymbol{\beta})}\exp\{<\boldsymbol{\beta},\boldsymbol{h}(\boldsymbol{I})>\} \tag{5-6}$$

式中，参数 $\boldsymbol{\beta}=(\beta^{(1)},\beta^{(2)},\ldots,\beta^{(K)})$ 是拉格朗日乘数。通过使 $p(\boldsymbol{I};\boldsymbol{\beta})$ 重现观测统计量来确定 $\boldsymbol{\beta}$ 的值，即

$$E_{p(\boldsymbol{I};\boldsymbol{\beta})}[\boldsymbol{h}^{(\alpha)}(\boldsymbol{I})]=\boldsymbol{h}_{\mathrm{obs}}^{(\alpha)},\alpha=1,2,\ldots,K \tag{5-7}$$

统计量的选择遵循最小熵准则。

随着图像栅格变得足够大，归一化统计量的波动减小。因此，当 $\Lambda\to\mathbf{Z}^2$ 时，FRAME 模型在没有相变的情况下收敛到一个有限随机场。有限随机场本质上将其所有概率质量均匀地集中在一组图像上，我们称其为吉布斯系综。①

在参考文献[15]中，证明了由 $p(\boldsymbol{I};\boldsymbol{\beta})$ 给出的吉布斯系综等价于由 $q(\boldsymbol{I};\boldsymbol{h}_{\mathrm{obs}})$ 指定的 Julesz 系综。$\boldsymbol{\beta}$ 和 $\boldsymbol{h}_{\mathrm{obs}}$ 之间的关系用式（5-7）表示。直观地，$q(\boldsymbol{I};\boldsymbol{h}_{\mathrm{obs}})$ 由硬约束定义，而吉布斯模型 $p(\boldsymbol{I};\boldsymbol{\beta})$ 由软约束定义。两者都使用观测统计量 $\boldsymbol{h}_{\mathrm{obs}}$，而当栅格 Λ 变得足够大时，模型 $p(\boldsymbol{I};\boldsymbol{\beta})$ 均匀集中在 Julesz 系综上。

上面的系综等价揭示了纹理建模中的两个重要事实。

（1）给定一组统计量 $\boldsymbol{h}$，我们可以通过从 Julesz 系综 $\Omega(\boldsymbol{h})$ 中采样来合成拟合 FRAME 模型的典型纹理图像，而无须在 FRAME 模型中学习参数 $\boldsymbol{\beta}$ [17]，但这个过程很浪费时间。因此，利用 Julesz 系综可以有效地完成特征搜索、模型选择和纹理合成。

（2）对于从 Julesz 系综采样的图像，给定其环境的图像局部分块服从由最小最大熵准则得出的吉布斯分布（或 FRAME 模型）。因此，吉布斯模型 $p(\boldsymbol{I};\boldsymbol{\beta})$ 为小的图像块上的 $q(\boldsymbol{I};\mathbf{h})$ 的条件分布提供了参数形式。$p(\boldsymbol{I};\boldsymbol{\beta})$ 可以用于纹理分类和分割等任务。

Julesz 系综的搜寻也可以基于最小最大熵准则。首先，定义 $\Omega(\boldsymbol{h})$ 作为图像共享统计量 $\boldsymbol{h}$ 的最大集合等价于最大熵准则。其次，式（5-5）中的统计量搜寻使用最小熵准则。因此，在最小最大熵理论下，一个纹理建模的统一框架就形成了。

5.5.3 Julesz 系综采样

Julesz 系综采样（见算法 5-5）是一项很重要的任务。当 $|\Omega_K|/|\Omega_\Lambda|$ 呈指数减小时，Julesz 系综在图像空间中的容量几乎为零。因此拒绝采样方法是不合适的，我们改为使用马尔可夫链蒙特卡罗方法。

① 在计算特征统计量 $\boldsymbol{h}(\boldsymbol{I})$ 时，我们需要定义边界条件，以使 Λ 中的滤波器响应被很好地定义。在相变的情况下，吉布斯分布的极限不是唯一的，它取决于边界条件。然而，Julesz系综和吉布斯系综之间的等价性甚至在相变时可以保持。相变的研究不在本书的范围。

算法 5-5　Julesz 系综采样

Input: 纹理图像 $\{\boldsymbol{I}_{\text{obs},i}, i=1,2,\ldots,M\}$，$K$ 个统计量（滤波器）$\{F^{(1)},F^{(2)},\ldots,F^{(k)}\}$

计算 $\boldsymbol{h}_{\text{obs}} = \{\boldsymbol{h}_{\text{obs}}^{(\alpha)}, \alpha=1,\ldots,K\}$

初始化一个合成图像 $\boldsymbol{I}$（如白噪声）

$T \leftarrow T_0$

repeat

  随机选取一个位置 $v \in \Lambda$

  for $\boldsymbol{I}(v) \in S$ **do**

    计算 $q(\boldsymbol{I}(v)|\boldsymbol{I}(-v);\boldsymbol{h},T)$

  end for

  从 $q(\boldsymbol{I}(v)|\boldsymbol{I}(-v);\boldsymbol{h},T)$ 中随机抽取一个新的值 $\boldsymbol{I}(v)$

  每次扫描后减少 T

  当 $D(\boldsymbol{h}^{(\alpha)}(\boldsymbol{I}),\boldsymbol{h}_{\text{obs}}^{(\alpha)}) \leqslant \epsilon, \alpha=1,2,\ldots,K$ 时记录样本

until 收集到足够的样本

首先我们定义一个函数：

$$G(\boldsymbol{I}) = \begin{cases} 0, \text{如果} D(\boldsymbol{h}^{(\alpha)}(\boldsymbol{I}),\boldsymbol{h}_{\text{obs}}^{(\alpha)}) \leqslant \epsilon, \forall \alpha \\ \sum_{\alpha=1}^{K} D(\boldsymbol{h}^{(\alpha)}(\boldsymbol{I}),\boldsymbol{h}_{\text{obs}}^{(\alpha)}), \text{其他} \end{cases}$$

当温度 T 变为 0 时，分布

$$q(\boldsymbol{I};\boldsymbol{h},T) = \frac{1}{Z(T)} \exp\left\{-\frac{G(\boldsymbol{I})}{T}\right\} \tag{5-8}$$

收敛到 Julesz 系综 Ω_K。$q(\boldsymbol{I};\boldsymbol{h},T)$ 可以由吉布斯采样器或其他 MCMC 算法采样。

在上述算法中，$q(\boldsymbol{I}(v)|\ \boldsymbol{I}(-v);\boldsymbol{h},T)$ 是像素值 $\boldsymbol{I}(v)$的条件概率，其余栅格的强度固定。在随机访问方案中，一次扫描翻转$|\Lambda|$个像素，或在固定访问方案中翻转所有像素。

由于 Julesz 系综和吉布斯系综之间的等价性[15]，从 $q(\boldsymbol{I};\boldsymbol{h})$ 采样的图像和从 $p(\boldsymbol{I};\boldsymbol{\beta})$ 采样的图像具有许多共同特征。因为它们不仅产生 $\boldsymbol{h}$ 中的相同统计量，还有其他滤波器（线性或非线性）提取的统计量。这里需要强调一个关键概念，它经常在各种计算机视觉工作中被误解：Julesz 系综是吉布斯系综 $p(\boldsymbol{I};\boldsymbol{\beta})$ 的“典型”图像集合，而不是最小化 $p(\boldsymbol{I};\boldsymbol{\beta})$ 中吉布斯势（或能量）的“最可能”图像。

此算法可用于选择统计量 $\boldsymbol{h}$，像参考文献[17]中一样。也就是说，可以通过减少熵来搜寻新的统计量，如在式（5-5）中的那样。这些在参考文献[15]中已有较深入的讨论。

5.5.4　实验：对 Julesz 系综进行采样

在这个实验中，我们选择了在参考文献[17]中使用的所有 56 个线性滤波器（各种尺度和方向的 Gabor 滤波器和高斯滤波器的小拉普拉斯算子）。最大的滤波器窗口大小是 19×19 像素。我们选择 $\boldsymbol{h}$ 作为这些滤波器的边缘直方图，并使用算法 5-5 进行 Julesz 系综采样。虽然每个纹理模式通常只需要一小部分滤波器，但我们还是使用通用滤波器组。通过集成

所有这 56 个滤波器来学习 FRAME 模型几乎是不切实际的，因此使用更简单但等效的模型 $q(\boldsymbol{I};\boldsymbol{h})$ 计算会更容易。

我们从各种来源收集到一组大量的纹理图像并在其上测试了算法。结果显示如图 5-10 所示，图的左列是观测到的纹理图像，图右列显示大小为 256×256 像素的合成纹理图像，合成图像与观测图像的 56 个滤波器精确共享直方图。对于这些纹理，从温度 T_0=3 开始，经过 20 到 100 次扫描之后，边缘统计量紧密匹配（每个直方图的误差小于 1%）。由于合成图像是有限的，匹配误差 ϵ 不能无限小。一般来说，我们设置 $\epsilon \propto \frac{1}{|\Lambda|}$。

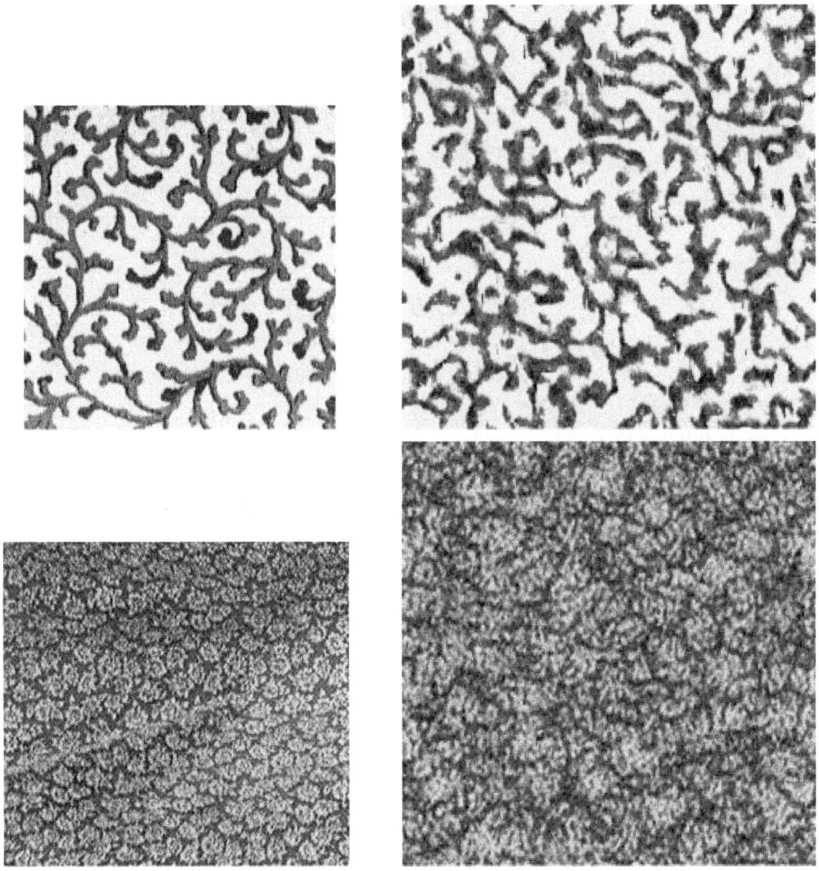

图 5-10　纹理图像

©[2000] IEEE，获许可使用，来自参考文献[16]

该实验表明，Gabor 滤波器和边缘直方图足以捕获各种均匀纹理模式。例如，图 5-10 顶行中的布料图案具有非常规则的结构，在合成的纹理图像中的复现效果非常好。这说明了 Gabor 滤波器在不同尺度上的对齐没有显式地使用联合直方图。该对齐和高阶统计量可以通过滤波器的交互来解释。这个实验揭示了两个问题：

第一个问题，在图 5-10 底部的失败例子中得到证明。观测纹理模式具有较大的结构，其周期比滤波器组中最大的 Gabor 滤波器窗口还要长。结果，基本纹理特征被很好地保留，但这些周期性模式在合成图像中被打乱。

第二个问题，与吉布斯采样器的有效性有关。如果我们放大棋盘图像以使棋盘的每个方格大小为 15×15 像素，那么必须选择具有大窗口尺寸的滤波器来学习这种棋盘状图案。使用算法 5-5 Julesz 系综采样中的吉布斯采样器紧密匹配边缘统计量变得不可行，因为对于这种较大图案，一次翻转一个像素效率太低。

这提示我们应该寻找更有效的、可以更新较大图像块的采样方法。我们认为其他统计匹配方法也会出现这个问题，例如最速下降[2,8]。吉布斯采样器的低效也反映在其缓慢的混合速率上。在合成第一张图像之后，算法需要很长时间来生成与第一张图像不同的图像。也就是说，马尔可夫链在 Julesz 系综中移动非常缓慢。

5.6　本章练习

问题 1　在可数状态空间 Ω 中，考虑两个具有公共不变概率 π 的转移核 K_1 和 K_2。如果

$$K_1(x,y) \geqslant K_2(x,y),\ \ \forall x \neq y$$

即 K_1 的非对角元素不小于 K_2 对应的元素，则称在 Pushin 顺序下 K_1 主导 K_2。（来自 K_1 的样本 $\{X_t^1\}_{t\geqslant 0}$ 的相关性低于来自 K_2 的样本 $\{X_t^2\}_{t\geqslant 0}$。）

证明 Metropolized 吉布斯采样器主导吉布斯采样器。[为了统一符号，假设用 $\boldsymbol{X}=(x_1,x_2,\ldots,x_n)$ 对概率 $\pi(\boldsymbol{X})$ 采样。两种情况都随机选择一个位点 x_i。]

问题 2　我们考虑设计一个连续吉布斯采样器。为了简化问题，我们只研究一维概率 $\pi(x), x\in[a,b]$。对于高维空间，将应用相同的程序，因为每次我们仍然在实数区间 $[a,b]$ 中以一维条件概率进行采样。

我们将区间分成等长 $L=\dfrac{b-a}{K}$ 的 K 个单元区间。用 $B_1,B_2,\ldots,B_K$ 表示这些单元区间。假定当前状态是 x，在不失一般性的情况下，假设 $x\in B_1$。我们在其他 $K-1$ 个单元区间上均匀采样 $K-1$ 个中间点 $Z_2,Z_3,\ldots,Z_K, Z_i\sim \mathrm{unif}(B_i)$。定义 $K-1$ 个点的总概率质量为

$$S=\pi(z_2)+\cdots+\pi(z_K)$$

然后在 K 个点 $x,z_2,z_3,\ldots,z_K$ 中通过离散的吉布斯采样器选择下一个状态 y。

$$y\in\{x,z_2,\ldots,z_K\}\sim\frac{\pi(y)}{\pi(x)+S}$$

现在，当马尔可夫链处于 y 状态时，它可以以类似的方式回到状态 x。

（1）转移概率 $K(x, y)$是多少？（提示：将 $K-2$ 个其他变量视为需要积分的“阶梯石”或辅助变量。）

（2）如果我们将概率 $K(x, y)$视为提议概率，并应用 Metropolis-Hastings 步骤，证明该比率为

$$\frac{K(x,y)}{K(y,x)}=\frac{\pi(y)}{\pi(x)}$$

因此，接受比始终为 1。

（3）在上述结论中，单元数量 K 是否重要？如果不重要，那么你认为选择一个较大的 K 有什么好处？（想想，做一个猜想）我们应该在状态 x 和 y 时使用同一单元区间的集合吗？为什么？

本章参考文献

[1] Akaike H (1977) On entropy maximization principle. In: Application of statistics. North-Holland Publishing Company, pp 27–41.

[2] Anderson CH, Langer WD (1997) Statistical models of image texture. Washington University Medical School.

[3] Bremaud P (1999) Markov chains: Gibbs fields, Monte Carlo simulation, and queues, vol 31. Springer, New York.

[4] Chubb C, Landy MS (1991) Orthogonal distribution analysis: a new approach to the study of texture perception. Comput Models Vis Process 12:394.

[5] Daubechies I et al (1992) Ten lectures on wavelets, vol 61. SIAM, Philadelphia.

[6] Daugman JG (1985) Uncertainty relation for resolution in space, spatial frequency, and orientation optimized by two-dimensional visual cortical filters. JOSA A 2(7):1160–1169.

[7] Edwards RG, Sokal AD (1988) Generalization of the Fortuin-Kasteleyn-Swendsen-Wang representation and monte carlo algorithm. Phys Rev D 38(6):2009.

[8] Gagalowicz A, Ma SD (1986) Model driven synthesis of natural textures for 3D scenes. Comput Graph 10(2):161–170.

[9] Geman S, Geman D (1984) Stochastic relaxation, Gibbs distributions, and the Bayesian restoration of images. IEEE Trans Pattern Anal Mach Intell 6:721–741.

10] Georgii H-O (2011) Gibbs measures and phase transitions, vol 9. Walter de Gruyter, Berlin/New York.

[11] Geyer CJ, Thompson EA (1995) Annealing Markov chain monte carlo with applications to ancestral inference. J Am Stat Assoc 90(431):909–920.

[12] Liu JS (1999) Parameter expansion for data augmentation. J Am Stat Assoc 94(448):1264 1274.

[13] Swendsen RH, Wang J-S (1987) Nonuniversal critical dynamics in monte carlo simulations. Phys Rev Lett 58(2):86–88.

[14] Tanner MA, Wong WH (1987) The calculation of posterior distributions by data augmentation. J Am stat Assoc 82(398):528–540.

[15] Zhu SC, Liu X (1999) Equivalence of Julesz and Gibbs texture ensembles. In: ICCV, vol 2, pp 1025–1032.

[16] Zhu SC, Liu XW (2000) Exploring texture ensembles by efficient Markov chain monte carlo-toward a "trichromacy" theory of texture. IEEE Trans Pattern Anal Mach Intell 22(6):554– 569.

[17] Zhu SC, Mumford D (1997) Minimax entropy principle and its application to texture modeling. Neural Comput 9(8):1627–1660.

[18] Zhu SC, Mumford D (1998) Filters, random fields and maximum entropy (frame): towards a unified theory for texture modeling. Int J Comput Vis 27(2):107–126.

[19] Zucker SW, Hummel RA, Rosenfeld A (1977) An application of relaxation labeling to line and curve enhancement. IEEE Trans Comput 26(4):394–403.

第6章　聚类采样方法

不含有正负关系内部元素的形状，将与相同性质的形状更好地协同工作。

——Keith Haring

6.1　引言

Robert H. Swendsen

对伊辛和波茨模型进行采样时，在发生相变的临界温度或接近临界温度时会产生临界慢化问题，SW 算法最初就是为了解决此问题而设计的。Fortuin 和 Kasteleyn[17]将波茨模型映射为渗透模型[7]。渗透模型是一种具有随机分布孔隙的多孔材料的模型，液体可以通过孔隙渗入。该模型定义了在一组节点上（例如排列在栅格上的），每个节点都有一个以期望为 p 的伯努利随机分布独立采样的标签，其中标签 1 表示一个孔隙。两个具有标签 1 的相邻节点自动通过边连接。这样通过对节点标签进行采样并自动连接具有标签 1 的相邻节点，就可以实现随机节点的聚类。

Jian-Sheng Wang

这是一种渗透模型。如果孔隙概率很大，那么会存在非零概率，形成一个聚类使得栅格左侧与右侧连通。在这种情况下，就认为是系统渗透，如图 6-1 所示。其中，图的左半部分是系统不渗透，图的右半部分是系统渗透。本章将会回顾波茨模型和 SW 算法，并阐述该方法的若干解释、定理和变体。本章最后讨论了子空间聚类以及目前最先进的 C^4 算法。本章的模型和算法可以应用到图像分割、稀疏动态分割和子空间聚类。

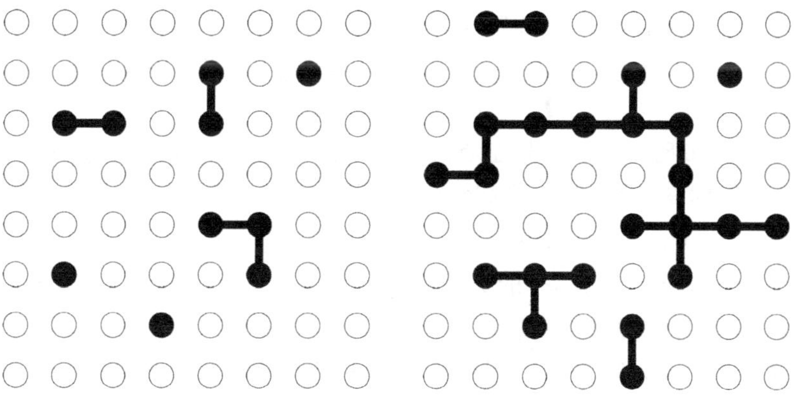

图 6-1　渗透模型图解

6.2 波茨模型和 SW 算法

设 $G=\langle V,E\rangle$ 为一个邻接图，比如有 4 个最近邻连接的栅格。每个顶点 $v_i \in V$ 有一个状态变量 x_i，其具有有限数量的标签（或颜色），$x_i \in \{1,2,\ldots,L\}$。标签 L 的数量是预定义的。如果 $\boldsymbol{X}=(x_1,x_2,\ldots,x_{|V|})$ 表示图的标签，那么伊辛 / 波茨模型就是一个马尔可夫随机场，即

$$\pi_{\mathrm{PTS}}(\boldsymbol{X})=\frac{1}{Z}\exp\left\{-\sum_{<s,t>\in E}\beta_{st}\mathbf{1}(x_s \neq x_t)\right\} \tag{6-1}$$

式中，$\mathbf{1}(x_s \neq x_t)$ 是一个布尔函数，如果满足条件 $x_s \neq x_t$ 则等于 1，否则等于 0。如果可能的标签数量 $L=2$，那么 π 就被称为伊辛模型；如果 $L \geqslant 3$，那么 π 就被称为波茨模型。对于相邻顶点往往具有相同颜色的铁磁体系统，通常我们考虑令 $\beta_{st}>0$。在许多贝叶斯推理任务中，波茨模型及其扩展被用作先验概率。SW 算法解释如图 6-2 所示。

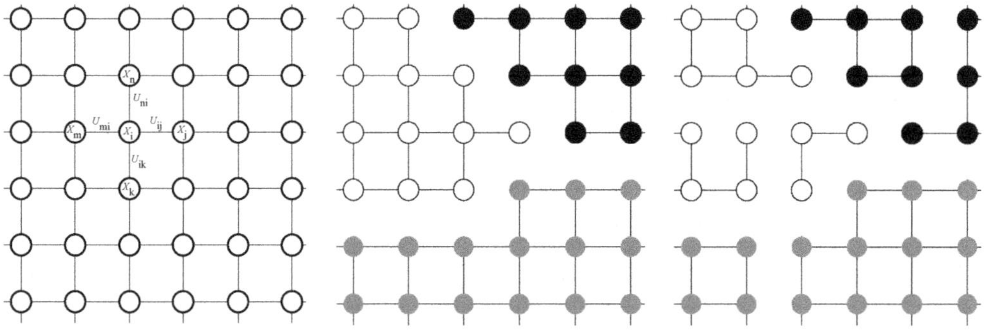

(a) G_0　　(b) G　　(c) ccp

图 6-2　SW 算法解释

[2007] Taylor & Francis，获许可使用，来自参考文献[4]

SW 算法在边中引入了一组辅助变量，如图 6-2（a）所示，邻接图 G 的每条边 $e=<s,t>$ 有一个二进制变量 $\mu_e \in \{1,0\}$；图 6-2（b）对图 G 进行处理，移除那些连接不同颜色顶点的边；图 6-2（c）表示按概率关闭图 6-2（b）中的一些边之后的若干连通分量（ccp）。

$$\boldsymbol{U}=\{\mu_e:\mu_e\in\{0,1\},\forall e\in E\} \tag{6-2}$$

当且仅当 $\mu_e=0$ 时，边 e 是非连通的（或关闭的）。二进制变量 μ_e 服从以连接顶点（x_s,x_t）的边 e 的标签为条件的伯努利分布。

$$\mu_e\,|(x_s,x_t)\sim \mathrm{Bernoulli}(q_e\mathbf{1}(x_s=x_t)),\quad 其中 q_e=1-e^{-\beta_{st}}\,\forall e\in E \tag{6-3}$$

因此，如果 $x_s=x_t$，则 $\mu_e=1$ 的概率为 q_e；如果 $x_s\neq x_t$，则 $\mu_e=0$ 的概率为 1。在该设定下，SW 算法按如下两步进行迭代。

（1）聚类： 给定当前标签 $\boldsymbol{X}$，根据式（6-3）对 $\boldsymbol{U}$ 中的辅助变量采样。首先依据 μ_e 关闭边 e，也就是说，如果 $x_s\neq x_t$，则关闭边 $e=<s,t>$，如图 6-2（b）所示。现在边的全集由下式给出：

$$E = E_{\text{on}}(\boldsymbol{X}) \cup E_{\text{off}}(\boldsymbol{X}) \tag{6-4}$$

剩下的边按概率$1-q_{st}=\exp(-\beta_{st})$随机关闭。边$e$根据$\mu_e$分为“on”和“off”组。因此边的集合$E_{\text{on}}(\boldsymbol{X})$进一步划分为

$$E_{\text{on}}(\boldsymbol{X}) = E_{\text{on}}(\boldsymbol{U},\boldsymbol{X}) \cup E_{\text{off}}(\boldsymbol{U},\boldsymbol{X}) \tag{6-5}$$

如图 6-2（c）所示，$E_{\text{on}}(\boldsymbol{U},\boldsymbol{X})$中的边形成若干连通分量。我们用式（6-6）表示$E_{\text{on}}(\boldsymbol{U},\boldsymbol{X})$中连通分量的集合。

$$\text{CP}(\boldsymbol{U},\boldsymbol{X}) = \left\{\text{cp}_i : i=1,2,\ldots,K, \text{且} \cup_{i=1}^{K} \text{cp}_i = V\right\} \tag{6-6}$$

每个连通分量cp_i中的顶点一定具有相同的颜色。直观来看，强耦合的位点有更高概率被聚合到一个连通分量。这些连通分量现在已经解耦。

（2）翻转：随机选择一个连通分量$V_o \in \text{CP}$，并为V_o中的所有顶点分配一个共同的颜色ℓ。新标签ℓ服从离散的均匀分布，

$$x_s = \ell, \forall s \in V_o, \ell \sim \text{unif}\,\{1,2,\ldots,L\} \tag{6-7}$$

在这步中，因为$\text{CP}(\boldsymbol{U})$中的连通分量是解耦的，所以我们可以选择分别对部分或全部连通分量进行随机颜色翻转。这种做法使得图中所有可能的标记都在单步中完成连接，就像吉布斯采样器的一次扫描。

在 Wolff 的修改版[60]中，我们可以任意选择一个顶点$v \in V$，并在v附近的边上按照伯努利试验生成一个单连通分量。这为聚类步骤节省了一些计算时间，但是也会导致越大的分量被选中的概率越大。

图 6-3 展示了当参数$\beta_{ij}=\beta$取不同值时，尺寸为256×256的栅格在伊辛模型上运行 SW 算法的结果，从上到下β的值依次为β=0.1,0.8,0.9,1.0。β值较小时，样本呈现出随机性，而当$\beta=1$时，大多数顶点具有相同的标记。在 0.8 或 0.9 附近的值β_0，在$\beta=\beta_0$处存在随机阶段和单色阶段之间的相变。同时，值$1/\beta_0$被称为临界温度。

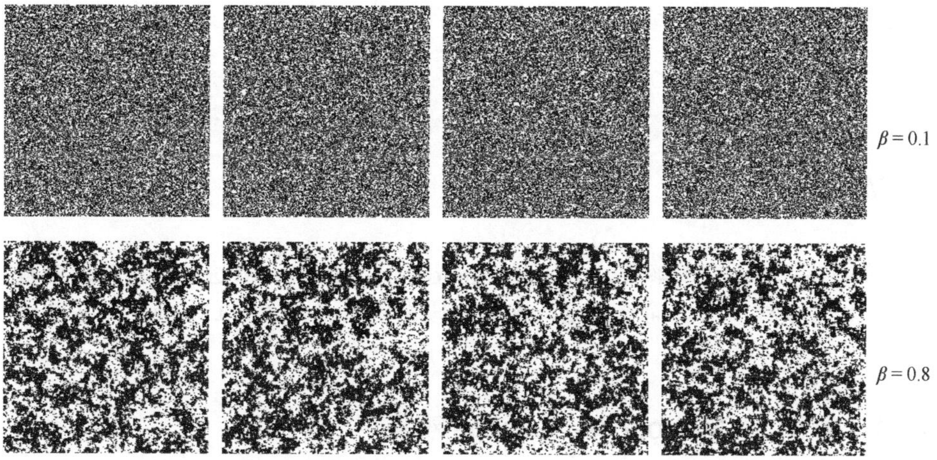

图 6-3　利用 SW 算法从伊辛模型中得到的具有不同$\beta_{ij}=\beta$值的连续样本

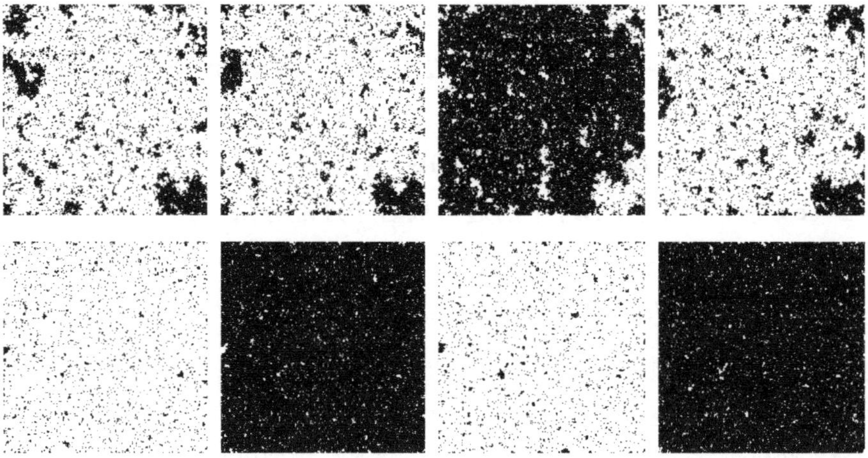

图 6-3　利用 SW 算法从伊辛模型中得到的具有不同 $\beta_{ij}=\beta$ 值的连续样本（续）

通过使用路径耦合技术，Cooper 和 Frieze[10]已经证明如果图 G 中的每个顶点都与 $O(1)$ 个点相连，则混合时间 τ ［见式（6-40）］是顶点数 N 的多项式，也就是说，每个顶点的连通性不会随着 V 的大小而增长。我们经常会在计算机视觉问题中观察到这种情况，例如与栅格或平面图有关的问题。当图 G 完全连通时，混合时间在最坏情况下呈指数级变化[23]。这种情况通常不会出现在视觉问题中。

在贝叶斯模型 $p(\boldsymbol{x}|\boldsymbol{I})\propto p(\boldsymbol{I}|\boldsymbol{x})p(\boldsymbol{x})$ 中，伊辛 / 波茨模型 $p(\boldsymbol{x})$ 可以被用作先验模型，其中似然 $p(\boldsymbol{I}|\boldsymbol{x})$ 度量 $\boldsymbol{x}$ 对输入图像的解释程度。然而，似然的存在会降低 SW 算法的速度，这种情况也被称作外部场。这是因为聚类结果忽略了似然，完全基于先验系数 β_{ij} 创建。Higdon 引入了一种名为部分解耦[25]的辅助变量方法，该方法在增大聚类规模时考虑似然。然而，这种方法仍局限于具有伊辛 / 波茨先验的模型。Huber[26]为波茨模型［见式（6-1）］提出了一种边界链方法，其可以判断 SW 马尔可夫链何时收敛，从而获得精确或完美的采样[45]。对于远低于或远高于临界水平的值 $\frac{1}{\beta}$，达到精确采样的步数为 $O(\log|E_o|)$ 的数量级。

6.3　SW 算法详解

SW 算法有三种不同的解释，分别是 Metropolis-Hastings 算法、具有辅助变量的数据增强方法和切片采样算法。简单起见，本节均假设使用 $\beta_{st}=\beta>0,\forall<s,t>\in E$ 的同质波茨模型。

6.3.1　解释 1：Metropolis-Hastings 观点

SW 算法可以被解释为接受概率为 1 的 Metropolis-Hastings 步骤。

图 6-4 展示了连通分量 V_0 上像素标签不同的两个分区状态 A 和 B。假设当前状态是

A，其中 V_0 与 V_1 相连，V_1 是剩余的黑色顶点。在 V_0 和 V_1 之间按概率关闭的边形成了一个切分，即

$$C_{01} = C(V_0,V_1) = \{e =< s,t >: s \in V_0, t \in V\}$$

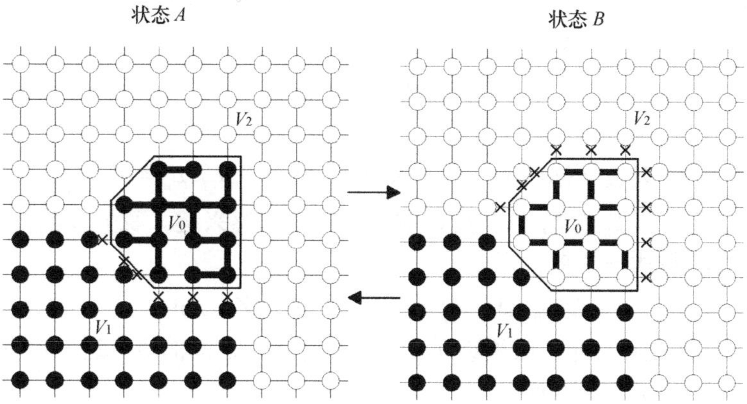

图 6-4　SW 算法在伊辛 / 波茨模型的一个步骤中翻转了一块节点

©[2005] IEEE，获许可使用，来自参考文献[3]

图 6-4 中的叉形符号（×）表示切分。显然通过 SW 聚类步骤到达连通分量 V_0 的方法有很多种。但是每种方法都必须关闭 C_{01} 中的边。同样，如果马尔可夫链当前处于状态 B，它也有机会选择白色的连通分量 V_0。将剩余的白色顶点记作 V_2，则 V_0 和 V_2 之间的切分为

$$C_{02} = C(V_0,V_2) = \{e =< s,t >: s \in V_0, t \in V_2\}$$

现在 V_0 有一对状态标记 A 和 B 用来处理具有不同的标签。Metropolis-Hastings 算法用于在两个状态间进行可逆的转换。虽然难以计算提议概率 $Q(A \to B)$ 和 $Q(B \to A)$，但通过下面给出的化简式（6-8）可以较容易地计算它们的比值。

$$\frac{Q(A \to B)}{Q(B \to A)} = \frac{(1-q)^{|C_{01}|}}{(1-q)^{|C_{02}|}} = (1-q)^{|C_{01}|-|C_{02}|} \tag{6-8}$$

式中，$|C_{01}|$ 和 $|C_{02}|$ 为集合的基数。换言之，在状态 A 和状态 B 中选择 V_0 的概率是相同的，只是对应的切分的大小不同。值得注意的是，概率比 $\pi(A)/\pi(B)$ 也由切分的大小决定：

$$\frac{\pi(A)}{\pi(B)} = \frac{\mathrm{e}^{-\beta|C_{02}|}}{\mathrm{e}^{-\beta|C_{01}|}} = \mathrm{e}^{\beta(|C_{01}|-|C_{02}|)} \tag{6-9}$$

然后给出从状态 A 转换到状态 B 的接受概率：

$$\alpha(A \to B) = \min\left(1, \frac{Q(B \to A)}{Q(A \to B)} \cdot \frac{\pi(B)}{\pi(A)}\right) = \left(\frac{\mathrm{e}^{-\beta}}{1-q}\right)^{|C_{01}|-|C_{02}|} \tag{6-10}$$

如果边概率为 $q = 1-\mathrm{e}^{-\beta}$，则从状态 A 到状态 B 的接受概率为 $\alpha(A \to B) = 1$，即由状态 A 到状态 B 的提议总是被接受。由于 β 与温度的倒数成正比，因此 q 在较低的温度下倾向于 1，并且 SW 算法一次翻转一大块，因此，即使在临界温度下，SW 算法也可以快速融合。

接下来证明式（6-8）。

证明：

设$\boldsymbol{U}_A|(\boldsymbol{X}=A)$和$\boldsymbol{U}_B|(\boldsymbol{X}=B)$分别是状态$A$和状态$B$下辅助变量的实现。根据翻转过程中的伯努利概率，分别得到两个连通分量的集合$\mathrm{CP}(\boldsymbol{U}_A|\boldsymbol{X}=A)$和$\mathrm{CP}(\boldsymbol{U}_B|\boldsymbol{X}=B)$。根据边是否打开把$\boldsymbol{U}_A$分为两个集合，即

$$\boldsymbol{U}_A=\boldsymbol{U}_{A,\mathrm{on}}\cap\boldsymbol{U}_{A,\mathrm{off}} \tag{6-11}$$

式中

$$\boldsymbol{U}_{A,\mathrm{on}}=\{\mu_e\in\boldsymbol{U}_A:\mu_e=1\},\ \boldsymbol{U}_{A,\mathrm{off}}=\{\mu_e\in\boldsymbol{U}_A:\mu_e=0\}$$

我们只对产生连通分量V_0的$\boldsymbol{U}_A$（以及$\mathrm{CP}(\boldsymbol{U}_A|X=A)$）感兴趣。我们在给定$A$后搜集所有满足上述条件的$\boldsymbol{U}_A$构成一个集合，即

$$\Omega(V_0|A)=\{\boldsymbol{U}_A\ \text{s.t.}\ V_0\in\mathrm{CP}(\boldsymbol{U}_A|\boldsymbol{X}=A)\} \tag{6-12}$$

为了使V_0成为A中的连通分量，必须断开（关闭）V_0和V_1之间的所有边。记不在这个切分中的断开的边的集合为${}^{-}\boldsymbol{U}_{A,\mathrm{off}}$，即

$$\boldsymbol{U}_{A,\mathrm{off}}=C(V_0,V_1)\cup{}^{-}\boldsymbol{U}_{A,\mathrm{off}},\boldsymbol{U}_A\in\Omega(V_0|A) \tag{6-13}$$

同样地，在状态B中所有生成连通分量V_0的$\boldsymbol{U}_B$的集合为

$$\Omega(V_0|B)=\{\boldsymbol{U}_B\ \text{s.t.}\ V_0\in\mathrm{CP}(\boldsymbol{U}_B|\boldsymbol{X}=B)\} \tag{6-14}$$

为了使V_0成为$\boldsymbol{U}_B|B$中的连通分量，聚类时必须断开V_0和V_2之间的所有边。因此我们有

$$\boldsymbol{U}_B=\boldsymbol{U}_{B,\mathrm{on}}\cup\boldsymbol{U}_{B,\mathrm{off}} \tag{6-15}$$

式中

$$\boldsymbol{U}_{B,\mathrm{off}}=C(V_0,V_2)\cup{}^{-}\boldsymbol{U}_{B,\mathrm{off}},\forall\boldsymbol{U}_B\in\Omega(V_0|\ B) \tag{6-16}$$

上述式中的关键点是$\Omega(V_0|A)$和$\Omega(V_0|B)$间存在着一对一映射。这是因为任意$\boldsymbol{U}_A\in\Omega(V_0|A)$都有一一对应的$\boldsymbol{U}_B\in\Omega(V_0|B)$，可以通过下式得到

$$\boldsymbol{U}_{B,\mathrm{on}}=\boldsymbol{U}_{A,\mathrm{on}},\boldsymbol{U}_{B,\mathrm{off}}={}^{-}\boldsymbol{U}_{A,\mathrm{off}}\cup C(V_0,V_2) \tag{6-17}$$

也就是说，$\boldsymbol{U}_A$和$\boldsymbol{U}_B$不同之处仅在于切分$C(V_0,V_1)$和$C(V_0,V_2)$，其中所有的辅助变量是关闭的。因此，它们的连通分量都是相同的，即

$$\mathrm{CP}(\boldsymbol{U}_A|\boldsymbol{X}=A)=\mathrm{CP}(\boldsymbol{U}_B|\boldsymbol{X}=B) \tag{6-18}$$

类似地，任何$\boldsymbol{U}_B\in\Omega(V_0|\ B)$都有一一对应的$\boldsymbol{U}_A\in\Omega(V_0|\ A)$。

现在假设我们以均匀概率从$\mathrm{CP}(\boldsymbol{U}_A|\ \boldsymbol{X}=A)$的所有连通分量中选择$V_0\in\mathrm{CP}(\boldsymbol{U}_A|\boldsymbol{X}=A)$，那么状态$A$下选择$V_0$的概率为

$$q(V_0|A)=\sum_{\boldsymbol{U}_A\in\Omega(V_0|A)}\frac{1}{|\mathrm{CP}(\boldsymbol{U}_A|\boldsymbol{X}=A)|}\prod_{e\in\boldsymbol{U}_{A,\mathrm{on}}}q_e\prod_{e\in-\boldsymbol{U}_{A,\mathrm{off}}}(1-q_e)\prod_{e\in C(V_0,V_1)}(1-q_e) \tag{6-19}$$

类似地，状态B下选择V_0的概率为

$$q(V_0|B)=\sum_{\boldsymbol{U}_B\in\Omega(V_0|B)}\frac{1}{|\mathrm{CP}(\boldsymbol{U}_B|\boldsymbol{X}=B)|}\prod_{e\in\boldsymbol{U}_{B,\mathrm{on}}}q_e\prod_{e\in-\boldsymbol{U}_{B,\mathrm{off}}}(1-q_e)\prod_{e\in C(V_0,V_2)}(1-q_e) \tag{6-20}$$

用式（6-20）除以式（6-19），通过$\Omega(V_0|A)$和$\Omega(V_0|B)$之间的一一对应关系化简，我们得

到式（6-8）中的比率。当满足特殊情况 $C(V_0,V_1)=\varnothing$ 时，$\prod_{e\in C(V_0,V_1)}(1-q_e)=1$。

注意，该证明对于任意设定的 q_e 都成立。

当连接两个状态的路径有两条时，会出现稍微复杂的情况，如图 6-5 所示。图中状态 A 有两个子图 V_1 和 V_2，它们在状态 B 中合并。在这种情况下，状态 A 到状态 B 的路径有两条，一条通过选择 $V_0=V_1$，另一条通过选择 $V_0=V_2$。

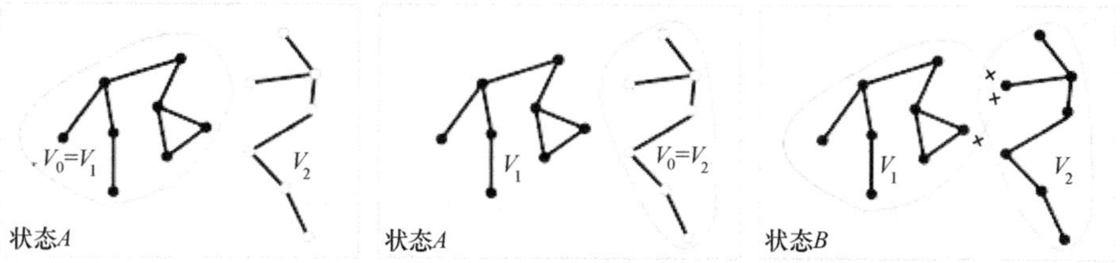

图 6-5　连接两个状态的路径有两条时的情况示例

©[2005] IEEE，获许可使用，来自参考文献[3]

路径 1：选择 $V_0=V_1$。在状态 A 中，选择一个新标签 $\ell=2$，即将 V_0 合并到 V_2 中，而在状态 B 中相反，选择一个新标签 $\ell=1$，即将 V_0 从 V_2 中拆分出来。

路径 2：选择 $V_0=V_2$。在状态 A 中，选择一个新标签 $\ell=1$，即将 V_0 合并到 V_1 中，而在状态 B 中相反，令 $\ell=2$，即将 V_0 从 V_1 中拆分出来。在这种情况下，提议概率比为

$$\frac{Q(B\to A)}{Q(A\to B)}=\frac{q(V_0=V_1|B)q(\boldsymbol{X}_{V_0}=2|V_0,B)+q(V_0=V_2|B)q(\boldsymbol{X}_{V_0}=1|V_0,B)}{q(V_0=V_1|A)q(\boldsymbol{X}_{V_0}=1|V_0,A)+q(V_0=V_2|A)q(\boldsymbol{X}_{V_0}=2|V_0,A)} \tag{6-21}$$

在状态 A 中，两条路径的切分 $C(V_0,V_\ell\setminus V_0)=\varnothing$，且在状态 B 中，两条路径的切分为 $C(V_1,V_2)$。由命题 6-6 可得，选择 $V_0=V_1$ 和选择 $V_0=V_2$ 的概率比相等，即

$$\frac{q(V_0=V_1|A)}{q(V_0=V_1|B)}=\frac{1}{\prod_{e\in C(V_1,V_2)}(1-q_e)}=\frac{q(V_0=V_2|A)}{q(V_0=V_2|B)} \tag{6-22}$$

一旦选择了 V_0，无论令 $V_0=V_1$ 或 $V_0=V_2$，状态 A 和状态 B 的剩余划分都是相同的，记该划分为 $\boldsymbol{X}_{V\setminus V_0}$。在提出 V_0 的新标签时，我们很容易观察到

$$\frac{q(\boldsymbol{X}_{V_0}=2|V_0=V_1,B)}{q(\boldsymbol{X}_{V_0}=1|V_0=V_2,A)}=\frac{q(\boldsymbol{X}_{V_0}=1|V_0=V_2,B)}{q(\boldsymbol{X}_{V_0}=2|V_0=V_1,A)} \tag{6-23}$$

在这种方法下，接受率仍为 1。

6.3.2　解释 2：数据增强

第二种解释遵循 Edwards 和 Sokal 的工作[14]，他们将波茨模型扩展为 $\boldsymbol{X}$ 和 $\boldsymbol{U}$ 的联合概率，即

$$p_{\mathrm{ES}}(\boldsymbol{X},\boldsymbol{U})=\frac{1}{Z}\prod_{e=<s,t>\in E}[(1-\rho)\mathbf{1}(\mu_e=0)+\rho\mathbf{1}(\mu_e=1)\cdot\mathbf{1}(x_s=x_t)] \tag{6-24}$$

$$=\frac{1}{Z}[(1-\rho)^{|E_{\mathrm{off}}(\boldsymbol{U})|}\cdot\rho^{|E_{\mathrm{on}}(\boldsymbol{U})|}]\cdot\prod_{<s,t>\in E_{\mathrm{on}}(\boldsymbol{U})}\mathbf{1}(x_s=x_t) \tag{6-25}$$

式（6-25）中的第二个因式实际上是对 $\boldsymbol{X}$ 和 $\boldsymbol{U}$ 的硬约束。令 $\boldsymbol{X}$ 的概率空间为

$$\Omega=\{1,2,\ldots,L\}^{|V|} \tag{6-26}$$

在此硬约束下，标记 $\boldsymbol{X}$ 被约束到子空间 $\Omega_{\mathrm{CP}(\boldsymbol{U})}$，该子空间中的每个连通分量必须具有相同的标签，即

$$\prod_{<s,t>\in E_{\mathrm{on}}(\boldsymbol{U})}\mathbf{1}(x_s=x_t)=\mathbf{1}(\boldsymbol{X}\in\Omega_{\mathrm{CP}(\boldsymbol{U})}) \tag{6-27}$$

联合概率 $p_{\mathrm{ES}}(\boldsymbol{X},\boldsymbol{U})$ 有两个很好的性质，这两个性质都很容易验证。

命题 6-1 波茨模型是联合概率的边缘概率，

$$\sum_{\boldsymbol{U}}p_{\mathrm{ES}}(\boldsymbol{X},\boldsymbol{U})=\pi_{\mathrm{PTS}}(\boldsymbol{X}) \tag{6-28}$$

另一个边缘概率是随机聚类模型 π_{RCM}，即

$$\sum_{\boldsymbol{X}}p_{\mathrm{ES}}(\boldsymbol{X},\boldsymbol{U})=\pi_{\mathrm{RCM}}(\boldsymbol{U})=\frac{1}{Z}(1-\rho)^{|E_{\mathrm{off}}(\boldsymbol{U})|}\cdot\rho^{E_{\mathrm{on}}(\boldsymbol{U})}L^{|\mathrm{CP}(\boldsymbol{U})|} \tag{6-29}$$

证明：记 $\boldsymbol{U}=\{\mu_1,\ldots,\mu_{|E|}\}$，且 $(1-\rho)\mathbf{1}(\mu_e=0)+\rho\mathbf{1}(\mu_e=1)\cdot\mathbf{1}(x_s=x_t)=f(\mu_e,x_s,x_t)$ 对于 $e=<s,t>$，我们有

$$\begin{aligned}\sum_{\boldsymbol{U}}p_{\mathrm{ES}}(\boldsymbol{X},\boldsymbol{U})&=\frac{1}{Z}\sum_{\mu_1=0}^{1}\cdots\sum_{\mu_{|E|}=0}^{1}\prod_{e=<s,t>\in E}f(\mu_e,x_s,x_t)\\&=\frac{1}{Z}\sum_{\mu_1=0}^{1}\cdots\sum_{\mu_{|k|}=0}^{1}f(\mu_1,x_{s_1},x_{t_1})f(\mu_2,x_{s_2},x_{t_2})\cdots f(\mu_{|E|},x_{s_{|E|}},x_{t_{|E|}})\end{aligned} \tag{6-30}$$

式中，$<s_1,t_1>$ 是 μ_1 对应的边，$<s_2,t_2>$ 是 μ_2 对应的边，依次类推。因此我们有

$$\begin{aligned}\sum_{\boldsymbol{U}}p_{\mathrm{ES}}(\boldsymbol{X},\boldsymbol{U})&=\frac{1}{Z}\left[\sum_{\mu_1=0}^{1}f(\mu_1,x_{s_1},x_{t_1})\right]\cdots\left[\sum_{\mu_{|E_1|}=0}^{1}f(\mu_{|E|},x_{s_{|E|}},x_{t_{|E|}})\right]\\&=\frac{1}{Z}\prod_{e=<s,t>\in E}\sum_{\mu_e=0}^{1}[(1-\rho)\mathbf{1}(\mu_e=0)+\rho\mathbf{1}(\mu_e=1)\cdot\mathbf{1}(x_s=x_t)]\\&=\frac{1}{Z}\prod_{e=<s,t>\in E}[(1-\rho)+\rho\cdot\mathbf{1}(x_s=x_t)]=\pi_{\mathrm{PTS}}(\boldsymbol{X})\end{aligned} \tag{6-31}$$

对于第二个边缘概率，可以发现

$$\begin{aligned}\sum_{\boldsymbol{X}}p_{\mathrm{ES}}(\boldsymbol{X},\boldsymbol{U})&=\sum_{\boldsymbol{X}}\frac{1}{Z}[(1-\rho)^{|E_{\mathrm{off}}(\boldsymbol{U})|}\cdot\rho^{|E_{\mathrm{on}}(\boldsymbol{U})|}]\cdot\prod_{<s,t>\in E_{\mathrm{on}}(\boldsymbol{U})}\mathbf{1}(x_s=x_t)\\&=\frac{1}{Z}[(1-\rho)^{|E_{\mathrm{off}}(\boldsymbol{U})|}\cdot\rho^{|E_{\mathrm{on}}(\boldsymbol{U})|}]\cdot\sum_{\boldsymbol{X}}\prod_{<s,t>\in E_{\mathrm{on}}(\boldsymbol{U})}\mathbf{1}(x_s=x_t)\end{aligned} \tag{6-32}$$

连通分量的所有节点 $c_i \in \mathrm{CP}(\boldsymbol{U})$ 必须有相同的标签，否则乘积 $\prod_{<s,t>\in E_{\mathrm{on}}(\boldsymbol{U})} \mathbf{1}(x_s = x_t) = 0$ 。此外，每个连通分量可以被 L 个标签中的某一个独立标记，因此

$$\sum_{\boldsymbol{X}} \prod_{<s,t>\in E_{\mathrm{on}}(\boldsymbol{U})} \mathbf{1}(x_s = x_t) = L^{|\mathrm{CP}(\boldsymbol{U})|}$$

命题 6-2　$p_{\mathrm{ES}}(\boldsymbol{X}|\boldsymbol{U})$ 条件概率为

$$p_{\mathrm{ES}}(\boldsymbol{U}|\boldsymbol{X}) = \prod_{<s,t>\in E} p(\mu_e|x_s, x_t), \text{其中 } p(\mu_e|x_s,x_t) = \mathrm{Bernoulli}(\rho\mathbf{1}(x_s = x_t)) \tag{6-33}$$

$$p_{\mathrm{ES}}(\boldsymbol{X}|\boldsymbol{U}) = \mathrm{unif}\left[\varOmega_{\mathrm{CP}(\boldsymbol{U})}\right] = \left(\frac{1}{L}\right)^{|\mathrm{CP}(\boldsymbol{U})|}, \text{所有的 } \boldsymbol{X} \in \varOmega_{\mathrm{CP}(\boldsymbol{U})}\text{；0 其他} \tag{6-34}$$

证明：在 $p(\mu_{st}|\ x_s,x_t) = (1-\rho)\mathbf{1}(\mu_{st}=0) + \rho\mathbf{1}(\mu_{st}=1)\cdot\mathbf{1}(x_s=x_t)$ 的情况下，我们有

$$p_{\mathrm{ES}}(\boldsymbol{U}|\boldsymbol{X}) \propto \prod_{<s,t>\in E} p(\mu_{st}|x_s,x_t)$$

因此

$$\begin{aligned} p(\mu_{st}|x_s,x_t) &\propto (1-\rho)\mathbf{1}(\mu_{st}=0) + \rho\mathbf{1}(\mu_{st}=1)\cdot\mathbf{1}(x_s=x_t) \\ &= \begin{cases} (1-\rho)\mathbf{1}(\mu_{st}=0) & \text{如果 } x_s \neq x_t \\ (1-\rho)\mathbf{1}(\mu_{st}=0) + \rho\mathbf{1}(\mu_{st}=1) & \text{如果 } x_s = x_t \end{cases} \end{aligned} \tag{6-35}$$

因此，如果 $x_s \neq x_t$ ，则有 $p(\mu_{st}|x_s,x_t) \propto (1-\rho)\mathbf{1}(\mu_{st}=0)$ ，这种情况下 $p(\mu_{st}=1|x_s,x_t)=0$ 。如果 $x_s = x_t$ ，则有

$$p(\mu_{st}|x_s,x_t) \propto (1-\rho)\mathbf{1}(\mu_{st}=0) + \rho\mathbf{1}\ (\mu_{st}=1)$$

所以 $p(\mu_{st}=1|x_s,x_t)=\rho, p(\mu_{st}=0|x_s,x_t)=1-\rho$ 。这也就证明了：

$$p_{\mathrm{ES}}(\boldsymbol{U}|\boldsymbol{X}) \propto \prod_{<s,t>\in E} \mathrm{Bernoulli}(\rho\mathbf{1}(x_s=x_t)) \tag{6-36}$$

由于右边是一个适当的概率，我们有式（6-32）成立。对于第二个条件概率，我们有

$$\begin{aligned} p_{\mathrm{ES}}(\boldsymbol{X}|\boldsymbol{U}) &= \frac{1}{Z_1}\prod_{e\in E}[(1-\rho)\mathbf{1}(\mu_e=0) + \rho\mathbf{1}(\mu_e=1)\cdot\mathbf{1}(x_s=x_t)] \\ &= \frac{1}{Z_1}\prod_{e\in E_{\mathrm{on}}(\boldsymbol{U})}[\rho\cdot\mathbf{1}(x_s=x_t)]\prod_{e\in E_{\mathrm{off}}(\boldsymbol{U})}(1-\rho) \\ &= \frac{\prod_{e\in E_{\mathrm{on}}(\boldsymbol{U})}(1-\rho)\prod_{e\in E_{\mathrm{off}}(\boldsymbol{U})}\rho}{Z_1}\prod_{e\in E_{\mathrm{on}}(\boldsymbol{U})}\mathbf{1}(x_s=x_t) \\ &= \frac{1}{Z_2}\prod_{<s,t>\in E_{\mathrm{on}}(\boldsymbol{U})}\mathbf{1}(x_s=x_t) \end{aligned} \tag{6-37}$$

连通分量 $c_i \in \mathrm{CP}(\boldsymbol{U})$ 的所有节点必须具有相同的标签，否则乘积 $\prod_{<s,t>\in E_{\mathrm{on}}(\boldsymbol{U})} \mathbf{1}(x_s=x_t)=0$ 。此外，每个连通分量可以被 L 个标签中的某一个独立标记，因此

$$p_{\mathrm{ES}}(\boldsymbol{X}|\boldsymbol{U}) = \begin{cases} (1/L)^{|\mathrm{CP}(\boldsymbol{U})|} & \text{如果 } \boldsymbol{X} \in \varOmega_{\mathrm{CP}(\boldsymbol{U})} \\ 0 & \text{其他} \end{cases}$$

因此，可以将 SW 算法的两个步骤视为对两个条件概率进行采样。

（1）聚类步骤：$\boldsymbol{U} \sim p_{\mathrm{ES}}(\boldsymbol{U}|\boldsymbol{X})$，即 $\mu_e|(x_s, x_t) \sim \text{Bernoulli}(\rho \mathbf{1}(x_s = x_t))$。

（2）翻转步骤：$\boldsymbol{X} \sim p_{\mathrm{ES}}(\boldsymbol{U}|\boldsymbol{X})$，即 $\boldsymbol{X}(\mathrm{cp}_i) \sim \mathrm{unif}\{1,2,\ldots,L\}, \forall \mathrm{cp}_i \in \mathrm{CP}(\boldsymbol{U})$。

由于 $(\boldsymbol{X},\boldsymbol{U}) \sim p_{\mathrm{ES}}(\boldsymbol{X},\boldsymbol{U})$，在舍弃辅助变量 $\boldsymbol{U}$ 之后，$\boldsymbol{X}$ 服从 $p_{\mathrm{ES}}(\boldsymbol{X},\boldsymbol{U})$ 的边缘分布。先前的目标已实现，并且

$$\boldsymbol{X} \sim \pi_{\mathrm{PTS}}(\boldsymbol{X}) \tag{6-38}$$

这种数据增强方法（Tanner 和 Wong[52]）的好处是，在给定辅助变量的情况下，连通分量的标签完全解耦（独立）。因为 $\rho = 1 - \mathrm{e}^{-\beta}$，所以波茨模型中的温度较高的时候倾向于选择较小的聚类，如果温度较低则倾向于选择较大的聚类。因此，它克服了单位点吉布斯采样器的耦合问题。

6.4 SW 算法的相关理论结果

令马尔可夫链的核为 $\mathcal{K}$，初始状态为 $\boldsymbol{X}_0$，在 t 步之后状态服从概率 $p_t = \Delta(\boldsymbol{X} - \boldsymbol{X}_0)\mathcal{K}^t$，其中 $\Delta(\boldsymbol{X} - \boldsymbol{X}_0)$ 由下式给出：

$$\Delta(\boldsymbol{X} - \boldsymbol{X}_0) = \begin{cases} 1, & \text{如果 } \boldsymbol{X} = \boldsymbol{X}_0 \\ 0, & \text{其他} \end{cases}$$

是马尔可夫链的初始概率。马尔可夫链的收敛通常由全变差来衡量：

$$\|p_t - \pi\|_{\mathrm{TV}} = \frac{1}{2}\sum_{\boldsymbol{X}} |p_t(\boldsymbol{X}) - \pi(\boldsymbol{X})| \tag{6-39}$$

马尔可夫链的混合时间由下式定义：

$$\tau = \max_{\boldsymbol{X}_0} \min\{t : \|p_t - \pi\|_{\mathrm{TV}} \leqslant \epsilon\} \tag{6-40}$$

τ 是 ϵ 的函数，就顶点数量和连通性而言，图的复杂度 $M = |G_0|$。如果 $\tau(M)$ 是多项式或对数级，则马尔可夫链会快速混合。

根据经验，SW 算法往往能快速混合。最近，已有一些关于其性能的分析结果。Cooper 和 Frieze[10]使用路径耦合技术来证明 SW 算法在稀疏连接的图上能够快速混合。

定理 6-1（Cooper 和 Frieze，1999） 令 $n = |V|$，$\varDelta$ 为与任意单个顶点相连的边的数量的最大值，L 为波茨模型中颜色的数量。如果 G 是树，则对于任意 β 和 L，SW 算法的混合时间为 $O(n)$。如果 $\varDelta = O(1)$，则存在 $\rho_0 = \rho(\varDelta)$，使得当 $\rho \leqslant \rho_0$ 时（高于某个温度值）对所有的 L，SW 算法有多项式混合时间。

Gore 和 Jerrum[23]在完全图上构建了一个反例。

定理 6-2（Gore 和 Jerrum，1997） 如果 G 是完全图且 $L > 2$，那么当 $\beta = \dfrac{2(L-1)\ln(L-1)}{n(L-2)}$ 时，SW 算法不会快速混合。

在图像分析应用中，图经常满足 Copper-Frieze 条件，并且和完全图相差甚远。

最近，Huber[26]为波茨模型中的 SW 算法开发了一种在极端温度下的精确采样技术。该方法设计了一个边界链，它假设每个顶点 $s \in V$ 都有一个用全集 $|S_s| = L(\forall s)$ 为初始化的颜色集合 S_s。辅助变量 μ_e 的伯努利概率更改为

$$\boldsymbol{U}^{\mathrm{bd}} = \left\{\mu_e^{\mathrm{bd}} : \mu_e^{\mathrm{bd}} \in \{0,1\}, \mu_e \sim \mathrm{Bernoulli}\left\langle \rho \mathbf{1}(S_s \cap S_t \neq \varnothing)\right\rangle\right\} \tag{6-41}$$

因此，$\boldsymbol{U}^{\mathrm{bd}}$ 在原来的 SW 链中有比 $\boldsymbol{U}$ 更多的边，即 $\boldsymbol{U} \subset \boldsymbol{U}^{\mathrm{bd}}$。当 $\boldsymbol{U}^{\mathrm{bd}}$ 收缩到 $\boldsymbol{U}$ 时，则从任意初始状态开始的所有 SW 链都收缩到当前单链中。因此，链必然收敛（精确采样）。收缩的步长称为“耦合时间”。

定理 6-3（Huber，2002） 令 $n = |V|$ 且 $m = |E|$。在较高的温度下，$\rho < \dfrac{1}{2(\Delta - 1)}$，边界链有至少 1/2 的概率完全按时间 $O(\ln(2m))$ 耦合。在较低的温度下，$\rho \geqslant 1 - \dfrac{1}{mL}$，则耦合时间为 $O((mL)^2)$ 的概率至少为 1/2。

实际上，Huber 界限并不像人们预期的那样严格。图 6-6（a）绘制了伊辛模型在具有环面边界条件的 5×5 个栅格上的结果，即随着 $\rho = 1 - \mathrm{e}^{-\beta}$ 变化所需的经验耦合时间。在临界温度附近的所需的耦合时间很长（未示出）。高温下的 Huber 界限从 $\rho_0 = 0.16$ 开始，用短曲线表示。低温下的界限从 $\rho_0 > 0.99$ 开始，图中不可见。图 6-6（b）绘制了 $\rho = 0.15$ 时的耦合时间与图大小 $m = |E|$ 的关系以及 Huber 界限。

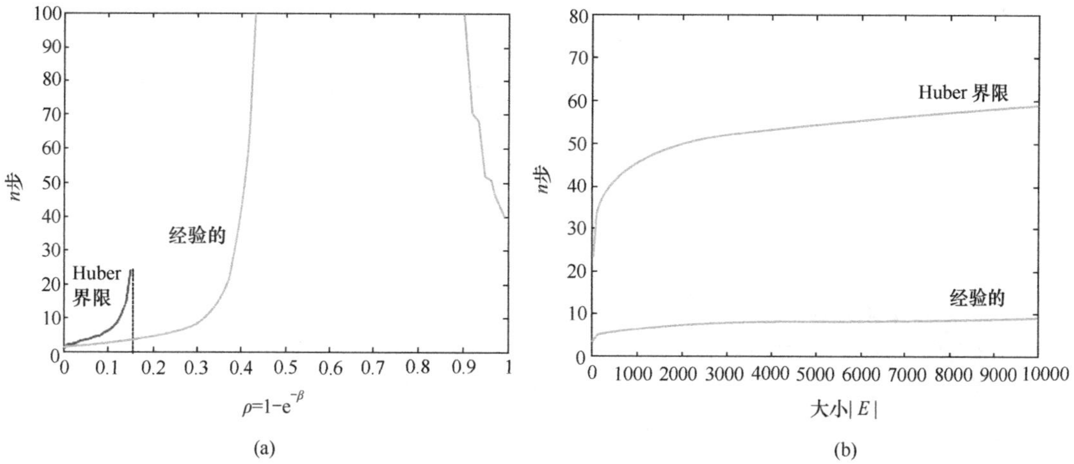

图 6-6　伊辛模型的耦合时间经验图和 Huber 界限

尽管上面讨论了一些令人鼓舞的成功，但 SW 算法仍然具有两个方面的不足。

（1）它仅对伊辛 / 波茨模型有效，而且还需要知道颜色数量 L。在许多应用中，例如图像分析，L 是目标（或图像区域）的数量，必须从输入数据推断。

（2）在存在外部场（输入数据）的情况下算法的速度骤降。例如，在图像分析问题中，我们的目标是从输入图像 $\boldsymbol{I}$ 推断出标签 $\boldsymbol{X}$，并且目标概率是贝叶斯后验概率，其中 $\pi_{\mathrm{PTS}}(\boldsymbol{X})$ 被用作先验模型，那么有

$$\pi(\boldsymbol{X}) = \pi(\boldsymbol{X}|\boldsymbol{I}) \propto \mathcal{L}(\boldsymbol{I}|\boldsymbol{X})\pi_{\mathrm{PTS}}(\boldsymbol{X}) \tag{6-42}$$

式中，$\mathcal{L}(\boldsymbol{I}|\boldsymbol{X})$ 是似然模型，如每个颜色 $c=1,2,\ldots,L$ 的独立高斯分布 $N(\bar{\boldsymbol{I}}_c,\sigma_c^2)$，即

$$\mathcal{L}(\boldsymbol{I}|\boldsymbol{X}) \propto \prod_{c=1}^{L}\prod_{x_i=c}\frac{1}{\sqrt{2\pi}\sigma_c}\exp\left\{-\frac{(\boldsymbol{I}(v_i)-\bar{\boldsymbol{I}}_c)^2}{2\sigma_c^2}\right\} \tag{6-43}$$

速度下降的部分原因是辅助变量的伯努利概率 $\rho=1-\mathrm{e}^{-\beta}$ 是独立于输入图像计算的。

6.5 任意概率的 SW 切分算法

在本节中，我们从 Metropolis-Hastings 方法[24,39]的视角将 SW 算法推广到任意概率。

Adrian Barbu

SW 切分（Swendsen-Wang Cuts，SWC）算法迭代有三个步骤：

（1）由数据驱动的聚类步骤；

（2）可以产生新标签的标签（颜色）翻转步骤；

（3）提议标签的接受步骤。

该算法的一个关键特征是计算接受概率的公式很简单。我们将在后面的小节中详述这三个步骤，然后展示该算法如何简化为波茨模型上的原始 SW 算法。

我们用一个图像分割示例来说明算法，如图 6-7 所示。图 6-7（a）是栅格 Λ 上的输入图像 $\boldsymbol{I}$，在预处理过程中它被分解为图 6-7（b）中的超像素来减小图的大小。每个超像素都是图中的一个顶点，具有较为固定的灰度值。如果两个顶点的超像素共享边界，则称这两个顶点是连通的。图 6-7（c）是使用 SWC 算法优化贝叶斯概率 $\pi(\boldsymbol{X})=\pi(\boldsymbol{X}|\boldsymbol{I})$ 的结果（详见本书 6.7 节）。这个结果 $\boldsymbol{X}$ 为每个闭区域中的所有顶点指定一致的颜色，希望这些区域与场景中的对象相对应。请注意对象或颜色的数量 L 是未知的，并且我们不区分标签的排列。

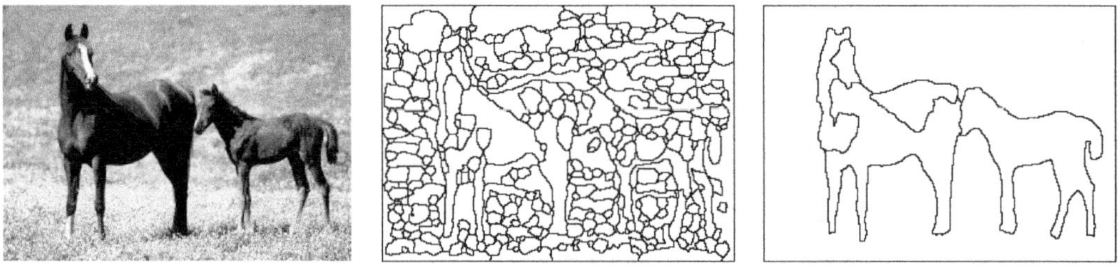

(a) 输入图像　　(b) 超像素　　(c) 分割

图 6-7　图像分割示例

6.5.1 步骤一：数据驱动的聚类

和原始 SW 算法中一样，我们首先用边集合 $\boldsymbol{U}=\{\mu_e: e=<s,t>\in E\}$ 上的一组二元变量来扩充邻接图 G。每个 μ_e 都遵循伯努利概率，该概率依赖于两个顶点 x_s 和 x_t 的当前状态，即

$$\mu_e|(x_s,x_t) \sim \text{Bernoulli}(q_e \mathbf{1}(x_s = x_t)),\ \forall <s,t> \in E \tag{6-44}$$

其中，q_e 是边 $e=<s,t>$ 的两个顶点 s 和 t 有相同标签的概率。在贝叶斯推理中，目标函数 $\pi(\boldsymbol{X})$ 是后验概率，此时 q_e 更容易从数据中推断出来。

对于图像分割示例，基于 s 和 t（或其局部邻域）处的图像强度之间的相似性来计算 q_e，计算结果可以是 $\pi(\boldsymbol{X}|\boldsymbol{I})$ 的边缘概率的近似值，即

$$q_e = q(x_s = x_t | \boldsymbol{I}(s), \boldsymbol{I}(t)) \approx \pi(x_s = x_t | \boldsymbol{I}) \tag{6-45}$$

还有很多方法使用所谓的判别方法来计算 $q(x_s = x_t | \boldsymbol{I}(v_s), \boldsymbol{I}(v_t))$，但是这些方法的详细讨论并不在本书范围之内。

这种方法适用于任意 q_e，但从经验上来看，一个较好的近似可以为聚类步骤提供更多有用的信息，并能使算法更快地收敛。图 6-8 展示了马图像的几个聚类示例。在这些示例中，我们将所有顶点设置为相同的颜色（$\boldsymbol{X}=c$）并独立地采样边概率，即

$$\boldsymbol{U}|\boldsymbol{X}=c \sim \prod_{<s,t>\in E} \text{Bernoulli}\,(q_e) \tag{6-46}$$

$\text{CP}(\boldsymbol{U})$ 中的连通分量显示为不同的颜色。我们重复三次聚类步骤，可以看到边概率会产生有意义的聚类，这些聚类对应于图像中的不同对象。另外，使用恒定边概率时不能观察到这种效应。

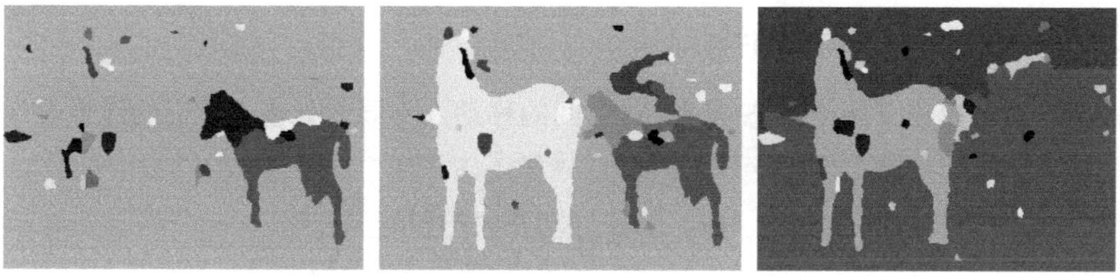

图 6-8　使用判别边概率计算马图像连通分量的三个示例

©[2007] Taylor&Francis，获许可使用，来自参考文献[4]

6.5.2　步骤二：颜色翻转

令 $\boldsymbol{X}=(x_1,x_2,\ldots,x_{|V|})$ 为当前颜色状态。边变量 $\boldsymbol{U}$ 在 $\boldsymbol{X}$ 上有条件地采样，并将 $\boldsymbol{X}$ 分解为若干连通分量：

$$\text{CP}(\boldsymbol{U}|\boldsymbol{X}) = \{\text{cp}_i : i = 1,2,\ldots,N(\boldsymbol{U}|\boldsymbol{X})\} \tag{6-47}$$

假设我们选择一个颜色为 $\boldsymbol{X}_{V_0} = \ell \in \{1,2,\ldots,L\}$ 的连通分量 $V_0 \in \text{CP}(\boldsymbol{U}|\boldsymbol{X})$，并将其颜色指定为具有概率 $q(l'|V_0,\boldsymbol{X})$（稍后设计）的 $\ell' \in \{1,2,\ldots,L,L+1\}$。我们获得了一个新的状态 $\boldsymbol{X}'$。此时存在三种情况，如图 6-9 所示，在三个分区状态 $\boldsymbol{X}_A$（图左部分）、$\boldsymbol{X}_B$（图中间部分）和 $\boldsymbol{X}_C$（图右部分）之间可逆移动，仅在集合 V_0 的颜色上有所不同。由粗边连接的顶点形成一个连通分量。标有叉形符号（×）的细线是 SW 切分的边。

（1）一般情况：$V_0 \subset V_\ell$ 且 $\ell' \leqslant L$，即将 V_ℓ 的一部分重新分组为现有颜色 $V_{\ell'}$，并且颜色的数量在 X' 中保持不变。这是图 6-9 中状态 $\boldsymbol{X}_A$ 和 $\boldsymbol{X}_B$ 之间的移动。

（2）合并情况：$\boldsymbol{X}$ 中的 $V_0 = V_\ell$ 是具有颜色 ℓ 的所有顶点的集合，且 $\ell' \leqslant L, \ell \neq \ell'$。颜色 V_ℓ 与 $V_{\ell'}$ 合并，$\boldsymbol{X}'$ 中不同颜色的数量减少至 $L-1$。这是图 6-9 中从状态 $\boldsymbol{X}_C$ 到 $\boldsymbol{X}_A$ 或从 $\boldsymbol{X}_C$ 到 $\boldsymbol{X}_B$ 的移动。

（3）拆分情况：$V_0 \subset V_\ell$ 且 $\ell' = L+1$。V_ℓ 被分成两部分，并且 $\boldsymbol{X}'$ 中不同颜色的数量增加到 $L+1$。这是图 6-9 中从状态 $\boldsymbol{X}_A$ 到 $\boldsymbol{X}_C$ 或从 $\boldsymbol{X}_B$ 到 $\boldsymbol{X}_C$ 的移动。

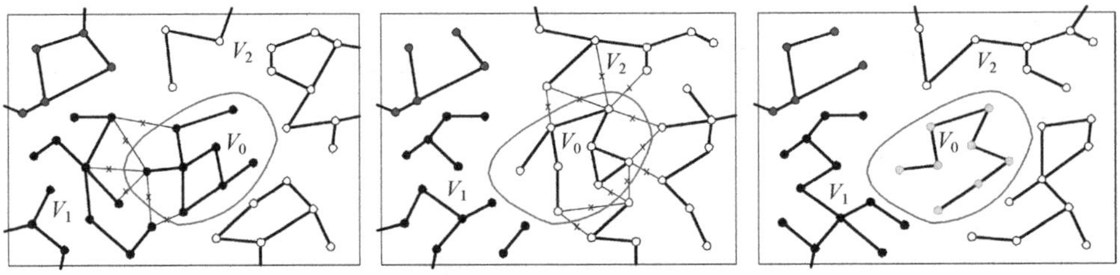

图 6-9　存在的三种情况

请注意，这儿的颜色翻转步骤与使用波茨模型的原始 SW 算法不同，因为我们允许在每个步骤中使用新颜色。同时，颜色数 L 并不固定。

6.5.3　步骤三：接受翻转

前两个步骤提出了两个状态 $\boldsymbol{X}$ 和 $\boldsymbol{X}'$ 之间的移动，不同之处在于它们的连通分量 V_0 的颜色。在第三步中，我们按概率接受移动，该概率为

$$\alpha(\boldsymbol{X} \to \boldsymbol{X}') = \min\left\{1, \frac{q(\boldsymbol{X}' \to \boldsymbol{X})}{q(\boldsymbol{X} \to \boldsymbol{X}')} \cdot \frac{\pi(\boldsymbol{X}')}{\pi(\boldsymbol{X})}\right\} \tag{6-48}$$

$q(\boldsymbol{X}' \to \boldsymbol{X})$ 和 $q(\boldsymbol{X} \to \boldsymbol{X}')$ 是 $\boldsymbol{X}$ 和 $\boldsymbol{X}'$ 之间的提议概率。如果提议被拒绝，则马尔可夫链将保持在状态 $\boldsymbol{X}$。转移核为

$$\mathcal{K}(\boldsymbol{X} \to \boldsymbol{X}') = q(\boldsymbol{X} \to \boldsymbol{X}')\alpha(\boldsymbol{X} \to \boldsymbol{X}'), \ \forall \boldsymbol{X} \neq \boldsymbol{X}' \tag{6-49}$$

对于一般情况，在选择 V_0 并改变其颜色的步骤中，存在一条唯一的路径可以在 $\boldsymbol{X}$ 和 $\boldsymbol{X}'$ 之间进行移动。提议概率是在状态 $\boldsymbol{X}$ 和 $\boldsymbol{X}'$ 中选择 V_0 作为聚类步骤中的候选者的概率比，与在翻转步骤中选择 V_0 为新标签的概率比的乘积。该乘积由下式给出：

$$\frac{q(\boldsymbol{X}' \to \boldsymbol{X})}{q(\boldsymbol{X} \to \boldsymbol{X}')} = \frac{q(V_0|\boldsymbol{X}')}{q(V_0|\boldsymbol{X})} \cdot \frac{q(\boldsymbol{X}_{V_0} = \ell|V_0, \boldsymbol{X}')}{q(\boldsymbol{X}_{V_0} = \ell'|V_0, \boldsymbol{X})} \tag{6-50}$$

对于拆分和合并情况，在 $\boldsymbol{X}$ 和 $\boldsymbol{X}'$ 之间有两条路径，但这并不会改变结论。现在我们来计算提议 V_0 的概率比 $\dfrac{q(V_0|\boldsymbol{X}')}{q(V_0|\boldsymbol{X})}$。

定义 6-1　设 $\boldsymbol{X} = (V_1, V_2, \ldots, V_L)$ 是一种颜色的状态，且 $V_0 \in \mathrm{CP}(\boldsymbol{U}|\boldsymbol{X})$ 是一个连通分量，V_0 和 V_k 之间的“切分”是 V_0 和 $V_k \setminus V_0$ 之间的一组边，即

$$C(V_0, V_k) = \{< s,t >: s \in V_0, t \in V_k \setminus V_0\}, \ \forall k$$

可以观察到很重要的一点：$\dfrac{q(V_0|\boldsymbol{X}')}{q(V_0|\boldsymbol{X})}$ 仅取决于 V_0 与其余顶点之间的切分。

命题 6-3　沿用上面的记号，我们有

$$\frac{q(V_0|\boldsymbol{X})}{q(V_0|\boldsymbol{X}')}=\frac{\prod_{<i,j>\in C(V_0,V_\ell)}(1-q_{ij})}{\prod_{<i,j>\in C(V_0,V_{\ell'})}(1-q_{ij})} \tag{6-51}$$

式中，q_{ij} 是边概率。

于是，在以下定理中给出接受概率。

定理 6-4　提议交换的接受概率是

$$\alpha(\boldsymbol{X}\to\boldsymbol{X}')=\min\left\{1,\frac{\prod_{<i,j>\in C(V_0,V_{\ell'})}(1-q_{ij})}{\prod_{<i,j>\in C(V_0,V_\ell)}(1-q_{ij})}\cdot\frac{q(\boldsymbol{X}_{V_0}=\ell|V_0,\boldsymbol{X}')}{q(\boldsymbol{X}_{V_0}=\ell'|V_0,\boldsymbol{X})}\cdot\frac{\pi(\boldsymbol{X}')}{\pi(\boldsymbol{X})}\right\} \tag{6-52}$$

其证明过程可参考文献[3]。

例 6-1　在图像分析中，$\pi(\boldsymbol{X})$ 是贝叶斯后验 $\pi(\boldsymbol{X}|\boldsymbol{I})\propto\mathcal{L}(\boldsymbol{I}|\boldsymbol{X})p_0(\boldsymbol{X})$，先验概率 $p_0(\boldsymbol{X})$ 是马尔可夫随机场模型（见式 6-43）。可以计算 V_0 的局部邻域 ∂V_0 中的目标概率的比率：

$$\frac{\pi(\boldsymbol{X}')}{\pi(\boldsymbol{X})}=\frac{\mathcal{L}(\boldsymbol{I}_{V_0}|\boldsymbol{X}_{V_0}=\ell')}{\mathcal{L}(\boldsymbol{I}_{V_0}|\boldsymbol{X}_{V_0}=\ell)}\cdot\frac{p_0(\boldsymbol{X}_{V_0}=\ell'|\boldsymbol{X}_{\partial V_0})}{p_0(\boldsymbol{X}_{V_0}=\ell|\boldsymbol{X}_{\partial V_0})} \tag{6-53}$$

注意，上式中 $\boldsymbol{X}_{\partial V_0}=\boldsymbol{X}'_{\partial V_0}$。

式（6-52）中的第二个比率是比较容易设计的。例如，我们可以使其与似然成比例，即

$$q(\boldsymbol{X}_{V_0}=\ell|V_0,\boldsymbol{X})=\mathcal{L}(\boldsymbol{I}_{V_0}|\boldsymbol{X}_{V_0}=\ell),\ \forall\ell \tag{6-54}$$

因此

$$\frac{q(\boldsymbol{X}_{V_0}=\ell|V_0,\boldsymbol{X}')}{q(\boldsymbol{X}_{V_0}=\ell'|V_0,\boldsymbol{X})}=\frac{\mathcal{L}(\boldsymbol{I}_{V_0}|\boldsymbol{X}_{V_0}=\ell)}{\mathcal{L}(\boldsymbol{I}_{V_0}|\boldsymbol{X}_{V_0}=\ell')} \tag{6-55}$$

现在它抵消了式（6-53）中的似然比。最后，我们得到命题（6-8）。

命题 6-4　使用式（6-54）中的提议对提议聚类进行翻转后的接受概率为

$$\alpha(\boldsymbol{X}\to\boldsymbol{X}')=\min\left\{1,\frac{\prod_{<s,t>\in C(R,V_{\ell'})}(1-q_e)}{\prod_{e\in C(V_0,V_\ell)}(1-q_e)}\cdot\frac{p_0(\boldsymbol{X}_{V_0}=\ell'|\boldsymbol{X}_{\partial V_0})}{p_0(\boldsymbol{X}_{V_0}=\ell|\boldsymbol{X}_{\partial V_0})}\right\} \tag{6-56}$$

上述结果具有以下特性：计算局限于由先前模型定义的 V_0 的局部邻域。如果使用 Wolff 修改并从顶点增长 V_0，则此结果也成立。在图像分析实验中，SWC 算法在经验上比单位点吉布斯采样器快 $O(10^2)$ 倍。有关详细信息，请参考本书 6.7 节中的图 6-11 和图 6-13。

6.5.4　复杂性分析

本节介绍 SWC 算法计算复杂性的评估。

设 $N=|V|$ 是图 $G=<V,E>$ 的节点数，N^{it} 是 SWC 算法的迭代次数。每个 SWC 算法迭代涉及以下步骤：

（1）在数据驱动的聚类步骤中对边采样，复杂度为 $O(|E|)$。假设 $G=<V,E>$ 稀疏，

则复杂度为 $O(|E|)=O(N)$。

（2）构建连通分量，使用并查集森林数据结构构造连通分量[18-19]，复杂度为 $O(|E|\alpha(|E|))=O(N\alpha(N))$。函数 $\alpha(N)$ 是 $f(n)=A(n,n)$ 的反函数，其中 $A(m,n)$ 是快速增长的阿克曼函数（Ackerman Function）[1]。实际上，对于 N 的所有实际值，$\alpha(N)\leqslant 5$。

（3）计算 $\pi(\boldsymbol{X})$，这取决于实际问题，但复杂度一般为 $O(N)$。

（4）翻转一个连通分量的标签，复杂度为 $O(N)$。

因此，一次迭代的复杂度为 $O(N\alpha(N))$，所有迭代花费 $O(N^{\mathrm{it}}N\alpha(N))$ 时间。

6.6 聚类采样方法的变体

本节简要讨论聚类采样方法的两种变体。

6.6.1 聚类吉布斯采样："击中逃跑"观点

稍做修改，我们就可以使聚类采样方法表现得像广义吉布斯采样器一样。聚类吉布斯采样器如图 6-10 所示，图 6-10（a）中聚类 V_0（此处为 R）有许多颜色一致的相邻分量；图 6-10（b）显示 V_0 与其相邻颜色之间的切分；采样器服从在切分上定义的由边的强度所修改的条件概率。假定 $V_0\in \mathrm{CP}(\boldsymbol{U}|\boldsymbol{X})$ 是在聚类步骤中选择的候选者，图 6-10 显示了它与相邻集合的切分：

$$C(V_0,V_k), k=1,2,\ldots,L(\boldsymbol{X})$$

计算 γ_k 并将其作为 V_0 和 $V_k\setminus V_0$ 之间的连通强度，即

$$\gamma_k=\prod_{e\in C(V_0,V_k)}(1-q_e) \tag{6-57}$$

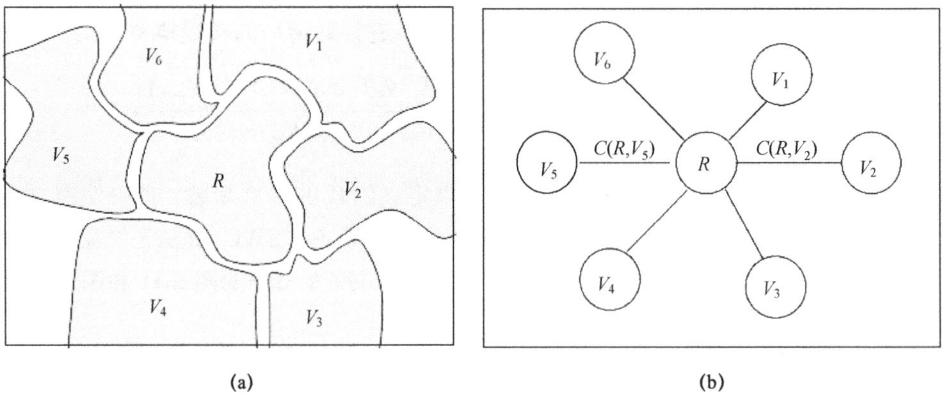

图 6-10 聚类吉布斯采样器

命题 6-5 沿用前面的记号，令 $\pi(\boldsymbol{X})$ 为目标概率。如果按概率

$$q(\boldsymbol{X}_{V_0}=k|V_0,\boldsymbol{X})\propto\gamma_k\pi(\boldsymbol{X}_{V_0}=k|\boldsymbol{X}_{\partial V_0}),\ k=1,2,\ldots,N(\boldsymbol{X}) \tag{6-58}$$

对 V_0 进行重新标记，则第三步中的接受概率总是 1。

这就生成了一个广义吉布斯采样器，它根据修改的条件概率翻转一个聚类的颜色。

接下来介绍聚类吉布斯采样器。

（1）聚类步骤：选择一个顶点 $v \in V$，并通过伯努利边概率 μ_e 从 v 中分组得到一个聚类 V_0。

（2）翻转步骤：根据式（6-58）重新标记 V_0。

备注 6-1　传统的单位点吉布斯采样器[21]是对所有 e 都有 $q_e = 0$ 时的特殊情况，这种情况下 $V_0 = \{v\}$ 且对所有 k 都有 $\gamma_k = 1$。

我们也可以从击中逃跑的角度来看待上述方法。在连续状态空间中，击中逃跑方法[22]在时间 t 随机选择一个新方向 e，然后按分布 $a \sim \pi(\boldsymbol{x} + a e)$ 在这个方向上采样。Liu[36]将此扩展到任何行为的紧群。在有限状态空间 Ω 中，可以选择有限集 $\Omega_a \subset \Omega$，然后在此集合上应用吉布斯采样器。对于击中逃跑方法来说，很难选出一个好的方向或子集。在上面给出的聚类吉布斯采样器中，子集由边上的辅助变量选出。

6.6.2　多重翻转方案

在聚类步骤之后，给定一组连通分量 $\mathrm{CP}(\boldsymbol{U}|\boldsymbol{X})$ ［见式（6-47）］，我们可以同时翻转所有（或任何选定数量）的连通分量，而不是翻转单个分量 V_0；设计用于独立地或联合地标记这些连通分量的提议概率仍有发展空间。接下来，假设每个连通分量 $\mathrm{cp} \in \mathrm{CP}(\boldsymbol{U}|\boldsymbol{X})$ 的标签都是通过对提议概率 $q(\boldsymbol{X}_{\mathrm{cp}} = l\,|\mathrm{cp})$ 采样来独立选取的。

假设我们在翻转后获得了一个新标签 $\boldsymbol{X}'$。令 $E_{\mathrm{on}}(\boldsymbol{X}) \subset E$ 和 $E_{\mathrm{on}}(\boldsymbol{X}') \subset E$ 分别为 $\boldsymbol{X}$ 和 $\boldsymbol{X}'$ 中连接相同颜色顶点的边的子集。根据集合的不同来定义两个切分：

$$C(\boldsymbol{X} \to \boldsymbol{X}') = E_{\mathrm{on}}(\boldsymbol{X}') - E_{\mathrm{on}}(\boldsymbol{X}),\quad C(\boldsymbol{X}' \to \boldsymbol{X}) = E_{\mathrm{on}}(\boldsymbol{X}) - E_{\mathrm{on}}(\boldsymbol{X}') \tag{6-59}$$

用 $D(\boldsymbol{X}, \boldsymbol{X}') = \{\mathrm{cp} : \boldsymbol{X}_{\mathrm{cp}} \neq \boldsymbol{X}'_{\mathrm{cp}}\}$ 表示在翻转前和翻转后具有不同颜色的连通分量的集合。

命题 6-6　多重翻转方案的接受概率为

$$\alpha(\boldsymbol{X} \to \boldsymbol{X}') = \min\left\{1, \frac{\prod_{e \in C(\boldsymbol{X} \to \boldsymbol{X}')}(1 - q_e) \prod_{\mathrm{cp} \in D(\boldsymbol{X}, \boldsymbol{X}')} q(\boldsymbol{X}'_{\mathrm{cp}}|\mathrm{cp})}{\prod_{e \in C(\boldsymbol{X}' \to \boldsymbol{X})}(1 - q_e) \prod_{\mathrm{cp} \in D(\boldsymbol{X}, \boldsymbol{X}')} q(\boldsymbol{X}_{\mathrm{cp}}|\mathrm{cp})} \cdot \frac{p(\pi')}{p(\pi)}\right\} \tag{6-60}$$

观察到当 $D = \{V_0\}$ 是单个连通分量时，该命题简化为式（6-56）。值得一提的是，如果我们同时翻转所有连通分量，则 $\mathcal{K}(\boldsymbol{X}, \boldsymbol{X}')$ 的马尔可夫转移图完全连通，即

$$\mathcal{K}(\boldsymbol{X}, \boldsymbol{X}') > 0,\quad \forall \boldsymbol{X}, \boldsymbol{X}' \in \Omega \tag{6-61}$$

这意味着同一步骤内马尔可夫链可以在任意两个分区之间移动。

6.7　应用：图像分割

此实验在图像分割任务中测试聚类采样算法。目标是将图像划分为多个不相交的区域（如图 6-7 和图 6-8 所示），使得每个区域在拟合某些图像模型的意义上具有一致的强度。

通过优化贝叶斯后验概率 $\pi(\boldsymbol{X}) \propto \mathcal{L}(\boldsymbol{I}|\boldsymbol{X})p_0(\boldsymbol{X})$ 得到最终结果。

在这些问题中，G 是邻接图，其顶点集 V 是一组超像素。一般 $|V|=O(10^2)$。对于每个超像素 $v\in V$，我们计算一个 15-bin 强度直方图 h 并将其归一化为 1。然后计算边概率：

$$q_{ij} = p(\mu_e = \text{on}|\boldsymbol{I}(v_i),\boldsymbol{I}(v_j)) = \exp\left\{-\frac{1}{2}(\text{KL}(h_i \| h_j) + \text{KL}(h_j \| h_i))\right\} \tag{6-62}$$

式中，KL() 是两个直方图之间的 KL 散度（Kullback-Leibler divergence）。当 e 穿越物体边界时，通常 q_e 应接近于零。在这些实验中，边概率产生较好的聚类，如图 6-8 所示。

现在我们简要定义这个实验中的目标概率。令 $\boldsymbol{X}=(V_1,\dots,V_L)$ 是图的一个颜色状态，其中 L 是未知变量，并且每个集合 V_k 中的图像强度在拟合到模型 θ_k 时是一致的。假设不同的颜色是独立的。因此，我们有

$$\pi(\boldsymbol{X}) = \pi(\boldsymbol{X}|\boldsymbol{I}) \propto \prod_{k=1}^{L}[\mathcal{L}((V_k);\theta_k)p_0(\theta_k)]p_0(\boldsymbol{X}) \tag{6-63}$$

式中，$\mathcal{L}(\boldsymbol{I}(V_k);\theta_k)$ 是具有参数 θ_k 的似然模型，$p_0(\theta_k)$ 是 θ_k 的模型复杂度先验。这些量的描述如下。

我们为似然模型选择了三种类型的简单模型来解释不同的图像属性。第一个模型是非参数直方图 $\mathcal{H}$，实际上由归一化为 1 的 B-bin 向量 $(\mathcal{H}_1,\dots,\mathcal{H}_B)$ 来表示。它可以描述杂乱的对象，如植被。

$$\boldsymbol{I}(x,y;\theta_0) \sim \mathcal{H}\ \text{IID},\ \forall(x,y)\in V_k \tag{6-64}$$

另外两个模型是使二维图像平面 (x,y) 中强度能平滑变化的回归模型，其残差服从经验分布 $\mathcal{H}$（直方图）。

$$\boldsymbol{I}(x,y;\theta_1) = \beta_0 + \beta_1 x + \beta_2 y + \mathcal{H}\ \text{IID}, \forall(x,y)\in V_k \tag{6-65}$$

$$\boldsymbol{I}(x,y;\theta_2) = \beta_0 + \beta_1 x + \beta_2 y + \beta_3 x^2 + \beta_4 xy + \beta_5 y^2 + \mathcal{H}\ \text{IID}, \forall(x,y)\in V_k \tag{6-66}$$

在所有情形下，似然函数都用直方图 $\mathcal{H}$ 的熵表示：

$$\mathcal{L}(\boldsymbol{I}(V_k);\theta_k) \propto \prod_{v\in V_k}\mathcal{H}(\boldsymbol{I}_v) = \prod_{j=1}^{B}\mathcal{H}_j^{n_j} = \exp(-|V_k|\text{entropy}(\mathcal{H})) \tag{6-67}$$

模型复杂度会被先验概率 $p_0(\theta_k)$ 惩罚，并且上述似然函数中的参数 θ 在每个步骤确定性地计算为最佳最小二乘拟合。确定性拟合可以由可逆跳跃和颜色翻转代替。此步骤在文献[56]中已有详细介绍，本书第 8 章将会介绍相关内容。

先验模型 $p_0(\boldsymbol{X})$ 倾向使用少量的颜色来生成大且紧凑的区域[21]。令 $r_1,r_2,\dots,r_m$，$m \geqslant L$ 为所有 $V_k,k=1,\dots,L$ 的连通分量，则先验为

$$p_0(\boldsymbol{X}) \propto \exp\left\{-\alpha_0 L - \alpha_1 m - \alpha_2 \sum_{k-1}^{m}\text{Area}(r_k)^{0.9}\right\} \tag{6-68}$$

对于图 6-7 和 6-8 中所展示的图像分割示例，我们将聚类采样方法与单位点吉布斯采样器进行比较，结果显示如图 6-11 所示。图 6-11 示意了在马图像上使用吉布斯采样器和我们的算法所需的计算时间对应的 $-\ln\pi(\boldsymbol{X})$ 值。图 6-11（a）显示了前 1400 s 内两种算法的情况，吉布斯采样器需要高初始温度和慢退火步骤才能达到相同的能量水平。图 6-11（b）是前 5 s 的放大视图。

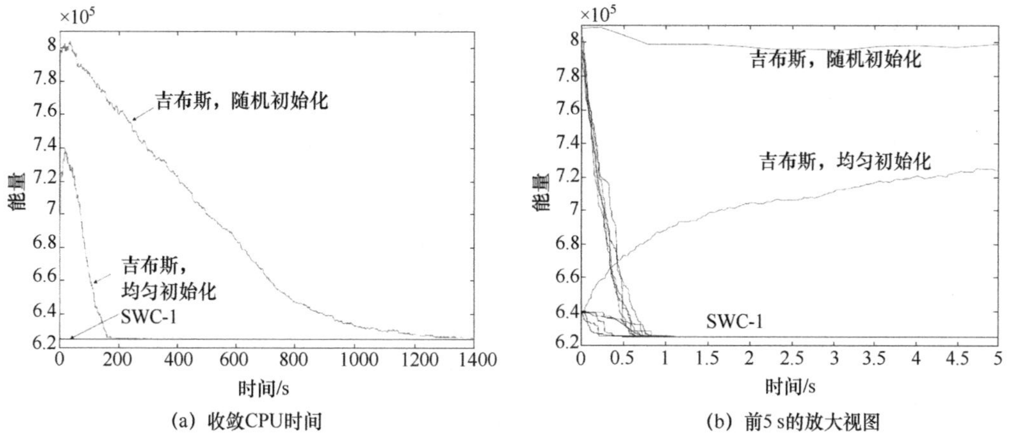

图 6-11　$-\ln\pi(\boldsymbol{X})$ 的示意图

由于我们的目标是最大化后验概率 $\pi(\boldsymbol{X})$，我们必须添加具有高初始温度 T_0 的退火方案，然后降到低温（在我们的实验中是 0.05）。我们以秒为单位绘制了不同 CPU 时间对应的 $-\ln\pi(\boldsymbol{X})$ 的图像。吉布斯采样器需要将初始温度提高（比如 $T_0 \geqslant 100$），并使用慢退火方案来实现良好的解决。聚类采样方法可以在低温下运行。我们通常将初始温度提高到 $T_0 \leqslant 15$ 并使用快速退火方案。

这两种算法使用两种不同的初始化方法。一种采用超像素的随机标记超像素的方法，因此具有更高的 $-\ln\pi(\boldsymbol{X})$，另一种初始化方法设置所有顶点为相同的颜色。在这两种初始化方法上分别 5 次运行聚类方法。它们都在 1 s 内收敛到一个解，如图 6-7（c）所示，这比吉布斯采样器快 $O(10^2)$ 倍。

图 6-12 展示了另外两张图像。使用马图像中的样本的对比方法，我们在图 6-13 中绘

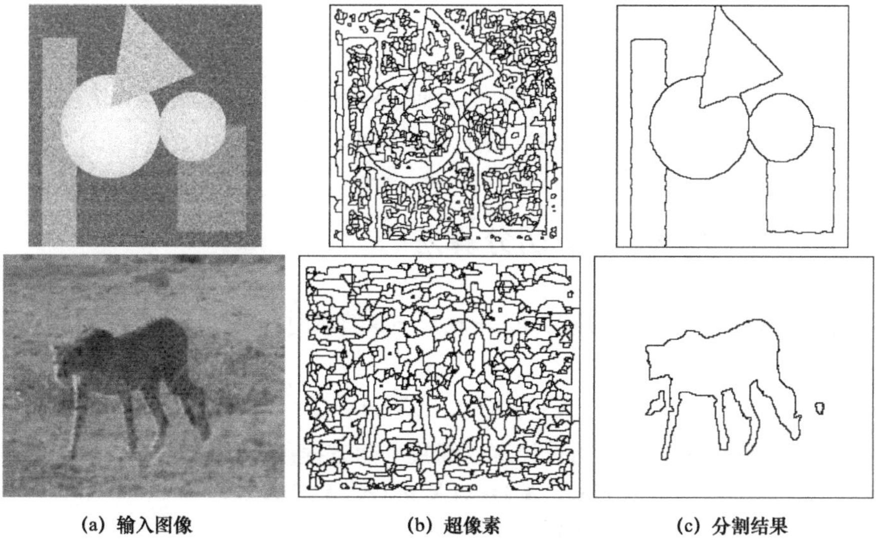

图 6-12　更多图像分割的结果示意

制了 $-\ln\pi(\boldsymbol{X})$ 与运行时间的关系。图 6-13 的左半部分是前 1200 s 的情况；图 6-13 的右半部分是放大前 15～30 s 的视图；聚类算法分别使用随机初始化和均匀初始化进行 5 次试验。在实验中，我们还比较了不同边概率的影响。如果和原始 SW 算法一样使用恒定边概率 $\mu_{ij}=c\in(0,1)$，则聚类算法会比之前慢 $O(10^2)$倍。例如，当 $q_{ij}=0,\forall i,j$ 时，单位点吉布斯采样器就是一个这样的例子。

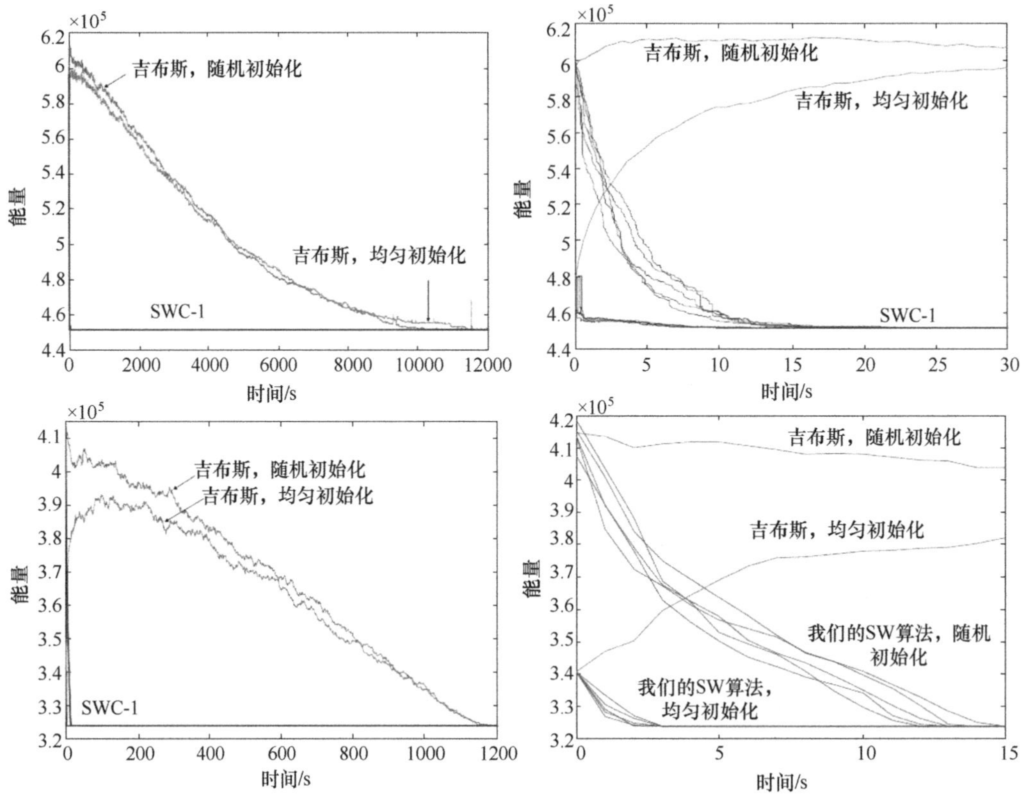

图 6-13　聚类方法和吉布斯采样器在 CPU 时间上的收敛性比较，输入图像如图 6-12 所示

©[2005] IEEE，获许可使用，来自参考文献[3]

6.8　多重网格和多级 SW 切分算法

SW 切分的本质是马尔可夫链 $\mathcal{MC}=<\nu,\mathcal{K},p>$ 随着时间 t 访问分区空间 Ω 中的一系列状态，即

$$\boldsymbol{X}(0),\boldsymbol{X}(1),\dots,\boldsymbol{X}(t)\in\Omega$$

本书 6.7 节的结果确保 SW 切分的设计遵循细致平衡方程：

$$p(\boldsymbol{X})\mathcal{K}(\boldsymbol{X},\boldsymbol{X}')=p(\boldsymbol{X}')\mathcal{K}(\boldsymbol{X}',\boldsymbol{X}),\forall\boldsymbol{X}',\boldsymbol{X}\qquad(6\text{-}69)$$

一旦收敛，SW 切分模拟来自 $p(\boldsymbol{X})$ 的均等样本。

SW 切分的特点是其设计中有三种选择：

（1）在邻接图 $G=<V,E>$ 的边上定义的判别提议概率。$q(\boldsymbol{X})=\prod_{e\in E}q_e$ 是对 $p(\boldsymbol{X})$ 的近似分解，并且影响连通分量 CP 的生成，因此影响候选分量 V_0。

（2）从连通分量 $V_0\in\mathrm{CP}$ 中选择 V_0 的均匀概率。

（3）连通分量 V_0 的新标签的重新分配概率为 $Q(\ell_{\text{new}}(V_0)|V_0,\boldsymbol{X}_A)$。

我们通过引入多重网格和多级 SW 切分算法来扩展 SW 切分，这些算法为选择 V_0 和 $q(\boldsymbol{X})$ 提供了更多灵活的方法。总而言之，这两个扩展是采样 $p(\boldsymbol{X})$ 的新方向。

（1）多重网格 SW 切分通过对 $p(\boldsymbol{X})$ 的条件概率进行采样，来模拟核为 $\mathcal{K}_{\text{mg}}$ 的马尔可夫链 $\mathcal{MC}_{\text{mg}}$。

（2）多级 SW 切分通过在较高层次对 $p(\boldsymbol{X})$ 的条件概率进行采样，以及在较低层次对完全后验进行采样来模拟核为 $\mathcal{K}_{\text{ml}}$ 的马尔可夫链 $\mathcal{MC}_{\text{ml}}$。

后面的章节将会证明 $\mathcal{MC}_{\text{mg}}$ 和 $\mathcal{MC}_{\text{ml}}$ 都满足式（6-69）中的细致平衡方程。设 $p(x,y)$ 为二维概率，$\mathcal{K}$ 为在条件概率 $p(x|y)$ 或 $p(y|x)$ 上采样的马尔可夫核。因此，$\mathcal{K}$ 服从细致平衡方程，即

$$p(x|y)\mathcal{K}(x,x')=p(x'|y)\mathcal{K}(x',x),\forall x,x' \tag{6-70}$$

核 $\mathcal{K}$ 可以自然地增广为 (x,y) 上的核：

$$\mathcal{K}((x,y),(x',y'))=\begin{cases}\mathcal{K}(x,x') & \text{如果 } y=y' \\ 0 & \text{其他}\end{cases}$$

定理 6-5　沿用前面的记号，$\mathcal{K}$ 在增广 y 之后遵循广义细致平衡方程，即

$$p(x,y)\mathcal{K}((x,y),(x',y'))=p(x',y')\mathcal{K}((x',y'),(x,y))$$

证明：

如果 $y=y'$，命题显然成立；如果 $y\neq y'$，则

$$\mathcal{K}((x,y),(x',y'))=\mathcal{K}((x',y'),(x,y))=0$$

从此定理可以得出，对条件概率采样是可逆的算法，对全概率进行采样也是可逆的。

6.8.1　多重网格 SW 切分算法

我们先了解多重网格 SW 切分。回想一下，每个步骤中 SW 切分会在整个邻接图中以概率关闭一些边，当 G 非常大时，这样做就比较低效。多重网格 SW 切分的概念是为了让我们能选择某些注意窗口并在窗口内运行 SW 切分。因此，设计“访问模式”，通过随时间选择不同尺寸和位置的窗口，使算法变得更灵活。例如，图 6-14 展示了多重网格排列方案中的选择窗口。

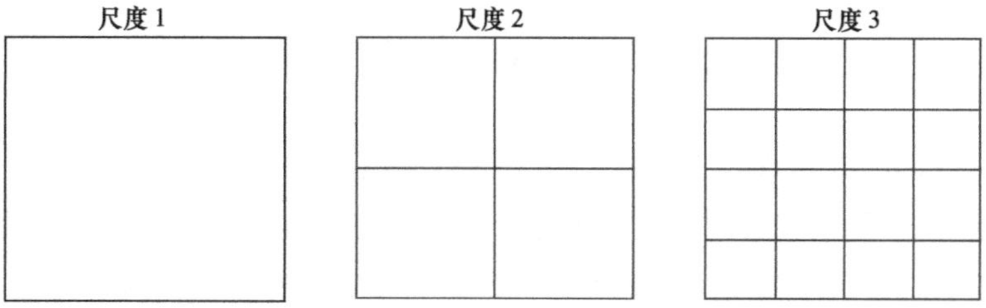

图 6-14　在多重网格排列方案中选择窗口

令 $G=<V,E>$ 为邻接图，$\boldsymbol{X}=\{V_1,\ldots,V_n\}$ 为当前分区，并且 Λ 是任意大小和形状的注意窗口。

Λ 将顶点划分为两个子集 $V=V_\Lambda \cup V_{\bar{\Lambda}}$，分别代表窗口内部和外部的顶点。 多重网格 SW 切分如图 6-15 所示，在注意窗口 Λ 内进行 SW 切分，固定其余标签并通过翻转 $V_0 \subset V_\Lambda$ 的标签，实现两个状态 $\boldsymbol{X}_A$ 和 $\boldsymbol{X}_B$ 之间的可逆移动。

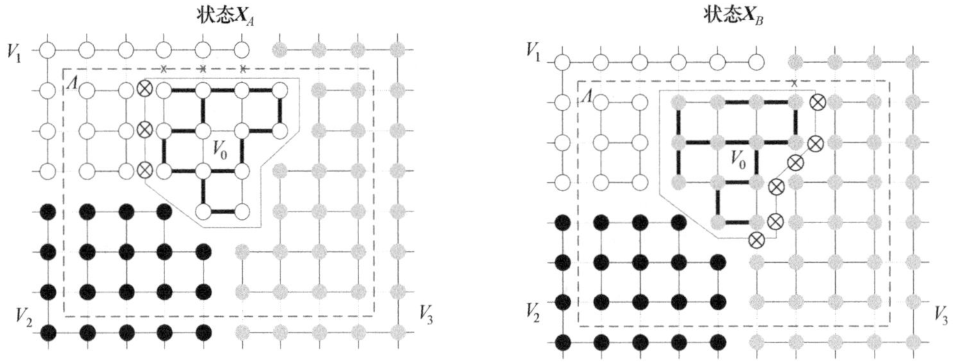

图 6-15 多重网格 SW 切割

图 6-15 展示了栅格 G 中的矩形窗口 Λ（虚线）。窗口 Λ 进一步移除了每个子集 $V_i, i=1,2,\ldots,n$ 中的一些边，我们用下式表示它们。

$$\mathcal{C}(V_i|\Lambda)=\{e=<s,t>: s\in V_i \cap V_\Lambda, t\in V_i \cap V_{\bar{\Lambda}}\}$$

例如，在图 6-15 中，窗口 Λ 与三个子集 V_1（白圆点），V_2（黑圆点）和 V_3（灰圆点）相交，且所有与（虚线）矩形窗口交叉的边都被去除了。我们将顶点 V 的标记（颜色或分区）分成两部分：

$$\boldsymbol{X}(V)=(\boldsymbol{X}(V_\Lambda),\boldsymbol{X}(V_{\bar{\Lambda}})) \tag{6-71}$$

我们将 $\boldsymbol{X}(V_{\bar{\Lambda}})$ 固定为边界条件，并通过 SW 切分对窗口内的顶点标签进行采样。总而言之，多重网格 SW 切分按照下面三个步骤进行迭代：

（1）它按照概率 $\Lambda \sim q(\Lambda)$ 选择具有一定大小和形状的窗口 Λ。

（2）对于窗口内每个子图内的任何边 $e=<s,t>$，$s,t\in\Lambda$，$\ell_s=\ell_t$，以概率 q_e 随机关闭边 e。因此获得一组连通分量 $\mathrm{CP}(V_\Lambda)$。

（3）选择 $V_0 \in \mathrm{CP}(V_\Lambda)$ 作为连通分量，并根据下列概率翻转其标签。

$$Q(\ell_{\text{new}}(V_0)=j|V_0,\boldsymbol{X})=\frac{1}{C}\prod_{e\in\mathcal{C}_j}q_e\cdot p(v),\ \forall j \tag{6-72}$$

式中，$\boldsymbol{X}_j^*$ 是将 V_0 分配给标签 j 生成的分区，且 $\mathcal{C}_j=\mathcal{C}(V_0,V_j)-\mathcal{C}(V_j|\Lambda)$。

例如，图 6-15 展示了通过翻转连通分量 V_0（在点画线多边形内）得到的两个状态 $\boldsymbol{X}_A$ 和 $\boldsymbol{X}_B$ 之间的可逆移动。$\mathcal{C}_1$ 和 $\mathcal{C}_3$ 由符号 ⊗ 显示，它通过随机程序移除。按照与先前 SW 切分相同的步骤，我们可以推导出在 Λ 的两个状态中选择 V_0 的提议概率比。

定理 6-6　在两个状态 $\boldsymbol{X}_A$ 和 $\boldsymbol{X}_B$ 处提议 V_0 作为窗口 Λ 内的候选子图的概率比为

$$\frac{Q(V_0|\boldsymbol{X}_A,\Lambda)}{Q(V_0|\mathrm{X}_B,\Lambda)}=\frac{\prod_{e\in\mathcal{C}(V_0,V_1)-\mathcal{C}(V_1|\Lambda)}q_e}{\prod_{e\in\mathcal{C}(V_0,V_3)-\mathcal{C}(V_3|\Lambda)}q_e}$$

该比率与定理 6-7 中的比率之间的不同之处在于一些边（参见图 6-15 中的×）不再参与计算。按照式（6-72）中新标签的概率，我们可以证明它模拟了条件概率：

$$\boldsymbol{X}(V_\Lambda)\sim p(\boldsymbol{X}(V_\Lambda)|\boldsymbol{X}(V_{\bar{\Lambda}}))$$

定理 6-7　窗口 Λ 内的多重网格 SW 切分是对马尔可夫核的模拟：

$$\mathcal{K}(\Lambda)=\mathcal{K}(\boldsymbol{X}(V_\Lambda),\boldsymbol{X}'(V_\Lambda)|\boldsymbol{X}(V_{\bar{\Lambda}}))$$
$$p(\boldsymbol{X}(V_\Lambda)|\boldsymbol{X}(V_{\bar{\Lambda}}))\mathcal{K}(\boldsymbol{X},\boldsymbol{X}')=p(\boldsymbol{X}'(V_\Lambda)|\boldsymbol{X}(V_{\bar{\Lambda}}))\mathcal{K}(\boldsymbol{X}',\boldsymbol{X})\tag{6-73}$$

由定理 6-5 可以得到 $\mathcal{K}(\Lambda)$ 满足式（6-69）中的广义细致平衡方程。

6.8.2　多级 SW 切分算法

现在，我们添加一个多级 SW 切分机制。假设状态 $\boldsymbol{X}=\{V_1,V_2,\ldots,V_n\}$，冻结一些子集 $A_k,k\in\{1,\ldots,m\}$，使得对于任何 k，存在 i 使得 $A_k\subset V_i$。这样每个 A_k 中的顶点都有相同的标签。

子集 A_k 可以表示中间分割。例如，获得强度分割 A，并将强度区域 A_k 分组为连贯的移动对象，这对于动作分割是很有用的。因此，$G=G^{(1)}$ 被缩减为较小的邻接图 $G^{(2)}=<U,F>$，其中 U 是顶点集：

$$U=\{u_1,\ldots,u_m\},u_k=A_k,k=1,2,\ldots,m$$

F 是 G 中子集 A_k 之间的邻接关系，即

$$F=\{f=<u_i,u_j>:\mathcal{C}(A_i,A_j)\neq\varnothing\}$$

图 6-16 展示了 $m=9$ 时的例子。我们在第 2 级上基于新的判别启发式 $q^{(2)}$ 进行 SW 切分。$q^{(2)}$ 测量 A_i、A_j 之间的相似性，且 $q^{(2)}(\boldsymbol{X}(U))=\prod_{f\in F}q_f^{(2)}$。一般来说，这些启发式方法比低级别的包含更多信息，因此 SW 切分移动更有意义，收敛速度更快。

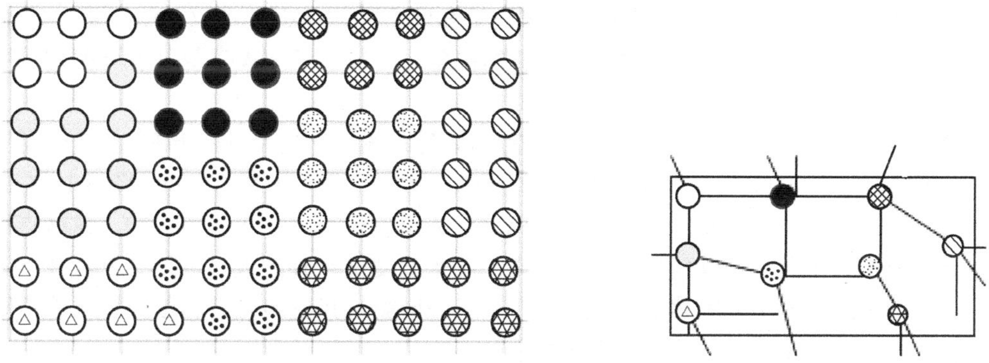

级别1　　　　级别2

图 6-16　具有两个级别的多级 SW 切分

©[2007] Taylor & Francis，获许可使用，来自参考文献[4]

图 $G^{(2)}$ 的分区空间是 Ω 的投影，即

$$\Omega(G^{(2)}) = \{\boldsymbol{X} : x_s = x_t, \forall s,t \in A_i, i = 1,2,\ldots,m\}$$

显然，级别 2 上的 SW 切分模拟核为 $\mathcal{K}^{(2)}$ 的马尔可夫链，该核具有不变概率 $p(\boldsymbol{X}(U)|A)$，且对所有的 $s \in A_i$ 和所有的 i，概率 $p(\boldsymbol{X})$ 以关系 $x_s = x_{u_i}$ 为条件。由定理 6-5 可以得到 $\mathcal{K}^{(2)}$ 满足广义细致平衡方程式（6-69）。

假设我们设计了一个访问方案，用于随时间选择窗口 $\Lambda \sim q_w(\Lambda)$ 和水平 $\sigma \sim q_l(\sigma)$。那么广义 SW 切分算法具有混合马尔可夫核：

$$\mathcal{K} = \sum_{\sigma}\sum_{\Lambda} q_l(\sigma) q_w(\Lambda) \mathcal{K}^{(\sigma)}(\Lambda)$$

由于每个 $\mathcal{K}^{(\sigma)}(\Lambda)$ 服从细致平衡方程，所以 $\mathcal{K}$ 也是如此。当窗口覆盖整个图形时，它也是不可约的，并且其状态在收敛时服从 $p(\boldsymbol{X})$。

6.9 子空间聚类

子空间聚类问题将未标记的点集分组为对应于环境空间的子空间以进行聚类。该问题在无监督学习和计算机视觉中都有应用。子空间聚类一个示例是稀疏运动分割，需要根据多个特征点轨迹的共同运动模型将其分组为少量的簇。通过兴趣点检测器检测多个特征点，并使用特征点跟踪器或光流算法在多帧中跟踪它们来获得特征点轨迹。

在目前最先进的稀疏运动分割方法[15,32,34,57,63]中，一种常用的方法是将特征轨迹投影到较低维空间，并使用基于谱聚类的子空间聚类方法对投影点进行分组并获得运动分割。尽管这些方法在标准基准数据集上取得了非常好的结果，但是谱聚类算法需要在 $N \times N$ 密集矩阵上大量计算特征向量和特征值，其中 N 是数据点的数量。在这种方式下的子空间聚类 / 运动分割方法的计算时间增长为 $O(N^3)$，因此它可能无法解决规模较大的问题，如 $N = 10^5 \sim 10^6$。

本节提出了一种完全不同的基于 SWC 算法的子空间聚类方法。子空间聚类问题可以公式化为贝叶斯框架中的最大后验（MAP）优化问题，具有伊辛 / 波茨先验[44]和基于线性子空间模型的似然性。SWC 图被构建为来自亲和度矩阵的 k-最近邻（k-NN）图。总体而言，该方法为解决子空间聚类问题提供了新的视角，并展示了 SWC 算法在聚类问题中的强大能力。

给定一组点 $\{\boldsymbol{x}_1, \ldots, \boldsymbol{x}_N\} \in \mathbb{R}^D$，子空间聚类问题是将点分组为对应于 $\mathbb{R}^D$ 的线性子空间的多个聚类，如图 6-17 所示。图 6-17 左部分是二维中的两个一维子空间。图 6-17 右部分是三维中的两个二维子空间，其中点已经标准化为单位长度。由于噪声影响，这些点可能不完全位于子空间上。可以观察到，角距离在除平面交叉点外的大多数地方都能找到正确的邻点。一种流行的子空间聚类方法[12,32,46]基于谱聚类，其依赖于亲和度矩阵，该矩阵用于测量任何一对点属于同一子空间的可能性。

谱聚类[40,48]是一种通用聚类方法，它根据连通性将一组点分为簇。点连通性被定义为 $N \times N$ 亲和度矩阵 $\boldsymbol{A}$，如果点 i 接近点 j，则 $\boldsymbol{A}_{ij}$ 接近 1，反之它们远离则接近零。亲和度

矩阵的质量对于获得良好的聚类结果非常重要。下面介绍用于谱子空间聚类的亲和度矩阵计算。首先将这些点标准化为单位长度[12,32,46]，然后在文献[32]中提出了基于向量之间角度的亲和度测量：

$$A_{ij} = \left(\frac{x_i^{\mathrm{T}} x_j}{\|x_i\|_2 \|x_j\|_2} \right)^{2\alpha} \tag{6-74}$$

式中，α 是调整参数。在文献[32]中使用 $\alpha = 4$ 的值。可以直观地看到，除在子空间的交叉点附近的点外，这些点多位于角度距离中邻点的相同子空间中。

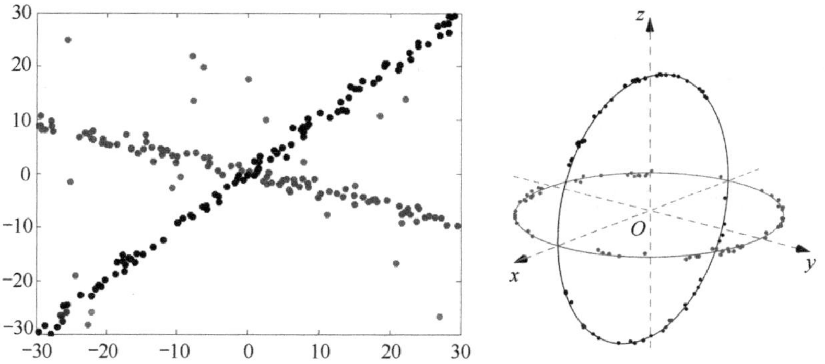

图 6-17　子空间聚类示例

©[2004] CRC Press，获许可使用，来自参考文献[13]

6.9.1　通过 SW 切分算法进行子空间聚类

子空间聚类解决方法可以表示为输入点 $x_1,\dots,x_N \in \mathbb{R}^D$ 的分区（标记）$X:\{1,\dots,N\} \to \{1,\dots,M\}$，数字 M（$M \leqslant N$）是允许的最大簇数。在本节中，假设已给出亲和度矩阵 A，表示任何一对点属于同一子空间的可能性。A 的一种形式在式（6-74）中已给出，另一种形式在下面给出。

可以使用后验概率来评估任何分区 X 的质量，然后通过最大化所有可能分区空间中的后验概率来获得良好的分区。后验概率在贝叶斯框架中定义为

$$p(X) \propto \exp[-E_{\text{data}}(X) - E_{\text{prior}}(X)]$$

归一化常数会抵消接受概率，故在优化中是无关的。$E_{\text{data}}(X)$ 项基于子空间被假定为线性的，给定当前分区（标记）X，对于每个标签 l，仿射子空间 L_l 以最小二乘意义拟合通过具有标签 l 的所有点。将具有标记 l 的点 x 与线性空间 L_l 的距离表示为 $d(x,L_l)$。然后数据项为

$$E_{\text{data}}(X) = \sum_{l=1}^{M} \sum_{i,X(i)=l} d(x_i, L_l) \tag{6-75}$$

先前的项 $E_{\text{prior}}(X)$ 被设置为促进紧密连接的点保持在同一簇中：

$$E_{\text{prior}}(X) = -\rho \sum_{<i,j>\in E, X(i)\neq X(j)} \log(1 - A_{ij}) \tag{6-76}$$

式中，ρ 是控制先前项强度的参数。在 6.9.2 节中将说明该先验恰好是波茨模型式（6-1），其将 $\boldsymbol{A}_{ij}$ 作为原始 SW 算法中的边权重。

SWC 算法可以自动决定簇的数量；然而在本章中，与大多数运动分割算法一样，假设子空间的数量 M 是已知的。因此，从 M 个子空间以均匀的概率对分量 V_0 的新标签进行采样，即

$$q(c_{V_0}=l'|V_0,\boldsymbol{X})=1/M$$

谱聚类优化了归一化切分 / 比率切分[58]这类判别方法的近似。相反，基于 SWC 算法的子空间聚类方法优化了生成模型，其中可能性基于子空间是线性的假设。当违反线性假设时，判别方法可能更灵活、更有效。

受文献[32]启发，可以使用以下亲和度测量：

$$\boldsymbol{A}_{ij}=\exp\left(-m\frac{\theta_{ij}}{\bar{\theta}}\right),\ i\neq j \tag{6-77}$$

式中，θ_{ij} 是向量 $\boldsymbol{x}_i$ 和 $\boldsymbol{x}_j$ 之间的角度，即

$$\theta_{ij}=1-\left(\frac{\boldsymbol{x}_i^{\mathrm{T}}\boldsymbol{x}_j}{\|\boldsymbol{x}_i\|_2\|\boldsymbol{x}_j\|_2}\right)^2$$

$\bar{\theta}$ 是所有 θ 的平均值。参数 m 是调整参数，用于控制由 SWC 算法获得的连通分量的大小。

基于点间角度信息的亲和度测量使我们能够获得邻域图。在获得图之后，亲和度测量也用于获得边权重，用于在 SWC 算法中以及后验概率的先前项中进行数据驱动的聚类候选。图 $G=(V,E)$ 具有需要聚集为其顶点的点集。边 E 基于式（6-77）的距离度量来构造。由于该距离度量在从相同子空间中找到最近点时更准确，因此该图被构造为 k-最近邻图，其中 k 是给定参数。所得图的示例如图 6-18 所示，图中是棋盘、交通和形变序列的 SWC 加权图的示例，显示了第一帧中的特征点位置，边强度表示从 0（白色）到 1（黑色）的权重。

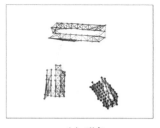

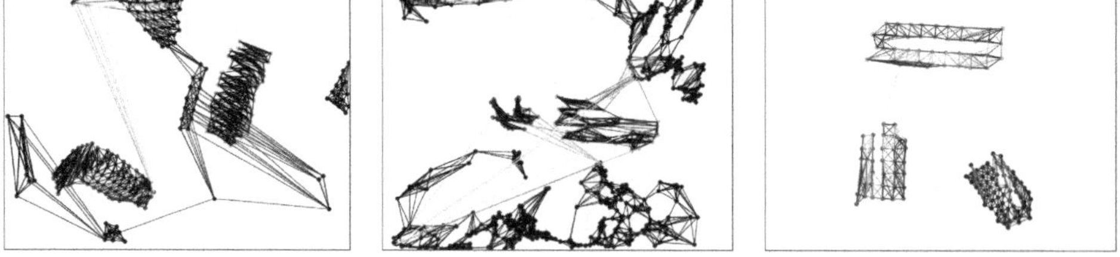

(a) 棋盘　　(b) 交通　　(c) 形变

图 6-18　SWC 加权图的示例

SWC 算法被设计用于对后验概率 $p(\boldsymbol{X})$ 进行采样。要使用 SWC 算法进行优化，应采用模拟退火法。对于模拟退火法，SWC 算法使用的概率是 $p(\boldsymbol{X})^{1/T}$，其中在优化开始时温度较高，且根据退火时间进度缓慢降低。如果退火时间进度足够慢，理论上保证[27]将找到

概率 $p(\boldsymbol{X})$ 的全局最优解。实际上，我们使用更快的退火方案，最终的分区 $\boldsymbol{X}$ 只是局部最优解。我们使用由三个参数控制的退火方案：起始温度 T_{start} 、终止温度 T_{end} 和迭代次数 N^{it} 。在步骤 i 处的温度计算为

$$T_i = \frac{T_{\text{end}}}{\log\left(\frac{i}{N}\left[e-\exp\left(\frac{T_{\text{end}}}{T_{\text{start}}}\right)\right]+\exp\left(\frac{T_{\text{end}}}{T_{\text{start}}}\right)\right)}, i=1,\ldots,N^{\text{it}} \tag{6-78}$$

为了更好地探索概率空间，我们还采用不同随机初始化进行多次执行。最终的算法见算法 6-1。

算法 6-1　子空间聚类的 SW 切分

Input: M 个子空间的 N 个点 $(\boldsymbol{x}_1,\ldots,\boldsymbol{x}_N)$

使用式（6-77）将邻接图 G 构造为 k-NN 图

for $r=1,\ldots,Q$ **do**

　初始化分区 $\boldsymbol{X}$ 为 $\boldsymbol{X}(i)=1$，$\forall i$

　for $i=1,\ldots,N^{\text{it}}$ **do**

　　1. 使用式（6-78）计算温度 T_i

　　2. 使用 $p(\boldsymbol{X}|I)\propto p^{1/T_i}(\boldsymbol{X})$ 执行 SWC 算法的一步

　end for

　记录聚类结果 $\boldsymbol{X}_r$ 和最终的概率 $p_r=p(\boldsymbol{X}_r)$

end for

Output: 具有最大 p_r 的聚类结果 $\boldsymbol{X}_r$

设 N 是 $\mathbb{R}^D$ 中需要聚类的点的数量。SWC 子空间聚类方法的计算复杂度可以分解如下：

（1）邻接图构造的复杂度是 $O(N^2D\log k)$，其中 D 是空间维度。这是因为需要计算从每个点到其他 $N-1$ 个点的距离并保留其 k 个最近邻点。

（2）SWC 算法的 N^{it} 次迭代中的每一次都是 $O(N\alpha(N))$，与本书 6.5.4 节中所讨论的相同。计算 $E_{\text{data}}(\boldsymbol{X})$ 涉及拟合每个动态集群的线性子空间，即 $O(D^2N+D^3)$，而计算 $E_{\text{prior}}(\boldsymbol{X})$ 是 $O(N)$。迭代次数是固定的（如 $N^{\text{it}}=2000$），因此所有 SWC 迭代都需要 $O(N\alpha(N))$ 时间。

总之，整个算法复杂度为 $O(N^2)$，因此对于规模较大的问题，它比谱聚类能更好地扩展。

6.9.2　应用：稀疏运动分割

本节介绍基于 SWC 的子空间聚类算法在运动分割中的应用。最近大多关于运动分割的工作都使用仿射相机模型，当物体远离相机时，该模型近似得到满足。在仿射相机模型下，图像平面上的点 (x,y) 与真实世界 3D 点 X 相关：

$$\begin{bmatrix} x \\ y \end{bmatrix} = \boldsymbol{A}\begin{bmatrix} X \\ 1 \end{bmatrix} \tag{6-79}$$

式中，$\boldsymbol{A}\in\mathbb{R}^{2\times 4}$ 是仿射运动矩阵。

设 $t_i=(x_i^1,y_i^1,x_i^2,y_i^2,\ldots,x_i^F,y_i^F)^{\mathrm{T}},i=1,\ldots,N$ 是 F 帧中跟踪特征点的轨迹（二维图像），其中 N 是轨迹的数量。度量矩阵 $\boldsymbol{W}=[t_1,t_2,\ldots,t_N]$ 通过将轨迹组合为列来构造。如果所有轨迹都经历相同的刚体运动，则式（6-79）意味着 $\boldsymbol{W}$ 可以被分解为运动矩阵 $\boldsymbol{M}\in\mathbb{R}^{2F\times 4}$ 和结构矩阵 $\boldsymbol{S}\in\mathbb{R}^{4\times N}$，即

$$\boldsymbol{W}=\boldsymbol{MS}$$

$$\begin{bmatrix} x_1^1 & x_2^1 & \cdots & x_N^1 \\ y_1^1 & y_2^1 & \cdots & y_N^1 \\ \vdots & \vdots & \ddots & \vdots \\ x_1^F & x_2^F & \cdots & x_N^F \\ y_1^F & y_2^F & \cdots & y_N^F \end{bmatrix}=\begin{bmatrix} \boldsymbol{A}^1 \\ \vdots \\ \boldsymbol{A}^F \end{bmatrix}\begin{bmatrix} X_1 & \cdots & X_N \\ 1 & \cdots & 1 \end{bmatrix}$$

式中，$\boldsymbol{A}^f,1<f<F$ 是帧 f 处世界变换矩阵的仿射对象，意味着 $\mathrm{rank}(\boldsymbol{W})\leqslant 4$。由于矩阵 $\boldsymbol{S}$ 的最后一行的输入总是 1，所以在仿射相机模型下，来自刚性运动对象的特征点的轨迹位于维度最多为 3 的仿射子空间中。

通常，我们给出一个度量矩阵 $\boldsymbol{W}$，其包含来自多个可能的非刚性运动的轨迹。运动分割的任务目标是将来自同一个运动的所有轨迹聚集在一起。一种流行的方法[12,32,46,57]是使用前述的谱聚类将轨迹投影到较低维空间，并在该空间中执行子空间聚类。这些方法在投影维度 D 和用于谱聚类的亲和度测量 $\boldsymbol{A}$ 有所不同。

降维是获得良好运动分割的必要预处理步骤。为了实现这一点，通常用截断奇异值分解（SVD）[12,32,46,57]来实现。为了将度量矩阵 $\boldsymbol{W}\in\mathbb{R}^{2F\times N}$ 投影到 $\boldsymbol{X}=[x_1,\ldots,x_N]\in\mathbb{R}^{D\times N}$，其中 D 是期望的投影维数，度量矩阵 $\boldsymbol{W}$ 被分解为 $\boldsymbol{W}=\boldsymbol{U\Sigma V}^{\mathrm{T}}$，选择矩阵 $\boldsymbol{V}$ 的前 D 列作为 $\boldsymbol{X}^{\mathrm{T}}$。降维的 D 值也是运动分割中的主要问题，对最终结果的速度和准确性有很大影响，因此选择最佳维度对执行分割来说非常重要。运动的维度不是固定的，而是随序列而变化，并且当存在多个运动时将难以确定混合空间的实际维度，因此不同的方法可以具有不同的投影维度。一些方法[12,32]使用了穷举搜索策略，在具有一系列可能维度的空间中执行分割并选择最佳结果。在本节中，我们使用 $D=2M+1$（其中 M 是运动的数量），它在这个应用中效果较好。

当 $m\gg n$ 时，计算 $m\times n$ 矩阵 $\boldsymbol{U}$ 的 SVD 的计算复杂度为 $O(mn^2+n^3)$[54]。如果 $n\gg m$，则计算 $\boldsymbol{U}^{\mathrm{T}}$ 的 SVD 更快，其复杂度为 $O(nm^2+m^3)$。假设 $2F\ll N$ 意味着可以在 $O(NF^2+F^3)$ 内计算 $\boldsymbol{W}$ 的 SVD，投影到维度 $D=2M+1$ 的子空间后，应用本书 6.9.1 节中的 SWC 子空间聚类算法，聚类结果可以给出最终的运动分割结果。

本节介绍 Hopkins155 运动数据库[55]中基于 SWC 的运动分割算法的实验。该数据库由 155 个序列组成，包含两个或三个运动，还提供了真值（ground-truth）分割以用于评估。根据视频的内容，序列可以分为三大类：棋盘、交通和形变，示例如图 6-19 所示。轨迹由跟踪器自动提取，因此它们会被噪声轻微损坏。

如上所述，在应用 SWC 算法之前，数据的维度从 $2F$ 减少到 $D=2M+1$，其中 M 是运

动的数量。在投影之后，SWC 算法中的初始标记状态使所有点具有相同的标记。

参数设置。运动分割算法具有许多调节参数，这些参数保持恒定值：用于图构造的最近邻的数量 $k=7$，亲和度量度式（6-77）中的参数 $m=10$，式（6-76）中的先验系数 $\rho=2.2$；退火参数为 $T_{\text{start}}=1, T_{\text{end}}=0.01, N^{\text{it}}=2000$；获得最可能分区的独立运行次数 $Q=10$。SWC 运行期间所有分区状态的示例如图 6-20 所示，图 6-20 是 Hopkins155 序列 1R2TCR 的 SWC 聚类，包含 M ($M=3$) 个运动，显示了第一帧中的特征点位置，其颜色为从初始状态（左上角）到最终状态（右下角）运行 SWC 算法时获得的标记状态 $\boldsymbol{X}$。

(a) 棋盘　(b) 交通　(c) 形变

图 6-19　来自 Hopkins155 数据库三个类别的一些样本图像，其中叠加了标定真值

©[2015] CRC 出版社，获许可使用，来自参考文献[13]

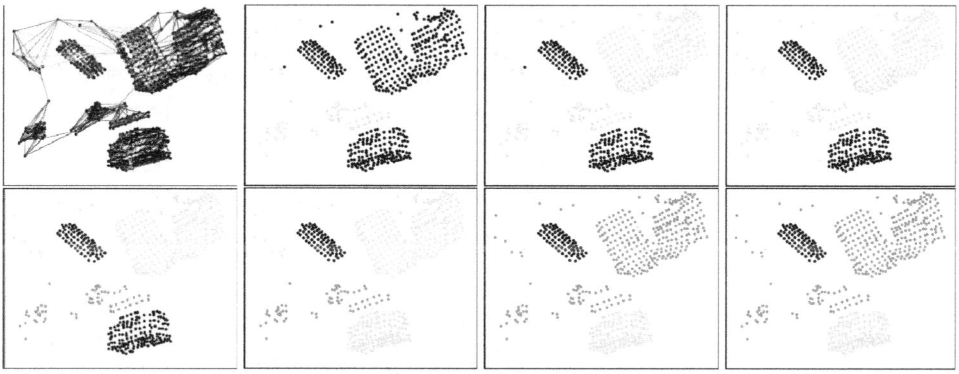

图 6-20　SWC 运行期间所有分区状态的示例

©[2015] CRC 出版社，获许可使用，来自参考文献[13]

结果。使用由下式给出的误分类错误率来评估运动分割结果：

$$\text{误分类错误率} = \frac{\text{误分类的点数}}{\text{全部点数}} \tag{6-80}$$

表 6-1 列出了均值和中值误分类错误率。为准确起见，表 6-1 中 SWC 算法的结果取 10 次运行的平均值，标准差显示在括号中。为了将 SWC 算法与目前最先进的算法进行比较，表中还列出了 ALC[46]、SC[32]、SSC[15]和 VC[12]等的结果。

基于 SWC 算法结果平均误差小于其他算法误差的两倍。在实验中，我们观察到最终状态的能量通常小于真值状态的能量，这表明 SWC 算法在优化模型方面做得很好，而贝叶斯模型在当前形态上不够准确，需要改进。

表 6-1 在 Hopkins155 数据库上不同运动分割的误分类错误率 （单位：%）

方法	ALC	SC	SSC	VC	SWC(std)	SC^4	SC^{4k}	KASP
所有（2 个运动）								
均值	2.40	0.94	0.82	0.96	1.49（0.19）	11.50	7.82	4.76
中值	0.43	0.00	0.00	0.00	0.00（0.00）	2.09	0.27	0.00
所有（3 个运动）								
均值	6.69	2.11	2.45	1.10	2.62（0.13）	19.55	11.25	9.00
中值	0.67	0.37	0.20	0.22	0.81（0.00）	18.88	1.42	1.70
所有序列组合								
均值	3.37	1.20	1.24	0.99	1.75（0.15）	13.32	8.59	5.72
中值	0.49	0.00	0.00	0.00	0.00（0.00）	6.46	0.36	0.31

表 6-1 中还显示了标记为SC^4和SC^{4k}的列，其分别表示具有 4 个和$4k$个最近邻亲和度矩阵的 SC 算法[32]的误分类错误率，其分别为 13.32%和 8.59%，表明了谱聚类确实需要密集的亲和度矩阵才能正常工作，并且无法使用稀疏矩阵运算来加速。

最后，将基于 SWC 算法的性能与 KASP 算法[62]进行了比较，KASP 算法是一种快速近似谱聚类，用于代替 SC 算法中的谱聚类步骤[32]。使用的数据约简参数是$\gamma=10$，聚类算法的复杂度仍然为$O(N^3)$。总的误分类错误率是 5.72%，大约是 SWC 算法的三倍。

为了评估不同算法的可扩展性，需要具有大量轨迹的序列。轨迹可以通过一些光流算法生成，但很难获得真值分割并消除不良轨迹。Brox 等[8]为 Hopkins155 数据集中的 12 个序列的某些帧提供了密集分割，我们从中选择了 car10（如图 6-21 所示）序列并使用 Classic+NL 方法[50]跟踪第一帧的所有像素。选择 car10 有两个原因：首先，它有三个动作，两个移动的车和背景；其次，两个移动的车在视频中相对较大，因此可以从每个动作中获得大量轨迹。

图 6-21 序列 car10 的选定帧具有 1000 个跟踪特征点

©[2015] CRC 出版社，获许可使用，来自参考文献[13]

序列中有 30 帧，其中 3 帧对所有像素进行了密集的手动分割。我们删除了 3 个真值帧上具有不同标签的轨迹，接近动作边界的轨迹也被移除，只保留了聚类的完整轨迹。这样我们获得了大约 48000 个轨迹作为池。从池中，对不同数量N的轨迹进行二次采样以进行评估。对于每个给定的N，从池中随机选择轨迹，使得三个动作中每一个的轨迹数量大致相同。例如，为了生成$N=1000$个轨迹，我们将从两个动作的池中随机选取 333 个轨迹，从第三个动作的池中随机选取 334 个轨迹。如果一个动作中没有足够的轨迹，我们将从具有最多轨迹的运动中添加更多轨迹。

在图 6-22 中，图的左边是以原始比例和对数标度显示了计算时间 t 与谱聚类（SC）和 SW 切分（SWC）算法的轨迹数量 N 的关系。从图中可以发现，对于少量的轨迹，SC 计算速度比 SWC 快，但是对于超过 $N = 6000$ 个轨迹，SC 的计算时间大于 SWC 的计算时间，并且增加得更快。在图 6-22 中，右侧显示了 $\log(t)$与 $\log(N)$，并且线性回归通过两种方法的数据点拟合。如果线的斜率是 α，则计算复杂度为 $O(N^{\alpha})$。我们观察到，SC 的斜率为 2.51，而 SWC 的斜率为 1.29，这与本书 6.9.1 节的复杂性分析一致。

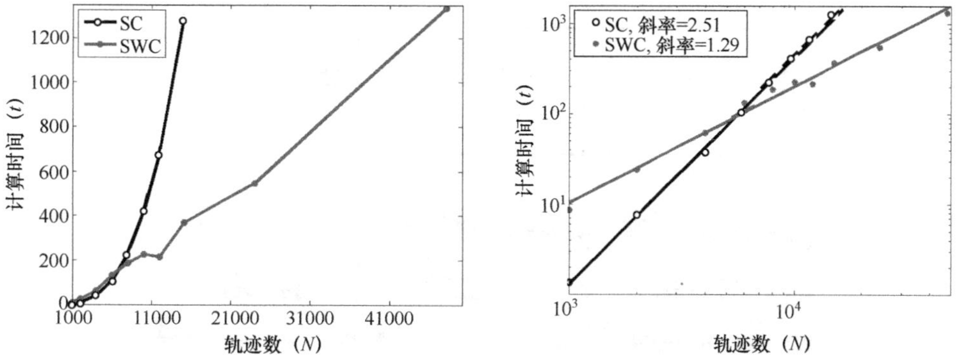

(a) 计算时间 (t) 与SC和SWC的轨迹数N　　(b) 使用拟合回归线的相同数据的对数－对数图

图 6-22　SC 和 SWC 算法性能比较

©[2015] CRC 出版社，获许可使用，来自参考文献[13]

6.10　C^4：聚类合作和竞争约束

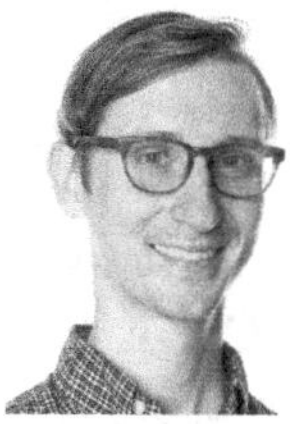

JakePorway

许多视觉任务，如场景标记[30,43,47]、物体检测 / 识别[16,53]、分割[11,56]和图形匹配[9,33]被建模为能量最小化（或最大后验概率）在图形模型上定义的问题——马尔可夫随机场[5,21]、条件随机场[30-31]或层次图[20,64]。当存在多种解，如具有高概率或相同概率的不同模式时，这些优化问题变得非常困难。图 6-23 显示了在没有进一步的上下文情况下，具有多个同样可能的解的典型场景示例。第一行显示了著名的内克尔立方体（Necker Cube），它有两个有效的三维解释。中间一行是维特根斯坦错觉（Wittgenstein Illusion），其中的绘画可能看起来像是鸭子或兔子。没有进一步的上下文，我们无法确定正确的标签。最后一行是航拍图像，它可以被视为带有通风口的屋顶或带有汽车的停车场。在得到进一步的上下文之前，图 6-23 存在歧义。

计算多个解对于保持内在模糊性和避免对单个解的提早承诺非常重要，即使它当前是全局最优解，也可能在得到后来的上下文时变得不那么有利。然而，使算法跳出局部最优解，并在状态空间中相隔很远的解之间跳转是一个持续的挑战。流行的能量最小化算法，如迭代条件模式（ICM）[5]、循环信念传播（LBP）[29,59]和图形切分[6,28]计算单个解，并没有解决这个问题。现有的 MCMC 算法，如各种吉布斯采样器[21,35]、DDMCMC[56]和 SW 切分[3,51]，有希望在状态空间中进行全局优化和遍历，但通常需要很长的等待时间才能在不同的模式之间移动，这需要一系列幸运的动作才能逃离能级中的能量井。

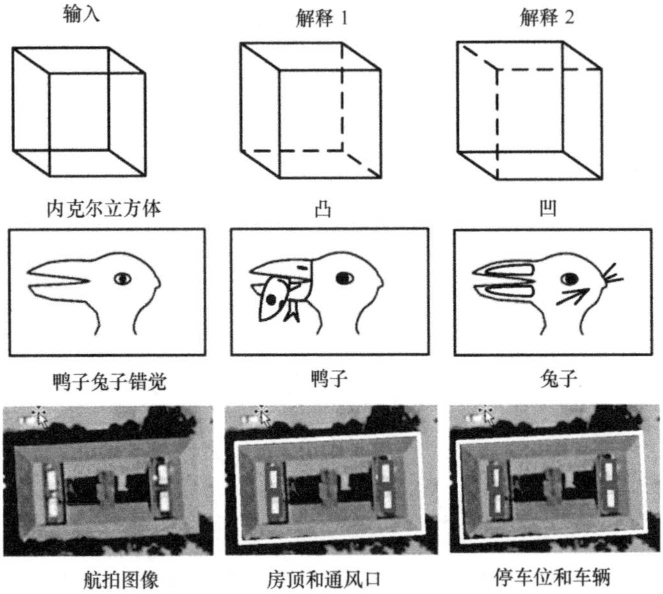

图 6-23　多解问题示意

©[2011] IEEE，获许可使用，来自参考文献[42]

在本节中，我们将讨论一种算法，该算法可以通过在相等概率状态之间跳转来发现多个解，从而保留相对一般性设置的模糊性：

（1）图形可以是平面的，例如 MRF 或 CRF，或者是分层的，例如解析图。

（2）对于硬约束或软约束，该图可以具有正（合作）和负（竞争或冲突）边。

（3）即使能量项涉及两个以上的节点，图上定义的概率（能量）也可能非常普遍。

在视觉中，可以有把握地假设图形是局部连接的，且不考虑图形完全连接的最坏情况。

在 20 世纪 70 年代，包括线条绘制和场景标记的许多问题，被提出作为约束满足问题（CSP）。通过启发式搜索方法[41]或约束传播方法[2,37]解决了 CSP。前者保留了一个开放节点列表，以寻找合理的替代方案，并可以回溯以探索多种解。但是，当图形很大时，开放列表可能会变得太长而无法维护。后者基于其邻居迭代地更新节点的标签。一种众所周知的约束传播算法是由 Rosenfeld、Hummel 和 Zucker 在 1976 年[47]提出的松弛标记方法。

在 20 世纪 80 年代，文献[21]中提出了吉布斯采样器。标签的更新在可靠的 MCMC 和 MRF 框架中进行调整，以保证从后验概率中进行采样。在特殊情况下，吉布斯采样器等于多边形的置信传播[41]和链中的动态规划。当图中的多个节点强耦合时，吉布斯采样器的速度会严重下降。

图 6-24 说明了使用内克尔立方体与强耦合图相关的难点示例，图中局部耦合标签与备用标签转换以强制实现全局一致性。该图的六条内部线分为两个耦合组：（1-2-3）和（4-5-6）。

每组中的线必须具有相同的标签（凹面或凸面）才能形成有效的立方体，因为它们共享两个 Y 形连接点。因此，除非一起更新整个组的标签，即一步更新所有六个标签，否则更新耦合组中单行的标签不会产生任何差异。问题是，对于具有大型图的一般场景，我们不知道图中的哪些节点是耦合的，以及在何种程度上耦合。

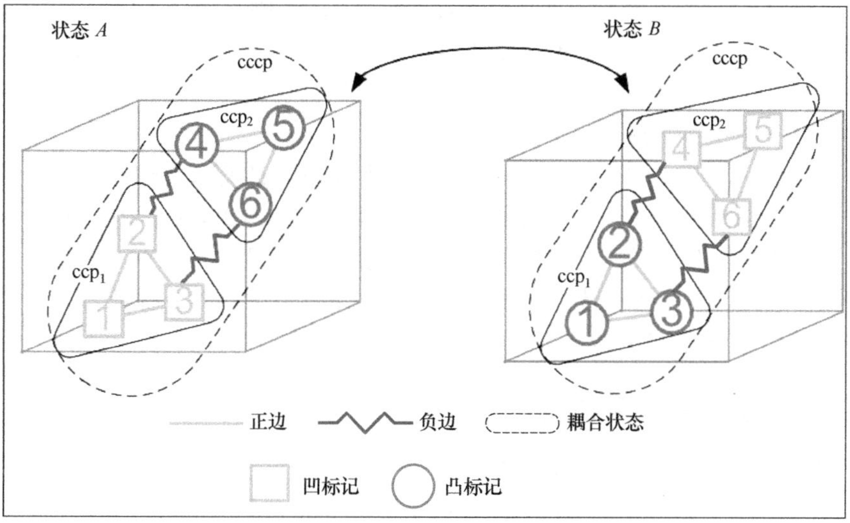

图 6-24　在内克尔立方体的两种解释之间进行转换

©[2011] IEEE，获许可使用，来自参考文献[42]

6.10.1　C^4 算法综述

在本节中，我们提出了一种概率聚类算法，称为聚类合作和竞争约束（C^4），用于计算图形模型中的多个解。我们考虑两种类型的图，邻接图将每个节点视为一个实体，如像素、超像素、线条或物体，它们必须用 *K*-classes（或颜色）标记。计算机视觉中使用的大多数 MRF 和 CRF 都是邻接图。候选图将每个节点视为候选或假设，例如实体的潜在标签，或窗口中被检测的对象实例，其必须被确认（打开）或拒绝（关闭）。换句话说，该图标记有 K=2 种颜色。

正如我们将在本书 6.10.2 节中那样，邻接图总是可以转换为更大的候选图。在这两种情况下，任务在 MRF、CRF 或分层图上作为图的着色问题提出。有两种类型的边表示节点之间的硬约束或软约束（或耦合）。正边是合作约束，倾向于两个节点在邻接图中具有相同的标签，或者在候选图中同时关闭和打开。负边是竞争性或冲突约束，要求两个节点在邻接图中具有不同的标签，或者一个节点在候选图中打开而另一个节点关闭。

在图 6-24 中，我们显示了内克尔立方体可以在邻接图中表示，每条线都是一个节点，六条内部线由六条正边（粗直线）和两条负边（锯齿状的线）连接。直线 2 和直线 4 在它们相互交叉时具有负边，直线 3 和直线 6 也是如此。为清楚起见，我们省略了六条外线的标记。

其中边起计算作用，用于动态分组强耦合的节点。在每个正边或负边上，我们使用自下而上的判别模型来定义耦合强度的边概率。然后，我们设计了一个协议，用于根据每次迭代的边概率分别关闭和打开这些边。该协议对于所有问题都是通用的，而边概率是特定于问题的。这个概率过程关闭了一些边，剩下的所有连通的边将图划分为一些连通分量（ccp）。

一个连通分量（ccp）是一组通过正边连接的节点。例如，图 6-24 有两个 ccp：ccp_1 包含节点 1-2-3，ccp_2 包含节点 4-5-6。每个 ccp 都是一个局部耦合的子解。cccp 是一个复合连通分量，由多个负边连接的 ccp 组成。例如，图 6-24 有一个包含 ccp_1 和 ccp_2 的 cccp，每个 cccp 包含一些冲突的子解。

在每次迭代中，C^4 选择一个 cccp 并同时更新 cccp 中所有节点的标签，以便：（1）每个 ccp 中的节点保持相同的标签以满足正约束或耦合约束，（2）cccp 中的不同 ccp 被分配不同的标签来遵循负面约束。由于 C^4 可以在一个步骤中更新大量节点，因此它可以移出局部模式并在多个解之间有效跳转。方案动态地对 cccp 进行分组，并保证每个步骤都遵循如细致平衡方程等的 MCMC 要求，因此它从后验概率中采样。

6.10.2 图形、耦合和聚类

从平面图 G 开始，我们将扩展到本书 6.10.6 节中的分层图，即

$$G = \langle V, E \rangle,\ E = E^{+} \cup E^{-} \tag{6-81}$$

式中，$V=\{v_i, i=1,2,\ldots,n\}$ 一组顶点或节点，其定义了变量 $\boldsymbol{X}=(x_1,\ldots,x_n)$，$E=\{e_{ij}=(v_i,v_j)\}$ 是一组边，对于正（合作）和负（竞争或冲突）约束，它分别分为 E^{+} 和 E^{-}。我们考虑 G 的邻接和候选图。

将每个节点 v_i 转换为 K_i 节点 $\{x_{ij}\}$，可以将邻接图转换成更大的候选图。$x_{ij} \in \{\text{'on'}, \text{'off'}\}$，表示邻接图中的 $x_i = j$。这些节点遵循互斥约束，以防止给 x_i 模糊赋值。邻接图转换为候选图示例如图 6-25 所示，图中候选图具有正边（带白圈的直线）和负边（锯齿状线条），具体取决于在邻接图中分配给节点的值。邻接图 $G_{\text{adj}} = \langle V_{\text{adj}}, E_{\text{adj}} \rangle$ 具有六个节点 $V_{\text{adj}} = \{A,B,C,D,E,F\}$，每个节点具有 3 到 5 个潜在标签。变量是 $X_{\text{adj}} = (x_A,\ldots,x_F)$，$x_A \in \{1,2,3,4,5\}$ 等等。我们将其转换为具有 24 个节点 $V_{\text{can}} = \{A_1,\ldots,A_5,\ldots,F_1,\ldots,F_4\}$ 的候选图 $G_{\text{can}} = \langle V_{\text{can}}, E_{\text{can}} \rangle$。节点 A_1 表示分配 $x_A = 1$ 的候选假设，$X_{\text{can}} = (x_{A_1},\ldots,x_{F_4})$ 是布尔变量。

由图 G 所表示，视觉任务被作为优化问题，用后验概率 $p(\boldsymbol{X}|\boldsymbol{I})$ 或能量函数 $\varepsilon(\boldsymbol{X})$ 计算最可能的解，即

$$\boldsymbol{X}^{*} = \operatorname{argmax} p(\boldsymbol{X}|\boldsymbol{I}) = \operatorname{argmin} \mathcal{E}(\boldsymbol{X}) \tag{6-82}$$

为了保持模糊性和不确定性，我们可以用权重 $\{\omega_i\}$ 计算多个不同的解 $\{\boldsymbol{X}_i\}$ 来表示后验概率，即

$$(\boldsymbol{X}_i, \omega_i) \sim p(\boldsymbol{X} \mid \boldsymbol{I}),\ i=1,2,\ldots,K \tag{6-83}$$

在传统的视觉模型中，图中的边是代表性的概念，ε 中的能量项在边上定义，用来表示节点之间的相互作用。相比之下，Swendsen-Wang[51]和 Edwards-Sokal[14]在他们的聚类采样方法中为边添加了一个新的计算角色。边按概率关闭和打开，并动态地形成强耦合节点

的组（或簇）。在后面的示例中将介绍聚类过程。在本节中，我们采用这个概念，图 G 中的边有三个方面的特征：

正 vs 负。正边表示在邻接图中具有相同标签或在候选图中同时打开（或关闭）的两个节点的协作约束。负边要求两个节点在邻接图中具有不同的标签，或者需要打开一个节点而在候选图中关闭另一个节点。

刚性 vs 柔性。一些边表示必须满足的刚性约束，而其他边约束是柔性的，并且可以用概率表示。

位置依赖 vs 值依赖。邻接图中的边通常取决于位置，例如在伊辛模型中，两个相邻节点之间的边构成了柔性约束，它们应具有相同或相反的标签。相反，候选图中的边是依赖于值的，因此具有更强的表达能力。这对于视觉任务很常见，例如场景标注、线图解释和图形匹配。从图 6-25 可知，候选图中节点之间的边可以是正的也可以是负的，这取决于在邻接图中分配给节点 A 和 B 的值。

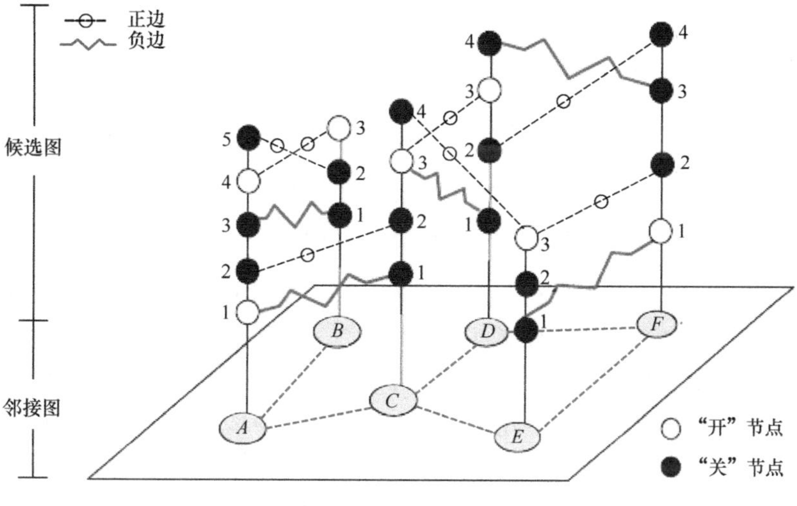

图 6-25　将邻接图转换为候选图示例

我们将在 6.10.3 节中介绍，正边和负边对于生成连通分量和解决节点耦合问题至关重要。

图 6-26 显示了用于解释内克尔立方体的候选图 G 的结构。在图 6-26 中，具有 6 个节点（底部）的邻接图被分别转换为 12 个节点（顶部）的候选图，用于凹、凸标签分配；在这些候选分配之间放置 12 个正边和 2 个负边以确保一致性。为了清楚起见，我们假设外部线被标记，并且任务是为六个内部线分配两个标签（凹和凸），以便满足所有局部约束和全局约束。因此，我们在候选图 G 中总共有 12 个候选分配或节点。

基于线图解释理论[38,49]，两个 Y 形结构形成正约束，因此线 1-2-3 具有相同的标记，而线 4-5-6 也具有相同的标记。我们在 G 中有 12 个正边（虚线）来表示这些约束。线 2 和线 4 的交叉点构成负约束，要求线 2 和线 4 具有相反的标签，如图 6-26 中锯齿状的边所示，线 3 和线 6 也是如此。每条线的两个不同的赋值也通过负边连接，为清楚起见，未显示这些负边。

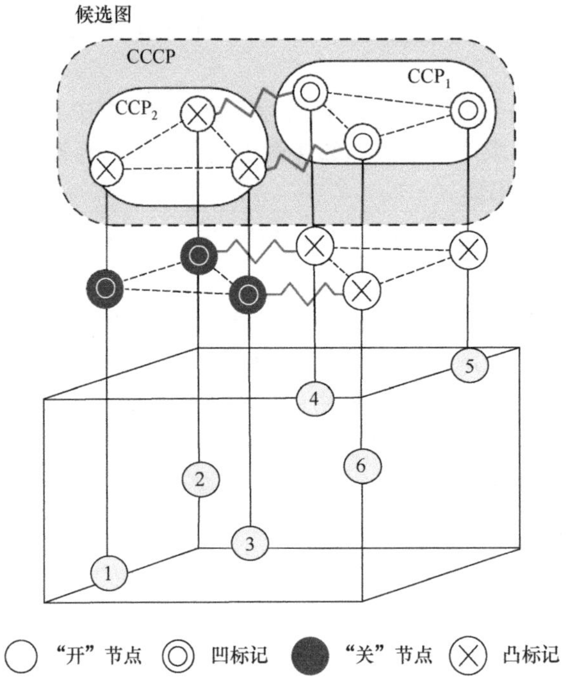

图 6-26　内克尔立方体的示例

在这个候选图中，满足所有约束的两个解由图 6-26 中的点画线和锯齿状的边表示。第一个解具有标记为凸（×）的所有节点 1、2 和 3，以及标记为凹（○）的所有节点 4、5 和 6。该解目前处于开启状态。这将建立一个有效的三维解释，其中立方体将从本页面伸出来。另一个解具有相反的标签，并建立对于沉于页中的立方体的三维解释。

要从第一个解切换到另一个解，我们必须交换连接标签。每组节点 1-2-3 和 4-5-6 构成了内克尔立方体的一个角，并且它们之间都有正约束。这表明我们应该同时更新这些值，创建两个连通分量 ccp_1 和 ccp_2，分别由耦合节点 1-2-3 和节点 4-5-6 组成，如果只是简单地反转 ccp_1 或 ccp_2 的标签，将得到一个不一致的解释，其中整个图中的所有边现在都具有相同的标签。我们要做的是同时交换 ccp_1 和 ccp_2。

需要注意到，在节点 2 和 4 之间以及节点 3 和 6 之间有负边。负边可以被认为是多个竞争解的指示，因为它们必然要求边的任一端的组是（开、关）或（关、开），从而创造两种可能的结果。此负边连接 ccp_1 和 ccp_2 中的节点，因此表明两个 ccp 中的节点必须具有不同的标签。我们构造一个复合连通分量 ccp_{12}，包含节点 1～6，则有了一个包含所有相关约束的完整分量。从第一个解到另一个解的移动现在就像同时翻转所有节点一样简单，或者等效地满足所有约束。在本书 6.10.3 节中，我们将解释如何正式地形成 ccp 和 cccp。

在每个正边或负边上，我们定义了耦合强度的边概率，即在每个边 $e \in E$ 上，我们定义一个辅助概率 $u_e \in \{0,1\}$，它服从一个独立的概率 q_e。

在 Swendsen 和 Wang 的文献[51]中，q_e 的定义由波茨模型 $q_e = \mathrm{e}^{-2\beta}$ 中的能量项决定，

作为所有 e 的常数。Barbu 和 Zhu[3]将 q_e 与能量函数分开并将其定义为自下而上的概率，$q_e = p(l(x_i)=l(x_j) | F(x_i)F(x_j)) = p(e=\text{on} | F(x_i),F(x_j))$，其中 $F(x_i)$ 和 $F(x_j)$ 是在节点 x_i 和 x_j 处提取的局部特征。这可以通过判别性训练来学习，例如通过逻辑斯谛回归（简称逻辑回归）和提升算法：

$$\frac{p(l(x_i)=l(x_j) | F(x_i),F(x_j))}{p(l(x_i)\neq l(x_j) | F(x_i),F(x_j))} = \sum_n \lambda_n h_n(F(x_i),F(x_j))$$

在一个正边 $e\in(i,j)\in E^+$ 上，$u_e = \text{'on'}$ 也服从伯努利概率，即

$$u_e \sim \text{Bernoulli}(q_e \cdot 1(x_i = x_j))$$

因此，在当前状态 X 下，如果两个节点具有相同的标记，即 $x_i = x_j$，则边 e 以概率 q_e 打开；如果 $x_i \neq x_j$，则 $u_e \sim \text{Bernoulli}(0)$ 和 e 以概率 1 关闭。因此，如果两个节点强耦合，则 q_e 应该具有更高的值，以确保它们具有更高的概率来保持相同标记。类似地，对于负边 $e\in E^-, u_e = \text{'on'}$ 也服从伯努利概率，即

$$u_e \sim \text{Bernoulli}(q_e \cdot 1(x_i \neq x_j))$$

在当前状态 X 下，如果两个节点具有相同的标记 $x_i = x_j$，则边 e 以概率 1 关闭，否则以概率 q_e 打开边 e 来强制 x_i 和 x_j 保持不同的标记。

在独立地对所有 $e\in E$ 进行 u_e 采样后，我们将开的正边和负边的集合分别表示为 $E_{\text{on}}^+ \subset E^+$ 和 $E_{\text{on}}^- \subset E^-$。现在我们给出 ccp 和 cccp 的正式定义。

定义 6-2　ccp 是一组顶点 $\{v_i; i=1,2,\ldots,k\}$，对于这些顶点，每个顶点都可以通过 E_{on}^+ 中的正边从每个其他顶点到达。

定义 6-3　cccp 是一组 ccp $\{\text{ccp}_i; i=1,2,\ldots,m\}$，对于这些顶点，每个 ccp 都可以通过 E_{on}^- 中的负边从每个其他 ccp 到达。

没有两个 ccp 可以通过正边到达，否则它们将是单个 ccp。因此，cccp 是一组由负边连接的分离的 ccp。分离的 ccp 也被视为 cccp。在 6.10.6 节中，我们通过将 ccp 转换为 cccp 来处理 ccp 包含负边的无效情况。为了观察 MCMC 中的细致平衡方程，我们需要计算选择一个由边概率 q_e 决定的 ccp 或 cccp 的概率。为此我们定义它们的切分，通常切分是连接两个节点集之间节点的所有边的集合。

定义 6-4　在当前状态 X 下，ccp 切分是 ccp 中节点与具有相同标签的周围节点之间的所有正边的集合，即

$$\text{Cut}(\text{ccp} | X) = \{e : e\in E^+, x_i = x_j, i\in \text{ccp}, j\notin \text{ccp}\}$$

这些是必须按概率关闭的边（以概率 $1-q_e$），以形成 ccp，切分取决于状态 X。

定义 6-5　状态 X 的 cccp 切分是连接 cccp 及其相邻节点中具有不同（或相同）标签节点的所有负（或正）边的集合，即

$$\mathrm{Cut}(\mathrm{cccp}|X)=\{e:e\in E^{-},i\in \mathrm{cccp},j\notin \mathrm{cccp},x_i\neq x_j\}\cup \{e:e\in E^{+},i\in \mathrm{cccp},j\notin \mathrm{cccp},x_i=x_j\}$$

所有这些边都必须按概率（概率为 $1-q_e$）关闭，以便在状态 X 下形成 cccp。由于 E_{on}^{+} 中的边仅连接具有相同标签的节点，因此 ccp 中的所有节点必须具有相同的标签。相比之下，E_{on}^{-} 中的所有边仅连接具有不同标签的节点，因此 cccp 中的相邻 ccp 必须具有不同的标签。

为了解释这些概念，我们在图 6-27 中显示了内克尔立方体的非解状态 X。通过关闭一些边（用叉标记），我们获得了当前连通的节点的三个 cccp。在此示例中，q_e=1，因为这些是不可改变的刚性约束。cccp_1 和 cccp_3 只有 1 个节点，而 cccp_2 有两个具有 4 个节点的 ccp。该算法将任意选择一个 cccp 并根据约束更新其值。如果它选择 cccp_1 或 cccp_3，那么我们距离解更近了一步。如果它选择 cccp_2，则将交换所有 4 个顶点的标签，并且我们将达到解状态。在这种情况下，我们将继续在这两种解之间来回切换。

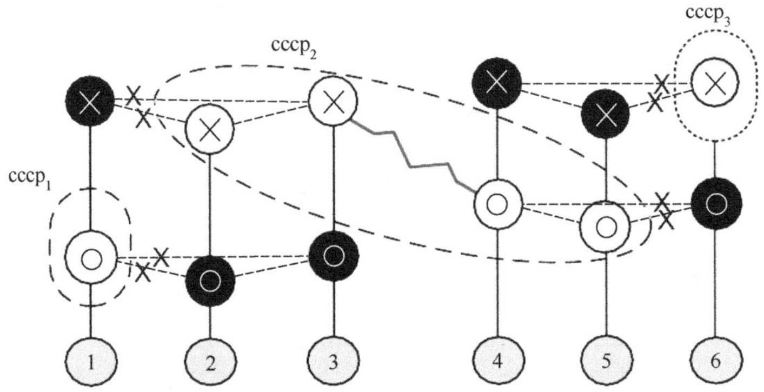

图 6-27　内克尔立方体候选图不处于解状态

©[2011] IEEE，获许可使用，来自参考文献[42]

6.10.3　平面图上的 C^4 算法

平面图上的 C^4 算法遵循 MCMC 设计迭代工作。在每次迭代中生成 cccp，以一定概率选择 cccp_0，并将标签重新分配给其 ccp，以便满足所有内部负约束。随着 cccp_0 中 ccp 的数量增加，潜在标签的数量也将增加。可以通过以下两种方式处理这种状况。

（1）使用约束满足问题求解器（CSP 求解器）来解决 cccp_0 中更小、更简单的约束满足问题。

（2）使用随机或启发式采样来查找新的有效标签。

我们将在本节中使用第二种方法，并且 cccp_0 中的 ccp 数量通常很小，因此标签分配不是问题。C^4 算法可以被视为将大的约束满足问题分解为可以在局部满足的较小片段的方法，然后通过迭代传播解。此分配表示 MCMC 中的移动，Metropolis Hastings 步骤以一个接受概率接受该移动。该接受概率考虑了生成 cccp、选择 cccp_0、分配新标签的概率和后验概率。

下面给出了该算法的伪代码，具体见算法 6-2。

算法 6-2　C^4 算法

Input：图 $G=<V,E>$ 和后验概率 $p(\boldsymbol{X}|\boldsymbol{I})$

计算边概率 $q_e,\forall_e\in E$，q_e 是一种特定问题相关的判别概率

初始化状态 $\boldsymbol{X}=(x_1,x_2,\ldots,x_n)$，比如在候选图中关闭所有节点

for $s=1$ to N^{iter} **do**

　用状态 A 表示当前 $\boldsymbol{X}$

　步骤 1　在状态 A 生成一个 cccp_0

　　$\forall e=(i,j)\in E^+$，样本 $u_e\sim\text{Bernoulli}(q_e 1(x_i=x_j))$

　　$\forall e=(i,j)\in E^-$，样本 $u_e\sim\text{Bernoulli}(q_e 1(x_i\neq x_j))$

　　基于 E_{on}^+ 和 E_{on}^- 生成 {ccp} 和 {cccp}

　　依概率从{cccp}选择一个 cccp_0

　　用 $q(\text{cccp}_0|A)$ 表示选择 cccp_0 的概率

　步骤 2　按概率 $q(l(\text{cccp}_0=L|\text{cccp}_0,A))$ 将标签分配给 cccp 中的 ccp

　　将新 $\boldsymbol{X}$ 表示为状态 B

　步骤 3　计算接受概率：

$$\alpha(A\to B)=\min\left(1,\frac{q(B\to A)}{q(A\to B)}\cdot\frac{p(\boldsymbol{X}=B|\boldsymbol{I})}{p(\boldsymbol{X}=A|\boldsymbol{I})}\right)$$

end for

Output：具有最高概率的不同状态 $\{\boldsymbol{X}^*\}$

在马尔可夫链结构中，两个状态 A 和 B 之间的每个移动都是可逆的，并遵守细致平衡方程，即

$$p(\boldsymbol{X}=A|\boldsymbol{I})\mathcal{K}(A\to B)=p(\boldsymbol{X}=B|\boldsymbol{I})\mathcal{K}(B\to A) \tag{6-84}$$

式中，$\mathcal{K}(A\to B)$ 是马尔可夫链核或从 A 到 B 的转移概率。在 Metropolis-Hastings 设计中，有

$$\mathcal{K}(A\to B)=q(A\to B)\alpha(A\to B),\forall A\neq B \tag{6-85}$$

式中，$q(A\to B)$ 是从状态 A 提议状态 B 的概率，$\alpha(A\to B)$ 是接受概率，即

$$\alpha(A\to B)=\min\left(1,\frac{q(B\to A)}{q(A\to B)}\cdot\frac{p(\boldsymbol{X}=B|\boldsymbol{I})}{p(\boldsymbol{X}=A|\boldsymbol{I})}\right) \tag{6-86}$$

很容易查验，式（6-86）中提议概率的设计和式（6-85）中的接受概率使得核满足式（6-84）中的细致平衡方程，反过来则满足不变性条件，即

$$p(\boldsymbol{X}=A|\boldsymbol{I})\mathcal{K}(A\to B)=p(\boldsymbol{X}=B|\boldsymbol{I}) \tag{6-87}$$

因此，$p(\boldsymbol{X}|\boldsymbol{I})$ 是具有内核 $\mathcal{K}$ 的马尔可夫链的不变概率。现在我们详细说明提议概率和接受概率的设计。接受概率由两个比值确定。

（1）比值 $\dfrac{p(\boldsymbol{X}=B|\boldsymbol{I})}{p(\boldsymbol{X}=A|\boldsymbol{I})}$ 是特定问题相关的，不属于我们的设计。后验概率可以是一般形

式，无须修改或近似以适合 C^4 算法。由于状态 A 和 B 仅在 cccp_0 中的节点标签上不同，如果后验概率是 MRF 或 CRF，则通常可以在局部计算这个比值。

（2）提议概率完全取决于我们的设计，其包括两部分，即

$$\frac{q(B \to A)}{q(A \to B)} = \frac{q(\text{cccp}_0|B)}{q(\text{cccp}_0|A)} \cdot \frac{q(l(\text{cccp}_0) = L_A|\text{cccp}_0, B)}{q(l(\text{cccp}_0) = L_B|\text{cccp}_0, A)}$$

式中，$q(\text{cccp}_0|A)$ 和 $q(\text{cccp}_0|B)$ 分别是在状态 A 和 B 选择 cccp_0 的概率。给定选择的 cccp_0，新标签的分配独立于 cccp_0 的周围邻居，并且通常在 CSP 求解器的所有有效赋值中以相等的概率分配。因此，将其约去后有

$$\frac{q(l(\text{cccp}_0) = L_A|\text{cccp}_0, B)}{q(l(\text{cccp}_0) = L_B|\text{cccp}_0, A)} = 1$$

总之，算法设计的关键是比值 $\dfrac{q(\text{cccp}_0|B)}{q(\text{cocp}_0|A)}$。在单位点采样中，例如吉布斯采样器，每个节点都是 cccp_0，选择只是一个访问方案。在 C^4 中，在一个状态下选择 cccp_0 的概率取决于两种概率：

（1）通过对服从伯努利概率的边概率 q_e 进行采样来生成 cccp_0 的可能性有多大。

（2）在状态 A 和状态 B 中形成的 $\{\text{cccp}\}$ 集合中选择 cccp_0 的可能性有多大。

这些概率很难计算，因为通过打开 / 关闭边，图中有大量分区包含某个 cccp_0。关闭一些边后，分区是一组 cccp。

有趣的是，状态 A 中所有可能分区的集合与状态 B 中的相同，并且所有这些分区必须共享相同的切分 $\text{Cut}(\text{cccp}_0)$。也就是说，为了使 cccp_0 成为复合连通分量，必须关闭其与相邻节点的连接。尽管概率的形式复杂，但约分后它们的比值形式简单。此外，给定分区，即可从所有可能的 cccp 中以均匀的概率选择 cccp_0。

命题 6-7 在状态 A 和 B 选择 cccp_0 的提议概率比为

$$\frac{q(\text{cccp}_0|B)}{q(\text{cccp}_0|A)} = \frac{\prod_{e\in\text{Cut}(\text{cccp}_0|B)}(1-q_e)}{\prod_{e\in\text{Cut}(\text{cccp}_0|A)}(1-q_e)} \tag{6-88}$$

为了解释 C^4，我们更详细地推导出了具有正边和负边的波茨模型。设 X 是在具有离散状态 $x_i \in \{0,1,2,\ldots,L-1\}$ 的二栅格阵上定义的随机场。其概率由式（6-89）指定。

$$p(X) = \frac{1}{Z}\exp\{-\varepsilon(X)\};\ \ \varepsilon(X) = \sum_{<i,j>\in E^+} \beta\delta(x_i = x_j) + \sum_{<i,j>\in E^-} \beta\delta(x_i \neq x_j) \tag{6-89}$$

式中，$\beta > 0$ 是一个常量。对于所有边，概率为 $q_e = 1 - \mathrm{e}^{-\beta}$。

具有负边的波茨模型如图 6-28 所示，其中，图 6-28（a）是在棋盘图案中找到最小能量，图 6-28（b）是形成 cccp，图 6-28（c）是 cccp_o 由通过负边连接的子 ccp 的正边组成。

从图 6-28 可知，图 6-28（a）显示了具有 $L = 2$ 个标签的小栅格上的示例，其是具有位置相关边的邻接图。具有棋盘模式的状态将具有最高概率。图 6-28（b）和（c）通过一步翻转 cccp_0 的标签显示了两个可逆状态 A 和 B。在这个例子中，cccp_0 有三个 ccp，即

$\text{cccp}_0=\{\{2,5,6\};\{3,7,8\};\{11,12\}\}$。8 个节点的标签以均匀的概率重新分配，这导致两个状态下 cccp_0 的切分差异，$\text{Cut}(\text{cccp}_0|A)=\{(3,4),(4,8),(12,16)\}$ 以及 $\text{Cut}(\text{cccp}_0|B)=\{(1,2),(1,5),(5,9),(6,10),(10,11),(11,15)\}$。

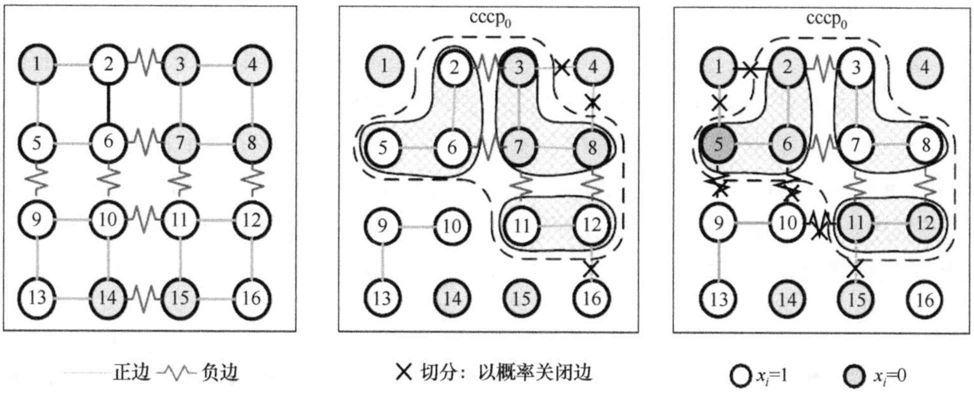

(a) 具有正负边的波茨模型　　(b) 状态 $X=A$　　(c) 状态 $X=B$

图 6-28　具有负边的波茨模型

命题 6-8　对于在 cccp_0 中具有不同标记的任何两个状态，波茨模型上 C^4 的接受概率为 $\alpha(A\to B)=1$。因此，移动始终可以被接受。

证明遵循两个观察结果。首先，cccp_0 内外的能量项对于状态 A 和 B 都是相同的，它们仅在 cccp_0 的切分上有所不同。更确切地说，设 $c=|\text{Cut}(\text{cccp}_0|B)|-|\text{Cut}(\text{cccp}_0|A)$为两个切分大小的差异（在我们的例子中 $c=3$）。易得

$$\frac{p(X=B|\boldsymbol{I})}{p(X=A|\boldsymbol{I})}=\mathrm{e}^{-\beta c} \tag{6-90}$$

其次，提议概率比遵循式（6-88），即

$$\frac{q(\text{cccp}_0|\ B)}{q(\text{cccp}_0|\ A)}=\frac{(1-q_e)^{|\text{Cut}(\text{cccp}_0|\ B)|}}{(1-q_e)^{|\text{Cut}(\text{cccp}_0|\ A)|}}=\mathrm{e}^{\beta c} \tag{6-91}$$

在式（6-86）中代入两个比值，得到 $\alpha(A\to B)=1$。

6.10.4　在平面图上的实验

在本节中，我们测试 C^4 在某些平面图（MRF 和 CRF）上的性能，并与吉布斯采样器[21]、SW 算法[51]、迭代条件模式（ICM）、图切分[6]和循环置信度传播（LBP）[29]等方法进行了比较。我们选择了一些经典的案例：

（1）MRF 的伊辛 / 波茨模型；

（2）使用候选图的约束满足问题的线图解释；

（3）使用 CRF 进行场景标记；

（4）航拍图像的场景解释。

6.10.5 棋盘伊辛模型

我们首先考虑具有正边和负边的 9×9 栅格上的伊辛模型。我们用两个参数设置测试C^4：

（1）$\beta=1$，$q_e=0.632$；

（2）$\beta=5$，$q_e=0.993$。

在这个栅格中，我们创建了一个棋盘图案，分配负边和正边以便节点块倾向于具有相同的颜色，但是这些块倾向于与它们的相邻块具有不同的颜色。

图 6-29 显示了启动算法的典型初始状态，以及两个具有最小能量（0）的解。图 6-30（a）显示了C^4、吉布斯采样、SW、图切分和 LBP 的能量对时间的曲线图。在约 10 次迭代中，C^4的收敛速度在这五种算法中排第二，落后于图切分。由于图的循环性，置信传播无法收敛，吉布斯采样和传统的 SW 算法无法快速满足约束，因为它们在每次迭代时都没有更新足够的空间。这表明C^4具有非常短的老化时间。

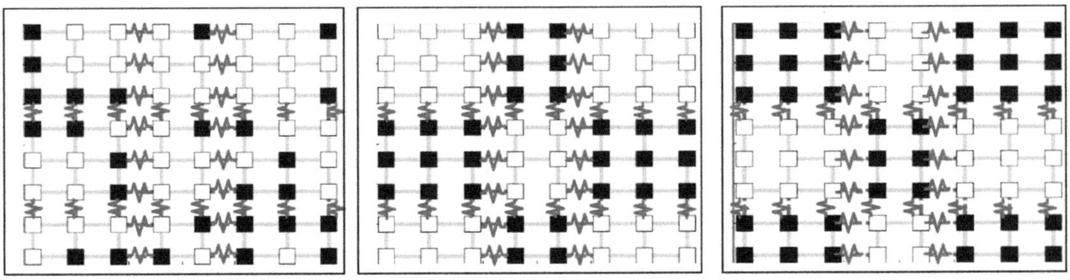

(a) 初始状态　(b) 解状态 1　(c) 解状态 2

图 6-29　具有棋盘约束的伊辛 / 波茨模型和由C^4计算的两个最小能量状态示意

©[2011] IEEE，获许可使用，来自参考文献[42]

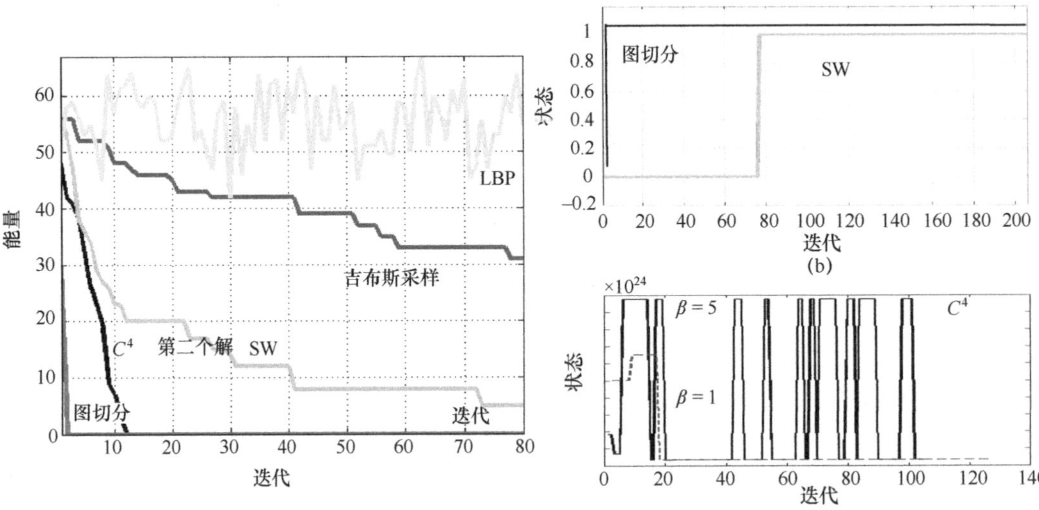

(a)　(b)　(c)

图 6-30　不同模型的能量对时间的曲线图

©[2011] IEEE，获许可使用，来自参考文献[42]

图 6-30（b）和（c）显示了每次迭代时访问的状态。以 3 个级别表示状态：曲线分别在两个最小能量状态下到顶或到底，而在所有其他状态下到达中间。这里我们只比较图切分、SW 和 C^4，因为它们是唯一在合理的时间内收敛到解的算法。C^4 清楚地交换解，而 SW 和图切分停滞在其第一个解中。这是因为 C^4 可以沿着负边和正边分组以同时更新系统的大部分参数，而 SW 算法无法提出在解空间的较小部分上的低概率移动。

我们还比较了 $\beta=1$ 和 $\beta=5$ 的实验结果。图 6-30（c）显示了随时间变化采样器所访问的状态。在 $\beta=1$ 的情况下，C^4 收敛需要更长的时间，因为它不能形成具有高概率的大分量。然而，随着 β 变大，C^4 在空间中非常快地向解靠近并且可以在解状态之间快速移动。我们发现采用退火策略，其中 $q_e=1-\mathrm{e}^{-\beta/T}$ 且 T 被调整，使得 q_e 在实验过程中从 0 移动到 1 也很有效。

我们最后比较了各算法在每个节点计算估计的边缘置信度。LBP 直接计算这些置信度，但我们可以通过运行每个算法来估计吉布斯采样、SW 和 C^4，并在给定先前状态的每个节点的每次迭代中记录经验均值。图 6-31 比较了吉布斯采样、SW 和 C^4 的伊辛模型单个位置的边缘置信度随时间的变化。LBP 不收敛，因此随着时间的推移有一个噪声估计，为了清楚起见没有绘制，吉布斯采样和 SW 收敛到概率为 1，因为它们陷入单一解状态中，而 C^4 接近 0.5，因为它在两个状态之间不断翻转。

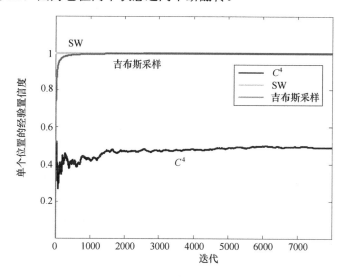

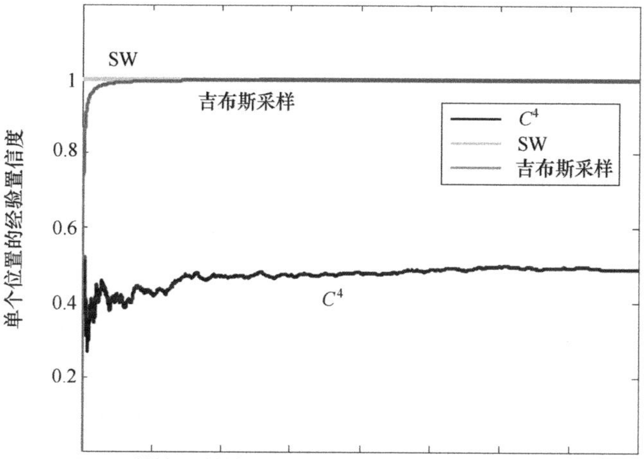

图 6-31　吉布斯采样、SW 和 C^4 的伊辛模型单个位置的边缘置信度比较

我们进行了和上述相同的实验，但这次每个位置可以采用七种（$L=7$）可能的颜色之一。在这个例子中，我们有大量具有最小能量的相等状态（棋盘模式）。

图 6-32（a）描绘了波茨模型（$L=7$）上 C^4、SW、吉布斯采样和 LBP 每种算法随时间的能量收敛。图切分再次收敛到众多解中的一个。与 $L=2$ 模型的情况不同，SW 这次能够找到多个解，如图 6-32（b）所示。图 6-32（c）显示了 SW 和 C^4 随时间访问能量最小的不同状态的数量。我们看到 C^4 在给定的时间限制内探测到了更多的状态，这再次表明

C^4 更具动态性，因此具有快速的混合时间，这是 MCMC 算法效率的关键指标。我们还比较了 $\beta=1$ 与 $\beta=5$ 的情况，图 6-32（d）显示了 SW 和 C^4 算法发现的随时间变化的唯一解总数。我们再一次看到 $\beta=1$ 并没有为 C^4 提供足够强的连接以移除局部极小值，因此它找到与 SW 一样多的唯一解（约 13）。然而，当 β 增加到 5 时，数量从 13 增加到 90。因此，当 β 很高时，C^4 可以比其他方法更快地在解空间中移动，并且可以发现大量唯一解状态。

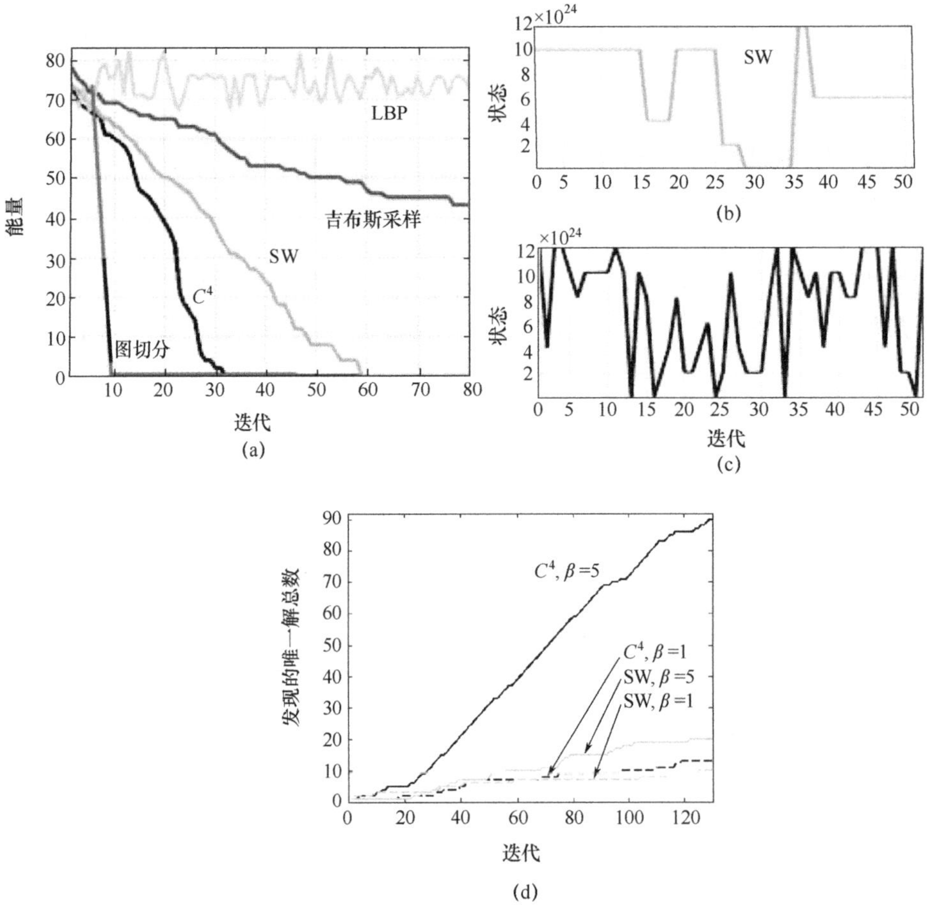

图 6-32　不同算法性能比较

©[2011] IEEE，获许可使用，来自参考文献[42]

前两个示例基于 MRF 模型，其中的边取决于其位置。现在我们考虑候选图上的线图解释。我们使用两个具有多种稳定解释或解的经典实例：（1）图 6-23 中的内克尔立方体有两种解释，（2）图 6-33 中带有双重立方体的线图，有四种解释。在这些状态之间交换涉及同时翻转 3 行或 12 行。我们的目标是测试算法是否可以随时间计算多个不同的解。

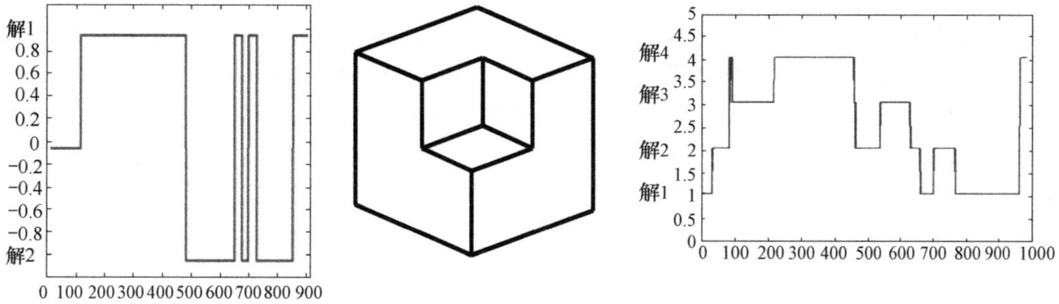

(a) C^4 访问内克尔立方体的状态　(b) 带有外立方体和内立方体的线图　(c) C^4 访问双重立方体的状态

图 6-33　在解释之间交换状态的实验结果

©[2011]IEEE，获许可使用，来自参考文献[42]

我们在候选图上采用类似波茨的模型。线图中的每一行都是波茨模型中的一个节点，该节点可以采用 8 条线条绘制标签中的一个来指示边缘是凹面、凸面还是深度边界。有关一致线图标签的深入讨论，请参见文献[49]。我们在共享节点的任意两条线之间的候选图中添加了边。在每个节点，每条线只有一小集合的有效标签可在三维世界中实现。我们在成对的线标签之间添加正边，这些线标签与这些节点类型之一一致，而线标签之间的负边则不一致。因此，我们根据它们形成的节点类型来建模相邻线标签的成对相容性。

在这些实验中，我们设 $\beta=2$，得到 $q_e=0.865$。图 6-33（a）和图 6-33（c）绘制了算法随时间访问的状态。我们再次看到 C^4 可以在 CSP 求解器或其他 MCMC 方法可能停滞的情况下快速切换解。

在接下来的实验中，我们使用 C^4 来解析航拍图像。这个实验是文献[43]工作的延伸。在文献[43]中，航拍图像表示为目标组的集合，通过统计外观约束进行关联。推理之前，在离线阶段自动学习这些约束。

我们让每个自下而上检测到的窗口成为图中的顶点来创建候选图，通过边连接，其概率与这些目标的相容性成比例。每个候选图都可以打开或关闭，来表示它是否在场景的当前解释中。

通过检查其两个节点之间的能量 $\epsilon=\phi(x_i,x_j)$，将每个边分配为正或负，并给出连通的概率 q_e。如果 $\epsilon>t$，则边标记为负，如果 $\epsilon<t$，则边标记为正，其中 t 是用户选择的阈值。在实验中，我们让 $t=0$。我们创建数据驱动的边概率并确定 C^4 的正边和负边类型。

在这个实验中，我们使用标记的航拍图像学习了可能的目标配置的先验模型。在一组共 50 多幅图像中，每幅图像中标记了目标边界。我们测试了从谷歌地球收集的 5 幅大型航拍图像的结果，这些图像也是手工标记的，这样我们就可以测量 C^4 对最终检测结果的改善程度。虽然我们只使用 5 幅图像，但每幅图像大于 1000×1000 像素并包含数百个目标，因此还可以将评估视为跨越 125 幅 200×200 像素的图像。

图 6-34 显示了解析的航拍场景的示例。其中，图 6-34（a）是谷歌地球的一部分航拍图像。图 6-34（b）是一组自底向上的目标检测，每个目标都是候选对象，即候选图中的一个节点。但需要注意，这样会存在大量误报需要处理。图 6-34（c）是 C^4 选择的最终提议子集代表场景，删除了与先验不一致的候选对象。图 6-34（d）是航拍图像数据集上像

素级性能的精度召回率曲线。自底向上检测到的窗口被视为候选，其中许多是误报的。但是，使用 C^4 最小化全局能量函数后，我们保留了最能满足系统约束的子集。在 C^4 排除不相容的提议后，误报率大大降低。我们可以看到，在图 6-34（d）中，以虚线绘制的 C^4 曲线具有比自底向上检测更高的精度，即使召回率增加也是如此。我们还比较了使用 C^4 与 LBP、ICM 和 SW 的类似误报率结果，如表 6-2 所示 。

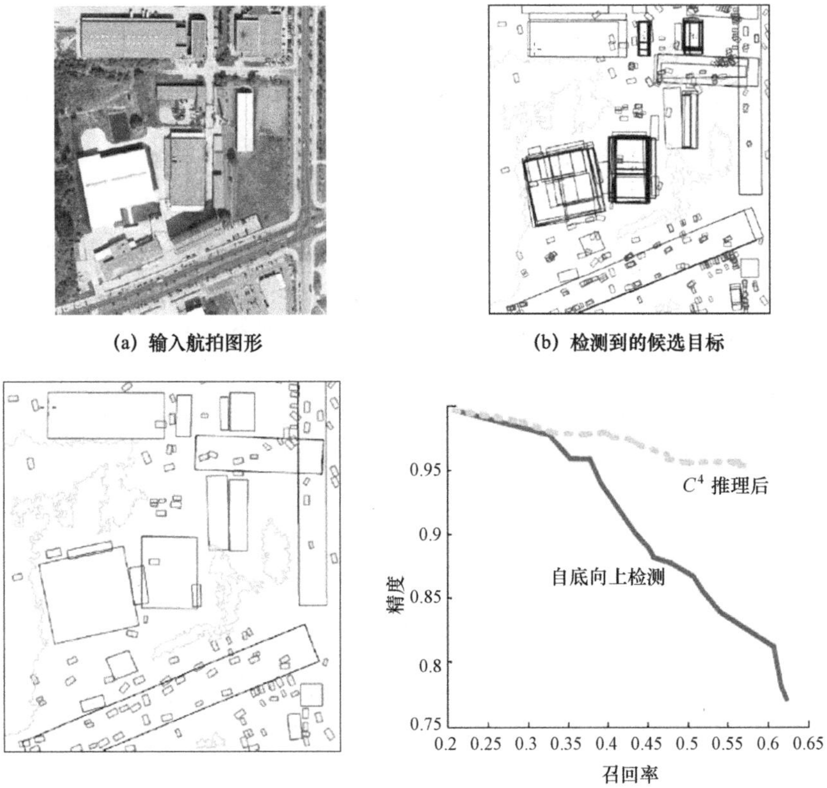

(a) 输入航拍图形　(b) 检测到的候选目标

(c) C^4 推理后　(d) 数据集上的性能

图 6-34　C^4 在航拍图像分析中的应用

表 6-2　每个图像的误报率和使用 LBP、SW、ICM 和 C^4 进行航拍图像解析的检测率

方　法	每张图像的误报率 / %	检测率 / %
LBP	85.32	0.668
ICM	82.11	0.768
SW	87.91	0.813
C^4	**83.04**	**0.875**

6.10.6　分层图上的 C^4

在本节中，我们将讨论平面图的一致性，并将 C^4 从平面图扩展到分层图。然后，我

们解决涉及两个以上位置的高阶约束。

在 C^4 算法的每次迭代中，假设我们以概率的方式打开了边，原始图 $G=<V,E>$ 变为 $G_{on}=<V,E_{on}>$，$E=E_{on}\cup E_{off}$，$E_{on}=E_{on}^{+}\cup E_{on}^{-}$，$E_{off}=E_{off}^{+}\cup E_{off}^{-}$。正如我们在本书 6.10.2 节中讨论的那样，每个 ccp 的图 G_{on} 中的所有节点共享相同的标签，并且被假设形成耦合的部分解。但是，如果图 G 中的约束不一致，则 ccp 中的某些节点可以通过 E_{off}^{-} 中的边连接。尽管在 ccp 中没有打开这样的负边，但它们表明 ccp 中的某些节点可能彼此冲突。这也可能不是一个严重的问题，例如，负边可能只是表示柔性约束，如重叠窗口，这在最终解中是可以接受的。

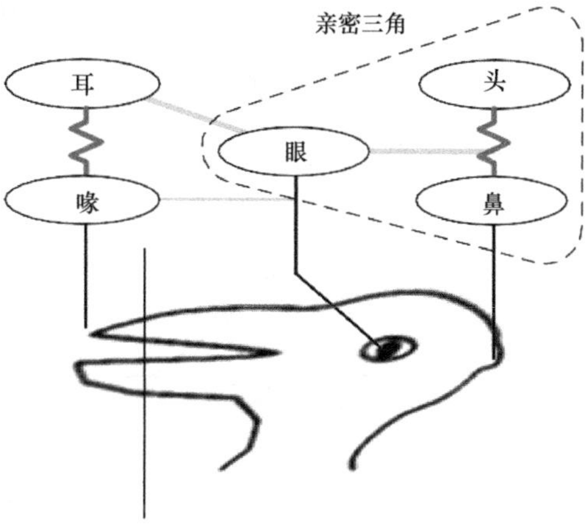

图 6-35　负边是刚性约束的示例

©[2011] IEEE，获许可使用，来自参考文献[42]

负边是刚性约束的示例如图 6-35 所示，图中尝试用平面 C^4 解决鸭 / 兔错觉。我们看到在图的左侧和右侧很有可能形成亲密三角，这使得满足约束变得非常困难。如果我们尝试使用平面候选图解鸭 / 兔错觉，则 ccp 可能包含{眼，鼻，头}，这是不一致的。我们称这个分组为“亲密三角”（love triangle）。

定义 6-6　在图 G 中，如果在 i, j 之间存在由所有正边组成的路径，则称由负边连接的两个节点 i,j 属于亲密三角。

定义 6-7　如果在连接 ccp 中的两个节点的 E 没有负边，即 $\{e:i,j\in \text{ccp}\}\cap E^{-}=\varnothing$，则认为 ccp 在图 G 中是一致的。如果图 G 的所有 ccp 在 C^4 中始终一致，则称图 G 是一致的。

当图一致时，我们确保获得有效的解。所谓亲密三角的存在是产生不一致的 ccp 的唯一原因。为此我们可以很容易地证明以下命题。

命题 6-9　在没有亲密三角的情况下，图 G 将是一致的。

在图（主要是候选图）中生成亲密三角的根本原因是某些节点被多个标签重载，因此它们与冲突的节点耦合。例如，节点“眼”应该是“兔眼”或“鸭眼”，它应该分成两个由负边连接的相互冲突的候选节点。这样它就可以消除亲密三角。图 6-36 说明了我们可以通过将节点 1 分成节点 1 和 1′ 来移除亲密三角，因此我们将具有一致的 ccp。

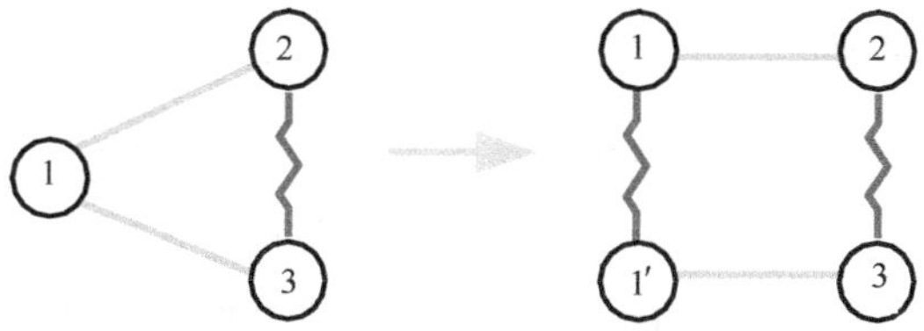

图 6-36　在候选图中破坏亲密三角

©[2011] IEEE，获许可使用，来自参考文献[42]

我们需要解决的另一个常见问题是涉及 2 个以上节点的高阶约束。图 6-37 显示了鸭 /

兔错觉的分层图表示。这是一个有两层的候选图。顶层包含两个隐藏的候选假设：鸭子和兔子。这两个节点分别在第 1 层中分解为三个部分，因此在它们之间施加高阶约束。现在，部分假设专门针对鸭眼、兔眼等。连接两个目标节点的负边是从它们重叠的子节点继承的。

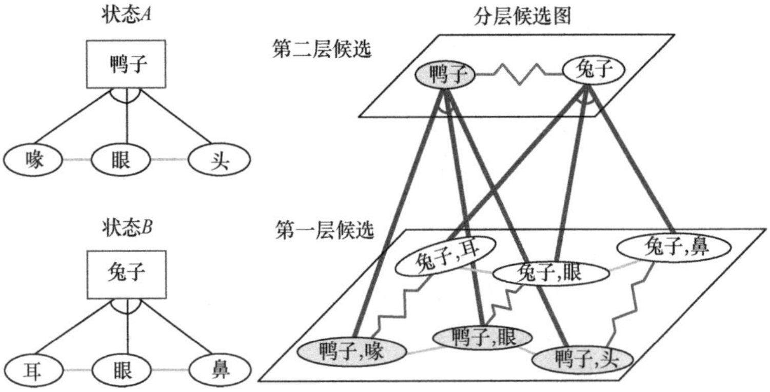

图 6-37　尝试使用分层 C^4 解决鸭 / 兔错觉

这种分层候选图是动态构建的，其中的节点由多个自下而上检测和绑定过程以及自上而下的预测过程生成。我们参考 Wu 和 Zhu[61]称为目标解析中的各种自下而上 / 自上而下的过程。在图 6-37 中，以与平面候选图相同的方式在相同层上的节点之间添加正边和负边，而父子节点之间的垂直连接是确定性的。

通过在每一层以概率的方式打开 / 关闭正边和负边，C^4 获得 ccp 和 cccp，如平面候选图中所示。在这种情况下，一个 ccp 包含一组在水平和垂直方向上耦合的节点，因此表示部分解析树。一个 cccp 包含多个竞争解析树，它们将在一个步骤中交换。尝试使用分层 C^4 解决鸭 / 兔错觉如图 6-37 所示，图中的树定义了包含每个对象的部分。根据这些树对节点进行分组，从而创建更高级别的节点，较高级别的节点继承负约束。在图 6-37 中的左侧分别显示了鸭子和兔子的两个 ccp，在候选图中它们被负边连接。另外，此分层表示还可以消除由于重载标签导致的不一致。也就是说，如果某个部分由多个目标或目标实例共享，我们需要在分层候选图中创建多个实例作为节点。

6.10.7　C^4 分层实验

为了证明分层 C^4 比平面 C^4 的优势，我们提出了一个解释鸭 / 兔错觉的实验。

如上所述，在图 6-35 中平面候选图上的 C^4 创建了两个亲密三角。图 6-38 的左侧显示了鸭 / 兔错觉上平面 C^4 的结果。由于亲密三角，C^4 在两个状态之间连续交换，但是这两个状态要么所有节点都打开，要么所有节点关闭，这两个状态都不是有效的解。图 6-38 的右侧显示了将分层 C^4 应用于鸭 / 兔错觉的结果，C^4 在两个正确的解之间均匀交换。我们为鸭 / 兔错觉定义了一棵树，包括鸭{喙，眼睛，头}，或兔{耳朵，眼睛，头}。结果显示，算法立即找到两个解，然后继续均匀交换它们。这些结果表明，分层 C^4 可以帮助引导算法得到更稳健的解，并消除亲密三角的影响。

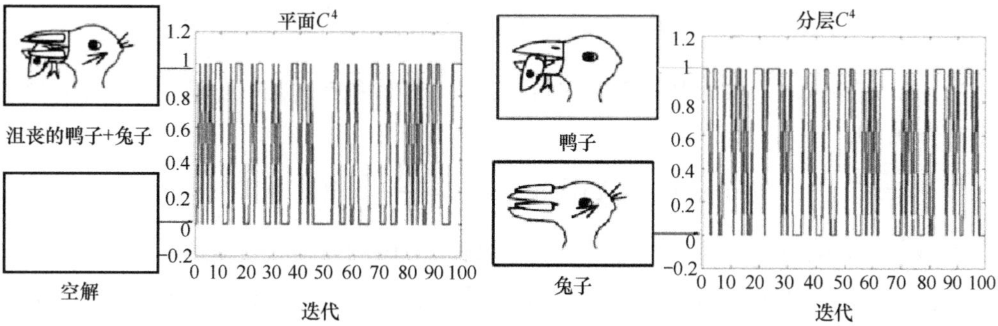

图 6-38　两种 C^4 算法在鸭 / 兔错觉问题上的结果

©[2011] IEEE，获许可使用，来自参考文献[42]

6.11　本章练习

问题 1　具有耦合马尔可夫链的伊辛 / 波茨模型的精确采样：考虑伊辛模型在 $n\times n$ 栅格中（n=64，如果计算机性能足够好，可以尝试 n=128）4 邻域最近邻。X 是在栅格上定义的图像，每个位点的变量 X_s 取{0,1}中的值。模型为

$$p(X)=\frac{1}{Z}\exp\left\{\beta\sum_{<s,t>}1(X_s=X_t)\right\}$$

我们用吉布斯采样器模拟两个马尔可夫链：

- MC1 以所有位点为 1（称为白链）开始，其状态由 X^1 表示；
- MC2 以所有位点为 0（称为黑链）开始，其状态由 X^2 表示。

在每一步，吉布斯采样器在两个图像中获取一个位点 s，并计算条件概率：

$$p(X_s^1|X_{\partial s}^1)\text{和}\ p(X_s^2|X_{\partial s}^2)$$

采样器根据上述两个条件概率更新变量 X_s^1 和 X_s^2，并共享相同的随机数 $r=\text{rand}[0,1]$。两个马尔可夫链被认为“耦合的”。

（1）证明在任一步中 $X_s^1\geqslant X_s^2,\forall s$。也就是说，白链总是在黑链上方。

（2）经过多次扫描后，当两条链相遇时，即 $X_s^1=X_s^2,\forall s$，被认为“聚合”。它们将始终保持在相同的状态，因为它们每一步都由相同的随机数驱动。我们用 τ 表示聚合时间（扫描次数）。经过时间 τ 后的图像被称为是来自伊辛模型的精确样本。

在扫描中绘制两条链的状态（使用它们的总和 $\sum_s X_s^1$ 和 $\sum_s X_s^2$），如图 7-8 所示，并在两条链聚合时显示图像。尝试使 $\beta=0.6,0.7,0.8,0.83,0.84,0.85,0.9,1.0$。

（3）使用上述参数绘制 τ 与 β 的曲线，以确定在 $\beta=0.84$ 附近是否存在临界慢化。

问题 2　伊辛 / 波茨模型的聚类采样。为简单起见，我们将伊辛模型视为 4 最近邻的

$n \times n$ 栅格（n 介于 64 和 256 之间）。X 是在栅格上定义的图像（或状态），每个位点 s 的变量 X_s 取 $\{0,1\}$ 中的值。模型为

$$p(X)=\frac{1}{Z}\exp\left\{\beta\sum_{<s,t>}1(X_s=X_t)\right\}=\frac{1}{Z}\exp\left\{-\beta\sum_{<s,t>}1(X_s\neq X_t)\right\}$$

当 $n \times n$ 足够大时，我们从物理学中得知 $\pi(X)$ 的概率质量集中在以下集合上，集合外的概率为 0，即

$$\Omega(h)=\{X:H(X)=h\}, H(X)=\frac{1}{2n^2}\sum_{<s,t>}1(X_s\neq X_t)$$

$H(X)$ 是 X 的“充分统计”。直观地，它测量 X 中的总边界（裂缝）的长度，并且以边的数量归一化。如果 $H(X_1)=H(X_2)$，则两个图像 X_1 和 X_2 具有相同的概率。理论上，在没有相变的情况下，β 和 h 之间存在一一对应关系，即 $h=h(\beta)$。因此，根据经验，我们可以通过监测 $H(X)$ 是否随时间收敛到恒定值 h 来判断收敛。

我们选择 3 个 β 值：$\beta_1=0.6$，$\beta_2=0.8$，$\beta_3=0.84$。我们在聚合时间 t_1、t_2、t_3（扫描）处有三个图像 X_1、X_2、X_3。从这些图像中，我们分别计算其充足的统计量 h_1^*、h_2^*、h_3^*。

对每个 $\beta_i, i=1,2,3$，我们使用聚类采样运行两个马尔可夫链。

- MC1 从恒定图像（黑色或白色）开始——$h=0$ 最小；
- MC2 从棋盘图像开始——$h=1$ 最大。

因此，当两者在 h_i^* 处相遇时，我们认为它们已经收敛到了 $\Omega(h_i^*)$。

（1）绘制当前状态 $X(t)$ 随时间 t 的充足统计量 $H(X)$，并且当 h 在距离 h_i^* 的 ε 距离内时停止。

（2）在图中标记吉布斯收敛时间 t_1、t_2、t_3（扫描），以便在问题 1 中对三个参数和吉布斯采样器收敛进行比较。（这种比较可能对吉布斯采样器有所不公平，因为它可能在聚合之前已收敛到 $\Omega(h_i^*)$。

（3）绘制 CP［在每个步骤（扫描）一起翻转的像素数量］的平均大小，并在三个 $\beta_i, i=1,2,3$ 设置下进行比较。

使用两种版本的聚类采样算法重复实验：

版本 1：在整个图像上形成多个 CP 并随机翻转它们，因此每一步都是一次扫描。

版本 2：随机挑选一个像素，从中生成一个 CP，翻转此 CP 仅累计已翻转的像素数量，并将该数值除以 n^2 以获得扫描数。

测试总数为：3 个温度×2 个初始状态×2 个 SW 版本=12 次试验。你也可以以 $\beta_3=1.0$ 运行两个 MC，以观测其收敛速度（两个 MC 在 $H(X)$ 中相交）。

本章参考文献

[1] Ackermann W (1928) Zum hilbertschen aufbau der reellen zahlen. Math Ann 99(1):118–133.

[2] Apt KR (1999) The essence of constraint propagation. Theor Comput Sci 221(1):179–210.

[3] Barbu A, Zhu S-C (2005) Generalizing Swendsen-Wang to sampling arbitrary posterior probabilities. IEEE Trans Pattern Anal Mach Intell 27(8):1239–1253.

[4] Barbu A, Zhu S-C (2007) Generalizing Swendsen-Wang for image analysis. J Comput Graph Stat 16(4):877.

[5] Besag J (1986) On the statistical analysis of dirty pictures. J R Stat Soc Ser B (Methodol) 48(3):259–302.

[6] Boykov Y, Veksler O, Zabih R (2001) Fast approximate energy minimization via graph cuts. IEEE Trans Pattern Anal Mach Intell 23(11):1222–1239.

[7] Broadbent SR, Hammersley JM (1957) Percolation processes: I. crystals and mazes. In: Mathematical proceedings of the Cambridge philosophical society, vol 53. Cambridge University Press, pp 629–641.

[8] Brox T, Malik J (2010) Object segmentation by long term analysis of point trajectories. In: ECCV, pp 282–295.

[9] Chui H, Rangarajan A (2003) A new point matching algorithm for non-rigid registration. Comput Vis Image Underst 89(2):114–141.

[10] Cooper C, Frieze AM (1999) Mixing properties of the Swendsen-Wang process on classes of graphs.Random Struct Algor 15(3–4):242–261.

[11] Cormen TH, Leiserson CE, Rivest RL, Stein C, et al (2001) Introduction to algorithms, vol 2. MIT Press, Cambridge.

[12] Ding L, Barbu A, Meyer-Baese A (2012) Motion segmentation by velocity clustering with estimation of subspace dimension. In: ACCV workshop on detection and tracking in challenging environments.

[13] Ding L, Barbu A (2015) Scalable subspace clustering with application to motion segmentation. In: Current trends in Bayesian methodology with applications. CRC Press, Boca Raton, p 267.

[14] Edwards RG, Sokal AD (1988) Generalization of the Fortuin-Kasteleyn-Swendsen-Wang representation and monte carlo algorithm. Phys Rev D 38(6):2009.

[15] Elhamifar E, Vidal R (2009) Sparse subspace clustering. In: CVPR.

[16] Felzenszwalb PF, Schwartz JD (2007) Hierarchical matching of deformable shapes. In: CVPR, pp 1–8.

[17] Fortuin CM, Kasteleyn PW (1972) On the random-cluster model: I. introduction and relation to other models. Physica 57(4):536–564.

[18] Fredman M, Saks M (1989) The cell probe complexity of dynamic data structures. In: Proceedings of the twenty-first annual ACM symposium on theory of computing, pp 345–354.

[19] Galler BA, Fisher MJ (1964) An improved equivalence algorithm. Commun ACM 7(5):301–303.

[20] Gelman A, Carlin JB, Stern HS, Dunson DB, Vehtari A, Rubin DB (2013) Bayesian data analysis. CRC Press, Boca Raton/London/New York.

[21] Geman S, Geman D (1984) Stochastic relaxation, gibbs distributions, and the Bayesian restoration of images. IEEE Trans Pattern Anal Mach Intell 6:721–741.

[22] Gilks WR, Roberts GO (1996) Strategies for improving MCMC. In: Markov chain Monte Carlo in practice. Springer, Boston, pp 89–114.

[23] Gore VK, Jerrum MR (1999) The Swendsen–Wang process does not always mix rapidly. J Stat Phys 97(1–2):67–86.

[24] Hastings WK (1970) Monte carlo sampling methods using Markov chains and their applications. Biometrika 57(1):97–109.

[25] Higdon DM (1998) Auxiliary variable methods for Markov chain monte carlo with applications.J Am Stat

Assoc 93(442):585–595.

[26] Huber M (2003) A bounding chain for Swendsen-Wang. Random Struct Algor 22(1):43–59.

[27] Kirkpatrick S, Vecchi MP, et al (1983) Optimization by simulated annealing. Science 220(4598):671–680.

[28] Kolmogorov V, Rother C (2007) Minimizing nonsubmodular functions with graph cuts-a review.IEEE Trans Pattern Anal Mach Intell 29(7):1274–1279.

[29] Kumar MP, Torr PHS (2006) Fast memory-efficient generalized belief propagation. In: Computer vision–ECCV 2006. Springer, pp 451–463.

[30] Kumar S, Hebert M (2003) Man-made structure detection in natural images using a causal multiscale random field. In: CVPR, vol 1. IEEE, pp I–119.

[31] Lafferty JD, McCallum A, Pereira FCN (2001) Conditional random fields: probabilistic models for segmenting and labeling sequence data. In: Proceedings of the eighteenth international conference on machine learning. Morgan Kaufmann Publishers Inc., pp 282–289.

[32] Lauer F, Schnörr C (2009) Spectral clustering of linear subspaces for motion segmentation. In:ICCV.

[33] Lin L, Zeng K, Liu X, Zhu S-C (2009) Layered graph matching by composite cluster sampling with collaborative and competitive interactions. In: CVPR, pp 1351–1358.

[34] Liu G, Lin Z, Yu Y (2010) Robust subspace segmentation by low-rank representation. In: ICML.

[35] Liu JS, Wong WH, Kong A (1995) Covariance structure and convergence rate of the gibbs sampler with various scans. J R Stat Soc Ser B (Methodol) 57(1):157–169.

[36] Liu JS (1999) Parameter expansion for data augmentation. J Am Stat Assoc 94(448):1264–1274.

[37] Mackworth AK (1977) Consistency in networks of relations. Artif Intell 8(1):99–118.

[38] Macworth AK (1973) Interpreting pictures of polyhedral scenes. Artif Intell 4(2):121–137.

[39] Metropolis N, Rosenbluth AW, Rosenbluth MN, Teller AH, Teller E (1953) Equation of state calculations by fast computing machines. J Chem Phys 21(6):1087–1092.

[40] Ng AY, Jordan MI, Weiss Y (2001) On spectral clustering: Analysis and an algorithm. NIPS 14:849–856.

[41] Pearl J (1985) Heuristics. Intelligent search strategies for computer problem solving. The Addison-Wesley series in artificial intelligence, vol 1. Addison-Wesley, Reading. Reprinted version.

[42] Porway J, Zhu S-C (2011) C^4 : exploring multiple solutions in graphical models by cluster sampling. IEEE Trans Pattern Anal Mach Intell 33(9):1713–1727.

[43] Porway J, Wang Q, Zhu SC (2010) A hierarchical and contextual model for aerial image parsing. Int J Comput Vis 88(2):254–283.

[44] Potts RB (1952) Some generalized order-disorder transformations. In: Proceedings of the Cambridge philosophical society, vol 48, pp 106–109.

[45] Propp JG, Wilson DB (1996) Exact sampling with coupled Markov chains and applications to statistical mechanics. Random Struct Algor 9(1–2):223–252.

[46] Rao S, Tron R, Vidal R, Ma Y (2010) Motion segmentation in the presence of outlying, incomplete, or corrupted trajectories. IEEE Trans PAMI 32(10):1832–1845.

[47] Rosenfeld A, Hummel RA, Zucker SW (1976) Scene labeling by relaxation operations. IEEE Trans Syst Man Cybern 6:420–433.

[48] Shi J, Malik J (2000) Normalized cuts and image segmentation. IEEE Trans Pattern Anal Mach Intell 22(8):888–905.

[49] Sugihara K (1986) Machine interpretation of line drawings, vol 1. MIT Press, Cambridge.

[50] Sun D, Roth S, Black MJ (2010) Secrets of optical flow estimation and their principles. In: CVPR, pp 2432–2439.

[51] Swendsen RH, Wang J-S (1987) Nonuniversal critical dynamics in monte carlo simulations.Phys Rev Lett 58(2):86–88.

[52] Tanner MA, Wong WH (1987) The calculation of posterior distributions by data augmentation.J Am Stat Assoc 82(398):528–540.

[53] Torralba A, Murphy KP, Freeman WT (2004) Sharing features: efficient boosting procedures formulticlass object detection. In: CVPR, vol 2. IEEE, pp II–762.

[54] Trefethen LN, Bau D III (1997) Numerical linear algebra, vol 50. SIAM, Philadelphia.

[55] Tron R, Vidal R (2007) A benchmark for the comparison of 3-d motion segmentation algorithms. In: CVPR. IEEE, pp 1–8.

[56] Tu Z, Zhu S-C (2002) Image segmentation by data-driven Markov chain monte carlo. IEEE Trans Pattern Anal Mach Intell 24(5):657–673.

[57] Vidal R, Hartley R (2004) Motion segmentation with missing data using power factorization and GPCA. In: CVPR, pp II–310.

[58] Von Luxburg U (2007) A tutorial on spectral clustering. Stat Comput 17(4):395–416.

[59] Weiss Y (2000) Correctness of local probability propagation in graphical models with loops.Neural Comput 12(1):1–41.

[60] Wolff U (1989) Collective monte carlo updating for spin systems. Phys Rev Lett 62(4):361.

[61] Wu T, Zhu S-C (2011) A numerical study of the bottom-up and top-down inference processes in and-or graphs. Int J Comput Vis 93(2):226–252.

[62] Yan D, Huang L, Jordan MI (2009) Fast approximate spectral clustering. In: SIGKDD, pp 907–916.

[63] Yan J, Pollefeys M (2006) A general framework for motion segmentation: independent, articulated, rigid, non-rigid, degenerate and non-degenerate. In: ECCV, pp 94–106.

[64] Zhu S-C, Mumford D (2007) A stochastic grammar of images. Now Publishers Inc, Hanover.

第 7 章　马尔可夫链蒙特卡罗的收敛性分析

非瓶颈上省下的一个小时是毫无意义的。

——Eliyahu Goldratt

7.1　引言

许多研究人员在使用马尔可夫链蒙特卡罗（MCMC）时遇到的主要问题之一是收敛速度慢。虽然很多 MCMC 方法已经表明会收敛到目标分布，但整个收敛很大程度上取决于转移矩阵的第二大特征值 λ_{slem} 的大小。因此，基于这个未知量的 $\boldsymbol{vK}^n$ 的收敛速率有很多限制。本章通过随机洗牌的方式，对其中最有用的一些界限进行了推导和实现。另外，为了加快收敛过程，还对交易图、瓶颈和连通率的概念进行了解释。最后，介绍了路径耦合和精确采样，并将这些方法应用于伊辛模型。

7.2　关键收敛问题

设 $(\boldsymbol{v},\boldsymbol{K},\Omega)$ 是初始分布为 $\boldsymbol{v}$ 的马尔可夫链，转移核 $\boldsymbol{K}$ 属于 Ω 空间。这个链在某个时间 n 获得的样本服从分布 $X(t)\sim\boldsymbol{v}\cdot\boldsymbol{K}^n\xrightarrow[n]{\infty}\boldsymbol{\pi}$。$\boldsymbol{vK}^n$ 的收敛是使用全变差（Total Variation）$\left\|\boldsymbol{vK}^n-\boldsymbol{\pi}\right\|_{\text{TV}}$ 来衡量的。如果当 $n\to\infty$ 时该变量趋近于 0，那么该链收敛到 $\boldsymbol{\pi}$。

$$\boldsymbol{K}^n=\sum_{i=1}^{n}\lambda_i\boldsymbol{v}_i\boldsymbol{u}_i$$

回想一下本书 3.5 节中定义的链的一些有用特性：

（1）状态 i 的首中时（在有限状态下）：

$$\tau_{\text{hit}}(i)=\inf\{n\geqslant 1;x_n=i,x_0\sim\boldsymbol{v}_0\},\quad\forall i\in\Omega$$

（2）状态 i 的首次返回时间：

$$\tau_{\text{ret}}(i)=\inf\{n\geqslant 1;x_n=i,x_0=i\},\quad\forall i\in\Omega$$

（3）混合时间：

$$\tau_{\text{mix}}(i)=\min_n\left\{\left\|\boldsymbol{v}_0\boldsymbol{K}^n-\boldsymbol{\pi}\right\|_{\text{TV}}\leqslant\epsilon,\ \forall\boldsymbol{v}_0\right\}\frac{n!}{r!(n-r)!}$$

我们还可以定义以下概念来表征链。

定义 7-1　老化期是马尔可夫链进入典型状态子空间之前的预期步数。当 $\pi(x)$ 收敛时，典型状态的子空间是 Ω 的子空间。

老化概念不是很精确，因为很难估计马尔可夫链 $\boldsymbol{\nu K}^n$ 的分布何时足够接近目标分布 $\boldsymbol{\pi}$，在高维空间中尤其如此。

定义 7-2　马尔可夫链 $\boldsymbol{x}=(x_0,\ldots,)$ 的状态之间的自相关被定义为

$$\mathrm{Corr}(\tau)=\frac{1}{T}\sum_{t=t_0+1}^{t_0+T}(x_t-\overline{\boldsymbol{x}})(x_{t+\tau}-\overline{\boldsymbol{x}}),\ \ \forall\tau\geqslant 0$$

其中，样本之间的自相关性随着 τ 的滞后而减少，如图 7-1 所示。

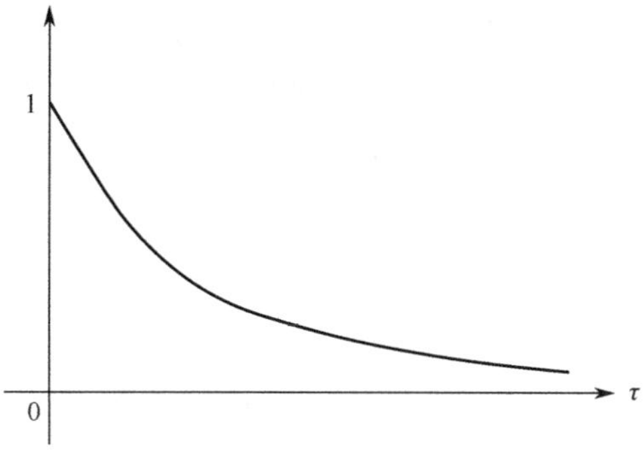

图 7-1　通常样本之间的自相关性随着 τ 的滞后而减少

高自相关意味着收敛速度慢，而低自相关意味着收敛速度快。我们可以使用 MC 样本进行积分得到，即

$$\theta=\int f(x)\pi(\boldsymbol{x})\mathrm{d}\boldsymbol{x}\cong\frac{1}{T}\sum_{t=t_0+1}^{t+T}f(x_t)=\hat{\theta}$$

$$\mathrm{var}(\hat{\theta})=E_{\mathrm{samples}}[(\hat{\theta}-\theta)^2]=\frac{1}{m}\cdot\mathrm{const}$$

其中，m 是独立样本的有效数量。

7.3　实用的监测方法

确定性算法收敛到一个点，通常可以监测到该点的收敛的情况。例如，在最大似然估计（MLE）中，我们可以检查似然函数 $f(x)$ 以查看算法是否已经收敛。相比之下，MCMC 方法是随机的，很难确定是否已经收敛。但是，有几种方法可以让我们监测收敛过程，包括：

（1）监测 $\pi(x)$ 充分统计量，例如边界长度、总能量等。统计量是空间（样本的扰动）或时间（样本数量）的平均值。这种方法将状态空间 Ω 投射到充分统计量 H 的空间中。对于 H 的任何特定值，我们有逆空间，如图 7-2 所示。如图 7-2（a）所示为在老化期后，到达高概率区域 Ω_1 的不同路径。如图 7-2（b）所示为对于不同的 h 值，充分统计量 H（如能量）提供了逆空间（水平集）$\Omega_{(h)}$，用于获取不同的值 h。如图 7-2（c）所示，运行多个马尔可夫链可以更好地探索空间 Ω。

$$\Omega_{(h)}=\{x\in\Omega: H(x)=h\}$$

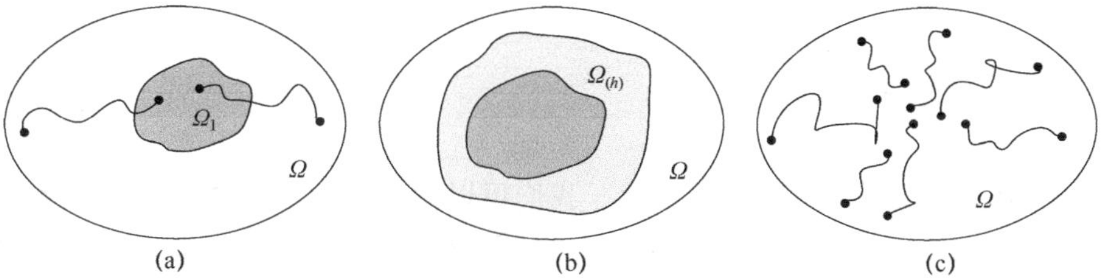

图 7-2　监测马尔可夫链收敛

（2）从广泛分散的初始状态开始，如果可能，从极端状态开始，并行运行多个马尔可夫链，在（1）中的监测可以同时进行。例如，在伊辛 / 波茨模型中，我们从常数 0/1（白 / 黑）或白噪声网格开始。

（3）监测马尔可夫链是否忘记了过去或初始点，如图 7-3（a）所示，通过检查充分统计量 H（如能量），监测马尔可夫链是否已经忘记了初始点。

（4）监测采样温度 T。通过这种方法，我们可以监测 Metropolis-Hastings 算法的拒绝率以及吉布斯采样器中 $\pi(x_i \mid x_{-i})$ 的熵。

（5）模拟 M 个不同的马尔可夫链序列，$\{\mathrm{MC}_i; i=1,2,\ldots,M\}$。我们可以计算单个平均值 ψ_i，以及所有链的总平均值 $\bar{\psi}$。这样，我们可以得到链间方差：

$$\sigma_{\mathrm{b}}^2 = \frac{1}{M-1}\sum_{i=1}^{M}(\psi_i - \bar{\psi})^2$$

和链内方差：

$$\sigma_{\mathrm{w}}^2 = \frac{1}{M}\sum_{i=1}^{M}\sigma_i^2,\quad \sigma_i^2 = \frac{1}{T}\sum_{i=t_0}^{t_0+T}(x_i(t) - \psi_i)^2$$

这些统计量的值比真正的方差 σ 低。

然后，我们可以估计马尔可夫链的方差为

$$\hat{\sigma} = \frac{T-1}{T}\sigma_{\mathrm{w}} + \frac{1}{T}\sigma_{\mathrm{b}}$$

这些未知量如图 7-3（b）所示，图中 σ_{w} 和 σ_{b} 和 $\hat{\sigma}$ 近似于真正的 σ。

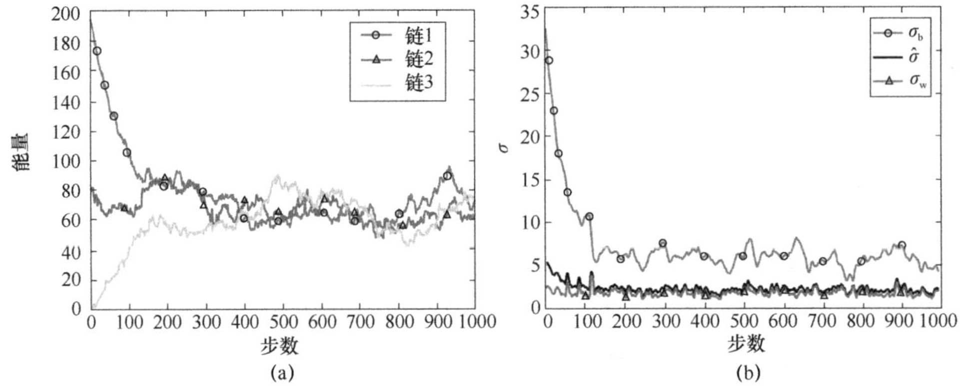

图 7-3　监测马尔可夫链过程

7.4　洗牌的耦合方法

洗一副牌也可以用马尔可夫链表示。我们可以使用洗牌来研究马尔可夫链的耦合方法。在洗牌中，独立的两个或更多个马尔可夫链，经过一定数量的步骤之后将缓慢地聚合（相同地移动）。

假设我们有一副 $n=52$ 张的牌。我们可以使用马尔可夫链来回答一些问题，例如：这些牌什么时候被彻底洗牌？所有牌都是随机分布的吗？有三种方法可以理解这些问题。

（1）收敛是相对于一个过程而言的，例如洗牌过程，因为在每次洗牌之后我们得到一个新顺序。通过重复这个过程 N 次，我们得到 N 组牌（组合），并且可以通过以下方式回答问题：

（a）测试出现在给定位置 i 的牌的分布，然后将它与 i 处牌的均匀分布进行比较。

（b）跟踪从位置 i 开始的牌，并检查其位置分布。

（2）检查新牌组是否已经打乱，这样玩家就不能通过记忆原来的顺序来作弊。

（3）监测牌之间的一些边缘统计信息，这样玩家就无法根据已经玩过的牌预测下一张牌。

洗牌的方法有很多，下面将介绍两种方法。

7.4.1 置顶洗牌

置顶洗牌是一种易于理论研究的简单方法。在每一步中，随机选择一张牌 i 并放置在牌组的顶部。经过多次移动后，牌组将完全随机。为了连接与牌组 1 相关联的马尔可夫链和与牌组 2 相关联的马尔可夫链，我们在牌组 2 中找到牌组 1 的顶部牌，并将其放在牌组 2 的顶部。因此，牌组 1 顶部的牌和牌组 2 顶部的牌是相同的。重复该过程直到所有 52 张牌被挑选至少一次。这也被称为“优惠券收集问题”。经过一段时间 T 后，两个牌组将完全相同，此时称两个牌组已经合并。合并时间 T 具有以下特征：

$$E[T]=n\left(\frac{1}{n}+\frac{1}{n-1}+\ldots+1\right)\cong n\log n$$

$$\mathrm{var}[T]\cong 0.72n$$

备注 7-1　在每一步我们必须在所有 n 张牌中进行选择，这样牌组 1 上的洗牌是无偏的，否则牌组 2 不再是随机的。

备注 7-2　在每次移动时，这两个牌组都用同一张牌 i 连接。

7.4.2 Riffle 洗牌

对于 Riffle 洗牌，我们根据二项式 $\left(n,\frac{1}{2}\right)$ 将 52 张牌分成两个牌组后再进行洗牌。这样，牌组 1 中有 k 张牌，牌组 2 中有 $n-k$ 张牌。k 的数量服从分布：

$$K\sim P(k)=\frac{1}{2^n}\binom{n}{k}=\frac{1}{2^n}\cdot\frac{n!}{k!(n-k)!}$$

将其视为逆向洗牌过程就更容易理解了，类似于回放视频。这意味着我们随机挑选属于牌组 1 的牌，然后我们将它们放在牌组顶部。

在每次洗牌时，我们模拟每张牌的二进制位为 $b_1,b_2,\ldots,b_n\sim\mathrm{Bernoulli}\left(\frac{1}{2}\right)$，共 n 次，如图 7-4 所示。然后返回把所有 0 放在所有 1 的顶部。在 t 次洗牌操作后，原始顺序中的每张牌 i 与 $x_i=b_{1i}b_{2i}\ldots b_{ti}$ 的 t 位相关联，如图 7-5 所示。

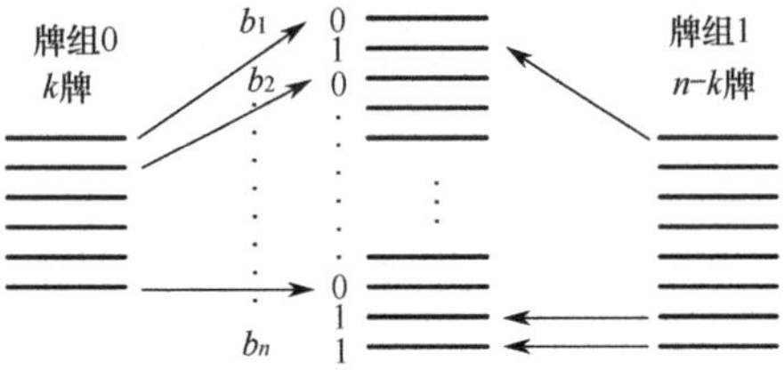

图 7-4　Riffle 洗牌示意图

当没有进行足够的洗牌操作时，存在具有相同二进制代码 $x_i = x_j$ 的牌，如图 7-5 所示。在这种情况下，这些牌之间的顺序与原始牌组中的顺序相同。

但是，当 t 足够大以至于所有 $\{x_i\}$ 都是不同的时候，牌的顺序与 x_i 的值有关，也就是说，最后为 0 的牌在其他牌的上面。在时间 t 之后的排序是完全随机的，因为该顺序仅由位 x_i 决定。

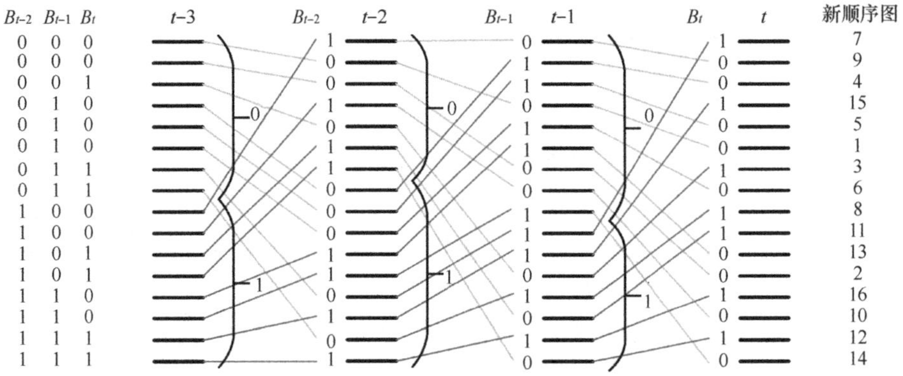

图 7-5　Riffle 洗牌和编码位示例

计算数字 t 使得所有 $\{x_i\}$ 都不同涉及一个经典的统计问题：每个箱子最多只有 1 个球，在 2^t 个箱子中放置 n 个球的概率是多少？这些箱子对应不重复的 2^t 位组合 $(b_1, b_2, \ldots, b_t)$，n 个球对应于 n 张牌。

例 7-1　为了解决这个问题，请考虑我们有 520 个排列方式完全相同的牌组，每个牌组中的牌从上到下编号为 1 到 52。对于每个牌组，我们独立地从 $\text{Bernoulli}\left(\frac{1}{2}\right)$ 分布中采样 52 个值。为了洗牌，我们计算 52 维向量中的 0 的数量，并从牌组的顶部取出该数量张数的牌。然后我们按顺序将它们放在一个“新”牌组中，使它们准确地定位在每个 0 的位置。其余的牌按同样的方法放置在 1 的位置。

为了测试这种方法创建随机洗牌的牌组的有效性，对于 520 个牌组中的每一个，该过程重复 t 次。在每次洗牌之后，我们创建 52 个直方图，每个直方图对应于牌组中的每个位置。在上下文中，将所有的 520 个牌组排列起来，然后将最上面的牌从牌组中翻出，然后将它们按顶部牌的相关数字进行排序，并将它们堆叠起来，以得到该位置的牌的分布。理想情况下，我们希望看到这 52 个分布中的每一个都大致相同，以代表完美洗好牌的牌组。全变差范数用于衡量分布接近的程度，误差由下式给出：

$$\text{err}(t) = \frac{1}{52}\sum_{i=1}^{52}\left\| H_{t,i} - \frac{1}{52} \right\|_{\text{TV}}$$

在这个表达式中，$H_{t,i}$ 是牌组位置为 i 时，在时间 t 时的概率分布。每次迭代都应当缩小所有位置的平均误差，但不太可能收敛为 0。

如图 7-6 所示，仅在 5 次洗牌之后，误差减少到 0.12 并稳定下来。用于获得随机牌组的传统 Riffle 洗牌方法的洗牌建议次数在 7 到 11 次之间。然而，在实践中，与上面使用的随机伯努利过程相比，Riffle 洗牌可能不是完全随机的。

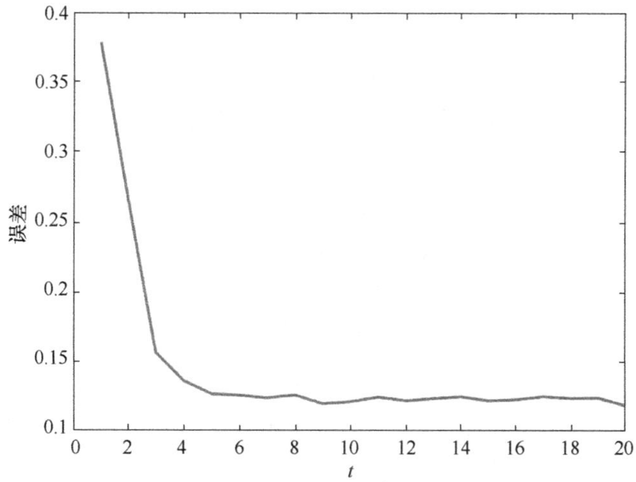

图 7-6　在 t 次 Riffle 洗牌之后，针对均匀分布的全变差范数差异

7.5　几何界限、瓶颈和连通率

在本节中，我们将介绍有关 MCMC 收敛速度的更多关键概念。

7.5.1　几何收敛

设 $(\boldsymbol{v},\boldsymbol{K},\Omega)$ 是马尔可夫链。如果 $\boldsymbol{K}$ 是不可约的和非周期性的，那么

$$\left\|\boldsymbol{v}\cdot\boldsymbol{K}^n-\boldsymbol{\pi}\right\|_{\mathrm{TV}}\leqslant c\cdot r^n$$

式中，c 是常量，$0<r<1$ 是几何率。对于这样的马尔可夫链，存在 $n_0>0$ 使得

$$\boldsymbol{K}^{n_0}(x,y)>0,\quad \forall x,y\in\Omega$$

由于没有指定 r，有许多方法都可以证明这一点。

（1）使用收缩系数。$\boldsymbol{K}$ 的收缩系数是转换核中任意两行之间的最大全变差范数，并通过计算得出：

$$C(\boldsymbol{K})=\max_{x,y}\|\boldsymbol{K}(x,\cdot)-\boldsymbol{K}(y,\cdot)\|_{\mathrm{TV}}$$

然后对于任何两个概率 $\boldsymbol{v}_1,\boldsymbol{v}_2$ 和定义在 x 上的函数 h 使得 $\boldsymbol{K}h=\sum_y h(y)K(x,y)$，那么下面式子成立：

$$\begin{aligned}\|\boldsymbol{v}_1\boldsymbol{K}-\boldsymbol{v}_2\boldsymbol{K}\|_{\mathrm{TV}}&=\max\{\|(\boldsymbol{v}_1\boldsymbol{K})h-(\boldsymbol{v}_2\boldsymbol{K})h\|:\|h\|\leqslant1\}\\&=\max\{\|\boldsymbol{v}_1(\boldsymbol{K}h)-\boldsymbol{v}_2(\boldsymbol{K}h)\|:\|h\|\leqslant1\}\end{aligned}\tag{7-1}$$

$$\leqslant \max\left\{\frac{1}{2}\max_{x,y}\| \boldsymbol{K}h(x)-\boldsymbol{K}h(y)\|:\|h\|\leqslant 1\right\}\|\boldsymbol{v}_1-\boldsymbol{v}_2\| \quad (7\text{-}2)$$

$$=\frac{1}{2}\max_{x,y}\max\{\|\boldsymbol{K}h(x)-\boldsymbol{K}h(y)\|:\|h\|\leqslant 1\}\|\boldsymbol{v}_1-\boldsymbol{v}_2\| \quad (7\text{-}3)$$

$$=c(\boldsymbol{K})\|\boldsymbol{v}_1-\boldsymbol{v}_2\|$$

关于此证明的更多详细信息，请参考文献[3]。

（2）使用 Perron-Frobenius 定理。回忆定理 3-1：

对于任何 $N \times N$ 的本原（不可约的和非周期的）随机矩阵 $\boldsymbol{K}$，$\boldsymbol{K}$ 具有特征值：

$$1=\lambda_1>|\lambda_2|>\ldots>|\lambda_r|$$

及重数 $m_1,\ldots,m_r$，以及左右特征向量 $(\boldsymbol{u}_i,\boldsymbol{v}_i)$，则 $\boldsymbol{u}_1=\boldsymbol{\pi}$、$\boldsymbol{v}_1=\mathbf{1}$，且

$$\boldsymbol{K}^n=\mathbf{1}\cdot\pi+O(n^{m_2-1}|\lambda_2|^n)$$

从这个结果我们得到了每个起始状态 $x_0\in\Omega$ 的界限

$$\left\|\boldsymbol{v}\boldsymbol{K}^n-\boldsymbol{\pi}\right\|_{\mathrm{TV}}\leqslant\sqrt{\frac{1-\pi(x_0)}{4\pi(x_0)}}\cdot\lambda_{\mathrm{slem}}^n$$

这个界限被称为 Diaconis-Hanlon 边界[1]。现在我们需要分析哪些因素影响边界 λ_{slem}。λ_{slem} 通常与链的特征相关，这在很大程度上阻碍了收敛的过程，即最坏的情况。这可以是状态、顶点或边。下面介绍几个与理解 λ_{slem} 有关的重要概念。

Persi Diaconis

7.5.2 交易图（转换图）

回到马尔可夫链核 $\boldsymbol{K}$ 作为人与人之间交易的比喻（如例 3-2），我们定义一个图 $G=<V,E>$，其中 $V=\Omega$ 是有限状态集，$E=\{<x,y>;x,y\in V,K(x,y)>0\}$ 是边的集合。每条边 $e=<x,y>$ 根据 $Q(e)=\pi(x)\cdot K(x,y)$ 加权。

此映射的几个性质可用于判断是否收敛。根据不可约性，$\forall x\neq y\in\Omega$，x 和 y 通过许多路径连接。我们定义一条加权路径 $\boldsymbol{\Gamma}_{xy}\overset{\mathrm{def}}{=}(x,\ldots,y)$，并进一步要求该路径最多一次包含每条边。在这个约束条件下，$\boldsymbol{\Gamma}_{xy}$ 的有效长度由下式给出：

$$\gamma_{xy}\overset{\mathrm{def}}{=}\sum_{<s,t>\in\Gamma_{xy}}\frac{1}{\pi(s)K(s,t)}$$

因此，从 x 到 y 的概率越低，意味着更长的有效长度，并且从 x 到 y 需要很长的等待时间。

7.5.3 瓶颈

G 的瓶颈指标表示图的整体连通性，并由下式给出：

$$\kappa=\max_{e\in E}\sum_{\Gamma_{xy}\ni e}\gamma_{xy}\cdot\pi(x)\pi(y)$$

式中，总和是在包含边 e 的所有有效路径（无论它们从哪里开始或结束）上获取的。瓶颈本身就是产生最大值的边 e^*。直观地说，e^* 可以被认为是图的金门大桥或巴拿马运河。两

个人口稠密的城市 / 水体 / 节点体系通过一条高速通道相连。

在计算图的瓶颈的过程中，Poincaré 不等式给出了基于 κ 的收敛的界限：

$$\lambda_{\text{slem}} \leqslant 1-\kappa^{-1}(\lambda)$$

例 7-2　为了说明该想法，我们考虑在一个岛屿上五个家庭交易的情况下寻找瓶颈的例子，如图 7-7（a）所示。假设我们认为瓶颈是边(3,2)。有许多路径包含边(3,2)。有 1 条单步路径、6 条两步路径和 21 条三步路径。其中，只有(2,3,2,3)不可行，因为该路径包含了重复的边。还有四步路径、五步路径等等。我们可以看到，有超过 10000 条与最佳边相关的路径。

为了降低这个问题的复杂性，我们改为计算 κ。设 G 是有向图的未加权形式，G 以矩阵形式表示，将所有非零 $K(x,y)$ 元素转换为 1。根据 G 的边集恰好是 G_0 的顶点这一规则，将未加权有向图 G 转换为新的未加权有向图 G_0。因此，v_1 和 v_2 是 G_0 的边，当且仅当 G 的某些顶点 s_1,s_2,t_1,t_2 满足 $v_1=(s_1,t_1)$ 和 $v_2=(s_2,t_2)$。最后，构建 G_0，当且仅当 $t_1=s_2$，使其满足存在 v_1 到 v_2 的有向边，如图 7-7（b）所示。

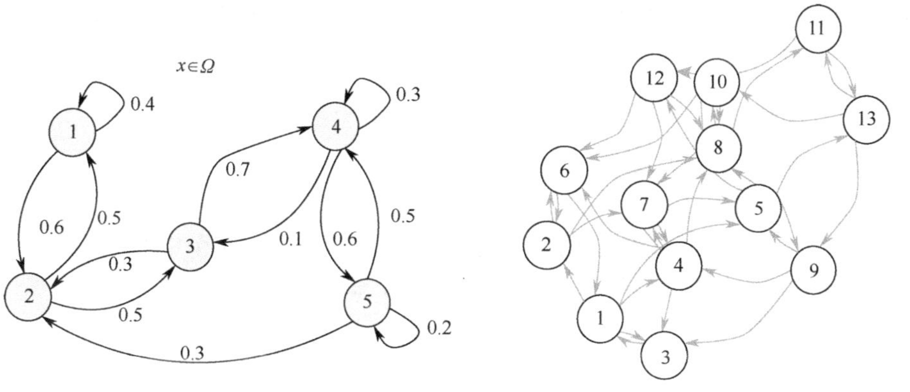

(a) 五个家庭的交易图　　(b) 未加权的有向图，其顶点集等价于边集

图 7-7　寻找瓶颈问题

现在，考虑这个新图形 G_0 上的所有简单路径，即一条简单的路径经过任何顶点至多一次的路径。因此，在经过 G 的每条边至多一次的情况下，G_0 上的简单路径沿着 G 的边追踪可行路径。那么，我们可以轻松搜索 G_0 以查找所有的简单路径，然后丢弃那些未包含我们正在考虑的边的路径，计算 $\gamma_{x,y}\pi(x)\pi(y)$，并对剩余路径求和。对 G_0 中的每个顶点重复此操作（这正是我们最大化的每个可能的参数）并选择最大化总和的顶点。

使用此算法，我们得到边<3,4>的瓶颈指标 $\kappa=90508.08$。由于 $\lambda_{\text{slem}}=|0.5443+0.1824i|=0.57405$，我们观察到，这满足 Poincaré 不等式 $\lambda_{\text{slem}} \leqslant 1-\kappa^{-1}$。

7.5.4　连通率

假设我们将状态空间 Ω 分成两个子空间，使满足 $\Omega=S\cup S^{\mathrm{C}}$。然后我们定义子空间之间的转换概率：

$$K(S,S^{\mathrm{C}}) =: \sum_{x\in S}\sum_{y\in S^{\mathrm{C}}} K(x,y)$$

设 $\pi(S)=\sum_{x\in S}\pi(x)$ 是 S 的容量并定义：

$$Q(S,S^{\mathrm{C}}) =: \sum_{\substack{x\in S\\ y\in S^{\mathrm{C}}}} \pi(x)\cdot K(x,y)$$

为 S 的流出。然后给出 G 的连通率：

$$h =: \min_{S:\pi(S)\leqslant\frac{1}{2}} \frac{Q(S,S^{\mathrm{C}})}{\pi(S)}$$

如果连通率很小，则存在 S，其中 $\pi(S)$ 很大但是 $Q(S,S^{\mathrm{C}})$ 很小。这种连通率的定义引入了 Cheeger 不等式[2]：

$$1-2h \leqslant \lambda_{\text{slem}} \leqslant 1-\frac{h^2}{2}$$

这些界限很直观，但在实践中并不能真正用来指导设计。在实践中，常常使用启发式算法来加速马尔可夫链的收敛，如数据驱动的 MCMC（见本书第 8 章）或 SW 切分（见本书第 6 章）算法。

7.6 Peskun 有序和遍历性定理

现在，我们回到设计 MCMC 的早期动机。回想一下本书 3.7 节中的遍历性定理。请记住，这里允许我们执行蒙特卡罗积分来计算参数 θ，即

$$\theta = \int f(x)\pi(x)\mathrm{d}x \cong \hat{\theta} = \frac{1}{n}\sum_{t=1}^{n} f(x^{(t)})$$

通过使用从 MCMC 获得的样本 $\{x^{(1)},\dots,x^{(n)}\}\sim\pi(X)$。马尔可夫链的效率最终通过方差来衡量：

$$\mathrm{var}(\hat{\theta}) = \lim_{n\to\infty}\frac{1}{n}\mathrm{var}\left\{\sum_{t=1}^{n} f(x^{(t)})\right\}$$

假设两个马尔可夫核 K_1 和 K_2 具有相同的不变概率 π。我们在集合中的所有这些 K 中引入了偏序：

$$\Omega_{\pi} = \{K:\pi K=\pi,\ K\text{ 不可约且 }K\text{ 为非周期性变量}\}$$

如果 $K_1(x,y)\geqslant K_2(x,y),\forall x\neq y$，我们称 K_1 主导 K_2，记为 $K_1\succeq K_2$。

定理 7-1（**Peskun**） 如果 $K_1\succeq K_2$，那么 $\mathrm{var}(\hat{\theta}_1)\leqslant\mathrm{var}(\hat{\theta}_2)$。

例 7-3 考虑以下两个马尔可夫链：

MC1：$K_1(x,y)=Q(x,y)\cdot\alpha(x,y)$

$$= Q(x,y)\cdot\min\left(1,\frac{Q(y,x)\pi(y)}{Q(x,y)\pi(x)}\right)$$，由 Metropolis – Hastings 设计。

MC2：$K_2(x,y)=Q(x,y)\cdot\dfrac{\pi(y)Q(y,x)}{\pi(x)Q(x,y)+\pi(y)Q(y,x)}$，由 Baker's 设计。

可以证明 $K_1 \succeq K_2$。

例 7-4　Metropolized 吉布斯采样器 $\succeq$ 吉布斯采样器。

7.7　路径耦合和精确采样

例 7-5　我们考虑 $n\times n$ 及其由 4 个最近邻栅格组成的图。我们在其原始物理环境中使用伊辛模型，其中它在带电粒子的栅格上模拟磁性材料。每个粒子可以具有两种可能的旋转状态之一，即−1（向下）或 1（向上）。设 X 是栅格的自旋状态，因此每个位点 s 的变量 X_s 是自旋状态，取值为{−1,1}。自旋相互作用的模型将正能量分配给相反方向的自旋。形式上，系统的能量由下式给出：

$$H(X)=-\sum_{<s,t>\in C}\beta X_s X_t$$

式中，C 是栅格的 4 个最近邻，β 是交互强度。那么，栅格的每种可能状态的概率度量为

$$P(X)=\frac{1}{Z}\exp^{-H(X)}$$

我们可以使用吉布斯采样器模拟两条马尔可夫链：

（1）白链的所有位点从 1 开始，其状态由 X^1 表示；

（2）黑链的所有位点从−1 开始，其状态由 X^2 表示。

在每一步中，吉布斯采样器在两个图像中选取一个位点 s 并计算条件概率，$p(X_s^1 \mid X|_{\partial s}^1)$ 和 $p(X_s^2 \mid X_{\partial s}^2)$。它根据上述两个条件概率更新变量 X_s^1 和 X_s^2，并使用相同的随机数 $r\in[0,1]$来对两个变量进行采样。在这个过程中，两条马尔可夫链是耦合的。

在任何步骤中均可得到：$X_s^1 \geqslant X_s^2, \forall s$。也就是说，白链总是具有比黑链更大的和。$\beta=0.35$ 的示例如图 7-8 所示，在伊辛模型上，当 $\beta=0.35$ 时，白链和黑链的总磁化 $\sum_s X_s$ 在 $\tau=105$ 处聚合。

当这两条链彼此相遇时，即 $X_s^1 = X_s^2, \forall s$，经过多次扫描后，它们被认为已经聚合。由于它们相等，它们将一直保持相同的状态，并且在每一步都由相同的随机数驱动。我们用 τ 表示聚合时间（扫描），τ 扫描后的图像是来自伊辛模型的精确样本。

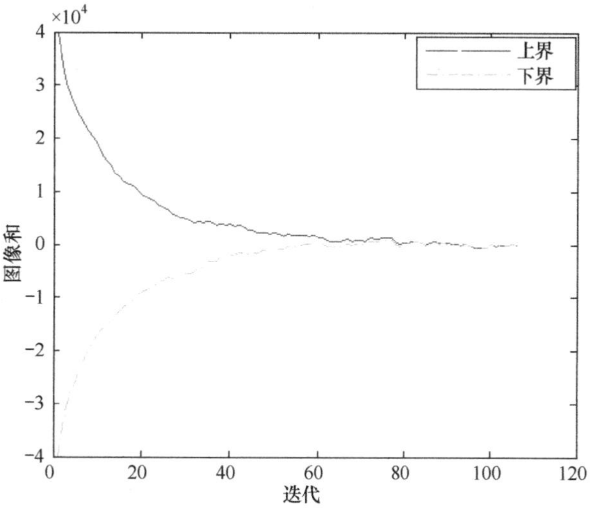

图 7-8　白链和黑链的总磁化

7.7.1 从过去耦合

精确采样的主要概念之一是从过去耦合。我们的想法是从每个状态及时向后运行模拟，跟踪每个链最终的状态。直观的是，一旦两个状态在从时间$-t$到时间 0 的模拟之后映射到单个状态，它们将保持相同。如果使用相同的随机数，则从$-t-1$模拟。从过去耦合确保在有限数量的模拟 M 之后，我们最终得到的状态 i 的度量 $\rho(i)$足够接近链的均衡分布 $\pi(i)$，即 $\|\rho(i)-\pi(i)\|<\epsilon$。固定时间向后模拟的输出为 $F_{-M}^{0}(i)$，其中 $F_{t_1}^{t_2}$ 定义为组合 $f_{t_2-1}\circ f_{t_2-2}\circ\ldots\circ f_{t_1+1}\circ f_{t_1}$。此结果的几个重要特性包括：

（1）每个 $f_t(i)$ 将状态空间映射到自身，并且 $-M\leqslant t\leqslant 1$。

（2）F_t^0 通过 $F_t^0=F_{t+1}^0\circ f_t$ 更新。

（3）聚合是在 F_t^0 成为常量映射的时间点，$F_t^0(i)=F_t^0(i')$，$\forall i,i'$。

定理 7-2 在概率为 1 的情况下，来自过去过程的耦合返回一个值，该值的分布服从马尔可夫链的平稳分布。

例 7-6 考虑如图 7-9 所示的四状态的马尔可夫链，其中 $p=\dfrac{1}{3},q=\dfrac{1}{4},r=1-p-2q$。我们模拟过去的所有状态及耦合，在 5 次迭代模拟之后发生了聚合，如图 7-10 所示。

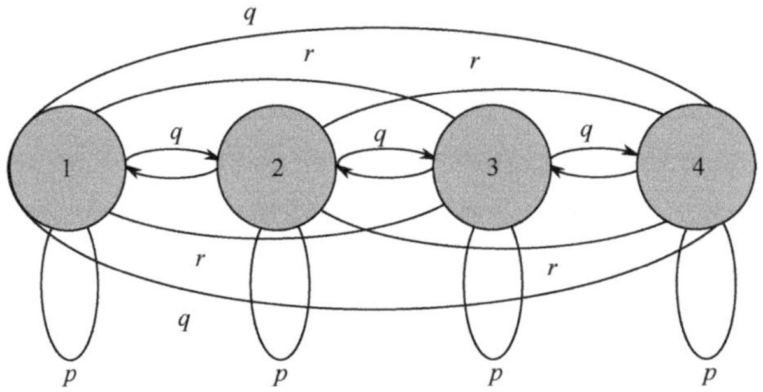

图 7-9 四种状态的马尔可夫链

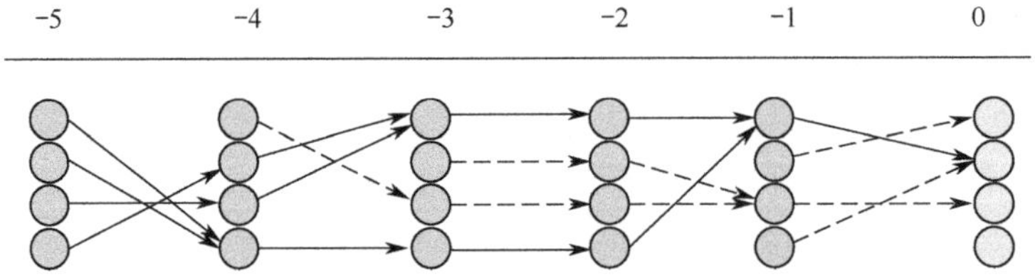

图 7-10 图 7-9 中马尔可夫链的从过去耦合

状态空间 S 具有自然的偏序，使

$$x\leqslant y\Rightarrow\phi(x,u)\leqslant\phi(y,u)$$

式中，ϕ 是更新规则，u 是随机源。可以通过跟踪 S 的最大和最小元素来验证聚合。

7.7.2 应用：对伊辛模型进行采样

现在，我们回到例 7-5 中的伊辛模型。由于其高维度，对伊辛模型进行采样并非易事，因此我们使用吉布斯采样器根据栅格的每个自旋的条件分布 $P(s/\partial_s)$ 来更新链，其中∂_s是 s 的相邻系统。直接从此分布中进行采样是非常容易的。

研究表明，如果采用吉布斯采样器更新栅格中所有点的确定性（或半确定性）方案，则被引导的马尔可夫链将收敛到栅格的联合分布 $P(I)$。图 7-11 为来自伊辛模型的样本，在聚合时具有不同的 β 值。每个图像下方显示 β 的值和聚合时间 τ。在图 7-8 中显示了 MC1（白链）和 MC2（黑链）的总磁化 $\sum_s X_s$， $\beta = 0.35$ 。对于不同的随机序列，聚合时的能量可能不同，如图 7-12 所示。图 7-13 显示每次时间 i 和时间 $i+t$ 给出的状态之间的相关性：

$$R(t) = \frac{1}{N}\sum_{i=1}^{N} < X^{(i)}, X^{(i+t)} >$$

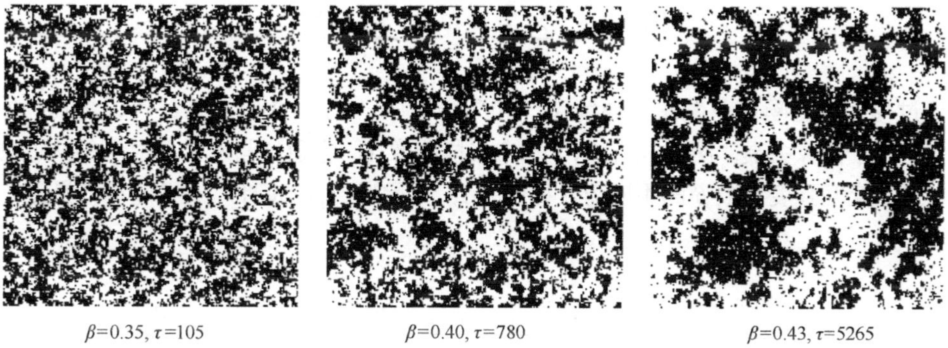

图 7-11　在不同温度下的二维伊辛模型样本（栅格尺寸：200×200）

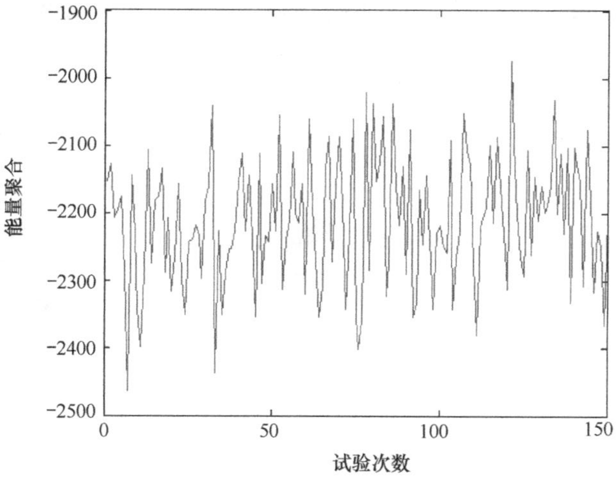

图 7-12　150 次试验的聚合能量（ $\beta = 0.40$ ，栅格尺寸为 50×50）

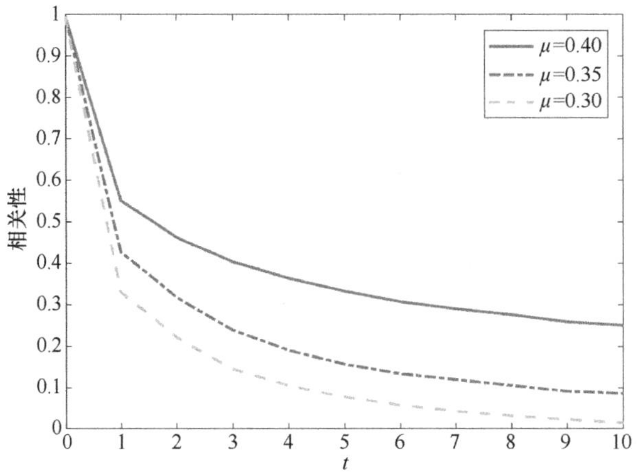

图 7-13　不同温度下平衡态的相关性

如果将外场 X^{obs} 添加到模型中，则势 $H(X)$ 变为

$$H(X) = -\sum_{<s,t>\in C} \alpha X_s X_t - \sum_{<s>\in I} X_s X_s^{\text{obs}}$$

通过使用观测噪声图像作为外场 X^{obs} 和采样图像 X 作为去噪图像，可以将具有外场的伊辛模型用于图像去噪。图 7-14 显示了一个采样图像 X，它通过与左上角显示的从过去耦合得到，以及交互强度参数 β 的不同值。如图 7-15 所示为当 $\beta = 1$ 时，上界链和下界链的总磁化强度。

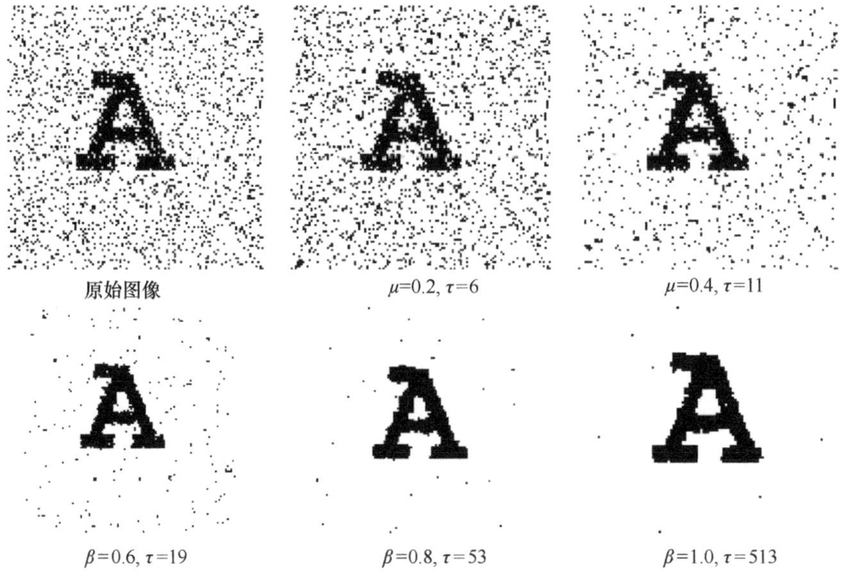

图 7-14　具有外场的耦合马尔可夫链的降噪仿真

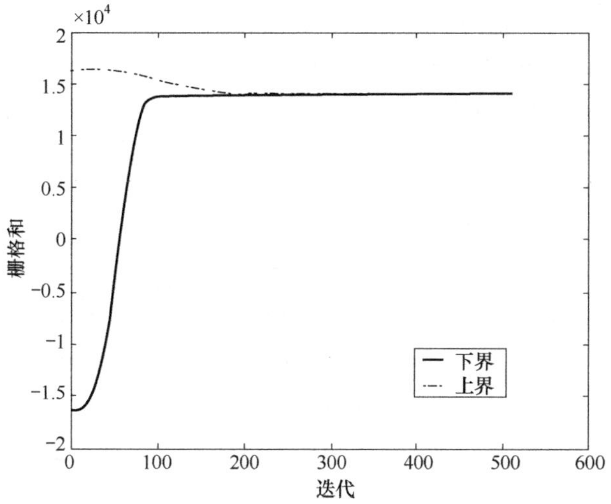

图 7-15　上界链和下界链在 $\tau = 513, \beta = 1$ 处聚合

7.8　本章练习

问题 1　考虑生活在太平洋岛屿的五个家庭的马尔可夫核（矩阵 $\boldsymbol{K}$），数字略有变化。

$$\boldsymbol{K} = \begin{pmatrix} 0.1 & 0.8 & 0.1 & 0.0 & 0.0 \\ 0.3 & 0.0 & 0.7 & 0.0 & 0.0 \\ 0.1 & 0.6 & 0.0 & 0.3 & 0.0 \\ 0.0 & 0.0 & 0.1 & 0.6 & 0.3 \\ 0.0 & 0.0 & 0.2 & 0.4 & 0.4 \end{pmatrix}$$

此转移矩阵定义有向图 $G =< V, E >$，其中 $V = \{1,2,3,4,5\}$ 是状态集，$E = \{e = (x, y): K(x, y) > 0\}$ 是有向边集合。

（1）绘制图 G 并计算五个状态 $x \in \{1,2,3,4,5\}$ 的不变概率 $\pi(x)$；计算 λ_{slem} 的值。现在我们将用本章中学习过的两个概念——瓶颈和连通率来验证问题的边界。

（2）哪条边 $e = (x, y)$ 是 G 的瓶颈？（可以先根据图连接进行猜测，然后根据其定义进行计算）并计算图 G 的瓶颈 κ，验证 Poincaré 不等式：

$$\lambda_{\text{slem}} \leqslant 1 - \frac{1}{\kappa}$$

（3）计算图 G 的连通率 h，验证 Cheeger 不等式：

$$1 - 2h \leqslant \lambda_{\text{slem}} \leqslant 1 - \frac{h^2}{2}$$

（4）由于我们知道 π，我们可以设计一个一步收敛的“理想”矩阵 $\boldsymbol{K}^*$。然后对于 $\boldsymbol{K}^*$，有 $\lambda_{\text{slem}} = 0$。重新运行上面的代码来计算 $\boldsymbol{K}^*$ 的连通率 h。验证 Cheeger 不等式。

问题 2　在 Riffle 洗牌中，我们提到了两个边界：7 和 11 是打乱 52 张牌的预期的洗牌次数。在证明边界之前，最好根据经验绘制收敛曲线。

假设我们将 52 张牌标记为$1,2,\ldots,52$，并以牌组（或状态）X_0开始，从 1 到 52 排序。然后我们从X_{t-1}到X_t迭代地模拟接下来的 Riffle 洗牌过程。

模拟 52 个独立的伯努利试验，结果为 0 和 1 的概率均为 1/2。因此，我们得到二元向量$0,1,1,0,\ldots,0$。假设有n个 0 和$52-n$个 1，我们从牌组X_{t-1}中取出前n张牌，然后将它们顺序放入值为 0 的位置，其余$52-n$张牌顺序放入值为 1 的位置。

现在，让我们检查随着t的增加，牌组X_t是否是随机的。你可以设计自己的方法来测试随机性。如果你没有更好的想法，那么可以使用下面的默认方法。我们总是从排好序的牌组X_0开始，并重复洗牌过程K次。因此，对每个时刻t，我们记录牌组K的数量：

$$\{X_t^k : k=1,2,\ldots,K\}$$

对于每张牌的位置$i=1,2\ldots,52$，我们计算K套牌组中i位置的K张牌的直方图（边缘分布）$H_{t,j}$，并将其标准化为 1。这个直方图有 52 个单元，所以我们令K=52×10。然后我们将这个 52 个单元的直方图与全变差范数的均匀分布进行比较，并将它们在 52 个位置上进行平均，作为t时随机性的度量。

$$\mathrm{err}(t)=\frac{1}{52}\sum_{i=1}^{52}\| H_{t,i}-\mathrm{unif}\|_{\mathrm{TV}}$$

绘制随着时间t的变化曲线 err(t)来证明收敛步骤。基于所绘制的图，判断我们到底需要洗多少次牌？

问题 3　在有限状态空间Ω中，假设在步骤t中，马尔可夫链 MC 在ν概率的条件下具有状态X。通过应用马尔可夫内核P一次，其在t+1 中的状态是Y，其遵循概率$\mu=\nu\cdot P$。我们知道，P以不变概率π遵守细致平衡方程，即

$$\pi(x)P(x,y)=\pi(y)P(y,x),\quad \forall x,y\in\Omega$$

证明 KL 散度单调递减，即

$$\mathrm{KL}(\pi\|\nu)-\mathrm{KL}(\pi\|\mu)=E[\mathrm{KL}(P(Y,X)\|Q(Y,X))]\geqslant 0$$

式中，$P(Y,X)$是条件概率，且下式为P的反向步骤：

$$Q(Y,X)=\frac{P(X,Y)\nu(X)}{\mu(Y)}$$

请注意，KL 散度是$\mathrm{KL}(p_1\|p_2)=\sum_x p_1(x)\log\frac{p_1(x)}{p_2(x)}$。

提示：根据两个链，即固定链$\pi(X,Y)$和当前链，计算两个连续状态(X,Y)的联合概率，然后计算两者之间的 KL 散度。

问题 4　设$\boldsymbol{K}$为有限空间Ω中的随机矩阵，令$\boldsymbol{\mu}$和$\boldsymbol{\nu}$为Ω的两个初始概率，表明：

$$\|\boldsymbol{\mu K}-\boldsymbol{\nu K}\|_{\mathrm{TV}}\leqslant C(\boldsymbol{K})\|\boldsymbol{\mu}-\boldsymbol{\nu}\|_{\mathrm{TV}}$$

式中，$C(\boldsymbol{K})\leqslant 1$是收缩系数，即转换核中任意两行之间的最大全变差范数，即

$$C(\boldsymbol{K})=\max_{x,y}\|\boldsymbol{K}(x,\cdot)-\boldsymbol{K}(y,\cdot)\|_{\mathrm{TV}}$$

全变差范数是$\|\boldsymbol{\mu}-\boldsymbol{\nu}\|_{\mathrm{TV}}=\frac{1}{2}\sum_{x\in\Omega}|\mu(x)-\nu(x)|$。

本章参考文献

[1] Diaconis P, Hanlon P (1992) Eigen-analysis for some examples of the metropolis algorithm. Contemp Math 138:99–117 .

[2] Diaconis P, Stroock D (1991) Geometric bounds for eigenvalues of Markov chains. Ann Appl Probab 1(1): 36–61.

[3] Winkler G (2003) Image analysis, random fifields and dynamic Monte Carlo methods. Springer, Berlin.

第 8 章　数据驱动的马尔可夫链蒙特卡罗方法

数据就是新的石油。

——Clive Humby

8.1　引言

屠卓文

数据驱动的马尔可夫链蒙特卡罗（DDMCMC）提供了一种自成体系的方法，可以使用来自边缘检测和聚类等过程的低级信息，通过在解空间中进行有效跳跃来指导 MCMC 搜索，可显著加速收敛到后验概率的众数。将从边缘检测和灰度聚类获得的数据驱动信息表示为加权样本（粒子），并使用 Metropolis-Hastings 方法将其用作 MCMC 跳跃的重要性提议概率。

在图像分割应用中，这些数据驱动的跳跃用于拆分合并操作，与区域增长、蛇 / 气球和区域竞争等扩散型操作一起，实现对解空间的有效遍历探索。

8.2　图像分割和 DDMCMC 方法概述

朱松纯

由于两大挑战的存在，图像分割是计算机视觉领域的一个长期研究的问题。

第一个挑战是与一般图像中出现的大量视觉模式建模相关的基本复杂性。图像分割的目的是将图像解析为其组成部分。它们由各种随机过程组成，例如属性点、线、曲线、纹理、光照变化和可变形对象。因此，分割算法必须包含许多图像模型族，并且其性能受所选模型的精确度限制。

第二个挑战是图像感知的内在模糊性，特别是当没有特定的任务来引导注意力时。真实世界的图像基本上是模糊的，我们对图像的感知会随着时间而变化。此外，图像通常以多种尺度展示细节。观察图像越细致，人们看到的就越多。因此，认为分割算法仅输出一个结果一定是错误的。图像分割应被视为计算过程而非视觉任务。它应该动态且无限地输出多个不同的解，以便这些解能够最好地保持内在模糊性。

在上述两个观察的启发下，一种称为数据驱动的马尔可夫链蒙特卡罗（DDMCMC）随机计算范式被提出并用于图像分割。该算法分以下五步进行：

（1）在贝叶斯 / MDL 框架[32,34,69]下表达这个问题，用七个图像模型族竞争着去解释图像中的各种视觉模式，例如平坦区域、杂波、纹理、光滑阴影等。

（2）把解空间分解成许多不同维度的子空间的并集，每个子空间都是图像分区和图像模型的多个子空间的乘积，空间结构如图 8-10 所示。贝叶斯后验概率分布在这样的异构空间上。

（3）设计遍历马尔可夫链，探索解空间，并对后验概率进行采样。马尔可夫链由跳跃和扩散两类动态过程组成。跳跃动态过程模拟了可逆的拆分和合并以及模型切换。扩散动态过程模拟了边界变形、区域增长、区域竞争[69]和模型适应。拆分和合并过程是可逆的，因此遍历性和可逆性使算法能够独立于初始分割条件获得几乎全局最优解。

（4）利用数据驱动技术来指导马尔可夫链搜索，与其他 MCMC 方法[24,26-27]相比能够获得更大的加速。在文献中，有各种提高马尔可夫链速度的技术，如多分辨率方法[7,64]、因果马尔可夫模型[7,47]和聚类[3,21,54,64]。在 DDMCMC 范式中，使用了边缘检测[10]和跟踪，以及数据聚类[12-13]等数据驱动方法。这些算法的结果表示为加权样本（或粒子），在不同的子空间中编码非参数概率。这些概率分别近似于贝叶斯后验概率的边缘概率，并用于设计驱动马尔可夫链的重要性提议概率。

（5）实现数学原理和 K-冒险家算法，用于从马尔可夫链序列中和多尺度细节上选择和修剪一组重要且不同的解。该组解编码贝叶斯后验概率的近似值，计算多个解以最小化近似后验与真正后验的 KL 散度，并且它们保留了图像分割中的模糊性。

总之，DDMCMC 范式是关于有效创建粒子（通过自下而上的聚类 / 边缘检测）、合成粒子（通过重要性提议）和修剪粒子（通过 K-冒险家算法）的方法，这些粒子表示了解空间中不同粒度级别的假设。从概念上讲，DDMCMC 范式也揭示了一些著名分割算法的作用。分割合并、区域增长、蛇[30]和气球 / 气泡[52]、区域竞争[69]、变分法[32]和偏微分方程[49]等算法，可以被看作经过微小修改的各种 MCMC 跳跃扩散动态过程。边缘检测[10]和聚类[13,18]等其他算法可以用来计算重要性提议概率。

8.3　DDMCMC 方法解释

我们可能用最简单的例子——Ψ-世界来说明 DDMCMC 方法的概念。Ψ-世界仅由四种类型的对象组成：背景像素、线段、弧线和希腊符号 Ψ，分别用 B、L、C 和 P 标记。在栅格 Λ 上的观测图像 $\boldsymbol{I}$ 是通过在背景上用加性高斯噪声叠加 n 个对象产生的。n 服从泊松分布，对象的大小和位置服从均匀分布。图 8-1 显示了指定分布下的两个典型图像。用向量来描述 Ψ-世界，即

$$W=(n,\{(\ell_i,\theta_i);i=0,1,\dots,n\},\ \boldsymbol{\alpha})$$

式中，$n\in\{0,1,2,\dots,|\Lambda|\}$ 是除去背景的对象数量，$|\Lambda|$ 是图像中的像素数量；$\ell_i\in\{B,L,C,P\}$ 是标签；θ_i 是描述第 i 个对象向量值的参数。我们只有一个背景对象 $\ell_0=B$。

参数定义如下：

（1）B 类型：对于像素灰度，θ_0 的值为 μ_0。

（2）L 类型：θ_i 包括 $(\rho_i,\tau_i,s_i,e_i,\mu_i)$。$(\rho_i,\tau_i)$ 描绘一条直线，s_i、e_i 是起点和终点。μ_i

是线的强度等级。

（3）C 类型：θ_i 包括 $(x_i, y_i, r_i, s_i, e_i, \mu_i)$，表示弧对象的中心、半径、起点、终点和强度等级。

（4）P 类型：θ_i 包括 $(x_i, y_i, r_i, \tau_i, \mu_i)$，表示半圆的中心、半径，以及线段的角度和强度等级。根据定义，Ψ 中的弧必须是半圆。

图 8-1　具有不同数量对象的随机生成图像示例

©[2000] IEEE，获许可使用，来自参考文献[70]

W 中另一个重要变量是遮挡的 $\boldsymbol{\alpha}$ 映射。

$$\boldsymbol{\alpha}: \Lambda \to \{0,1,2,\ldots,n\},\ \boldsymbol{\alpha} \in \Omega_{\boldsymbol{\alpha}}$$

对于像素 $(x,y) \in \Lambda$，$\boldsymbol{\alpha}(x,y)$ 索引最顶部的对象，该对象是该像素处唯一的可见对象。

我们用 $\varpi_g = [0,255]$ 表示图像强度等级的空间，Ψ-世界的解空间是

$$\Omega = \Omega_{\boldsymbol{\alpha}} \times \varpi_g \times \bigcup_{n=0}^{|\Lambda|} \Omega_o^n$$

式中，Ω_o^n 是具有 n 个对象（不包括背景）的子空间。

$$\Omega_o^n = \bigcup_{k+l+m=n} \Omega_{k,l,m}, k,l,m \geqslant 0$$

式中，$\Omega_{k,l,m}$ 分别是正好具有 k 条直线、l 条弧和 m 个 Ψ-对象的子空间。

$$\Omega_{k,l,m} = \underbrace{\Omega_{\mathrm{L}} \times \ldots \times \Omega_{\mathrm{L}}}_{k} \times \underbrace{\Omega_{\mathrm{C}} \times \ldots \times \Omega_{\mathrm{C}}}_{l} \times \underbrace{\Omega_{\Psi} \times \ldots \times \Omega_{\Psi}}_{m}$$

我们将 Ω_{L}、Ω_{C} 和 Ω_{Ψ} 称为对象空间。

这些对象空间进一步分解为五个原子空间，用小写的希腊符号表示。

（1）ϖ_g：像素强度空间 μ。

（2）ϖ_c：圆变量空间 x, y, r。

（3）ϖ_l：线变量空间 ρ, τ。

（4）ϖ_e：起点和终点空间 s, e。

（5）ϖ_τ：Ψ 的方向空间。

因此，对象空间是原子空间的乘积。

$$\Omega_{\mathrm{L}} = \varpi_l \times \varpi_e \times \varpi_g,\ \Omega_{\mathrm{C}} = \varpi_c \times \varpi_e \times \varpi_g,\ \Omega_{\Psi} = \varpi_c \times \varpi_\tau \times \varpi_g$$

图 8-2 说明了 Ψ-世界的解空间 Ω 的结构。三角形、正方形和六边形分别代表 Ω_{L}、Ω_{C}

和 Ω_Ψ 三个对象空间。各种阴影和尺寸的小圆圈代表五个原子空间。箭头表示 8.3.1 节中讨论的子空间之间的可逆跳跃。

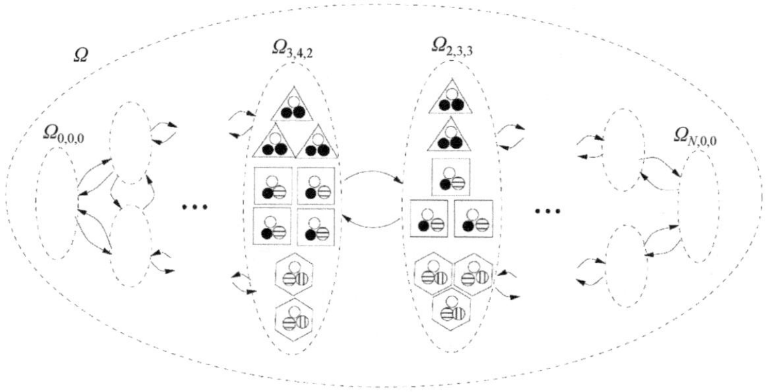

图 8-2　Ψ-世界的解空间Ω的结构

©[2000] IEEE，获许可使用，来自参考文献[70]

Ψ-世界中的物体识别是一个贝叶斯推理问题，即

$$W \sim p(W|\boldsymbol{I}) \propto p(\boldsymbol{I}|W)p(W), \quad W \in \Omega$$

$p(W)$ 是物体数量 n 的泊松分布和物体参数 $\theta_i, i=1,\ldots,n$ 上的一些均匀密度的乘积。具有参数 θ_i 和 $\boldsymbol{\alpha}$ 映射的每个 W 确定一个清晰图像 $\boldsymbol{I}_o$，并且 $p(\boldsymbol{I}|W)=p(\boldsymbol{I}|\boldsymbol{I}_o)$ 仅仅是独立同分布高斯噪声的乘积。由于篇幅限制，我们没有详细地定义概率。

注意，$p(W|\boldsymbol{I})$ 的概率质量分布在不同维度的多个子空间中，在本书 8.3.1 节中，我们模拟了随机马尔可夫链动态过程，它可以在异构空间中传播并实现两个目标。

（1）计算 Ω 中的全局最优解 W^*。

（2）为了更好的稳健性，需计算 M 个不同的解（或解释）：

$$S=\{W_1, W_2, \ldots, W_M\}$$

8.3.1　MCMC 方法设计的基本问题

我们分两步设计 MCMC 方法。

首先，为了实现可遍历性和非周期性，我们选择五种类型的 MCMC 方法动态过程。

类型Ⅰ：扩散过程。该过程改变参数 θ_i，如移动和延长线段等。

类型Ⅱ：死亡过程。此过程消除一个现有对象，并跳转到较低维度的子空间。

类型Ⅲ：出生过程。此过程添加一个新对象，并跳转到更高维度的子空间。

类型Ⅳ：组合过程。此过程将两个现有对象组合为一个新对象，并跳转到另一个子空间。例如，将两条短线组成一条长线，或将一条线与一个圆组合成一个Ψ。

类型Ⅴ：分解过程。此过程将一个现有对象分解为两个。

例如，在图 8-2 中，从 $\Omega_{3,4,2}$ 到 $\Omega_{2,3,3}$ 的移动将一个线对象和一个圆对象组合成一个Ψ-对象。通过投掷骰子来决定应用这五种动态过程的顺序。很容易证明具有上述五种过程的马尔可夫链是可逆的、遍历的和非周期性的。

其次，我们讨论如何平衡马尔可夫链动态过程。扩散过程可以通过随机朗之万方程（Langevin equation）来实现，它是一个相对于 θ_i 最大化 $p(W|\boldsymbol{I})$ 加上布朗运动的陡峭上升动态过程。它也可以通过连续吉布斯采样器实现。

由于篇幅限制，我们只讨论类型Ⅱ和类型Ⅲ之间的平衡。类型Ⅳ和类型Ⅴ的动态过程可以用类似的方式完成。假设在某个时间步长 t 时，我们提议消除由 $\theta_i=(x_i,y_i,r_i,s_i,e_i,\mu_i)$ 指定的现有弧对象：

$$W=(n,\theta_i,w)\to(n-1,w)=W'$$

式中，w 表示在此操作期间保持不变的对象。为了实现死亡过程，我们必须计算同一个对象立即出生的可能性——这是出生过程的逆向操作。请注意，这是一对在不同维度的两个子空间之间跳跃的操作。我们使用 Metropolis-Hastings 方法。设 $G(W\to \mathrm{d}W')$ ① 和 $G(W'\to \mathrm{d}W)$ 分别为这两次操作的提议概率，则死亡过程依概率接受，即

$$A(W\to \mathrm{d}W')=\min\left(1,\frac{G(W'\to \mathrm{d}W)p(W'|\boldsymbol{I})\mathrm{d}W'}{G(W\to \mathrm{d}W')p(W|\boldsymbol{I})\mathrm{d}W}\right) \tag{8-1}$$

当 $W\neq W'$ 时，转移概率 $P(W\to \mathrm{d}W')=G(W\to \mathrm{d}W')A(W\to \mathrm{d}W')$。后验概率的比值通常是建立后验概率的影响的主要因素，以平衡来自提议概率的可能偏差。

死亡提议概率为

$$G(W\to \mathrm{d}W')=q(\mathrm{II})q_o(i)\mathrm{d}w \tag{8-2}$$

式中，$q(\mathrm{II})\in(0,1)$ 是在时间 t 使用类型Ⅱ动态过程的概率，$q_o(i)$ 是选择圆对象 θ_i 的概率。出生提议为

$$G(W'\to \mathrm{d}W)=q(\mathrm{III})q(\theta_i)\mathrm{d}\theta_i\mathrm{d}w \tag{8-3}$$

首先选择概率为 $q(\mathrm{III})$ 的类型Ⅲ，然后以概率 $q(\theta_i)\mathrm{d}\theta_i$ 选择一个新的圆对象 θ_i。

由于 $\mathrm{d}W=\mathrm{d}\theta_i\mathrm{d}w$和$\mathrm{d}W'=\mathrm{d}w$，因此式（8-1）中分子和分母的维数是匹配的。设计 $q(\mathrm{II})$ 和 $q(\mathrm{III})$ 很容易，并且通常对速度影响不大。例如，可以在开始时更频繁地使用类型Ⅱ。这里的关键问题是计算 $q(\theta_i)$！

在统计学文献[26-27]中，首先对跳跃动态过程进行了研究，其中新维度中的变量由先验模型提出。在我们的例子中，$q(\theta_i)$ 服从均匀分布，例如盲目搜索。显然，这些提议很有可能被拒绝。这是 MCMC 方法效率低下的主要原因！直观来说，$q(\theta_i)$ 需要能够预测新对象可能在对象空间中的位置。这是数据驱动（自底向上）技术的用武之地。

8.3.2 计算原子空间中的提议概率：原子粒子

图 8-3 显示了 Ψ-世界中对象的层次结构。终端（圆圈）节点表示特征元素：条形、终点和交叉，而箭头表示组合关系。我们使用三种类型的特征检测器：3 个交叉检测器、6 个条形检测器和 12 个不同方向的终点检测器。

使用条形检测映射，我们计算线条和圆形的霍夫变换。使用均值漂移（mean shift）算法[13]计算局部极大值。我们用 $(\rho_l^{(i)},\tau_l^{(i)}),i=1,2,\ldots,n_l$ 表示这些局部极大值。

① 译者注：这里的符号“d”表示变量的变化，并不一定是微分计算。

因此，我们计算原子空间 ϖ_l 上的经验密度，表示为一组加权样本，即

$$q_l(\rho,\tau)=\sum_{i=1}^{n_l}w_l^{(i)}\delta(\rho-\rho_l^{(i)},\tau-\tau_l^{(i)}),\ \sum_{i=1}^{n_l}w_l^{(i)}=1$$

式中，$\delta(\rho-\rho_l^{(i)},\tau-\tau_l^{(i)})$是以$(\rho_l^{(i)},\tau_l^{(i)})$为中心的窗函数。我们将 $q_l(\rho,\tau)$ 称为原子空间 ϖ_l 中的重要性提议概率，将 $\{(\rho_l^{(i)},\tau_l^{(i)}),i=1,2,\ldots,n_l\}$ 称为原子粒子。

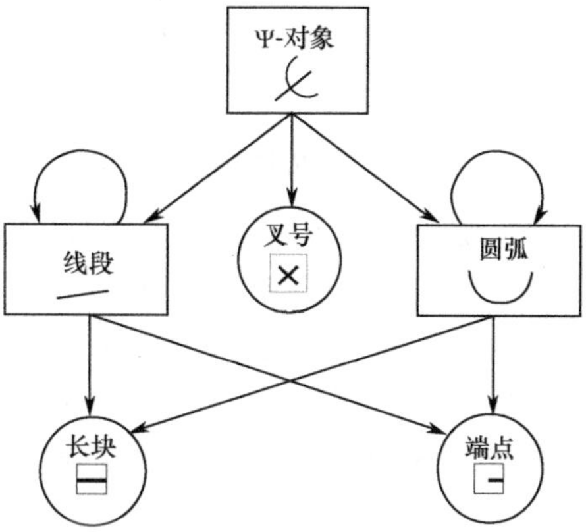

图 8-3　Ψ-世界中的层次结构

©[2000] IEEE，获许可使用，来自参考文献[70]

类似地，图 8-4 显示了空间 ϖ_c 中的原子粒子。它们是圆的霍夫变换结果的局部极大值。球体的大小代表权重 $w_c^{(i)}$。

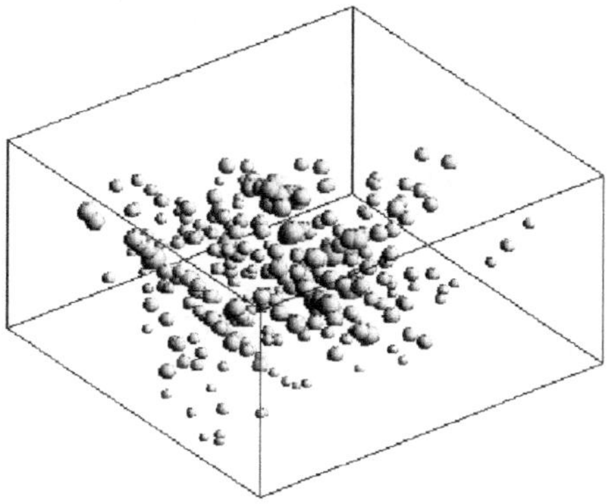

图 8-4　原子空间 ϖ_c 中原子粒子的 293 个加权样本 (x,y,r)

©[2000] IEEE，获许可使用，来自参考文献[70]

所以我们在 ϖ_c 上有一个原子提议概率，即

$$q_c(x,y,r)=\sum_{i=1}^{n_c}w_c^{(i)}\delta(x-x_c^{(i)},y-y_c^{(i)},r-r_c^{(i)}),\ \sum_{i=1}^{n_c}w_l^{(i)}=1$$

以类似的方式，可以计算其他原子空间中的提议概率。（1）在 ϖ_g 中，我们计算强度直方图 $q_g(\mu)$。（2）在 ϖ_e 中，我们计算了终点图。（3）在 ϖ_τ 中，我们可以简单地将

$q_l(\cdot)$ 投影到 τ 轴上。对于稳健性和可逆性，原子空间中的原子提议概率是处处连续且非零的。

8.3.3 计算对象空间中的提议概率：对象粒子

因为对象空间是原子空间的乘积，所以三个对象空间 Ω_L、Ω_C 和 Ω_Ψ 中的提议概率可以通过五个原子空间中的概率来计算。接下来，我们讨论三种方法。

方法Ⅰ：条件绑定。通过顺序使用原子特征来组成对象粒子。例如，对于线对象 $\theta=(\rho,\tau,s,e,\mu)$，我们计算

$$q(\theta)=q_l(\rho,\tau)q_e(s|\rho,\tau)q_e(e|\rho,\tau,s)q_g(\mu|\rho,\tau,s,e) \tag{8-4}$$

从 $q(\theta)$ 采样一组线段 $\theta_l^{(i)}=(\rho_l^{(i)},\tau_l^{(i)},s_l^{(j)},e_l^{(k)})$，$\{\theta_l^{(i)}:i=1,2,\ldots,n_L\}$。我们称它们为 Ω_L 中的对象粒子。以类似的方式，我们可以在 Ω_C 中生成对象粒子。

这些对象粒子在本质上与工程方法中的假设相似。但是，有一个至关重要的区别。每个对象粒子代表对象空间中的一个窗口域而不仅仅是一个点。对象粒子所代表窗口的并集覆盖整个对象空间。为了使马尔可夫链可逆，每次我们都通过采样提议概率提出一个新的对象，而不仅仅是从粒子集中选择。

对象粒子也应该通过递归组合对象粒子来生成，如图 8-3 中的箭头所示。

方法Ⅱ：离线组合。可以通过组合两个相容的其他粒子来组成一个粒子。该组合离线发生，即在我们开始运行 MCMC 方法之前。但是，由于可能的组合数量呈指数级，这会导致计算开销非常大。

方法Ⅲ：在线组合。在 MCMC 方法计算期间且两个兼容对象在当前 W 中出现或“活着”时，该方法会对对象进行绑定，这也是与方法Ⅱ的不同之处。

原子粒子在自下而上的过程中计算一次，而对象粒子在 MCMC 过程中动态组合。图 8-5 显示了三行对象粒子，驱动 MCMC 方法动态过程。同时，黑暗的粒子还存在。一行为出生候选对象，一行为死亡候选者和分解候选对象，一行为在 W 中存活的兼容组合对。

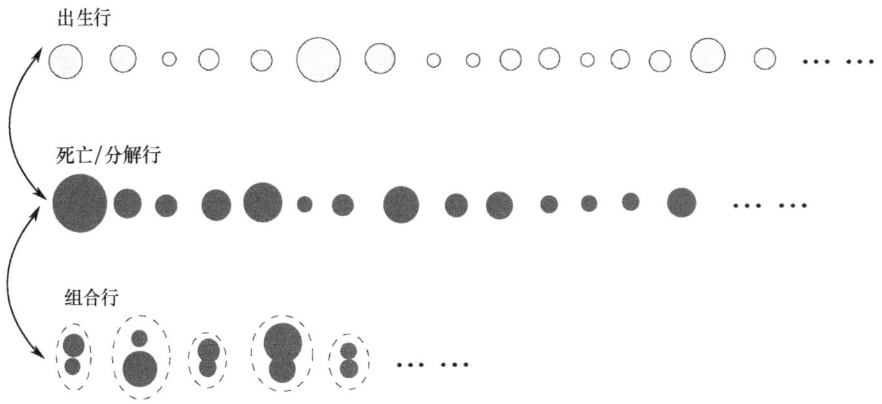

图 8-5 对象粒子在 MCMC 过程中的动态组合

©[2000] IEEE，获许可使用，来自参考文献[70]

我们还必须通过 $\boldsymbol{\alpha}$ 映射捕获的遮挡效应来考虑对象之间的相互作用。例如，假设当前图像中的长线段被两个短线对象 $\theta_l^{(i)}$ 和 $\theta_l^{(j)}$ 覆盖。然后，由于遮挡效应，在拟合图像时添加长线对象 $\theta_l^{(k)}$ 将获得非常小的增益。因此，必须在线更新这些对象粒子的权重。

8.3.4　计算多个不同的解：场景粒子

为了构建稳健的对象识别视觉系统，传统的 MAP（最大后验）估计

$$W^* = \arg\max_{W\in\Omega} p(W|\boldsymbol{I})$$

是不够的。相反，我们应该采样 $p(W|\boldsymbol{I})$ 并计算一组具有代表性的解。然而，当 Ω 复杂且高维时，简单地采样 $p(W|\boldsymbol{I})$ 仅产生全部来自单一模式并且彼此具有微小差异的解。因此，必须提出一个数学准则以保留重要、独特的局部模式。

设 $S=\{W_1,W_2,\dots,W_M\}$ 为权重是 $\omega_i \propto p(W|\boldsymbol{I}),\forall i$ 的 M 个解。M 个加权样本通过一些高斯窗函数 G 以非参数形式编码 $p(W|\boldsymbol{I})$。

$$\hat{p}(W|\boldsymbol{I}) = \sum_{i=1}^{M}\omega_i G(W-W_i), \sum_{i=1}^{M}\omega_i = 1$$

在本节中，我们使用以下标准来扩展传统的最大后验（MAP），即

$$S^* = \{W_1,W_2,\dots,W_M\} = \arg\min_{|S|=M} D(p\,\|\,\hat{p}) \tag{8-5}$$

我们把 $\{W_1,W_2,\dots,W_M\}$ 称为场景粒子。选择它们以最小化 KL 散度 $D(p\,\|\,\hat{p})$，使得 $\hat{p}$ “最佳”保留 p ——在复杂度 M 的约束下的真实后验分布。

实际上，p 表示在 MCMC 过程中记录的大量 $N \gg M$ 个粒子的高斯模型，如 $\hat{p}$ 的混合。因此，我们在 MCMC 计算期间选择 M 个不同的解，以使 $D(p\,\|\,\hat{p})$ 最小化。

通过 $D(p\,\|\,\hat{p})$ 的数学推导，我们得出三个引导场景粒子选择的较好原则。

（1）其中一个粒子必须是全局最优解 W^*，缺少 W^* 会导致 $D(p\,\|\,\hat{p})$ 大幅增加。

（2）场景粒子应该最小化能量的总和（或最大化概率的乘积）。

（3）场景粒子还应最大化彼此之间的距离之和。

由于最后两个相互冲突，因此粒子必须在解空间 Ω 中“占据”不同的模式。

8.3.5　Ψ-世界实验

我们使用随机生成的图像集合进行实验，其中两个图像如图 8-1 所示。图 8-6 通过显示在第 t 步，由 W 决定的 $\boldsymbol{I}_o$ 来展示 MCMC 方法中的步骤。

我们主要关注，通过比较四个马尔可夫链来研究如何提高 MCMC 效率。

MCMC Ⅰ：马尔可夫链使用统一的提议概率，如文献[26-27]。

MCMC Ⅱ：马尔可夫链使用原子提议概率与霍夫变换而没有端点检测。

MCMC Ⅲ：马尔可夫链使用霍夫变换和端点检测，并从粒子集中随机采样新对象。

MCMC Ⅳ：马尔可夫链使用霍夫变换和端点检测。但它与 MCMC Ⅲ的不同之处在于它可以在线评估对象粒子的权重。

图 8-7 绘制了步骤t中 MCMC 状态的能级，即$-\log p(W|\boldsymbol{I})$。对于 8 张图像中的每一张，四条马尔可夫链中的每一条都运行 10 次，因此能量曲线是 80 次运行的平均值。虚线、点画线、长虚线和实线分别代表 MCMC Ⅰ、MCMC Ⅱ、MCMC Ⅲ和 MCMC Ⅳ。底部的水平线是真值W的平均能量。很明显，使用更多的数据驱动方法，马尔可夫链可以以更快的速度得到解。MCMC Ⅳ在 200 步时达到具有 2.3%相对误差的解。该误差主要是通过扩散进行微调而导致的。相比之下，MCMC Ⅲ需要大约 5000 步。MCMC Ⅰ在经过数百万步之后也不会下降。另外，我们还通过测量所获得的解S在Ω中分布的广度来比较了“混合”率。

图 8-6　三个时间步对应的被 MCMC 访问的解 W

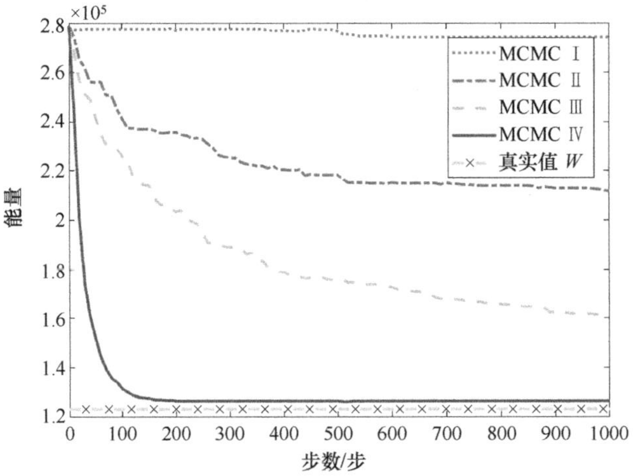

图 8-7　解 W 的能量与 MCMC 迭代次数的关系

8.4　问题表达和图像建模

在本节，我们在贝叶斯框架中对问题进行表达，并讨论了先验和似然模型。

8.4.1　用于分割的贝叶斯表达

设 $\Lambda=\{(i,j):1\leqslant i\leqslant L,1\leqslant j\leqslant H\}$ 为一个图像栅格，$\boldsymbol{I}_\Lambda$ 是定义在 Λ 上的图像。对于任何点 $v\in\Lambda,\boldsymbol{I}_v\in\{0,\ldots,G\}$ 是灰度图像的像素强度，或者对于彩色图像①，$\boldsymbol{I}_v=(L_v,U_v,V_v)$。图像分割问题是指将栅格划分为未知数量的 K 个不相交的区域。

$$\Lambda=\bigcup_{i=1}^{K}R_i,R_i\bigcap R_j=\varnothing,\ \forall i\neq j \tag{8-6}$$

每个区域 $R\subset\Lambda$ 不需要连接。设 $\Gamma_i=\partial R_i$ 表示 R_i 的边界。一些文献中交替地使用了两种符号，这显得有点复杂。一种方法把区域 $R\subset\Lambda$ 表示为一个离散的标签图，另一种方法把区域边界 $\Gamma(s)=\partial R$ 表示为以 s 为参数的连续轮廓。连续表示有利于扩散，而标签图表示更利于保持拓扑结构。水平集方法[48-49]为两者提供了良好的折中方案。

假设 $\boldsymbol{I}_R$ 来自概率模型 $p(\boldsymbol{I}_R;\Theta)$，则每个图像区域 $\boldsymbol{I}_R$ 被认为是连通的。Θ 代表一个随机过程，其类型通过 ℓ 来索引。因此，分割由隐变量 W 的一个向量表示，其描述了用于生成图像 $\boldsymbol{I}$ 的状态，由下式给出：

$$W=(K,\{(R_i,\ell_i,\Theta_i);i=1,2,\ldots,K\})$$

在贝叶斯框架中，我们在解空间 Ω 上从 $\boldsymbol{I}$ 推断 W，使得：

$$W\sim p(W\,|\,\boldsymbol{I})\propto p(\boldsymbol{I}\,|\,W)p(W),\ W\in\Omega$$

正如我们之前提到的，分割中的第一个挑战是获得良好的图像模型。在 8.4.2 和 8.4.3 中，我们将简要讨论先验和似然模型。

8.4.2　先验概率

先验概率 $p(W)$ 是以下四个概率的乘积。

（1）区域数量的指数模型 $p(K)\propto \mathrm{e}^{-\lambda_0 K}$。

（2）区域边界的一般平滑吉布斯先验 $p(\Gamma)\propto \mathrm{e}^{-\mu\oint_\Gamma \mathrm{d}s}$。

（3）促使大区域形成模型 $p(A)\propto \mathrm{e}^{-\gamma A^{0.9}}$，其中 γ 是控制分割范围的比例因子。

（4）一个图像模型参数 Θ 的先验值，它对模型的复杂度进行惩罚，$p(\Theta|\ell)\propto \mathrm{e}^{-\nu|\Theta|}$。

总之，我们有以下先验模型：

$$p(W)\propto p(K)\prod_{i=1}^{K}p(R_i)p(\ell_i)p(\Theta_i|\ \ell_i)\propto\exp\left\{-\lambda_0 K-\sum_{i=1}^{K}\left[\mu\oint_{\partial R_i}\mathrm{d}s+\gamma|R_i|^c+\nu|\Theta_i|\right]\right\} \tag{8-7}$$

8.4.3　灰度图像的似然

假设不同区域中的视觉模式是由 $(\Theta_i,\ell_i),i=1,2,\ldots,K$ 指定的独立随机过程。因此，似然为②

$$p(\boldsymbol{I}\,|\,W)=\prod_{i=1}^{K}p(\boldsymbol{I}_{R_i};\Theta_i,\ell_i)$$

---

① 为了更好地度量色彩距离，我们将 (R,G,B) 转换成 (L^*,U^*,V^*)。

② 符号有点复杂，$\boldsymbol{\Theta}$、ℓ 可以被视为 W 中的参数或隐变量。为简单起见，我们在这两种情况下都使用 $p(I;\boldsymbol{\Theta},\ell)$。

模型的选择需要平衡模型的充分性和计算效率。在实际图像中最常出现的有四种类型区域。图 8-8 显示了以下各项的示例：(a) 没有明显图像结构的平坦（均匀）区域；(b) 杂波区域；(c) 具有均匀纹理的区域；(d) 具有全局平滑阴影变化的非均匀区域。

(a) 均匀　(b) 杂波　(c) 纹理　(d) 阴影

图 8-8　实际图像中四种典型的区域

©[2002] IEEE，获许可使用，来自参考文献[59]

我们对四种类型的区域采用以下四个模型族。该算法可以通过马尔可夫链跳转，在它们之间切换。这四个模型族由 $\ell \in \{g_1, g_2, g_3, g_4\}$ 索引，并分别由 ϖ_{g_1}、ϖ_{g_2}、ϖ_{g_3} 和 ϖ_{g_4} 表示。设 $G(0;\sigma^2)$ 为以 0 为中心的高斯分布，方差为 σ^2。

(1) 高斯模型 $\ell = g_1 : \varpi_{g_1}$。该模型假设区域 R 中的像素强度服从独立同分布（IID）的高斯分布，即

$$p(\boldsymbol{I}_R;\boldsymbol{\Theta},g_1)=\prod_{v\in R}G(\boldsymbol{I}_v-\mu;\sigma^2),\ \boldsymbol{\Theta}=(\mu,\sigma)\in\varpi_{g_1} \tag{8-8}$$

(2) 直方图模型 $\ell = g_2 : \varpi_{g_2}$。这是非参数强度直方图 $h()$。实际上，$h()$ 被离散化为由向量 $(h_0,h_1,\dots,h_G)$ 表示的阶跃函数。n_j 是强度等级为 j 的 R 中的像素数量。

$$p(\boldsymbol{I}_R;\boldsymbol{\Theta},g_2)=\prod_{v\in R}h(\boldsymbol{I}_v)=\prod_{j=0}^{G}h_j^{n_j},\ \boldsymbol{\Theta}=(h_0,h_1,\dots,h_G)\in\varpi_{g_2} \tag{8-9}$$

(3) 伪模型 $\ell = g_3 : \varpi_{g_3}$。这是纹理 FRAME 模型[68]，其中像素交互由一组 Gabor 滤波器捕获。为了便于计算，我们选择一组 8 个滤波器，并以伪似然形式[67]表示该模型。该模型由长向量 $\boldsymbol{\Theta}=(\beta_1,\beta_2,\dots,\beta_m)\in\varpi_{g_3}$ 指定，其中 m 是 8 个 Gabor 滤波图像直方图中的区间总数。令 ∂v 表示 $v\in R$ 的马尔可夫邻域，$\boldsymbol{h}(\boldsymbol{I}_v|\ \boldsymbol{I}_{\partial v})$ 表示像素 v 邻域中滤波器响应的 8 个局部直方图的向量。每个滤波器直方图都会对滤波器窗口覆盖 v 的滤波器响应进行计数。因此，我们有

$$p(\boldsymbol{I}_R;\boldsymbol{\Theta},g_3)=\prod_{v\in R}p(\boldsymbol{I}_v|\ \boldsymbol{I}_{\partial v};\boldsymbol{\Theta})=\prod_{v\in R}\frac{1}{Z_v}\exp\{-<\boldsymbol{\Theta},\boldsymbol{h}(\boldsymbol{I}_v|\ \boldsymbol{I}_{\partial v})>\} \tag{8-10}$$

可以精确地计算归一化常数，并且可以很容易地从图像中估计 $\boldsymbol{\Theta}$。我们参考文献[67]，讨论该模型的计算及其变化，如块似然。

(4) 曲面模型 $g_4 : \varpi_{g_4}$。前三个模型是同质的，不能够表征具有阴影效应的区域，如天空、湖泊、墙壁、透视纹理等。在一些文献中，这样的平滑区域通常由低阶马尔可夫随机场建模，其也不会再次对空间上的非均匀图案建模，并经常导致过度分割。可以采用在 Λ 上具有 16 个等间隔控制点（将节点固定）的 2D 贝塞尔样条模型来替代。这是一种生成模型。设 $B(x,y)$ 为贝塞尔曲面，对任意 $v=(x,y)\in\Lambda$，有

$$B(x,y) = U_{(x)}^{\mathrm{T}} \times M \times U_{(y)} \tag{8-11}$$

式中，$U_{(x)} = ((1-x)^3, 3x(1-x)^2, 3x^2(1-x), x^3)^{\mathrm{T}}$，$M = (m_{11}, m_{12}, m_{13}, m_{14}; \ldots; m_{41}, \ldots, m_{44})$。因此，区域$R$的图像模型是：

$$p(\boldsymbol{I}_R; \boldsymbol{\Theta}, g_4) = \prod_{v \in R} G(\boldsymbol{I}_v - B_v; \sigma^2),\ \ \boldsymbol{\Theta} = (M, \sigma) \in \varpi_{g_4} \tag{8-12}$$

这四种模型竞争着去表征灰度强度区域。无论哪个更适合该区域，都有更高的似然。灰度模型空间由$\varpi_{\boldsymbol{\Theta}}^g$表示，并由下式给出：

$$\boldsymbol{\Theta} \in \varpi_{\boldsymbol{\Theta}}^g = \varpi_{g_1} \cup \varpi_{g_2} \cup \varpi_{g_3} \cup \varpi_{g_4}$$

8.4.4　模型校准

四个图像模型需要校准，主要有两个原因：首先，为了计算效率，优先选取具有较少参数的简单模型。然而，在实际应用中仅对参数的数量进行惩罚是不够的。当一个区域大小超过 100 像素时，数据项主导先验并且需要更复杂的模型。其次，族ϖ_{g_3}中的伪似然模型不是真实的似然模型，因为它们依赖于相当大的邻域，因此不能与其他三种类型的模型直接比较。

为了校准似然概率，可以使用经验研究方式。我们从自然图像中收集了一组典型区域，并手动将它们分为四类。例如，图 8-9 在第 1 列中显示了四个典型图像，这些图像是从图 8-8 中的图像裁剪出来的原始图像区域。四个图像由栅格Λ_o上的$\boldsymbol{I}_i^{\mathrm{obs}}, i=1,2,3,4$表示。对于每个图像$\boldsymbol{I}_i^{\mathrm{obs}}$，我们根据族$\varpi_{g_j}$内的最佳模型计算其每个像素编码长度（减去对数似然），该最佳模型通过式（8-13）给出的$j=1,2,3,4$的最大似然估计来计算。第 2-5 列是在最大似然估计拟合之后分别从四个族采样的合成图像$\boldsymbol{I}_{ij}^{\mathrm{Syn}} \sim p(\boldsymbol{I}_R; \Theta_{ij}^*)$。每个合成图像下方的数字表示使用每个模型族的每个像素编码比特L_{ij}。

$$L_{ij} = \min_{\boldsymbol{\Theta} \in \varpi_{gj}} -\frac{\log p(\boldsymbol{I}_i^{\mathrm{obs}}; \boldsymbol{\Theta}, g_j)}{|\Lambda_o|},\ \ 1 \leqslant i, j \leqslant 4 \tag{8-13}$$

如果$\Theta_{ij}^* \in \varpi_{gj}$是每个族中的最佳拟合，那么我们可以从每个拟合模型中抽取一个典型样本（合成），即

$$\boldsymbol{I}_{ij}^{\mathrm{syn}} \sim p(\boldsymbol{I}; \Theta_{ij}^*, g_j), 1 \leqslant i, j \leqslant 4$$

$\boldsymbol{I}_i^{\mathrm{obs}}$、$\boldsymbol{I}_{ij}^{\mathrm{syn}}$和$L_{ij}$如图 8-9 所示，$1 \leqslant i, j \leqslant 4$。

图 8-9 中的结果表明，样条模型具有最短的阴影区域编码长度，而纹理模型最适合其他三个区域。我们可以通过每个像素v的常数因子e^{-c_j}来修正这些模型，即

$$\hat{p}(\boldsymbol{I}_v; \Theta, g_j) = p(\boldsymbol{I}_v; \Theta, g_j)\mathrm{e}^{-c_j},\ \ j = 1,2,3,4$$

选择c_j使得当$i=j$时修正编码长度$\hat{L}_{ij}$达到最小值。均匀区域、杂波区域、纹理区域和阴影区域能够分别通过ϖ_1、ϖ_2、ϖ_3和ϖ_4中的模型得到最佳拟合。

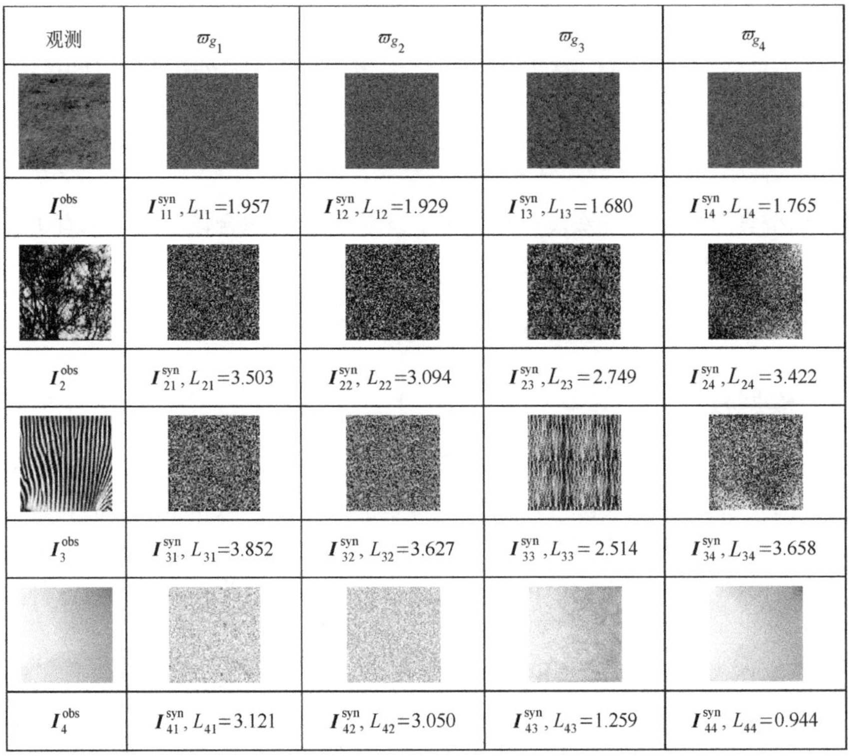
观测
ϖ_{g_1}
ϖ_{g_2}
ϖ_{g_3}
ϖ_{g_4}
I_1^{obs}
$I_{11}^{syn}, L_{11}=1.957$
$I_{12}^{syn}, L_{12}=1.929$
$I_{13}^{syn}, L_{13}=1.680$
$I_{14}^{syn}, L_{14}=1.765$
I_2^{obs}
$I_{21}^{syn}, L_{21}=3.503$
$I_{22}^{syn}, L_{22}=3.094$
$I_{23}^{syn}, L_{23}=2.749$
$I_{24}^{syn}, L_{24}=3.422$
I_3^{obs}
$I_{31}^{syn}, L_{31}=3.852$
$I_{32}^{syn}, L_{32}=3.627$
$I_{33}^{syn}, L_{33}=2.514$
$I_{34}^{syn}, L_{34}=3.658$
I_4^{obs}
$I_{41}^{syn}, L_{41}=3.121$
$I_{42}^{syn}, L_{42}=3.050$
$I_{43}^{syn}, L_{43}=1.259$
$I_{44}^{syn}, L_{44}=0.944$

图 8-9　四类模型的比较研究

©[2002] IEEE，获许可使用，来自参考文献[59]

8.4.5　彩色图像模型

实际上，我们同时处理灰度和彩色图像。对于彩色图像，我们采用 (L^*,u^*,v^*) 颜色空间和由 $\ell \in \{c_1,c_2,c_3\}$ 索引的三个模型族。设 $G(0;\Sigma)$ 表示 3D 高斯分布。

（1）高斯模型 $c_1:\varpi_{c_1}$。这是一个独立同分布的 (L^*,u^*,v^*) 空间中的高斯模型。

$$p(\boldsymbol{I}_R;\boldsymbol{\Theta},c_1)=\prod_{v\in R} G(\boldsymbol{I}_v-\boldsymbol{\mu};\Sigma),\quad \boldsymbol{\Theta}=(\boldsymbol{\mu},\Sigma)\in\varpi_{c_1} \tag{8-14}$$

（2）混合模型 $c_2:\varpi_{c_2}$。这是两个高斯模型的混合，用于对纹理颜色区域进行建模，即

$$p(\boldsymbol{I}_R;\boldsymbol{\Theta},c_2)=\prod_{v\in R}[\alpha_1 G(\boldsymbol{I}_v-\boldsymbol{\mu}_1;\Sigma_1)+\alpha_2 G(\boldsymbol{I}_v-\boldsymbol{\mu}_2;\Sigma_2)]$$

式中，$\boldsymbol{\Theta}=(\alpha_1,\boldsymbol{\mu}_1,\Sigma_1,\alpha_2,\boldsymbol{\mu}_2,\Sigma_2)\in\varpi_{c_2}$ 是模型参数。

（3）贝塞尔模型 $c_3:\varpi_{c_3}$。我们分别使用三个贝塞尔样条曲面［见式（8-11）］来表示 L^*、u^* 和 v^*，以表征颜色逐渐变化的区域，如天空、墙壁等。对任意 $v=(x,y)\in\Lambda$，令 $\boldsymbol{B}(x,y)$ 为 (L^*,u^*,v^*) 空间中的颜色值，即

$$\boldsymbol{B}(x,y)=(U_{(x)}^{\mathrm{T}}\times M_L\times U_{(y)},U_{(x)}^{\mathrm{T}}\times M_u\times U_{(y)},U_{(x)}^{\mathrm{T}}\times M_v\times U_{(y)})^{\mathrm{T}}$$

因此，模型为

$$p(\boldsymbol{I}_R;\boldsymbol{\Theta},c_3)=\prod_{v\in R}G(\boldsymbol{I}_v-\boldsymbol{B}_v;\Sigma)$$

式中，$\boldsymbol{\Theta}=(M_L,M_u,M_v,\Sigma)$ 是模型参数。

这三种模型竞争着去表征颜色区域。无论哪个更适合该区域，都有更高的似然。我们用 $\varpi^c_{\boldsymbol{\Theta}}$ 表示颜色模型空间，使得 $\varpi^c_{\boldsymbol{\Theta}}=\varpi_{c_1}\cup\varpi_{c_2}\cup\varpi_{c_3}$。

8.5　解空间分析

在了解算法的细节之前，我们需要研究分布着后验概率 $p(W|\boldsymbol{I})$ 的解空间 Ω 的结构。我们从栅格 Λ 的所有可能分区的分区空间开始。当栅格 Λ 被分割成 k 个不相交的区域时，我们称之为 k 分区，用 π_k 表示为

$$\pi_k=(R_1,R_2,\ldots,R_k),\cup_{i=1}^{k}R_i=\Lambda,\ \ R_i\cap R_j=\varnothing,\ \ \forall i\neq j \tag{8-15}$$

如果每个区域中的所有像素是连通的，则 π_k 是连通分量分区[64]。由 ϖ_{π_k} 表示的所有 k 分区的集合，是所有可能的 k 着色的集合除以标签的置换群 $\mathcal{PG}$ 的商空间，如式（8-16）所示。

$$\varpi_{\pi_k}=\{(R_1,R_2,\ldots,R_k)=\pi_k;\ \ |R_i|>0,\ \ \forall i=1,2,\ldots,k\}/\mathcal{PG} \tag{8-16}$$

因此，我们具有一个一般分区空间 ϖ_π，其区域数量为 $1\leqslant k\leqslant|\Lambda|$，即

$$\varpi_\pi=\cup_{k=1}^{|\Lambda|}\varpi_{\pi_k}$$

W 的解空间是子空间 Ω_k 的并集，每个 Ω_k 是图像模型的一个 k 分区空间 ϖ_{π_k} 和 k 个图像模型空间的乘积，即

$$\Omega=\cup_{k=1}^{|\Lambda|}\Omega_k=\cup_{k=1}^{|\Lambda|}\left[\varpi_{\pi_k}\times\underbrace{\varpi_{\boldsymbol{\Theta}}\times\cdots\times\varpi_{\boldsymbol{\Theta}}}_{k}\right] \tag{8-17}$$

其中，对于灰度图像，$\varpi_{\boldsymbol{\Theta}}=\cup_{i=1}^{4}\varpi_{gi}$；对于彩色图像，$\varpi_{\boldsymbol{\Theta}}=\cup_{i=1}^{3}\varpi_{ci}$。

图 8-10 说明了解空间的结构，图中的箭头代表马尔可夫链跳跃，两个子空间 Ω_8 和 Ω_9 之间的可逆跳跃实现了区域的分裂和合并。四个图像族 $\varpi_\ell,\ell=g_1,g_2,g_3,g_4$ 分别由三角形、正方形、菱形和圆形表示。$\varpi_{\boldsymbol{\Theta}}=\varpi^g_{\boldsymbol{\Theta}}$ 由包含这四种形状的六边形表示。分区空间 ϖ_{π_k} 由矩形表示。每个子空间 Ω_k 由一个矩形和 k 个六边形组成，并且每个点 $W\in\Omega_k$ 表示一个 k 分区加上 k 个区域的图像模型，我们称 Ω_k 为场景空间。ϖ_{π_k} 和 $\varpi_\ell,\ell=g_1,g_2,g_3,g_4$（或 $\ell=c_1,c_2,c_3$）是构造 Ω 的基本分量，因此被称为原子空间。有时我们将 ϖ_π 称为分区空间，将 $\varpi_\ell,\ell=g_1,g_2,g_3,g_4,c_1,c_2,c_3$ 称为线索空间。

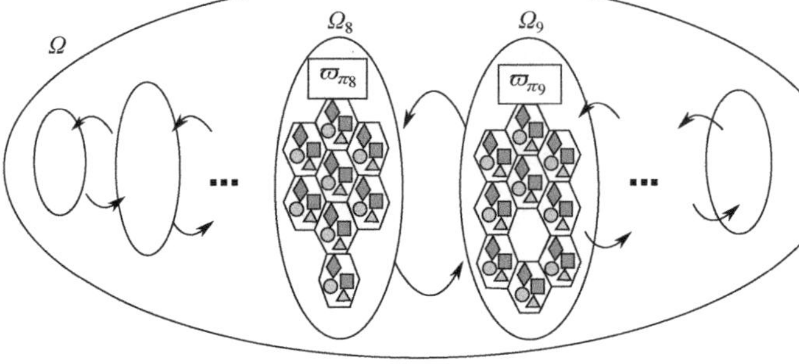

图 8-10 解空间分析

©[2002] IEEE，获许可使用，来自参考文献[59]

8.6 使用遍历马尔可夫链探索解空间

图 8-10 是视觉问题中典型的解空间。后验概率 $p(W|\boldsymbol{I})$ 不仅具有大量的局部极大值，且这些局部极大值分布在不同维度的子空间上。为了在这样的空间中搜索全局最优解，我们采用马尔可夫链蒙特卡罗（MCMC）技术。

8.6.1 五类马尔可夫链动态过程

我们采用五类马尔可夫链动态过程，它们分别以概率 $p(1),\dots,p(5)$ 被随机使用。动态过程 1 和动态过程 2 是扩散的，动态过程 3～动态过程 5 是可逆跳跃的。

动态过程 1：边界扩散 / 竞争。为了运算方便，我们对区域 $R_i, i=1,\dots,K$ 采用连续边界表示。这些曲线通过区域竞争方程，以最大化后验概率进行演变[69]。设 Γ_{ij} 是 $R_i, R_j \forall i,j$ 之间的边界，Θ_i, Θ_j 分别是两个区域的模型。边界点 $\Gamma_{ij}(s)=(x(s),y(s))$ 的运动遵循 $\log p(W|\boldsymbol{I})$ 的最速上升方程加上沿曲线法线方向 $\boldsymbol{n}(s)$ 的布朗运动 $\mathrm{d}B$。通过变分法，得到的方程为[69]

$$\frac{\mathrm{d}\Gamma_{ij}(s)}{\mathrm{d}t}=\left[f_{\text{prior}}(s)+\log\frac{p(\boldsymbol{I}(x(s),y(s));\Theta_i,\ell_i)}{p(\boldsymbol{I}(x(s),y(s));\Theta_j,\ell_j)}+\sqrt{2T(t)}\mathrm{d}B\right]\boldsymbol{n}(s)$$

前两项分别来自先验和似然。布朗运动是正态分布，其大小由温度 $T(t)$ 控制，温度 $T(t)$ 随时间减小。布朗运动有助于避免局部陷阱。对数似然比要求图像模型具有可比性。动态过程 1 实现原子（或分区）空间 ϖ_{π_k} 内的扩散，即在图 8-10 中的矩形内移动。

动态过程 2：模型自适应。通过最速上升简单地拟合一个区域的参数，可以添加布朗运动，但实际上并没有太大的区别。该动态过程由下式给出：

$$\frac{\mathrm{d}\Theta_i}{\mathrm{d}t}=\frac{\partial \log p(\boldsymbol{I}_{R_i};\Theta_i,\ell_i)}{\partial\Theta_i}$$

这实现了原子（或线索）空间 $\varpi_\ell, \ell\in\{g_1,g_2,g_3,g_4,c_1,c_2,c_3\}$ 中的扩散，即在图 8-10 中的三

角形、正方形、菱形或圆形内移动。

动态过程 3～4：拆分和合并。假设在某个时间步长，具有模型Θ_k的区域R_k被分成具有模型Θ_i和Θ_j的两个区域R_i和R_j，反之亦然。这实现了由状态W到W'之间的跳跃，如图 8-10 中的箭头所示。

$$W = (K, (R_k, \ell_k, \Theta_k), W_-) \leftrightarrow (K+1, (R_i, \ell_i, \Theta_i), (R_j, \ell_j, \Theta_j), W_-) = W'$$

式中，W_-表示在移动过程中未改变的剩余变量。通过 Metropolis-Hastings 方法[43]，我们需要两个提议概率$G(W \to \mathrm{d}W')$和$G(W' \to \mathrm{d}W)$。$G(W \to \mathrm{d}W')$是马尔可夫链在状态W处提议移动到W'的条件概率，$G(W' \to \mathrm{d}W)$是返回的提议概率。则所提议的拆分以以下概率被接受：

$$\alpha(W \to \mathrm{d}W') = \min\left(1, \frac{G(W' \to \mathrm{d}W)p(W'|\boldsymbol{I})\mathrm{d}W'}{G(W \to \mathrm{d}W')p(W|\boldsymbol{I})\mathrm{d}W}\right)$$

有两种途径计算拆分提议$G(W \to \mathrm{d}W')$。在途径 1 中，首先选择具有概率$q(3)$的分割运动，然后随机地从总共K个区域中选择区域R_k。我们用$q(R_k)$表示这个概率。给定R_k，以概率$q(\Gamma_{ij}|R_k)$在R_k内选择候选拆分边界Γ_{ij}。然后，对于两个新区域R_i和R_j，分别以概率$q(\ell_i)$和$q(\ell_j)$选择两个新的模型类型ℓ_i和ℓ_j。最后以概率$q(\Theta_i|R_i, \ell_i)$选择$\Theta_i \in \varpi_{\ell_i}$，以概率$q(\Theta_j|R_j, \ell_j)$选择$\Theta_j$，从而有

$$G(W \to \mathrm{d}W') = q(3)q(R_k)q(\Gamma_{ij}|R_k)q(\ell_i)q(\Theta_i|R_i, \ell_i)q(\ell_j)q(\Theta_j|R_j, \ell_j)\mathrm{d}W' \tag{8-18}$$

在途径 2 中，首先选择两个新的区域模型Θ_i和Θ_j，然后确定边界Γ_{ij}，从而有

$$G(W \to \mathrm{d}W') = q(3)q(R_k)q(\ell_i)q(\ell_j)q(\Theta_i, \Theta_j|R_k, \ell_i, \ell_j)q(\Gamma_{ij}|R_k, \Theta_i, \Theta_j)\mathrm{d}W' \tag{8-19}$$

我们将在 8.6.2 节中讨论，根据所选区域R_k的不同，两条途径中的任何一条都可能比另一条更有效。

同样地，我们有合并提议概率：

$$G(W' \to \mathrm{d}W) = q(4)q(R_i, R_j)q(\ell_k)q(\Theta_k|R_k, \ell_k)\mathrm{d}W \tag{8-20}$$

式中，$q(R_i, R_j)$是随机选择合并两个区域R_i和R_j的概率。

动态过程 5：切换图像模型。对区域R_i，该动态过程在四个模型族中（对彩色图像则为三个）进行图像模型切换。例如，从纹理描述切换到样条曲面，则有

$$W = (\ell_i, \Theta_i, W_-) \leftrightarrow (\ell_i', \Theta_i', W_-) = W'$$

提议概率为

$$G(W \to \mathrm{d}W') = q(5)q(R_i)q(\ell_i')q(\Theta_i'|R_i, \ell_i')\mathrm{d}W' \tag{8-21}$$

$$G(W' \to \mathrm{d}W) = q(5)q(R_i)q(\ell_i)q(\Theta_i|R_i, \ell_i)\mathrm{d}W \tag{8-22}$$

8.6.2 瓶颈问题

马尔可夫链的速度在很大程度上取决于其在跳跃中提议概率的设计。在我们的实验中，提议概率如$q(1), \ldots, q(5), q(R_k), q(R_i, R_j), q(\ell)$很容易指定，不会显著影响收敛性。真正的瓶颈是由跳跃动态过程中的两个提议概率引起的。

（1）式（8-18）中的$q(\Gamma|R)$：对于给定区域R的划分，一个较好的Γ是什么样的？

$q(\Gamma|R)$是原子空间ϖ_π中的概率。

（2）式（8-18）、式（8-20）和式（8-22）中的$q(\boldsymbol{\Theta}|R,\ell)$：对于给定区域$R$和模型族$\ell \in \{g_1,\ldots,g_4,c_1,c_2,c_3\}$，一个较好的$\boldsymbol{\Theta}$是什么样的？$q(\boldsymbol{\Theta}|R,\ell)$是原子空间$\varpi_l$中的概率。

值得一提的是，概率$q(\Gamma|R)$和$q(\boldsymbol{\Theta}|R,\ell)$都不能被像区域竞争[69]和其他方法[34]中使用的确定性决策所取代。否则，马尔可夫链将因不可逆而退化为贪心算法。另外，如果我们选择均匀分布，它相当于盲目搜索，并且马尔可夫链将在每次跳跃之前经历指数级的等待时间。实际上，等待时间的长短与线索空间的体积成正比。这些概率的设计需要在速度和稳健性（非贪婪性）之间取得平衡。

虽然很难解析地推导出这些复杂算法的收敛速度，但在简单情况下考察下述定理[42]是很有启发的。

定理 8-1 通过具有提议概率$q(x)$的独立 Metropolis-Hastings 算法对给定的目标密度$p(x)$进行采样，令$P^n(x_o,y)$为随机游走最多n步到达y点的概率。如果存在$\rho>0$使得

$$\frac{q(x)}{p(x)} \geqslant \rho, \quad \forall x$$

那么收敛性可以通过L_1范数距离来度量，即

$$\left\| P^n(x_o,\cdot) - p \right\| \leqslant (1-\rho)^n$$

该定理表明，提议概率$q(x)$应非常接近$p(x)$以便快速收敛。在本例中，$q(\Gamma|R)$和$q(\boldsymbol{\Theta}|R,\ell)$应该分别等于原子空间$\varpi_\pi$和$\varpi_l$中后验$p(W|\boldsymbol{I})$的某些边缘概率的条件概率，即

$$q_\Gamma^*(\Gamma_{ij}|R_k) = p(\Gamma_{ij}|\boldsymbol{I},R_k), \; q_\Theta^*(\boldsymbol{\Theta}|R,\ell) = p(\boldsymbol{\Theta}|\boldsymbol{I},R,\ell), \; \forall \ell \tag{8-23}$$

不幸的是，q_Γ^*和$q_{\boldsymbol{\Theta}}^*$必须整合来自整个图像$\boldsymbol{I}$的信息，因此是很难处理的。我们必须寻求近似值，这就是数据驱动方法的用武之地。

在 8.7 节中，我们将讨论每个原子空间$\varpi_\ell, \ell \in \{c_1,c_2,c_3,g_1,g_2,g_3,g_4\}$的数据聚类和$\varpi_\pi$中的边缘检测。聚类和边缘检测的结果表示为非参数概率，分别在这些原子空间中逼近理想边缘概率q_Γ^*和$q_{\boldsymbol{\Theta}}^*$。

8.7 数据驱动方法

8.7.1 方法一：原子空间中的聚类

给定栅格Λ上的一张图像$\boldsymbol{I}$（灰色或彩色），我们在每个像素$v\in\Lambda$处提取特征向量$\boldsymbol{F}_v^\ell$。$\boldsymbol{F}_v^\ell$的维度取决于由ℓ索引的图像模型。然后我们有一组向量：

$$\boldsymbol{\mho}^\ell = \{\boldsymbol{F}_v^\ell : v \in \Lambda\}$$

实际上，为了便于计算，可以对v进行二次采样。该组向量通过 EM 聚类[17]或均值漂移聚类[12-13]算法聚类到$\boldsymbol{\mho}^\ell$。EM 聚类通过m个高斯分布的混合来近似$\boldsymbol{\mho}^\ell$中的点密度，并且对每个向量$\boldsymbol{F}_v$进行软聚类分配来拓展 m-mean 聚类。均值漂移聚类算法假设$\boldsymbol{\mho}^\ell$服从一个非参数分布并且在其密度中寻找局部极大值（在进行一些高斯窗口平滑之后）。两种算法都

返回一个有 m 个加权簇的列表 $\Theta_1^\ell,\Theta_2^\ell,\ldots,\Theta_m^\ell$ ，权重为 $\omega_i^\ell, i=1,2,\ldots,m$ ，我们用式（8-24）表示。

$$\mathcal{P}^\ell=\{(\omega_i^\ell,\Theta_i^\ell):i=1,2,\ldots,m\} \tag{8-24}$$

对于 $\ell\in\{c_1,c_3,g_1,g_2,g_3,g_4\}$ ，我们将 $(\omega_i^\ell,\Theta_i^\ell)$ 称为 ϖ_ℓ 中的加权原子（或线索）粒子①。m 大小的选择是保守的，或者它可以在由粗到细策略中以极限 $m=|\boldsymbol{\mho}^\ell|$ 来计算。更多细节见文献 [12-13]。

在聚类算法中，每个特征向量 $\boldsymbol{F}_v^\ell$ 及其位置 v 被分类为一个簇 Θ_i^ℓ ，使得

$$S_{i,v}^\ell=p(F_v^\ell;\Theta_i^\ell),\ \sum_{i=1}^m S_{i,v}^\ell=1,\ \forall v\in\Lambda,\ \forall\ell$$

这是一种软分配，可以通过计算从 $\boldsymbol{F}_v$ 到聚类中心的距离来得到。我们称

$$S_i^\ell=\{S_{i,v}^\ell:v\in\Lambda\},\quad i=1,2,\ldots,m,\ \forall\ell \tag{8-25}$$

是与线索粒子 Θ_i^ℓ 相关联的显著图。

计算 ϖ_{c_1} 中的线索粒子。对于彩色图像，我们采用 $\boldsymbol{F}_v=(L_v,U_v,V_v)$ ，并应用均值漂移聚类算法[12-13]来计算 ϖ_{c_1} 中的颜色簇。例如，图 8-11 显示了一张简单的彩色图像在立体空间中的一些颜色簇（球），即 (L^*,u^*,v^*) 空间中 ϖ_{c_1} 的彩色图像及其簇 (L^*,u^*,v^*) ，第二行包含了与颜色簇相关联的六个显著图。球的大小代表权重 $\omega_i^{c_1}$ 。每个簇和与其对应的显著图 $S_i^{c_1}, i=1,2,\ldots,6$ 相关联，其中明亮区域表示较高概率。从左到右的显著图分别代表背景、皮肤、衬衫、阴影皮肤、裤子和头发，以及高亮皮肤。

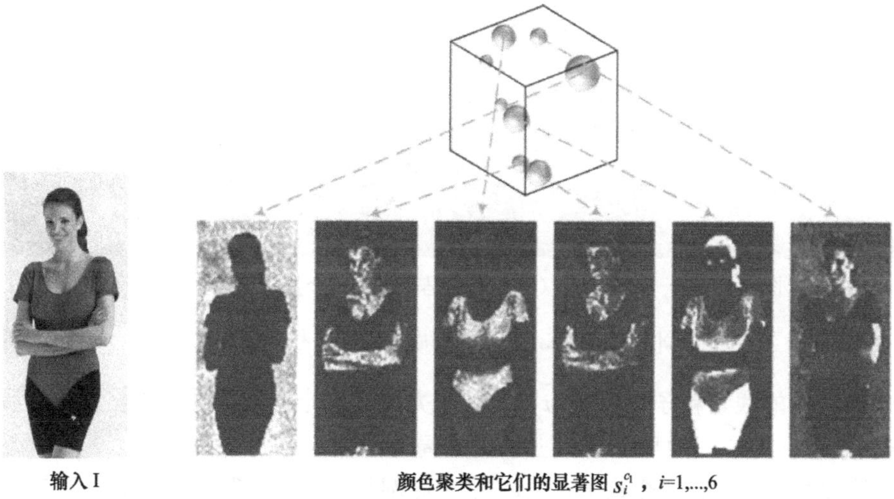

图 8-11　一张简单的彩色图像在立体空间中的一些颜色簇（球）

©[2002] IEEE，获许可使用，来自参考文献[59]

① 原子空间 ϖ_{c_2} 是由两个 ϖ_c 构成的，因此可以由 ϖ_c 计算得到。

计算 ϖ_{c_3} 中的线索粒子。每个点 v 将其颜色 $\boldsymbol{I}_v=(L_v,U_v,V_v)$ 作为“曲面高度”，并且我们应用 EM 聚类来找到样条曲面模型。图 8-12 显示了图像的聚类结果。图 8-12（a～d）是与 ϖ_{c_3} 中的四个簇相关的显著图 $S_i^{c_3}, i=1,2,3,4$。图 8-12（e～h）是依据拟合的颜色样条曲面得到的四个重建图像，其恢复了一些全局亮度变化。

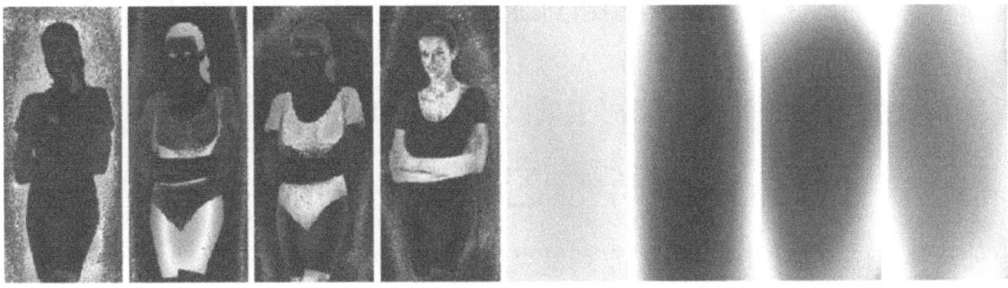

(a) (b) (c) (d) (e) (f) (g) (h)

图 8-12 图像的聚类结果

计算 ϖ_{g_1} 中的线索粒子。在该模型中，特征空间 $\boldsymbol{F}_v=\boldsymbol{I}_v$ 仅表示强度，$\boldsymbol{\mho}^{g_1}$ 表示图像强度直方图。我们简单地应用均值漂移聚类算法来获得直方图的峰值，并且每个峰的宽度决定其方差。

图 8-13 显示了图 8-21（a）中所示的斑马图像的六个显著图 $S_i^{g_1}, i=1,2,\ldots,6$。在左侧的聚类图中，将每个像素都分配给其最可能的粒子。

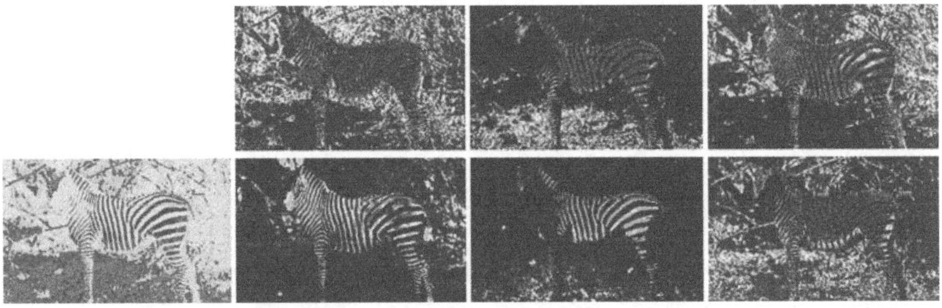

图 8-13 ϖ_{g_1} 的聚类图（左）和斑马图像的六个显著图 $S_i^{g_1}, i=1,\ldots,6$

计算 ϖ_{g_2} 中的线索粒子。对于 ϖ_{g_2} 中的聚类，在每个子采样像素 $v\in\Lambda$ 处，我们计算 $\boldsymbol{F}_v$，作为在以 v 为中心的局部窗口上累积的局部强度直方图 $\boldsymbol{F}_v=(h_{v0},\ldots,h_{vG})$。然后应用 EM 聚类计算线索粒子。每个粒子 $\Theta_i^{g_2}, i=1,\ldots,m$ 都是一个直方图。该模型用于杂波区域。

图 8-14 显示了同一斑马图像上的聚类结果。

计算 ϖ_{g_3} 中的线索粒子。在每个子采样像素 $v\in\Lambda$ 处，我们在 12×12 像素的局部窗口上计算一组 8 个局部直方图，用于 8 个滤波器。为计算方便，我们选择 8 个滤波器：1 个 δ 滤波器，2 个梯度滤波器，1 个拉普拉斯高斯滤波器和 4 个 Gabor 滤波器。同时每个直方图有 9 个区间。那么 $F_v^{g_3}=(h_{v,1,1},\ldots,h_{v,8,9})$ 就是对应的特征。我们使用 EM 聚类来找到 m 个平均直方图 $\bar{\boldsymbol{h}}_i, i=1,2,\ldots,m$。我们可以从 $\bar{\boldsymbol{h}}_i, i=1,2,\ldots,m$ 计算纹理模型 $\Theta_i^{g_3}$ 的线索粒子。文献[67]中详细说明了这种变换。

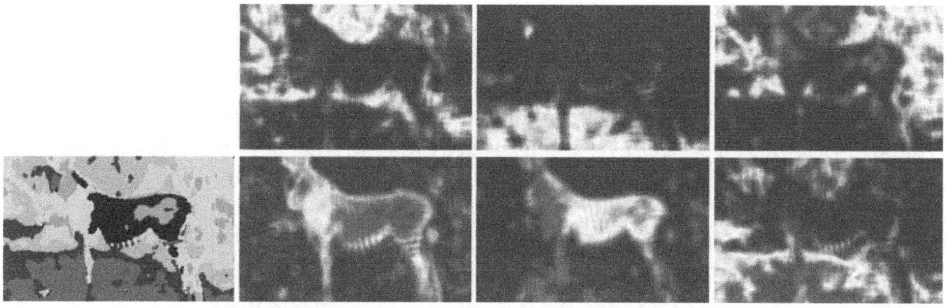

图 8-14　ϖ_{g_2} 的聚类图（左）和斑马图像的六个显著图 $S_i^{g_2}, i=1,\ldots,6$

图 8-15 显示了斑马图像上的纹理聚类结果，图的左侧是 1 个聚类图，右侧是 4 个粒子对应的 4 个显著图 $\Theta_i^{g_3}, i=1,2,\ldots,4$。

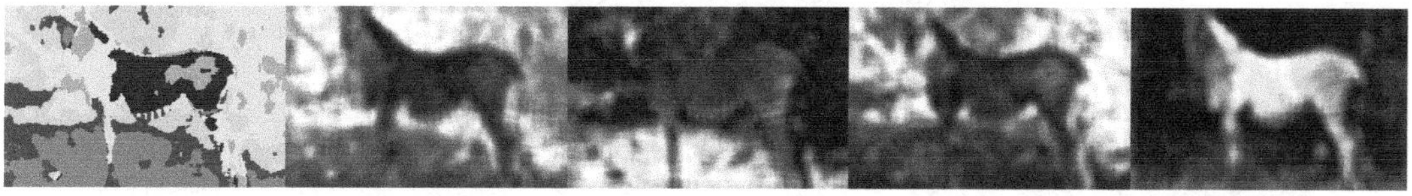

图 8-15　纹理聚类

计算 ϖ_{g_4} 中的线索粒子。每个点 v 将其强度 $\boldsymbol{I}_v=\boldsymbol{F}_v$ 作为曲面高度，并且我们应用 EM 聚类来找到样条曲面模型。图 8-16 显示了具有四个曲面的斑马图像的聚类结果。图 8-16（a）是聚类图，图 8-16（b）的第一行图像是显著图，第二行显示使用曲面高度作为强度的拟合曲面，即第二行显示了恢复一些全局亮度变化的四个曲面。与将斑马条纹捕捉为整个区域的纹理聚类结果不同，曲面模型将黑色和白色条纹分离为两个区域——这是另一种有效感知。有趣的是，斑马皮肤中的黑白条纹都有阴影变化，这些变化由样条模型拟合。

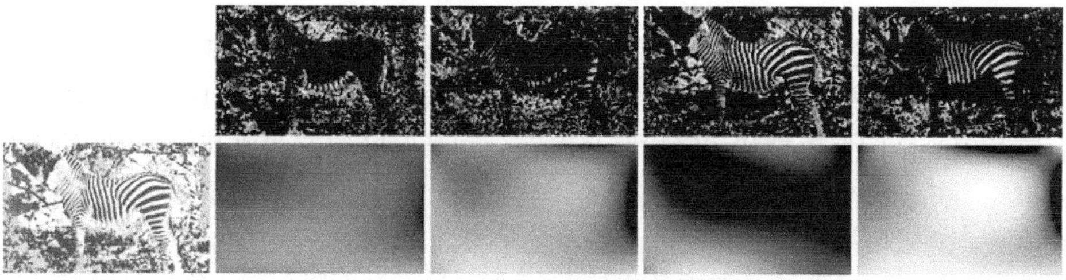

（a）聚类图　　（b）四个显著图和曲面

图 8-16　贝塞尔曲面模型下斑马图像的聚类结果

8.7.2 方法二：边缘检测

我们使用 Canny 边缘检测器[10]检测强度边缘，使用文献[35]中的方法检测颜色边缘。我们对检测到的边进行追踪来对图像栅格进行分割。我们根据边缘强度选择 3 个尺度的边缘，从而以 3 个由粗到细的尺度计算分割图。我们不对该方法进行更深入的讨论，而是使用两个例子显示一些结果：女人和斑马图像。

图 8-17 显示了彩色图像和 3 个细节尺度的分割图。由于此图像具有强烈的颜色信息，因此边缘图可以提供关于区域边界位置的丰富信息。相比之下，斑马图像的边缘图非常混乱，如图 8-18 所示。

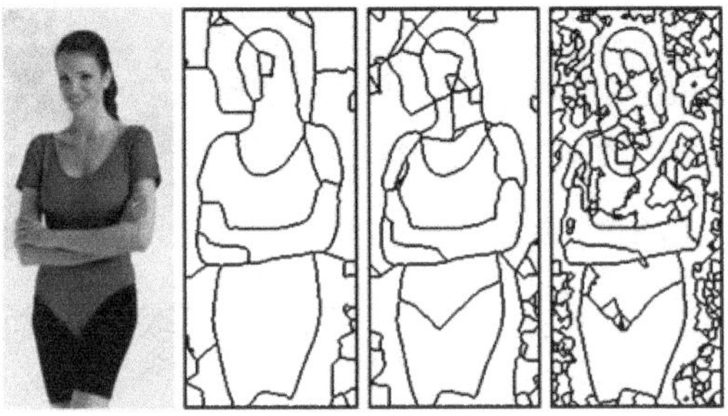

(a) 输入图像　(b) 尺度1　(c) 尺度2　(d) 尺度3

图 8-17　彩色图像的 3 个细节尺度的分割图

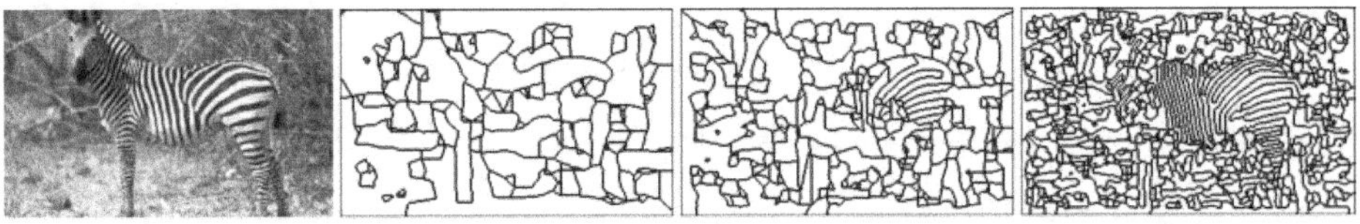

(a) 输入图像　(b) 尺度1　(c) 尺度2　(d) 尺度3

图 8-18　灰度图像和 3 个尺度的分割图

8.8 计算重要性提议概率

人们普遍认为，聚类和边缘检测算法有时可以为某些图像产生良好甚至完美的分割结果，但是通常它们对于一般图像来说没那么可靠，如图 8-11～图 8-18 中的实验所示。同样，有时其中一个图像模型和边缘检测尺度在分割某些区域方面比其他模型和尺度更好，但我们事先不知道图像中存在哪些类型的区域。因此，我们可以计算多个尺度的所有模型和边缘检测，然后依概率利用聚类和边缘检测结果。MCMC 理论提供了一个框架，该框架用于在全局定义的贝叶斯后验概率的指导下，以规定的方式整合概率信息。

计算重要性提议概率 $q(\Theta|R,\ell)$。原子空间 ϖ_ℓ 中的聚类方法输出一组加权线索粒子 p^ℓ。p^ℓ 以 ϖ_ℓ 编码非参数概率，即

$$q(\Theta|\Lambda,\ell)=\sum_{i=1}^{m}\omega_i^{\ell}G(\Theta-\Theta_i^{\ell})\text{，满足}\sum_{i=1}^{m}\omega_i^{\ell}=1 \tag{8-26}$$

式中，$G(x)$是以 0 为中心的 Parzen 窗口。事实上，在线索空间$\varpi_{\ell},\ell\in\{g_1,g_2,g_3,g_4,c_1,c_3\}$中，因为分区$\pi$在 EM 聚类中被积分，所以$q(\Theta|\Lambda,\ell)=q(\Theta|\boldsymbol{I}))$是后验边缘概率$p(W|\boldsymbol{I})$的近似值。

对整个图像只计算一次$q(W|\Lambda,\ell)$，然后在运行时针对每个R计算$q(\Theta|R,\ell)$。该方法按下列方式进行：每个聚类$\Theta_i^{\ell},i=1,2,\ldots,m$从区域$R$中的像素$v\in R$接收真值投票，并且累计投票是与$\Theta_i^{\ell}$关联的显著图$S_i^{\ell}$的总和。从象征意义上讲，$p_i$由下式给出：

$$p_i=\frac{1}{|R|}\sum_{v\in R}S_{i,v}^{\ell},\quad i=1,2,\ldots,m,\ \forall\ell$$

显然，获得更多投票的聚类应该有更高的被选择机会。因此，我们为区域R采样新的图像模型Θ，即

$$\Theta\sim q(\Theta\,|\,R,\ell)=\sum_{i=1}^{m}p_iG(\Theta-\Theta_i^{\ell}) \tag{8-27}$$

式（8-27）解释了我们如何选择（或提出）区域R的图像模型。我们首先根据概率$p=(p_1,p_2,\ldots,p_m)$随机抽取一个聚类i，然后取一个Θ_i^{ℓ}的随机扰动。因此，为了模型的稳健性和遍历性，任何$\Theta\in\varpi_{\ell}$都具有非零概率被选择。直观来说，根据局部区域投票的聚类结果以概率方式找出空间的“最热”部分以指导图像模型动态转移过程。实际上，可以在较小的局部窗口上实现多分辨率聚类算法。在这种情况下，以某些计算开销为代价得到聚类簇 $\Theta_i^{\ell},i=1,2,\ldots,m$更有效。

计算重要性提议概率$q(\Gamma|R)$。通过边缘检测和跟踪，我们获得了在多个尺度$s=1,2,3$处以$\Delta^{(s)}$表示的分区图。实际上，每个分区图$\Delta^{(s)}$由一组“元区域”$r_i^{(s)}$组成：

$$\Delta^{(s)}(\Lambda)=\{r_i^{(s)}:i=1,2,\ldots,n,\cup_{i=1}^{n}r_i^{(s)}=\Lambda\},\quad s=1,2,3$$

将这些元区域组合后形成$K\leqslant n$区域$R_1^{(s)},R_2^{(s)},\ldots,R_K^{(s)}$，即

$$R_i^{(s)}=\cup_j r_j^{(s)},\ \text{满足}\ r_j^{(s)}\in\Delta^{(s)},\ \forall i=1,2,\ldots,K$$

我们也可以进一步要求区域$R_i^{(s)}$中的所有元区域连接。

令$\pi_k^{(s)}=(R_1^{(s)},R_2^{(s)},\ldots,R_k^{(s)})$表示基于$\Delta^{(s)}$的$k$分区。$\pi_k^{(s)}$与一般$k$分区$\pi_k$不同，因为$\pi_k^{(s)}$中的区域$R_i^{(s)},i=1,\ldots,K$限于元区域。我们基于映射$\Delta^{(s)}$表示所有$k$分区的集合：

$$\Pi_k^{(s)}=\{(R_1^{(s)},R_2^{(s)},\ldots,R_k^{(s)})=\pi_k^{(s)}:\cup_{i=1}^{k}R_i^{(s)}=\Lambda\} \tag{8-28}$$

我们将$\Pi_k^{(s)}$中的每个$\pi_k^{(s)}$称为原子（分区）空间中的 k 分区粒子ϖ_{π_k}。与线索空间中的聚类一样，$\Pi_k^{(s)}$是ϖ_{π_k}的稀疏子集，并且它将搜索范围缩小到最有可能的部分。因此，每个分区映射$\Delta^{(s)}$编码原子（分区）空间ϖ_{π_k}中的概率，并且

$$q^{(s)}(\pi_k)=\frac{1}{\left|\Pi_k^{(s)}\right|}\sum_{j=1}^{\left|\Pi_k^{(s)}\right|}G(\pi_k-\pi_{k,j}^{(s)}),\quad s=1,2,3,\ \forall k \tag{8-29}$$

式中，$G()$是一个以 0 为中心的平滑窗口，其平滑度考虑了边界变形并在每个分区粒子周

围形成一个簇，$\pi_k-\pi_{k,j}^{(s)}$ 测量两个分区图 π_k 和 $\pi_{k,j}^{(s)}$ 之间的差异。在最精细的分辨率中，所有元区域都缩减为像素，并且 $\Pi_k^{(s)}$ 等于原子空间 ϖ_{π_k}。总之，所有尺度的分区图都在 ϖ_{π_k} 空间中编码非参数概率，即

$$q(\pi_k)=\sum_s q(s)q^{(s)}(\pi_k),\ \forall k$$

该 $q(\pi_k)$ 可以被认为是边缘后验概率 $p(\pi_k|\boldsymbol{I})$ 的近似值。

对整个图像计算一次分区映射 $\Delta^{(s)},\forall s$ ［或者 $q(\pi_k),\forall k$ ］，然后根据 $q(\pi_k)$ 计算重要性提议概率 $q(\Gamma|R)$ 作为每个区域计算时的条件概率，就像在线索空间中一样。图 8-19 就是一个例子。我们在三个尺度上标出了分区图 $\Delta^{(s)}(\Lambda)$，并且对于 $s=1,2,3$，边缘分别按照宽度 3,2,1 示出。候选区域 R 被分割。$q(\Gamma|R)$ 是分割边界 Γ 的概率。我们将区域 R 叠加在三个分区图上。R 和元区域之间的交叉点分成三组，即

$$\Delta^{(s)}(R)=\{r_j^{(s)}:r_j^{(s)}=R\cap r_j\ ,\ \ r_j\in\Delta^{(s)}(\Lambda),\ \text{且}\bigcup_i r_i^{(s)}=R\},\ \ s=1,2,3$$

例如，在图 8-19 中，$\Delta^{(1)}(R)=\{r_1^{(1)},r_2^{(1)}\}$，$\Delta^{(2)}(R)=\{r_1^{(2)},r_2^{(2)},r_3^{(2)},r_4^{(2)}\}$，等等。

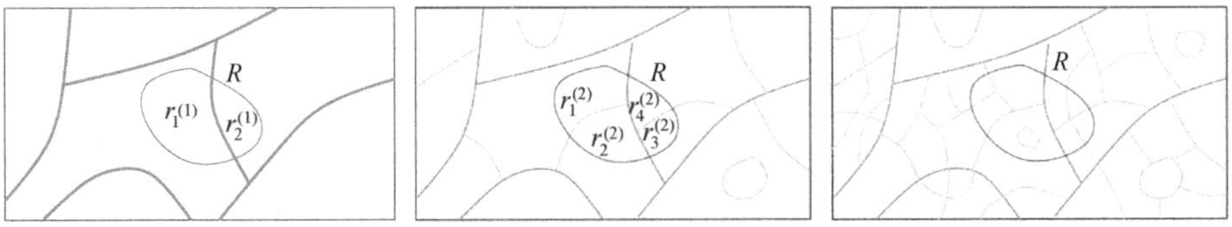

图 8-19　候选区域 R_k 以三个尺度叠加在分区图上，用于计算即将拆分的候选边界 Γ_{ij}

因此，我们可以基于 $\Delta^{(s)}(R)$ 将 $\pi_c^{(s)}(R)=(R_1^{(s)},R_2^{(s)},\ldots,R_c^{(s)})$ 定义为区域 R 的 c 分区，并将 R 的 c 分区空间定义为

$$\Pi_c^{(s)}(R)=\{(R_1^{(s)},R_2^{(s)},\ldots,R_c^{(s)})=\pi_c^{(s)}(R):\bigcup_{i=1}^{c}R_i^{(s)}=R\},\ \forall s \tag{8-30}$$

我们可以将 $\Pi_c^{(s)}(R)$ 上的分布定义为

$$q^{(s)}(\pi_c(R))=\frac{1}{\left|\Pi_c^{(s)}(R)\right|}\sum_{j=1}^{\left|\Pi_c^{(s)}(R)\right|}G(\pi_c-\pi_{c,j}^{(s)}(R)),\ s=1,2,3,\ \forall c \tag{8-31}$$

因此，在一般情况下，可以提议将 R 分成 c 个部分，即

$$\pi_c(R)\sim q(\pi_c(R))=\sum_s q(s)q^{(s)}(\pi_c(R))$$

也就是说，我们首先选择概率为 $q(s)$ 的尺度 s, $q(s)$ 的大小取决于 R。例如，对于大区域 R，我们可以选择具有较高概率的粗尺度，对于小区域 R 我们可以选择小尺度。然后我们从集合 $\Pi_c^{(s)}(R)$ 中选择一个 c 分区。在我们的实现中，选择 $c=2$ 是比较易于实现的特殊情况。区域 R 的任意 c 分区 $\pi_c(R)$ 可通过多次组合 $\pi_2(R)$ 产生。显然，选择较大的 c 会有很大的计算开销。

计算 $q(\Theta_i,\Theta_j|R,\ell_i,\ell_j)$ 和 $q(\Gamma_{ij}|R,\Theta_i,\Theta_j)$。在某些情况下，我们找到了第二条路线，讨论了设计 MCMC 动态过程 3～4［见式（8-19）］，这对于拆分区域非常有用。例如，在

图 8-21 中有两种方法可以感知斑马。一种是人们将斑马视为一个纹理区域（通过 ϖ_{g_3} 中的模型）。另一种将其视为黑色条纹的一个区域加上一个白色条纹区域，因此使用 ϖ_{g_1} 或 ϖ_{g_4} 中的模型。马尔可夫链能够有效地在两种感知之间切换，如图 8-21（b）～图 21（d）中所示的结果。因此，在任何纹理区域和强度区域之间的过渡是必要且典型的。

因为这种纹理中的条纹数量很大，所以第一个拆分过程（路线 1）效率较低，并且它一次只在一个条纹上工作，这激发了动态拆分过程的第二条路线。对于候选区域 R，我们首先提出两个新的区域模型（我们总是假设相同的标签 ℓ_i=ℓ_j），这可以通过对重要性提议概率 $q(\Theta|R,\ell)$进行两次采样来完成，所以

$$(\Theta_i,\Theta_j)\sim q(\Theta_i,\Theta_j\big|R,\ell_i,\ell_j)=q(\Theta_i\big|R,\ell_i)q(\Theta_j\big|R,\ell_j)$$

显然，当我们选择 Θ_j 时，我们从候选集中排除 Θ_i。然后，我们根据显著图的概率随机标记 R 中的像素来决定边界 $\Gamma\sim q(\Gamma_{ij}|\ R,\Theta_i,\Theta_j)$。

统一的框架。总之，DDMCMC 模型为理解许多现有图像分割算法的作用提供了统一的框架。第一，边缘检测和跟踪方法[10,35]隐式地计算分区空间 ϖ_π 上的边缘概率 $q(\pi|\boldsymbol{I})$。第二，聚类算法[12-13]计算各种模型 ℓ 在模型空间的边缘概率 ϖ_ℓ。第三，拆分、合并和模型切换[3]实现了状态动态转移过程。第四，区域增长和竞争方法[49,69]实现了扩展区域边界的动态扩散过程。

8.9 计算多个不同的解

8.9.1 动机和数学原理

DDMCMC 算法从后验 $W\sim p(W|\boldsymbol{I})$ 无限地采样解。为了提取最优结果，退火策略可以与传统的最大后验（MAP）估计一起使用，即

$$W^*=\arg\max_{W\in\Omega}p(W|\boldsymbol{I})$$

计算多个不同解是有利的且通常是关键的，原因详述如下：

（1）自然场景本质上是模糊的，对于图像 $\boldsymbol{I}$ 在视觉感知中存在许多竞争的组织和解释。

（2）出于稳健性考虑，当分割过程与特定任务集成时，决策应留在计算的最后阶段。因此，最好保持一套典型的解。

（3）当先验概率模型和似然模型不完美时，保留多个解是必要的，因为全局最优解可能在语义上不如其他一些较低的局部最优值更有意义。

然而，仅仅保留马尔可夫链序列中的一组样本是不够的，因为它经常收集一组彼此不同的分段。相反，可以使用计算空间 Ω 中重要和独特解的数学原理，它依赖于本书 2.6 节中提出的技术，用于保留重要性采样中的样本多样性。

设 $S=\{(\omega_i,W_i):i=1,\ldots,K\}$ 是一组 K 加权解，我们称之为场景粒子，其权重是它们的后验概率 $\omega_i=p(W|\boldsymbol{I}),\ i=1,2,\ldots,K$。（注意区分之前的符号，我们之前使用 K 表示 W 中的区域数，跟这里的 K 是不同的）。在 Ω 中 S 编码为非参数概率并且

$$\hat{p}(W \mid \boldsymbol{I}) = \sum_{i=1}^{K} \frac{\omega_i}{\omega} G(W - W_i), \sum_{i=1}^{K} \omega_i = \omega$$

式中，G 是 Ω 中的高斯窗口。

由于所有图像模糊性都是在贝叶斯后验概率中捕获的，为了反映内在的模糊性，我们应该计算出最能保持后验概率解的 S 集。因此，我们让 $\hat{p}(W|\boldsymbol{I})$ 通过在复杂性约束 $|S|=K$ 下最小化 KL 散度 $D(p \| \hat{p})$ 来逼近 $p(W|\boldsymbol{I})$，即

$$S^* = \arg\min_{|S|=K} D(p \| \hat{p}) = \arg\min_{|S|=K} \int p(W|\boldsymbol{I}) \log \frac{p(W \mid \boldsymbol{I})}{\hat{p}(W \mid \boldsymbol{I})} \mathrm{d}W \quad (8\text{-}32)$$

该标准扩展了传统的 MAP 估计器。

8.9.2 用于多种解的 *K*-冒险家算法

幸运的是，KL 散度 $D(p \| \hat{p})$ 可以通过距离度量 $\hat{D}(p \| \hat{p})$ 精确地估计，多亏多模态后验概率 $p(W|\boldsymbol{I})$ 的两个观测值 $\hat{D}(p \| \hat{p})$ 是可计算的。我们可以使用高斯混合模型来表示 $p(W|\boldsymbol{I})$，即具有足够大的 N 的一组 N 个粒子。由于遍历性，马尔可夫链应随着时间的推移访问这些重要的模式。因此，我们的目标是从马尔可夫链采样过程中提取 K 个不同的解。

为了实现这一目标，可以使用 K-冒险家算法[①]，见算法 8-1。假设我们在步骤 t 有一组 K 个粒子 S。在时间 $t+1$，通过 MCMC 在成功跳跃之后我们获得新粒子（或多个粒子），我们将新获得的粒子添加到集合 S 得到 S_+。然后，我们通过最小化近似 KL 散度 $\hat{D}(p_+ \| p_{\text{new}})$，从 S_+ 中消除一个粒子（或多个粒子）以获得 S_{new}。

在实践中，我们运行多个马尔可夫链并以批量方式将新粒子添加到集合 S。

算法 8-1　*K*-冒险家算法

1. 通过重复一个初始的解 K 次来初始化 S 和 $\hat{p}$
2. 重复
3. 经过一个成功的跳跃后利用 DDMCMC 算法计算一个新的粒子 $(\omega_{K+1}, \boldsymbol{x}_{K+1})$
4. $S_+ \leftarrow S \cup \{(\omega_{K+1}, \boldsymbol{x}_{K+1})\}$
5. $\hat{p} \leftarrow S_+$
6. **for** $i = 1, 2, \ldots, K+1$ **do**

end

7. $S_{-i} \leftarrow S_+ / \{(\omega_i, \boldsymbol{x}_i)\}$
8. $\hat{p}_{-i} \leftarrow S_{-i}$
9. $d_i = D(p \| \hat{p}_{-i})$
10. $i^* = \operatorname{argmin}_{i \in \{1,2,\ldots,K+1\}} d_i$
11. $S \leftarrow S_{-i^*}, \hat{p} \leftarrow \hat{p}_{-i^*}$

① 这个算法的名字是根据Mumford向朱松纯做的一个统计隐喻得来的，一个由K个冒险家组成的团队想要占据海上最大的K个岛屿，并且彼此远离。

8.10　图像分割实验

DDMCMC 范式在许多灰度级、彩色和纹理图像上进行了广泛测试。本节介绍了一些示例，并在 Berkeleygroup 的 50 个自然图像的基准数据集中进行了测试[41]，对 DDMCMC 和其他多个方法（如文献[53]）的结果与许多人类标记的结果进行了比较。每个测试算法对所有基准图像使用相同的参数设置，因此结果完全是自动获得的。

我们首先在彩色女性图像上展示我们的工作示例。按照图 8-17 中边缘的重要性提议概率和图 8-11 中的颜色聚类，我们模拟了具有三个不同初始分割的三种马尔可夫链，如图 8-20（第一行）所示。三个 MCMC 的能量随时间的变化 $(-\log p(W|\boldsymbol{I}))$ 过程如图 8-20 所示。图 8-20 显示了使用 K-冒险家算法通过马尔可夫链获得的两种不同解 W_1, W_2。为了验证计算所得的解 W_i，我们通过从似然 $\boldsymbol{I}_i^{\text{syn}} \sim p(\boldsymbol{I}|W_i), i=1,2$ 中采样来合成图像。综合来看，它是检查分割中模型充分性的好方法。

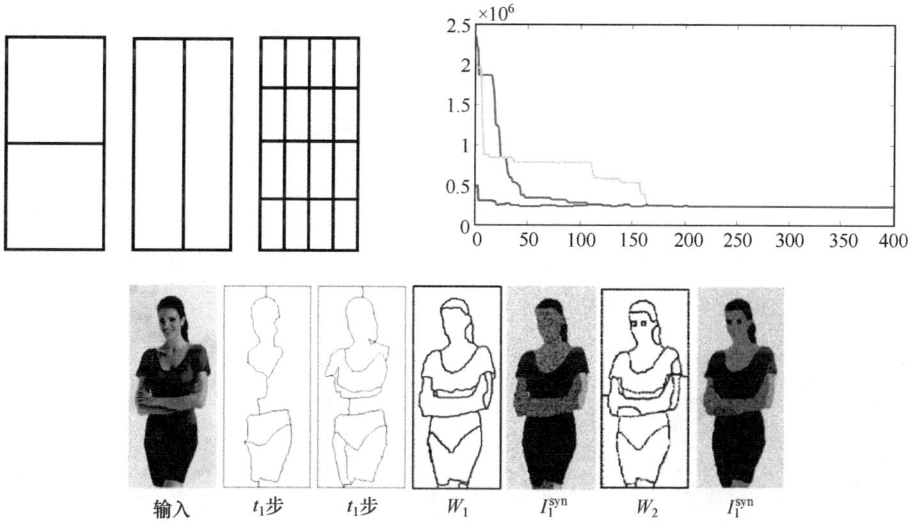

图 8-20　DDMCMC 用两种方案分割彩色图像

©[2002] IEEE，获许可使用，来自参考文献[59]

图 8-21 显示了灰度斑马图像上的三个分割结果。其中，图 8-21（a）为输入图像；图 8-21（b）～图 8-21（d）是斑马图像的三个解，即 $W_i, i=1,2,3$；图 8-21（e）～图 8-21（g）是用于验证结果的合成图像 $\boldsymbol{I}_i^{\text{syn}} \sim p(\boldsymbol{I}|W_i^*)$。如前所述，本节中的 DDMCMC 算法只有一个自由参数 γ，它是先前模型中的“杂波因子”[见式（8-7）]，控制分割的范围。一个值较大的 γ 对大区域的粗分割效果较好。我们通常通过分别设置 $\gamma=1.0, 2.0, 3.0$ 来提取三个尺度下的结果。在我们的实验中，K-冒险家算法仅对某个特定尺度下计算不同的解有效。我们期望，如果我们形成具有多个尺度的图像金字塔并且在每个尺度下使用 K-冒险家算法进行分割，则可以将参数 γ 固定为常数，然后将结果传播并精细化到下一个更精细的尺度。

对于斑马图像，W_1 分割出黑白条纹，而 W_2 和 W_3 将斑马视为纹理区域。合成图像 $\boldsymbol{I}_i^{\text{syn}} \sim p(\boldsymbol{I}|W_i), i=1,2,3$ 表明纹理模型不充分，因为我们仅选择 8 个小滤波器以便于计算。此外，样条曲面模型在分割地面和背景草中起着重要作用，这通过 $\boldsymbol{I}_2^{\text{syn}}$ 和 $\boldsymbol{I}_3^{\text{syn}}$ 中的全局阴影变化得到验证。

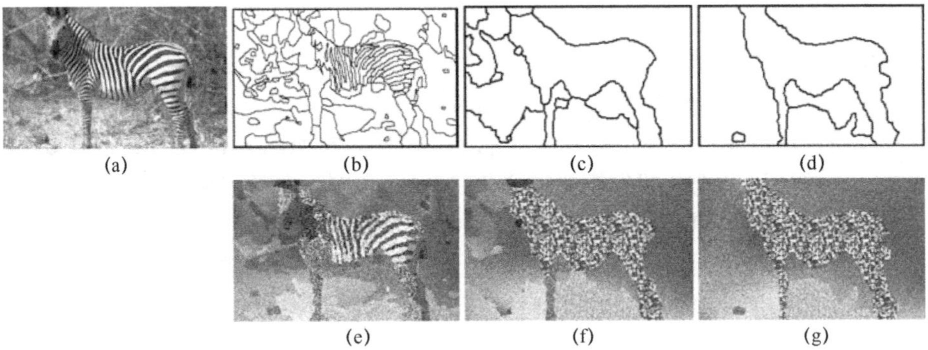

图 8-21　用三种解决方案对灰度级斑马图像进行的实验

图 8-22 和 8-23 使用相同的算法展示一些其他灰度和彩色图像。在图 8-22 中，第 1 行是输入图像，第 2 行是分割结果 W，第 3 行是合成图像 $\boldsymbol{I}^{\text{syn}} \sim p(\boldsymbol{I}|W)$ 与分割结果 W。我们展示了输入、从任意初始条件开始的分割结果和从似然 $\boldsymbol{I}^{\text{syn}} \sim p(\boldsymbol{I}|W)$ 抽取的合成图像。这些图像的 γ 值大多设定为 1.5，少数在 1.0～3.5 处获得。在一开始学习伪似然纹理模型时，在 Pentium III PC 上花费大约 10～30 分钟（取决于图像内容的复杂性）来分割具有中等尺寸（如 350×250 像素）的图像。

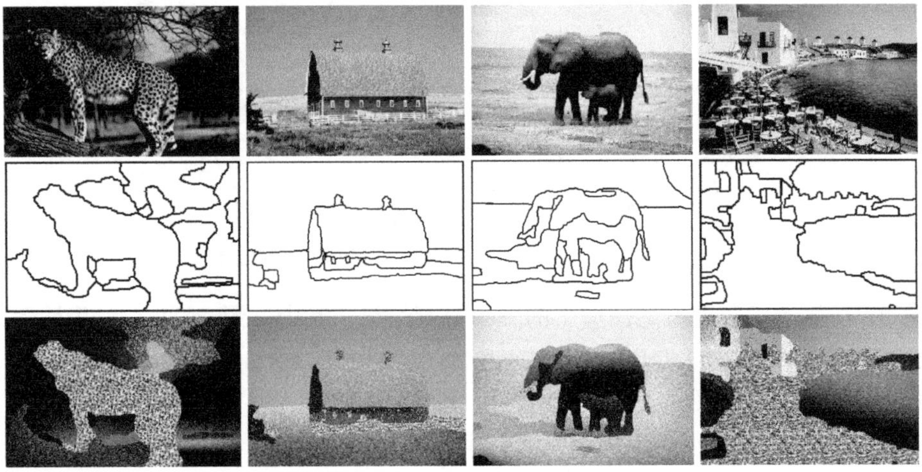

图 8-22　DDMCMC 的灰度图像分割

合成图像显示，我们需要使用更多的随机模型，如点和曲线过程，以及人面部等对象。例如，在图 8-23 的第一行，足球场中的乐队形成了一个未被捕获的点过程，合成图像中也缺少面部。

图 8-23　DDMCMC 的彩色图像分割
©[2002] IEEE，获许可使用，来自参考文献[59]

图 8-24 显示了基准研究中包含彩色和灰度的 50 个自然图像中的三个灰度图像，分别为输入（左）、DDMCMC 分割（中）和人类的手动分割（人工分割）（右）。图中 DDMCMC 分割（中）与人工分割（右）的结果进行比较，根据指标[59]其结果的误差分别为 0.1083、0.3082 和 0.5290。

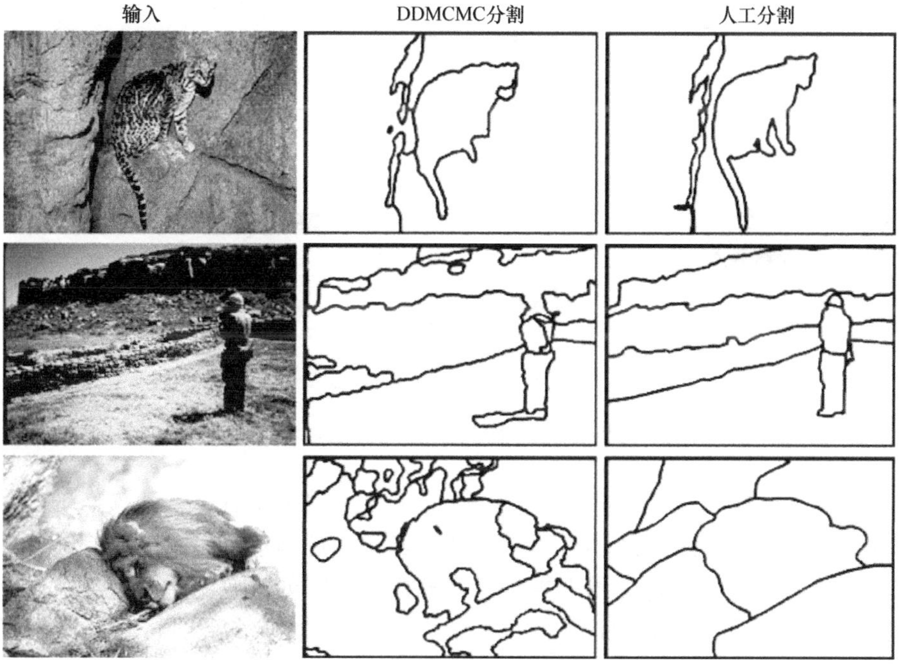

图 8-24　DDMCMC 对 Martin 测试基准的一些分割结果
©[2002] IEEE，获许可使用，来自参考文献[59]

8.11　应用：图像解析

我们将图像解析定义为将图像 $\boldsymbol{I}$ 分解为其组成视觉模式的任务。输出由分层图 W 表示——称为“解析图”，目标是优化贝叶斯后验概率 $p(W|\boldsymbol{I})$。图像解析示例如图 8-25 所示，本解析图是分层的，它将生成模型（向下箭头）与水平连接（虚线）相结合，水平连接指定视觉模式之间的空间关系；有关包含节点属性变量的更抽象的表示，请参见图 8-28。图 8-25 展示出了一个典型的例子，其中足球比赛场景首先被粗略地分成三个部分：前景中的人、运动场和观众。这三个部分在第二级进一步分解为九个视觉模式：一个面部，三个纹理区域，一些文本，一个点集（场上的乐队），一个曲线过程（场上的标记），一个颜色区域，以及附近人的区域。原则上，我们可以继续分解这些部分，直到达到分辨率标准。解析图在含义上类似于语音和自然语言处理中使用的解析树[39]，除此以外它可以包括水平连接（参见图 8-25 中的虚线），用于指定不同视觉模式之间的空间关系和边界共享。

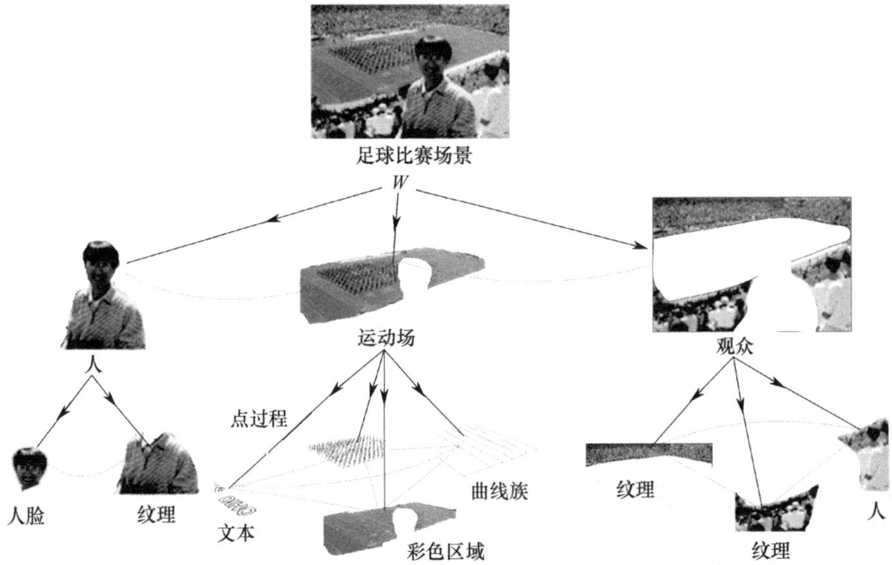

图 8-25　图像解析示例

©[2005] Springer，获许可使用，来自参考文献[57]

与自然语言处理一样，解析图不是固定的，它取决于输入图像。图像解析算法必须在运行中构造解析图①。我们的图像解析算法由一组可逆的马尔可夫链跳跃[26]组成，每种类型的跳跃对应于一个运算符，用于重新配置解析图，即创建或删除节点或更改节点属性值。这些跳跃在可能的解析图空间中组合形成遍历和可逆的马尔可夫链。马尔可夫链依概率

① 与文献中大多数假定固定图形的图像推理算法不同，请参考文献[66]。

收敛到不变概率 $p(W|\boldsymbol{I})$，马尔可夫链将模拟来自该概率的恰当样本①。这种方法建立在以前的数据驱动马尔可夫链蒙特卡罗（DDMCMC）的工作基础上，用于识别[70]、分割[59]、分组[60]和图划分[1-2]。

图像解析根据生成模型 $p(\boldsymbol{I}|W)$ 和 $p(W)$ 寻找输入图像的完整生成性解释，用于自然图像中出现的各种视觉模式，如图 8-25 所示。这与其他计算机视觉任务不同，例如分割、分组和识别。这些通常由孤立的视觉模块执行，其仅寻求解释图像的部分。图像解析方法使这些不同的模块能够协作和竞争，以对整个图像进行一致的解释。DDMCMC 的图像分割失败示例如图 8-26 所示，它仅使用通用视觉模式，即仅使用低级视觉线索。结果图 8-26（b）表明，低级视觉线索不足以获得良好的直观分割。仅使用通用视觉模式的局限性在合成图像图 8-26（c）中也是清楚的，其在通过 DDMCMC 方法估计参数之后，从生成模型中的随机采样获得。图 8-26（d）显示了人工分割，与算法相比，其在进行分割时似乎使用了对象特定的知识（尽管没有被指示）[41]。我们得出结论，要在这些类型的图像上实现良好的分割，需要将分割与对象检测和识别相结合。

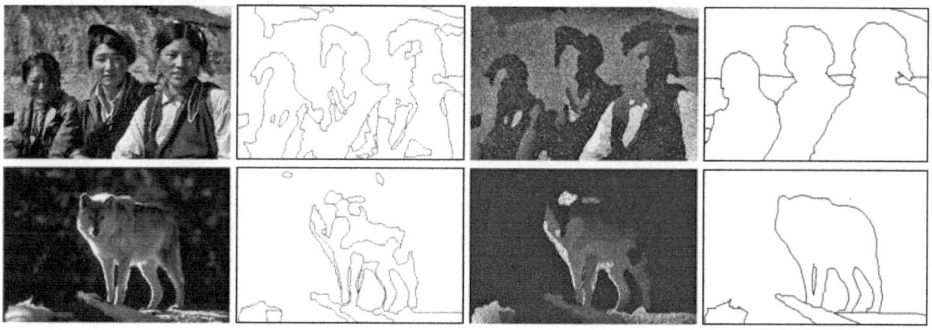

(a) 输入图像　　(b) 图像分割　　(c) 合成图像　　(d) 人工分割

图 8-26　DDMCMC 的图像分割失败示例

©[2005] Springer，获许可使用，来自参考文献[57]

但是，组合不同的视觉模块需要一个通用框架以确保一致性。虽然用于计算场景组成（如对象标签和类别）的判别方法比较有效，它们也可以生成冗余且冲突的结果，但是数学家认为[6]，判别方法必须遵循更复杂的过程：（1）消除错误警报，（2）通过全局背景信息修正缺失的对象，（3）通过模型比较协调冲突（重叠）解释。在本节中，我们通过使用整个图像的生成模型来执行此类过程。

正如我们将要展示的那样，图像解析算法能够整合判别和生成方法，以便利用它们的互补优势。此外，诸如分割和对象检测的模块可以通过选择用于解析图像的一组视觉模式来耦合。在本节中，我们将重点放在两种类型的模式上：低 / 中等水平视觉的通用视觉模式（如纹理和阴影），以及高级视觉的对象模式（如正面人脸和文本）。

这两种类型的模式说明了构造解析图的不同方式（参见图 8-40 和相关讨论）。对象的

① 对于许多自然图像而言，后验概率 $p(W|\boldsymbol{I})$ 达到峰值，所以随机样本接近最大后验概率。在本节中，我们不区分采样与推断（优化）。

模式（面部和文本）具有相对较小的可变性，因此它们通常可以通过自下而上的测试作为整体有效的检测，并且它们的一部分可以按顺序定位。因此，它们的解析子图可以从整体到部分以“分解”方式构造。相比之下，通用纹理区域具有随机形状，并且其强度图案具有高熵。通过自下而上的测试来检测这样的区域将需要大量的测试来处理所有这些可变性，因此在计算上是不切实际的。相反，解析子图应通过“组合”方式对小元素进行分组来构建[5]。

我们在复杂城市场景的自然图像上说明了图像解析算法，并给出了通过允许对象特定知识消除低级别线索歧义来改善图像分割的示例，并且通过使用通用视觉模式来解释阴影和遮挡，从而可以改善目标检测效果。

8.11.1 自上而下和自下而上的处理

DDMCMC 方法的一个主要特点是整合判别和生成方法进行推理。自上而下和自下而上的程序可以大致分为两种流行的推理范式：自上而下的生成方法和自下而上的判别方法，如图 8-27 所示。从这个角度来看，整合生成模型和判别模型相当于组合自上而下和自下而上来处理。生成方法指定如何从场景表示 $\boldsymbol{W}$ 合成图像 $\boldsymbol{I}$。判别方法通过执行测试 $\mathrm{Tst}_j(\boldsymbol{I})$ 来工作，并且不保证产生一致的解。

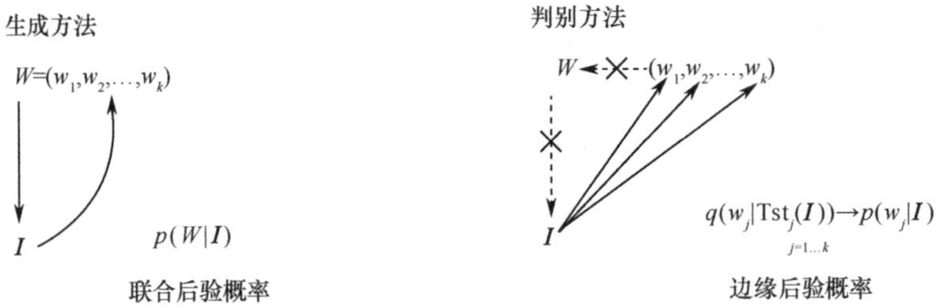

图 8-27 两种推理范式的比较

自下而上和自上而下处理在视觉中的作用已经进行了充分的讨论。人类可以快速处理纹理辨别和其他所谓的预注意等低级视觉任务。越来越多的证据[36,55]表明，人类也可以像处理低级任务那样快速地执行高级场景和对象分类任务。这表明人类可以在视觉处理的早期阶段检测到低水平和高水平的视觉模式。这与传统的自下而上的前馈架构[40]相反。传统的自下而上前馈架构从边缘检测开始，然后是分割 / 分组，随后再进行目标识别和其他高级视觉任务。这些实验还涉及关于自下而上 / 自上而下循环在视觉皮层区[45,62]中的作用的长期猜想、视觉历程和途径[61]、视觉线索的结合[56]，以及神经网络模型，如亥姆霍兹机器[16]。DDMCMC 方法通过使用判别方法快速推断生成模型的参数来统一这两种方法。从计算机视觉的角度来看，DDMCMC 方法结合了自下而上的处理，由判别模型实现，以及生成模型的自上而下处理。本节的其余部分提供了有关此方法功能的更多详细信息。

8.11.2 生成和判别方法

生成方法指定如何从场景表示 $\boldsymbol{W}\in\Omega$ 生成图像 $\boldsymbol{I}$ 。它结合先验 $p(\boldsymbol{W})$ 和似然函数

$p(\boldsymbol{I}|W)$ 来给出联合后验概率 $p(W|\boldsymbol{I})$。这些可以表示为图上的概率，其中输入图像 $\boldsymbol{I}$ 在叶节点上表示，W 表示图的剩余节点和节点属性。图的结构（如节点的数量）是未知的，并且必须针对每个输入图像估计。可以通过来自后验的随机采样 W 来执行推理：

$$W \sim p(W|\boldsymbol{I}) \propto p(\boldsymbol{I}|W)p(W) \tag{8-33}$$

这使我们能够估计 $W^* = \text{argmax}P(W|\boldsymbol{I})$。①但样本空间 Ω 的维数非常高，因此标准采样技术的计算成本很高。

相比之下，判别方法很容易计算，它们没有指定图像生成方式。相反，它们基于在图像上执行的自下而上测试序列 $\text{Tst}_j(\boldsymbol{I})$ 给出 W 的分量 $\{w_j\}$ 的判别（条件）概率 $q(w_j|\text{Tst}_j(\boldsymbol{I}))$。测试过程的局部图像特征 $\{F_{j,n}(\boldsymbol{I})\}$，可以从图像中以级联方式计算（如 AdaBoost 滤波器，参见本书 8.11.5.3 节），即

$$\text{Tst}_j(\boldsymbol{I}) = (F_{j,1}(\boldsymbol{I}), F_{j,2}(\boldsymbol{I}), \ldots, F_{j,n}(\boldsymbol{I})),\ j = 1,2,\ldots,K \tag{8-34}$$

以下定理表明，使用测试 $\text{Tst}(\boldsymbol{I})$ 的真实边缘后验概率 $p(w_j|\boldsymbol{I})$ 和最佳判别近似 $q(w_j|\text{Tst}(\boldsymbol{I}))$ 之间的 KL 散度将随着新测试的增加而单调减小②。

定理 8-2　通过新测试 $\text{Tst}_+(\boldsymbol{I})$ 获得的变量 w 的信息是 $p(w|\boldsymbol{I})$ 与其最佳判别估计 $q(w|\text{Tst}_t(\boldsymbol{I}))$ 之间的 KL 散度的减少量或者 w 和测试之间的互信息的增加量。

$$E_{\boldsymbol{I}}[\text{KL}(p(w|\boldsymbol{I}) \| q(w|\text{Tst}(\boldsymbol{I})))] - E_{\boldsymbol{I}}[KL(p(w|\boldsymbol{I}) \| q(w|\text{Tst}(\boldsymbol{I}), \text{Tst}_+(\boldsymbol{I})))]$$
$$= \text{MI}(w \| \text{Tst}, \text{Tst}_+) - \text{MI}(w \| \text{Tst}) = E_{\text{Tst},\text{Tst}_+}\text{KL}(q(w|\text{Tst}, \text{Tst}_+)(\| q(w|\text{Tst}_t)) \geqslant 0$$

式中，$E_{\boldsymbol{I}}$ 是关于 $P(\boldsymbol{I})$ 的期望，并且 $E_{\text{Tst},\text{Tst}_+}$ 是关于由 $P(\boldsymbol{I})$ 产生的测试响应 $(\text{Tst}, \text{Tst}_+)$ 的概率的期望。KL 指 KL 散度，MI 指互信息。当且仅当 $\text{Tst}(\boldsymbol{I})$ 相对于 w 是充分统计量时，KL 散度的减小等于零。

在实践中，判别方法，特别是标准计算机视觉算法（参见本书 8.11.4.5 节），出于计算实用性考虑通常仅使用少量特征。判别概率 $q(w_j|\text{Tst}(\boldsymbol{I}))$ 通常也不是最优的。幸运的是，本节中的图像解析算法仅要求判别概率 $q(w_j|\text{Tst}(\boldsymbol{I}))$ 是对 $p(w_j|\boldsymbol{I})$ 的粗略近似。

判别模型和生成模型之间的区别如图 8-27 所示。判别模型易于计算，并且可以并行运行，因为不同的部分是独立计算的（参见图 8-27 中的箭头）。但是各个部分 $\{w_i\}$ 可能不会产生一致的解 W，而且 W 可能没有指定用于生成观察图像 $\boldsymbol{I}$ 的一致模型。这些不一致性由图 8-27 中的“×”表示。生成模型确保一致性，但需要解决困难的推理问题。是否可以设计判别模型来推理复杂生成模型的整个状态的解 W，这是一个我们正在解决的悬而未决的问题。数学家[6]认为这不实用，而且判别模型总是需要额外的后处理。

8.11.3　马尔可夫链核和子核

形式上，DDMCMC 图像解析算法模拟马尔可夫链 $\mathcal{MC} = \langle \Omega, \nu, \mathcal{K} \rangle$，其中核 $\mathcal{K}$ 在空间 Ω 中，且起始状态概率为 ν。$W \in \Omega$ 是一个解析图，我们假定解析图集 Ω 是有限的，

① 我们假定没有已知算法可以直接推理 W^*。

② 最优近似在 $q(w_j|\text{Tst}_j(\boldsymbol{I}))$ 等于由 $P(\boldsymbol{I}|W)P(W)$ 引导得出的概率 $p(w_j|\text{Tst}(\boldsymbol{I}))$ 时出现。

因为图像具有有限像素和有限灰度级。我们继续定义一组用于重新配置图形的行为集合。其中包括创建节点、删除节点和更改节点属性的行为。我们根据转换核指定这些行为的随机动态过程①。

对于每次的行为，我们通过转移矩阵 $\mathcal{K}_a(W'|W:\boldsymbol{I})$ 定义马尔可夫链子核，其中 $a\in\mathcal{A}$ 是索引。它表示当应用子核 a 时系统从状态 W 转换到状态 W' 的概率，即 $\sum_{W'}\mathcal{K}_a(W'|W:\boldsymbol{I})=1,\forall W$ 。改变图结构的核被分组为可逆对，如用于节点创建的子核 $\mathcal{K}_{a,r}(W'|W:\boldsymbol{I})$ 与用于节点删除的子核 $\mathcal{K}_{a,l}(W'|W:\boldsymbol{I})$ 配对。这可以组合成成对的子核 $\mathcal{K}_a=\rho_{ar}\mathcal{K}_{a,r}(W'|W:\boldsymbol{I})+\rho_{al}\mathcal{K}_{a,l}\ (W'|W:\boldsymbol{I})$（$\rho_{ar}+\rho_{al}=1$）。该配对确保当且仅当 $\mathcal{K}_a(W|W':\boldsymbol{I})=0$ 时对于所有状态 $W,W'\in\Omega$, $\mathcal{K}_a(W'|W:\boldsymbol{I})=0$ 。子核（配对后）根据下述的平衡方程来构造

$$p(W|\boldsymbol{I})\mathcal{K}_a(W'|W:\boldsymbol{I})=p(W'|\boldsymbol{I})\mathcal{K}_a(W|W':\boldsymbol{I}) \tag{8-35}$$

完整转换核表示为

$$\mathcal{K}(W'|W:\boldsymbol{I})=\sum_a\rho(a:\boldsymbol{I})\mathcal{K}_a(W'|W:\boldsymbol{I}),\sum_a\rho(a:\boldsymbol{I})=1,\rho(a:\boldsymbol{I})>0 \tag{8-36}$$

为了使用该核，在每个时间步骤，算法选择概率为 $\rho(a:\boldsymbol{I})$ 的移动 a ，然后使用核 $\mathcal{K}_a(W'|W;\boldsymbol{I})$ 来选择从状态 W 到状态 W' 的转换。注意，概率 $\rho(a:\boldsymbol{I})$ 和 $\mathcal{K}_a(W'|W;\boldsymbol{I})$ 都取决于输入图像 $\boldsymbol{I}$ 。这将 DDMCMC 方法与传统的 MCMC 计算区分开来[9,37]。

完整的核遵循细致平衡［式（8-35）］，因为每个子核都是这样。如果移动组足够，即使得我们可以使用这些移动在任何两个状态 $W,W'\in\Omega$ 之间转换，那么它也将是遍历的。这两个条件确保 $p(W|\boldsymbol{I})$ 是有限空间 Ω 中马尔可夫链[9]的不变（目标）概率。应用核 $\mathcal{K}_{a(t)}$ 将步骤 t 处的马尔可夫链状态概率 $\mu_t(W)$ 更新为 $t+1$ 处的 $\mu_{t+1}(W')$，即

$$\mu_{t+1}(W')=\sum_W\mathcal{K}_{a(t)}(W'|W:\boldsymbol{I})\mu_t(W) \tag{8-37}$$

总之，DDMCMC 图像解析器模拟具有唯一不变概率 $p(W|\boldsymbol{I})$ 的马尔可夫链 MC。在时间 t ，马尔可夫链状态（解析图）W 遵循概率 μ_t ，概率 μ_t 是在时间 t 之前选择的子核的乘积，即

$$W\sim\mu_t(W)=\nu(W_o)\cdot[\mathcal{K}_{a(1)}\circ\mathcal{K}_{a(2)}\circ\cdots\circ\mathcal{K}_{a(t)}](W_o,W)\to p(W|\boldsymbol{I}) \tag{8-38}$$

式中，$a(t)$ 索引在时间 t 选择的子核。随着时间 t 的增加，$\mu_t(W)$ 以几何速率[19]单调地接近后验概率 $p(W|\boldsymbol{I})$[9]。收敛定理 8-3 对于图像解析很有用，因为它有助于量化不同子核的有效性。

定理 8-3 当应用子核 $\mathcal{K}_{a(t)},\forall a(t)\in\mathcal{A}$ 时，后验概率 $p(W|\boldsymbol{I})$ 和马尔可夫链状态概率之间的 KL 散度单调减小，即

$$\mathrm{KL}(p(W\,|\,\boldsymbol{I})\,\|\,\mu_t(W))-\mathrm{KL}(p(W\,|\,\boldsymbol{I})\,\|\,\mu_{t+1}(W))\geqslant 0 \tag{8-39}$$

KL 散度的减小是严格正向的，并且仅在马尔可夫链变为静止之后等于零，即 $\mu=p$ 。

这个结果的证明可以在文献[57]中找到。该定理与热力学第二定律有关[15]，其证明利

① 我们选择随机动态过程是因为马尔可夫链概率一定会收敛到后验概率 $p(W|\boldsymbol{I})$ 。问题的复杂性意味着实现这些移动的确定性算法有陷入局部极小的风险。

用了细致平衡方程式（8-35）。这个 KL 散度给出了每个子核$\mathcal{K}_{a(t)}$的“功率”的度量，因此它提出了在每个时间步骤选择子核的有效机制。相比之下，经典的收敛性分析表明马尔可夫链的收敛速度呈指数级增长，但没有给出子核的功率度量。

8.11.4　DDMCMC 方法和提议概率

我们现在描述如何使用提议概率和判别模型来设计子核。这是 DDMCMC 方法的核心。每个子核①被设计成具有 Metropolis-Hastings[29,43]的形式：

$$\mathcal{K}_a(W'|W:\boldsymbol{I})=Q_a(W'|W:\mathrm{Tst}_a(\boldsymbol{I}))\min\left\{1,\frac{p(W'|\boldsymbol{I})Q_a(W|W':\mathrm{Tst}_a(\boldsymbol{I}))}{p(W'|\boldsymbol{I})Q_a(W'|W:\mathrm{Tst}_a(\boldsymbol{I}))}\right\},\quad W'\neq W \tag{8-40}$$

通过提议概率$Q_a(W'|W:\mathrm{Tst}_a(\boldsymbol{I}))$找到（随机地）从$W$到$W'$的转换并且通过接受概率接受（随机地）：

$$\alpha(W'|W:\boldsymbol{I})=\min\left\{1,\frac{p(W'|\boldsymbol{I})Q_a(W|W':\mathrm{Tst}_a(\boldsymbol{I}))}{p(W|\boldsymbol{I})Q_a(W'|W:\mathrm{Tst}_a(\boldsymbol{I}))}\right\} \tag{8-41}$$

Metropolis-Hastings 确保子核遵守细致平衡（配对后）。

提议概率$Q_a(W'|W:\mathrm{Tst}_a(\boldsymbol{I}))$是在$W$和$W'$之间的移动中改变的各个元素$w_j$的判别概率$q(w_j|\mathrm{Tst}_j(\boldsymbol{I}))$的乘积。$\mathrm{Tst}_a(\boldsymbol{I})$是在提议概率$Q_a(W'|W:\mathrm{Tst}_a(\boldsymbol{I}))$和$Q_a(W|W':\mathrm{Tst}_a(\boldsymbol{I}))$中使用的自下而上测试的集合。提议概率必须易于计算（因为它们能够针对子核a可以达到的所有可能状态W'进行评估），并且能够提议转换到后验概率$p(W'|\boldsymbol{I})$可能较高的状态W'。由于它们依赖于$p(W'|\boldsymbol{I})$，接受概率在计算上开销更大，但是它们仅需要针对所提出的状态进行评估。

提议的设计涉及权衡。理想情况下，提议将从后验$p(W'|\boldsymbol{I})$中采样，但这是不切实际的。相反，需要在快速计算和具有高后验概率的状态的运动之间进行权衡选择。更正式地，我们将范围$\Omega_u(W)=\{W'\in\Omega:\mathcal{K}_a(W'|W:\boldsymbol{I})>0\}$定义为使用一次子核$a$从$W$到达的状态集。我们希望范围$S_a(W)$很大，以便我们可以在每个时间步进行大的移动（跳转到解，而不是逐步）。如果可能，范围还应包括具有高后验概率$p(W'|\boldsymbol{I})$的状态W'（范围也应该在Ω的右侧部分）。

应该选择提议概率$Q_a(W'|W:\mathrm{Tst}_a(\boldsymbol{I}))$，以便近似

$$\frac{p(W'|\boldsymbol{I})}{\sum_{W''\in\Omega_a(W)}p(W''|\boldsymbol{I})}\quad \text{如果}W'\in\Omega_a(W)\text{，否则}W'\text{为}0 \tag{8-42}$$

它们将是W'的分量的判别模型和当前状态W的生成模型的函数（因为评估当前状态的生成模型在计算上是花销较小的）。模型$p(W|\boldsymbol{I})$的细节将决定提议的形式以及我们在保持提议易于计算和能够近似式（8-42）的同时扩大范围的程度。其详细示例可参阅本书 8.11.5 节。

本节简要介绍了 DDMCMC 方法，而参考文献[60]从 MCMC 方法的角度对这些问题进行了更深入的讨论，读者可自行查阅。

---

① 除了那个演化区域的边界。

8.11.4.1 生成模型和贝叶斯建模

本节描述了解析图和用于图像解析算法的生成模型。

图 8-25 说明了解析图的一般结构。在本节中，我们考虑如图 8-28 所示的简化的两层图，中间节点表示视觉模式，它们的子节点对应于图像中的像素，这在生成意义上完全指定。图的顶部节点（“根”）表示整个场景（带有标签）。它具有用于视觉模式（面部、文本、纹理和阴影）的 K 个中间节点。每个视觉模式底部都有许多像素（“叶子”）。在该图中，它们除共享边并形成图像栅格的分区外，在视觉图案之间没有水平连接。

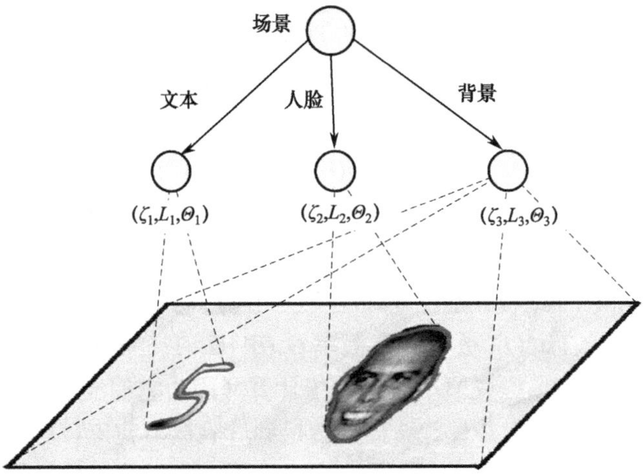

图 8-28 本节中使用的解析图的抽象表示

©[2005]Springer，获许可使用，来自参考文献[57]

中间节点的数量 K 是随机变量，并且每个节点 $i=1,\ldots,K$ 具有如下定义的一组属性 (L_i,ζ_i,Θ_i)。L_i 是形状描述子，其由中间节点的视觉模式覆盖的图像像素的区域 $R_i=R(L_i)$ 确定。从概念上讲，R_i 内的像素是中间节点 i 的子节点。（区域可能包含孔，在这种情况下，形状描述了将具有内部和外部边界）。剩余的属性变量 (ζ_i,Θ_i) 用于在区域 $R(L_i)$ 中生成子图像 $\boldsymbol{I}_{R(L_i)}$ 的概率模型 $p(\boldsymbol{I}_{R(L_i)}|\zeta_i,L_i,\Theta_i)$。变量 $\zeta_i\in\{1,\ldots,66\}$ 表示视觉模式类型（3 种通用视觉模式、1 种人脸模式和 62 种文本字符模式），Θ_i 表示模型相应视觉模式的参数。完整的场景描述可以概括为

$$W=(K,\{(\zeta_i,L_i,\Theta_i):i=1,2,\ldots,K\})$$

形状描述子 $\{L_i:i=1,\ldots,K\}$ 需要是一致的，以便图像中的每个像素是一个且仅有一个中间节点的子像素。形状描述子必须提供图像栅格的分区 $\Lambda=\{(m,n):1\leqslant m\leqslant \text{Height}(\boldsymbol{I}),1\leqslant n\leqslant \text{Width}(\boldsymbol{I})\}$，因此满足条件：

$$\Lambda=\bigcup_{i=1}^{K}R(L_i),R(L_i)\cap R(L_j)=\varnothing,\ \forall i\neq j$$

从场景描述 W 到 $\boldsymbol{I}$ 的生成过程由似然函数控制：

$$p(\boldsymbol{I}|W)=\prod_{i=1}^{K}p(\boldsymbol{I}_{R(L_i)}|\zeta_i,L_i,\Theta_i)$$

先验概率 $p(W)$ 由下式定义：

$$p(W)=p(K)\prod_{i=1}^{K}p(L_i)p(\zeta_i|L_i)p(\Theta_i|\zeta_i)$$

在贝叶斯公式下，解析图像对应于计算 W^*，即在解空间 Ω 中最大化后验概率：

$$W^*=\arg\max_{W\in\Omega}p(W|\boldsymbol{I})=\arg\max_{W\in\Omega}p(\boldsymbol{I}|W)p(W) \tag{8-43}$$

它主要规定了先验 $p(W)$ 和似然函数 $p(\boldsymbol{I}|W)$。将初始值 $p(K)$ 和 $p(\Theta_i|\zeta_i)$ 设为均匀概率。$p(\zeta_i|L_i)$ 用于惩罚高模型复杂度，并且根据文献[59]中的训练数据估计三种通用视觉模式。

8.11.4.2　形状模型

我们使用两种形状描述子，第一种用于定义通用视觉模式和面部的形状，第二种定义文本字符的形状。在第一种情况下，形状描述子通过像素列表 $L_i=\partial R_i$ 表示图像区域的边界①。先验定义为

$$p(L_i)\propto\exp\{-\gamma|R(L_i)|^{\alpha}-\lambda|L_i|\} \tag{8-44}$$

通常 $\alpha=0.9$。出于计算原因，我们将此先验用于面部形状，尽管可以应用更复杂的先验[14]。

在文本字符的情况下，我们通过对应于 10 个数字和大小写各 26 个字母的总共 62 个模板，对字符进行建模。这些模板由 62 个原型字符和一组变形定义。原型由外边界表示，最多由两个内边界表示。每个边界由 B 样条建模，使用 25 个控制点。原型字符由 $c_i\in\{1,\dots,62\}$ 索引，并且它们的控制点由矩阵 $\mathrm{TP}(c_i)$ 表示。

我们现在在模板上定义两种类型的变形。一种是全局仿射变换，另一种是局部弹性变形。首先，我们允许字母通过仿射变换 $\boldsymbol{M}_i$ 变形。我们先放置一个 $p(\boldsymbol{M}_i)$ 来惩罚严重的旋转和扭曲。$\boldsymbol{M}_i$ 可分解为

$$\boldsymbol{M}_i=\begin{pmatrix}\sigma_x & 0\\ 0 & \sigma_y\end{pmatrix}\begin{pmatrix}\cos\theta & -\sin\theta\\ \sin\theta & \cos\theta\end{pmatrix}\begin{pmatrix}1 & h\\ 0 & 1\end{pmatrix}$$

式中，θ 是旋转角度，σ_x 和 σ_y 表示缩放，h 表示错切。$\boldsymbol{M}_i$ 的先验为

$$p(\boldsymbol{M}_i)\propto\exp\left\{-a|\theta|^2+b\left(\frac{\sigma_x}{\sigma_y}+\frac{\sigma_y}{\sigma_x}\right)^2+ch^2\right\}$$

式中，a、b 和 c 是参数。

接下来，我们通过调整 B 样条控制点的位置来允许局部变形。对于数字 / 字母 c_i 和仿射变换 $\boldsymbol{M}_i$，模板的轮廓点由 $G_{\mathrm{TP}}(\boldsymbol{M}_i,c_i)=\boldsymbol{U}\times\boldsymbol{M}_s\times\boldsymbol{M}_i\times\mathrm{TP}(c_i)$ 给出。类似地，具有控制点 S_i 的形状上的轮廓点由 $G_S(\boldsymbol{M}_i,c_i)=\boldsymbol{U}\times\boldsymbol{M}_s\times S_i$（$\boldsymbol{U}$ 和 $\boldsymbol{M}_s$ 是 B 样条矩阵）给出。我们定义了由 S_i 给出的弹性变形的概率分布 $p(S_i|\boldsymbol{M}_i,c_i)$：

$$p(S_i|\boldsymbol{M}_i,c_i)\propto\exp\{-\gamma|R(L_i)|^{\alpha}-D(G_S(\boldsymbol{M}_i,c_i)\|G_{\mathrm{TP}}(\boldsymbol{M}_i,c_i))\}$$

式中，$D(G_S(\boldsymbol{M}_i,c_i)\|G_{\mathrm{TP}}(\boldsymbol{M}_i,c_i))$ 是轮廓模板和变形轮廓之间的总距离。这些变形很小，

① 如果图像区域内有一个由其他视觉模式解释的孔，则边界可以包括“内部边界”。

因此曲线上的点之间的对应关系可以通过最近邻匹配来获得。如何改进这一点可以参考文献[58]。图 8-29 显示了从上述模型中抽取的一些样本。

图 8-29 从文本字符的形状描述子中抽取的随机样本

©[2005] Springer，获许可使用，来自参考文献[57]

总之，每个可变形模板由 $c_i \in \{1,\ldots,62\}$ 索引并具有形状描述子 $L_i=(c_i,\boldsymbol{M}_i,S_i)$，其中 L_i 上的先验分布由 $p(L_i)=p(c_i)p(\boldsymbol{M}_i)p(S_i|\boldsymbol{M}_i,c_i)$ 指定。这里，$p(c_i)$ 是所有数字和字母的均匀分布；尽管可以这样做，但是我们不会在文本字符串上放置先验分布[31]。

8.11.4.3 生成强度模型

我们使用四个生成强度模型族来描述具有（近似）恒定强度、杂波 / 纹理、阴影和面部的模式。前三个特征类似于文献[59]和本章前面定义的特征。

1. 恒定强度模型 $\zeta=1$

该模型假设区域 R 中的像素强度服从 IID 的高斯分布，且由下式给出：

$$p_1(\boldsymbol{I}_{R(L)}|\zeta=1,L,\boldsymbol{\Theta})=\prod_{v\in R(L)}G(\boldsymbol{I}_v-\mu;\sigma^2),\ \boldsymbol{\Theta}=(\mu,\sigma)$$

2. 杂波 / 纹理模型 $\zeta=2$

这是非参数强度直方图 $h()$，被离散化以获取 G 值，即它表示为向量 $(h_1,h_2,\ldots,h_G)$。设 n_j 为强度值 j 的 $R(L)$ 中的像素数，则

$$p_2(\boldsymbol{I}_{R(L)}|\zeta=2,L,\boldsymbol{\Theta})=\prod_{v\in R(L)}h(\boldsymbol{I}_v)=\prod_{j=1}^{G}h_j^{n_j},\ \boldsymbol{\Theta}=(h_1,h_2,\ldots,h_G)$$

3. 着色模型 $\zeta=3$ 和 $\zeta=5,\ldots,66$

该系列模型用于描述通用着色模式和文本字符。我们使用二次型：

$$J(x,y;\boldsymbol{\Theta})=ax^2+bxy+cy^2+dx+ey+f$$

式中，参数 $\boldsymbol{\Theta}=(a,b,c,d,e,f,\sigma)$。因此，像素 (x,y) 的生成模型是

$$p_3(\boldsymbol{I}_R(L)|\zeta\in\{3,(5,\ldots,66)\},L,\boldsymbol{\Theta})=\prod_{v\in R(L)}G(\boldsymbol{I}_v-J_v;\sigma^2),\quad \boldsymbol{\Theta}=(a,b,c,d,e,f,\sigma)$$

4. PCA 面部模型 $\zeta=4$

面部的生成模型很简单，使用主成分分析（PCA）来获得面部的主成分 $\{B_i\}$ 和协方差

Σ 的表示。我们可以添加由 PCA 建模的低级特征[44]，还可以添加其他特征，例如 Hallinan 等[28]描述的特征。模型如下：

$$p_4(\boldsymbol{I}_R(L)|\zeta=4,L,\boldsymbol{\Theta})=G\left(\boldsymbol{I}_{R(L)}-\sum_i\lambda_iB_i;\Sigma\right),\quad \boldsymbol{\Theta}=(\lambda_1,\ldots,\lambda_n,\Sigma)$$

8.11.4.4　算法概述

本节给出了图像解析算法的控制结构，图 8-30 显示了算法图。我们的算法必须在运行中构造解析图并估计场景解释 W。

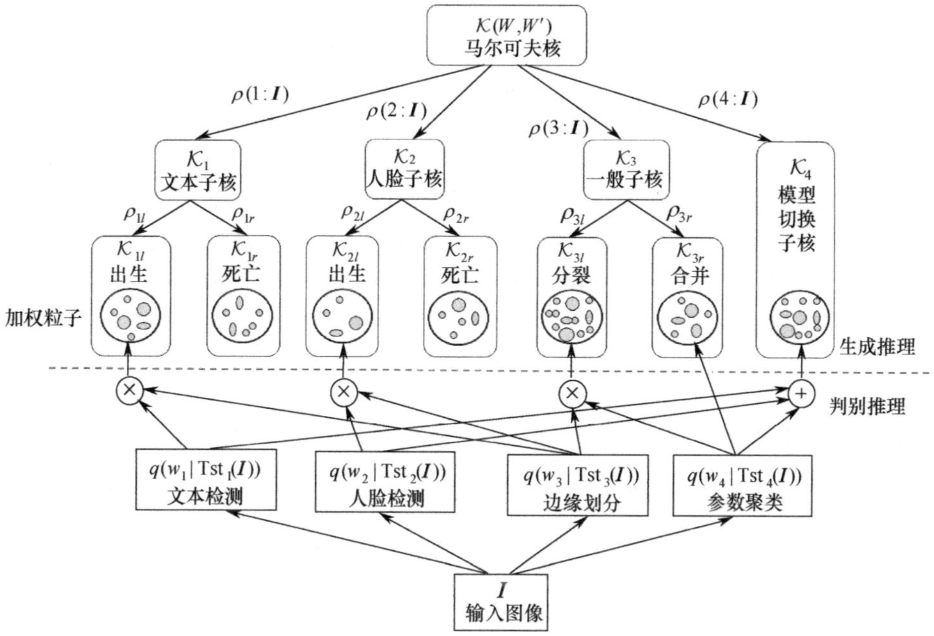

图 8-30　图像解析器使用的控制策略

马尔可夫链动态过程的例子如图 8-31 所示，它改变了图形结构或图形的节点属性，从而产生了解析图像的不同方法。这说明了算法如何通过改变图形结构（通过删除或添加节点）以及通过更改节点属性来选择马尔可夫链移动（动态过程或子核）来搜索图像的可能解析图的空间。可视化算法的等效方法是，通过解空间 Ω 进行搜索。有关此观点的更多详细信息，请参考文献[59-60]。

我们首先定义一组动作以重新配置图形。这些是面部节点的诞生或死亡、文本字符的诞生或死亡、区域的分裂或合并、切换节点属性（区域类型 ζ_i 和模型参数 Θ_i）和边界演化（改变具有相邻区域的节点的形状描述子 L_i）（邻近地区）。这些移动由子核实现。前四步是可逆跳跃[26]，并将由 Metropolis-Hastings 式（8-40）实现。第五步，边界演化，由随机偏微分方程实现。

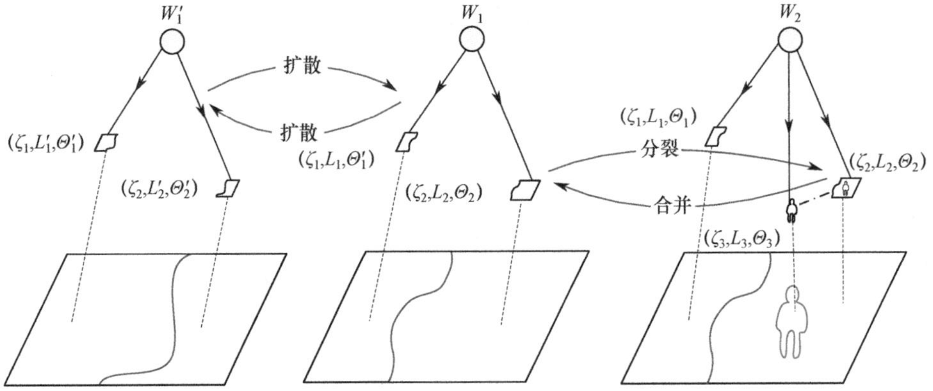

图 8-31 马尔可夫链动态过程的例子

©[2005] Springer，获许可使用，来自参考文献[57]

这些移动的子核需要知道由基本判别方法驱动的提议概率，我们将在 8.11.4.5 节中进行讨论。提议概率是使用本书 8.11.4 节中的标准设计的，完整的细节在本书 8.11.5 节中给出。图像解析算法的控制结构在本书 8.11.4.6 节中描述。图像解析器的完整转换核是通过组合子核构建的，如本书 8.11.3 节和图 8-30 所述。该算法（随机地）通过选择子核执行，选择在图中应用子核的位置，然后决定是否执行该操作（随机地）。

8.11.4.5 判别方法

判别方法给出 $\boldsymbol{W}$ 的基本分量 w_j 的近似后验概率 $q(w_j|\mathrm{Tst}_j(\boldsymbol{I}))$。出于对计算效率的考量，这些概率仅基于少量简单测试 $\mathrm{Tst}_j(\boldsymbol{I})$，我们简要概述和分类此实现中使用的判别方法。本书 8.11.5 节介绍了如何将这些判别方法结合起来给出在解析图中进行移动的提议。

（1）边缘线索。这些是基于边缘检测器的[8,10,33]。它们用于给出区域边界的提议，即节点的形状描述子属性。具体来说，我们以三个尺度运行 Canny 检测器，然后进行边缘链接以给出图像栅格的分区，同时给出了分配权重的候选分区的有限列表，参见文献[59]。判别概率由该加权粒子列表表示。原则上，统计边缘检测器[33]优于 Canny 边缘检测器，因为它们给出了从训练数据中学习的判别概率 $q(w_j|\mathrm{Tst}_j(\boldsymbol{I}))$。

（2）二值化线索。这些是使用 Niblack 算法[46]的变体计算的。它们用于提出文本字符的边界（文本节点的形状描述子），并与文本检测的提议结合使用。二值化算法及其输出示例在本书 8.11.5.3 节中给出。与边缘线索一样，该算法针对不同的参数设置运行，并通过指示候选边界位置的加权粒子列表表示判别概率。

（3）面部区域线索。这些是通过 AdaBoost[51,63]的变体学习的，它输出了判别概率[23]。其指出在图像的子区域中存在面部区域。这些线索与边缘检测相结合，以确定图像中面部的定位。

（4）文本区域线索。这些也是由 AdaBoost 的概率版本学习的。该算法适用于各种尺度的图像窗口。它输出每个窗口中存在文本的判别概率。文本区域提示与二值化结合以提出文本字符的边界。

（5）形状亲和线索。这些作用于通过二值化产生的形状边界，以提出文本字符。其使用形状上下文线索[4]和信息特征[58]来指出形状边界和文本字符的可变形模板模型之间的匹配关系。

（6）区域亲和线索。这些用于估计两个区域 R_i、 R_j 是否可能由相同的视觉模式族和模型参数生成。它们使用强度属性 $\boldsymbol{I}_{R_i}$、 $\boldsymbol{I}_{R_j}$ 的亲和相似性度量[53]。

（7）模型参数和视觉模式族线索。这些信息用于提出模型参数和视觉模式族类别身份。它们基于聚类算法，如均值漂移[13]。聚类算法取决于模型类型，并在文献[59]中进行了描述。

通常自下而上的测试 $\mathrm{Tst}_j(\boldsymbol{I})(j=1,2,\ldots,K)$ 在所有判别模型 $q_j(w_j|\mathrm{Tst}_j(\boldsymbol{I}))$ 的早期阶段进行。然后将结果组合以形成式（8-40）和式（8-41）中的每个子核 $\mathcal{K}_a$ 的复合测试 $\mathrm{Tst}_a(\boldsymbol{I})$。

8.11.4.6　算法的控制结构

图像解析器使用的控制策略如图 8-30 所示。图像解析器通过 MCMC 采样算法探索解析图的空间。该算法使用转换核 $\mathcal{K}$，转换核 $\mathcal{K}$ 由子核 $\mathcal{K}_a$ 组成，对应于重新配置解析图的不同方式。这些子核以可逆对①（如出生和死亡）形式出现，并且被设计成使得核的目标概率分布是生成后验概率 $p(W|\boldsymbol{I})$。

从图 8-30 可知，动态过程由遍历马尔可夫链 $\mathcal{K}$ 实现，其不变概率是后验概率 $p(W|\boldsymbol{I})$，并且由可逆子核 $\mathcal{K}_a$ 组成，用于在解析图中进行不同类型的移动。

在每个时间步，算法随机选择子核。所选择的子核提出特定移动（例如，创建或删除特定节点），然后评估和依概率接受该移动，如式（8-40）所示。这些提议基于自下而上（判别式）和自上而下（生成式）流程。自下而上的过程基于特征测试 $\mathrm{Tst}_j(\boldsymbol{I})$ 从输入图像 $\boldsymbol{I}$ 计算判别概率 $q(w_j|\mathrm{Tst}_j(\boldsymbol{I}))$， $j=1,2,3,4$。子核使用 Metropolis-Hasting 采样算法，见式（8-40），分两个阶段进行。首先它从提议概率中采样来重新配置图，然后它通过对接受概率进行采样来接受或拒绝此重新配置的图。

接下来对这个算法进行概述。在每个时间步，它按概率确定哪个移动被选择（哪个子核），在图中哪里应用它，以及是否接受此移动。选择移动 $\rho(a:\boldsymbol{I})$ 的概率首先被设置与 $\boldsymbol{I}$ 独立，但是通过使用判别线索来估计图像中的面部和文本字符的数量，我们可以获得更好的性能。选择移动的位置由子核指定。对于一些子核，它是随机选择的，而对于其他子核是基于适应度因子来选择的，该适应度因子测量当前模型与图像数据的拟合程度。由于在该实施方式中移动的范围有限，则需要通过退火来启动算法（如果使用文献[2]中描述的组成技术将减少退火的需要）。

我们可以通过使移动选择适应图像［使 $\rho(a:\boldsymbol{I})$ 取决于 $\boldsymbol{I}$ ］来提高算法的有效性。特别是，如果自下而上（如 AdaBoost）提议表明场景中有很多物体，我们可以增加面部和文本的出生和死亡概率： $\rho(1)$ 和 $\rho(2)$。例如，让 $N(\boldsymbol{I})$ 是高于阈值 T_a 的面部或文本的提议数量。然后我们通过

---

① 除了边界演化子核，它将单独叙述，可参见本书 8.11.5.1 节。

$$\rho(a_1) \mapsto \{\rho(a_1) + kg(N(\boldsymbol{I}))\} / Z, \rho(a_2) \mapsto \{\rho(a_2) + kg(N)\} / Z, \rho(a_3) \mapsto$$
$$\rho(a_3) / Z, \rho(a_4) \mapsto \rho(a_4) / Z$$

来修改表中的概率，其中 $g(x) = x, x \leqslant T_b g(x) = T_b, x \geqslant T_b$ 和 $Z = 1 + 2k$ 用来归一化概率。

通常，图像解析算法的基本控制策略有：

（1）初始化 W（如将图像划分为四个区域），设置其形状描述子，并随机分配剩余的节点属性。

（2）将温度设置为 T_{init}。

（3）通过从概率 $\rho(a)$ 中采样来选择移动 a 的类型，其中，$\rho(1) = 0.2$ 用于面部，$\rho(2) = 0.2$ 用于文本，$\rho(3) = 0.4$ 用于拆分和合并，$\rho(4) = 0.15$ 用于切换区域模型（类型或模型参数），$\rho(5) = 0.05$ 用于边界演化。

（4）如果所选移动是边界演化，则随机选择相邻区域（节点）并应用随机最速下降法。

（5）如果选择了跳跃移动，则按如下方式随机采样新的解 W'：

- 对于面部或字符的出生或死亡，我们创建或删除现有的。这包括在何处执行此操作的提议。
- 对于区域拆分，基于其适应度因子随机选择区域（节点）。这包括在何处拆分它以及生成的两个节点的属性的提议。
- 对于区域合并，基于提议概率选择两个相邻区域（节点）。这包括关于结果节点的属性的提议。
- 对于区域切换，根据其适应度因子随机选择区域，并提出新的区域类型和 / 或模型参数集。
  - 计算完整的提议概率 $Q(W|W:\boldsymbol{I})$ 和 $Q(W'|W:\boldsymbol{I})$。
  - Metropolis-Hastings 算法适用于接受或拒绝提议的移动。

（6）降低温度 $T = 1 + T_{\text{init}} \times \exp(-t \times c\,|R|)$，其中 t 是当前迭代步骤，c 是常数，$|R|$ 是图像的大小。

（7）重复上述步骤，直到满足收敛标准，即达到允许步数的最大值或负对数后验概率不再减少。

8.11.5 马尔可夫链子核

8.11.5.1 边界演化

这些移动演化了区域边界的位置，但保留了图形结构。它们由布朗噪声驱动的随机偏微分方程（如朗之万方程）实现，可以从马尔可夫链中导出[25]。偏微分方程（PDE）的确定性分量是通过对负对数后验进行最速下降而获得的，如文献[69]中的推导。

我们通过导出 PDE 的确定性分量来说明这种方法，以用于字母 T_j 和通用视觉模式区域 R_i 之间的边界的演变，如图 8-32 所示。区域边界的演化是由随机偏微分方程实现的，这些方程由竞争区域所有权的模型驱动。边界将以字母形状描述子的控制点 $\{S_m\}$ 表示。设

v 表示边界上的一个点，即 $v(s)=(x(s),y(s))|_{\Gamma(s)=\partial R_i \cap \partial R_j}$ 。演化方程的确定性部分是通过相对于控制点取负对数后验概率 $-\log p(W|\boldsymbol{I})$ 的导数得到的。

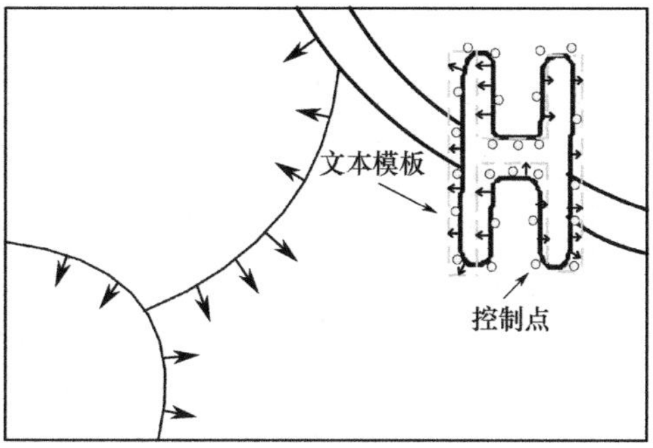

图 8-32　边界演化示例

©[2005] Springer，获许可使用，来自参考文献[57]

负对数后验的相关部分由 $E(R_i)$ 和 $E(T_j)$ 给出：

$$E(R_i)=\iint_{R_i} -\log p(\boldsymbol{I}(x,y)|\theta_{\zeta_i})\mathrm{d}x\mathrm{d}y+\gamma|R_i|^{\alpha}+\lambda|\partial R_i|$$

和

$$E(T_j)=\iint_{L_j} \log p(\boldsymbol{I}(x,y)|\theta_{\zeta_i})\mathrm{d}x\mathrm{d}y+\gamma|R(L_j)|^{\alpha}-\log p(L_j)$$

相对于控制点 $\{S_m\}$ 区分 $E(R_i)$+$E(T_j)$ 产生改进的 PDE：

$$\begin{aligned}\frac{\mathrm{d}S_m}{\mathrm{d}t}&=-\frac{\Delta E(R_i)}{\Delta S_m}-\frac{\Delta E(T_j)}{\Delta S_m}\\&=\int\left[-\frac{\Delta E(R_i)}{\Delta v}-\frac{\Delta E_i(T_j)}{\Delta v}\right]\frac{1}{|\boldsymbol{J}(s)|}\mathrm{d}s\\&=\int n(v)\left[\log\frac{p(\boldsymbol{I}(v);\theta_{\zeta_i})}{p(\boldsymbol{I}(v);\theta_{\zeta_j})}+\alpha\gamma\left(\frac{1}{|D_j|^{1-\alpha}}-\frac{1}{|D_i|^{1-\alpha}}\right)-\lambda\kappa+\right.\\&\qquad\left.D(G_{S_j}(s)\,\|\,G_T(s))\right]\frac{1}{|\boldsymbol{J}(s)|}\mathrm{d}s\end{aligned}$$

式中，$\boldsymbol{J}(s)$ 是样条函数的雅可比矩阵。实际上，在实现中 $\alpha=0.9$ 。

对数似然比项实现了字母和通用区域模型之间对边界像素所有权的竞争。

8.11.5.2　马尔可夫链子核

通过由四个不同子核实现的马尔可夫链跳跃来实现图结构的变化。

子核Ⅰ：文本的出生和死亡

这对跳转用于创建或删除文本字符，如图 8-33 所示。从图中可知，状态 W 由三个通用区域和一个字符 T 组成，通过 AdaBoost 和二值化方法获得 3 个候选字符 E、X 和 T 的计算结果。选择一个字符（参见箭头），将状态更改为 W' 。相反，在状态 W' 中有 2 个候选者，所选项（参见箭头）将系统返回到状态W。简单地说，我们从解析图W开始，并通过创建一个字符转换到解析图W'。反过来，我们通过删除一个字符从W'过渡到W。

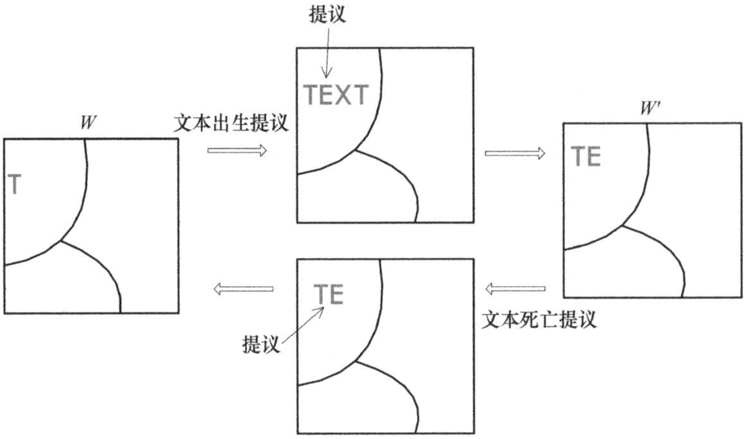

图 8-33 文本生与死的一个例子

创建和删除文本字符的提议旨在近似式（8-42）中的项。我们通过使用 AdaBoost 检测文本区域，然后进行二值化以检测文本区域内的候选文本字符边界，获得候选文本字符形状列表。该列表由一组粒子表示，根据与文本字符的可变形模板的相似性给这些粒子赋权：

$$S_{1r}(W)=\{(z_{1r}^{(\mu)},\omega_{1r}^{(\mu)}):\mu=1,2,\dots,N_{1r}\}$$

同样，我们指定另一组加权粒子来删除文本字符：

$$S_{1l}(W')=\{(z_{1l}^{(\nu)},\omega_{1l}^{(\nu)}):\nu=1,2,\dots,N_{1l}\}$$

在这里，$\{z_{1r}^{(\mu)}\}$和$\{z_{1l}^{(\nu)}\}$表示可能的（离散的）形状位置和文本字符可变形的模板，用于创建或删除文本，$\{\omega_{1r}^{(\mu)}\}$和$\{\omega_{1l}^{(\nu)}\}$是它们相应的权重。然后使用粒子计算提议概率：

$$\boldsymbol{Q}_{1r}(W'|W:\boldsymbol{I})=\frac{\omega_{1r}(W')}{\sum_{\mu=1}^{N_{1r}}\omega_{1r}^{(\mu)}},\ \boldsymbol{Q}_{1l}(W|W',\boldsymbol{I})=\frac{\omega_{1l}(W)}{\sum_{\nu=1}^{N_{1l}}\omega_{1l}^{(\nu)}}$$

用于创建新文本字符的权重$\omega_{1r}^{(\mu)}$和$\omega_{1l}^{(\nu)}$由形状亲和度测量指定，如形状上下文[4]和信息特征[58]。为了删除文本字符，我们直接从文本字符的似然和先验中计算$\omega_{1l}^{(\nu)}$。理想情况下，这些权重将接近比率$\dfrac{p(W'|\boldsymbol{I})}{p(W|\boldsymbol{I})}$和$\dfrac{p(W|\boldsymbol{I})}{p(W'|\boldsymbol{I})}$。

子核Ⅱ：人脸的出生和死亡

人脸出生和死亡的子核非常类似于文本出生和死亡的子核。我们使用本书 8.11.5.3 节中讨论的 AdaBoost 方法来检测候选人脸。候选人脸边界直接通过边缘检测获得。提议概率的计算类似于子核 I 的概率。

子核Ⅲ：区域的拆分和合并

这对跳转用于通过拆分和合并区域（节点）来创建或删除节点。我们从解析图W开始，并通过将节点i拆分为节点j和k来转换到解析图W'。反过来，我们通过将节点j和

k 合并到节点 i 中而转换回 W 。选择要分割的区域 i 是基于 $p(\boldsymbol{I}_{R_i}|\zeta_i,L_i,\Theta_i)$（区域 R_i 的模型与数据拟合得越差，我们就越有可能将其拆分）上的鲁棒函数。对于合并，我们使用区域亲和度度量[53]并提出具有高亲和力的区域之间的合并策略。形式上，我们定义 W,W' ：

$$W=(K,(\zeta_k,L_k,\Theta_k),W_-)\rightleftharpoons W'=(K+1,(\zeta_i,L_i,\Theta_i),(\zeta_j,L_j,\Theta_j),W_-)$$

式中，W_- 表示图中剩余 $K-1$ 个节点的属性。

我们通过求近似等式（8-42）来获得提议。我们首先获得三个边缘图，这些是由不同尺度的 Canny 边缘探测器[10]给出的（详见参考文献[59]）。我们使用这些边缘图来创建用于分割 $S_{3r}(W)$ 的粒子列表，用于合并的粒子列表由 $S_{3l}(W')$ 表示。从形式上看，有

$$S_{3r}(W)=\{(z_{3r}^{(\mu)},\omega_{3r}^{(\mu)}):\mu=1,2,\ldots,N_{3r}\},S_{3l}(W')=\{(z_{3l}^{(\nu)},\omega_{3l}^{(\nu)}):\nu=1,2,\ldots,N_{3l}\}$$

式中，$\{z_{3r}^{(\mu)}\}$ 和 $\{z_{3l}^{(\nu)}\}$ 表示用于拆分和合并的可能（离散化）位置，并且将很快定义它们的权重 $\{\omega_{3r}\},\{\omega_{3l}\}$ 。换句话说，我们只能沿着轮廓 z_{3r}^{μ} 将区域 i 拆分成区域 j 和 k （z_{3r}^{μ} 形成新的边界）。类似地，我们只能通过去除边界轮廓 z_{3l}^{μ} 将区域 j 和 k 合并到区域 i 中。

我们现在定义权重 $\{\omega_{3r}\},\{\omega_{3l}\}$ 。这些权重将用于确定拆分和合并的概率：

$$\boldsymbol{Q}_{3r}(W'|W:\boldsymbol{I})=\frac{\omega_{3r}(W')}{\sum_{\mu=1}^{N_{3r}}\omega_{3r}^{(\mu)}},\ \boldsymbol{Q}_{3l}(W|W':\boldsymbol{I})=\frac{\omega_{3l}(W)}{\sum_{\nu=1}^{N_{3l}}\omega_{3l}^{(\nu)}}$$

同样，我们希望 ω_{3r}^{μ} 和 ω_{3l}^{ν} 来近似比率 $\dfrac{p(W|\boldsymbol{I})}{p(W'|\boldsymbol{I})}$ 和 $\dfrac{p(W'|\boldsymbol{I})}{p(W|\boldsymbol{I})}$。$\dfrac{p(W'|\boldsymbol{I})}{p(W|\boldsymbol{I})}$ 由下式给出：

$$\frac{p(W'|\boldsymbol{I})}{p(W|\boldsymbol{I})}=\frac{p(\boldsymbol{I}_{R_i}|\zeta_i,L_i,\Theta_i)p(\boldsymbol{I}_{R_j}|\zeta_j,L_j,\Theta_j)}{p(\boldsymbol{I}_{R_k}|\zeta_k,L_k,\Theta_k)}\cdot\frac{p(\zeta_i,L_i,\Theta_i)p(\zeta_j,L_j,\Theta_j)}{p(\zeta_k,L_k,\Theta_k)}\cdot\frac{p(K+1)}{p(K)}$$

这计算起来很复杂，所以我们用 $\dfrac{p(W'|\boldsymbol{I})}{p(W|\boldsymbol{I})}$ 和 $\dfrac{p(W|\boldsymbol{I})}{p(W'|\boldsymbol{I})}$ 来近似，即

$$\omega_{3r}^{(\mu)}=\frac{q(R_i,R_j)}{p(\boldsymbol{I}_{R_k}|\ \zeta_k,L_k,\Theta_k)}\cdot\frac{[q(L_i)q(\zeta_i,\Theta_i)][q(L_j)q(\zeta_j,\Theta_j)]}{p(\zeta_k,L_k,\Theta_k)}\tag{8-45}$$

$$\omega_{3l}^{(\nu)}=\frac{q(R_i,R_j)}{p(\boldsymbol{I}_{R_i}|\zeta_i,L_i,\Theta_i)p(\boldsymbol{I}_{R_j}|\zeta_j,L_j,\Theta_j)}\cdot\frac{q(L_k)q(\zeta_k,\Theta_k)}{p(\zeta_i,L_i,\Theta_i)p(\zeta_j,L_j,\Theta_j)}\tag{8-46}$$

这里，$q(R_i,R_j)$ 是对两个区域 R_i 和 R_j 的相似度的亲和度度量[53]（它是强度差 $|\bar{I}_i-\bar{I}_j|$ 和强度直方图之间的卡方差的加权和），$q(L_i)$ 由形状描述子上的先验给出，$q(\zeta_i,\Theta_i)$ 通过参数空间中的聚类获得[59]。

子核Ⅳ：模型切换

这些移动切换了节点 i 的属性。这涉及改变区域类型 ζ_i 和模型参数 Θ_i 。两个状态之间转换的移动如下：

$$W=((\zeta_i,L_i,\Theta_i),W_-)\rightleftharpoons W'=((\zeta_i',L_i',\Theta_i'),W_-)$$

该提议，见式（8-42），近似为

$$\frac{p(W'|\boldsymbol{I})}{p(W|\boldsymbol{I})}=\frac{p(\boldsymbol{I}_{R_i}|\zeta_i',L_i',\Theta_i')p(\zeta_i',L_i',\Theta_i')}{p(\boldsymbol{I}_{R_i}|\zeta_i,L_i,\Theta_i)p(\zeta_i,L_i,\Theta_i)}$$

我们通过权重 $\omega_4^{(\mu)}$ 来近似它：

$$\omega_4^{(\mu)} = \frac{q(L_i')q(\zeta_i',\Theta_i')}{p(\boldsymbol{I}_{R_i}|\ \zeta_i,L_i,\Theta_i)p(\zeta_i,L_i,\Theta_i)}$$

式中，$q(L_i')q(\zeta_i',\Theta_i')$ 与拆分和合并移动中使用的函数相同。提议概率是候选集中归一化的权重：

$$\boldsymbol{Q}_4(W'|W:\boldsymbol{I}) = \frac{\omega_4(W')}{\sum_{\mu=1}^{N_4}\omega_4^{(\mu)}}$$

8.11.5.3 AdaBoost 用于人脸和文本的判别概率

本节描述了我们如何使用 AdaBoost 技术来计算用于检测人脸和文本（字母串）的判别概率。我们还描述了用于检测文本字符边界的二值化算法。

1. 通过 AdaBoost 计算判别概率

标准 AdaBoost 算法可以用于区分人脸和非人脸[63]的任务，该算法通过组合一组 n 个二值化弱分类器或特征测试 $\text{Tst}_{\text{Ada}}(\boldsymbol{I}) = (h_1(\boldsymbol{I}),\dots,h_n(\boldsymbol{I}))$ 来学习二值化强分类器 H_{Ada}，使用一组权重 $\boldsymbol{\alpha}_{\text{Ada}} = (\alpha_1,\dots,\alpha_n)$ [22]使得

$$H_{\text{Ada}}(\text{Tst}_{\text{Ada}}(\boldsymbol{I})) = \text{sign}\left(\sum_{i=1}^{n}\alpha_i h_i(\boldsymbol{I})\right) = \text{sign} < \boldsymbol{\alpha}_{\text{Ada}}, \text{Tst}_{\text{Ada}}(\boldsymbol{I}) > \quad (8\text{-}47)$$

这些特征选自预先设计的字典 Δ_{Ada}。特征的选择和权重的调整被看作一个监督学习问题。给定一组标记的例子，$\{(\boldsymbol{I}_i,\ell_i): i=1,2,\dots,M\}(\ell_i=\pm 1)$，AdaBoost 学习可以表达为贪婪地优化以下函数[51]：

$$(\boldsymbol{\alpha}_{\text{Ada}}^*, \text{Tst}_{\text{Ada}}^*) = \arg\min_{\text{Tst}_{\text{Ada}}\subset\Delta_{\text{Ada}}} \arg\min_{\boldsymbol{\alpha}_{\text{Ada}}} \sum_{i=1}^{M} \exp^{-\ell_i<\boldsymbol{\alpha}_{\text{Ada}},\text{Tst}_{\text{Ada}}(\boldsymbol{I}_i)>} \quad (8\text{-}48)$$

为了获得判别概率，我们使用一个定理[23]，该定理指出由 AdaBoost 学习的特征和测试渐近地给出对象标签（如人脸或非人脸）的后验概率。AdaBoost 强分类器可以重新作为对数后验比率测试。

定理 8-4（Friedmanetal，1998） 具有足够的训练样本 M 和特征 n，AdaBoost 学习选择权重 $\boldsymbol{\alpha}_{\text{Ada}}^*$ 和测试 $\text{Tst}_{\text{Ada}}^*$ 以满足

$$q(\ell=+1|\boldsymbol{I}) = \frac{\mathrm{e}^{\ell<\boldsymbol{\alpha}_{\text{Ada}},\text{Tst}_{\text{Ada}}(\boldsymbol{I}_i)>}}{\mathrm{e}^{<\boldsymbol{\alpha}_{\text{Ada}},\text{Tst}_{\text{Ada}}(\boldsymbol{I}_i)>} + \mathrm{e}^{-<\boldsymbol{\alpha}_{\text{Ada}},\text{Tst}_{\text{Ada}}(\boldsymbol{I}_i)>}}$$

此外，强分类器渐近收敛于后验概率比测试：

$$H_{\text{Ada}}(\text{Tst}_{\text{Ada}}(\boldsymbol{I})) = \text{sign}(<\boldsymbol{\alpha}_{\text{Ada}}, \text{Tst}_{\text{Ada}}(\boldsymbol{I})>) = \text{sign}\left(\frac{q(\ell=+1|\boldsymbol{I})}{q(\ell=-1|\boldsymbol{I})}\right)$$

实际上，AdaBoost 强分类器以不同的比例应用于图像中的窗口。每个窗口被评估为人脸或非人脸（或文本与非文本）。对于大多数图像及图像的几乎所有部分，人脸或文本的

后验概率可以忽略不计。

因此，我们使用一系列测试[63,65]，这些测试让我们能够通过将其边缘概率设置为零来快速拒绝许多窗口。当然，AdaBoost 只会收敛到真实后验概率 $p(\ell\,|\,\boldsymbol{I})$ 的近似值，因为只能使用有限数量的测试数据（并且只有有限数量的训练数据）。请注意，AdaBoost 只是学习后验概率的一种方法，参见定理（8-2）。已经发现它对于具有相对刚性结构的对象模式（如人脸和文本）非常有效（字母的形状是可变的，但序列模式的结构是明显的[11]）。

2. AdaBoost 训练

标准的 AdaBoost 训练方法[22-23]可以与使用非对称加权的级联方法相结合[63,65]。级联使得算法能够通过少量测试将大部分非人脸或文本位置的图像区域排除，并使得计算资源集中在图像的更具挑战性的部分上。

文本 AdaBoost 旨在检测文本段。测试数据是从旧金山的 162 张图像中手工提取的（见图 8-34），包含 561 个文本图像。超过一半的图像是由志愿者随机拍摄的（这减少了偏差）。我们将每个文本图像分成几个重叠的文本段，其中宽度与高度的比例固定为 2∶1（通常包含两到三个字母）。共有 7000 个文本段用作正样本训练集。负样本是通过类似于 Drucker 等人[20]的自助采样获得的。首先，通过从图像数据集中的窗口随机采样来选择负样本。在对这些样本进行训练之后，我们在一系列尺度下应用 AdaBoost 算法，以对训练图像中的所有窗口进行分类。那些被错误分类为文本的内容随后被用作 AdaBoost 下一阶段的负样本。最容易与文本混淆的图像区域是植被和重复结构，如栏杆或建筑物外墙。用于 AdaBoost 的特征是与基本滤波器的统计数据相对应的图像测试。选择这些特征来检测对于各个字母或数字的形状相对不变的文本片段的属性。它们包括图像窗口内的平均强度，以及边数的统计。如需了解更多细节，可以参考文献[11]。

图 8-34　从训练文本块中提取的一些场景

©[2005] Springer，获许可使用，来自参考文献[57]

人脸的后验 AdaBoost 以类似的方式进行训练。这次我们使用 Haar 基函数[63]作为基本特征。我们使用 FERET[50]数据集作为我们的正样本，通过被允许小的旋转和平移转换，我们有 5000 个正样本。我们使用与上述文本相同的策略来获得负样本。

在这两种情况下，我们使用不同的阈值评估测试数据集的对数后验比率测试[63]。和对人脸的研究一致[63]，AdaBoost 表现出了非常高的性能，很少有误报和漏报。但是由于每张图像中有大量的窗口，这些低错误率略有误导，见表 8-1。

表 8-1 AdaBoost 在不同阈值下的表现

对　象	误　报	漏　报	图　像	子 窗 口
人脸	65	26	162	355960040
人脸	918	14	162	355960040
人脸	7542	1	162	355960040
文本	118	27	35	20183316
文本	1879	5	35	20183316

较小的误报率可能意味着任何常规图像的大量误报。通过改变阈值，我们可以消除误报或漏报，但不能同时消除。我们通过在图 8-35 中展示 AdaBoost 提出的人脸区域和文本区域来说明这一点。如果我们通过设置阈值来尝试分类，那么我们只能以误报为代价来确保能正确地检测所有人脸和文本。图 8-35 中的这些框显示了 AdaBoost 对数后验比率测试检测到的具有固定阈值的人脸和文本。观察由植被、树木结构和随机图像模式引起的误报，不可能为该图像选择没有误报和漏报的阈值。正如我们后来的实验所示，生成模型将消除误报并恢复丢失的文本。

图 8-35 AdaBoost 检测面部区域和文本区域示意

©[2005] Springer，获许可使用，来自参考文献[57]

当 AdaBoost 与图像解析器中的通用区域模型集成时，通用区域提议可以消除误报并找到 AdaBoost 未命中的文本。例如，因为我们的 AdaBoost 算法是在文本序列上训练的，因此未检测到图 8-35 右侧图片中的“9”。相反，它被检测为通用着色区域，后来被识别为字符“9”，如图 8-37 所示。图 8-37 和 8-39 中删除了图 8-35 中的一些误报文本和人脸。

3. 二值化算法

用于文本的 AdaBoost 算法需要用下面描述的二值化算法来补充，以确定文本字符位置。然后将形状上下文[4]和信息特征[58]应用于二值化结果，以便为特定字母和数字给出候选结果。在许多情况下，二值化的结果是非常好的以至于可以立即检测到字母和数字（二值化阶段提出的提议被自动接受），但情况并非总是如此。我们注意到二值化比边缘检测等替代方法提供了更好的结果[10]，如图 8-36 所示。

二值化算法是 Niblack[46]提出的算法的变体。我们使用基于自适应窗口大小的自适应阈值来对图像强度进行二值化。因为包含文本的图像窗口通常具有阴影和遮挡，因此需要使用自适应方法。我们的二值化方法通过其局部窗口 $r(v)$ 的强度分布（以 v 为中心）确定

每个像素 v 的阈值 $T_b(v)$。该阈值由下式给出：

$$T_b(v) = \mu(\boldsymbol{I}_{r(v)}) + k \cdot \mathrm{std}(\boldsymbol{I}_{r(v)})$$

式中，$\mu(\boldsymbol{I}_{r(v)})$ 和 $\mathrm{std}(\boldsymbol{I}_{r(v)})$ 是局部窗口内的强度均值和标准差。我们从强度方差高于固定阈值的窗口中，选择尽可能最小的窗口大小作为局部窗口的大小。参数 $k = \pm 0.2$，其中的 $\pm$ 就是允许前景比背景更亮或更暗的情况。

图 8-36　检测到的文本的二值化示例

©[2005] Springer，获许可使用，来自参考文献[57]

8.11.6　图像解析实验

图像解析算法应用于许多室外 / 室内图像。图像解析算法在个人计算机（奔腾 4）的速度可与分割方法（如归一化切分[38,59]中的 DDMCMC 算法）相媲美。它通常运行 10～40 min。大部分计算时间用于分割通用区域和边界扩散[69]。

图 8-37、图 8-38 和图 8-39 显示了一些具有严重杂波和阴影的挑战性的例子。图 8-37 与图 8-35 中显示的纯自下而上（如 AdaBoost）结果相比，图 8-37 的结果有了改善。在图 8-38 中，深色眼镜由通用着色模型解释，因此人脸模型不必适合这部分数据。否则，使用人脸模型会有困难，因为它会试图将眼镜贴在眼睛上。标准 AdaBoost 仅以误报为代价正确分类这些人脸，可参见图 8-35。我们展示了两个合成人脸的例子，一个（合成图像 1）用深色眼镜（用阴影区域建模），另一个（合成图像 2）去除深色眼镜，即使用生成人脸模型来取样被墨镜遮盖住的人脸（如眼睛）的部分。在图 8-39 中，通过室外图像的分割和识别结果，从而观察用多种比例检测人脸和文本的能力。

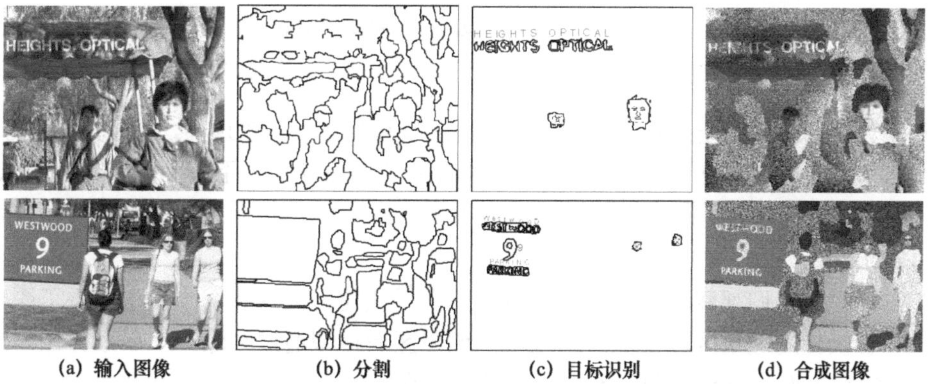

(a) 输入图像　(b) 分割　(c) 目标识别　(d) 合成图像

图 8-37　两幅图像的分割和识别结果

©[2005] Springer，获许可使用，来自参考文献[57]

(a) 输入图像　　(b) 合成图像 1　　(c) 合成图像 2

图 8-38　图 8-37 中图像的特写外观

©[2005] Springer，获许可使用，来自参考文献[57]

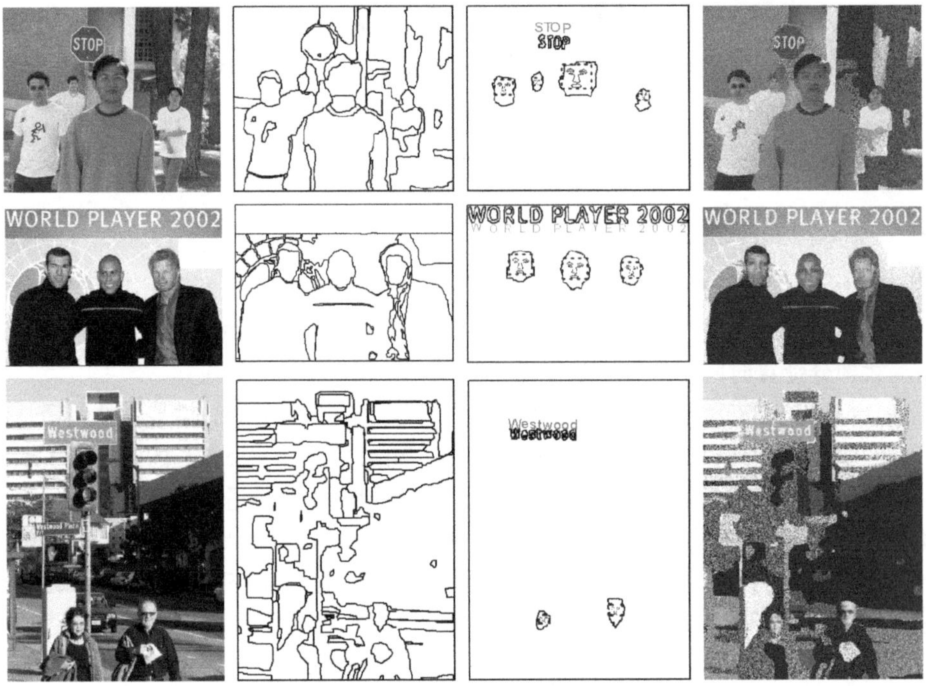

(a) 输入图像　　(b) 图像分割　　(c) 目标识别　　(d) 合成图像

图 8-39　室外图像的分割和识别结果

©[2005] Springer，获许可使用，来自参考文献[57]

我们分两部分介绍结果。一个展示了一般区域和物体的分割边界，另一个展示了检测到的文本和人脸，文本符号指示文本识别，即字母被算法正确读取。然后我们合成从似然模型 $p(\boldsymbol{I}|W^*)$ 中采样的图像，其中 W^* 是由解析算法得到的解析图（如人脸、文本、区域参数和边界）。

在实验中，我们观察到，与我们之前的工作[59]相比，人脸和文本模型改进了图像分割结果，后者仅使用通用区域模型。反过来，通用区域模型通过去除一些误报并恢复最初未检测到的对象来改进目标检测效果。我们现在讨论具体的例子。

在图 8-35 中，我们展示了两个图像，其中的人脸和文本都是由 AdaBoost 纯自下而上检测的。不可能选择一个阈值，使得我们的 AdaBoost 算法没有误报或漏报。除“9”外，为了确保没有漏报，我们不得不降低阈值，并允许由植被和重阴影引起的误报（如标志“HEIGHTS OPTICAL”中的阴影）。在任何阈值下都没有检测到字母“9”。这是因为我们的 AdaBoost 算法是经过训练后来检测文本段的，因此对单个数字没有作用。

相比之下，图 8-37 显示了这两个图像的图像解析结果。我们看到，AdaBoost 提出的误报被移除了，因为通用区域模型可以更好地解释它们。通用着色模型通过解释文本“HEIGHTS OPTICAL”上的重阴影和女性的深色眼镜来帮助检测物体，见图 8-38。此外，现在可以正确检测到丢失的数字“9”。该算法首先将其检测为通用着色区域，然后使用切换节点属性的子核将其重新分类为数字。

从解析图 W^* 合成图像的能力是贝叶斯方法的优点。合成图像有助于说明生成模型的优势，有时也有缺点。此外，合成图像显示了模型已捕获有关图像的信息量。表 8-2 给出了表示 W^* 使用的变量的数量，并表明它们与 jpg 编码格式的字节（简称 jpg 字节）大致成比例。W^* 中的大多数变量用于表示分割边界上的点，并且目前它们是独立计数的。我们可以通过有效的编码边界点来减少 W^* 的编码长度，如使用空间接近度。然而，图像编码不是我们当前工作的目标，并且需要更复杂的生成模型来合成非常逼真的图像。

表 8-2　与 jpg 字节相比，每个图像的 W^* 变量数

图　像	Stop	Soccer	Parking	Street	Westwood
jpg字节	23 998	19 563	23 311	26 170	27 790
$\|W^*\|$	4 886	3 971	5 013	6 346	9 687

在本节中，我们描述了图像解析的两个具有挑战性的技术问题。首先，可以用组合和分解模式构造解析图。组合模式通过对小元素进行分组来进行，而分解模式涉及检测整个对象然后定位其部分。

对于图 8-40（a），组合模式似乎最有效。通过自下而上测试检测猎豹，如 AdaBoost 学习的测试，由于猎豹的形状和强度特性的变化较大，这似乎是一个很难的问题。相比之下，使用 SW 切分（可参考文献[1]和本书第 6 章）来分割图像，并使用自下而上的组合方法和具有多层的解析树来获取猎豹的边界是非常实用的。以像素作为叶子开始构造解析图，在图 8-40（a）中有 46256 个像素。使用局部图像纹理相似性来获得图的下一层，以构建对应于图像的原子区域的图节点（其中的 113 个）。然后，算法通过对原子区域进行分组，即每个原子区域节点将是纹理区域节点的子节点，在下一层为“纹理区域”构建节点（其中 4 个）。在每层，我们计算相邻节点（如像素或原子区域）有多大可能属于同一对象或模式的判别（提议）概率。然后，我们应用实现拆分和合并动态过程的转换核（使用提议）。如需了解更多详细情况，可参考本书第 6 章或文献[1]。

对于具有较小变化的对象，如图 8-40（b）所示，我们可以使用自下而上的方式（如 AdaBoost）来激活代表整个人脸的节点。然后可以通过扩展人脸节点来向下构建解析图（在分解模式中）以为人脸的部分创建子节点。反过来，这些子节点可以扩展到代表更精细比例部分的孙节点。节点扩展的数量自适应地依赖于图像的分辨率。例如，图 8-40（b）中最大的人脸被扩展为子节点，但没有足够的分辨率来扩展对应于三个较小人脸的人脸节点。第一个问题（主要技术问题）是找到一种数学标准，以确定哪种模式对哪种类型的对象和模式最有效。这将使算法能够相应地调整其搜索策略。

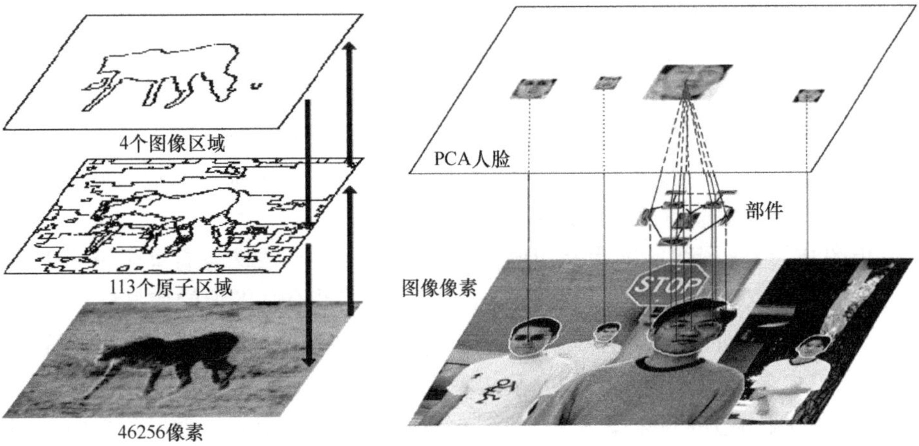

(a) 组合模式　　(b) 分解模式

图 8-40　构造解析图的两种机制

©[2005] Springer，获许可使用，来自参考文献[57]

第二个问题涉及最佳排序。图像解析算法的控制策略不以最佳方式选择测试和子核。在每个时间步，子核的选择独立于当前状态 W（尽管选择应用子核在图中的位置将取决于 W）。此外，算法永远不会使用一些自下而上的测试。如果选择过程需要低计算成本，那么具有自适应地选择子核和测试的控制策略将更有效。我们寻求一种最佳的选择控制策略，它对大量图像和视觉模式都有效。选择标准是，应选择那些最大化信息增益的测试和子核。

我们可以使用这两个信息标准。第一个在定理 8-2 中进行了说明，并通过执行新的测试 Tst_+ 来测量在解析图中获得的变量 w 的信息。信息增益为

$$\delta(w\|\mathrm{Tst}_+)=\mathrm{KL}(p(w|\boldsymbol{I})\|q(w|\mathrm{Tst}(\boldsymbol{I})))-\mathrm{KL}(p(w|\boldsymbol{I})\|q(w|\mathrm{Tst}_t(\boldsymbol{I}),F_+))$$

式中，$\mathrm{Tst}(\boldsymbol{I})$ 表示先前的测试，KL 是 Kullback-Leibler 散度。第二个在定理 8-3 中进行了说明，它通过 KL 散度 $\delta(\mathcal{K}_a)=\mathrm{KL}(p\|\mu_t)-\mathrm{KL}(p\|\mu_t\mathcal{K}_a)$ 的减小来测量子核 $\mathcal{K}_a$ 的能力。当知道 $\mathrm{Tst}_t(\boldsymbol{I})$ 时，减小量 δ_a 给出子核 $\mathcal{K}_a$ 的能力的度量。我们还需要考虑选择程序的计算成本。有关如何在考虑计算成本的情况下的最佳选择测试的案例研究，可参见文献[6]。

8.12 本章练习

问题 1　假设我们有一个简单的一维范围的图像（如图 4-5 所示），得到 $y(x)=\alpha|x|+\epsilon, x\in\{-100,-99,\ldots,100\}$，这里 α 是控制信号强度，$\epsilon\sim\mathcal{N}(0,1)$。通过一个简单的 DDMCMC 算法将该图像最多分割为三部分。使用第 4 章问题 2 的跳跃扩散算法，但使用霍夫变换来为这些跳跃产生提议。试一试不同的信号强度，即 $\alpha\in\{0.01,0.003,0.1,$

0.3,1}，得出 10 次独立运行的平均能量式（4-8）和计算时间，并绘制平均能量相对于计算时间的图示，并与第 4 章问题 2 进行对比。

问题 2　考虑与上述问题 1 相同的设置，但是使用遗传算法来优化。算法随机初始化初代包含 1000 个解决方案。每个世代的解决方案都会通过突变产生 5 个后代（参数受到很小的扰动），而通过交叉产生 5 个其他后代（其中一些参数是从同一代的另一个解决方案中借用的）。然后，通过评估后代的能量式（4-8）并仅保留最低的能量解，将其后代减少到 1000 个。在同一图上做出遗传算法和 DDMCMC 方法的最佳解决方案的能量与计算时间的图示。

本章参考文献

[1] Barbu A, Zhu S-C (2004) Multigrid and multi-level Swendsen-Wang cuts for hierarchic graph partition. In: CVPR, vol 2, pp II–731.

[2] Barbu A, Zhu S-C (2005) Generalizing Swendsen-Wang to sampling arbitrary posterior probabilities. IEEE Trans Pattern Anal Mach Intell 27(8): 1239–1253.

[3] Barker SA, Kokaram AC, Rayner PJW (1998) Unsupervised segmentation of images. In: SPIE's international symposium on optical science, engineering, and instrumentation. International Society for Optics and Photonics, pp 200–211.

[4] Belongie S, Malik J, Puzicha J (2002) Shape matching and object recognition using shape contexts. IEEE Trans Pattern Anal Mach Intell 24(4): 509–522.

[5] Bienenstock E, Geman S, Potter D (1997) Compositionality, MDL priors, and object recognition. NIPS, pp 838–844 .

[6] Blanchard G, Geman D (2005) Hierarchical testing designs for pattern recognition. Ann Stat 33(3): 1155–1202.

[7] Bouman C, Liu B (1991) Multiple resolution segmentation of textured images. IEEE Trans Pattern Anal Mach Intell 13(2): 99–113.

[8] Bowyer K, Kranenburg C, Dougherty S (2001) Edge detector evaluation using empirical ROC curves. Comput Vis Image Underst 84(1): 77–103.

[9] Bremaud P (1999) Markov chains: Gibbs fifields, Monte Carlo simulation, and queues, vol 31. Springer, New York.

[10] Canny J (1986) A computational approach to edge detection. IEEE Trans Pattern Anal Mach Intell 8(6): 679–698 .

[11] Chen X, Yuille AL (2004) Detecting and reading text in natural scenes. In: CVPR, vol 2. IEEE, pp II-366.

[12] Cheng Y (1995) Mean shift, mode seeking, and clustering. IEEE Trans Pattern Anal Mach Intell 17(8): 790–799 .

[13] Comaniciu D, Meer P (1999) Mean shift analysis and applications. In: ICCV, vol 2. IEEE, pp 1197-1203.

[14] Cootes TF, Edwards GJ, Taylor CJ (2001) Active appearance models. IEEE Trans pattern Anal Mach Intell 23(6): 681-685.

[15] Cover TM, Thomas JA (2012) Elements of information theory. Wiley, New York278 8 Data Driven Markov Chain Monte Carlo .

[16] Dayan P, Hinton GE, Neal RM, Zemel RS (1995) The Helmholtz machine. Neural Comput 7(5): 889-904 .

[17] Dempster AP, Laird NM, Rubin DB (1977) Maximum likelihood from incomplete data via the em algorithm. J R Stat Soc Ser B (Methodol) 39(1): 1–38 .

[18] Deng Y, Manjunath BS, Shin H (1999) Color image segmentation. In: CVPR, vol 2.

[19] Diaconis P, Hanlon P (1992) Eigen-analysis for some examples of the metropolis algorithm. Contemp Math 138: 99–117 .

[20] Drucker H, Schapire R, Simard P (1993) Boosting performance in neural networks. Int J Pattern Recognit Artif Intell 7(04): 705–719.

[21] Forsyth DA (1999) Sampling, resampling and colour constancy. In: CVPR, vol 1. IEEE .

[22] Freund Y, Schapire RE et al (1996) Experiments with a new boosting algorithm. In: ICML, vol 96, pp 148–156.

[23] Friedman J, Hastie T, Tibshirani R et al (2000) Additive logistic regression: a statistical view of boosting (with discussion and a rejoinder by the authors). Ann Stat 28(2): 337–407.

[24] Geman S, Geman D (1984) Stochastic relaxation, Gibbs distributions, and the Bayesian restoration of images. IEEE Trans Pattern Anal Mach Intell 6: 721–741.

[25] Geman S, Hwang C-R (1986) Diffusions for global optimization. SIAM J Control Optim 24(5): 1031-1043.

[26] Green PJ (1995) Reversible jump Markov chain monte carlo computation and Bayesian model determination. Biometrika 82(4): 711–732.

[27] Grenander ULF, Miller MI (1994) Representations of knowledge in complex systems. J R Stat Soc Ser B (Methodol) 56(4): 549–603.

[28] Hallinan PW, Gordon GG, Yuille AL, Giblin P, Mumford D (1999) Two-and three-dimensional patterns of the face. AK Peters, Ltd., Natick.

[29] Hastings WK (1970) Monte carlo sampling methods using Markov chains and their applications. Biometrika 57(1): 97–109.

[30] Kass M, Witkin A, Terzopoulos D (1988) Snakes: active contour models. Int J Comput Vis 1(4): 321–331 .

[31] Klein D, Manning CD (2002) A generative constituent-context model for improved grammar induction. In: Proceedings of the 40th annual meeting on association for computational linguistics. Association for Computational Linguistics, pp 128–135.

[32] Koepflfler G, Lopez C, Morel J-M (1994) A multiscale algorithm for image segmentation by variational method. SIAM J Numer Anal 31(1): 282–299 .

[33] Konishi S, Yuille AL, Coughlan JM, Zhu SC (2003) Statistical edge detection: learning and evaluating edge cues. IEEE Trans Pattern Anal Mach Intell 25(1): 57–74.

[34] Leclerc YG (1989) Constructing simple stable descriptions for image partitioning. Int J Comput Vis 3(1): 73–102.

[35] Lee H-C, Cok DR (1991) Detecting boundaries in a vector fifield. IEEE Trans Signal Process 39(5): 1181–1194.

[36] Li FF, VanRullen R, Koch C, Perona P (2002) Rapid natural scene categorization in the near absence of attention. Proc Natl Acad Sci 99(14): 9596–9601.

[37] Liu JS (2008) Monte Carlo strategies in scientifific computing. Springer, New York.

[38] Malik J, Belongie S, Leung T, Shi J (2001) Contour and texture analysis for image segmentation. Int J Comput Vis 43(1): 7–27.

[39] Manning CD, Schütze H (1999) Foundations of statistical natural language processing. MIT press, Cambridge.

[40] Marr D (1982) Vision, 1982. Vision: a computational investigation into the human representation and processing of visual information. Freeman, New York.

[41] Martin D, Fowlkes C, Tal D, Malik J (2001) A database of human segmented natural images and its application to evaluating segmentation algorithms and measuring ecological statistics.References 279 In: Computer vision, 2001. ICCV 2001. Proceedings. Eighth IEEE international conference on, vol 2, pp 416–423.

[42] Mengersen KL, Tweedie RL et al (1996) Rates of convergence of the hastings and metropolis algorithms. Ann Stat 24(1): 101–121.

[43] Metropolis N, Rosenbluth AW, Rosenbluth MN, Teller AH, Teller E (1953) Equation of state calculations by fast computing machines. J Chem Phys 21(6): 1087–1092 .

[44] Moghaddam B, Pentland A (1997) Probabilistic visual learning for object representation. IEEE Trans Pattern Anal Mach Intell 19(7): 696–710.

[45] Mumford D (1994) Neuronal architectures for pattern-theoretic problems. Large-scale theories of the cortex. MIT Press, Cambridge.

[46] Niblack W (1986) An introduction to digital image processing. Prentice-Hall, Englewood Cliffs [etc.] .

[47] Oe S (1993) Texture segmentation method by using two-dimensional ar model and Kullback information. Pattern Recognit 26(2): 237–244.

[48] Osher S, Sethian JA (1988) Fronts propagating with curvature-dependent speed: algorithms based on Hamilton-Jacobi formulations. J Comput Phys 79(1): 12–49.

[49] Paragios N, Deriche R (2000) Coupled geodesic active regions for image segmentation: a level set approach. In: ECCV, pp 224–240.

[50] Phillips PJ, Wechsler H, Huang J, Rauss PJ (1998) The Feret database and evaluation procedure for face-recognition algorithms. Image Vis Comput 16(5): 295–306.

[51] Schapire RE (2003) The boosting approach to machine learning: an overview. In: Nonlinear estimation and classifification. Springer, New York, pp 149–171.

[52] Sclaroff S, Isidoro J (1998) Active blobs. In: Sixth international conference on computer vision, 1998. IEEE, pp 1146–1153 .

[53] Shi J, Malik J (2000) Normalized cuts and image segmentation. IEEE Trans Pattern Anal Mach Intell 22(8): 888–905 .

[54] Swendsen RH, Wang J-S (1987) Nonuniversal critical dynamics in monte carlo simulations. Phys Rev Lett 58(2): 86–88.

[55] Thorpe S, Fize D, Marlot C et al (1996) Speed of processing in the human visual system. Nature 381(6582): 520–522 .

[56] Treisman A (1986) Features and objects in visual processing. Sci Am 255(5): 114–125.

[57] Tu Z, Chen X, Yuille AL, Zhu S-C (2005) Image parsing: unifying segmentation, detection, and recognition. Int J comput Vis 63(2): 113–140.

[58] Tu Z, Yuille AL (2004) Shape matching and recognition-using generative models and informative features. In: Computer vision-ECCV 2004. Springer, Berlin/Heidelberg, pp 195–209 .

[59] Tu Z, Zhu S-C (2002) Image segmentation by data-driven Markov chain monte carlo. IEEE Trans Pattern Anal Mach Intell 24(5): 657–673 .

[60] Tu Z, Zhu S-C (2006) Parsing images into regions, curves, and curve groups. Int J Comput Vis 69(2): 223–249.

[61] Ullman S (1984) Visual routines. Cognition 18(1): 97–159.

[62] Ullman S (1995) Sequence seeking and counter streams: a computational model for bidirectional information flflow in the visual cortex. Cereb Cortex 5(1): 1–11.

[63] Viola P, Jones M (2001) Fast and robust classifification using asymmetric adaboost and a detector cascade. Proceeding of NIPS01.

[64] Wang J-P (1998) Stochastic relaxation on partitions with connected components and its application to image segmentation. IEEE Trans Pattern Anal Mach Intell 20(6): 619–636.

[65] Wu J, Rehg JM, Mullin MD (2003) Learning a rare event detection cascade by direct feature selection. In: NIPS.

[66] Yedidia JS, Freeman WT, Weiss Y (2001) Generalized belief propagation. In: NIPS, pp 689–695.

[67] Zhu SC, Liu X (2002) Learning in Gibbsian fifields: how accurate and how fast can it be? IEEE Trans Pattern Anal Mach Intell 24(7): 1001–1006.

[68] Zhu SC, Mumford D (1998) Filters, random fifields and maximum entropy (frame): towards a unifified theory for texture modeling. Int J Comput Vis 27(2): 107–126.

[69] Zhu SC, Yuille A (1996) Region competition: unifying snakes, region growing, and bayes/MDL for multiband image segmentation. IEEE Trans Pattern Anal Mach Intell 18(9): 884–900.

[70] Zhu S-C, Zhang R, Tu Z (2000) Integrating bottom-up/top-down for object recognition by data driven Markov chain monte carlo. In: CVPR, vol 1. IEEE, pp 738–745.

第 9 章　哈密顿和朗之万蒙特卡罗方法

假设我们取一定的热量并将其转化为功。这样做我们并没有破坏热量，只是将热量转移到另一个地方，或者将其转换为另一种能量形式。

——Isaac Asimov

9.1　引言

哈密顿蒙特卡罗（HMC）方法是一个强大的高维连续分布采样框架。朗之万蒙特卡罗（LMC）方法是 HMC 的一个特例，广泛用于深度学习的任务。给定 n 维连续密度 $P(X)$，实现 HMC 的唯一要求是能量函数 $U(X) = -\log P(X)$ 是可微的。与其他 MCMC 方法（如切片采样、SW 切分）一样，HMC 引入辅助变量以促进原始空间中的移动。在 HMC 中，原始变量代表位置，辅助变量代表动量。每个位置维度都有一个相应的动量变量，因此原始变量和辅助变量的联合空间的维数为 $2n$，是原始空间大小的两倍。一旦引入动量变量，哈密顿方程可用于模拟具有势能的物理系统的时间演化。哈密顿方程的性质确保了联合空间中的运动保留了原始空间中的分布 P。

9.2　哈密顿力学

9.2.1　哈密顿方程

哈密顿力学原理是 HMC 采样方法的基础。哈密顿力学最初是作为拉格朗日力学的等价替代的公式而开发的，两者都等同于牛顿力学。在哈密顿力学中，物理系统的状态由一对 n 维变量 $\boldsymbol{q}$ 和 $\boldsymbol{p}$ 表示。变量 $\boldsymbol{q}$ 表示系统中的位置，$\boldsymbol{p}$ 表示动量。在一个单一时刻，联合状态$(\boldsymbol{q}, \boldsymbol{p})$提供物理系统的完整描述。HMC 框架中的位置和动量可以视为简单动力学系统中常见的位置和动量概念在高维中的扩展。

随着时间的推移，状态$(\boldsymbol{q}, \boldsymbol{p})$的演化由表示系统能量的标量值函数 $H(\boldsymbol{q}, \boldsymbol{p})$和一对称为哈密顿方程的偏微分方程控制：

$$\frac{\mathrm{d}\boldsymbol{q}}{\mathrm{d}t} = \frac{\partial H}{\partial \boldsymbol{p}} \tag{9-1}$$

$$\frac{\mathrm{d}\boldsymbol{p}}{\mathrm{d}t} = -\frac{\partial H}{\partial \boldsymbol{q}} \tag{9-2}$$

$H(\boldsymbol{q}, \boldsymbol{p})$通常被称为系统的哈密顿量。根据哈密顿方程更新 $\boldsymbol{q}$ 和 $\boldsymbol{p}$ 可确保系统的许多属性

（包括能量）的守恒。换句话说，在$(\boldsymbol{q},\boldsymbol{p})$随时间变化过程中，$H(\boldsymbol{q},\boldsymbol{p})$保持不变。

在许多情况下，包括标准 HMC 和 LMC，哈密顿量可以用可分离形式表示：

$$H(\boldsymbol{q},\boldsymbol{p})=U(\boldsymbol{q})+K(\boldsymbol{p}) \tag{9-3}$$

式中，$U(\boldsymbol{q})$代表系统的势能，$K(\boldsymbol{p})$代表动能。当哈密顿量是可分离的时候，即

$$\frac{\mathrm{d}\boldsymbol{q}}{\mathrm{d}t}=\frac{\partial H}{\partial \boldsymbol{p}}=\frac{\partial K}{\partial \boldsymbol{p}} \text{和} \frac{\mathrm{d}\boldsymbol{p}}{\mathrm{d}t}=-\frac{\partial H}{\partial \boldsymbol{q}}=-\frac{\partial U}{\partial \boldsymbol{q}} \tag{9-4}$$

哈密顿方程的简化形式为

$$\frac{\mathrm{d}\boldsymbol{q}}{\mathrm{d}t}=\frac{\partial K}{\partial \boldsymbol{p}} \tag{9-5}$$

$$\frac{\mathrm{d}\boldsymbol{p}}{\mathrm{d}t}=-\frac{\partial U}{\partial \boldsymbol{q}} \tag{9-6}$$

9.2.2 HMC 的简单模型

考虑一个在无摩擦的二维表面上移动的质点，如图 9-1 所示。每个瞬时系统状态可以用$(\boldsymbol{q},\boldsymbol{p})$对来描述，其中$\boldsymbol{q}$是一个二维变量，给出了质点的位置（纬度和经度坐标），同时$\boldsymbol{p}$是一个在每个方向给出动量的二维变量。系统哈密顿量的形式为$H(\boldsymbol{q},\boldsymbol{p})=U(\boldsymbol{q})+K(\boldsymbol{p})$，其中 $U(\boldsymbol{q})$是质点的高度（相对于固定参考点），动力学能量 K 的形式为$K(\boldsymbol{p})=\|\boldsymbol{p}\|^2/(2m)$，其中 m 为质量。在图 9-1 中，位置$\boldsymbol{q}$代表原始变量，动量$\boldsymbol{p}$是一个维度与$\boldsymbol{q}$相同辅助变量。目标能量 $U(\boldsymbol{q})$是$\mathbb{R}^3$中的二维曲面。$(\boldsymbol{q},\boldsymbol{p})$完全描述了单个瞬间系统状态。该系统具有哈密顿量$H(\boldsymbol{q},\boldsymbol{p})=U(\boldsymbol{q})+K(\boldsymbol{p})$，哈密顿方程式（9-1）和式（9-2）定义了$(\boldsymbol{q},\boldsymbol{p})$如何随时间变化。引入允许在$\boldsymbol{q}$中移动的$\boldsymbol{p}$以确保分布$P(\boldsymbol{q})=\frac{1}{Z}\exp\{-U(\boldsymbol{q})\}$。

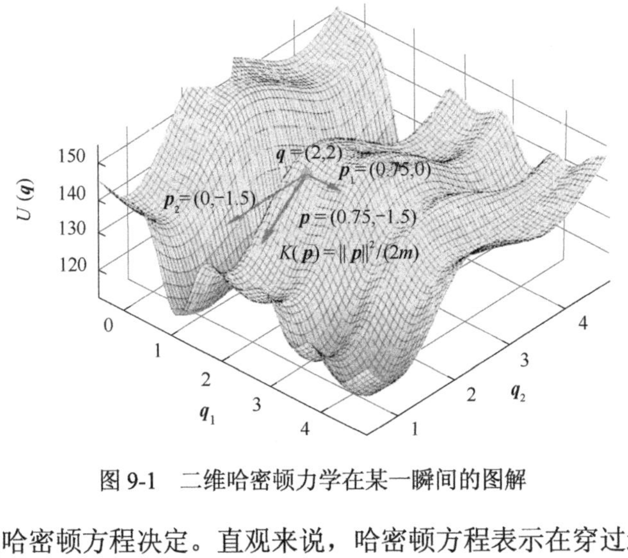

图 9-1 二维哈密顿力学在某一瞬间的图解

质点的运动由哈密顿方程决定。直观来说，哈密顿方程表示在穿过地形时发生的动能和势能之间的一种权衡。例如，在斜坡一侧具有零动量的状态将被向下拉动，并且其势能将在最速下降的方向上转换为运动（动能）。另外，如果质点沿平坦平面向前移动然后遇

到障碍物，则动能转换为势能；如果障碍物足够陡峭，物体的速度将减缓甚至反向朝向平坦的方向。

这个简单的模型非常类似于哈密顿蒙特卡罗的“物理系统”。在 HMC 中，$\boldsymbol{q}$ 表示目标密度的 n 维空间中的一个点：

$$P(\boldsymbol{q})=\frac{1}{Z}\exp\{-U(\boldsymbol{q})\} \tag{9-7}$$

与其他 MCMC 方法一样，不需要难以处理的归一化常量 Z。HMC 只要求 $U(\boldsymbol{q})$是可微的，因为哈密顿方程涉及 U 的导数。在实践中，动量 $\boldsymbol{p}$ 服从多元正态分布，其具有能量函数：

$$K(\boldsymbol{p})=\frac{1}{2}\boldsymbol{p}^{\mathrm{T}}\boldsymbol{\Sigma}^{-1}\boldsymbol{p} \tag{9-8}$$

式中，正定协方差矩阵为 $\boldsymbol{\Sigma}$。最简单的选择是 $\boldsymbol{\Sigma}=\sigma^2\boldsymbol{I}_n$，当 $\boldsymbol{\Sigma}=\sqrt{m}$ 时，它给出标准动能方程 $K(\boldsymbol{p})=\|\boldsymbol{p}\|^2/(2m)$。HMC 不需要为 $\boldsymbol{p}$ 指定特定的分布，但是从正态分布中采样的简单性以及与信息几何的重要连接（参见本书 9.6 节），使得高斯动量成为自然选择。

在每次 HMC 迭代开始，采样新的动量 $\boldsymbol{p}$。然后使用哈密顿方程更新联合状态 $(\boldsymbol{q},\boldsymbol{p})$，使其达到提议状态 $(\boldsymbol{q}^*, \boldsymbol{p}^*)$。与随机游走方法不同，其中位移与 $\sqrt{t}$ 成比例，HMC 轨迹期间的位移可以在 t 中线性缩放。因此，HMC 可以在每次迭代中确定有效的全局提议。在实践中，哈密顿方程无法准确求解，并且也必须包括 Metropolis-Hastings 接受步骤。至关重要的是，从 HMC 获得的 $\boldsymbol{q}$ 的边缘分布具有固定分布 $P(\boldsymbol{q})$。整个轨迹中的位置变量 $\boldsymbol{q}$ 保留为 $P(\boldsymbol{q})$的样本，动量 $\boldsymbol{p}$ 被丢弃。

9.3 哈密顿力学的性质

哈密顿力学有一些重要的属性，从而确保 HMC 定义了一个有效的采样方法。本节介绍哈密顿方程的理想连续时间解的性质。实际上，哈密顿方程不能被明确求解，必须使用离散数值近似。在本书 9.4 节将介绍，除了能量守恒，在离散时间实现中，可以保持相同的性质。

9.3.1 能量守恒

使用哈密顿方程更新物理系统会保持哈密顿量 $H(\boldsymbol{q},\boldsymbol{p})$ 的值，因此即使 $\boldsymbol{q}$ 和 $\boldsymbol{p}$ 会发生变化，$H(\boldsymbol{q},\boldsymbol{p})$ 的值也应随时间变化而保持不变。换句话说，哈密顿方程定义的路径沿哈密顿量 $H(\boldsymbol{q},\boldsymbol{p})$ 的等值曲线移动，如图 9-2 所示。在图 9-2 中，对于 $\boldsymbol{q}\sim N(0,1)$ 和 $\boldsymbol{p}\sim N(0,1)$，哈密顿量 $H(\boldsymbol{q},\boldsymbol{p})=U(\boldsymbol{q})+K(\boldsymbol{p})=(\boldsymbol{q}^2+\boldsymbol{p}^2)/2$，单个 HMC 轨迹的路径被限制在 H 的等值曲线上。图 9-2 中的环线就是一条可能的等值曲线。

能量守恒的证明很简单：

$$\frac{\mathrm{d}H}{\mathrm{d}t}=\sum_{i=1}^{n}\left[\frac{\partial H}{\partial \boldsymbol{q}_i}\frac{\mathrm{d}\boldsymbol{q}_i}{\mathrm{d}t}+\frac{\partial H}{\partial \boldsymbol{p}_i}\frac{\mathrm{d}\boldsymbol{p}_i}{\mathrm{d}t}\right]=\sum_{i=1}^{n}\left[\frac{\partial H}{\partial \boldsymbol{q}_i}\frac{\partial H}{\partial \boldsymbol{p}_i}-\frac{\partial H}{\partial \boldsymbol{q}_i}\frac{\partial H}{\partial \boldsymbol{p}_i}\right]=0$$

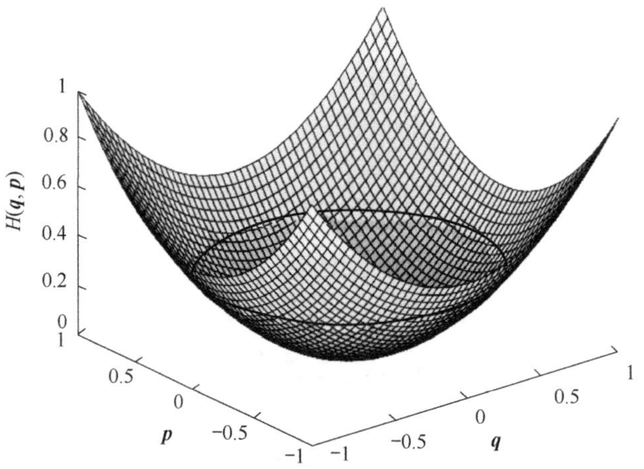

图 9-2　哈密顿方程定义的路径及哈密顿量等值曲线示意

此性质在 HMC 中很重要，因为它确保 $H(\boldsymbol{q},\boldsymbol{p})=H(\boldsymbol{q}^*,\boldsymbol{p}^*)$，其中，$(\boldsymbol{q},\ \boldsymbol{p})$是联合空间中的先前状态，$(\boldsymbol{q}^*,\boldsymbol{p}^*)$是提议状态。结合哈密顿力学的其他性质，利用能量守恒可以证明理想的 HMC 定义了一个接受概率为 1 的 Metropolis-Hastings 提议。实际上，因为必须使用离散数值近似来求解哈密顿方程，因此 $H(\boldsymbol{q},\boldsymbol{p})$ 可能与 $H(\boldsymbol{q}^*,\boldsymbol{p}^*)$ 是不同的，可见这个性质只是近似正确的。如果其近似是准确的，则该差异应该相对较小，并且仍然可以达到较高的接受概率。

9.3.2　可逆性

由哈密顿力学定义的$(\boldsymbol{q}(t),\ \boldsymbol{p}(t))$到$(\boldsymbol{q}(t+s),\ \boldsymbol{p}(t+s))$的映射是唯一的，因此其是可逆的。在具有高斯动量的标准 HMC 中，如果 $H(\boldsymbol{q},\boldsymbol{p})=U(\boldsymbol{q})+K(\boldsymbol{p})$和$K(\boldsymbol{p})=K(-\boldsymbol{p})$ 为真，那么逆映射可以通过在路径末尾对 $\boldsymbol{p}$ 取反，同时使用相同的时间 s 演化系统，然后再次取反 $\boldsymbol{p}$。在这种情况下，因为 $T(\boldsymbol{q}(t+s),-\boldsymbol{p}(t+s))=(\boldsymbol{q}(t),\ \boldsymbol{p}(t))$，如图 9-3 所示，所以映射 $T:(\boldsymbol{p}(t),\boldsymbol{q}(t))\mapsto(\boldsymbol{q}(t+s),\ -\boldsymbol{p}(t+s))$ 是完全可逆的。可逆性将用于证明 HMC 满足细致平衡，这是证明 MCMC 方法具有期望平稳分布的最简单方法。在哈密顿方程的离散实现中可以精确地保留可逆性。在图 9-3 中，根据哈密顿方程为时间 s 更新状态 $(\boldsymbol{q},\boldsymbol{p})$，由更新状态 $(\boldsymbol{q},\boldsymbol{p})$ 定义的坐标发生变化，并在轨迹末尾对 $\boldsymbol{p}$ 取反（第一行），该过程可以通过相同的过程完全颠倒反向进行（第二行）。

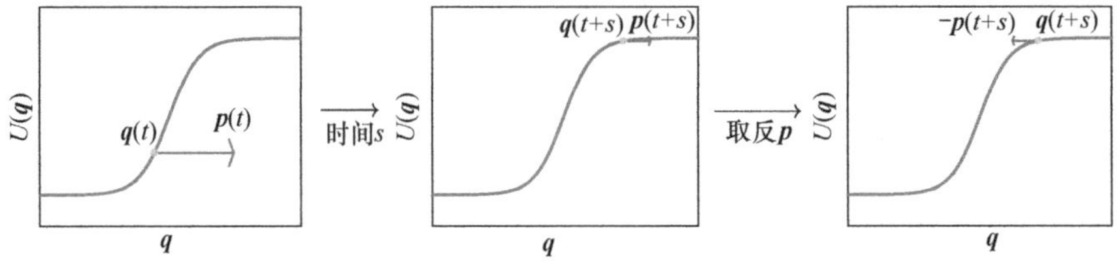

图 9-3　具有可分离哈密顿量的一维 HMC 的可逆性

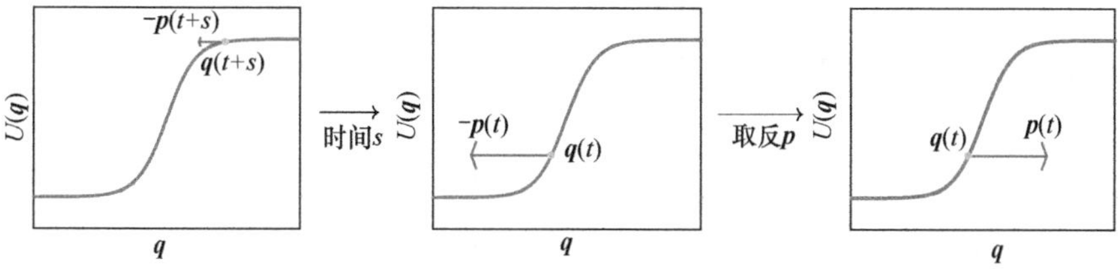

图 9-3　具有可分离哈密顿量的一维 HMC 的可逆性（续）

9.3.3　辛结构和体积保持

对于任何平滑函数 $H:\mathbb{R}^{2n}\to\mathbb{R}$，哈密顿方程在流形 $\mathbb{R}^{2n}$ 上定义一种特殊类型的向量场和一个辛结构。辛流形是一个光滑的流形 $\boldsymbol{M}$（实际上，通常是 $\mathbb{R}^{2n}$），具有微分 2-形式 $\boldsymbol{\omega}$ 称为辛形式。与 $\mathbb{R}^{2n}$ 中的哈密顿方程相关的标准辛形式是 $\boldsymbol{\omega}=\begin{pmatrix}0 & \boldsymbol{I}_n\\ -\boldsymbol{I}_n & 0\end{pmatrix}$，因为

$$\frac{\mathrm{d}}{\mathrm{d}t}(\boldsymbol{q},\boldsymbol{p})=\boldsymbol{\omega}\frac{\mathrm{d}H}{\mathrm{d}(\boldsymbol{q},\boldsymbol{p})}$$

一般来说，$\boldsymbol{\omega}$ 只需要在 $\boldsymbol{M}$ 上是闭的且不退化的微分 2-形式。辛形式可以直观地理解为从哈密顿量 $H(\boldsymbol{q},\boldsymbol{p})$的微分 1-形式 $\mathrm{d}\,H$ 生成向量场的一种方式。

通过积分哈密顿方程得到的解（或等效地流动在由哈密顿算子 H 上导致的向量场上的辛流形 $\boldsymbol{M}$）具有保留辛形式 $\boldsymbol{\omega}$ 的重要特性。换句话说，$(\boldsymbol{q}(t),\boldsymbol{p}(t))\mapsto(\boldsymbol{q}(t+s),\boldsymbol{p}(t+s))$ 映射的所有$(\boldsymbol{q},\boldsymbol{p})\in\boldsymbol{M}$ 定义了从 $\boldsymbol{M}$ 到自身的微分同胚映射，从而保证了 $\boldsymbol{\omega}$ 的结构。在哈密顿流下 $\boldsymbol{\omega}$ 的不变性是哈密顿力学的许多守恒性质的数学基础，包括能量守恒。

保留 2-形式 $\boldsymbol{\omega}$ 的一个重要结果是哈密顿方程下的体积保持，这一结果被称为刘维尔定理。使用辛几何证明这个定理非常简单。$\boldsymbol{M}$ 上的非退化微分 2-形式 $\boldsymbol{\omega}$ 可以提高到第 n 次幂来定义一个非退化形式 $\boldsymbol{\omega}^n$（$\boldsymbol{\omega}^n$ 是 $2n$-形式，因为 $\boldsymbol{\omega}$ 是 2-形式），并且在哈密顿流下保留 $\boldsymbol{\omega}$ 意味着保留 $\boldsymbol{\omega}^n$ 的体积。此属性对于 HMC 很重要，因为它确保从哈密顿方程获得的坐标 $(\boldsymbol{q},\boldsymbol{p})\mapsto(\boldsymbol{q}^*,\boldsymbol{p}^*)$ 的变化具有绝对值为 1 的雅可比行列式。HMC 在实践中不可行，因为如果没有体积保持，在每个提议之后计算雅可比行列式以重新调整密度的难度是非常大的。如果使用正确的更新方案，即使在哈密顿方程的离散实现中，体积保持也可以精确成立。

可以给出一个简单的只使用哈密顿方程而不参考辛几何的体积保持的证明。设 $\boldsymbol{V}=\left(\frac{\mathrm{d}\boldsymbol{q}}{\mathrm{d}t},\frac{\mathrm{d}\boldsymbol{p}}{\mathrm{d}t}\right)$是一个由哈密顿方程定义的向量场，那么 $\boldsymbol{V}$ 的散度处处为 0，因为

$$\mathrm{div}(\boldsymbol{V})=\sum_{i=1}^{n}\left(\frac{\partial}{\partial\boldsymbol{q}_i}\frac{\mathrm{d}\boldsymbol{q}_i}{\mathrm{d}t}+\frac{\partial}{\partial\boldsymbol{p}_i}\frac{\mathrm{d}\boldsymbol{p}_i}{\mathrm{d}t}\right)=\sum_{i=1}^{n}\left(\frac{\partial}{\partial\boldsymbol{q}_i}\frac{\partial H}{\partial\boldsymbol{p}_i}-\frac{\partial}{\partial\boldsymbol{p}_i}\frac{\partial H_i}{\partial\boldsymbol{q}_i}\right)=\sum_{i=1}^{n}\left(\frac{\partial^2 H}{\partial\boldsymbol{q}_i\partial\boldsymbol{p}_i}-\frac{\partial^2 H}{\partial\boldsymbol{q}_i\partial\boldsymbol{p}_i}\right)=0$$

并且具有散度为 0 的向量场证明可以用来保持体积。

9.4 哈密顿方程的蛙跳离散化

除最简单的系统外，不可能精确地求解哈密顿方程，因此哈密顿力学的数值求解必须依赖于对真实连续解的离散近似。在讨论最有效和广泛使用的离散化方法之前，首先引入了两种不太有效但具有指导性意义的方法，它们被称为蛙跳积分器。

9.4.1 欧拉方法

在哈密顿方程下，最直接的离散化哈密顿量 H 的时间演化方法是通过一些小步长 ε 同时更新 $\boldsymbol{q}$ 和 $\boldsymbol{p}$，即

$$\boldsymbol{p}(t+\varepsilon)=\boldsymbol{p}(t)+\varepsilon\frac{\mathrm{d}\boldsymbol{p}}{\mathrm{d}t}(\boldsymbol{q}(t),\boldsymbol{p}(t))=\boldsymbol{p}(t)-\varepsilon\frac{\partial H}{\partial\boldsymbol{q}}(\boldsymbol{q}(t),\boldsymbol{p}(t))$$

$$\boldsymbol{q}(t+\varepsilon)=\boldsymbol{q}(t)+\varepsilon\frac{\mathrm{d}\boldsymbol{q}}{\mathrm{d}t}(\boldsymbol{q}(t),\boldsymbol{p}(t))=\boldsymbol{q}(t)+\varepsilon\frac{\partial H}{\partial\boldsymbol{p}}(\boldsymbol{q}(t),\boldsymbol{p}(t))$$

这种离散化被称为欧拉方法。这种方法不会保持体积，只需几步就可能导致近似值不准确。

9.4.2 改良的欧拉方法

欧拉方法的一个改进是改良的欧拉方法，它采用步长 ε 交替更新$\boldsymbol{q}$和$\boldsymbol{p}$。当能量函数具有可分离形式 $H(\boldsymbol{q},\boldsymbol{p})=U(\boldsymbol{q})+K(\boldsymbol{p})$，式（9-5）和式（9-6）保持并更新$\boldsymbol{q}$仅取决于$\boldsymbol{p}$（反之亦然）。基于这一观察结果，改良的欧拉方法包括使用步长 ε 根据当前$\boldsymbol{q}$更新当前$\boldsymbol{p}$，然后使用相同的步长 ε，由更新后的$\boldsymbol{p}$更新当前$\boldsymbol{q}$，即

$$\boldsymbol{p}(t+\varepsilon)=\boldsymbol{p}(t)-\varepsilon\frac{\partial U}{\partial\boldsymbol{q}}(\boldsymbol{q}(t)) \tag{9-9}$$

$$\boldsymbol{q}(t+\varepsilon)=\boldsymbol{q}(t)+\varepsilon\frac{\partial K}{\partial\boldsymbol{p}}(\boldsymbol{p}(t+\varepsilon)) \tag{9-10}$$

改变 $\boldsymbol{p}$ 和 $\boldsymbol{q}$ 的更新顺序也同样有效。交替更新是保持了体积的剪切变换。通过保留哈密顿方程的真实连续解的体积保持性质，改良的欧拉方法提供了比朴素欧拉方法更好的离散化方法。当哈密顿量具有可分离形式 $H(\boldsymbol{q},\boldsymbol{p})=U(\boldsymbol{q})+K(\boldsymbol{p})$ 时，改良的欧拉方法保持体积。

与哈密顿方程的真正解法不同，由于更新的顺序所以改良的欧拉方法是不可逆的。假设 $K(\boldsymbol{p})=K(-\boldsymbol{p})$ 并考虑一个从 $(\boldsymbol{q},\boldsymbol{p})$ 开始的一个提议，使用改良的欧拉方法更新 $\boldsymbol{p}$ 然后更新 $\boldsymbol{q}$ 以达到一个新的状态 $(\boldsymbol{q}^*,\boldsymbol{p}^*)$，最后取反动量达到 $(\boldsymbol{q}^*,-\boldsymbol{p}^*)$。可以在 $(\boldsymbol{q}^*,-\boldsymbol{p}^*)$ 开始一个新链，使用改良的欧拉方法更新 $\boldsymbol{q}^*$，然后更新 $-\boldsymbol{p}^*$ 达到 $\boldsymbol{q},-\boldsymbol{p}$ 并且取反达到 $(\boldsymbol{q},\boldsymbol{p})$ 的动量。另外，从 $(\boldsymbol{q}^*,-\boldsymbol{p}^*)$ 开始并将更新顺序 $-\boldsymbol{p}^*$ 应用到原始提议，这时 $\boldsymbol{q}^*$ 可能会导致状态闭合，但是它不等于 $(\boldsymbol{q},\boldsymbol{p})$，这是离散化错误引起的。理想的积分器应该能够在不改变积分器本身的情况下精确地反转所有更新，即反转更新顺序。

9.4.3　蛙跳积分器

蛙跳积分器是改良的欧拉方法的近似方法，它是 HMC 中使用的标准离散积分方案。当哈密顿量具有可分离形式 $H(\boldsymbol{q},\boldsymbol{p})=U(\boldsymbol{q})+K(\boldsymbol{p})$ 时，式（9-5）和式（9-6）成立，并且蛙跳积分器满足体积保持和可逆性，这是哈密顿方程的真正连续解的理想特性。下面给出了蛙跳积分器大小的一个步骤，其中 ε 是步长的参数：

$$\boldsymbol{p}\left(t+\frac{\varepsilon}{2}\right)=\boldsymbol{p}(t)-\left(\frac{\varepsilon}{2}\right)\frac{\partial U}{\partial \boldsymbol{q}}(\boldsymbol{q}(t)) \tag{9-11}$$

$$\boldsymbol{q}(t+\varepsilon)=\boldsymbol{q}(t)+\varepsilon\frac{\partial K}{\partial \boldsymbol{p}}\left(\boldsymbol{p}\left(t+\frac{\varepsilon}{2}\right)\right) \tag{9-12}$$

$$\boldsymbol{p}(t+\varepsilon)=\boldsymbol{p}\left(t+\frac{\varepsilon}{2}\right)-\left(\frac{\varepsilon}{2}\right)\frac{\partial U}{\partial \boldsymbol{q}}(\boldsymbol{q}(t+\varepsilon)) \tag{9-13}$$

一个蛙跳更新包含一个大小为 $(\varepsilon/2)$ 的用旧的 $\boldsymbol{q}$ 更新 $\boldsymbol{p}$，接着是一个大小为 ε 的用新的 $\boldsymbol{p}$ 更新 $\boldsymbol{q}$，最后通过大小为 $(\varepsilon/2)$ 的用新的 $\boldsymbol{q}$ 更新 $\boldsymbol{p}$。当执行多个蛙跳步骤时，上述方案相当于仅在轨迹的开始和结束时执行 $\boldsymbol{p}$ 的半步更新，并且在 $\boldsymbol{q}$ 和 $\boldsymbol{p}$ 的全步更新之间交替，因为 $\boldsymbol{p}$ 的两个大小为 $(\varepsilon/2)$ 的更新和旧步骤的结束，以及新步骤的开始相当于 $\boldsymbol{p}$ 的单个大小为 ε 的更新。

改良的欧拉方法和蛙跳方法之间的唯一区别是，改良的欧拉方法轨迹中 $\boldsymbol{p}$ 的初始大小为 ε 的更新，拆分为大小为两个 $(\varepsilon/2)$ 步的 $\boldsymbol{p}$ 更新，这两个 $(\varepsilon/2)$ 步的 $\boldsymbol{p}$ 更新分别在蛙跳轨迹的开头和结尾。三种哈密顿方程积分方法的可视化如图 9-4 所示。

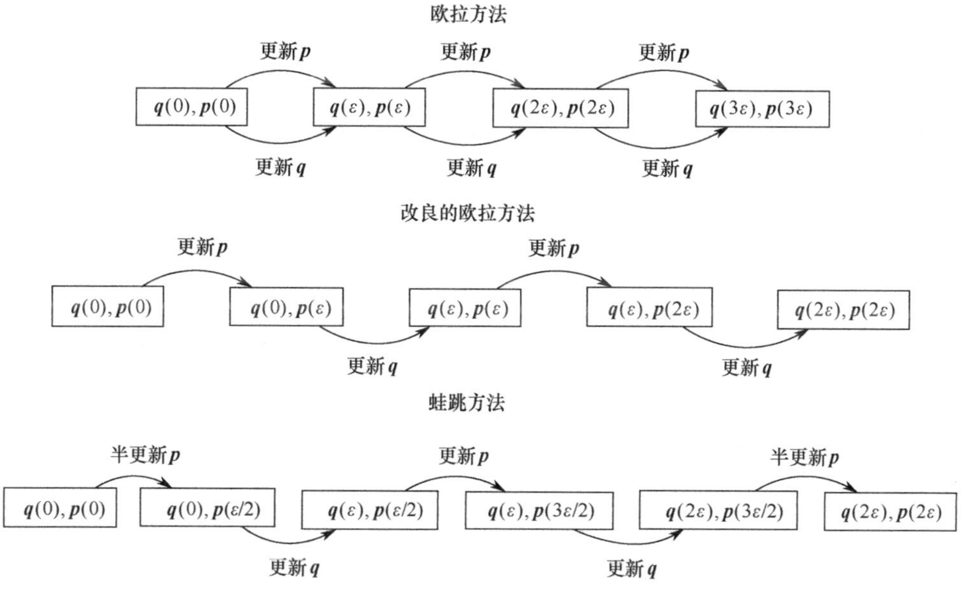

图 9-4　三种哈密顿方程积分方法的可视化

在图 9-4 中，图的第一排为欧拉方法，同时更新 $\boldsymbol{p}$ 和 $\boldsymbol{q}$ 会产生较差的近似值；图的第二排是改良的欧拉方法，当哈密顿量可分离形式为$H(\boldsymbol{q},\boldsymbol{p})=U(\boldsymbol{q})+K(\boldsymbol{p})$时，$\boldsymbol{p}$ 和 $\boldsymbol{q}$ 的交替更新可以保持体积，由于更新顺序所以它不可逆；图的第三排是蛙跳方法，蛙跳方法与改良的欧拉方法相同，只是在轨迹的开头和结尾处有半步 $\boldsymbol{p}$ 更新，其可逆性也需要半更新。

9.4.4 蛙跳积分器的特性

蛙跳积分器的对称性确保了可逆性，因为可以通过取反 $\boldsymbol{p}$，应用蛙跳积分器并再次取反 $\boldsymbol{p}$ 来反转单个蛙跳步骤。在 HMC 的一般情况下，在轨迹末端的 $\boldsymbol{p}$ 的取反是可逆的，但在实践中，当使用高斯辅助变量时可以忽略它，因为$K(\boldsymbol{p})=K(-\boldsymbol{p})$。

蛙跳积分器的体积保持不变的原因与改良的欧拉方法相同：当哈密顿量具有可分离形式 $H(\boldsymbol{q},\boldsymbol{p})=U(\boldsymbol{q})+K(\boldsymbol{p})$ 时，$\boldsymbol{q}$ 的更新仅取决于 $\boldsymbol{p}$，反之亦然。因此，坐标$(\boldsymbol{q}(t),\boldsymbol{p}(t))\mapsto(\boldsymbol{q}(t+\varepsilon),\boldsymbol{p}(t+\varepsilon))$的变化，是由蛙跳方程式（9-11）、式（9-12）和式（9-13）三个剪切变换的组合，每个剪切变换都有一个为 1 的雅可比行列式。该组合定义了值为 1 的雅可比行列式的单个坐标变化，因为组合的雅可比行列式是各个坐标变化的雅可比行列式的乘积。

由式（9-11）定义的映射$(\boldsymbol{q}(t),\boldsymbol{p}(t))\mapsto(\boldsymbol{q}(t),\boldsymbol{p}(t+\varepsilon/2))$的非正式证明见下面的剪切变换。用几乎相同的证明可以证明式（9-12）和式（9-13），以及式（9-9）和式（9-10）也是剪切变换。

设 $\boldsymbol{J}_p=\begin{pmatrix}\dfrac{\partial\boldsymbol{q}^*}{\partial\boldsymbol{q}} & \dfrac{\partial\boldsymbol{q}^*}{\partial\boldsymbol{p}}\\ \dfrac{\partial\boldsymbol{p}^*}{\partial\boldsymbol{q}} & \dfrac{\partial\boldsymbol{p}^*}{\partial\boldsymbol{p}}\end{pmatrix}$ 对应于$(\boldsymbol{q}(t),\boldsymbol{p}(t))\mapsto(\boldsymbol{q}(t),\boldsymbol{p}(t+\varepsilon/2))$坐标变化的雅可比矩阵$(\boldsymbol{q},\boldsymbol{p})\mapsto(\boldsymbol{q}^*,\boldsymbol{p}^*)$。考虑一些初始状态$(\boldsymbol{q}(0),\boldsymbol{p}(0))$及其近邻$(\boldsymbol{q}'(0),\boldsymbol{p}'(0))=(\boldsymbol{q}(0)+\delta\boldsymbol{u}_q,\ \boldsymbol{p}(0)+\delta\boldsymbol{u}_p)$为某些单位向量$\boldsymbol{u}=(\boldsymbol{u}_q,\boldsymbol{u}_p)$和一些较小的大于零的$\delta$。这两个状态的蛙跳更新的第一步由下式给出：

$$\boldsymbol{p}\left(\frac{\varepsilon}{2}\right)=\boldsymbol{p}(0)-\left(\frac{\varepsilon}{2}\right)\frac{\partial U}{\partial\boldsymbol{q}}(\boldsymbol{q}(0))$$

$$\boldsymbol{p}'\left(\frac{\varepsilon}{2}\right)=\boldsymbol{p}'(0)-\left(\frac{\varepsilon}{2}\right)\frac{\partial U}{\partial\boldsymbol{q}}(\boldsymbol{q}'(0))=\boldsymbol{p}(0)+\delta\boldsymbol{u}_p-\left(\frac{\varepsilon}{2}\right)\frac{\partial U}{\partial\boldsymbol{q}}(\boldsymbol{q}(0)+\delta\boldsymbol{u}_q)$$

并且$\boldsymbol{q}(\varepsilon/2)=\boldsymbol{q}(0)$，$\boldsymbol{q}'(\varepsilon/2)=\boldsymbol{q}'(0)=\boldsymbol{q}(0)+\delta\boldsymbol{u}_q$，因为 $\boldsymbol{q}$ 在此步骤期间未更新。使用泰勒展开，对于小的δ，$\dfrac{\partial U}{\partial\boldsymbol{q}}(q(0)+\delta\boldsymbol{u}_q)\approx\dfrac{\partial U}{\partial\boldsymbol{q}}(\boldsymbol{q}(0))+\delta\left[\dfrac{\partial^2 U}{\partial\boldsymbol{q}^2}(\boldsymbol{q}(0))\right]\boldsymbol{u}_q$。因此

$$\begin{pmatrix}\boldsymbol{q}'(\varepsilon/2)-\boldsymbol{q}(\varepsilon/2)\\ \boldsymbol{p}'(\varepsilon/2)-\boldsymbol{p}(\varepsilon/2)\end{pmatrix}\approx\delta\begin{pmatrix}\boldsymbol{I}_n & 0\\ -(\varepsilon/2)\dfrac{\partial^2 U}{\partial\boldsymbol{q}^2}(\boldsymbol{q}(0)) & \boldsymbol{I}_n\end{pmatrix}\begin{pmatrix}\boldsymbol{u}_q\\ \boldsymbol{u}_p\end{pmatrix}$$

让δ变为 0 意味着：

$$J_p = \begin{pmatrix} \dfrac{\partial q^*}{\partial q} & \dfrac{\partial q^*}{\partial p} \\ \dfrac{\partial p^*}{\partial q} & \dfrac{\partial p^*}{\partial p} \end{pmatrix} = \begin{pmatrix} I_n & 0 \\ -(\varepsilon/2)\dfrac{\partial^2 U}{\partial q^2} & I_n \end{pmatrix}$$

这是一个带有行列式为 1 的剪切矩阵。注意，ε 是任意的且在此证明过程中是固定的，并且该限制仅在空间扰动 δ 中进行。蛙跳积分器精确保留任何 ε 的空间。通过使用导数 $\dfrac{\partial U}{\partial q}$ 或 $\dfrac{\partial K}{\partial p}$ 相同方法的泰勒展开，可以发现蛙跳的另外两个更新步骤也同样是剪切变换。

如果在 HMC 中使用高斯辅助变量，则由式（9-12）给出的 q 更新的雅可比行列式的形式为

$$J_q = \begin{pmatrix} I_n & \varepsilon \Sigma^{-1} \\ 0 & I_n \end{pmatrix}$$

式中，Σ 是 p 的协方差矩阵。使用带有 $\Sigma \approx \dfrac{\partial^2 U}{\partial q^2}$ 的高斯提议可以显著改善通过 q 空间的移动，尤其是在对最大和最小线性方向的约束宽度之间具有高比率的分布进行采样时，即局部协方差的最大和最小特征值之间有较大比率时。不幸的是，如果能量函数 U 没有恒定曲率，那么 Σ 的理想选择随着 q 的位置而变化，在这种情况下，$H(q,p)$ 不再是可分离的，蛙跳积分器不能保持体积，从而求解哈密顿方程变得更加困难。有关详细讨论，请参见本书 9.6 节。

9.5　哈密顿蒙特卡罗方法和朗之万蒙特卡罗方法

本节介绍 HMC 方法，以及 HMC 的一个特例——朗之万蒙特卡罗（LMC）方法（也称为 Metropolis-Adjusted 朗之万算法或 MALA）。本节讨论 HMC 调优，并以 HMC 满足细致平衡的证明结束。

9.5.1　HMC 建模

为了与前面章节中使用的符号保持一致，对于 $q \in \mathbb{R}^n$ 和平滑势能 $U:\mathbb{R}^n \to \mathbb{R}$ 与归一化常数 Z，在 HMC 期间要采样的目标密度写为

$$P(q) = \frac{1}{Z}\exp\{-U(q)\} \tag{9-14}$$

有关在 HMC 中处理约束的讨论，以便 q 可以被限制为集合 $U \subset \mathbb{R}^n$，请参阅文献[7]。在贝叶斯推理中，U 是一组参数 q 和数据集 X 的后验分布的负对数，具有先验的 π 和对数似然 l，即

$$U(q) = -\log[\pi(q)] - l(X \mid q)$$

HMC 是一种辅助变量方法，对于一些 $n \times n$ 正定的协方差矩阵 Σ，标准辅助变量是 $p \sim N(0, \Sigma)$，负对数密度为

$$K(\boldsymbol{p})=\frac{1}{2}\boldsymbol{p}^{\mathrm{T}}\boldsymbol{\Sigma}^{-1}\boldsymbol{p} \tag{9-15}$$

$(\boldsymbol{q},\boldsymbol{p})\in\mathbb{R}^{2n}$ 对具有联合密度

$$P(\boldsymbol{q},\boldsymbol{p})=\frac{1}{Z}\exp\{-H(\boldsymbol{q},\boldsymbol{p})\}=\frac{1}{Z}\exp\left\{-U(\boldsymbol{q})-\frac{1}{2}\boldsymbol{p}^{\mathrm{T}}\boldsymbol{\Sigma}^{-1}\boldsymbol{p}\right\} \tag{9-16}$$

和联合能量函数

$$H(\boldsymbol{q},\boldsymbol{p})=U(\boldsymbol{q})+K(\boldsymbol{p})=U(\boldsymbol{q})+\frac{1}{2}\boldsymbol{p}^{\mathrm{T}}\boldsymbol{\Sigma}^{-1}p \tag{9-17}$$

联合密度 $P(\boldsymbol{q},\boldsymbol{p})=\frac{1}{Z}\mathrm{e}^{-H(\boldsymbol{q},\boldsymbol{p})}$ 具有边缘分布 $\boldsymbol{q}\sim\frac{1}{Z}\mathrm{e}^{-U(\boldsymbol{q})}$，因为

$$\int_{\mathbb{R}^n}P(\boldsymbol{q},\boldsymbol{p})\mathrm{d}\boldsymbol{p}=\frac{1}{Z_{\boldsymbol{q}}}\mathrm{e}^{-U(\boldsymbol{q})}\int_{\mathbb{R}^n}\frac{1}{Z_{\boldsymbol{p}}}\mathrm{e}^{-\frac{1}{2}\boldsymbol{p}^{\mathrm{T}}\boldsymbol{\Sigma}^{-1}\boldsymbol{p}}\mathrm{d}\boldsymbol{p}=\frac{1}{Z_{\boldsymbol{q}}}\mathrm{e}^{-U(\boldsymbol{q})} \tag{9-18}$$

因此，从联合密度 $P(\boldsymbol{q},\boldsymbol{p})$中采样将提供服从目标密度 $P(\boldsymbol{q})$的样本 $\boldsymbol{q}$。

本书仅讨论正态分布的辅助变量，由于多种原因，正态辅助变量是自然的选择。物理中使用的标准动能函数 $K(\boldsymbol{p})=\|\boldsymbol{p}\|^2/m$ 在 $\boldsymbol{\Sigma}=m\boldsymbol{I}_n$ 时与式（9-15）相等。正态分布可以准确有效地进行模拟。更重要的是，具有高斯动量的 HMC 与信息几何有两个重要联系，这有助于正确调整动量协方差 $\boldsymbol{\Sigma}$，可参见本书 9.6 节。

9.5.2 HMC 算法

设 U 为目标能量函数，$\boldsymbol{q}$ 为当前状态。首先，从 $N(0,\boldsymbol{\Sigma})$ 中采样正态辅助变量 $\boldsymbol{p}$。然后，在状态 $(\boldsymbol{q},\boldsymbol{p})$ 上执行步长为 ε 的 L 蛙跳更新。最后，Metropolis-Hastings 步骤用于接受或拒绝提议 $(\boldsymbol{q}^*,\boldsymbol{p}^*)$，以纠正蛙跳积分器的离散化错误。在接受步骤之后，丢弃 $\boldsymbol{p}^*$ 并为下一个 HMC 步骤生成新的 $\boldsymbol{p}$。标准 HMC 算法见算法 9-1。

算法 9-1　HMC 算法

Input：可微能量函数 $U(\boldsymbol{q})$，初始状态 $\boldsymbol{q}_0\in\mathbb{R}^n$，$n\times n$ 正定协方差矩阵 $\boldsymbol{\Sigma}$，步长 ε，蛙跳步数 L，迭代次数 N

Output：具有平稳分布 U 的马尔可夫链样本 $\{\boldsymbol{q}_1,\ldots,\boldsymbol{q}_N\}$

for $i=1:N$ **do**

1. 产生动量 $\boldsymbol{p}_{i-1}\sim N(0,\boldsymbol{\Sigma})$
2. 设 $(\boldsymbol{q}'_0,\boldsymbol{p}'_0)=(\boldsymbol{q}_{i-1},\boldsymbol{p}_{i-1})$。从 $(\boldsymbol{q}'_0,\boldsymbol{p}'_0)$ 开始执行L蛙跳更新，以达到提议状态 $(\boldsymbol{q}^*_0,\boldsymbol{p}^*_0)$，具体如下：

（a）对 $\boldsymbol{p}$ 进行前半步更新，即

$$\boldsymbol{p}'_{\frac{1}{2}}=\boldsymbol{p}'_0-\left(\frac{\varepsilon}{2}\right)\frac{\partial U}{\partial\boldsymbol{q}}(\boldsymbol{q}'_0) \tag{9-19}$$

（b）对于 $l=1:(L-1)$，执行 $\boldsymbol{q}$ 和 $\boldsymbol{p}$ 的交替全步更新，即

$$\boldsymbol{q}'_l=\boldsymbol{q}'_{l-1}+\varepsilon\boldsymbol{\Sigma}^{-1}\boldsymbol{p}'_{l-\frac{1}{2}} \tag{9-20}$$

$$\boldsymbol{p}'_{l+\frac{1}{2}}=\boldsymbol{p}'_{l-\frac{1}{2}}-\varepsilon\frac{\partial U}{\partial\boldsymbol{q}}(\boldsymbol{q}'_l) \tag{9-21}$$

如果 L=1，则为 LMC 算法，请跳过此步骤

（c）计算最后的全步 $\boldsymbol{q}$ 更新和最后的半步 $\boldsymbol{p}$ 更新：

$$\boldsymbol{q}'_L = \boldsymbol{q}'_{L-1} + \varepsilon \boldsymbol{\Sigma}^{-1} \boldsymbol{p}'_{L-\frac{1}{2}} \tag{9-22}$$

$$\boldsymbol{p}'_L = \boldsymbol{p}'_{L-\frac{1}{2}} - \left(\frac{\varepsilon}{2}\right)\frac{\partial U}{\partial \boldsymbol{q}}(\boldsymbol{q}'_L) \tag{9-23}$$

则提议的状态为 $(\boldsymbol{q}^*, \boldsymbol{p}^*) = (\boldsymbol{q}'_L, \boldsymbol{p}'_L)$

3. 根据 Metropolis-Hastings 接受概率接受提议的状态 $(\boldsymbol{q}^*, \boldsymbol{p}^*)$，即

$$\alpha = \min\left(1, \exp\left\{-\left(U(\boldsymbol{q}^*) + \frac{1}{2}(\boldsymbol{p}^*)^{\mathrm{T}} \boldsymbol{\Sigma}^{-1} \boldsymbol{p}^*\right) + \left(U(\boldsymbol{q}_{i-1}) + \frac{1}{2}\boldsymbol{p}_{i-1}^{\mathrm{T}} \boldsymbol{\Sigma}^{-1} \boldsymbol{p}_{i-1}\right)\right\}\right) \tag{9-24}$$

如果提议被接受，那么 $\boldsymbol{q}_i = \boldsymbol{q}^*$；否则，$\boldsymbol{q}_i = \boldsymbol{q}_{i-1}$。在提议之后，可以丢弃动量 $\boldsymbol{p}_{i-1}$ 和 $\boldsymbol{p}^*$

end for

备注 9-1　为了完全正确，HMC 算法中步骤 2 结束时的提议状态应该是 $(\boldsymbol{q}^*, \boldsymbol{p}^*) = (\boldsymbol{q}'_L, -\boldsymbol{p}'_L)$，因为需要在蛙跳轨迹的最后对动量取反来确保 HMC 的可逆性和细致平衡，如 9.5.3 节所示。由于高斯分布的 $K(\boldsymbol{p}) = K(-\boldsymbol{p})$，无论 $\boldsymbol{p}^* = \boldsymbol{p}'_L$ 或 $\boldsymbol{p}^* = -\boldsymbol{p}'_L$，步骤 3 中的计算不会改变，符号的取反可以被安全地忽略。

备注 9-2　可以使用不同的协方差矩阵 $\boldsymbol{\Sigma}$ 来生成每个 $\boldsymbol{p}_i$。但是，必须在单个提议的持续时间内使用相同的 $\boldsymbol{\Sigma}$。在蛙跳迭代之间改变 $\boldsymbol{\Sigma}$ 会破坏蛙跳更新的剪切结构，并且无法保证细致平衡。这是 RMHMC 方法的主要障碍，其通过允许基于当前位置的依赖性 $\Sigma(\boldsymbol{q})$来考虑局部流形结构。

步骤 3 中的 Metropolis-Hastings 接受概率对应于联合密度 $P(\boldsymbol{q}, \boldsymbol{p})$ 的比率：

$$\begin{aligned}
\alpha &= \min\left(1, \frac{P(\boldsymbol{q}^*, \boldsymbol{p}^*)}{P(\boldsymbol{q}_{i-1}, \boldsymbol{p}_{i-1})}\right) \\
&= \min\left(1, \frac{\exp\{-H(\boldsymbol{q}^*, \boldsymbol{p}^*)\}}{\exp\{-H(\boldsymbol{q}_{i-1}, \boldsymbol{p}_{i-1})\}}\right) \\
&= \min\left(1, \frac{\exp\{-U(\boldsymbol{q}^*) - K(\boldsymbol{p}^*)\}}{\exp\{-U(\boldsymbol{q}_{i-1}) - K(\boldsymbol{p}_{i-1})\}}\right)
\end{aligned}$$

蛙跳更新是确定性的，体积保持不变，并且完全可逆，因此没有转换概率 $Q((\boldsymbol{q}, \boldsymbol{p}) \mapsto (\boldsymbol{q}^*, \boldsymbol{p}^*))$ 出现在 Metropolis-Hastings 比率中，只有密度 $P(\boldsymbol{q}, \boldsymbol{p})$。对由哈密顿方程从初始状态 $(\boldsymbol{q}, \boldsymbol{p})$生成的提议 $(\boldsymbol{q}^*, \boldsymbol{p}^*)$ 而言，哈密顿方程的真正连续解恰好满足 $H(\boldsymbol{q}, \boldsymbol{p}) = H(\boldsymbol{q}^*, \boldsymbol{p}^*)$。因此，如果哈密顿方程有精确解，则 Metropolis-Hastings 接受概率总是等于 1。

由于必须使用蛙跳离散化，因此 H 的值不完全保留，所以需要 Metropolis-Hastings 步骤来纠正此错误。为了获得哈密顿方程的精确近似和高接受概率，有必要正确调整采样变量 $\boldsymbol{\Sigma}$、ε 和 L。理论上，对于任何参数设置，HMC 都具有平稳分布 $\frac{1}{Z}\mathrm{e}^{-U(\boldsymbol{q})}$，但是与任何 MCMC 方法一样，良好混合需要良好的调整。有关调整 HMC 参数的详细信息，请参见本书 9.5.4 节。

需要在每次迭代中采样新的动量 $\boldsymbol{p}_i$ 以满足 HMC 中的遍历性。回想一下，随着 $(\boldsymbol{q},\boldsymbol{p})$ 被更新，$H(\boldsymbol{q},\boldsymbol{p})$ 保持（近似）不变。如果 $H(\boldsymbol{q},\boldsymbol{p})=U(\boldsymbol{q})+K(\boldsymbol{p})$ 且 $K(\boldsymbol{p})=(1/2)\boldsymbol{p}^{\mathrm{T}}\boldsymbol{\Sigma}^{-1}\boldsymbol{p}$，那么显然对于轨迹中的所有 $\boldsymbol{q}$，$U(\boldsymbol{q})\leqslant h=H(\boldsymbol{q},\boldsymbol{p})$，这限制了可以访问的可能状态（特别是不能到达 $\{\boldsymbol{q}:U(\boldsymbol{q})>h\}$）。每个新动量都将探索限制在哈密顿量 $H(\boldsymbol{q},\boldsymbol{p})$ 的单级曲线上，这可能无法涵盖 $\boldsymbol{q}$ 的整个空间。刷新动量允许沿着 $H(\boldsymbol{q},\boldsymbol{p})$ 的不同等值曲线上的移动，这对于 HMC 的遍历性是必要的。

9.5.3 LMC 算法

当只执行 L=1 的蛙跳更新，朗之万蒙特卡罗（LMC）仅仅是 HMC 算法。LMC 等价于朗之万方程，即

$$q(t+\varepsilon)=q(t)-\frac{\varepsilon^2}{2}\boldsymbol{\Sigma}^{-1}\frac{\partial U}{\partial \boldsymbol{q}}(q(t))+\varepsilon\sqrt{\boldsymbol{\Sigma}^{-1}}\,z \tag{9-25}$$

在额外 $\boldsymbol{p}$–更新的优化和 Metropolis-Hastings 接受步骤中使用 $\boldsymbol{z}\sim N(0,\boldsymbol{I}_n)$，将得到 $\frac{1}{Z}\mathrm{e}^{-U(\boldsymbol{q})}$ 上的采样算法。LMC 算法可以使用 9.5.2 中的 HMC 算法来实现，此时 L=1，但通常以稍微紧凑的方式进行，即只有一个 $\boldsymbol{q}$–更新和一个 $\boldsymbol{p}$–更新，见算法 9-2。

算法 9-2　LMC 算法

Input: 离散能量函数 $U(\boldsymbol{q})$，初始状态 $\boldsymbol{q}_0\in\mathbb{R}^n$，$n\times n$ 正定协方差矩阵 $\boldsymbol{\Sigma}$，步长 ε，迭代次数 N

Output: 具有平稳分布 U 的马尔可夫链样本 $\{\boldsymbol{q}_1,\ldots,\boldsymbol{q}_N\}$

for $i=1:N$ **do**

1. 产生动量 $\boldsymbol{p}_{i-1}\sim N(0,\boldsymbol{\Sigma})$。
2. 设 $(\boldsymbol{q}_0',\boldsymbol{p}_0')=(\boldsymbol{q}_{i-1},\boldsymbol{p}_{i-1})$。根据朗之万方程更新 $\boldsymbol{q}$：

$$\boldsymbol{q}_1'=\boldsymbol{q}_0'-\frac{\varepsilon^2}{2}\boldsymbol{\Sigma}^{-1}\frac{\partial U}{\partial \boldsymbol{q}}(\boldsymbol{q}_0')+\varepsilon\boldsymbol{\Sigma}^{-1}\boldsymbol{p} \tag{9-26}$$

并根据蛙跳更新来更新 $\boldsymbol{p}$：

$$\boldsymbol{p}_1'=\boldsymbol{p}_0'-\frac{\varepsilon}{2}\frac{\partial U}{\partial \boldsymbol{q}}(\boldsymbol{q}_0')-\frac{\varepsilon}{2}\frac{\partial U}{\partial \boldsymbol{q}}(\boldsymbol{q}_1') \tag{9-27}$$

则提议的状态为 $(\boldsymbol{q}^*,\boldsymbol{p}^*)=(\boldsymbol{q}_1',\boldsymbol{p}_1')$。

3. 根据 Metropolis-Hastings 的接受概率接受提议状态 $(\boldsymbol{q}^*,\boldsymbol{p}^*)$，即

$$\alpha=\min\left(1,\exp\left\{-\left(U(\boldsymbol{q}^*)+\frac{1}{2}(\boldsymbol{p}^*)^{\mathrm{T}}\boldsymbol{\Sigma}^{-1}\boldsymbol{p}^*\right)+\left(U(\boldsymbol{q}_{i-1})+\frac{1}{2}\boldsymbol{p}_{i-1}^{\mathrm{T}}\boldsymbol{\Sigma}^{-1}\boldsymbol{p}_{i-1}\right)\right\}\right) \tag{9-28}$$

如果提议被接受，那么 $\boldsymbol{q}_i=\boldsymbol{q}^*$；否则，$\boldsymbol{q}_i=\boldsymbol{q}_{i-1}$。动量 $\boldsymbol{p}_{i-1}$ 可以在提议后丢弃

end for

在式（9-26）中的 $\boldsymbol{q}$–更新的表达式显示了作用于 LMC 中原始空间的两个竞争力，并且在 HMC 的每个蛙跳更新中都有相同的原则。$-\frac{\varepsilon^2}{2}\boldsymbol{\Sigma}^{-1}\frac{\partial U}{\partial \boldsymbol{q}}(\boldsymbol{q}_0')$ 由一个通过正定矩阵重新调整的简单梯度下降，大致相当于能级图中的“万有引力”。当动量协方差是费希尔信息

（Fisher Information）$\Sigma(\boldsymbol{\theta})=E_{\boldsymbol{X}|\boldsymbol{\theta}}\left[\frac{\partial^2 U}{\partial \boldsymbol{\theta}^2}(\boldsymbol{X}\mid\boldsymbol{\theta})\right]$时，其为给出观察 $\boldsymbol{X}$ 的贝叶斯推理问题，这项成为适应参数空间的局部曲率的自然梯度 $\boldsymbol{\Sigma}^{-1}(\boldsymbol{\theta})\frac{\partial U}{\partial \boldsymbol{\theta}}$（Amari，参考文献[1]）。费希尔信息总是正定的，同时自然梯度比朴素梯度 $\frac{\partial U}{\partial \boldsymbol{\theta}}$ 具有更好的性能和不变性。

$\varepsilon\boldsymbol{\Sigma}^{-1}\boldsymbol{p}=\varepsilon\sqrt{\boldsymbol{\Sigma}^{-1}}\boldsymbol{z},\boldsymbol{z}\sim N(0,\boldsymbol{I}_n)$ 大致对应于随机“风”。梯度项的引力能够超过沿能量斜率扩散项的随机力，但是一旦达到局部极小值并且梯度消失，扩散项就变成主导项。为了确保这种链条一旦到达能量盆地的底部，随机扩散力可以提出有意义的提议，需要合理明智地选择 $\boldsymbol{\Sigma}$。如果 $\boldsymbol{\Sigma}(\boldsymbol{q})\approx\frac{\partial^2 U}{\partial \boldsymbol{q}^2}$，然后 $\sqrt{\boldsymbol{\Sigma}(\boldsymbol{q})^{-1}}\boldsymbol{z}\sim N(0,\boldsymbol{\Sigma}(\boldsymbol{q})^{-1})$，并且扩散力遵循局部协方差结构 $\left[\frac{\partial^2 U}{\partial \boldsymbol{q}^2}\right]^{-1}$，使得“风”主要沿着局部流形吹动。想象一下，局部能级图是一个峡谷，如图 9-5 所示。如果风垂直吹向峡谷的岩壁，峡谷的陡峭边缘将阻止任何有意义的运动。但是，如果风向平行于峡谷，则可以通过峡谷移动。如图 9-5（a）所示，当来自 HMC 的动量 $\boldsymbol{p}$ 指向陡峭的峡谷壁时，质点 $\boldsymbol{q}$ 的移动将很快被逆转并且停滞；如图 9-5（b）所示，当来自 HMC 的动量指向峡谷时，因为没有遇到障碍，$\boldsymbol{q}$ 是可以自由移动的。为了能够在 U 的局部极小值附近进行有效采样，因此需要一个反映局部缩放的动量协方差，相关介绍可参见本书 9.6 节。

(a)　　　　(b)

图 9-5 “峡谷”势能 U 在山谷中扩散

LMC 具有与“完整”HMC 不同的属性，LMC 使用了大量的蛙跳更新 L。由于在 LMC 中仅仅一步之后就丢弃了动量，因此 LMC 在随机游走中探索能级图 $U(\boldsymbol{q})$时不鼓励连续的解向同一方向移动。与不使用局部几何的随机游走 Metropolis-Hastings 算法不同，LMC 更新中使用的梯度信息有助于优化阶段的采样，但 HMC 在扩散阶段具有更好的理论属性，因为重复更新相同的动量 $\boldsymbol{p}$，可以使得在联合空间中有更长的轨迹。

但是，在某些情况下，LMC 比完整 HMC 更有用。实现 LMC 的 $\boldsymbol{q}$–依赖动量 $\boldsymbol{p} \sim N(0, \Sigma(\boldsymbol{q}))$ 的动力学近似比 HMC 更实际和准确，这将在下面的 RMHMC 部分讨论。在复杂的能级图中，HMC 的优势受到蛙跳动力学的不稳定性的限制，并且通常必须保持蛙跳步数 L 的数量比较小以实现合理的接受率，在这种情况下，HMC 和 LMC 非常相似。

9.5.4 HMC 调参

本节讨论使用固定的 $\boldsymbol{\Sigma}$ 调整在标准 HMC 设置中的 ε 和 L 参数。因为通过重新调整 $\boldsymbol{q}$ 空间可以自然地将结果扩展到任意 $\boldsymbol{\Sigma}$，如引理 9-1，所以考虑 $\boldsymbol{\Sigma} = \boldsymbol{I}_n$ 就足够了。调整 $\boldsymbol{\Sigma}$ 在本书 9.6 节中进行介绍。

为了使蛙跳积分器能够准确地模拟哈密顿方程以便 H 在整个蛙跳更新中保持近似恒定，步长 ε 必须足够小。由于 Metropolis-Hastings 的接受率取决于原始状态与提议之间的 H 差异，较小的步长往往具有较高的接受率，因为 H 不会改变太多。另外，如果 ε 太小，那么链条将保持几乎静止，同时不可能有效采样。在新环境中调整 HMC 的一种简单方法是设置 $\boldsymbol{\Sigma} = \boldsymbol{I}_n, L = 1$，并改变 ε，直到获得 40%～85%的接受率。该范围在高接受率和良好运动之间提供了良好的平衡，并且在任一方向上更极端的 ε 都不可能显著改善 HMC 性能。在状态空间的不同区域可能需要不同的 ε 值。

当 $\boldsymbol{\Sigma} = \boldsymbol{I}_n$ 时，理想步长 ε^* 应该在能级图中局部区域的最受约束的线性方向上大致等于 $U(\boldsymbol{q})$ 的宽度。如果能级图是高斯或近似高斯的，则 ε^* 应该接近局部协方差矩阵的最小特征值的平方根。当 ε 远大于 $U(\boldsymbol{q})$的最小边缘标准偏差时，式（9-20）中的 $\boldsymbol{q}$–更新将导致低接受率，因为球形辅助变量将给出沿着最受约束的方向的不太可能的提议。另外，当 ε 和最小边缘标准差大致相等时，提议应该以相当高的概率被接受，因为任何方向上的局部偏差将给出与当前状态具有大致相同能量的状态。

由于每个蛙跳更新在 $\boldsymbol{q}$–空间移动约 ε 的距离，忽略梯度的影响，ε 最多限制为 $\boldsymbol{q}$ 的最小边缘标准差，在单个 HMC 步骤中达到几乎独立状态所需的蛙跳步数为 $L^* \approx \sqrt{\lambda_{\max}} / \varepsilon^*$，其中 $\lambda_{\max}$ 是 $\boldsymbol{q}$–空间的局部协方差的最大特征值。值得注意的是，除非遇到能级图中的障碍物，否则哈密顿轨迹不是随机游走，而是往往沿着相同的方向移动，因此位移与步数 L 成线性比例。在简单的能级图中，因为蛙跳动力学非常准确，所以 L 可能非常大（超过 100），但在更复杂的环境中，当 L 变得太大时，HMC 轨迹的接受率会迅速下降。如果 εL 不是最大标准差的量级，HMC 将表现出自相关性，并且无法有效地在空间中移动。有关这些原则的实验演示，可参见本书 9.7 节。等级曲线示意如图 9-6 所示，这是在 $\boldsymbol{\Sigma} = \boldsymbol{U}\begin{pmatrix} \sigma_{\min}^2 & 0 \\ 0 & \sigma_{\max}^2 \end{pmatrix}\boldsymbol{U}^{\mathrm{T}}$ 时，$\boldsymbol{q} \sim N(0, \varPhi)$ 的等级曲线（一个标准差）。设 $\boldsymbol{p} \sim N(0, \boldsymbol{I}_n)$，优化步长 $\varepsilon^* \approx \sigma_{\min}$，因为较大的提议将导致 U 的高能区域，但可能被拒绝而较小的提议效率较低。另外，设置 $L^* \approx \sigma_{\max} / \sigma_{\min}$ 需要在每次 HMC 迭代中产生全局提议。当 $\sigma_{\max}/\sigma_{\min}$ 很大时可能会出现问题，因为在经过多次更新后，蛙跳动力学通常会变得不稳定。在重新缩放之后，相同的原则适用于动量协方差 $\boldsymbol{\Sigma} \neq \boldsymbol{I}_n$，见 9.6.1 节。

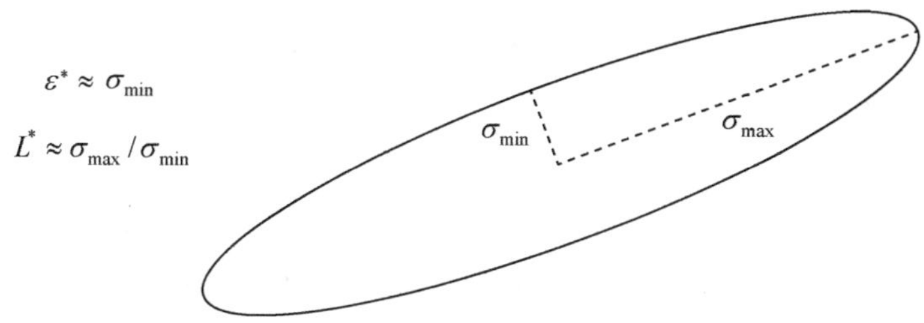

图 9-6　等级曲线示意

在整个状态空间中，局部相关性可能会剧烈变化，而在一种能级图模式中有效的参数设置可能在另一模式中表现不佳。但是，使用 RMHMC（可参见本书 9.6 节）可以缓解这些问题，因为 ε 变为“无量纲”量，同时少量的蛙跳步骤（甚至 $L=1$）仍然可以提供良好的空间移动。

9.5.5　HMC 的细致平衡证明

证明 MCMC 采样方法保持分布 P 的最简单方法是，证明该方法满足 MCMC 方法定义的提议密度 T 的细致平衡方程：

$$P(\boldsymbol{x})T(\boldsymbol{x} \mapsto \boldsymbol{x}^*) = P(\boldsymbol{x}^*)T(\boldsymbol{x}^* \mapsto \boldsymbol{x}) \tag{9-29}$$

下面给出了 HMC 满足细致平衡的证明。还可以证明 HMC 是遍历的并且保证探索整个 $\boldsymbol{q}$−空间，前提是在每次 HMC 更新开始时从一个小的随机间隔中选择 ε。在理论上，为了确保遍历性，这种对空间的随机选择 ε 是必要的，因为在 HMC 期间可能出现完全或近似完全的周期性的轨道，但这种现象仅存在于 ε 的窄带中。有关详细信息，可参阅文献[5]。

定理 9.1　HMC 算法满足细致平衡并具有平稳分布 $P(\boldsymbol{q}) = \frac{1}{Z}\mathrm{e}^{-U(\boldsymbol{q})}$。

证明：为了证明 HMC 过程中 $\boldsymbol{q}$ 的平稳分布服从 $\frac{1}{Z}\mathrm{e}^{-U(\boldsymbol{q})}$，可以证明 HMC 步骤满足联合分布的细致平衡 $P(\boldsymbol{q},\boldsymbol{p}) = \frac{1}{Z}\mathrm{e}^{-U(\boldsymbol{q})-K(\boldsymbol{p})}$，如式（9-18）所示。对于这个证明，$\boldsymbol{p}$ 服从分布 $\boldsymbol{p} \sim \frac{1}{Z}\mathrm{e}^{-K(\boldsymbol{p})}$，这里 K 是 $\mathbb{R}^n$ 上的平滑能量函数，满足 $K(\boldsymbol{p}) = K(-\boldsymbol{p})$（不一定是高斯）。

设 $\boldsymbol{q} \sim \frac{1}{Z}\mathrm{e}^{-U(\boldsymbol{q})}$，在 HMC 算法的第 1 步中生成 $\boldsymbol{p} \sim \frac{1}{Z}\mathrm{e}^{-K(\boldsymbol{p})}$ 后，很明显，$(\boldsymbol{q},\boldsymbol{p}) \sim P(\boldsymbol{q},\boldsymbol{p})$ 是因为联合密度的可分解形式暗示了 $\boldsymbol{q}$ 和 $\boldsymbol{p}$ 的独立性。设提议 $(\boldsymbol{q}^*,\boldsymbol{p}^*)$ 是从状态 $(\boldsymbol{q},\boldsymbol{p})$ 执行大小 ε 的 L 蛙跳步骤，并在轨迹的终点取反 $\boldsymbol{p}$ 得到的。从本书 9.4.4 节可知，每个蛙跳步骤都是带有行列式为 1 的坐标的变化，并且轨迹末尾 $\boldsymbol{p}$ 的取反是雅可比行列式的绝对值为 1 坐标的变化。因此，$(\boldsymbol{q},\boldsymbol{p}) \to (\boldsymbol{q}^*,\boldsymbol{p}^*)$ 是雅可比行列式的绝对值为 1 的坐标的变化，因为坐标变化组成的行列式是每个变化的行列式乘积。通过改变概率密度的坐标规律，可得

$$g(\boldsymbol{y}) = f(\boldsymbol{x})\left|\det\left(\frac{\mathrm{d}\boldsymbol{x}}{\mathrm{d}\boldsymbol{y}}\right)\right|$$

式中，$f(\boldsymbol{x})$是原始密度，而$g(\boldsymbol{y})$是映射$\boldsymbol{x}\mapsto\boldsymbol{y}$的新密度，$(\boldsymbol{q}^*,\boldsymbol{p}^*)$具有与$(\boldsymbol{q},\boldsymbol{p})$相同的密度函数，因为$|\det(\mathrm{d}\boldsymbol{x}/\mathrm{d}\boldsymbol{y})|=1$。因为将 L 蛙跳步骤的大小 ε 应用于$(\boldsymbol{q}^*,\boldsymbol{p}^*)$，并在轨迹末尾取反$\boldsymbol{p}^*$将得到原始状态$(\boldsymbol{q},\boldsymbol{p})$，所以该提议也是完全可逆的。

由于映射$(\boldsymbol{q},\boldsymbol{p})\mapsto(\boldsymbol{q}^*,\boldsymbol{p}^*)$具有确定性和可逆性，因此 HMC 算法定义的提议密度 T 为

$$T((\boldsymbol{q},\boldsymbol{p})\mapsto(\boldsymbol{q}^*,\boldsymbol{p}^*))=\min(1,\exp\{-(U(\boldsymbol{q}^*)+K(\boldsymbol{p}^*))+(U(\boldsymbol{q})+K(\boldsymbol{p}))\})$$

$$T((\boldsymbol{q},\boldsymbol{p})\mapsto(\boldsymbol{q}',\boldsymbol{p}'))=0 \quad 如果(\boldsymbol{q}',\boldsymbol{p}')\neq(\boldsymbol{q}^*,\boldsymbol{p}^*)$$

类似的，从$(\boldsymbol{q}^*,\boldsymbol{p}^*)$开始的转移密度仅对于提议$(\boldsymbol{q},\boldsymbol{p})$非零，并且具有形式：

$$T((\boldsymbol{q}^*,\boldsymbol{p}^*)\mapsto(\boldsymbol{q},\boldsymbol{p}))=\min(1,\exp\{-(U(\boldsymbol{q})+K(\boldsymbol{p}))+(U(\boldsymbol{q}^*)+K(\boldsymbol{p}^*))\})$$

HMC 的细致平衡方程式（9-29）为

$$\frac{1}{Z}\mathrm{e}^{-U(\boldsymbol{q})-K(\boldsymbol{p})}\min\left(1,\frac{\exp\{-U(\boldsymbol{q}^*)-K(\boldsymbol{p}^*)\}}{\exp\{-U(\boldsymbol{q})-K(\boldsymbol{p})\}}\right)$$
$$=\frac{1}{Z}\mathrm{e}^{-U(\boldsymbol{q}^*)-K(\boldsymbol{p}^*)}\min\left(1,\frac{\exp\{-U(\boldsymbol{q})-K(\boldsymbol{p})\}}{\exp\{-U(\boldsymbol{q}^*)-K(\boldsymbol{p}^*)\}}\right)$$

这显然是成立的。因此，HMC 满足细致平衡并且保持联合分布$\frac{1}{Z}\mathrm{e}^{-U(\boldsymbol{q})-K(\boldsymbol{p})}$。

9.6 黎曼流形 HMC

黎曼流形 HMC（或 RMHMC）通过允许辅助动量变量 $\boldsymbol{p}$ 的协方差矩阵，在能级图的当前位置 $\boldsymbol{q}$ 上具有依赖性$\boldsymbol{\Sigma}(\boldsymbol{q})$，从而扩展了标准的 HMC 方法。这可以极大地改善 HMC 的采样特性，特别是 $\boldsymbol{q}$ 分布集中在状态空间中的低维流形上的情况。

具有$\boldsymbol{\Sigma}=\boldsymbol{I}_n$的传统 HMC 在这些情况下无效，因为接受所需的步长必须是 $\boldsymbol{q}$ 的最小标准差的数量级，这将比沿着主要复杂流形维度的标准差小几个数量级。使用大量的蛙跳步骤 L 只能部分弥补这种差异，而在复杂的能级图中，当 L 太大时，轨迹会变得不稳定。

另外，RMHMC 使用局部几何图形沿着局部流形在有意义的方向上做出提议，从而仅通过少量的蛙跳步骤实现更好的采样。依赖性$\boldsymbol{\Sigma}(\boldsymbol{q})$使 RMHMC 动力学变得复杂，并且需要额外的计算方面的考虑，其中一些是非常不确定的。虽然在许多实际情况下确切的 RMHMC 实现是不可行的，但是近似实现可以在灵活且通用的框架中提供 RMHMC 的许多好处。

9.6.1 HMC 中的线性变换

下面的引理 9-1 说明了 HMC 在某种线性变换下的一个重要的不变性，阐明了提议协方差$\boldsymbol{\Sigma}$在 HMC 中的作用。

引理 9-1 设 $U(\boldsymbol{q})$为一个平滑的能量函数，$\boldsymbol{p}\sim N(0,\boldsymbol{\Sigma})$为 HMC 辅助变量的分布，$\boldsymbol{\Sigma}$为正定矩阵，$\boldsymbol{A}$为可逆矩阵。因为对于任何蛙跳步骤 $t\geqslant 1$，$(\boldsymbol{A}\boldsymbol{q}_t,(\boldsymbol{A}^{\mathrm{T}})^{-1}\boldsymbol{p}_t)=(\boldsymbol{q}_t',\boldsymbol{p}_t')$，在$(\boldsymbol{q}_0,\boldsymbol{p}_0)$初始化的$(\boldsymbol{q},\boldsymbol{p})$的 HMC 动力学等价于在$(\boldsymbol{q}_0',\boldsymbol{p}_0')=(\boldsymbol{A}\boldsymbol{q}_0,(\boldsymbol{A}^{\mathrm{T}})^{-1}\boldsymbol{p}_0)$初始化的

$(\boldsymbol{q}',\boldsymbol{p}')=(\boldsymbol{A}\boldsymbol{q},(\boldsymbol{A}^{\mathrm{T}})^{-1}\boldsymbol{p})$ 的 HMC 动力学。

引理 9-1 的可视化如图 9-7 所示，当 $\boldsymbol{q}$ 具有协方差 $\boldsymbol{\Phi}$ 时，具有动量 $\boldsymbol{p}\sim N(0,\boldsymbol{\Phi}^{-1})$ 的 HMC 动力学等同于理想的 HMC 动力学，其中 $\boldsymbol{q}$ 和 $\boldsymbol{p}$ 都具有各向同性协方差。这表明 HMC 中理想的动量协方差是当前位置 $\boldsymbol{q}$ 处 U 的局部协方差的倒数。

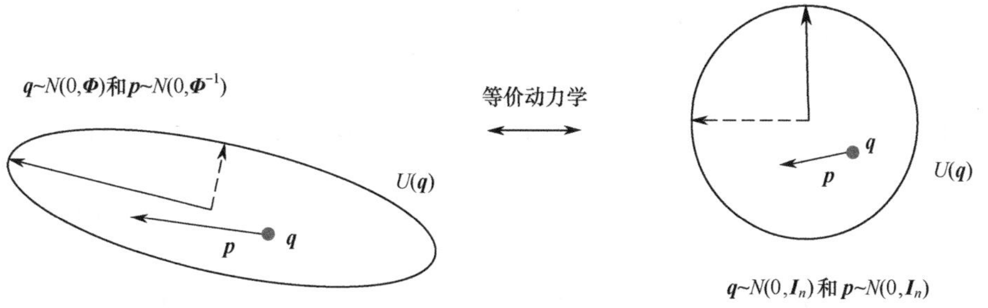

图 9-7　引理 9-1 的可视化

证明：设 $(\boldsymbol{q}',\boldsymbol{p}')=(\boldsymbol{A}\boldsymbol{q},(\boldsymbol{A}^{\mathrm{T}})^{-1}\boldsymbol{p})$。改变概率密度的变量公式，$P'(\boldsymbol{q}')=P(\boldsymbol{q})/|\det(\boldsymbol{A})|$，并且由于 $\boldsymbol{A}$ 是常量，新的分母被吸收到归一化常数中，所以 $\boldsymbol{q}$ 和 $\boldsymbol{q}'$ 的能量函数只有一个加性常数不同：$U'(\boldsymbol{q}')=U(\boldsymbol{A}^{-1}\boldsymbol{q}')+c$。对于任意向量 $\boldsymbol{q}^*$，使用链式法则，有

$$\frac{\partial U'}{\partial \boldsymbol{q}}(\boldsymbol{q}^*)=(\boldsymbol{A}^{\mathrm{T}})^{-1}\frac{\partial U}{\partial \boldsymbol{q}}(\boldsymbol{A}^{-1}\boldsymbol{q}^*)$$

变换后的动量的分布为 $\boldsymbol{p}'\sim N(0,(\boldsymbol{A}^{\mathrm{T}})^{-1}\boldsymbol{\Sigma}\boldsymbol{A}^{-1})$ 和能量函数 $K'(\boldsymbol{p}')=\boldsymbol{A}\boldsymbol{\Sigma}^{-1}\boldsymbol{A}^{\mathrm{T}}\boldsymbol{p}'$。$(\boldsymbol{q}_0',\boldsymbol{p}_0')=(\boldsymbol{A}\boldsymbol{q}_0,(\boldsymbol{A}^{\mathrm{T}})^{-1}\boldsymbol{p}_0)$ 的一次蛙跳更新由下面的式子给出：

$$\boldsymbol{p}_{\frac{1}{2}}'=\boldsymbol{p}_0'-\frac{\varepsilon}{2}\frac{\partial U'}{\partial \boldsymbol{q}}(\boldsymbol{q}_0')=(\boldsymbol{A}^{\mathrm{T}})^{-1}\boldsymbol{p}_0-\frac{\varepsilon}{2}(\boldsymbol{A}^{\mathrm{T}})^{-1}\frac{\partial U}{\partial \boldsymbol{q}}(\boldsymbol{q}_0) \tag{9-30}$$

$$\boldsymbol{q}_1'=\boldsymbol{q}_0'+\varepsilon\boldsymbol{A}\boldsymbol{\Sigma}^{-1}\boldsymbol{A}^{\mathrm{T}}\boldsymbol{p}_{\frac{1}{2}}'=\boldsymbol{A}\boldsymbol{q}_0-\frac{\varepsilon^2}{2}\boldsymbol{A}\boldsymbol{\Sigma}^{-1}\frac{\partial U}{\partial \boldsymbol{q}}(\boldsymbol{q}_0)+\varepsilon\boldsymbol{A}\boldsymbol{\Sigma}^{-1}\boldsymbol{p}_0 \tag{9-31}$$

$$\boldsymbol{p}_1'=\boldsymbol{p}_{\frac{1}{2}}'-\frac{\varepsilon}{2}\frac{\partial U'}{\partial \boldsymbol{q}'}(\boldsymbol{q}_1')=(\boldsymbol{A}^{\mathrm{T}})^{-1}\boldsymbol{p}_0-\frac{\varepsilon}{2}(\boldsymbol{A}^{\mathrm{T}})^{-1}\frac{\partial U}{\partial \boldsymbol{q}}(\boldsymbol{q}_0)-\frac{\varepsilon}{2}(\boldsymbol{A}^{\mathrm{T}})^{-1}\frac{\partial U}{\partial \boldsymbol{q}}(\boldsymbol{A}^{-1}\boldsymbol{q}_1') \tag{9-32}$$

将式（9-30）和式（9-32）乘以 $\boldsymbol{A}^{\mathrm{T}}$，并将式（9-31）乘以 $\boldsymbol{A}^{-1}$ 得到原始对 $(\boldsymbol{q}_0,\boldsymbol{p}_0)$ 的蛙跳更新，很明显 $(\boldsymbol{q}_1',\boldsymbol{p}_1')=(\boldsymbol{A}\boldsymbol{q}_1,(\boldsymbol{A}^{\mathrm{T}})^{-1}\boldsymbol{p}_1)$。通过归纳，这种关系一定适用于任何数量的蛙跳步骤。

备注 9-3　在实践中，引理 9-1 中的等价是不准确的，这是由 $\boldsymbol{A}$ 执行的矩阵操作引起的计算不准确导致的。但是，如果 $\boldsymbol{A}$ 是良态的，两个链的数值实现应该可以给出非常相似的结果。

引理 9-1 提供了关于调整 HMC 的关键方法。假设 $\boldsymbol{q}$ 的分布在正定协方差 $\boldsymbol{\Sigma}_{\boldsymbol{q}^*}$ 中 $\boldsymbol{q}^*$ 点附近的某个区域近似为高斯分布，协方差可以通过几种可能的方法（如 Choelsky 或特征值分解）分解为 $\boldsymbol{\Sigma}_{\boldsymbol{q}^*}=\boldsymbol{A}\boldsymbol{A}^{\mathrm{T}}$。考虑 $\boldsymbol{p}\sim N(0,\boldsymbol{\Sigma}_{\boldsymbol{q}^*}^{-1})$ 中链$(\boldsymbol{q},\boldsymbol{p})$的 HMC 动力学，根据引理 9-1，$(\boldsymbol{q},\boldsymbol{p})$ 的动力学等价于 $(\boldsymbol{A}^{-1}\boldsymbol{q},\boldsymbol{A}^{\mathrm{T}}\boldsymbol{p})$ 的动力学。现在，$\boldsymbol{A}^{\mathrm{T}}\boldsymbol{p}\sim N(0,\boldsymbol{I}_n)$ 并且在 $\boldsymbol{q}^*$ 附近的区域

$\text{Var}(\boldsymbol{A}^{-1}\boldsymbol{q})=\boldsymbol{I}_n$，因此，变换后的位置和动量变量近似独立，每个维度的方差为 1。由于变换后的空间很容易采样，因此$(\boldsymbol{A}^{-1}\boldsymbol{q},\boldsymbol{A}^{\mathrm{T}}\boldsymbol{p})$的 HMC 动力学应该在少数蛙跳步骤中导致几乎独立的状态（甚至L=1），同时相同的采样属性适用于原始$(\boldsymbol{q},\boldsymbol{p})$的等价动力学。

与 RMHMC 相同，这种观察是使用局部曲率信息来改善 HMC 动力学性能的几种动机之一。设$\boldsymbol{q}^*$是能级图中的一个位置，$\dfrac{\partial U^2}{\partial^2\boldsymbol{q}}(\boldsymbol{q}^*)$是正定的，所以$\boldsymbol{\Sigma}_{\boldsymbol{q}^*}=\left[\dfrac{\partial U^2}{\partial^2\boldsymbol{q}}(\boldsymbol{q}^*)\right]^{-1}$给出了$\boldsymbol{q}^*$邻域内$U$的局部相关和缩放结构。一般来说，$\dfrac{\partial U^2}{\partial^2\boldsymbol{q}}(\boldsymbol{q}^*)$可能不是正定的，但是通过对$\dfrac{\partial U^2}{\partial^2\boldsymbol{q}}(\boldsymbol{q}^*)$的特征值进行阈值化和求逆，获得的正定相对$\boldsymbol{\Sigma}'_{\boldsymbol{q}^*}$可以提供相同的优势。

通过上面的讨论，使用动量$\boldsymbol{p}\sim N(0,\boldsymbol{\Sigma}_{\boldsymbol{q}^*}^{-1})$导致少量的蛙跳步骤在$\boldsymbol{q}$–空间中产生一个几乎独立的提议，所以$\boldsymbol{\Sigma}_{\boldsymbol{q}^*}^{-1}$是$\boldsymbol{q}^*$点的理想提议协方差。如 9.5.3 节中所述，使用$\boldsymbol{\Sigma}_{\boldsymbol{q}^*}^{-1}$作为动量的协方差促进沿局部流形的运动，并允许链条沿能量盆地底部的水平曲线移动，单独使用梯度信息是不可能的。为了使 HMC 成为有效的采样方法，而不仅仅是优化方法，有必要使用更具信息量的动量协方差。如果可以获得边缘标准差的估计 s_i，则对角协方差矩阵 $\boldsymbol{\Lambda}$（$\lambda_i=1/s_i^2$）可以解释变量之间的尺度差异。但是 s_i 可能会在整个状态空间内变化，而对角线协方差矩阵 $\boldsymbol{\Lambda}$ 无法解释维度之间的相关性，这使得在现实世界的问题中通常非常棘手。

下面的引理给出了三个等价的方法来实现一个链$(\boldsymbol{q},\boldsymbol{Cp})$的 HMC 动力学，其中，$\boldsymbol{C}$是可逆矩阵，原始动量分布为$\boldsymbol{p}\sim N(0,\boldsymbol{\Sigma})$。在 RMHMC 中，$\boldsymbol{\Sigma}=\boldsymbol{I}_n$和$\boldsymbol{C}=\sqrt{\partial U^2/\partial^2\boldsymbol{q}}$，假设曲率是正定的。虽然是等价的，但这些实现的计算成本可以根据所需的矩阵分解和反转而变化。当使用大型矩阵进行高维度计算时，矩阵操作的成本迅速增加，并且需要注意确保链在合理的时间内更新。

引理 9-2 设$U(\boldsymbol{q})$是平滑的能量函数，$\boldsymbol{\Sigma}$是正定矩阵，$\boldsymbol{C}$是可逆矩阵。以下 HMC 链的动力学是等价的：

（1）动量从$\boldsymbol{p}\sim N(0,\boldsymbol{C}^{\mathrm{T}}\boldsymbol{\Sigma}\boldsymbol{C})$中采样，并根据$(\boldsymbol{q},\boldsymbol{p})$的标准 HMC 动力学更新链。

（2）动量从$\boldsymbol{p}\sim N(0,\boldsymbol{\Sigma})$中采样，并根据$(\boldsymbol{q},\boldsymbol{C}^{\mathrm{T}}\boldsymbol{p})$的标准 HMC 动力学更新链。

（3）动量从$\boldsymbol{p}\sim N(0,\boldsymbol{\Sigma})$中采样，并根据由此定义改变的 HMC 动力学更新链：

$$\frac{\mathrm{d}\boldsymbol{q}}{\mathrm{d}t}=\boldsymbol{C}^{-1}\frac{\partial K}{\partial\boldsymbol{p}} \tag{9-33}$$

$$\frac{\mathrm{d}\boldsymbol{p}}{\mathrm{d}t}=-[\boldsymbol{C}^{-1}]^{\mathrm{T}}\frac{\partial U}{\partial\boldsymbol{q}} \tag{9-34}$$

此外，（2）和（3）都可以使用改变后的蛙跳更新来实现：

$$\boldsymbol{p}_{t+\frac{1}{2}}=\boldsymbol{p}_t-\frac{\varepsilon}{2}[\boldsymbol{C}^{-1}]^{\mathrm{T}}\frac{\partial U}{\partial\boldsymbol{q}}(\boldsymbol{q}_t) \tag{9-35}$$

$$\boldsymbol{q}_{t+1}=\boldsymbol{q}_t+\varepsilon\boldsymbol{C}^{-1}\boldsymbol{\Sigma}^{-1}\boldsymbol{p}_{t+\frac{1}{2}} \tag{9-36}$$

$$\boldsymbol{p}_{t+1}=\boldsymbol{p}_{t+\frac{1}{2}}-\frac{\varepsilon}{2}[\boldsymbol{C}^{-1}]^{\mathrm{T}}\frac{\partial U}{\partial \boldsymbol{q}}(\boldsymbol{q}_{t+1}) \tag{9-37}$$

证明：考虑（2）的动力学。采样 $\boldsymbol{p}_0\sim \boldsymbol{N}(0,\boldsymbol{\Sigma})$，并且让 $\boldsymbol{p}_0'=\boldsymbol{C}^{\mathrm{T}}\boldsymbol{p}_0$，这意味着 $\boldsymbol{p}_0'$ 的分布为 $N(0,\boldsymbol{C}^{\mathrm{T}}\boldsymbol{\Sigma}\boldsymbol{C})$。$(\boldsymbol{q},\boldsymbol{p}')=(\boldsymbol{q},\boldsymbol{C}^{\mathrm{T}}\boldsymbol{p})$ 的蛙跳更新如下：

$$\boldsymbol{p}'_{t+\frac{1}{2}}=\boldsymbol{p}'_t-\frac{\varepsilon}{2}\frac{\partial U}{\partial \boldsymbol{q}}(\boldsymbol{q}_t) \tag{9-38}$$

$$\boldsymbol{q}_{t+1}=\boldsymbol{q}_t+\varepsilon\boldsymbol{C}^{-1}\boldsymbol{\Sigma}^{-1}[\boldsymbol{C}^{-1}]^{\mathrm{T}}\boldsymbol{p}'_{t+\frac{1}{2}} \tag{9-39}$$

$$\boldsymbol{p}'_{t+1}=\boldsymbol{p}'_{t+\frac{1}{2}}-\frac{\varepsilon}{2}\frac{\partial U}{\partial \boldsymbol{q}}(\boldsymbol{q}_{t+1}) \tag{9-40}$$

这与（1）的标准蛙跳更新相同，证明了（1）和（2）之间的等价性。另外，将式（9-38）和式（9-40）乘以$[\boldsymbol{C}^{-1}]^{\mathrm{T}}$给出与式（9-35）到式（9-37）同样的更新，因为在每一步 t 中，$\boldsymbol{p}_t=[\boldsymbol{C}^{-1}]^{\mathrm{T}}\boldsymbol{p}_t'$。从式（9-35）到式（9-37）的更新很容易被识别为改变后的哈密顿方程式（9-33）和式（9-34）的蛙跳动力学，这表明（2）和（3）也是等价的。

上述引理之所以重要，有两个原因。首先，它表明在 $\boldsymbol{M}=\boldsymbol{C}^{\mathrm{T}}\boldsymbol{C}$ 时，$\boldsymbol{p}\sim N(0,\boldsymbol{M})$ 的 HMC 动力学可以解释为由动量 $\boldsymbol{p}\sim N(0,\boldsymbol{I}_n)$ 产生的 HMC 动力学 $\boldsymbol{p}\sim N(0,\boldsymbol{I}_n)$，具有式（9-33）和式（9-34）中哈密顿方程的改变形式。这提供了 RMHMC 与其他“偏斜对称”HMC 方法之间的重要联系，这些方法以类似的方式改变了哈密顿方程，其中最重要的是随机梯度 HMC。

其次，引理提供了一种只需要计算 $\sqrt{\boldsymbol{M}^{-1}}$，而不是 $\boldsymbol{M}$ 本身的替代方法来实现 $\boldsymbol{p}\sim N(0,\boldsymbol{M})$ 的动力学。这是因为让 $\boldsymbol{\Sigma}=\boldsymbol{I}_n$，$\boldsymbol{C}=\sqrt{\boldsymbol{M}}$，并观察到式（9-35）到式（9-37）的更新只需要 $\boldsymbol{C}^{-1}$。理想的动量协方差是 $\dfrac{\partial U^2}{\partial^2\boldsymbol{q}}$，并且在凸区域中，$\sqrt{\left[\dfrac{\partial U^2}{\partial^2\boldsymbol{q}}\right]^{-1}}$ 可以使用 LBFGS 算法的变体从局部位置的样本近似。该计算不需要矩阵求逆或分解，并且提供了实现近似 RMHMC 算法的计算上有效的方式，这点会在后面讨论。尽管如此，在复杂能级图中获得根逆黑塞矩阵（Hessian matrix）的准确估计是所有 RMHMC 实施的重大障碍。

9.6.2 RMHMC 动力学

适应局部曲率的线性变换具有明显的理论优势，并且在少数蛙跳步骤中允许几乎独立的采样。然而，包括局部曲率信息的 HMC 动力学比标准 HMC 动力学更难离散化，并且需要计算代价很高的计算方法。

在标准 HMC 中，相同的矩阵 $\boldsymbol{\Sigma}$ 用作整个单一提议中的动量的协方差。在 RMHMC 中，动量协方差 $\boldsymbol{\Sigma}(\boldsymbol{q})$ 依赖于能级图的当前位置 $\boldsymbol{q}$。目前，$\boldsymbol{\Sigma}(\boldsymbol{q})$ 是得出正定对称矩阵的 $\boldsymbol{q}$ 的任何平滑矩阵函数，但实际上这个矩阵应该反映能级图中位置 $\boldsymbol{q}$ 附近的局部曲率。有关

$\boldsymbol{\Sigma}(\boldsymbol{q})$ 在实践中的选择问题将在本节后面讨论。RMHMC 动量分布为 $\boldsymbol{p} \sim N(0, \boldsymbol{\Sigma}(\boldsymbol{q}))$，具有能量函数：

$$K(\boldsymbol{q}, \boldsymbol{p}) = \frac{1}{2}\log((2\pi)^n |\boldsymbol{\Sigma}(\boldsymbol{q})|) + \frac{1}{2}\boldsymbol{p}^{\mathrm{T}}\boldsymbol{\Sigma}(\boldsymbol{q})^{-1}\boldsymbol{p} \tag{9-41}$$

联合哈密顿量为

$$H(\boldsymbol{q}, \boldsymbol{p}) = U(\boldsymbol{q}) + \frac{1}{2}\log((2\pi)^n |\boldsymbol{\Sigma}(\boldsymbol{q})|) + \frac{1}{2}\boldsymbol{p}^{\mathrm{T}}\boldsymbol{\Sigma}(\boldsymbol{q})^{-1}\boldsymbol{p} \tag{9-42}$$

动量能量函数必须包含一项在标准 HMC 中不存在的 $\frac{1}{2}\log((2\pi)^n |\boldsymbol{\Sigma}(\boldsymbol{q})|)$ 额外项，并且计算该项的导数是计算困难的一个原因。注意到：

$$\int_{\mathbb{R}^n}\frac{1}{Z}\mathrm{e}^{-H(\boldsymbol{q},\boldsymbol{p})}\mathrm{d}\boldsymbol{p} = \frac{1}{Z}\mathrm{e}^{-U(\boldsymbol{q})}\int_{\mathbb{R}^n}\frac{1}{\sqrt{(2\pi)^n |\boldsymbol{\Sigma}(\boldsymbol{q})|}}\mathrm{e}^{-\boldsymbol{p}^{\mathrm{T}}\boldsymbol{\Sigma}(\boldsymbol{q})^{-1}\boldsymbol{p}}\mathrm{d}\boldsymbol{p} = \frac{1}{Z}\mathrm{e}^{-U(\boldsymbol{q})} \tag{9-43}$$

因此，$\boldsymbol{q}$ 的边缘分布是目标分布，并且从共同更新的 $(\boldsymbol{q}, \boldsymbol{p})$ 获得的 $\boldsymbol{q}$ 采样将像在标准 HMC 中一样遵循正确的分布。控制 RMHMC 的哈密顿方程为

$$\frac{\mathrm{d}\boldsymbol{q}}{\mathrm{d}t} = \frac{\partial H}{\partial \boldsymbol{p}} = \boldsymbol{\Sigma}(\boldsymbol{q})^{-1}\boldsymbol{p} \tag{9-44}$$

$$\frac{\mathrm{d}\boldsymbol{p}}{\mathrm{d}t} = -\frac{\partial H}{\partial \boldsymbol{q}} = -\frac{\partial U}{\partial \boldsymbol{q}} - \frac{1}{2}\mathrm{Tr}\left[\boldsymbol{\Sigma}(\boldsymbol{q})^{-1}\frac{\partial \boldsymbol{\Sigma}(\boldsymbol{q})}{\partial \boldsymbol{q}}\right] + \frac{1}{2}\boldsymbol{p}^{\mathrm{T}}\boldsymbol{\Sigma}(\boldsymbol{q})^{-1}\frac{\partial \boldsymbol{\Sigma}(\boldsymbol{q})}{\partial \boldsymbol{q}}\boldsymbol{\Sigma}(\boldsymbol{q})^{-1}\boldsymbol{p} \tag{9-45}$$

$\boldsymbol{q}$ 和 $\boldsymbol{p}$ 的更新不再可分，因为 $\boldsymbol{p}$ 的更新取决于 $\boldsymbol{q}$ 和当前的 $\boldsymbol{p}$。因此，如果使用蛙跳积分器，坐标变化将不再具有切变结构，因此，对于 RMHMC 动力学，无法保证蛙跳坐标变化的行列式为 1。这打破了 HMC 的细致平衡，并且在 RMHMC 设置中简单地实现蛙跳积分器并不能保证 $\frac{1}{Z}\mathrm{e}^{-U(\boldsymbol{q})}$ 的分布。

为了克服 RMHMC 更新方程的不可分性，更新值必须使用不动点迭代来求解的隐式方程组定义。用于离散化不可分的联合哈密顿量 H 的动力学的广义蛙跳积分器的一次迭代由下式给出：

$$\boldsymbol{p}_{t+\frac{1}{2}} = \boldsymbol{p}_t - \frac{\varepsilon}{2}\frac{\partial H}{\partial \boldsymbol{q}}\left(\boldsymbol{q}_t, \boldsymbol{p}_{t+\frac{1}{2}}\right) \tag{9-46}$$

$$\boldsymbol{q}_{t+\frac{1}{2}} = \boldsymbol{q}_t + \frac{\varepsilon}{2}\left[\frac{\partial H}{\partial \boldsymbol{p}}\left(\boldsymbol{q}_t, \boldsymbol{p}_{t+\frac{1}{2}}\right) + \frac{\partial H}{\partial \boldsymbol{p}}\left(\boldsymbol{q}_{t+1}, \boldsymbol{p}_{t+\frac{1}{2}}\right)\right] \tag{9-47}$$

$$\boldsymbol{p}_{t+1} = \boldsymbol{p}_{t+\frac{1}{2}} - \frac{\varepsilon}{2}\frac{\partial H}{\partial \boldsymbol{q}}\left(\boldsymbol{q}_t, \boldsymbol{p}_{t+\frac{1}{2}}\right) \tag{9-48}$$

前两个步骤中的更新被隐式定义，允许模拟不可分的 H 的动力学。在标准 HMC 的情况下，$H(\boldsymbol{q}, \boldsymbol{p}) = U(\boldsymbol{q}) + K(\boldsymbol{p})$，并且广义蛙跳更新与标准蛙跳方案相同。当 H 不可分时，必须使用不动点迭代来求解式（9-47）和式（9-48）。不动点更新的细节将在本节后面的 RMHMC 算法中讨论。

可以看出，广义蛙跳更新是保持体积的，RMHMC 是保持细致平衡和目标分布的。该

证明类似于标准 HMC 的细致平衡证明，并根据广义蛙跳更新对体积保持和可逆性的证明进行了适当调整。

9.6.3 RMHMC 算法和变体

RMHMC 算法有几种变体。首先是完整的 RMHMC 算法，该算法需要不动点迭代和 $\boldsymbol{\Sigma}(\boldsymbol{q})$的导数的计算。由于 $\boldsymbol{\Sigma}(\boldsymbol{q})$在实际中是局部曲率，因此完整的 RMHMC 需要计算目标能量 U 的三阶导数，这是一个很大的计算负担，在许多实际情况下是不可能的。$L=1$蛙跳更新有一个 RMHMC 变体，它需要在原始状态和提议状态下计算 U 的三阶导数，但不涉及不动点迭代。该算法的细节与完整的 RMHMC 略有不同，感兴趣的读者可以参考文献[3]。完整的 RMHMC 算法见算法 9-3。

算法 9-3　完整的 RMHMC 算法

Input：可微能量函数 $U(\boldsymbol{q})$，初始状态 $\boldsymbol{q}_0 \in \mathbb{R}^n$，$n\times n$ 可微正定协方差 $\boldsymbol{\Sigma}(\boldsymbol{q})$，步长 ε，迭代次数 N，蛙跳步数 L，不动点步数 K

Output：具有平稳分布 U 的马尔可夫链样本 $\{\boldsymbol{q}_1,\ldots,\boldsymbol{q}_N\}$

for $i=1:N$ **do**

1. 产生动量 $\boldsymbol{p}_{i-1} \sim N(0,\boldsymbol{\Sigma}(\boldsymbol{q}_{i-1}))$

2. 设 $(\boldsymbol{q}'_0,\boldsymbol{p}'_0)=(\boldsymbol{q}_{i-1},\boldsymbol{p}_{i-1})$。对于 l=1: L，使用广义蛙跳积分器达到提议状态 $(\boldsymbol{q}^*,\boldsymbol{p}^*)=(\boldsymbol{q}'_L,\boldsymbol{p}'_L)$ 来更新，过程如下：

   （a）设 $\hat{\boldsymbol{p}}_0=\boldsymbol{p}'_{l-1}$。对于 $k=1:K$，根据不动点方程更新 $\hat{\boldsymbol{p}}_{k-1}$，即

$$\hat{\boldsymbol{p}}_k=\hat{\boldsymbol{p}}_{k-1}-\frac{\varepsilon}{2}\boldsymbol{\Sigma}(\boldsymbol{q}'_{l-1})^{-1}\hat{\boldsymbol{p}}_{k-1} \tag{9-49}$$

   获得半步动量更新 $\boldsymbol{p}'_{l-1/2}=\hat{\boldsymbol{p}}_K$

   （b）使 $\hat{\boldsymbol{q}}_0=\boldsymbol{q}'_{l-1}$。对于 $k=1:K$，根据不动点方程更新 $\hat{\boldsymbol{q}}_{k-1}$：

$$\hat{\boldsymbol{q}}_k=\hat{\boldsymbol{q}}_{k-1}-\frac{\varepsilon}{2}\boldsymbol{\Sigma}(\boldsymbol{q}'_{l-1})^{-1}\hat{\boldsymbol{q}}_{k-1} \tag{9-50}$$

   其中，$\partial H/\partial \boldsymbol{p}$ 在式（9-45）中给出，以获得完整步骤位置更新 $\boldsymbol{q}'_l=\hat{\boldsymbol{q}}_K$

   （c）根据式（9-51）更新 $\boldsymbol{p}'_{l-1/2}$ 来获得完整的动量更新 $\boldsymbol{p}'_l$

$$\boldsymbol{p}'_l=\boldsymbol{p}'_{l-\frac{1}{2}}-\frac{\varepsilon}{2}\boldsymbol{\Sigma}(\boldsymbol{q}'_l)^{-1}\boldsymbol{p}'_{l-\frac{1}{2}} \tag{9-51}$$

3. 根据 Metropolis-Hastings 接受概率，接受提议的状态 $(\boldsymbol{q}^*,\boldsymbol{p}^*)$ 为

$$\alpha=\min(1,\exp\{-H(\boldsymbol{q}^*,\boldsymbol{p}^*)+H(\boldsymbol{q}_{i-1},\boldsymbol{p}_{i-1})\}) \tag{9-52}$$

   式中，$H(\boldsymbol{q},\boldsymbol{p})$是式（9-42）的联合哈密顿分布。如果提议被接受，那么 $\boldsymbol{q}_i=\boldsymbol{q}^*$

   否则，$\boldsymbol{q}_i=\boldsymbol{q}_{i-1}$。提议后可以丢弃动量 $\boldsymbol{p}_{i-1}$

end for

备注 9-4　步长ε是一个“无量纲”参数，因为 RMHMC 动力学需要局部对应于普通的 HMC 分布，其中 $\boldsymbol{q}$ 和 $\boldsymbol{p}$ 都服从$N(0,\boldsymbol{I}_n)$。RMHMC 的尺度隐含着标准正态尺度，因此将ε设置为略小于 1 的值，最小（最大）重新缩放的标准偏差对任何 RMHMC 算法都能产

生良好的结果。

为了缓解完整 RMHMC 的困难，可以使用近似 RMHMC 算法，在这个算法中，协方差 $\boldsymbol{\Sigma}(\boldsymbol{q}_{t-J+1},\boldsymbol{q}_{t-J+2},\cdots,\boldsymbol{q}_t)$ 依赖于动量采样之前的链的状态，但在整个蛙跳更新中是固定的。此变体本质上是标准 HMC 算法，可以在提议之间更改 $\boldsymbol{\Sigma}$。

在提议之间更改 $\boldsymbol{\Sigma}$ 并没有与保留目标分布相矛盾，因为如果 $\boldsymbol{q}$ 在使用协方差 $\boldsymbol{\Sigma}_0$ 更新后具有正确的分布，则在具有任何协方差 $\boldsymbol{\Sigma}_1$ 的 HMC 更新后，$\boldsymbol{q}$ 仍将遵循正确的分布，且不一定等于 $\boldsymbol{\Sigma}_0$。似乎起初使用先前的状态来获得 $\boldsymbol{\Sigma}(\boldsymbol{q}_{t-J+1},\boldsymbol{q}_{t-J+2},\cdots,\boldsymbol{q}_t)$ 可能违反了 HMC 的马尔可夫结构，但事实并非如此，因为任何 $\boldsymbol{\Sigma}(\boldsymbol{x}_1,\ldots,\boldsymbol{x}_J)$ 都有细致平衡，特别是 $(\boldsymbol{x}_1,\ldots,\boldsymbol{x}_J)$ 不需要具有目标分布。因此，除当前状态 $\boldsymbol{q}_t$ 外，不存在分布依赖性，同时关于细致平衡的证明仍然成立。

虽然简化的 RMHMC 算法（见算法 9-4）无法捕捉到 RMHMC 动力学所暗示的完全依赖性，因为 $\boldsymbol{\Sigma}(\boldsymbol{q})$没有通过蛙跳迭代更新，所以它在计算上与标准 HMC 相同，并且通过使用逆黑塞矩阵的拟牛顿估计提供了合并曲率信息的有效方法。即使这些信息是近似的，它仍然可以显著改善链在能级图中的运动。

算法 9-4　简化的 RMHMC 算法

Input: 可微能量函数 $U(\boldsymbol{q})$，初始状态 $\boldsymbol{q}_0\in\mathbb{R}^n$，$n\times n$ 正定协方差函数 $\boldsymbol{\Sigma}(\boldsymbol{q}_1,\cdots,\boldsymbol{q}_j)$，步长 ε，迭代次数 N，记忆库中先前状态的数量 J

Output: 具有平稳分布 U 的马尔可夫链样本 $\{\boldsymbol{q}_1,\cdots,\boldsymbol{q}_N\}$

for $i=1:N$ **do**

1. 计算当前协方差矩阵 $\boldsymbol{\Sigma}^*=\boldsymbol{\Sigma}(\boldsymbol{q}_{i-1-J},\boldsymbol{q}_{i-J},\ldots,\boldsymbol{q}_{i-1})$
2. 根据使用提议协方差 $\boldsymbol{\Sigma}^*$ 的标准HMC动力学更新 $(\boldsymbol{q}_{i-1},\boldsymbol{p}_{i-1})$

end for

备注 9-5　由于 $\boldsymbol{\Sigma}^*$ 在整个更新过程中是固定的，因此在简化的 RMHMC 算法中只使用了少量的蛙跳步骤（通常为 $L=1$），这是因为局部曲率随每次更新而变化。

9.6.4　RMHMC 中的协方差函数

RMHMC 算法及其简化形式保留了任何可微分的正定协方差函数 $\boldsymbol{\Sigma}(\boldsymbol{q})$的目标，但要实际改进采样 $\boldsymbol{\Sigma}(\boldsymbol{q})$必须反映空间的局部曲率。一般来说，$\partial^2 U/\partial\boldsymbol{q}^2$ 不一定是正定的，所以简单地选择 $\boldsymbol{\Sigma}(\boldsymbol{q})=\dfrac{\partial U^2}{\partial\boldsymbol{q}^2}(\boldsymbol{q})$ 在实际中有时是不可行的。

RMHMC 的原作者将注意力限制在从一个概率模型 $p(\boldsymbol{\theta}\mid\boldsymbol{X})$ 采样的后验概率 $p(\boldsymbol{X}\mid\boldsymbol{\theta})$ 中。在这种情况下，费希尔信息提供的提议协方差有一个自然的选择：

$$\boldsymbol{\Sigma}(\boldsymbol{\theta})=-E_{\boldsymbol{X}|\boldsymbol{\theta}}\left[\frac{\partial^2}{\partial\boldsymbol{\theta}^2}\log p(\boldsymbol{X}\mid\boldsymbol{\theta})\right] \tag{9-53}$$

这必然是正定的。在简单的情况下，费希尔信息可以通过分析获得。如果不能得到，则可以通过对观测数据的曲率期望和结果矩阵的特征值进行阈值化以确保稳定性。费希尔信息的正定结构在理论上是一个很好的特性，但在实践中必须对矩阵进行估计，而且仍然可能遇到非常小甚至负的特征值。当使用费希尔信息时，朗之万方程中出现的梯度项 $\Sigma(\boldsymbol{\theta})^{-1}\dfrac{\partial U}{\partial \boldsymbol{\theta}}(\boldsymbol{\theta})$ 对应于 Amari 等人[1]的自然梯度。

费希尔信息不是一个完整的解决方案，因为它只能在对一组观测数据 $\boldsymbol{X}$ 的分布系列参数 $\boldsymbol{\theta}$ 进行采样时使用。当仅从概率分布 $P(\boldsymbol{q})=\dfrac{1}{Z}\mathrm{e}^{-U(\boldsymbol{q})}$ 进行采样时，无法通过期望来获得曲率正定。然而 $\dfrac{\partial U}{\partial \boldsymbol{q}}$ 的最大特征值应该是 HMC 动力学中最重要的。这是因为曲率的最大特征值表示分布的最受约束的线性维度。当接近局部极小值时，0 附近的负特征值或特征值没有问题，因为在这些方向上的移动使 H 近似恒定或使 H 减少。$\dfrac{\partial U}{\partial \boldsymbol{q}}$ 阈值化的特征值可以给出当曲率本身不是正定时保留最重要的局部几何信息的正定协方差。

另一个选择是，像拟牛顿方法一样估计局部曲率 $\boldsymbol{\Sigma}(\boldsymbol{q})$。这种类型的方法使用过去状态序列 $\boldsymbol{q}_{t+1-J},\boldsymbol{q}_{t+2-J},\cdots,\boldsymbol{q}_t$ 来估计当前状态 $\boldsymbol{q}_t$ 处的逆黑塞矩阵。如引理 9-2 所示，只需要根逆黑塞矩阵来模拟 $\Sigma(\boldsymbol{q})=\dfrac{\partial U}{\partial \boldsymbol{q}}$ 的 HMC 动力学，并且存在直接估计根逆黑塞矩阵的 LBFGS 算法的变体。有关详细信息，可参阅文献[2]和文献[9]。

9.7　HMC 实践

在本节中，将介绍 HMC 和相关算法的两个应用。第一个应用是一个带有高斯分布的非正式实验，除了少数几个方向，它在其他所有方向都受到高度限制。该实验对于理解调优 HMC 参数背后的基本原理非常有用。接下来，检验 HMC 的后验采样和逻辑回归模型中的变体。因为费希尔信息以封闭形式提供，所以此设置是在实践中可以实现的完整 RMHMC 算法的少数情况之一。逻辑回归是不同 HMC 模型之间直接比较的良好设置。最后介绍交替反向传播算法，该算法使用 LMC 作为从高维参数和图像定义的分布采样时的关键步骤。

9.7.1　受约束正态分布的模拟实验

在本节中，HMC 和变体用于从正态分布中进行采样，这些分布在除几个方向外的其他所有方向上都受到高度约束。对于使用基于能级图中的当前位置的局部更新的任何 MCMC 方法，这种分布都是具有挑战性的，因为需要有效地采样无约束的维度，同时仍然保持在能级图的紧密约束区域中是很困难的。

考虑两种不同的分布：$N(0,\boldsymbol{\Sigma}_1)$ 和 $N(0,\boldsymbol{\Sigma}_2)$。$\boldsymbol{\Sigma}_1$ 和 $\boldsymbol{\Sigma}_2$ 均为 100×100 对角矩阵。$\boldsymbol{\Sigma}_1$ 和 $\boldsymbol{\Sigma}_2$ 的前 15 个元素为 1，表示无约束的采样方向。$\boldsymbol{\Sigma}_1$ 的最后 85 个元素是 0.01^2，$\boldsymbol{\Sigma}_2$ 的最后

85 个元素是 0.0001^2。$\boldsymbol{\Sigma}_1$ 是一个比较容易采样的情况，因为最大和最小标准差之间的比率大约为 100，因此使用标准 HMC 进行有效采样时需要大约 100 个蛙跳步骤。$\boldsymbol{\Sigma}_2$ 是一个比较困难的情况，因为最大和最小标准差之间的比率是 10000。当局部协方差在尺度上表现出极大的差异时，HMC 不再是一种有效的采样方法，因为当使用非常大量的步骤时，蛙跳近似变得非常不稳定，如从 9.7.2 节中的 Australian 数据中看到的那样。这可以通过使用拟牛顿 HMC 变体包括近似曲率信息来解决。所有实验都使用 5000 次老化迭代和 10000 次采样迭代。

两个目标分布的能量函数的形式为 $U_1(\boldsymbol{q})=\dfrac{1}{2}\boldsymbol{q}^{\mathrm{T}}\boldsymbol{\Sigma}_1^{-1}\boldsymbol{p}$ 和 $U_2=\dfrac{1}{2}\boldsymbol{q}^{\mathrm{T}}\boldsymbol{\Sigma}_2^{-1}\boldsymbol{q}$。与所有正态分布一样，目标分布分别具有恒定曲率 $\boldsymbol{\Sigma}_1^{-1}$ 和 $\boldsymbol{\Sigma}_2^{-1}$。完整的 RMHMC 算法可以通过简单地为每次更新提供 $\boldsymbol{p}\sim N(0,\boldsymbol{\Sigma}_1^{-1})$ 或 $\boldsymbol{p}\sim N(0,\boldsymbol{\Sigma}_2^{-1})$ 来实现，又因为曲率 $\boldsymbol{\Sigma}(\boldsymbol{q})$ 在整个状态空间中是恒定的，所以也可以使用标准动力学，因此 $\boldsymbol{\Sigma}(\boldsymbol{q})$ 的导数为 0 且广义蛙跳更新变得与标准蛙跳更新相同。在该实验中，仅具有一个蛙跳更新的 RMHMC 算法可以在每次迭代中从目标分布获得几乎独立的样本。

考虑目标分布 $N(0,\boldsymbol{\Sigma}_1)$。使用三种不同的方法来对此分布进行采样：随机游走 Metropolis-Hastings（简称 RW Metropolis）、LMC 和 L=150 蛙跳更新的 HMC。HMC 和 LMC 的动量协方差设定为 $\boldsymbol{I}_{100}$。RW Metropolis 使用了 0.04 的步长，LMC 和 HMC 使用了 0.008 的步长，因为 0.008 略小于 0.01 的最小边缘标准差。前两种方法无法有效地对目标分布进行采样，因为这两种方法都将被迫以小步长的随机游走来探索无约束方向的分布。LMC 在这种情况下是困难的，因为动量在一次更新后刷新，而 HMC 使用相同的动量进行大量更新，因此 HMC 就像其他两种方法一样，没有通过随机游走来探索分布。由于 HMC 的 $\varepsilon L=1.5$，并且目标分布的最大边缘标准差为 1，因此 HMC 在每次迭代中都获得几乎独立的样本。在图 9-8 中，采样器的性能在约束维度上是相似的，即使这些方法中的每一个的 150 次迭代被计为图中的单个更新，但 RW Metropolis 和 LMC 仍难以有效地对无约束维度进行采样。另外，通过在大量跨越迭代中重复使用相同的动量，HMC 在样本空间中移动的能力足以进行非常有效的采样。

接下来，考虑目标分布 $N(0,\boldsymbol{\Sigma}_2)$。该分布的最大和最小标准差之间的比率为 10000，因此在标准 HMC 中将需要大约 10000 个具有恒等协方差蛙跳步骤来获得每次 HMC 更新的独立样本。即使在相当规则的能级图中，例如本书 9.7.2 节的逻辑回归能级图，在超过几百个蛙跳步骤之后蛙跳近似的准确性会降低，在实际问题中，通过使用标准 HMC 的 L=10000 蛙跳更新来补偿目标分布中的比例差异是根本不可能的。为了进行有效的采样，有必要考虑二阶信息。

假设真实位置协方差矩阵 $\boldsymbol{\Sigma}_2$ 是未知的并且不能直接计算，这在大多数实际情况中都是如此。在这种情况下，仍然可以从先前采样的位置估计 $\boldsymbol{\Sigma}_2$，并且这种近似信息仍然可以促进相当有效的采样。首先，使用标准 HMC 对 40 个位置进行采样，其中 $\varepsilon=0.000075$ 和动量协方差为 $\boldsymbol{I}_{100}$。在获得一些初始点后，使用 LBFGS 估计 $\boldsymbol{\Sigma}_2$ 实现简化的 RMHMC 算法。使用过去的 40 个采样位置从初始矩阵 $\boldsymbol{H}_0=\gamma\boldsymbol{I}_{100}$ 开始 LBFGS 递归。使用 $\boldsymbol{\Sigma}_2$ 进行模拟研究如图 9-9 所示。

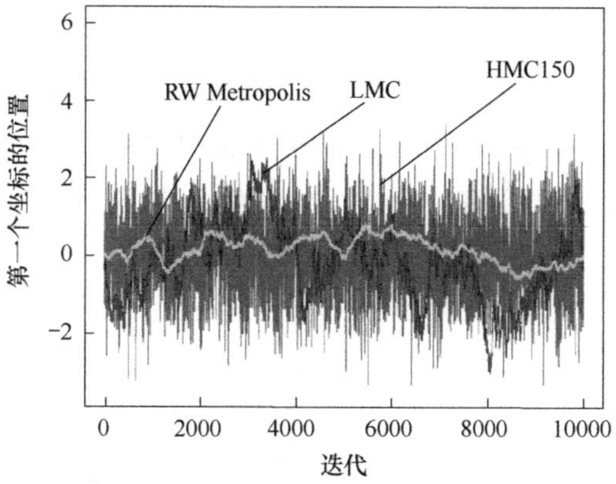

(a) Σ_1的第一个坐标轨迹显示

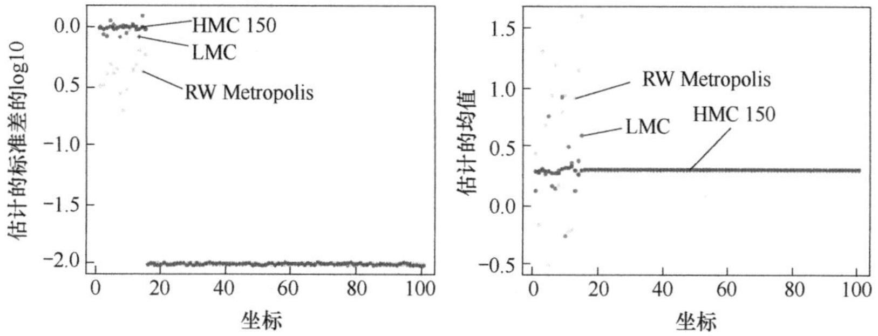

(b) 估计的标准差的log10　　(c) 估计的均值

图 9-8　使用 $\boldsymbol{\Sigma}_1$ 进行模拟研究

不幸的是，原始 LBFGS 估计不能显著改善采样，因为真正的协方差矩阵 $\boldsymbol{\Sigma}_2$ 太大而不能仅使用 40 个点进行精确估计。然而，在分解和调整之后可以获得有用的近似。当从 LBFGS 估计中观察特征值时，观察到最小特征值的估计非常接近 0.0001^2 的真实值，并且 LBFGS 估计可以识别具有大特征值的几个无约束方向。对于最大特征值的估计往往非常不准确，并且在很大程度上取决于所选择的 γ 的值。在最大和最小特征值之间，剩余的大部分特征值由 LBFGS 和 γ 来保持不变，因为只使用了非常少量的数据来估计非常大的矩阵，所以这个结果并不令人感到意外。

虽然真正的协方差矩阵 $\boldsymbol{\Sigma}_2$ 是未知的，但在某些情况下，假设只有 $\boldsymbol{\Sigma}_2$ 的前几个最大特征值很重要，并且大多数其他特征值接近 0 是合理的。在高维空间中对低维流形进行采样时会出现这种情况，这在从图像或其他复杂数据结构定义的分布采样时很常见。最大特征值对应于目标分布中相对较少数量的无约束维度。给定关于特征值的局部结构的一些知识，原始 LBFGS 估计可以进行调整，以提供更有用的协方差。

设 H^* 是从过去的 J=40 HMC 样本中估计获得的原始 LBFGS。设 $\boldsymbol{U\Lambda U}^{\mathrm{T}}$ 是 H^* 的对称特征值分解，其中 $\boldsymbol{\Lambda}$ 是一个对角矩阵，具有特征值 $\lambda_1,\dots,\lambda_{100}$ 并按降序排序。设 $\lambda_i^* = \lambda_{100}$，对 $i = K+1,\dots,100$ 用于某些参数 K，这是目标分布中无约束方向的估计数量。K 的真实值是 15，但在实验中使用保守估计 K=10。λ_i^* 的第一个 K 等于原始值。然后动量协

方差矩阵 $\boldsymbol{\Sigma}^* = \boldsymbol{U}\boldsymbol{\Lambda}^*\boldsymbol{U}^{\mathrm{T}}$ 。理论上，对于任何 RMHMC 方法，ε 设置应略小于 1。但是，由于最大标准差的估计值不准确（往往太大），因此应设置 ε 以使 $\varepsilon\lambda_1 \approx 1$ 。只要相应地设置 ε 、γ 的值对采样没有太大影响，取值范围从 0.000001 到 1，都会给出大致相同的结果。只需 L=1 蛙跳步骤就可以获得良好的效果。在实现过程中使用了引理 9-2 的第三种方法，其中 $\sqrt{\boldsymbol{C}}^{-1} = \boldsymbol{U}(\boldsymbol{\Lambda}^*)^{1/2}\boldsymbol{U}^{\mathrm{T}}$ 。

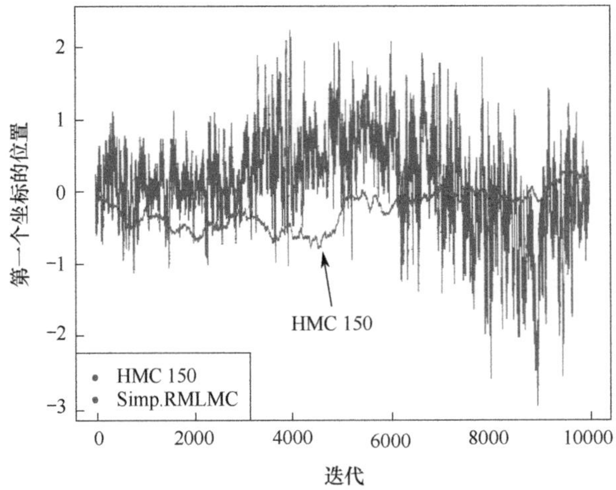

(a) Σ_2的第一个坐标轨迹显示

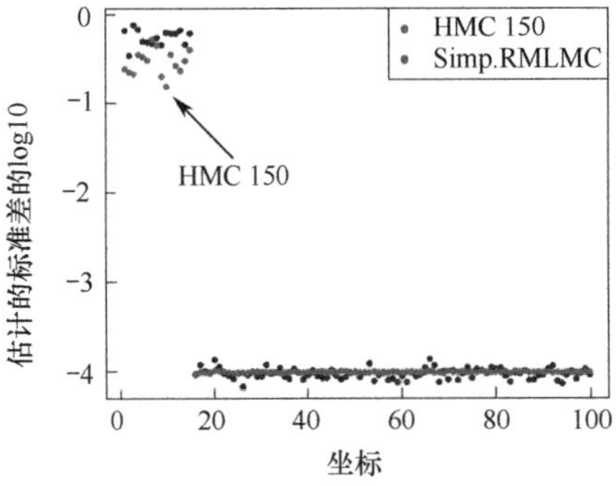

(b) 估计的标准差的log10

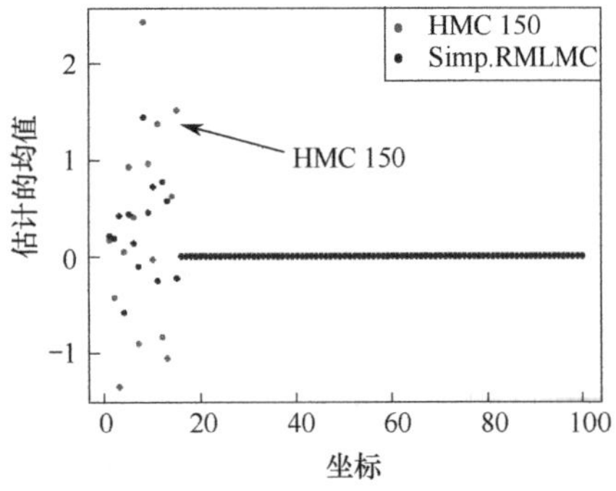

(c) 估计的均值

图 9-9　使用 $\boldsymbol{\Sigma}_2$ 进行模拟研究

图 9-9 有两种方法用于采样 $\boldsymbol{\Sigma}_2$：具有 L=150 的 HMC 蛙跳更新，以及上述的简化 RMHMC 算法。使用拟牛顿信息的简化 RMHMC 算法优于标准 HMC，只需 L=1 蛙跳步骤。在简化的 RMHMC 算法的每次迭代中所需的特征值分解的计算代价很大，但是对于取得好的结果来说，这是必要的，因为 LBFGS 估计根本无法估计具有如此有限数量的数据的 $\boldsymbol{\Sigma}_2$ 的所有真特征值，因此需要对特征值进行一些调整。从上面分析可知，在图 9-9 中，$L=150$ 的 HMC 蛙跳更新无法在无约束的维度中进行有效采样。然而，使用具有 $L=1$ 的简化 RMHMC 算法和如上所述计算的协方差可以更有效地进行采样。

9.7.2　使用 RMHMC 对逻辑回归系数进行采样

通过逻辑回归定义分布的采样系数是应用完整 RMHMC 方法的理想情况，因为状态空间中任何点的费希尔信息可以给出闭合的形式。在许多实际情况中（如 L_1–正则化回归），情况并非如此。给定 $N\times P$ 大小的观测矩阵 $\boldsymbol{X}$（每行给出一个实例）和二进制 0 或 1 响应 $\boldsymbol{Y}$ 和正则化系数 λ（视为给定常数），P–length 系数 $\boldsymbol{\beta}$ 的能量如下：

$$U(\boldsymbol{\beta})=-\log[L(\boldsymbol{X},\boldsymbol{Y}\mid\boldsymbol{\beta},\lambda)p(\boldsymbol{\beta}\mid\lambda)]=-\boldsymbol{\beta}^{\mathrm{T}}\boldsymbol{X}^{\mathrm{T}}Y+\sum_{j=1}^{N}\log(1+\mathrm{e}^{\boldsymbol{\beta}^{\mathrm{T}}\boldsymbol{X}_n^{\mathrm{T}}})+\frac{\lambda}{2}\boldsymbol{\beta}^{\mathrm{T}}\boldsymbol{\beta} \tag{9-54}$$

式中，$\boldsymbol{X}_n$ 是矩阵 $\boldsymbol{X}$ 的第 n 行。能量函数的导数是

$$\frac{\mathrm{d}U}{\mathrm{d}\boldsymbol{\beta}}(\boldsymbol{\beta})=-\boldsymbol{X}^{\mathrm{T}}\boldsymbol{Y}+\boldsymbol{X}^{\mathrm{T}}\boldsymbol{S}+\lambda\boldsymbol{\beta} \tag{9-55}$$

式中，$\boldsymbol{S}$ 是一个长度为 P 的向量，$S_n=\sigma(\boldsymbol{\beta}^{\mathrm{T}}\boldsymbol{X}_n^{\mathrm{T}})$，$\sigma(*)$ 是 S 型函数，并且有费希尔信息，即

$$I(\boldsymbol{\beta})=E_{\boldsymbol{Y}|\boldsymbol{X},\boldsymbol{\beta},\lambda}\left[\frac{\mathrm{d}^2U}{\mathrm{d}\boldsymbol{\beta}^2}(\boldsymbol{\beta})\right]=\boldsymbol{X}^{\mathrm{T}}\boldsymbol{\Lambda}\boldsymbol{X}+\lambda\boldsymbol{I} \tag{9-56}$$

式中，$\boldsymbol{\Lambda}$ 是 $N\times N$ 对角矩阵，元素为 $\boldsymbol{\Lambda}_{n,n}=\sigma(\boldsymbol{\beta}^{\mathrm{T}}\boldsymbol{X}_n^{\mathrm{T}})(1-\sigma(\boldsymbol{\beta}^{\mathrm{T}}\boldsymbol{X}_n^{\mathrm{T}}))$。完整的 RMHMC 还需要 $I(\boldsymbol{\beta})$ 的导数，由下式给出

$$\frac{\mathrm{d}I(\boldsymbol{\beta})}{\mathrm{d}\boldsymbol{\beta}_i}=\boldsymbol{X}^{\mathrm{T}}\boldsymbol{\Lambda}\boldsymbol{V}_i\boldsymbol{X} \tag{9-57}$$

式中，$\boldsymbol{V}_i$ 是对角矩阵，元素为 $\boldsymbol{V}_{i,(n,n)}=(1-2\sigma(\boldsymbol{\beta}^{\mathrm{T}}\boldsymbol{X}_n^{\mathrm{T}}))\boldsymbol{X}_{n,i}$。

以下是 Giorlami 和 Calderhead 在参考文献[3]中的一项研究结果，该研究比较了采样回归系数时 RMHMC、传统 HMC 和其他常用方法的表现。作者使用了 6 个不同的数据集和二元响应，提供了各种大小的矩阵，并给出了 4 个数据集上的结果。我们给出了作者研究的 6 种采样算法的结果：组件式 Metropolis-Hastings、LMC、HMC、RMHMC、RMLMC 和简化的 RMLMC。

对于 LMC 和 HMC 采样器，使用动量协方差矩阵 $\Sigma=\boldsymbol{I}_n$。对于所有采样器，设置步长为 ε，使接受率约为 70%。RMHMC 和 HMC 的步长 L 设置为 $\varepsilon L\approx 3$，略大于最大边缘标准差，因此每次 HMC 迭代应获得大致独立的样本。由于逻辑回归定义的哈密顿动力学表现相对较好，所以 L 可以设置得相当大（几百）而接受率没有显著下降。对于 RMHMC，蛙跳步骤 L 的数量通常相对较小，因为每次蛙跳更新都可以获得几乎独立的点。对于 HMC，需要大量的蛙跳更新来补偿最小和最大边缘标准差之间的比例差异。简化的 RMLMC 对应于简化的 RMHMC 算法，其中 $\Sigma(\boldsymbol{\beta}_t)=I(\boldsymbol{\beta}_t)$，当前点的费希尔信息 $(J=1)$ 和 $L=1$ 蛙跳更新。RMLMC 是 RMHMC 算法 L=1 时的轻微变体。有关详细信息，请参阅文献[3]。

所有回归模型都包含一个截距，因此系数 P 的数量比数据矩阵的列数多一个。每次采样运行包括 5000 次老化迭代和 5000 次采样迭代，并且每种采样方法进行 10 次试验。

从这些实验的结果中可以得出各种有用的指导性观察结果。在原作者的基础上，算法

的速度和相对速度是基于 10 次试验中最小的 ESS 给出的。

首先考虑 HMC 和 LMC 在 4 个数据集的性能，如表 9-1 所示。正如在前面提到的，HMC 中蛙跳步骤 L 的数量被调优以至于 εL 比数据集中观察到的最大标准差要大，因此，在能够准确地模拟动力学的前提下，HMC 理论上应该提供几乎独立的样本。虽然速度很慢，但 HMC 确实能够在 Pima、German 和 Caravan 数据集中实现理想 ESS 为 5000 的很大部分。然而，作者发现 HMC 和 LMC 都没有收敛到 Australian 数据集中的平稳分布。

表 9-1　在四种数据集上评估六种采样算法

Pima 数据集，$N=532$，$P=8$

方　法	时间 / s	ESS（最小值、中间值和最大值）	s / ESS（最小值）	相对速度
Metropolis-Hastings	4.1	（14, 37, 201）	0.29	×1.9
LMC	1.63	（3, 10, 39）	0.54	×1
HMC	1499.1	（3149,3657,3941）	0.48	×1.1
RMLMC	4.4	（1124,1266,1409）	0.0039	×138
简化的 RMLMC	1.9	（1022,1185,1312）	0.0019	×284
RMHMC	50.9	（5000,5000,5000）	0.01	×54

Australian 数据集，$N=690$，$P=14$

方　法	时间 / s	ESS（最小值、中间值和最大值）	s / ESS（最小值）	相对速度
Metropolis-Hastings	9.1	（15, 208, 691）	0.61	×1
LMC	不收敛	—	—	—
HMC	不收敛	—	—	—
RMLMC	11.8	（730, 872, 1033）	0.0162	× 37
简化的 RMLMC	2.6	（459, 598, 726）	0.0057	× 107
RMHMC	145.8	（4940, 5000, 5000）	0.023	× 26

German 数据集，$N=1000$，$P=24$

方　法	时间 / s	ESS（最小值、中间值和最大值）	s / ESS（最小值）	相对速度
Metropolis-Hastings	20.9	(10, 82, 601)	2.09	× 1
LMC	2.7	（3, 5, 130）	0.9	× 2.6
HMC	3161.6	（2707, 4201, 5000）	1.17	× 2
RMLMC	36.2	（616, 769, 911）	0.059	× 39.6
简化的 RMLMC	4.1	（463, 611, 740）	0.0009	× 260
RMHMC	287.9	（4791, 5000,5000）	0.06	× 39

Caravan 数据集，$N=5822$，$P=86$

方　法	时间 / s	ESS（最小值、中间值和最大值）	s / ESS（最小值）	相对速度
Metropolis-Hastings	388.7	（3.8, 23.9, 804）	101.9	× 3.7
LMC	17.4	（2.8, 5.3, 17.2）	6.2	× 59
HMC	12,519	（33.8, 4032, 5000）	369.7	× 1
RMLMC	305.3	（7.5, 21.1, 50.7）	305.3	× 1.2
简化的 RMLMC	48.9	（7.5, 18.4, 44）	6.5	× 56
RMHMC	45,760	（877, 1554, 2053）	52.1	× 7.1

这可以通过参考表格 9-2 给出的最大与最小边缘标准差的比率理解这一点。回想一下，最大和最小边缘标准差之间的比率是在单个 HMC 更新中达到独立状态所需的最小蛙跳步骤数。在 Pima、German 和 Caravan 数据集中，这个比率大约是 200 到 300，这意味着使用一个简单的协方差矩阵 $\boldsymbol{\Sigma}=\boldsymbol{I}_n$，需要 200 到 300 个蛙跳步骤来达到一个独立的状态。然而，Australian 数据集在其最大和最小约束方向的长度之间的比率超过 6000，因此每个 HMC 更新需要数千个蛙跳步骤以达到独立状态。这个蛙跳离散化不够准确，无法为如此大的 L 提供高接受率，LMC 采样器的更新太小，无法进行有效采样。逻辑回归能级图表现得相对良好，但在更复杂的能级图中，甚至可能无法使用 200 到 300 个蛙跳步骤。

表 9-2　四个数据集的最大边缘标准差与最小边缘标准差之比率

数 据 集	Pima	Australian	German	Caravan
比　率	225	6404	303	236

值得注意的是，一般来说，LMC 的表现要比所有其他方法要差得多，除了在高维 Caravan 数据集中，它的表现要优于所有其他方法。我们发现 LMC 是对图像模式的高维生成模型进行采样的有效方法。在这种情况下，LMC 是一个很有吸引力的选择，因为它具有很好的扩展性，而且可以快速实现。

现在，考虑 RMHMC 方法。RMHMC 和 RMLMC 在数据集上具有相似的性能，表明在考虑局部曲率后，RMHMC 的额外采样能力被 RMLMC 的更快速度均匀地平衡了。简化的 RMLMC 在所有的数据集上都优于完整 RMHMC 实现，这提供了证据，表明仅考虑局部曲率信息而不改变 HMC 动力学是实现 RMHMC 近似的有效方式。

对于较小的数据集，完整的 RMHMC 方法优于标准 HMC 方法，但对于 Caravan 数据集则相反。计算完整的 RMHMC 中费希尔信息的导数需要在式（9-56）中沿对角线评估 N^2 表达式，这解释了其扩展性差的原因。又如，在高斯过程采样的特殊情况下，费希尔信息可以具有稀疏结构，但是通常它是不可取的或者计算非常费力的，并且完整的 RMHMC 不是在复杂的高维能级图中采样的实用解决方案。

9.7.3　使用 LMC 采样图像密度：FRAME、GRADE 和 DeepFRAME

随机模型是一种强大而统一的图像数据表示和理解方式，近年来随机图像模型的能力大大提高。通过从一组训练图像 $\{\boldsymbol{I}_k\}_{k=1}^{K}$ 中学习密度 $P(\boldsymbol{I})$，可以合成新颖逼真的图像，甚至可以探索图像空间的结构。但是，从图像密度 $P(\boldsymbol{I})$ 中采样通常会产生问题。即使是相对较小的图像也是高维数据，因为图像尺寸与图像宽度的平方成比例。此外，图像尺寸之间存在强相关性，尤其是在相邻像素之间。诸如 Metropolis-Hastings 和吉布斯之类的采样方法，在这种实际情况下应用速度太慢。LMC 是克服这些困难的流行方法。

给定形式的图像密度：

$$P(\boldsymbol{I})=\frac{1}{Z}\exp\{-U(\boldsymbol{I})\}$$

式中，$\boldsymbol{I}$ 是具有连续像素强度的 $n\times n$ 图像（通常每个像素强度位于有界区间内，如[0,1]、[−1−1]或[0,255]），LMC 可用于从密度 P 获得 MCMC 样本。图像更新具有标准的朗之万形式：

$$\boldsymbol{I}_{t+1}=\boldsymbol{I}_t-\frac{\varepsilon^2}{2}\frac{\mathrm{d}U}{\mathrm{d}\boldsymbol{I}}(\boldsymbol{I}_t)+\varepsilon\boldsymbol{Z}_t \tag{9-58}$$

式中，$\boldsymbol{Z}_t \sim N(0,\sigma^2\boldsymbol{I}_{n\times n})$。梯度项$\frac{\mathrm{d}U}{\mathrm{d}\boldsymbol{I}}(\boldsymbol{I}_t)$比随机游走 Metropolis-Hastings 或吉布斯采样有更快的收敛速度。当应用于复杂能量函数 U 时，由于蛙跳积分器的不稳定性，通常使用 LMC 来代替$L>1$的蛙跳步骤的 HMC。

LMC 提供了一种从学习能量中采样的强大方法，但能量函数形式$U(\boldsymbol{I})$本身是图像建模的核心问题。能量函数 U 必须具有足够的表达能力，以捕捉现实世界图像模式中存在的共同结构和特殊的变化。特别是 U 必须捕获在观测图像中发现的像素强度之间的相关性的复杂结构，以成功地合成逼真图像。本节介绍两种图像模型的主要建模方法。学习参数图像密度 $P(\boldsymbol{I};\boldsymbol{\theta})$的方法将在本书第 10 章中讨论。

例 9-1 FRAME（滤波器、随机场和最大熵）模型。（Zhu 等人[12]，1998）FRAME 模型是一系列图像密度的开创性表达，能够合成逼真的纹理。对于一组超参数$(\mathcal{F},\Lambda)$，FRAME 模型的密度具有吉布斯形式：

$$P(\boldsymbol{I};\mathcal{F},\Lambda)=\frac{1}{Z(\mathcal{F},\Lambda)}\exp\{-U(\boldsymbol{I};\mathcal{F},\Lambda)\} \tag{9-59}$$

超参数$\mathcal{F}$是一组预定义的滤波器集$\mathcal{F}=\{F^{(1)},\dots,F^{(K)}\}$，它们通常是 Gabor 滤波器和不同大小 / 方向的拉普拉斯算子的高斯滤波器，用于测量 $\boldsymbol{I}$ 中每个空间位置的卷积响应。超参数$\Lambda=\{\lambda^{(1)}(\cdot),\dots,\lambda^{(K)}(\cdot)\}$是一组势函数，其中每个$\lambda^{(i)}(\cdot)$激励滤波器$F^{(i)}$都对合成图像响应，以匹配训练图像的观测响应$F^{(i)}$。通常，预先选择滤波器集$\mathcal{F}$，并通过随机梯度方法学习得到势函数$\Lambda$，该方法在本书第 10 章中进行介绍。

FRAME 能量具有形式

$$U(\boldsymbol{I};\mathcal{F},\Lambda)=\sum_{i=1}^{K}\sum_{(x,y)\in\mathcal{L}}\lambda^{(i)}(F^{(i)}*\boldsymbol{I}_{(x,y)}) \tag{9-60}$$

式中，$\mathcal{L}$是像素点阵，符号$F^{(i)}*\boldsymbol{I}_{(x,y)}$指的是滤波器$F^{(i)}$的卷积和图像栅格中以位置$(x,y)$为中心的图像 $\boldsymbol{I}$。为了简化学习过程，将每个$(x,y)\in\mathcal{L}$的响应$F^{(i)}*\boldsymbol{I}_{(x,y)}$放入离散区间$\{B_1^{(i)},\dots,B_L^{(i)}\}$，并且将势函数$\lambda^{(i)}(\cdot)$替换为势向量$\boldsymbol{\lambda}^{(i)}=(\lambda_1^{(i)},\dots,\lambda_L^{(i)})$。这使得 FRAME 能量更容易处理：

$$U(\boldsymbol{I};\mathcal{F},\Lambda)=\sum_{i=1}^{K}\left\langle\boldsymbol{\lambda}^{(i)},H^{(i)}(\boldsymbol{I})\right\rangle=\left\langle\Lambda,H(\boldsymbol{I})\right\rangle \tag{9-61}$$

式中，$H^{(i)}(\boldsymbol{I})=(H_1^{i}(\boldsymbol{I}),\dots,H_L^{(i)}(\boldsymbol{I}))$是图像 $\boldsymbol{I}$ 所在的空间位置上对滤波器$F^{(i)}$响应的频率直方图，且$H(\boldsymbol{I})=(H^{(1)}(\boldsymbol{I}),\dots,H^{(K)}(\boldsymbol{I}))$。在本节的其余部分，我们将讨论 FRAME 能量式（9-60），并且式（9-61）具有相同的属性。

通过对训练用于模拟真实纹理的 FRAME 能量函数$U(\boldsymbol{I};\mathcal{F},\Lambda)$中学习到的势$\{\lambda^{(i)}(\cdot)\}$进行检验，可以发现朗之万方程式（9-59）的梯度项$\frac{\partial U}{\partial \boldsymbol{I}}$中存在两种相互竞争的作用力。学

习到的势 $\boldsymbol{\lambda}^{(i)}$ 属于两种通用的势：

$$\phi(\xi)=a\left(1-\frac{1}{1+\left(\frac{|\xi-\xi_0|}{b}\right)^{\gamma}}\right),\quad a>0 \tag{9-62}$$

或

$$\psi(\xi)=a\left(1-\frac{1}{1+\left(\frac{|\xi-\xi_0|}{b}\right)^{\gamma}}\right),\quad a<0 \tag{9-63}$$

式中，ξ_0 是平移常量，b 是缩放常量，$|a|$ 是滤波器 $F^{(i)}$ 贡献的权重。这两种势的可视化结果显示在图 9-10 中。在图 9-10 中的左边是扩散滤波器的势和梯度作为滤波器响应的函数。势的参数是：$a=5$，$b=10$，$\gamma=0.7$，$\xi_0=0$。当滤波器响应接近 $\xi_0=0$ 时，扩散滤波器的能量很低。因为拉普拉斯算子的高斯和梯度滤波器控制图像的平滑度，所以它们常用作扩散滤波器。由于 $\gamma<1$，在 $\xi=\xi_0$ 时形成一个不可微分的尖点。在图 9-10 中的右边是反应滤波器的能量和梯度作为滤波器响应的函数，势的参数是：$a=-2$，$b=10$，$\gamma=1.6$，$\xi_0=0$。当滤波器响应接近极值时，反应滤波器具有较低能量。因为 Gabor 滤波器对突出的模式特征（如条形和条纹）进行编码，所以它们通常充当反应滤波器。因为 $\gamma>1$，所以当 $\xi=\xi_0$ 时没有尖点。

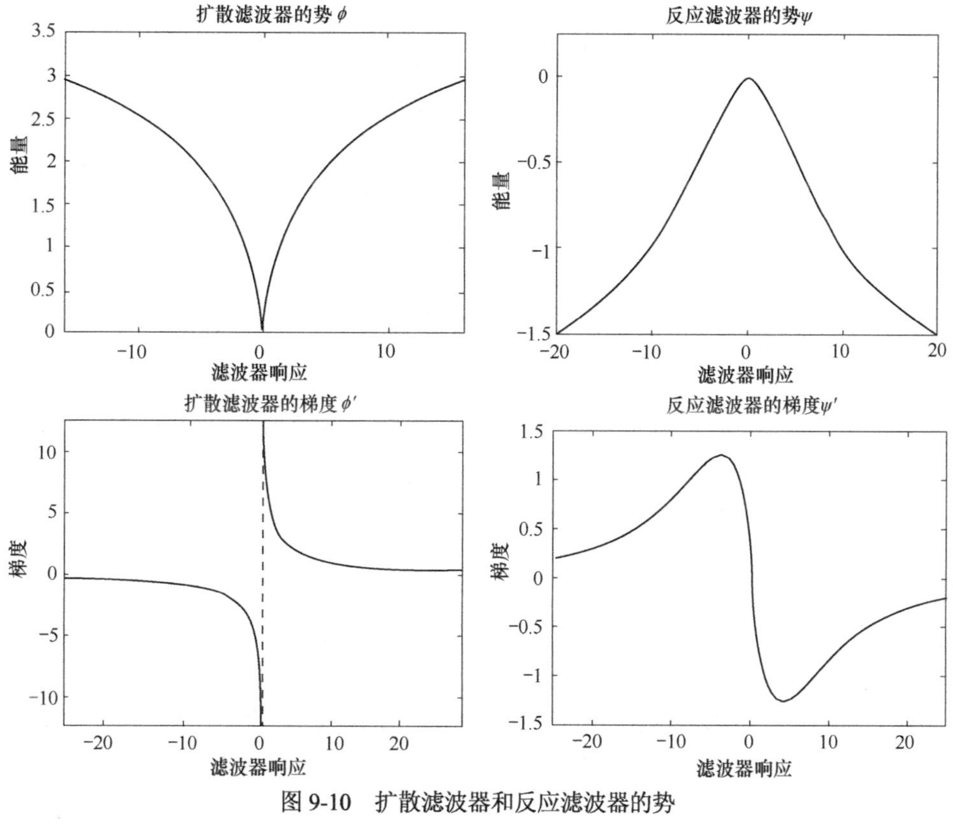

图 9-10　扩散滤波器和反应滤波器的势

这两类势所引导的动力学在模式形成过程中起着相反的作用。扩散滤波器的势 $\phi(\xi)$ 指定最低能量（或最高概率）来过滤接近平移常数 ξ 的响应。这种类型的势是早期图像模型中研究的主要对象，它引起了各向异性扩散，其中像素强度在邻域之间扩散的过程类似于经典热方程。但是，仅 $\phi(\xi)$ 无法合成逼真的图像模式。由 $\phi(\xi)$ 单独控制的 MCMC 过程最终会退化为恒定图像，就像封闭系统中的热浓度最终会扩散并达到热平衡一样。

反应滤波器的势 $\psi(\xi)$ 是扩散滤波器的势（下文简称扩散势）的反转，与所有早期的图像模型有很大的不同。反应滤波器的势（下文简称反应势）尾端的低能量促使 $\mathcal{F}$ 对滤波器产生高幅度响应。因为与高幅度滤波器响应相关联的高概率导致模式特征（如边缘和纹理）的主动形成，所以来自由 $\psi(\xi)$ 控制的过程的 MCMC 样本不会退化为恒定图像。

两组滤波器 $\mathcal{F}_{\mathrm{d}}=\{F_{\mathrm{d}}^{(1)},\dots,F_{\mathrm{d}}^{(K_{\mathrm{d}})}\}$ 和 $\mathcal{F}_{\mathrm{r}}=\{F_{\mathrm{r}}^{(1)},\dots,F_{\mathrm{r}}^{(K_{\mathrm{r}})}\}$ 自然地来自两个势族 $\phi(\xi)$ 和 $\psi(\xi)$，其中 $\mathcal{F}=\mathcal{F}_{\mathrm{d}}\cup\mathcal{F}_{\mathrm{r}}$。类似地，可以通过分离扩散势和反应势来重新改写 FRAME 能量式（9-60）：

$$U(\boldsymbol{I};\mathcal{F},\Lambda)=\sum_{i=1}^{K_{\mathrm{d}}}\sum_{(x,y)\in\mathcal{L}}\phi^{(i)}(F_{\mathrm{d}}^{(i)}*\boldsymbol{I}_{(x,y)})+\sum_{i=1}^{K_{\mathrm{r}}}\sum_{(x,y)\in\mathcal{L}}\psi^{(i)}(F_{\mathrm{r}}^{(i)}*\boldsymbol{I}_{(x,y)}) \tag{9-64}$$

$\mathcal{F}_{\mathrm{d}}$ 中的滤波器倾向于是梯度或拉普拉斯算子的高斯滤波器，因为这些类型的滤波器捕获的特征与图像的平滑度有关。平滑滤波器的势通常会促进附近像素组之间的均匀性。另一方面，$\mathcal{F}_{\mathrm{r}}$ 中的滤波器通常是 Gabor 滤波器，其具有不同方向的边缘等显著特征。

通过最小化梯度下降，由式（9-65）得到图像 $\boldsymbol{I}(x,y,t)$ 的偏微分方程：

$$\frac{\partial\boldsymbol{I}}{\partial t}=\sum_{i=1}^{K_{\mathrm{d}}}F_{\mathrm{d}}^{(i)'}*\phi'(F_{\mathrm{d}}^{(i)}*\boldsymbol{I})+\sum_{i=1}^{K_{\mathrm{r}}}F_{\mathrm{r}}^{(i)'}*\psi'(F_{\mathrm{r}}^{(i)}*\boldsymbol{I}) \tag{9-65}$$

其中，$F^{(i)'}(x,y)=-F^{(i)}(-x,-y)$。第一项降低了扩散滤波器的响应梯度 $\mathcal{F}_{\mathrm{d}}$、激励平滑度和均匀性，而第二项增加反应滤波器的梯度 $\mathcal{F}_{\mathrm{r}}$，促进了模式特征的形成。式（9-65）被称为吉布斯反应扩散方程（GRADE）[10-11]。为了从 $U(\boldsymbol{I};\mathcal{F},\Lambda)$ 进行采样而不是简单地最小化 $U(\boldsymbol{I};\mathcal{F},\Lambda)$，对于 MCMC 迭代 s，可以添加各向同性噪声以获得朗之万方程：

$$\boldsymbol{I}_{s+1}=\boldsymbol{I}_s+\frac{\varepsilon^2}{2}\frac{\partial\boldsymbol{I}}{\partial t}(\boldsymbol{I}_s)+\varepsilon\boldsymbol{Z}_s \tag{9-66}$$

这里，$\boldsymbol{Z}_s\sim N(0,\sigma^2\boldsymbol{I}_{n\times n})$，起始图像 $\boldsymbol{I}_0$ 是任意的。有关应用于 FRAME 势的朗之万动力学合成的图像示例，如图 9-11 所示。图 9-11 是使用朗之万动力学在 GRADE 势参数化的 FRAME 密度上合成的图像的示例。图 9-11（a）～图 9-11（c）使用一个拉普拉斯算子的高斯扩散滤波器和一个拉普拉斯算子的高斯反应滤波器合成的图像。图 9-11（b）的反应滤波器的参数 $\xi_0=0$，而图 9-11（a）的 $\xi_0<0$，图 9-11（c）的 $\xi_0>0$。在这种情况下，ξ_0 控制斑点颜色。图 9-11（d）～图 9-11（e）是使用一个拉普拉斯算子的高斯扩散滤波器和一个或多个 Gabor 反应滤波器合成的图像。图 9-11（d）使用角度为 30° 的单个余弦 Gabor 滤波器，而图像图 9-11（e）使用角度为 30° 和 60° 的两个余弦 Gabor 滤波器。

例 9-2 DeepFRAME 模型。在参考文献[8]的 FRAME 模型中，滤波器是从预定义的滤波器组中选择的，这限制了可以表示的模式种类。无法保证滤波器组能够有效地表示训练图像，并且当滤波器无法捕获重要图像特征时，合成的结果较差。神经网络的最新趋势表明，在训练期间学习滤波器本身可以产生灵活和逼真的图像模型。包括多层滤波器卷积可以显著改善复杂数据的表示。DeepFRAME 模型[4,8]扩展了 FRAME 模型以包含这些新功能。DeepFRAME 密度的形式为

$$p(\boldsymbol{I};W)=\frac{1}{Z}\exp\{F(\boldsymbol{I};W)\}q(\boldsymbol{I}) \tag{9-67}$$

式中，q 是具有高斯白噪声的先验分布 $N(0,\sigma^2\boldsymbol{I}_N)$，而得分函数 $F(\cdot;\ W)$由权重为 W 的卷积网络定义，这是必须学习的。这个相关的能量函数的形式为

$$U(\boldsymbol{I};W)=-F(\boldsymbol{I};W)+\frac{1}{2\sigma^2}\|\boldsymbol{I}\|_2^2 \tag{9-68}$$

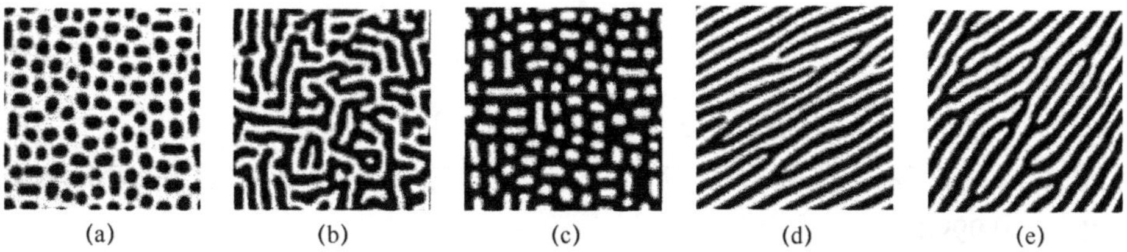

图 9-11　使用朗之万动力学在 GRADE 势参数化的 FRAME 密度上合成的图像的示例

我们可以将 $p(\boldsymbol{I};W)$ 解释为 q 的指数倾斜，其具有均值偏移的效果。由网络层之间的激活函数引起的非线性对真实图像的成功表示是至关重要的。

当激活函数为线性整流函数（ReLU）时，$F(\boldsymbol{I};W)$在 $\boldsymbol{I}$ 中是分段线性的，线性区域之间的边界由网络中的激活来控制[6]。设 $\Omega_{\delta,W}=\{\boldsymbol{I}:\sigma_k(\boldsymbol{I};W)=\delta_k,1\leqslant k\leqslant K\}$，其中 W 表示网络权重，K 表示整个网络中的激活函数数量，$\sigma_k(\boldsymbol{I};W)\in\{0,1\}$ 表示激活函数 k 对图片 $\boldsymbol{I}$ 是否开启，并且 $\delta=(\delta_1,\dots,\delta_K)\in\{0,1\}^K$。由于 $F(\boldsymbol{I};W)$对所有 δ 的 $\Omega_{\delta,W}$ 是线性的，因此能量函数可表示为

$$U(\boldsymbol{I};W)=-\left(\left\langle\boldsymbol{I},B_{\delta,W}\right\rangle+a_{\delta,W}\right)+\frac{1}{2\sigma^2}\|\boldsymbol{I}\|_2^2 \tag{9-69}$$

对于一些常量 $a_{\delta,W}$ 和 $B_{\delta,W}$，这表明在 $\Omega_{\delta,W}$ 上的 $\boldsymbol{I}\sim N(\sigma^2B_{\delta,W},\sigma^2\boldsymbol{I}_N)$ 和 $p(\boldsymbol{I};W)$ 在图像空间上是分段高斯分布的。此分析还表征了 $U(\boldsymbol{I};W)$ 的局部极小值，它们只是 $\Omega_{\delta,W}$ 上的 $\{\sigma^2B_{\delta,W}:\sigma^2B_{\delta,W}\in\Omega_{\delta,W}\}$。但是，无法保证高斯片段 $\Omega_{\delta,W}$ 包含其模式 $\sigma^2B_{\delta,W}$，而且高斯片段的数量非常大，所以直接枚举局部极小值是不可行的。

与几乎所有深度学习应用一样，可以通过反向传播有效地计算权重 W 和图像 $\boldsymbol{I}$ 的 $F(\boldsymbol{I};W)$的梯度。给定一组学习权重 W，很容易将朗之万动力学应用于式（9-58）来从图像密度 $P(\boldsymbol{I};W)$中进行采样。有关使用朗之万动力学在训练的 DeepFRAME 密度上合成的图像的示例，如图 9-12 所示。图 9-12（a）是 DeepFRAME 模型在未对齐的纹理图像上进行训练得到的朗之万样本；左图是训练图像，右边两个图像是合成样本；合成图像重现了主要纹理

特征（花头和草地区域）。图 9-12（b）是 DeepFRAME 模型在对齐图像上训练得到的朗之万样本；训练图像位于第一排，并且从 DeepFRAME 密度合成的示例图像位于第二排。

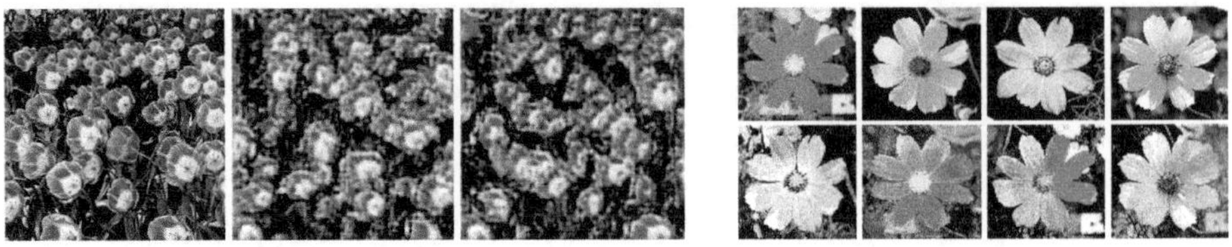

(a) (b)

图 9-12　使用朗之万动力学在训练的 DeepFRAME 密度上合成的图像的示例

©[2016] Xie et al.，获许可使用，来自参考文献[8]

9.8　本章练习

问题 1　从非各向同性高斯分布采样。考虑目标分布 $(X,Y)\sim N(0,\boldsymbol{\Phi})$，其中 $\boldsymbol{\Phi}=\begin{pmatrix}1 & 0.9998\\ 0.9998 & 1\end{pmatrix}$。

（1）目标分布的能量函数是什么？绘制能量函数的等高线图。

（2）假设你使用单位矩阵 $\boldsymbol{I}_2$ 作为动量协方差从目标分布中进行采样。在单个 HMC 迭代中，从目标分布获取独立样本所需的最大步长 ε^* 和最小蛙跳步数 L^* 是多少？

（3）动量协方差矩阵 $\boldsymbol{\Sigma}_{\text{ideal}}$ 的理想选择是什么？当使用理想动量协方差时，获得独立样本所需的最大步长 $\varepsilon^*_{\text{ideal}}$ 和最小蛙跳步数 L^*_{ideal} 是多少？

（4）对于下面列出的每种方法，从状态 $(X,Y)=(0,-10)$ 开始一个链，运行 $1000K$ 次老化迭代，以及来自目标分布的 $10000K$ 次抽样迭代（为了方法之间的公平比较，需要并给出了 K）。对于每种方法，可视化老化路径，在采样阶段的迭代中绘制 X 和 Y 坐标的值，并计算最终 X 和 Y 样本的 ESS。对于图和 ESS 计算，每 K 次迭代使用一个采样点。评价各个结果之间的差异。ε^* 和 L^* 参考本题问题（2）中的值。

① 从 $N(0,\boldsymbol{\Phi})$，$K=1$ 直接采样。

② 高斯提议 $N(0,(\varepsilon^*)^2), K=L^*$ 的 Metropolis-Hastings。

③ 随机游走：$\boldsymbol{p}\sim N(0,\boldsymbol{I}_2),\varepsilon=\varepsilon^*,L=L^*,K=1$ 的 HMC。

④ $\boldsymbol{p}\sim N(0,\boldsymbol{I}_2),\varepsilon=\varepsilon^*,L=L^*/2,K=1$ 的 HMC。

⑤ $\boldsymbol{p}\sim N(0,\boldsymbol{I}_2),\varepsilon=\varepsilon^*,K=L^*$ 的 LMC。

⑥ $\boldsymbol{p}\sim N(0,\boldsymbol{\Sigma}_{\text{ideal}}),\varepsilon=\varepsilon^*_{\text{ideal}},L=L^*_{\text{ideal}},K=1$ 的 HMC。（使用本大题（3）的答案）

⑦ $\boldsymbol{p}\sim N(0,\boldsymbol{\Sigma}_{\text{ideal}}),\varepsilon=\varepsilon^*_{\text{ideal}},K=L^*_{\text{ideal}}$ 的 LMC。

问题 2　从“香蕉”分布中抽样。考虑 $\boldsymbol{\theta}=(\theta_1,\theta_2)$ 的后验分布与之前的 $\boldsymbol{\theta}\sim N(0,\boldsymbol{I}_2)$ 和 $Y\mid\boldsymbol{\theta}\sim N(\theta_1+(\theta_2)^2,2)$。

（1）后验密度 $P(\boldsymbol{\theta}\mid Y)$ 的能量函数是多少？绘制能量函数的等高线图。

（2）在新设置中，可以通过调整接受率来找到步长 ε^*。对于 $\boldsymbol{\theta}$ 的网格，从原点开始运行具有 2000 次动量协方差 $\boldsymbol{I}_2$ 的 LMC 迭代。选择拒绝率介于 10%～35%之间的步长，并报告该值。

（3）对于下面列出的每种方法，从状态 $(\theta_1,\theta_2)=(0,0)$ 开始一个链，运行 $1000K$ 老化迭代，以及来自目标分布的 $10000K$ 次抽样迭代（为了方法之间的公平比较，需要并已给出 K）。对于每种方法，在采样阶段的迭代中绘制 θ_1 和 θ_2 坐标的值，并计算最终 θ_1 和 θ_2 样本的 ESS。对于图和 ESS 计算，每 K 次迭代使用一个采样点。对于 HMC 方法 4 和 5，可视化已接受路径和被拒绝路径的蛙跳步骤。评论各个结果之间的差异。ε^* 指的是本大题问题（2）中的值。

① 高斯提议 $N(0,(\varepsilon^*)^2), K=25$ 的 Metropolis-Hastings。

② 随机游走：$\boldsymbol{p}\sim N(0,\boldsymbol{I}_2), \varepsilon=\varepsilon^*, K=1$ 的 LMC 。

③ $\boldsymbol{p}\sim N(0,\boldsymbol{I}_2)$，$\varepsilon=\varepsilon^*$，$K=25$ 的 LMC。

④ $\boldsymbol{p}\sim N(0,\boldsymbol{I}_2)$，$\varepsilon=\varepsilon^*$，$L=5$，$K=1$ 的 HMC。

⑤ $\boldsymbol{p}\sim N(0,\boldsymbol{I}_2)$，$\varepsilon=\varepsilon^*$，$L=25$，$K=1$ 的 HMC。

本章参考文献

[1] Amari S, Nagaoka H (2000) Methods of information geometry. Oxford University Press, Oxford, UK.

[2] Brodlie K, Gourlay A, Greenstadt J (1973) Rank-one and rank-two corrections to positive defifinite matrices expressed in product form. IMA J Appl Math 11(1):73–82.

[3] Girolami M, Calderhead B (2011) Riemann manifold Langevin and hamiltonian monte carlo. J R Stat Soc B 73(2):123–214.

[4] Lu Y, Zhu SC (2016) Learning frame models using CNN fifilters. In: Thirtieth AAAI conference on artifificial intelligence.

[5] Mackenzie PB (1989) An improved hybrid monte carlo method. Phys Lett B 226:369–371.

[6] Montufar GF, Pascanu R, Cho K, Bengio Y (2014) On the number of linear regions of deep neural networks. In: Advances in neural information processing systems (NIPS), pp 2924–2932.

[7] Neal RM (2011) MCMC using hamiltonian dynamics. Handbook of Markov Chain Monte Carlo, CRC Press, Boca Raton.

[8] Xie J, Hu W, Zhu SC (2016) A theory of generative convnet. In: International conference on machine learning.

[9] Zhang Y, Sutton C (2011) Quasi-Newton methods for Markov Chain Monte Carlo. In: Advances in neural information processing systems, pp 2393–2401.

[10] Zhu SC, Mumford D (1997) Prior learning and Gibbs reaction-diffusion. IEEE Trans Pattern Anal Mach Intell 19(11):1236–1250.

[11] Zhu SC, Mumford D (1998) Grade: Gibbs reaction and diffusion equations. In: ICCV, pp 847– 854.

[12] Zhu SC, Mumford D (1998) Filters, random fifields and maximum entropy (frame): towards a unified theory for texture modeling. Int J Comput Vis 27(2):107–126.

第 10 章　随机梯度学习

在线学习数学研究的起点必是我们对学习系统是什么这一问题主观理解的数学表达。

——Léon Bottou

10.1　引言

统计学习通常涉及最小化目标函数，以找到模型参数的合适值。一种简单而普遍的最小化可微目标函数的方法是梯度下降法（Gradient Descent），它使用最速下降方向上的迭代参数更新来最小化目标函数。然而，在某些情况下，目标函数梯度的计算要么在分析上很困难，要么在计算上是不可行的。两个重要的例子是吉布斯模型的参数估计和深度神经网络中的权重优化。随机梯度法是一种使用全梯度的随机无偏估计的方法，可以成为克服全梯度不可用的情况的有用工具。本章首先提出了几个关于从每个观测梯度得到真实梯度的近似值的理论，并讨论了随机梯度和朗之万动力学（Langevin Dynamics）之间的重要联系；接着介绍马尔可夫随机场模型的参数估计；最后通过神经网络学习图像模型，介绍深度图像模型的马尔可夫链蒙特卡罗（MCMC）方法。

10.2　随机梯度：动机和性质

最小化目标函数 f 是统计学习中最常见的框架。在判别模型中，目标函数是一个损失函数 $f(w)$，用其度量具有参数 w 模型的预测误差，例如真实类别和预测类别之间的交叉熵。在生成模型中，目标函数 $f(\theta)=D(q,p_\theta)$ 是度量真实数据分布 q 与来自族 $\mathcal{P}=\{p_\theta:\theta\in\Theta\}$ 分布 p_θ 之间的差异。一种流行的度量两种概率分布分离度的函数是 KL 散度。

当一个统计模型的参数 x 是连续的并且目标函数 $f(x)$ 是可微的时，用于最小化目标函数 f 的简单且有效的方法是梯度下降[2]。从初始点 x_0 开始，根据以下规则更新参数：

$$x_{t+1}=x_t-\gamma_t\nabla f(x_t) \tag{10-1}$$

式中，$\gamma_t>0$ 是第 t 轮迭代的步长，直到找到局部最小值。当真实梯度 $\nabla f(x)$ 由于分析或计算原因而不可用时，可以使用满足 $E[\tilde{\nabla}f(x)]=\nabla f(x)$ 的真实梯度的随机近似 $\tilde{\nabla}f(x)$。更新规则：

$$x_{t+1}=x_t-\gamma_t\tilde{\nabla}f(x_t) \tag{10-2}$$

被称为随机梯度下降（SGD）。接下来讨论两个典型例子。

10.2.1　引例

例 10-1　吉布斯模型的最大似然估计。当 f 的梯度具有难以被解析处理的期望时，对于分布族 $\mathcal{P}=\{p_\theta\}_{\theta\in\Theta}$ 和随机变量 $X\in\mathcal{X}$，随机梯度可以被计算为

$$\nabla f(\theta)=E_{p_\theta}[g(X;\theta)] \tag{10-3}$$

当用最大似然来估计吉布斯模型的参数时会遇到这种情况：

$$p_\theta(X)=\frac{1}{Z(\theta)}\exp\{-U(X;\theta)\} \tag{10-4}$$

式中，配分函数 $Z(\theta)=\int_{\mathcal{X}}\exp\{-U(X;\theta)\}\mathrm{d}X$。给定独立同分布的观测数据 $\{X_i\}_{i=1}^n$，p_θ 的对数似然为

$$l(\theta)=\frac{1}{n}\sum_{i=1}^n\log p_\theta(X_i)=-\log Z(\theta)-\frac{1}{n}\sum_{i=1}^n U(X_i;\theta) \tag{10-5}$$

最大化 $l(\theta)$ 产生模型参数的最大似然估计（MLE）θ^*。

最大化对数似然式（10-5）找到 MLE，等价于找到使 p_θ 与真实数据分布 q 之间的 KL 散度最小化的 θ 的值。观察

$$\begin{aligned}\mathrm{KL}(q\|p_\theta)&=E_q\left[\log\frac{q(X)}{p_\theta(X)}\right]\\&=E_q[\log q(X)]-E_q[\log p_\theta(X)]\end{aligned}$$

注意到 $E_q[\log q(X)]$ 不依赖于 θ。最小化 $\mathrm{KL}(q\|p_\theta)$ 只需最小化 $-E_q[\log p_\theta(X)]$。给定服从分布 q 之后的数据集 $\{X_i\}_{i=1}^n$，我们可以使用大数定律来获得近似 $\mathrm{E}_q[\log p_\theta(X)]\approx\frac{1}{n}\sum_{i=1}^n\log p_\theta(X_i)$。因此，最小化 $\mathrm{KL}(q\|p_\theta)$ 相当于最大化式（10-5），并且 p_{θ^*} 可以被解释为与族 $\mathcal{P}$ 中的 q 最接近的近似值。

难处理的配分函数 $Z(\theta)$ 是计算 $\nabla l(\theta)$ 时的主要障碍。幸运的是，$\log Z(\theta)$ 的梯度可以用闭合形式表示：

$$\frac{\mathrm{d}}{\mathrm{d}\theta}\log Z(\theta)=-E_{p_\theta}\left[\frac{\partial}{\partial\theta}U(X;\theta)\right] \tag{10-6}$$

推导如下：

$$\begin{aligned}\frac{\mathrm{d}}{\mathrm{d}\theta}\log Z(\theta)&=\frac{1}{Z(\theta)}\left[\frac{\mathrm{d}}{\mathrm{d}\theta}Z(\theta)\right]\\&=\frac{1}{Z(\theta)}\left[\frac{\mathrm{d}}{\mathrm{d}\theta}\int_{\mathcal{X}}\exp\{-U(X;\theta)\}\mathrm{d}X\right]\\&=\frac{1}{Z(\theta)}\int_{\mathcal{X}}\frac{\partial}{\partial\theta}\exp\{-U(X;\theta)\}\mathrm{d}X\\&=-\frac{1}{Z(\theta)}\int_{\mathcal{X}}\exp\{-U(X;\theta)\}\left[\frac{\partial}{\partial\theta}U(X;\theta)\right]\mathrm{d}X\end{aligned}$$

$$= -\int_{\mathcal{X}} p_\theta(X)\left[\frac{\partial}{\partial\theta}U(X;\theta)\right]\mathrm{d}X$$

$$= -E_{p_\theta}\left[\frac{\partial}{\partial\theta}U(X;\theta)\right]$$

在弱正则条件下，推导中的第三行中的积分和微分运算的交换是合理的。该分析表明，似然梯度可以写成：

$$\nabla l(\theta) = E_{p_\theta}\left[\frac{\partial}{\partial\theta}U(X;\theta)\right] - \frac{1}{n}\sum_{i=1}^{n}\frac{\partial}{\partial\theta}U(X_i;\theta) \tag{10-7}$$

这是式（10-3）的特殊情况，其中

$$g(X;\theta) = \frac{\partial}{\partial\theta}U(X;\theta) - \frac{1}{n}\sum_{i=1}^{n}\frac{\partial}{\partial\theta}U(X_i;\theta)$$

除最简单的情况外，不能精确计算期望 $E_{p_\theta}\left[\frac{\partial}{\partial\theta}U(X;\theta)\right]$。然而，通过从分布 p_θ 获得 MCMC 样本 $\{Y_i\}_{i=1}^{m}$ 以使用大数定律 $E_{p_\theta}\left[\frac{\partial}{\partial\theta}U(X;\theta)\right] \approx \frac{1}{m}\sum_{i=1}^{m}\frac{\partial}{\partial\theta}U(Y_i;\theta)$ 近似并计算真实梯度 $\nabla l(\theta)$ 的随机近似值 $\tilde{\nabla} l(\theta)$：

$$\tilde{\nabla} l(\theta) = \frac{1}{m}\sum_{i=1}^{m}\frac{\partial}{\partial\theta}U(Y_i;\theta) - \frac{1}{n}\sum_{i=1}^{n}\frac{\partial}{\partial\theta}U(X_i;\theta) \tag{10-8}$$

来自 p_θ 的 MCMC 样本 $\{Y_i\}_{i=1}^{m}$ 有时被称为负样本，与遵循真实分布 q 的“正”样本 $\{X_i\}_{i=1}^{n}$ 相反。在计算近似梯度后，可以应用随机梯度下降更新式（10-2）来迭代求解 MLE$\tilde{\theta}$，其中 $\tilde{\nabla} f(\theta) = -\tilde{\nabla} l(\theta)$，因为我们在最大化 $l(\theta)$。直观地说，式（10-8）中的梯度激励 p_θ 的 MCMC 样本，去匹配由 $U(X;\theta)$ 编码的特征中的训练数据 $\{X_i\}_{i=1}^{n}$。

例 10-2 大规模学习。当目标函数是大量可微子函数的和时，随机梯度下降也很有用：

$$L(w) = \frac{1}{n}\sum_{i=1}^{n}L_i(w) \tag{10-9}$$

$L(w)$ 的导数具有简单的形式：

$$\nabla L(w) = \frac{1}{n}\sum_{i=1}^{n}\nabla L_i(w) \tag{10-10}$$

目标函数的形式式（10-9）在实践中经常遇到。当每个观测损失 $L(X;w)$ 应用于一组观测数据 $\{X_i\}_{i=1}^{n}$（其中 $L_i(w) = L(X_i;w)$）时，会出现一个加性目标。在监督学习中，观测结果为 $X_i = (Z_i, Y_i)$ 对，个体损失项为 $L(X_i;w) = L(Z_i, Y_i; w)$。通常，不同的观测结果 X_i 被视为独立同分布样本。当 $L(X;w)$ 是无监督学习中的负对数似然 $-\log p(X;w)$ 或监督学习中的条件负对数似然 $-\log p(Z|Y;w)$ 时，观测值之间的独立性导致整个数据集的损失被分割为单个损失项的总和：

$$-\log p(\{X_i\}_{i=1}^n; w) = -\log\left[\prod_{i=1}^n p(X_i; w)\right]$$
$$= \sum_{i=1}^n -\log p(X_i; w) = \sum_{i=1}^n L(X_i; w) \propto L(w)$$

在对复杂数据进行建模时，单个梯度 $\frac{\partial}{\partial w}L(X_i;w)$ 的计算成本可能很高。如果数据集非常大，则计算全梯度 $\nabla L(w)$ 可能变得非常耗时。在深度学习应用中，耗时的梯度计算和大数据集都是很典型的。同时，每次观测的梯度 $\frac{\partial}{\partial w}L(X_i;w)$ 可以被认为是真实梯度 $\nabla L(w)$ 的噪声版本，并且在大样本量的限制下，少量梯度的预测能力保持不变。这就促使了对大小为 $|B|=n_B$ 的随机样本 $B\subset\{1,\ldots,n\}$ 使用小批量 $\{X_i : i\in B\}$。在每次迭代中，仅针对小批量观测计算梯度，产生随机梯度：

$$\nabla_B L(w) = \frac{1}{n_B}\sum_{i\in B}\frac{\partial}{\partial w}\nabla L(X_i; w) \tag{10-11}$$

很容易证明 $E[\nabla_B L(w)] = \nabla L(w)$。式（10-11）更多的性质将在本书 10.2.3 节中讨论。式（10-11）的一个特例是在线学习，在每个批次（$n_B = 1$）中使用单个观测值。

在使用 MCMC 方法的深度学习应用中（参见本书 10.4 节），通常需要例 10-1 和例 10-2 中提到的随机梯度。在学习具有梯度式（10-8）的深层网络函数的最大似然估计参数时，需要使用 MCMC 样本在第一项获得近似梯度，而在第二项中使用小批量的观测数据以降低计算成本。

10.2.2　Robbins-Monro 定理

SGD 算法式（10-2）的收敛性分析仅限于一维情况，即 $d=1$。

定理 10-1（Robbins-Monro）　如果满足以下条件，则序列 w_n 在 L^2 上（同时在概率上）会收敛于 θ：

（1）$G(w)$ 在存在 $C<\infty$ 使得 $P(|G(w)\leqslant C|)=1$ 的意义上是均匀有界的。

（2）$F(w)$ 是非递减的、可微的，且 $F'(\theta)>0$。

（3）序列 γ_n 满足 $\sum_{n=0}^{\infty}\gamma_n=\infty$，以及 $\sum_{\gamma=0}^{\infty}\gamma_n^2<\infty$。

定理 10-1 的多维版本受到许多约束性假设的限制。最近的显式版本[17]考虑了噪声观测 $G(\theta_n)$ 是凸可微函数 $f_n:\mathbb{R}^d\to\mathbb{R}$ 的梯度情况，因此 $G(\theta_n)=\nabla f_n(\theta_n)$。

定理 10-2（Moulines，2011）　假设满足以下条件：

（1）存在可微函数 $f:\mathbb{R}^d\to\mathbb{R}$，使得

$$E[\nabla f_n(\theta)] = \nabla f(\theta), \forall n\geqslant 1\text{，概率为 1}$$

（2）对所有的 $n\geqslant 1$，f_n 几乎肯定是凸的、可微的，且

$$\forall \theta_1,\theta_2\in\mathbb{R}^d, E\left(\|\nabla f_n(\theta_1)-\nabla f_n(\theta_2)\|^2\right)\leqslant L^2\|\theta_1-\theta_2\|^2\text{，概率为 1}$$

（3）函数 f 相对于范数 $\|\cdot\|$ 是强凸的，其中一些常数 $\mu>0$：

$$\forall\theta_1,\theta_2\in\mathbb{R}^d, f(\theta_1)\geqslant f(\theta_2)+(\theta_1-\theta_2)\nabla f(\theta_2)+\frac{\mu}{2}\|\theta_1-\theta_2\|^2$$

（4）存在 $\sigma>0$ 使得 $\forall n\geqslant 1$，$E\left(\|\nabla f_n(\theta)\|^2\right)\leqslant\sigma$。

设 $\delta_0=\|\theta_0-\theta\|^2$，$\varphi_\beta(t)=\dfrac{t^\beta-1}{\beta}$，且 $\gamma_n=Cn^{-\alpha}$（对一些 $\alpha\in[0,1]$）。当 $\alpha<1$ 时，来自式（10-2）的序列满足：

$$E\|\theta_n-\theta\|^2\leqslant 2\exp\left[4L^2C^2\varphi_{1-2\alpha}(n)-\frac{\mu C}{2}n^{1-\alpha}\right]\left(\delta_0+\frac{\sigma^2}{L^2}\right)+\frac{4C\sigma^2}{\mu n^\alpha}$$

如果 $\alpha=1$，那么

$$E\|\theta_n-\theta\|^2\leqslant\frac{\exp(2L^2C^2)}{n^{\mu C}}\left(\delta_0+\frac{\sigma^2}{L^2}\right)+2\frac{C^2\sigma^2}{n^{\mu C/2}}\varphi_{\mu C/2-1}(n)$$

收敛时间与最小值处[14]的黑塞矩阵 $\boldsymbol{H}_{ij}=\dfrac{\partial^2L(\theta)}{\partial w_i\partial w_j}$ 的条件数 $\boldsymbol{\kappa}=\lambda_{\max}/\lambda_{\min}$ 成正比。这与本书9.6 节中讨论的 HMC 属性相当。完全梯度迭代（批量大小等于 n）在 $L(\theta^k)-L(\theta)=O(\rho^k)$ 的意义下具有线性收敛性，其中，$\rho<1$ 取决于条件数 $\boldsymbol{\kappa}$（根据参考文献[18]的定理 2.1.15）。在线版本具有子线性收敛 $E[L(\theta^k)]-L(\theta)=O(1/k)$ [19]，但每次迭代的速度都要快 n 倍。

10.2.3 随机梯度下降和朗之万方程

考虑式（10-11）中小批量随机梯度。小批量选择的采样过程定义了梯度的多元分布。可以使用梯度的一阶矩和二阶矩，以朗之万方程的形式定义 SGD 的连续时间模拟量（参见本书 9.5.3 节）来分析 SGD。令人惊讶的是，出现在 SGD 朗之万方程中的扩散矩阵是传统牛顿优化中使用的矩阵的逆。SGD 与朗之万方程之间的联系揭示了 SGD 的重要性质，包括批量大小的作用，稳态分布和泛化。

考虑使用小批量梯度 $\nabla_B f(\boldsymbol{x})=\dfrac{1}{n_B}\sum_{i\in B}\nabla f_i(\boldsymbol{x})$ 最小化加性损失 $f(\boldsymbol{x})=\sum_{i=1}^{n}f_i(\boldsymbol{x})$。参照 Hu 等人[12]的方法，我们首先找到随机梯度 $\nabla_B f(\boldsymbol{x})$ 的期望和方差。矩阵

$$\boldsymbol{D}(\boldsymbol{x})=\left(\frac{1}{N}\sum_{i=1}^{N}\nabla f_i(\boldsymbol{x})\nabla f_i(\boldsymbol{x})^{\mathrm{T}}\right)-\nabla f(\boldsymbol{x})\nabla f(\boldsymbol{x})^{\mathrm{T}} \tag{10-12}$$

将在分析中发挥重要作用，我们将其称为扩散矩阵。设 $B=\{i_1,\ldots,i_{n_B}\}$ 是小批量成员的索引。为了便于分析，假设 B 是一个简单的随机样本，替换 $\{1,\ldots,n\}$。单样本期望和方差是

$$E[\nabla f_{i_j}(\boldsymbol{x})]=\frac{1}{n}\sum_{i=1}^{n}\nabla f_i(\boldsymbol{x})=\nabla f(\boldsymbol{x})$$

$$\mathrm{Var}[\nabla f_{i_j}(\boldsymbol{x})]=E[\nabla f_{i_j}(\boldsymbol{x})\nabla f_{i_j}(\boldsymbol{x})^{\mathrm{T}}]-E[\nabla f_{i_j}(\boldsymbol{x})]E[\nabla f_{i_j}(\boldsymbol{x})]^{\mathrm{T}}=\boldsymbol{D}(x)$$

替换的简单随机样本的均值和方差的标准结果显示：

$$E[\nabla_B f(\boldsymbol{x})] = \frac{1}{n_B}\sum_{j=1}^{n_B} E[\nabla f_{i_j}(\boldsymbol{x})] = \frac{1}{n_B}\sum_{j=1}^{n_B}\nabla f(\boldsymbol{x}) = \nabla f(\boldsymbol{x}) \tag{10-13}$$

$$\mathrm{Var}[\nabla_B f(\boldsymbol{x})] = \mathrm{Var}\left[\frac{1}{n_B}\sum_{j=1}^{n_B}\nabla f_{i_j}(\boldsymbol{x})\right] = \frac{1}{n_B^2}\sum_{j=1}^{n_B}\mathrm{Var}[\nabla f_{i_j}(\boldsymbol{x})] = \frac{\boldsymbol{D}(\boldsymbol{x})}{n_B} \tag{10-14}$$

其中，方差计算中的第二个等式使用了一个事实，即小批量梯度是独立的随机变量。

我们可以从小批量梯度中分离平均值，并将 SGD 更新式（10-2）写为

$$X_{t+1} = X_t - \eta\nabla_B f(X_t) = X_t - \eta\nabla f(X_t) + \sqrt{\eta}V_t$$

式中，$V_t = \sqrt{\eta}(\nabla f(X_t) - \nabla_B f(X_t))$。SGD 扩散项 V_t 明显具有均值 $E[V_t]=0$，且方差 $\mathrm{Var}[V_t] = \frac{\eta}{|B|}\boldsymbol{D}(X_t)$。Li 等人[15]分析 V_t 以证明 SGD 和朗之万动力学之间的联系，见 Hu 等人[6]进行的其他分析。

定理 10-3（**Li 等人，2017**[15]） 假设 f 和 $\{f_i\}_{i=1}^n$ 是利普希茨（Lipschitz）连续的，至多具有线性渐进增长，并且具有足够高的导数，属于多项式增长的函数集。那么

$$\mathrm{d}X_t = -\nabla f(X_t)\mathrm{d}t + \sqrt{\frac{\eta}{n_B}\boldsymbol{D}(X_t)}\mathrm{d}W_t \tag{10-15}$$

式中，$\mathrm{d}W_t$ 是布朗运动，是式（10-2）中具有小批量梯度式（10-11）的 SGD 过程的一阶随机近似。

在式（10-15）中，SGD 和朗之万动力学之间的等价性揭示了 SGD 的几个重要性质。一个观察结果是，SGD 的批量大小（Batch Size）起着逆温的作用，因为噪声 $\frac{\eta}{n_B}\boldsymbol{D}(X_t)$ 的大小与批量大小 n_B 呈逆变化。使用较小的批量大小可以直观地理解为在较高温度下探索损失能级图，因为当使用较小批量大小时，采样过程中存在更多变化。大批量 SGD 与完全梯度优化类似，就像低温采样一样。有趣的是，最近的工作[13]表明，使用小批量 SGD 发现的深度网络参数比使用大批量 SGD 的参数具有更好的泛化特性。这证明小批量 SGD 产生的“高温”动态过程比完全梯度方法更不容易陷入局部极小值。虽然 SGD 最初是出于计算效率的原因而采用的，但它也具有自然适合在高度过参数化设置中找到具有良好泛化参数的属性。

Zhang 等人[24]观察到扩散矩阵 $\boldsymbol{D}(\boldsymbol{x})$ 的结构也与 SGD 的泛化特性有关，考虑了在局部极小值附近的 SGD 过程。在这种情况下，$\nabla f(\boldsymbol{x}) \approx 0$ 且扩散矩阵 $\boldsymbol{D}(\boldsymbol{x})$ 近似等于经验费希尔信息：

$$\boldsymbol{D}(\boldsymbol{x}) \approx \frac{1}{N}\sum_{i=1}\nabla f_i(\boldsymbol{x})\nabla f_i(\boldsymbol{x})^{\mathrm{T}} \approx E[\nabla f_i(\boldsymbol{x})\nabla f_i(\boldsymbol{x})]^{\mathrm{T}} \tag{10-16}$$

较大特征值的费希尔信息的特征向量具有较大的曲率，这意味着沿这些方向的小扰动会导致 $f(\boldsymbol{x})$ 的输出发生较大的变化。相比之下，有较小特征值的费希尔信息的特征向量对应于能抵抗输入的小扰动的“平坦”方向。直观地说，“平坦”极小值具有更好的泛化属性，因为对输入扰动的稳健性表明模型不存在过拟合现象。

比较式（10-15）中的 SGD 朗之万动态过程与黎曼流形朗之万动态过程（见本书 9.6 节），可以发现式（10-16）中的噪声扩散矩阵 $\boldsymbol{D}(\boldsymbol{x})$是出现在 RMLMC 中的噪声矩阵的逆。回想一下，RMLMC 噪声协方差是逆费希尔信息的，它重新调整局部能级图几何量，使每个方向的单位方差不相关。换句话说，RMLMC 动态调整加入 LMC 中梯度的各向同性噪声，以便沿着局部能级图的更受约束的方向（特征值较大的方向）采取更小的步长，而沿着局部能级图的更平坦的方向采取更大的步长（具有较小特征值的方向）。在这方面，RMLMC 与传统二阶优化技术的理念是一致的。

另外，SGD 中的噪声扩散矩阵 $\boldsymbol{D}(\boldsymbol{x})$是未反转的费希尔信息的近似值。与传统的二阶优化不同，SGD 在具有高特征值的方向上采取较大的步长，而在具有低特征值的方向上采取较小的步长。SGD 的扩散动态主动探测局部协方差的最受约束的方向。受约束的方向可以直观地理解为“不信任的”方向，因为沿着这些方向，模型中的微小变化会导致模型性能大的变化。有趣的是，SGD 扩散项似乎集中在不值得信任的方向上。通过在每次迭代中寻找最受约束的方向，SGD 最终会找到几乎所有方向都是不受约束的“平坦的”局部极小值。因此，SGD 可以在训练早期逃离狭窄的盆地并避免过度拟合。SGD 动态优化与经典优化技术的一个重要区别在于 SGD 不需要考虑局部几何中严格约束的方向。相反，刚性方向的主动扰动有助于算法找到泛化性更好的平坦极小值。深度学习中高度复杂函数的优化不仅得益于 SGD 算法的计算效率，也得益于 SGD 算法能够很自然地适应损失能级图的几何特点的性质。

由于 SGD 可以用连续时间的朗之万方程来近似，所以分析朗之万动力学的稳态分布是很自然的。简单的直觉可能认为稳态是 $\frac{1}{Z}\exp\{-f(\boldsymbol{x})/T\}$，是目标函数 f 的吉布斯分布。然而，SGD 近似的真实稳态更复杂。直观上，当 $\boldsymbol{D}(\boldsymbol{x})$ 是一个常数矩阵 $\boldsymbol{D}$ 时，需考虑式（10-15）的动态过程。在这种情况下，动态过程式（10-15）可以写成：

$$\mathrm{d}X_t = -\frac{\eta}{2n_B}\boldsymbol{D}\left[\frac{2n_B}{\eta}\boldsymbol{D}^{-1}\nabla f(X_t)\right]\mathrm{d}t + \sqrt{2\left(\frac{\eta}{2n_B}\right)\boldsymbol{D}}\mathrm{d}W_t \tag{10-17}$$

本书 9.5.3 节中朗之万方程的讨论表明，如果一个函数 g 满足 $\nabla g(\boldsymbol{x}) = \boldsymbol{D}^{-1}\nabla f(\boldsymbol{x})$，那么 $\frac{1}{Z}\exp\left\{-\frac{2n_B}{\eta}g(\boldsymbol{x})\right\}$ 必定是式（10-17）的稳态。很容易看出，当 $\boldsymbol{D} = c\,\mathbf{Id}$ 时（标量乘以单位矩阵），式（10-17）的稳态具有 $\frac{1}{Z}\exp\{-f(\boldsymbol{x})/T\}$ 的形式。

更一般来说，Chaudhari 和 Soatto[3]在简化 $\nabla f(\boldsymbol{x})$ 结构的假设下表明，在当且仅当 $\boldsymbol{D}(\boldsymbol{x}) = c\,\mathbf{Id}$ 时，SGD 朗之万动态过程式（10-15）的稳态等于 $\frac{1}{Z}\exp\{-f(\boldsymbol{x})/T\}$。在实际应用中，在 SGD 轨迹中观察到的扩散矩阵是高度非各向同性的。鉴于先前的观察结果，$\boldsymbol{D}(\boldsymbol{x})$ 的结构与 f 的非欧几里得几何相关，这并不令人惊讶。因此，文献[3]中的作者得出结论，SGD 不遵循目标函数的吉布斯分布。另外，自然梯度 $\boldsymbol{D}^{-1}\nabla f(X)$ 和式（10-17）中的扩散矩阵 $\boldsymbol{D}$ 的出现表明，SGD 的动态自然地适应 f 的能级图。进一步了解 SGD 的稳态和几何特性，可以继续为大规模优化和深度学习的复杂行为提供有价值的见解。

10.3　马尔可夫随机场（MRF）模型的参数估计

本节介绍了马尔可夫随机场（MRF）模型学习参数的方法，其概率密度具有以下形式：

$$p_{\boldsymbol{\beta}}(\boldsymbol{x})=\frac{1}{Z(\boldsymbol{\beta})}\exp\left\{-\sum_{k=1}^{K}\left\langle\boldsymbol{\beta}^{(k)},U_k(\boldsymbol{x})\right\rangle\right\}=\frac{1}{Z(\boldsymbol{\beta})}\exp\left\{-\left\langle\boldsymbol{\beta},U(\boldsymbol{x})\right\rangle\right\} \tag{10-18}$$

式中，$\boldsymbol{\beta}=(\boldsymbol{\beta}^{(1)},\ldots,\boldsymbol{\beta}^{(K)})$，$\boldsymbol{\beta}^{(k)}\in\mathbb{R}^{d_k}$，是要学习的模型参数，$\boldsymbol{x}\in\Omega\subset\mathbb{R}^d$ 是 MRF 空间中的观测值，$U_k(\boldsymbol{x}):\Omega\to\mathbb{R}^{d_k}$ 是充分统计量，$Z(\boldsymbol{\beta})$ 是配分函数 $Z(\boldsymbol{\beta})=\int_{\Omega}\exp\left(-\left\langle\boldsymbol{\beta},U(\boldsymbol{x})\right\rangle\right)\mathrm{d}\boldsymbol{x}$。MRF 密度是吉布斯密度式（10-4）的一种特殊情况，其中势能具有线性分解的特性 $U(\boldsymbol{x};\boldsymbol{\beta})=\left\langle\boldsymbol{\beta},U(\boldsymbol{x})\right\rangle$。

MRF 分布可以推导为满足给定期望的最大熵分布。考虑充分统计量 $U_k(\boldsymbol{x}):\Omega\to\mathbb{R}^{d_k}$（其中，$k=1,\ldots,K$），假设对于每个 U_k，想要找到具有特定期望值 $E_p[U_k(X)]=a_k$ 概率分布 p。为了避免指定超出强制期望的模型，应该寻找仅满足充分统计要求的最一般分布。使用熵 $-E_p[\log p(\boldsymbol{X})]$ 作为分布通用性的度量而产生约束优化问题：

$$\begin{gathered}p(\boldsymbol{x})=\operatorname{argmax}_p\left\{-\int_{\Omega}p(\boldsymbol{x})\log p(\boldsymbol{x})\mathrm{d}\boldsymbol{x}\right\}\text{满足}\\ E_p[U_k(\boldsymbol{X})]=a_k\end{gathered} \tag{10-19}$$

式中，$k=1,\ldots,K$。使用拉格朗日乘子法，可以证明约束最大化问题式（10-20）的解是 MRF 分布式（10-18）。其中，$\boldsymbol{\beta}=(\boldsymbol{\beta}^{(1)},\ldots,\boldsymbol{\beta}^{(K)})$是拉格朗日乘子。

虽然对于给定的一组期望的最大熵密度的形式总是 MRF 密度，但是学习 MRF 模型仍然需要找到超参数拉格朗日乘子 $\boldsymbol{\beta}$。拉格朗日乘子不能显式计算，必须使用梯度下降的迭代估计。如例 10-1 中所述，通过最大化独立同分布的观测数据的对数似然来找到 MLE $\boldsymbol{\beta}^*$，等价于最小化 MRF 模型 $p_{\boldsymbol{\beta}}$ 与真实数据分布之间的 KL 散度，进而等价于在真实分布下最小化 $p_{\boldsymbol{\beta}}$ 的熵。因此，MRF 模型的 MLE 学习可以被解释为极小极大熵学习：MRF 密度给出最大熵模型的形式，而 MLE 学习则是在 MRF 族中找到最小熵的模型。

给定一组独立同分布观测 $\{\boldsymbol{X}_i\}_{i=1}^n$，可以按照例 10-1，根据式（10-8）中的梯度优化 $\boldsymbol{\beta}$ 来找到对数似然式（10-5）的 MLE $\boldsymbol{\beta}^*$。由于 MRF 密度的势能在 $\boldsymbol{\beta}$ 是线性的，因此得分函数是 $\frac{\partial}{\partial\boldsymbol{\beta}}\nabla\log p_{\boldsymbol{\beta}}(\boldsymbol{x})=-\nabla\log Z(\boldsymbol{\beta})-U(\boldsymbol{x})$，对数似然 $l(\boldsymbol{\beta})$ 的梯度具有更简单的形式：

$$\nabla l(\boldsymbol{\beta})=E_{p_{\boldsymbol{\beta}}}[U(\boldsymbol{X})]-\frac{1}{n}\sum_{i=1}^{n}U(\boldsymbol{X}_i)\approx\frac{1}{m}\sum_{i=1}^{m}U(\boldsymbol{Y}_i)-\frac{1}{n}\sum_{i=1}^{n}U(\boldsymbol{X}_i) \tag{10-20}$$

式中，$\{\boldsymbol{Y}_i\}_{i=1}^m$ 是从 MCMC 获取的 $p_{\boldsymbol{\beta}}$ 样本，需要蒙特卡罗模拟来估计难以处理的期望 $E_{p_{\boldsymbol{\beta}}}[U(\boldsymbol{X})]$ 以获得 $\boldsymbol{\beta}$ 的近似梯度。由于势能 $-\left\langle\boldsymbol{\beta},U(\boldsymbol{x})\right\rangle$ 的线性关系，对数似然 $l(\boldsymbol{\beta})$ 是凸的，MLE $\boldsymbol{\beta}^*$ 对于 MRF 模型是唯一的。因此，可以观察到随机梯度式（10-20）激励来自当前分布 $p_{\boldsymbol{\beta}}$ 的样本去匹配来自真实数据分布样本的充分统计。

10.3.1 利用随机梯度学习 FRAME 模型

作为 MRF 模型随机梯度学习的一个具体例子，我们讨论了本书 9.7.3 节例 9-1 中介绍的 FRAME 模型。设 $\boldsymbol{I}_\Lambda$ 是在栅格 Λ 上定义的图像，$\boldsymbol{I}_{\partial\Lambda}$ 是栅格 Λ 邻域 $\partial\Lambda$ 的固定边界条件。设 $\boldsymbol{h}(\boldsymbol{I}_\Lambda|\boldsymbol{I}_{\partial\Lambda})$ 是边界条件 $\boldsymbol{I}_{\partial\Lambda}$ 下 $\boldsymbol{I}_\Lambda$ 的特征统计量。通常 $\boldsymbol{h}(\cdot)$ 是一组直方图 $\{\boldsymbol{h}_k(\cdot)\}_{k=1}^K$，其测量 $\boldsymbol{I}_\Lambda|\boldsymbol{I}_{\partial\Lambda}$ 上对卷积滤波器 $\{F_k\}_{k=1}^K$ 的响应。FRAME 的概率密度具有如下形式[26]：

$$\begin{aligned} p(\boldsymbol{I}_\Lambda|\boldsymbol{I}_{\partial\Lambda};\boldsymbol{\beta}) &= \frac{1}{Z(\boldsymbol{I}_{\partial\Lambda},\boldsymbol{\beta})}\exp\left\{-\sum_{k=1}^{K}\left\langle\boldsymbol{\beta}^{(k)},\boldsymbol{h}_k(\boldsymbol{I}_\Lambda|\boldsymbol{I}_{\partial\Lambda})\right\rangle\right\} \\ &= \frac{1}{Z(\boldsymbol{I}_{\partial\Lambda},\boldsymbol{\beta})}\exp\left\{-\left\langle\boldsymbol{\beta},\boldsymbol{h}(\boldsymbol{I}_\Lambda|\boldsymbol{I}_{\partial\Lambda})\right\rangle\right\} \end{aligned} \tag{10-21}$$

在原始 FRAME 应用中，单个纹理图像 $\boldsymbol{I}^{\text{obs}}$ 作为模型的训练数据。假设纹理图像的分布是空间不变的，则 $\boldsymbol{I}^{\text{obs}}$ 的不同块（滤波器卷积非零的局部区域）可以被视为独立同分布观测结果。因此，来自单个大纹理图像的随机块具有与独立块相同的统计量 $\boldsymbol{h}(\boldsymbol{I}_\Lambda|\boldsymbol{I}_{\partial\Lambda})$。当对对齐的数据（如物体）进行建模时，必须更加小心。

最大化 FRAME 对数似然

$$\mathcal{G}(\boldsymbol{\beta}) = \log p(\boldsymbol{I}_\Lambda^{\text{obs}}|\boldsymbol{I}_{\partial\Lambda}^{\text{obs}};\boldsymbol{\beta}) \tag{10-22}$$

在下面的公式中使用梯度式（10-20）：

$$\hat{\nabla}\mathcal{G}(\boldsymbol{\beta}) = \boldsymbol{h}(\boldsymbol{I}_\Lambda^{\text{syn}}|\boldsymbol{I}_{\partial\Lambda}^{\text{obs}}) - \boldsymbol{h}(\boldsymbol{I}_\Lambda^{\text{obs}}|\boldsymbol{I}_{\partial\Lambda}^{\text{obs}}) \tag{10-23}$$

可用于迭代求解唯一的 MLE $\boldsymbol{\beta}^*$。合成图像 $\boldsymbol{I}^{\text{syn}}$ 是由来自当前模型 $p(\boldsymbol{I}_\Lambda|\boldsymbol{I}_{\partial\Lambda};\boldsymbol{\beta})$ 的 MCMC 样本生成的。FRAME 算法见算法 10-1。有关 FRAME 合成的图像示例，请参阅本书 10.3.4 节。

算法 10-1 FRAME 算法

Input: 观测到的纹理图像 $\boldsymbol{I}^{\text{obs}}$，滤波器组 $\mathcal{F}=\{F_1,\ldots,F_K\}$，吉布斯扫描量 S，步长 $\delta>0$，收敛误差 $\varepsilon>0$

Output: MLE $\boldsymbol{\beta}^*=((\boldsymbol{\beta}^{(1)})^*,\ldots,(\boldsymbol{\beta}^{(K)})^*)$ 以及合成图像 $\boldsymbol{I}^{\text{syn}}$

1. 通过滤波器 $\{F_k\}_{k=1}^K$ 在每个位置 $(x,y)\in\Lambda$ 的卷积计算 $\boldsymbol{h}(\boldsymbol{I}_\Lambda^{\text{obs}}|\boldsymbol{I}_{\partial\Lambda}^{\text{obs}})=\{\boldsymbol{h}_k(\boldsymbol{I}_\Lambda^{\text{obs}}|\boldsymbol{I}_{\partial\Lambda}^{\text{obs}})\}_{k=1}^K$
2. 初始化 $\boldsymbol{\beta}_0^{(k)}=0$（其中，$k=1,\ldots,K$）和 $\boldsymbol{I}^{\text{syn}}$ 为均匀白噪声
3. **repeat**

（1）计算 $\boldsymbol{h}(\boldsymbol{I}_\Lambda^{\text{syn}}|\boldsymbol{I}_{\partial\Lambda}^{\text{obs}})=\{\boldsymbol{h}_k(\boldsymbol{I}_\Lambda^{\text{syn}}|\boldsymbol{I}_{\partial\Lambda}^{\text{obs}})\}_{k=1}^K$

（2）更新 $\boldsymbol{\beta}$，根据

$$\boldsymbol{\beta}_t = \boldsymbol{\beta}_{t-1} + \delta\tilde{\nabla}\mathcal{G}(\boldsymbol{\beta}_{t-1})$$

其中，$\tilde{\nabla}\mathcal{G}(\boldsymbol{\beta})$ 是式（10-23）中的随机梯度

（3）应用吉布斯采样器，使用式（10-21）中密度 $p(\boldsymbol{I}_\Lambda|\boldsymbol{I}_{\partial\Lambda};\boldsymbol{\beta}_t)$，用 S 扫描更新 $\boldsymbol{I}^{\text{syn}}$

until $\frac{1}{2}\sum_{k=1}^{K}\left\|\boldsymbol{h}_k(\boldsymbol{I}_\Lambda^{\text{obs}}|\boldsymbol{I}_{\partial\Lambda}^{\text{obs}})-\boldsymbol{h}_k(\boldsymbol{I}_\Lambda^{\text{syn}}|\boldsymbol{I}_{\partial\Lambda}^{\text{obs}})\right\|_1<\varepsilon$

10.3.2 FRAME 的替代学习方法

训练 FRAME 模型时的主要障碍是在每次更新 $\boldsymbol{\beta}$ 之后用于合成图像的 MCMC 步骤的计算成本。由于直方图特征在 $\boldsymbol{I}$ 中不可微，因此使用 HMC 不可行，必须使用单点吉布斯采样。这种生成随机梯度学习负样本的方法可能非常慢。原始 FRAME 算法的变体通过减少计算 $E_{p(\boldsymbol{I}_\Lambda|\boldsymbol{I}_{\partial\Lambda};\boldsymbol{\beta})}[\boldsymbol{h}(\boldsymbol{I}_\Lambda|\boldsymbol{I}_{\partial\Lambda})]$ 的计算负担，来提高训练速度。

在原始 FRAME 算法中使用 MCMC 采样来绕过难以处理的配分函数 $Z(\boldsymbol{I}_{\partial\Lambda},\boldsymbol{\beta})$ 的计算。FRAME 算法的变体利用纹理图像的局部结构和 FRAME 势的线性结构 $-\langle\boldsymbol{\beta},\boldsymbol{h}(\boldsymbol{I}_\Lambda|\boldsymbol{I}_{\partial\Lambda})\rangle$ 来找到用于近似 $Z(\boldsymbol{I}_{\partial\Lambda},\boldsymbol{\beta})$ 的替代方法。本节介绍了设计 FRAME 算法替代方案的两个准则，而在 10.3.3 节介绍了四种变体算法。

设计准则Ⅰ：前景块的数量、大小和形状

第一个设计准则是将完整图像栅格 Λ 分成一组较小的、可能重叠的子栅格 $\{\Lambda_i\}_{i=1}^M$，子栅格的大小和形状可以是任意的。然后将联合对数似然定义为块对数似然的总和：

$$\mathcal{G}_{\text{patch}}(\boldsymbol{\beta})=\sum_{j=1}^{M}\log p(\boldsymbol{I}_{\Lambda_i}^{\text{obs}}|\boldsymbol{I}_{\partial\Lambda_i}^{\text{obs}};\boldsymbol{\beta}) \tag{10-24}$$

在训练过程中，将图像栅格分割成更小块有助于提高采样效率。固定背景像素可以显著提高 MCMC 样本的混合速率，而不会对合成图像的精度造成太大的损失。

图 10-1 显示了 $\{\Lambda_i\}_{i=1}^M$ 的四种典型选择。较亮的像素位于前景 Λ_i 中，其被背景 $\partial\Lambda_i$ 中的较暗像素围绕。$\partial\Lambda_i$ 的宽度取决于最大卷积滤波器的大小。图 10-1（a）为似然（原始 FRAME 算法），图 10-1（b）为局部似然（算法Ⅰ），图 10-1（c）为块似然（算法Ⅱ）或卫星似然（算法Ⅲ），以及图 10-1（d）为伪似然（算法Ⅳ）。在图 10-1（a）、图 10-1（c）和图 10-1（d）中，Λ_i 是具有 $m\times m$ 像素的方形块。在一个极端情况下，图 10-1（a）选择一个由 Λ_i 表示的最大斑块，即 $M=1$，$m=N-2w$，其中 w 是边界的宽度。在这种情况下，$\mathcal{G}_{\text{patch}}$ 对应于标准对数似然，它采用例 10-1 中讨论的随机梯度 MLE 方法[4-6,23,26]。在另一个极端情况下，图 10-1（d）选择大小为 $m=1$ 的最小块。这里 $\mathcal{G}_{\text{patch}}$ 是来自最大伪似然估计（MPLE）[1]的对数伪似然。在 MPLE 中，假设图像的联合密度是每个给定其余输入的单变量维度的条件密度的乘积，所以每个像素定义一个独立的块。图 10-1（c）是极端情况图 10-1（a）和图 10-1（d）之间的一个例子，其中 $\mathcal{G}_{\text{patch}}$ 是对数–块–似然或对数–卫星–似然。在第四种情况下，图 10-1（b）只选择一个（$M=1$）不规则形状的块 Λ_i，这是一组随机选择的像素，其余的像素在背景 $\partial\Lambda_i$ 中。在这种情况下，$\mathcal{G}_{\text{patch}}$ 被称为对数–局部–似然。在图 10-1（c）和图 10-1（d）中，前景像素可以作为不同块的背景。很容易证明，最大化 $\mathcal{G}(\boldsymbol{\beta})$ 会产生所有四种选择[7]的一致估计。

设计准则Ⅱ：用于估计配分函数的参考模型

除了在每个步骤从更新的模型中采样以获得随机梯度，也可以使用固定参考模型并使用重要性采样来评估期望 $E_{p(\boldsymbol{I}_\Lambda|\boldsymbol{I}_{\partial\Lambda};\boldsymbol{\beta})}[\boldsymbol{h}(\boldsymbol{I}_\Lambda|\boldsymbol{I}_{\partial\Lambda})]$。FRAME 势的线性结构促进了这种方法。设 $\boldsymbol{\beta}_o$ 为 FRAME 参数 $\boldsymbol{\beta}$ 的参考值，因此 $p(\boldsymbol{I}_{\Lambda_i}|\boldsymbol{I}_{\partial\Lambda_i};\boldsymbol{\beta}_o)$ 为参考模型。假设 $\{\Lambda_i\}_{i=1}^M$ 是前景

块，并且 $\boldsymbol{I}_{ij}^{\text{syn}}(j=1,2,\ldots,L)$ 是来自每个块 Λ_i 的参考模型 $p(\boldsymbol{I}_{\Lambda_i}|\boldsymbol{I}_{\partial\Lambda_i}^{\text{obs}};\boldsymbol{\beta}_o)$ 的典型样本。使用 FRAME 势的线性结构，我们可以通过蒙特卡罗积分与参考模型 $\boldsymbol{\beta}_o$ 近似得到配分函数 $Z(\boldsymbol{I}_{\partial\Lambda_i}^{\text{obs}},\boldsymbol{\beta})$ 如下：

$$
\begin{aligned}
Z(\boldsymbol{I}_{\partial\Lambda_i}^{\text{obs}},\boldsymbol{\beta}) &= \int \exp\left\{-\left\langle \boldsymbol{\beta}, \boldsymbol{h}(\boldsymbol{I}_{\Lambda_i}|\boldsymbol{I}_{\partial\Lambda_i}^{\text{obs}})\right\rangle\right\} \mathrm{d}\boldsymbol{I}_{\Lambda_i} \\
&= Z(\boldsymbol{I}_{\partial\Lambda_i},\boldsymbol{\beta}_o)\int \exp\left\{-\left\langle \boldsymbol{\beta}-\boldsymbol{\beta}_o, \boldsymbol{h}(\boldsymbol{I}_{\Lambda_i}|\boldsymbol{I}_{\partial\Lambda_i}^{\text{obs}})\right\rangle\right\} p(\boldsymbol{I}_{\Lambda_i}|\boldsymbol{I}_{\partial\Lambda_i}^{\text{obs}};\boldsymbol{\beta}_o)\mathrm{d}\boldsymbol{I}_{\Lambda_i} \\
&\approx \frac{Z(\boldsymbol{I}_{\partial\Lambda_i}^{\text{obs}},\boldsymbol{\beta}_o)}{L}\sum_{j=1}^{L}\exp\left\{-\left\langle \boldsymbol{\beta}-\boldsymbol{\beta}_o, \boldsymbol{h}(\boldsymbol{I}_{ij}^{\text{syn}}|\boldsymbol{I}_{\partial\Lambda_i}^{\text{obs}})\right\rangle\right\}
\end{aligned}
\tag{10-25}
$$

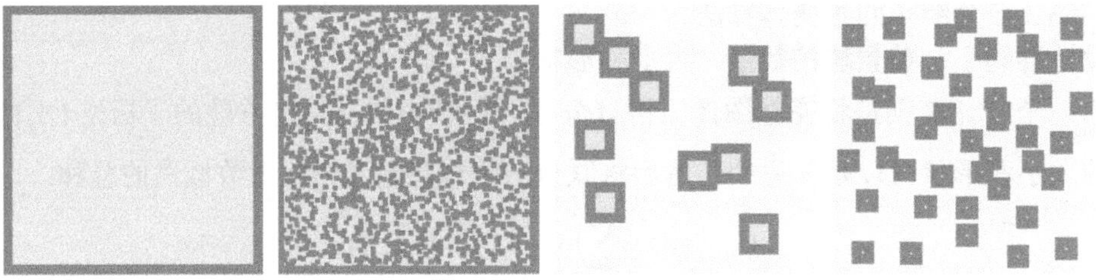

(a) (b) (c) (d)

图 10-1 选择各种 $\Lambda_i, i=1,2,\ldots,M$ 的实验

我们可以使用它来获得直方图期望的替代近似值：

$$
\begin{aligned}
&E_{p(\boldsymbol{I}_{\Lambda_i}|\boldsymbol{I}_{\partial\Lambda_i}^{\text{obs}};\boldsymbol{\beta})}[\boldsymbol{h}(\boldsymbol{I}_{\Lambda_i}|\boldsymbol{I}_{\partial\Lambda_i}^{\text{obs}})] \\
&= E_{p(\boldsymbol{I}_{\Lambda_i}|\boldsymbol{I}_{\partial\Lambda_i}^{\text{obs}};\boldsymbol{\beta}_o)}\left[\boldsymbol{h}(\boldsymbol{I}_{\Lambda_i}|\boldsymbol{I}_{\partial\Lambda_i}^{\text{obs}})\frac{p(\boldsymbol{I}_{\Lambda_i}|\boldsymbol{I}_{\partial\Lambda_i}^{\text{obs}};\boldsymbol{\beta})}{p(\boldsymbol{I}_{\Lambda_i}|\boldsymbol{I}_{\partial\Lambda_i}^{\text{obs}};\boldsymbol{\beta}_o)}\right] \\
&= E_{p(\boldsymbol{I}_{\Lambda_i}|\boldsymbol{I}_{\partial\Lambda_i}^{\text{obs}};\boldsymbol{\beta}_o)}\left[\boldsymbol{h}(\boldsymbol{I}_{\Lambda_i}|\boldsymbol{I}_{\partial\Lambda_i}^{\text{obs}})\exp\left\{-\left\langle \boldsymbol{\beta}-\boldsymbol{\beta}_o, \boldsymbol{h}(\boldsymbol{I}_{\Lambda_i}|\boldsymbol{I}_{\partial\Lambda_i}^{\text{obs}})\right\rangle\right\}\frac{Z(\boldsymbol{I}_{\partial\Lambda_i}^{\text{obs}},\boldsymbol{\beta}_o)}{Z(\boldsymbol{I}_{\partial\Lambda_i}^{\text{obs}},\boldsymbol{\beta})}\right] \\
&\approx E_{p(\boldsymbol{I}_{\Lambda_i}|\boldsymbol{I}_{\partial\Lambda_i}^{\text{obs}};\boldsymbol{\beta}_o)}[L\omega_{ij}\boldsymbol{h}(\boldsymbol{I}_{\Lambda_i}|\boldsymbol{I}_{\partial\Lambda_i}^{\text{obs}})] \\
&\approx \sum_{j=1}^{L}\omega_{ij}\boldsymbol{h}(\boldsymbol{I}_{ij}^{\text{syn}}|\boldsymbol{I}_{\partial\Lambda_i}^{\text{obs}})
\end{aligned}
$$

式中，ω_{ij} 是样本 $\boldsymbol{I}_{ij}^{\text{syn}}$ 的权重：

$$
\omega_{ij} = \frac{\exp\left\{-\left\langle \boldsymbol{\beta}-\boldsymbol{\beta}_o, \boldsymbol{h}(\boldsymbol{I}_{ij}^{\text{syn}}|\boldsymbol{I}_{\partial\Lambda_i}^{\text{obs}})\right\rangle\right\}}{\sum_{j'=1}^{L}\exp\left\{-\left\langle \boldsymbol{\beta}-\boldsymbol{\beta}_o, \boldsymbol{h}(\boldsymbol{I}_{ij'}^{\text{syn}}|\boldsymbol{I}_{\partial\Lambda_i}^{\text{obs}})\right\rangle\right\}}
$$

然后用随机梯度优化式（10-24）：

$$
\tilde{\nabla}\mathcal{G}_{\text{patch}}(\boldsymbol{\beta}) = \sum_{i=1}^{M}\left\{\sum_{j=1}^{L}\omega_{ij}\boldsymbol{h}(\boldsymbol{I}_{ij}^{\text{syn}}|\boldsymbol{I}_{\partial\Lambda_i}^{\text{obs}}) - \boldsymbol{h}(\boldsymbol{I}_{\Lambda_i}^{\text{obs}}|\boldsymbol{I}_{\partial\Lambda_i}^{\text{obs}})\right\}
\tag{10-26}
$$

参考模型 $p(\boldsymbol{I}_{\Lambda_i}|\boldsymbol{I}^{\text{obs}}_{\partial\Lambda_i};\boldsymbol{\beta}_o)$ 的选择取决于块 Λ_i 的大小。通常，只有在两个分布 $p(\boldsymbol{I}_{\Lambda_i}|\boldsymbol{I}^{\text{obs}}_{\partial\Lambda_i};\boldsymbol{\beta}_o)$ 和 $p(\boldsymbol{I}_{\Lambda_i}|\boldsymbol{I}^{\text{obs}}_{\partial\Lambda_i};\boldsymbol{\beta})$ 严重重叠时，重要性采样才有效。在一种极端情况 $m=1$ 的情况下，MPLE 方法[1]选择 $\boldsymbol{\beta}_o=0$ 并设 $p(\boldsymbol{I}_{\Lambda_i}|\boldsymbol{I}^{\text{obs}}_{\partial\Lambda_i};\boldsymbol{\beta}_o)$ 为均匀分布。在这种情况下，可以精确地计算 $Z(\boldsymbol{I}^{\text{obs}}_{\partial\Lambda_i},\boldsymbol{\beta})$。在另一种极端情况下，对于较大的前景 $m=N-2w$，随机梯度 MLE 方法必须选择 $\boldsymbol{\beta}_o=\boldsymbol{\beta}$ 以便获得合理的近似。因此，两种方法必须从 $\boldsymbol{\beta}_o=0$ 开始迭代地采样 $p(\boldsymbol{I};\boldsymbol{\beta})$。

10.3.3　FRAME 算法的四种变体

算法Ⅰ：最大化局部似然

我们通过随机选择一定百分比（比如 30%）的像素作为前景 Λ_1，其余的为背景 Λ/Λ_1 来选择图 10-1（d）中所示的栅格。我们定义了一个对数局部似然：

$$\mathcal{G}_1(\boldsymbol{\beta})=\log p(\boldsymbol{I}^{\text{obs}}_{\Lambda_1}|\boldsymbol{I}^{\text{obs}}_{\Lambda/\Lambda_1};\boldsymbol{\beta})$$

通过梯度下降最大化 $\mathcal{G}_1(\boldsymbol{\beta})$，我们迭代更新 $\boldsymbol{\beta}$：

$$\begin{aligned}\nabla\mathcal{G}_1(\boldsymbol{\beta})&=E_{p(\boldsymbol{I}_{\Lambda_1}|\boldsymbol{I}^{\text{obs}}_{\Lambda/\Lambda_1};\boldsymbol{\beta})}[\boldsymbol{h}(\boldsymbol{I}_{\Lambda_1}|\boldsymbol{I}^{\text{obs}}_{\Lambda/\Lambda_1})]-\boldsymbol{h}(\boldsymbol{I}^{\text{obs}}_{\Lambda_1}|\boldsymbol{I}^{\text{obs}}_{\Lambda/\Lambda_1})\\&\approx\boldsymbol{h}(\boldsymbol{I}^{\text{syn}}_{\Lambda_1}|\boldsymbol{I}^{\text{obs}}_{\Lambda/\Lambda_1})-\boldsymbol{h}(\boldsymbol{I}^{\text{obs}}_{\Lambda_1}|\boldsymbol{I}^{\text{obs}}_{\Lambda/\Lambda_1})\end{aligned}\tag{10-27}$$

式中，$\boldsymbol{I}^{\text{syn}}$ 是来自 $p(\boldsymbol{I}_{\Lambda_1}|\boldsymbol{I}^{\text{obs}}_{\Lambda/\Lambda_1};\boldsymbol{\beta})$ 的一个 MCMC 样本。

该算法遵循与 FRAME[26]中的原始方法类似的过程，但它以一种比 FRAME 原始算法更好的方式在准确度和速度之间进行折中。对数局部似然比对数似然具有更低的费希尔信息，但实验表明，它比原始的极小极大值学习方法快 25 倍左右，并且不损失太多的精度。我们观测到，这种加速的原因是，原始采样方法[26]花费其大部分时间在从白色噪声图像开始的“非典型”边界条件下合成 $\boldsymbol{I}^{\text{syn}}_{\Lambda_1}$。相比之下，新算法适用于典型的边界条件 $\boldsymbol{I}^{\text{obs}}_{\Lambda/\Lambda_1}$，其中吉布斯模型 $p(\boldsymbol{I};\boldsymbol{\beta})$ 的概率质量很集中。速度似乎由前景栅格的直径决定，其直径可以由适合前景栅格的最大圆测量。

算法Ⅱ：最大化块似然

算法Ⅱ从 $\boldsymbol{I}^{\text{obs}}_{\Lambda}$ 中选择一组 M 个重叠的块，并在每个块上“挖”一个孔 Λ_i，如图 10-1（b）所示。因此，我们定义一个块对数-似然：

$$\mathcal{G}_2(\boldsymbol{\beta})=\sum_{i=1}^{M}\log p(\boldsymbol{I}^{\text{obs}}_{\Lambda_i}|\boldsymbol{I}^{\text{obs}}_{\partial\Lambda_i};\boldsymbol{\beta})$$

通过随机梯度最大化 $\mathcal{G}_2(\boldsymbol{\beta})$，我们按照算法Ⅰ迭代更新 $\boldsymbol{\beta}$：

$$\begin{aligned}\nabla\mathcal{G}_2(\boldsymbol{\beta})&=\sum_{i=1}^{M}E_{p(\boldsymbol{I}_{\Lambda_i}|\boldsymbol{I}^{\text{obs}}_{\Lambda/\Lambda_i};\boldsymbol{\beta})}[\boldsymbol{h}(\boldsymbol{I}^{\text{syn}}_{\Lambda_i}|\boldsymbol{I}^{\text{obs}}_{\Lambda/\Lambda_i})]-\sum_{i=1}^{M}h(\boldsymbol{I}^{\text{obs}}_{\Lambda_i}|\boldsymbol{I}^{\text{obs}}_{\Lambda/\Lambda_i})\\&\approx\sum_{i=1}^{M}\boldsymbol{h}(\boldsymbol{I}^{\text{syn}}_{\Lambda_i}|\boldsymbol{I}^{\text{obs}}_{\Lambda/\Lambda_i})-\sum_{i=1}^{M}h(\boldsymbol{I}^{\text{obs}}_{\Lambda_i}|\boldsymbol{I}^{\text{obs}}_{\Lambda/\Lambda_i})\end{aligned}\tag{10-28}$$

与算法Ⅰ相比，栅格的直径被均匀地控制了。同时，算法Ⅱ具有和算法Ⅰ相似的性能。

算法Ⅲ：最大化卫星似然

算法Ⅰ和算法Ⅱ仍然需要为每个参数更新合成图像，这是一项计算密集型任务。现在我们提出了第三种算法，它可以在几秒钟内近似计算 $\boldsymbol{\beta}$，而无须在线合成图像。我们选择吉布斯模型 $p(\boldsymbol{I};\boldsymbol{\beta})$ 所属的指数族 Ω 中的一组参考模型 $\mathcal{R}$：

$$\mathcal{R}=\{p(\boldsymbol{I};\boldsymbol{\beta}_j):\boldsymbol{\beta}_j\in\Omega, j=1,2,\ldots,s\}$$

我们使用 MCMC 离线采样（或合成）每个参考模型的一个大的典型图像 $\boldsymbol{I}_j^{\text{syn}}\sim p(\boldsymbol{I};\boldsymbol{\beta}_j)$。这些参考模型从 Ω 中的不同“视角”估计 $\boldsymbol{\beta}$。通过类比全球定位系统，我们将参考模型称为“卫星”。参考模型是已知的系统，允许对任意轨道系统进行估计，就像卫星的已知位置可以用来估计任意位置一样。对数-卫星-似然定义为

$$\mathcal{G}_3(\boldsymbol{\beta})=\sum_{i=1}^{M}\log p(\boldsymbol{I}_{\Lambda_i}^{\text{obs}}\left|\boldsymbol{I}_{\partial\Lambda_i}^{\text{obs}};\boldsymbol{\beta}\right.)$$

对数-卫星-似然与对数-块-似然相同，但我们将在参考模型 $p(\boldsymbol{I}_{\Lambda_i}\left|\boldsymbol{I}_{\partial\Lambda_i}^{\text{obs}};\boldsymbol{\beta}_j\right.)$ 上使用重要性采样来评估期望 $E_{p(\boldsymbol{I}_{\Lambda_i}|\boldsymbol{I}_{\partial\Lambda_i}^{\text{obs}};\boldsymbol{\beta})}[\boldsymbol{h}(\boldsymbol{I}_{\Lambda_i}\left|\boldsymbol{I}_{\partial\Lambda_i}^{\text{obs}}\right.)]$。正如在本书 10.3.2 节中所讨论的一样，我们可以使用近似值：

$$E_{p(\boldsymbol{I}_{\Lambda_i}|\boldsymbol{I}_{\partial\Lambda_i}^{\text{obs}};\boldsymbol{\beta})}[\boldsymbol{h}(\boldsymbol{I}_{\Lambda_i}\left|\boldsymbol{I}_{\partial\Lambda_i}^{\text{obs}}\right.)]\approx\sum_{\ell=1}^{L}\frac{\exp\left\{-\left\langle\boldsymbol{\beta}-\boldsymbol{\beta}_o,\boldsymbol{h}(\boldsymbol{I}_{ij\ell}^{\text{syn}}\left|\boldsymbol{I}_{\partial\Lambda_i}^{\text{obs}}\right.)\right\rangle\right\}}{\sum_{\ell'=1}^{L}\exp\left\{-\left\langle\boldsymbol{\beta}-\boldsymbol{\beta}_o,\boldsymbol{h}(\boldsymbol{I}_{ij\ell'}^{\text{syn}}\left|\boldsymbol{I}_{\partial\Lambda_i}^{\text{obs}}\right.)\right\rangle\right\}}\boldsymbol{h}(\boldsymbol{I}_{ij\ell}^{\text{syn}}\left|\boldsymbol{I}_{\partial\Lambda_i}^{\text{obs}}\right.)$$

式中，$\boldsymbol{I}_{ij\ell}^{\text{syn}}$ 是来自 $p(\boldsymbol{I}_{\Lambda_i}\left|\boldsymbol{I}_{\partial\Lambda_i}^{\text{obs}};\boldsymbol{\beta}_j\right.)$ 的一个 MCMC 样本，ω_{ij} 是样本 $\boldsymbol{I}_{ij\ell}^{\text{syn}}$ 的权重：

$$\omega_{ij\ell}=\frac{\exp\left\{-\left\langle\boldsymbol{\beta}-\boldsymbol{\beta}_j,\boldsymbol{h}(\boldsymbol{I}_{ij\ell}^{\text{syn}}\left|\boldsymbol{I}_{\partial\Lambda_i}^{\text{obs}}\right.)\right\rangle\right\}}{\sum_{\ell'=1}^{L}\exp\left\{-\left\langle\boldsymbol{\beta}-\boldsymbol{\beta}_j,\boldsymbol{h}(\boldsymbol{I}_{ij\ell'}^{\text{syn}}\left|\boldsymbol{I}_{\partial\Lambda_i}^{\text{obs}}\right.)\right\rangle\right\}}$$

按照本书 10.3.2 节中的方法，我们用随机梯度最大化 $\mathcal{G}_3(\boldsymbol{\beta})$：

$$\tilde{\nabla}\mathcal{G}_3(\beta)=\sum_{j=1}^{s}\left\{\sum_{i=1}^{M}\left[\sum_{\ell=1}^{L}\omega_{ij}\boldsymbol{h}(\boldsymbol{I}_{ij\ell}^{\text{syn}}\left|\boldsymbol{I}_{\partial\Lambda_i}^{\text{obs}}\right.)-\boldsymbol{h}(\boldsymbol{I}_{\Lambda_i}^{\text{obs}}\left|\boldsymbol{I}_{\partial\Lambda_i}^{\text{obs}}\right.)\right]\right\} \tag{10-29}$$

对于每个前景块 Λ_i 和每个参考模型 $p(\boldsymbol{I};\boldsymbol{\beta}_j)$，我们需要生成一组 L 个合成块 $\mathcal{I}_{ij}^{\text{syn}}=\{\boldsymbol{I}_{ij\ell}^{\text{syn}};\ell=1,2,\ldots,L,\forall i,j\}$ 以填充 Λ_i 来计算直方图频率。有两种生成 $\mathcal{I}_{ij}^{\text{syn}}$ 的方法：

（1）从条件分布 $\boldsymbol{I}_{ij\ell}^{\text{syn}}\sim p(\boldsymbol{I}_{\Lambda_i}|\ \boldsymbol{I}_{\partial\Lambda_i}^{\text{obs}};\boldsymbol{\beta}_j)$ 采样。这非常费时，必须在线计算。

（2）从边缘分布 $\boldsymbol{I}_{ij\ell}^{\text{syn}}\sim p(\boldsymbol{I}_{\Lambda_i};\boldsymbol{\beta}_j)$ 采样。实际上，这只是用从离线计算的合成图像 $\boldsymbol{I}_j^{\text{syn}}$ 中随机选择的块来填充孔。

在实验中，我们尝试了这两种情况。第一种情况，发现对中等尺寸 $m\times m$ 栅格来说，差异非常小，比如 $4\leqslant m\leqslant 13$。第二种情况引出了一种有用的训练算法，因为它允许我们绕过 MCMC 采样同时学习 $\boldsymbol{\beta}$。当预合成图像用于参数更新时，对于平均纹理模型，方程式（10-29）在几秒钟内收敛。

但是，我们意识到，对数–卫星–似然 $\mathcal{G}_3(\boldsymbol{\beta})$ 可能没有上限的风险。当 $\boldsymbol{h}(\boldsymbol{I}_{\Lambda_i}^{\text{obs}} \mid \boldsymbol{I}_{\partial\Lambda_i}^{\text{obs}})$ 不能通过采样的块 $\sum_{\ell=1}^{L}\omega_{ij}\boldsymbol{h}(\boldsymbol{I}_{ij\ell}^{\text{syn}} \mid \boldsymbol{I}_{\partial\Lambda_i}^{\text{obs}})$ 统计量的线性组合来描述时，会发生这种情况。当发生时，$\boldsymbol{\beta}$ 不会收敛。我们可以通过在 H_{ij}^{syn} 中包含观察到的块 $\boldsymbol{I}_{\Lambda_i}^{\text{obs}}$ 来处理这个问题，这样可以确保卫星似然总是在上界。直觉来说，让 $\boldsymbol{I}_{ij1}^{\text{syn}} = \boldsymbol{I}_{\Lambda_i}^{\text{obs}}$，然后学习 $\boldsymbol{\beta}$，因此 $\omega_{ij1} \to 1$ 和 $\omega_{ij\ell} \to 0$，$\forall \ell \neq 1$。由于 L 通常相对较大，比如说 $L = 64$，因此添加一个额外的样本不会污染样本集。

算法Ⅳ：最大化伪似然

最大伪似然估计（MPLE）假设目标密度 $p(\boldsymbol{X};\theta)$ 可以被分解为

$$p(\boldsymbol{X};\theta) = \prod_{i=1}^{N} p(X_i \mid X_{\partial\{i\}};\theta)$$

式中，$\partial\{i\}$ 是单元 $\{i\}$ 的边界。因此，对于前景栅格 Λ，FRAME 对数–伪似然具有以下形式：

$$\mathcal{G}_4(\boldsymbol{\beta}) = \sum_{(x,y)\in\Lambda} \log p(\boldsymbol{I}_{(x,y)}^{\text{obs}} \mid \boldsymbol{I}_{\partial\{(x,y)\}}^{\text{obs}};\boldsymbol{\beta})$$

换句话说，块是每个单一的像素，即 $\Lambda_i = (x_i, y_i)$。

即使在 MPLE 因子分解之后，对任意 $\boldsymbol{\beta}$ 项 $\log p(\boldsymbol{I}_{(x,y)}^{\text{obs}} \mid \boldsymbol{I}_{\partial\{(x,y)\}}^{\text{obs}};\boldsymbol{\beta})$ 也难以评估，而且如算法Ⅲ那样需要一个参考分布。MRF 模型的简单选择是平凡的参考模型 $\boldsymbol{\beta}_o = 0$。显然，参考模型的密度 $p_{\boldsymbol{\beta}_o}(\boldsymbol{I})$ 在图像空间上是均匀的，因此生成参考分布的样本是微不足道的。可以使用 $s=1$ 和 $\boldsymbol{\beta}_1 = 0$ 的梯度式（10-29）来最大化伪似然 $\mathcal{G}_4(\boldsymbol{\beta})$。MPLE 通过使用简单的参考分布来绕开在线图像合成的负担，但计算增益通常以降低采样图像中的真实性为代价。

总之，我们比较了用于估计 MRF 模型的 $\boldsymbol{\beta}^* \in \Omega$ 的不同算法，并将它们分成三组。图 10-2 对该对比进行了说明。图中的椭圆代表空间 Ω，每个吉布斯模型由单个点表示。$\boldsymbol{\beta}^*$ 周围的阴影区域表示估计的 $\boldsymbol{\beta}$ 的方差或对数似然函数的效率。第 1 组，原始 FRAME 算法和算法Ⅰ以及算法Ⅱ在线生成一系列卫星以紧密接近 $\boldsymbol{\beta}$，块尺寸可大可小。第 2 组，最大卫星似然估计器使用普通的一组离线计算的卫星，并可逐步更新。这可以用于小块。第 3 组，MPLE 使用单个卫星 $\boldsymbol{\beta}_o = 0$。

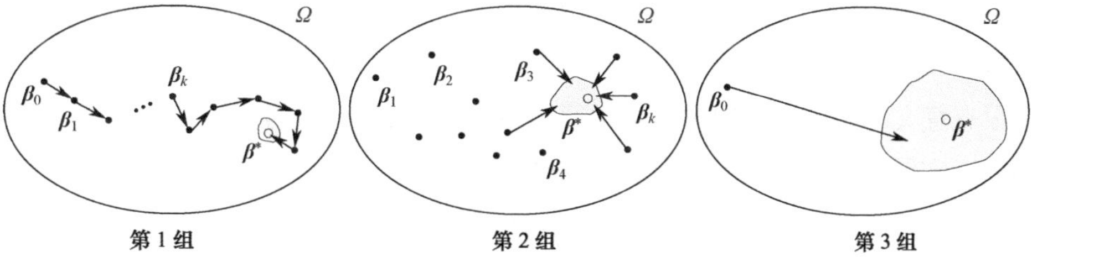

图 10-2　估计 $\boldsymbol{\beta}^*$ 不同算法对比

第 1 组表示最大似然估计（原始 FRAME 算法）和最大局部 / 块似然估计。如图 10-2（a）所示，第 1 组方法在线生成并采样一系列“卫星” $\boldsymbol{\beta}_0, \boldsymbol{\beta}_1, \ldots, \boldsymbol{\beta}_k$。这些卫星越来越接近 $\boldsymbol{\beta}^*$

（假设的真实值）。$\boldsymbol{\beta}^*$ 周围的阴影区域表示计算 $\boldsymbol{\beta}$ 的不确定性，其大小可以通过费希尔信息测量。

第 2 组是最大卫星似然估计。该估计器使用一组预先计算并离线采样的卫星，如图 10-2（b）所示。为了节省时间，可以选择一小部分卫星来计算给定的模型。可以根据差异 $\boldsymbol{h}(\boldsymbol{I}_j^{\text{syn}})$ 和 $\boldsymbol{h}(\boldsymbol{I}^{\text{obs}})$ 选择卫星。差异越小，卫星越接近估计模型，逼近效果越好。卫星应均匀分布在 $\boldsymbol{\beta}^*$ 周围，以获得良好的估计。

第 3 组是最大伪似然方法，这是第 2 组的特例，如图 10-2（c）所示，伪似然使用均匀模型 $\boldsymbol{\beta}_o = 0$ 来估计任何模型，因此具有较大的方差。

10.3.4　纹理分析实验

在本节中，我们将评估各种算法在学习纹理 FRAME 模型时的性能。我们使用 12 个滤波器，包括 1 个强度滤波器、2 个梯度滤波器、3 个拉普拉斯高斯滤波器和 6 个固定比例和不同方向的 Gabor 滤波器。因此，$\boldsymbol{h}(\boldsymbol{I})$ 包括 12 个直方图的滤波器响应，并且每个直方图具有 12 个区间，所以 $\boldsymbol{\beta}$ 具有 12×11 个自由参数。我们选择 15 种自然纹理图像。将原始 FRAME 算法（参见本书 10.3.1 节和参考文献[26]）的随机梯度最大似然估计值 $\boldsymbol{\beta}_j^*$ 作为真值进行比较。将 FRAME 算法应用于每个纹理之后，我们获得了 15 幅合成图像 $\boldsymbol{I}_j^{\text{syn}}$，其可以在算法Ⅲ中用作离线卫星图像。

实验Ⅰ：五种算法的比较

在实验Ⅰ中，我们比较了五种算法在纹理合成中的性能。图 10-3 显示了 3 种 128×128 像素的纹理图案，利用从各种算法学习到的 $\boldsymbol{\beta}$ 合成纹理图像。图中每列具体表示的意思：（1）使用完全似然作为真值的随机梯度算法；（2）伪似然；（3）卫星似然；（4）块似然；（5）局部似然。对于每一行，第一列是来自原始 FRAME 模型中使用随机梯度最大似然估计方法合成的真值图像，其他四个图像使用本书 10.3.3 节中的方法合成。对于算法Ⅰ到算法Ⅲ，我们将前景像素的总数固定为 5000 像素；对块似然和卫星似然，块大小固定为 5×5 像素。我们为每个纹理从 14 个预先计算的模型中选择 5 个卫星。

对于不同的纹理，模型 $p(\boldsymbol{I};\boldsymbol{\beta})$ 可能对 $\boldsymbol{\beta}$ 的一些元素（如尾区）比对其余参数更敏感，并且 $\boldsymbol{\beta}$ 向量的不同部分之间高度相关。因此，使用误差测量 $|\boldsymbol{\beta}-\boldsymbol{\beta}^*|$ 来比较学习 $\boldsymbol{\beta}$ 的准确性并不是很有意义。相反，我们对每个学习模型 $\boldsymbol{I}^{\text{syn}} \sim p(\boldsymbol{I};\boldsymbol{\beta})$ 进行采样，并比较合成图像与观测到的直方图误差。损失度量定义为 $\|\boldsymbol{h}(\boldsymbol{I}^{\text{syn}})-\boldsymbol{h}(\boldsymbol{I}^{\text{obs}})\|_1$，它是 12 对归一化直方图的总和。表 10-1 显示了图 10-3 中合成图像的每种算法的误差。这些数字受到采样过程中一些计算波动的影响。

表 10-1 的实验结果表明，这四种算法运行良好。卫星似然法通常接近块似然法和局部似然法，尽管根据参考模型和要学习的模型之间的相似性，它有时可能比其他方法产生稍好的结果。伪似然方法还可以捕获一些较大的图像特征。特别是，它适用于随机性质的纹理，如图 10-4（c）中的纹理。

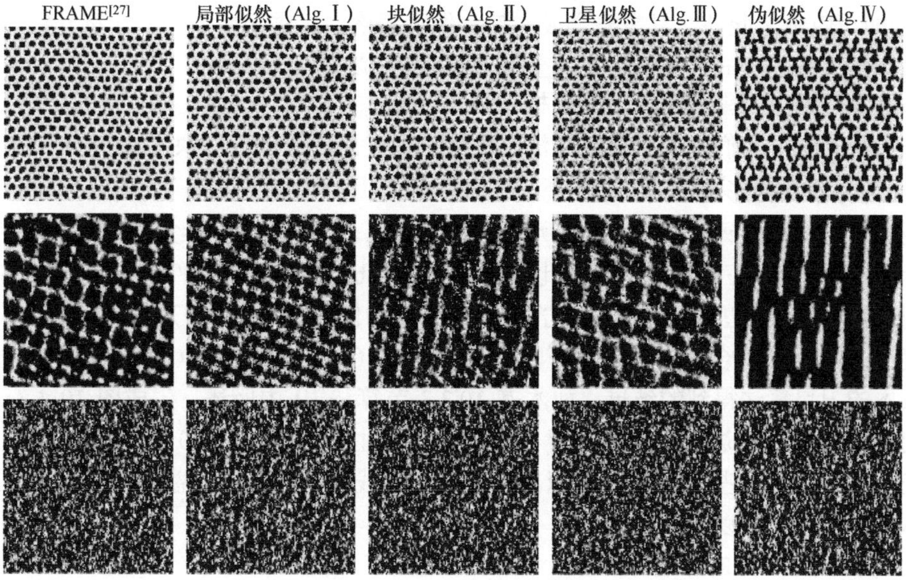

图 10-3　利用从各种算法学习到的 β 合成纹理图像

表 10-1　合成图像的每种算法的误差

图 10-4	FRAME	伪 似 然	卫 星 似 然	块 似 然	局 部 似 然
图 10-4（a）	0.449	2.078	1.704	1.219	1.559
图 10-4（b）	0.639	2.555	1.075	1.470	1.790
图 10-4（c）	0.225	0.283	0.325	0.291	0.378

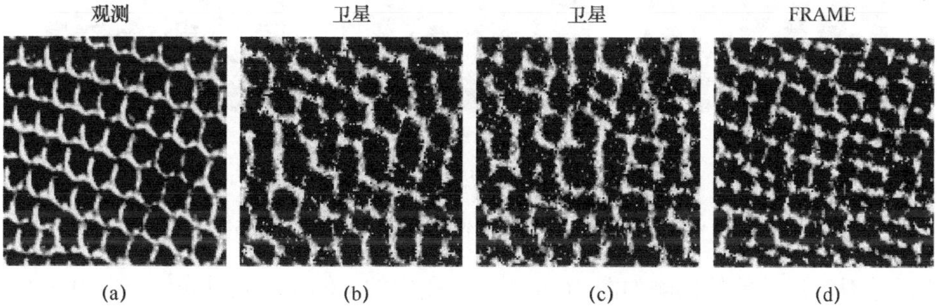

图 10-4　卫星算法的性能评估

就计算复杂度而言，卫星算法是最快的（第一快），并且它在 HP 工作站中计算β约需要 10 s。第二快的是伪似然法，需要几分钟。然而，伪似然方法消耗大量内存，因为它需要记住 $N \times N$ 像素中的 g 个灰度级的所有 k 个直方图。空间复杂度为 $O(N^2 \times g \times k \times B)$，$B$ 为区间数，通常需要超过 10 亿字节的存储。局部似然和块似然算法与具有完整 MLE 的随机梯度算法非常相似。由于具有典型的初始边界条件，这两个估计量通常仅需一般扫描次数的 1/10 即可收敛。此外，只需要合成一部分像素栅格，这进一步节省了计算开销。块似然和局部似然算法的合成时间仅约为完全似然算法的 1/20。

实验Ⅱ：最大卫星似然估计的分析

在实验Ⅱ中，我们研究了卫星算法的性能如何受到边界条件和块尺寸 $m \times m$ 的影响。

1）边界条件的影响

卫星算法的性能评估如图 10-4 所示，图 10-4（a）为观测到的纹理图像，即将纹理图像显示为 $\boldsymbol{I}_{\text{obs}}$，运行三种算法进行了比较；图 10-4（b）为无边界条件使用 $\boldsymbol{\beta}$ 学习的合成图像；图 10-4（c）为边界条件约束下学习 $\boldsymbol{\beta}$ 的合成图像；图 10-4（d）为使用 FRAME（随机梯度法）学习 $\boldsymbol{\beta}$ 的合成图像。也可以说，图 10-4（b）和图 10-4（c）是使用在线和离线两个版本的卫星算法得到的结果。如本书 10.3.3 节算法 III 中所述，生成图 10-4（c）的算法使用每个块的观察边界条件并进行在线采样，而生成图 10-4（b）的算法忽略边界条件并离线合成图像。这些结果非常相似，这证明与离线采样的计算增益相比，算法 III 的离线版本的精度损失可以忽略不计。

2）块尺寸 $m \times m$ 的影响

我们修正前景像素的总数 $\sum_i |\Lambda_i|$，并且研究不同块尺寸 m 的卫星算法的性能。图 10-5（a）～图 10-5（c）显示了使用通过卫星算法学习 $\boldsymbol{\beta}$ 的三个合成图像，其中不同的块尺寸分别为 $m = 2,6,9$。从图 10-5（a）～图 10-5（c）可以清楚地看出，6×6 像素的块尺寸给出了更好的结果。

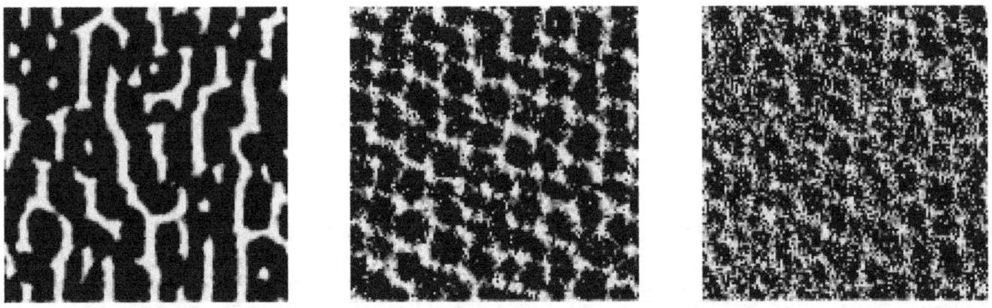

(a) $m=2$　(b) $m=6$　(c) $m=9$

图 10-5　通过使用具有不同块尺寸的卫星方法学习 $\boldsymbol{\beta}$ 的合成图像

©[2002] IEEE，获许可使用，来自参考文献[25]

块尺寸对算法性能的影响如图 10-6 所示，图中的 x 轴是块尺寸 m^2。图 10-6（a）针对块尺寸 m^2 绘制点虚线 $E_f[(\hat{\boldsymbol{\beta}} - \boldsymbol{\beta}^*)^2]$，实线、点画线和虚线是三个不同的模型的 $E_p[(\hat{Z} - Z)^2]$；图 10-6（b）为每个滤波器相对于块尺寸 m^2 的平均合成误差[25]。

为了解释为什么 $m = 6$ 的块大小给出了更好的卫星近似，我们计算了决定性能的两个关键因素，如图 10-6（a）所示。当块尺寸较小时，可以精确估计配分函数，如图 10-6 中实线、点画线和虚线中的 $E_p[(\hat{Z} - Z)^2]$ 所示。然而，对于小尺寸块，方差 $E_f[(\hat{\beta} - \boldsymbol{\beta}^*)^2]$ 较大，如图 10-6（a）中的点虚线所示。因此，块的尺寸的最佳选择约是两条曲线的交点。由于我们使用的参考模型与 10-6（a）中的点划线相近，所以我们预测最佳块大小在 5×5

和 6×6 之间。图 10-6（b）显示了合成图像 $\boldsymbol{I}^{\text{syn}} \sim p(\boldsymbol{I};\boldsymbol{\beta})$ 的统计量与观测统计量之间的平均误差为 $\frac{1}{12}\left|\boldsymbol{h}(\boldsymbol{I}^{\text{obs}})-\boldsymbol{h}(\boldsymbol{I}^{\text{syn}})\right|$，其中 $\boldsymbol{\beta}$ 是对 $m=1,2,\ldots,9$ 使用卫星方法学习的，这里 6×6 像素的块尺寸给出了最好的结果。

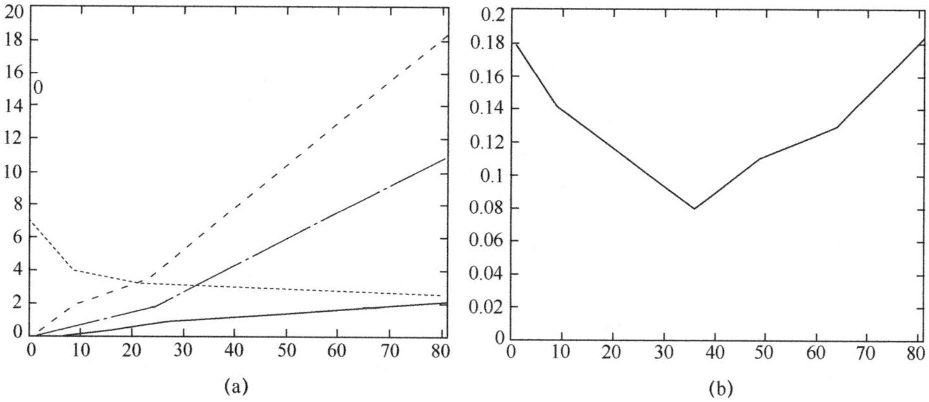

图 10-6　块尺寸对算法性能的影响

©[2002] IEEE，获许可使用，来自参考文献[25]

10.4　用神经网络学习图像模型

本节介绍用于学习图像数据深度网络模型权重的随机梯度方法。所有方法的共同点是使用 MCMC 来评估最大似然估计所需的难处理的梯度。由于深度网络函数几乎总是可微的，因此朗之万动力学（参见本书 9.5.3 节）通常是生成 MCMC 样本的首选方法。在本节我们首先介绍了对比发散和持续对比发散，这两个重要的技术可以加速时序更新模型的蒙特卡罗采样的收敛。然后，我们将介绍图像的势能模型、生成器网络，以及协作网络和生成器模型的学习技术。

10.4.1　对比发散与持续对比发散

随机梯度 MLE 方法（见例 10-1）使用来自当前分布 $p_\theta(x)$ 的样本 $\{Y_i\}_{i=1}^m$，用式（10-8）中的对数似然梯度更新 θ。由于每次更新 θ 时 $p_\theta(x)$ 都会发生变化，因此每次新的梯度计算都需要新的 MCMC 样本。因此，生成这些样本非常耗时。MCMC 样本通常具有很高的自相关性和较长的混合时间，在大多数情况下，不可能以 $p_\theta(x)$ 为每次梯度更新生成真正独立的 MCMC 样本。另外，初始化接近目标分布的 MCMC 样本可以快速收敛，因此一个合理的随机梯度学习初始化方案可以大大节省计算量。

对比发散（CD）[10]和持续对比发散（PCD）[20]是两种常用的初始化 MCMC 样本的方法。因为它们使用“热启动”初始化，所以 CD 和 PCD 仅需要少量 MCMC 迭代来达到每个梯度计算的近似收敛。甚至在将 CD 和 PCD 正式引入机器学习著作之前，随机梯度方法

（如 FRAME 算法[26]）已经使用了 PCD 而没有给该技术一个明确的名称。

在 CD 学习中，观测到的数据 $\{X_i\}_{i=1}^n$（或一小批量观察结果）被用作负 MCMC 样本的初始点 $\{Y_i^{(0)}\}_{i=1}^n$。在 PCD 学习中，先前参数更新的最终负样本 $\{\tilde{Y}_i\}_{i=1}^m$ 被用作当前参数更新的初始点 $\{Y_i^{(0)}\}_{i=1}^m$。CD 和 PCD 在初始点上仅使用少量 MCMC 更新 k（甚至 $k=1$）以获得用于式（10-8）中梯度计算的样本 $\{Y_i^{(k)}\}_{i=1}^m$。从理论角度来看，应该使用大量的马尔可夫变换来获得可靠的稳态样本 $\{Y_i^{(\infty)}\}_{i=1}^m$。从计算的角度来看，从一个有意义的初始化的少量转换仍然可以为参数估计提供准确的梯度信息。有关完全随机梯度 MLE、CD 和 PCD 的可视化比较，如图 10-7 所示。在图 10-7 的所有图中，Ω 是数据 x 的状态空间，p_{θ_t} 是训练步骤 t 学习到的分布，f 是真实数据分布，点是 MCMC 样本的初始点。图 10-7（a）是完全随机梯度 MLE，MCMC 样本从 Ω 中的随机点初始化，并且使用多个马尔可夫更新来获得可靠的稳态样本。图 10-7（b）使用 CD 的近似 MLE，MCMC 样本由训练数据初始化，当 p_{θ_t} 接近真实分布 f 时，仅需要少量更新步骤即可收敛。图 10-7（c）使用 PCD 近似 MLE，从先前学习迭代的 $p_{\theta_{t-1}}$ 的样本来初始化 MCMC 样本。如果 θ_t 和 θ_{t-1} 之间的差异很小，则 MCMC 样本应该仅在几次马尔可夫更新后就会收敛。

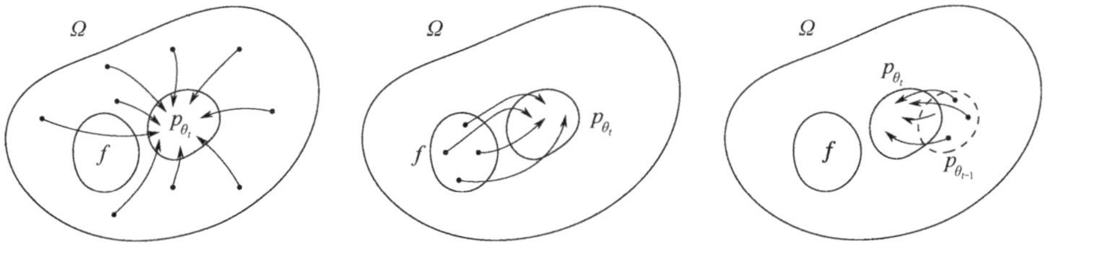

(a) 完全随机梯度MLE　(b) CD　(c) PCD

图 10-7　完全随机梯度 MLE、CD 和 PCD 的可视化比较

由于 CD 的初始图像来自真实分布，因此在训练结束时，当学习的分布接近真实分布时，仅应使用少量 MCMC 更新。另一方面，PCD 初始图像来自先前学习模型的分布。只要参数更新很小，先前的模型的分布应该接近当前模型，并且 PCD 更新假设应该在整个训练过程中都是合理的。在某些情况下，PCD 似乎具有优于 CD 的性质，因为初始样本更接近当前模型，并且初始样本在整个训练过程中都会发生变化。在随机梯度学习中，CD 或 PCD 的使用是不可避免的，但这两种方法都会给训练过程带来额外的难以分析的误差。

10.4.2　使用深度网络学习图像的势能模型：DeepFRAME

DeepFRAME 模型（见本书 9.7.3 节的例 9-2 和参考文献[16, 21]）扩展了 FRAME 模型，以融入深度学习的观点。这些模型之间存在两个主要差异。首先，DeepFRAME 势能是线性层和激活函数的非线性组合。深层网络势比理论框架中使用的线性势更具表现力。其次，DeepFRAME 模型的滤波器是在训练期间学习的，与 FRAME 模型中使用的固定人工选择的滤波器相反。在训练过程中学习滤波器对灵活的图像表示至关重要，因为很难人工设计可以捕捉复杂图像相关特征的滤波器。

一个带有权重参数 w 的 DeepFRAME 密度具有的形式为

$$p_w(\boldsymbol{I})=\frac{1}{Z(w)}\exp\{F(\boldsymbol{I};w)\}q(\boldsymbol{I}) \tag{10-30}$$

式中，q 是一个高斯先验分布 $N(0,\sigma^2\mathrm{Id})$。DeepFRAME 势函数为

$$U(\boldsymbol{I};w)=-F(\boldsymbol{I};w)+\frac{\|\boldsymbol{I}\|^2}{2\sigma^2} \tag{10-31}$$

学习 DeepFRAME 密度的权重 w 可以通过遵循例 10-1 中所述的随机梯度 MLE 方法来完成。实际上，学习 DeepFRAME 模型几乎与学习 FRAME 模型完全相同。这两种方法通常都使用 PCD 进行训练，这意味着来自先前参数更新的 MCMC 样本被用作当前参数更新的 MCMC 样本的初始化。原始 FRAME 模型在离散图像上使用吉布斯采样来更新 MCMC。在训练 DeepFRAME 模型时，使用朗之万动力学在连续空间中更新 MCMC 图像样本。图像根据下式迭代更新：

$$\boldsymbol{I}_{t+1}=\boldsymbol{I}_t+\frac{\varepsilon^2}{2}\left(\frac{\partial}{\partial \boldsymbol{I}}F(\boldsymbol{I};w)-\frac{\boldsymbol{I}}{\sigma^2}\right)+\varepsilon Z_t \tag{10-32}$$

式中，$Z_t\sim N(0,\tau^2\mathrm{Id})$是动量。权重 w 可以使用式（10-8）更新：

$$\tilde{\nabla}l(w)=\frac{1}{n}\sum_{i=1}^{n}\frac{\partial}{\partial w}F(\boldsymbol{X}_i;w)-\frac{1}{m}\sum_{i=1}^{m}\frac{\partial}{\partial w}F(\boldsymbol{Y}_i;w) \tag{10-33}$$

式中，$\{\boldsymbol{X}_i\}_{i=1}^n$ 是一组训练图像，$\{\boldsymbol{Y}_i\}_{i=1}^m$ 是 $p_w(\boldsymbol{I})$ 的负样本。算法 10-2 给出 DeepFRAME 算法的概述。

算法 10-2　DeepFRAME 算法

Input：观测的图像 $\{\boldsymbol{X}_i\}_{i=1}^n$，朗之万迭代次数 S，步长 $\delta>0$，学习迭代次数 T

Output：MLE w^*，合成图像 $\{\boldsymbol{Y}_i\}_{i=1}^m$

1. 初始化权重 w_0 和负样本 $\{\boldsymbol{Y}_i\}_{i=1}^m$ 为白噪声
2. **for** $t=1:T$:

   （1）使用式（10-32），将 S 朗之万更新应用于当前模型 $p_{w_{t-1}}(\boldsymbol{I})$ 下的持续负样本 $\{\boldsymbol{Y}_i\}_{i=1}^m$

   （2）根据下式，更新 w

   $$w_t=w_{t-1}+\delta\,\tilde{\nabla}l(w_{t-1})$$

   式中，$\tilde{\nabla}l(w)$ 是式（10-33）的随机梯度

下面介绍显示 DeepFRAME 模型能力的四个实验。

DeepFRAME 实验 1：合成纹理图像

DeepFRAME 实验 1 如图 10-8 所示，由单个训练纹理图像合成新的纹理图像。在图中的每组三个图像中，左边的图像是训练纹理，中间和右边的图像是根据 DeepFRAME 势合成的。

网络中较低级别的滤波器学习合成局部纹理特征，而较高级别的滤波器决定训练纹理中观察到的局部特征的组成。DeepFRAME 势的非线性结构提高了原始 FRAME 模型的综合能力。

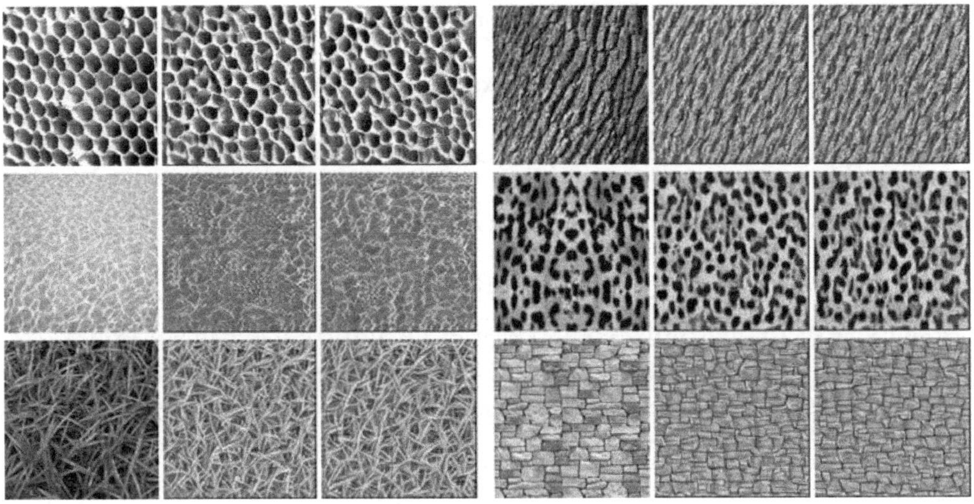

图 10-8　DeepFRAME 实验 1

DeepFRAME 实验 2：合成目标图像

DeepFRAME 实验 2 如图 10-9 所示，在图中的每个图像组中，顶行显示训练图像，底行显示合成图像。只要训练图像具有一致的对齐方式，DeepFRAME 模型就可以学习合成目标图像。ConvNet 评分函数 $F(\boldsymbol{I};w)$ 的最后一层应完全连接，以确保能量函数的几何一致性。合成的目标图像与训练数据的外观和对齐 一致。

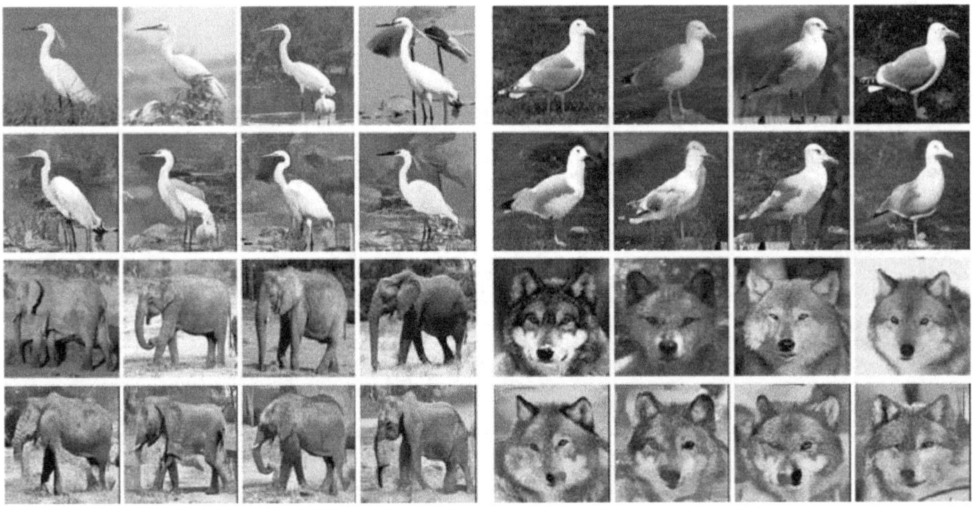

图 10-9　DeepFRAME 实验 2

DeepFRAME 实验 3：合成混合图像

DeepFRAME 实验 3 如图 10-10 所示，在图中的每个图像组中，顶行显示训练图像，底行显示合成图像。当来自不同类别的对齐图像用作训练数据时，DeepFRAME 模型学习合成混合图像，这些图像结合了训练类别的不同局部特征。虽然整体图像形状与训练数据的对齐一致，但是在合成图像中出现了在训练图像中未见的新特征组合。

图 10-10　DeepFRAME 实验 3

©[2016] AAAI，获许可使用，来自参考文献[16]

DeepFRAME 实验 4：图像重建

DeepFRAME 实验 4 如图 10-11 所示，图中的顶行是训练期间未使用的真实图像，底行是单次朗之万更新后的重建图像。由于 DeepFRAME 函数的能量函数是真实图像密度的近似值，因此来自真实分布的未见图像应接近学习密度的局部模式。像 Hopfield[11]最初描述的那样，图像空间上的势能可以被解释为存储器。在 DeepFRAME 势的 MCMC 过程下的图像演变将被吸引到最近的局部模式。如果初始图像类似于训练数据，则 MCMC 过程应收敛到看起来类似于初始图像的模式。另外，从不同于训练数据的图像初始化的 MCMC 样本，在采样期间会发生很大变化，直到它类似于训练图像。

图 10-11　DeepFRAME 实验 4

©[2016] Xie et al.，获许可使用，来自参考文献[21]

10.4.3　生成器网络和交替反向传播

像 DeepFRAME 这样的势能函数是图像模型中的一种，而生成器网络是另一种重要的图像模型。这些网络概括了经典的因子分析模型，可用于从简单信号生成逼真的图像。与需要 MCMC 进行图像合成的势能模型相比，生成器网络可以直接从隐输入合成图像。

设 $\boldsymbol{Z}\in\mathbb{R}^d$ 为具有平凡分布的隐因子（如均匀分布或 $N(0,\boldsymbol{I}_d)$）。实际上，$\boldsymbol{Z}$ 的大小 d 通常为 100 或更小。具有权重 $\boldsymbol{w}$ 的生成器网络 $G(\boldsymbol{Z};\boldsymbol{w})$ 定义了从 $\boldsymbol{Z}$ 的隐空间到高维图像空间 $\mathbb{R}^D$ 的变换。可以学习生成器网络的权重 $\boldsymbol{w}$，使得合成图像 $G(\boldsymbol{Z};\boldsymbol{w})\in\mathbb{R}^D$ 匹配 $\boldsymbol{Z}$ 的隐分布中训练数据集的外观特征。

经典因子分析模型使用线性生成器 $G(\boldsymbol{Z};\boldsymbol{w})=\boldsymbol{W}\boldsymbol{Z}+\boldsymbol{\varepsilon}$。深度生成器网络通过在线性层

之间增加激活函数，来在 G 中引入非线性性质。生成器网络可以被理解为具有以下关系的递归因子分析模型：

$$\boldsymbol{Z}_{l-1}=f_l(\boldsymbol{W}_l\boldsymbol{Z}_l+\boldsymbol{b}_l) \tag{10-34}$$

式中，f_l 是一个非线性激活（通常是 ReLU），$(\boldsymbol{W}_l,\boldsymbol{b}_l)$ 是来自 l 层的权重和偏差，$\boldsymbol{w}=\{(\boldsymbol{W}_l,\boldsymbol{b}_l):l=1,\ldots,L\}$，$\boldsymbol{Z}_L=\boldsymbol{Z}$，$\boldsymbol{Z}_0=G(\boldsymbol{Z};\boldsymbol{w})$。隐藏因子层 $\boldsymbol{Z}_{l-1}$ 是 $\boldsymbol{W}_l$ 列与系数 $\boldsymbol{Z}_l$ 的线性组合，加上变换和激活。如果使用 ReLU 激活，则 $G(\boldsymbol{Z};\boldsymbol{w})$ 是分段线性函数，并且线性区域之间的边界对应于 f_l 的激活边界。G 的非线性结构对于生成逼真的图像是必不可少的。

交替反向传播（ABP）算法[9]是用于学习生成器网络权重 $\boldsymbol{w}$ 的一种方法。顾名思义，ABP 算法有两个阶段。在第一阶段，使用朗之万动力学推断该组训练图像的隐因子。在第二阶段，基于新的隐因子更新将隐因子变换为图像的权重。由于在训练过程中推理出隐因子，因此 ABP 算法使用无监督学习。ABP 算法与 EM 算法密切相关：第一阶段对应于 EM 算法的 E 步，其中期望值基于当前参数评估，第二阶段对应于 M 步，其中参数被调整来解释预期因子。

在 ABP 学习中，给定 d 维隐因子 $\boldsymbol{Z}$，其 D 维图像 $\boldsymbol{X}$ 的条件分布被定义为

$$\boldsymbol{X}|\boldsymbol{Z}\sim N(G(\boldsymbol{Z};\boldsymbol{w}),\sigma^2\mathrm{Id}_D)$$

式中，$G(\boldsymbol{Z};\boldsymbol{w})$ 为具有权重 $\boldsymbol{w}$ 的生成器网络。由于 $\boldsymbol{Z}$ 和 $\boldsymbol{X}|\boldsymbol{Z}$ 都是多元正态变量，它们的联合能量函数具有的形式如下：

$$U(\boldsymbol{X},\boldsymbol{Z};\boldsymbol{w})=\frac{1}{2\sigma^2}\|\boldsymbol{X}-G(\boldsymbol{Z};\boldsymbol{w})\|^2+\frac{1}{2}\|\boldsymbol{Z}\|^2$$

它是 $\boldsymbol{Z}$ 和 $\boldsymbol{X}|\boldsymbol{Z}$ 的高斯能量函数之和。条件变量 $\boldsymbol{Z}|\boldsymbol{X}$ 的能量函数是 $U_{\boldsymbol{Z}|\boldsymbol{X}=\boldsymbol{x};\boldsymbol{w}}(\boldsymbol{z})=U(\boldsymbol{z},\boldsymbol{x};\boldsymbol{w})$，因为后验分布 $\boldsymbol{Z}|\boldsymbol{X}$ 与 $\boldsymbol{X}$ 和 $\boldsymbol{Z}$ 的联合分布成比例。给定一组完整的观测值 $\{\boldsymbol{X}_i,\boldsymbol{Z}_i\}_{i=1}^n$，可以通过梯度上升最大化对数似然

$$l(\boldsymbol{w},\{\boldsymbol{Z}_i\})=\frac{1}{n}\sum_{i=1}^n\log p(\boldsymbol{X}_i,\boldsymbol{Z}_i;\boldsymbol{w})=-\frac{1}{n}\sum_{i=1}^n U(\boldsymbol{X}_i,\boldsymbol{Z}_i)+\text{constant}$$

来估计权重 $\boldsymbol{w}$。由于归一化常数不依赖于 $\boldsymbol{w}$，因此完整数据对数似然不需要随机梯度。然而，如在 EM 算法中，隐因子 $\{\boldsymbol{Z}\}_{i=1}^n$ 是未知的，并且必须通过最大化观察到的数据对数似然来学习 $\boldsymbol{w}$，这对应于最大化函数：

$$l(\boldsymbol{w})=\sum_{i=1}^n\log p(\boldsymbol{X}_i;\boldsymbol{w})=\sum_{i=1}^n\log\int p(\boldsymbol{X}_i,\boldsymbol{Z};\boldsymbol{w})\mathrm{d}\boldsymbol{Z}$$

该函数将隐因子整合到联合分布中。这种损失不能直接计算，但是对数似然的梯度可以重写为

$$\begin{aligned}\frac{\partial}{\partial \boldsymbol{W}}\log p(\boldsymbol{X};\boldsymbol{w})&=\frac{1}{p(\boldsymbol{X};\boldsymbol{w})}\frac{\partial}{\partial \boldsymbol{w}}p(\boldsymbol{X};\boldsymbol{w})\\&=\frac{1}{p(\boldsymbol{X};\boldsymbol{w})}\frac{\partial}{\partial \boldsymbol{w}}\int p(\boldsymbol{X},\boldsymbol{Z};\boldsymbol{w})\mathrm{d}\boldsymbol{Z}\\&=\int\left(\frac{1}{p(\boldsymbol{X};\boldsymbol{w})}\frac{\partial}{\partial \boldsymbol{w}}p(\boldsymbol{X};\boldsymbol{w})\right)p(\boldsymbol{Z}|\boldsymbol{X};\boldsymbol{w})\mathrm{d}\boldsymbol{Z}\end{aligned}$$

$$=\int\left(\frac{\partial}{\partial \boldsymbol{w}}\log p(\boldsymbol{X};\boldsymbol{w})\right)p(\boldsymbol{Z}|\boldsymbol{X};\boldsymbol{w})\mathrm{d}\boldsymbol{Z}$$

$$=-E_{\boldsymbol{Z}|\boldsymbol{X};\boldsymbol{w}}\left[\frac{\partial}{\partial \boldsymbol{w}}U(\boldsymbol{X},\boldsymbol{Z};\boldsymbol{w})\right]$$

因此，可以通过使用当前权重 $\boldsymbol{w}$ 抽取 $\boldsymbol{Z}|\boldsymbol{X}$ 的 MCMC 样本来估计对数似然梯度，隐因子取决于观测到的数据。朗之万动力学可用于 $\boldsymbol{Z}|\boldsymbol{X}_i;\boldsymbol{w}$ 中采样，朗之万更新方程式为

$$\boldsymbol{Z}_{t+1}=\boldsymbol{Z}_t+\frac{\varepsilon^2}{2}\left(\frac{1}{\sigma^2}(\boldsymbol{X}_i-G(\boldsymbol{Z}_t;\boldsymbol{w}))\frac{\partial}{\partial \boldsymbol{Z}}G(\boldsymbol{Z}_t;\boldsymbol{w})-\boldsymbol{Z}_t\right)+\varepsilon\boldsymbol{U}_t \tag{10-35}$$

$\boldsymbol{U}_t\sim N(0,\boldsymbol{I}_d)$，步长为 $\varepsilon, t=1,\ldots,T$ 迭代，对于每个观测图像 $\boldsymbol{X}_i$ 推理出一个 $\boldsymbol{Z}_i$。在训练期间使用 PCD，因此在每个新推理阶段中 MCMC 采样都是从先前推理阶段的 $\boldsymbol{Z}_i$ 开始的。一旦从 $\boldsymbol{Z}|\boldsymbol{X}_i;\boldsymbol{w}$ 采样了 $\boldsymbol{Z}_i$，就可以在算法的第二阶段更新权重 $\boldsymbol{w}$：

$$\tilde{\nabla}l(\boldsymbol{w})=-\frac{1}{n}\sum_{i=1}^{n}\frac{\partial}{\partial \boldsymbol{w}}U(\boldsymbol{X}_i,\boldsymbol{Z}_i;\boldsymbol{w})=-\frac{1}{n}\sum_{i=1}^{n}\frac{1}{\sigma^2}(\boldsymbol{X}_i-G(\boldsymbol{Z}_i;\boldsymbol{w}))\frac{\partial}{\partial \boldsymbol{w}}G(\boldsymbol{Z}_i;\boldsymbol{w}) \tag{10-36}$$

推理阶段使用反向传播梯度 $\frac{\partial}{\partial \boldsymbol{Z}}G(\boldsymbol{Z};\boldsymbol{w})$，而学习阶段使用反向传播梯度 $\frac{\partial}{\partial \boldsymbol{w}}G(\boldsymbol{Z};\boldsymbol{w})$。获得 $\frac{\partial}{\partial \boldsymbol{Z}}G(\boldsymbol{Z};\boldsymbol{w})$ 所需的计算作为计算 $\frac{\partial}{\partial \boldsymbol{w}}G(\boldsymbol{Z};\boldsymbol{w})$ 的一部分，因此两个阶段都可以以类似的方式实现。其算法概括见算法 10-3。

算法 10-3　交替反向传播算法
Input：观测的图像 $\{\boldsymbol{X}_i\}_{i=1}^n$，朗之万迭代次数 S，步长 $\delta>0$，学习步数 T
Output：生成器网络 $G(\boldsymbol{Z};\boldsymbol{w})$ 的 MLE $\boldsymbol{w}^*$
1．初始化权重 $\boldsymbol{w}_0$ 为白噪声以及从隐分布中采样推理出的隐因子 $\{\boldsymbol{Z}_i\}_{i=1}^m$
2．**for**　$t=1:T$：
（1）使用方程式（10-35），使用当前权重 $\boldsymbol{w}_{t-1}$ 将 S 次朗之万更新应用于持续隐因子 $\{\boldsymbol{Z}_i\}_{i=1}^n$ 中
（2）根据 $\boldsymbol{w}_t=\boldsymbol{w}_{t-1}+\delta\tilde{\nabla}l(\boldsymbol{w}_{t-1})$，更新 $\boldsymbol{w}$
其中，$\tilde{\nabla}l(\boldsymbol{w})$ 是式（10-36）中的随机梯度

接下来，用三个不同的实验来验证 ABP 算法的能力。

ABP 实验 1：生成纹理模式

ABP 实验 1 如图 10-12，图中原始图像大小为 224×224 像素，旁边的合成图像大小为 448×448 像素。设输入 $\boldsymbol{Z}$ 为 $\sqrt{d}\times\sqrt{d}$ 维图像，每个像素服从正态分布。每层的权重由卷积滤波器给出，每层的上采样因子为 2。一旦学习了滤波器，只需增加 $\boldsymbol{Z}$ 的大小并在较大的输入上运行滤波器卷积，就可以直接扩展网络并生成更大的纹理模式。在下面的示例中，$\boldsymbol{Z}$ 是在训练期间重建 224×224 像素图像的 7×7 像素图像，而在测试期间 $\boldsymbol{Z}$ 被扩展为 14×14 像素图像，使用完全相同的权重生成 448×448 像素图像。

图 10-12　ABP 实验 1

ABP 实验 2：生成目标模式

ABP 实验 2 如图 10-13 所示，图 10-13（a）是狮子 / 老虎脸生成模型的二维隐空间的 9×9 离散化，隐空间具有分隔狮子和老虎脸的可识别区域，这些区域之间的插值可以平滑地将狮子脸变成老虎脸；图 10-13（b）和图 10-13（c）是来自具有 100 个隐因子的生成模型的合成人脸，而图 10-13（b）显示从学习模型中采样的 81 张脸，图 10-13（c）显示图像四个角上的脸之间隐空间中的线性插值。

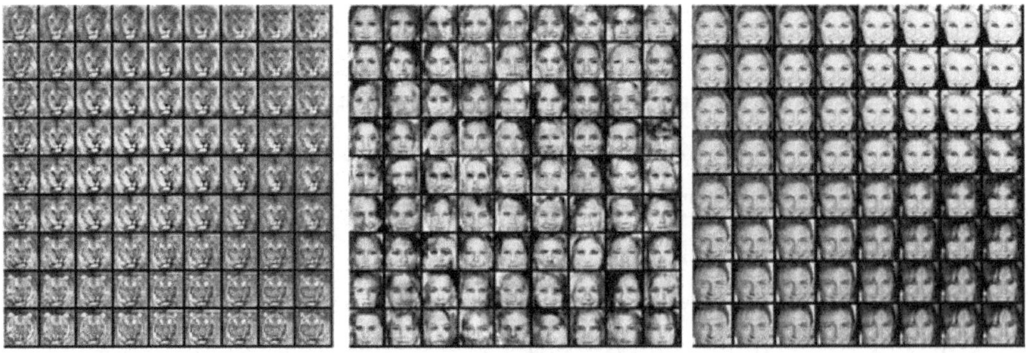

(a)　　(b)　　(c)

图 10-13　ABP 实验 2

©[2017]AAAI，获许可使用，来自参考文献[9]

除了隐因子层必须完全连接，生成目标模式类似于生成纹理模式，因此输入 $\boldsymbol{Z}$ 是 d 维向量而不是 $\sqrt{d}\times\sqrt{d}$ 矩阵。图 10-13 显示了 ABP 算法生成的两种不同的目标模式：狮子 / 老虎脸和人脸。学习网络的隐空间中的点之间的插值，给出在沿着训练数据的流形图像空间中的非线性插值。

ABP 实验 3：从不完整的数据中学习

ABP 实验 3 如图 10-14 所示，图中的第一行是原始图像，第二行是有遮挡的训练图像，第三行是重建的训练图像。

图 10-14　ABP 实验 3

在某些情况下，损坏或遮挡可能导致训练图像丢失一些像素。在给定一个特定像素被标记为缺失的区域的情况下，ABP 算法可以学习一个完整图像的生成器模型。唯一需要进行的调整是将能量定义为仅观察到的 $\boldsymbol{X}$ 的像素 Λ^{obs} 总和：

$$U_{\text{obs}}(\boldsymbol{X},\boldsymbol{Z};\boldsymbol{w})=\frac{1}{2\sigma^2}\sum_{(x,y)\in\Lambda^{\text{obs}}}(\boldsymbol{X}_{(x,y)}-g(\boldsymbol{Z};\boldsymbol{w})_{(x,y)})^2+\frac{1}{2}\|\boldsymbol{Z}\|^2$$

那么 $\boldsymbol{Z}|\boldsymbol{X}\sim\dfrac{1}{Z(\boldsymbol{w})}\exp\{-U_{\text{obs}}(\boldsymbol{X},\boldsymbol{Z};\boldsymbol{w})\}$ 和被遮挡图像的隐向量可以使用在 $\boldsymbol{Z}|\boldsymbol{X}$ 上的朗之万动力学进行推理。然后，学习的模型可以完成三个任务：

（1）从训练图像中恢复缺失的像素；

（2）从测试图像中恢复缺失的像素；

（3）根据模型合成新图像。

10.4.4　协作网络和生成器模型

本书 10.4.2 节中用于协作训练的 DeepFRAME 模型和本书 10.4.3 节中的 ABP 模型可以集成到一个协作学习方案中，其中能量函数 $-F(\boldsymbol{I};\boldsymbol{w}_F)$ 的权重 $\boldsymbol{w}_F$ 和生成器网络 $G(\boldsymbol{Z};\boldsymbol{w}_G)$ 的权重 $\boldsymbol{w}_G$ 是联合学习的。DeepFRAME 模型和 ABP 模型进行联合训练使用的方程与用于单独训练模型的方程相同。协作学习的创新是在串联训练网络时初始化 MCMC 样本的方式。由每个模型创建的合成图像可用于在下一个学习迭代中跳转启动伙伴模型的采样阶段。在训练 DeepFRAME 和 ABP 模型时，协作学习[22]是 CD 和 PCD 的替代方案。

ABP 网络（称为生成器网络）在协作学习中扮演学生的角色，而 DeepFRAME 网络（称为描述子网络）扮演教师的角色。由于生成器模型可以有效地合成接近真实分布的图像，因此来自生成器的样本可以在训练描述子网络时用作朗之万更新的初始图像。另外，当训练描述子网络时，来自描述子能量的 MCMC 更新可被视为来自“真实”分布的样本。由于描述子修正类似于由生成器网络创建的原始图像，因此从原始隐向量初始化的朗之万样本应该快速收敛以给出描述子修正的良好隐近似。生成器网络从描述子网络接收引导，而描述子网络将生成器的结果与实际数据进行比较以确定生成器需要学习什么。融合学习算法提供了一种天然的初始化方案，允许两个网络看到更多样的初始样本。除了 MCMC 初始化，每个网络的协作训练过程与单独训练相同。算法 10-4 给出协作训练算法的概括。

算法 10-4　协作训练算法

Input：观测图像 $\{\boldsymbol{X}_i\}_{i=1}^n$，隐样本数 m，朗之万迭代次数 S，描述子步长 $\delta_F>0$，生成器步长 $\delta_G>0$，学习步数 T

Output：描述子网络 F 的权重 $\boldsymbol{w}_F^*$ 和生成器网络 G 的权重 $\boldsymbol{w}_G^*$

1．初始化权重 $\boldsymbol{w}_{F,0}$ 和 $\boldsymbol{w}_{G,0}$

2．**for** $t=1:T$

（1）从生成器网络 $G(\boldsymbol{Z};\boldsymbol{w}_{G,t-1})$ 的隐分布 $N(0,\boldsymbol{I}_d)$中抽取独立同分布样本 $\{\boldsymbol{Z}_i\}_{i=1}^m$。计算图像 $\{\boldsymbol{Y}_i\}_{i=1}^m$，其中 $\boldsymbol{Y}_i=G(\boldsymbol{Z}_i;\boldsymbol{w}_{G,t-1})$

（2）使用式（10-32），将 S 朗之万更新应用于当前能量为 $F(\boldsymbol{X};\boldsymbol{w}_{F,t-1})$ 的图像 $\{\boldsymbol{Y}_i\}_{i=1}^m$ 中

（3）使用式（10-35），将 S 朗之万更新应用于当前权重为 $\boldsymbol{w}_{G,t-1}$ 的隐因子 $\{\boldsymbol{Z}_i\}_{i=1}^m$ 中，其中上一步修正后的 $\boldsymbol{Y}_i$ 是每个 $\boldsymbol{Z}_i$ 的条件图像

（4）采样一个小批量的训练数据 $\{\boldsymbol{X}_i\}_{i=1}^m$ 并更新 $\boldsymbol{w}_F$，根据 $\boldsymbol{w}_{F,t}=\boldsymbol{w}_{F,t-1}+\delta_F\tilde{\nabla}l_F$（$\boldsymbol{w}_{F,t-1}$），其中 $\tilde{\nabla}l_F(\boldsymbol{w})$ 是式（10-33）中的随机梯度

（5）使用修正后的隐因子 $\{\boldsymbol{Z}_i\}_{i=1}^m$ 和修正后的图像 $\{\boldsymbol{Y}_i\}_{i=1}^m$ 来更新 $\boldsymbol{w}_G$：

$$\boldsymbol{w}_{G,t}=\boldsymbol{w}_{G,t-1}+\delta_G\tilde{\nabla}l_G(\boldsymbol{w}_{G,t-1})$$

其中，$\tilde{\nabla}l_G(\boldsymbol{w})$ 是式（10-36）中的随机梯度

每个网络的缺点由协作伙伴网络的能力弥补。网络描述子可以轻松修改接近真实数据分布的图像，使其看起来更逼真。然而，描述子很难从白噪声开始生成逼真的图像，因为收敛需要许多次 MCMC 迭代。另外，生成器很容易通过简单的前向传递穿过网络合成接近真实数据分布的图像。然而，生成器很难推断出新图像的隐向量，因为这又需要长时间的 MCMC 推断过程。协作学习解决了这两个缺点。生成器向描述子提供接近真实分布的初始 MCMC 样本，以便描述子修正快速收敛。由于原始生成器图像类似于描述子修正，因此对于由生成器执行的隐因子推断，原始隐因子是良好的初始化点。协作网络自然地促进了 MCMC 采样的两个阶段。

协作网络与生成对抗网络（GAN）[8]有关，这是另一种与伙伴网络协同训练生成器网络的方法。顾名思义，GAN 模型的两个网络是在竞争性而非协作性方案中训练的。具体来说，通过训练 GAN 的描述子 $F(\boldsymbol{X};\boldsymbol{w})$（通常称为判别器）以区分生成器网络的样本和真实数据的样本。当训练 GAN 时，生成器网络学习欺骗判别器网络，而判别器网络试图正确地将生成的图像与真实图像进行区分。GAN 的目标函数是

$$\min_{\boldsymbol{w}_G}\max_{\boldsymbol{w}_D} L(\boldsymbol{w}_G,\boldsymbol{w}_F)=E_q[\log F(\boldsymbol{X};\boldsymbol{w}_F)]+E_{N(0,\boldsymbol{I}_d)}[\log(1-F(G(\boldsymbol{Z};\boldsymbol{w}_G);\boldsymbol{w}_F))]$$

式中，q 是真实数据分布，$F(\boldsymbol{X};\boldsymbol{w}_F)\in(0,1)$ 是判别分类器。模型可以迭代地求解 $\boldsymbol{w}_G$ 和

$\boldsymbol{w}_F$，即关于 $\boldsymbol{w}_F$ 的梯度上升和关于 $\boldsymbol{w}_G$ 的梯度下降交替更新。第一个期望可以通过采用一小批观测数据来近似，而第二个期望可以通过从隐正态分布中抽取 $\boldsymbol{Z}$ 样本来近似。

在协作学习中，描述子网络学习在训练数据上的隐能量，以指导生成器的合成匹配训练数据的特征。因此，协作学习的能量函数比从 GAN 学习的判别器更有意义，因为它是训练数据的非归一化密度，而不是分类器。我们可以使用描述子能量来映射协作模型的隐空间和第 11 章中的能级图映射技术。相同的技术不能应用于 GAN 模型，因为判别器网络在训练后是没有用处的。图 10-15 给出了 DeepFRAME、ABP、Cooperative 和 GAN 四种模型的可视化比较。DeepFRAME 模型将图像作为输入并返回标量能量值。ABP 模型将低维隐信号转换为逼真图像。协作学习将 DeepFRAME 和 ABP 模型融合在一起，共同训练描述子和生成器网络。GAN 模型类似于协作（Cooperative）模型，除了描述子被判别器替代，判别器将图像分类为真实或伪造，而不是返回非归一化密度。协作模型的能量函数比 GAN 的判别器更有用，因为它可用于映射图像空间的结构，可参见本书第 11 章。

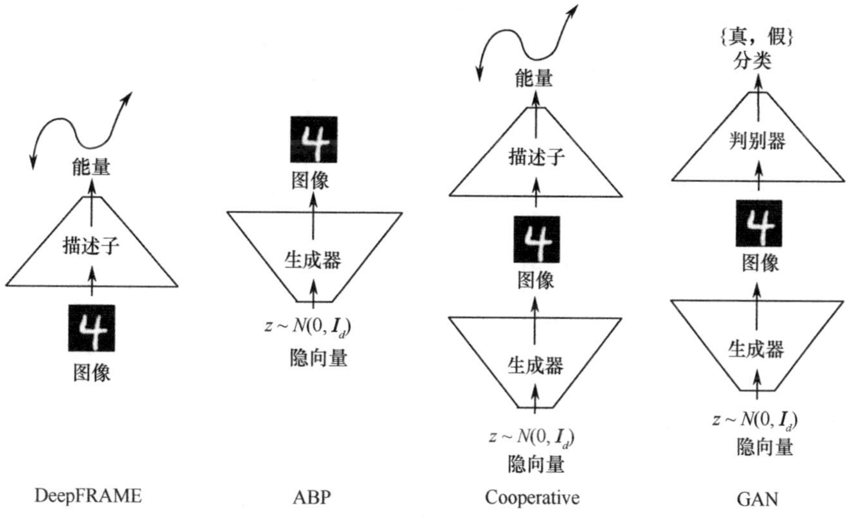

图 10-15　四种不同图像模型的比较

下面介绍三个测试协作学习能力的实验。

协作学习实验 1：合成图像

协作学习实验 1 如图 10-16 所示，图 10-16（a）是由能级图训练后的生成器网络合成的，在图 10-16（b）的每组图像中，最左边的图像是训练纹理，其他图像是由生成器网络合成的。

协作网络可以通过 MCMC 或直接前向传递从生成器网络合成来自描述子能量的图像。通常优先选择第二种方法，因为它更有效。可以训练协作网络以合成纹理图像和对齐的目标图像。

协作学习实验 2：隐空间插值

协作学习实验 2 如图 10-17 所示，图中的隐空间中的线性插值对应于图像空间中的直观非线性插值。与在 ABP 模型中一样，生成器网络的隐空间中的线性插值对应于图像空间中的图像之间的非线性但在视觉上直观的插值。生成器网络在图像空间中定义了低维流形，其近似于真实数据分布的流形。在生成器空间移动而不是在原始图像空间移动使得映射描述子能量的结构更容易。更多细节参见本书第 11 章。

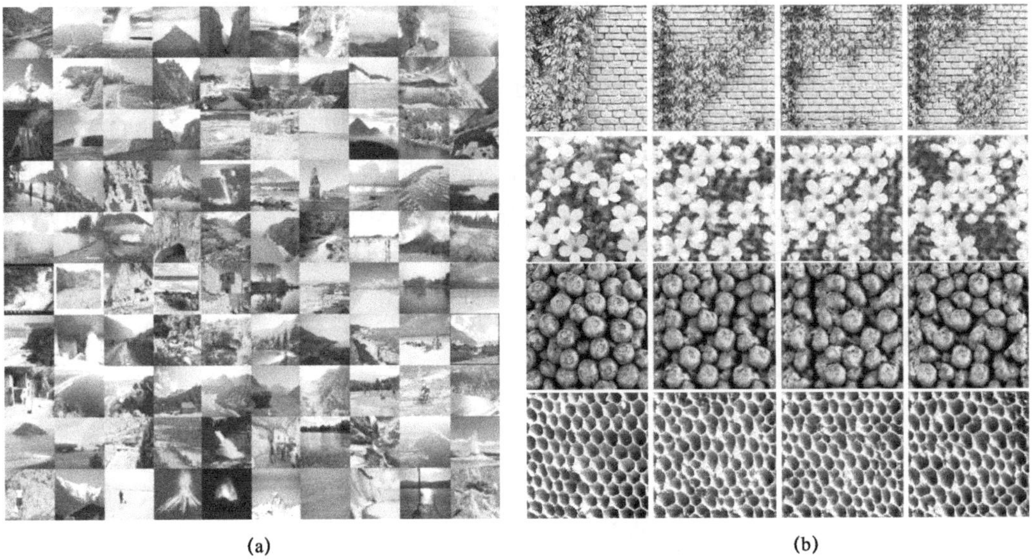

图 10-16　协作学习实验 1

©[2018] AAAI，获许可使用，来自参考文献[22]

图 10-17　协作学习实验 2

©[2018] AAAI，获许可使用，来自参考文献[22]

协作学习实验 3：图像补全

协作学习实验 3 如图 10-18 所示，在图的每组图像中，第一行是原始图像，第二行是原始图像的遮挡观测，第三行是生成器隐空间的遮挡图的重建图像。

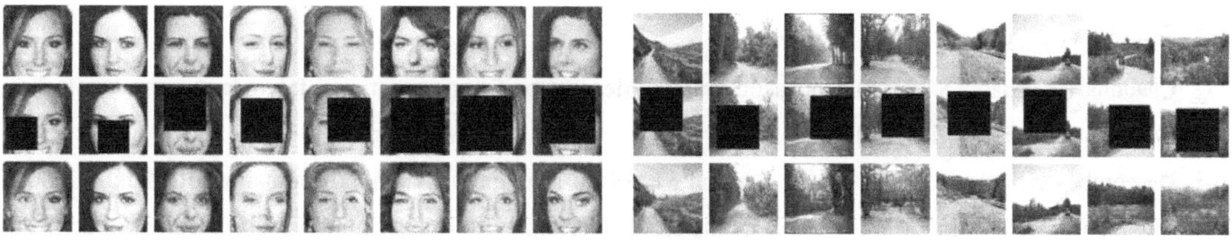

图 10-18 协作学习实验 3

生成器网络可用于重建具有遮挡或缺失像素的图像。遮挡图像 $\boldsymbol{X}_0$ 被用作分布 $\boldsymbol{Z}|\boldsymbol{X}=\boldsymbol{X}_0$ 的条件图像，给出 $\boldsymbol{X}_0$ 的最佳重建的隐向量 $\boldsymbol{Z}$，可以由具有式（10-37）中的势的朗之万动力学推断出。

10.5 本章练习

问题 1 使用卷积神经网络（CNN）实现 DeepFRAME 算法，并进行如图 10-8、图 10-9 和图 10-10 所示的三个 DeepFRAME 实验。

（1）使用纹理图像（如图 10-8 中的纹理图像）学习 DeepFRAME 模型，并从所学习的模型中获取 MCMC 样本。用不同的 CNN 架构（层数、滤波器数量、滤波器大小）来实验什么是最有效的。

（2）使用对齐的目标图像来学习非齐次的 DeepFRAME 模型，并从模型中获取样本，同时确保 CNN 的最后一层是全连接的。

（3）使用多种类型的对齐目标（如老虎和狮子）学习混合模型，并从学习到的模型中获取样本。

问题 2 使用卷积神经网络（CNN）实现交替反向传播算法，并进行如图 10-12、图 10-13 和图 10-14 中所示的三个 ABP 实验。

（1）使用图 10-12 中的纹理图像来学习生成器网络，模型的输入为 7×7 像素，输出为 224×224 像素，并从学习中获取样本。

（2）使用对齐的人脸图像来学习一个输入为 100 维的非齐次生成器模型，并从学习到的模型中获取样本。

（3）使用式（10-37）在有缺失像素的对齐人脸图像上训练生成器网络（我们知道每个图像缺少哪些像素）。使用获得的模型为尚未用于训练的其他图像填充缺失的像素。

本章参考文献

[1] Besag J (1977) Effificiency of pscudo-likelihood estimation for simple gaussian fifields. Biometrika 64:616–618.

[2] Cauchy AL (1847) Methode generale pour la resolution des systemes d’equations simultanees. C R Acad Sci

Paris 25:536–538.

[3] Chaudhari P, Soatto S (2018) Stochastic gradient descent performs variational inference, converges to limit cycles for deep networks. In: ICLR.

[4] Descombes X, Morris R, Zerubia J, Berthod M (1997) Maximum likelihood estimation of Markov random fifield parameters using Markov chain monte carlo algorithms. In: Energy minimization methods in computer vision and pattern recognition. Springer, New York, pp 133–148.

[5] Geyer CJ (1994) On the convergence of monte carlo maximum likelihood calculations. J R Stat Soc Ser B (Methodol) 56(1):261–274.

[6] Geyer CJ, Thompson EA (1992) Constrained monte carlo maximum likelihood for dependent data. J R Stat Soc Ser B (Methodol) 54(3):657–699.

[7] Gidas B (1988) Consistency of maximum likelihood and pseudo-likelihood estimators for Gibbs distributions. In: Stochastic differential systems, stochastic control theory and applications. Springer, New York, pp 129–145.

[8] Goodfellow I, Pouget-Abadie J, Mirza M, Xu B, Warde-Farley D, Ozair S, Courville A, Bengio Y (2014) Generative adversarial nets. In:Advances in neural information processing systems. Neural Information Processing Systems Foundation, Montreal, pp 2672–2680.

[9] Han T, Lu Y, Zhu S-C (2017) Alternating back-propagation for generator network. In:AAAI, vol 3. AAAI, San Francisco.

[10] Hinton G (2002) Training products of experts by minimizing contrastive divergence. Neural Comput 14(8):1771–1800.

[11] Hopfield JJ (1984) Neurons with graded response have collective computational properties like those of two-state neurons. Proc Natl Acad Sci 81(10):3088–3092366 10 Learning with Stochastic Gradient.

[12] Hu W, Li CJ, Li L, Liu J-G (2017) On the diffusion approximation of nonconvex stochastic gradient descent. arXiv preprint arXiv:1705.07562.

[13] Keskar NS, Mudigere D, Nocedal J, Smelyanskiy M, Tang PTP (2017) On large-batch training for deep learning: generalization gap and sharp minima. In: ICLR.

[14] LeCun YA, Bottou L, Orr GB, Müllcr K-R (2012) Effificient backprop. In: Neural networks: tricks of the trade. Springer, Heidelberg, pp 9–48.

[15] Li Q, Tai C, Weinan E (2017) Stochastic modifified equations and adaptive stochastic gradient algorithms. In: ICML, pp 2101–2110.

[16] Lu Y, Zhu SC (2016) Learning frame models using CNN fifilters. In: Thirtieth AAAI conference on artifificial intelligence.

[17] Moulines E, Bach FR (2011) Non-asymptotic analysis of stochastic approximation algorithms for machine learning. In: Advances in neural information processing systems. Neural Information Processing Systems Foundation, Granada, pp 451–459.

[18] Nesterov Y (2004) Introductory lectures on convex optimization, vol 87. Springer Science & Business Media, Boston.

[19] Roux NL, Schmidt M, Bach FR (2012) A stochastic gradient method with an exponential convergence_rate for fifinite training sets. In: Advances in neural information processing systems,pp 2663–2671.

[20] Tieleman T (2008) Training restricted Boltzmann machines using approximations to the likelihood gradient. In: ICML.

[21]Xie J, Hu W, Zhu SC (2016) A theory of generative convnet. In: International conference on machine learning .

[22] Xie J, Lu Y (2018) Cooperative learning of energy-based model and latent variable model via MCMC teaching. In: AAAI.

[23] Younes L (1988) Estimation and annealing for Gibbsian fifields. Ann Inst H Poincaré Probab Stat24:269–294.

[24] Zhang Y, Saxe AM, Advani MS, Lee AA (2018) Entropy-energy competition and the effectiveness of stochastic gradient descent in machine learning. arXiv preprint arXiv:1803.0192.

[25] Zhu SC, Liu X (2002) Learning in Gibbsian fifields: how accurate and how fast can it be? IEEE Trans Pattern Anal Mach Intell 24(7):1001–1006.

[26] Zhu SC Mumford D (1997) Minimax entropy principle and its application to texture modeling. Neural Comput 9(8):1627–1660.

[27] Zhu SC Mumford D (1998) Filters, random fifields and maximum entropy (frame): towards a unifified theory for texture modeling. Int J Comput Vis 27(2):107–126.

第 11 章　可视化能级图

通过可视化信息，我们将其转化为可以用眼睛去探索的能级图：一种信息地图。当你迷失在信息中时，信息地图就会很有用。

——David McCandless

11.1　引言

在许多统计学习问题中，要优化的目标函数是高度非凸的。大量的研究致力于通过凸优化来逼近目标函数，例如在回归模型中用 L_1 范数替换 L_0 范数，或者设计算法以找到良好的局部最优解，比如期望最大化（EM）聚类算法。而分析目标函数的非凸结构特性的这方面工作却很少受到关注。在本章中，受到分子系统[2]和自旋玻璃（Spin Glass）模型[40]的能级图成功可视化的启发，我们在高维空间中计算能级图（ELM）。本章的前半部分探索并可视化聚类、双聚类和语法学习的模型空间（机器学习文献中的假设空间）。本章后半部分介绍了一种新的辨识局部噪声能级中宏观结构的 MCMC 方法。该技术主要应用于探索图像深层网络模型中稳定性概念的形成。

11.2　能级图的示例、结构和任务

在状态空间 $\Omega \subset \mathbb{R}^n$ 上的能量函数是吉布斯密度的指数项 $U(x)$，其中吉布斯密度公式为

$$p(x) = \frac{1}{Z} \exp\{-U(x)\}$$

归一化常数 Z 是未知项且总是比较难以处理的。通过放宽概率分布的完整定义，并使概率密度非归一化，则可以将概率处理扩展到各种各样的函数。只要积分 $\int_{\Omega} \exp\{-U(x)\} \mathrm{d}x$ 存在，就可以把任意函数 $U: \Omega \to \mathbb{R}$ 看作能量函数。归一化积分在许多相关情况下都存在，特别是当 U 有下界且有足够的渐进增长或 Ω 有界时。

能量函数 $U(x)$ 描述了两个状态 x_1 和 x_2 的相对概率。与较高能量的状态相比，低能量的状态更稳定，出现的概率更大。对数概率比

$$\log \frac{p(x_1)}{p(x_2)} = U(x_2) - U(x_1)$$

只取决于状态之间的势能差。MCMC 方法通常需要的是对数概率比而不是全密度，因此只需要通过能量函数来实现采样。由于归一化常数未知，因此能量函数不能提供关于单独状态 x

的绝对概率的任何信息。实际上，对于任意常数 c，$U^*(x)=U(x)+c$ 与 $U(x)$ 定义的分布是相同的。因此，在同一个点 x 上的两个不同能量函数 U_1 和 U_2 的函数值 $U_1(x)$ 和 $U_2(x)$，不能直接通过比较来确定 x 在 U_1 或 U_2 哪个系统中的可能性更大。

很多复杂系统可以表示为一个定义在系统可能状态下的能量函数。与复杂系统相关联的状态空间十分庞大，因此通过枚举对系统能量函数进行暴力分析是不可取的。然而，并非所有的系统状态都是相关的，因为能量函数通常只在状态空间的某些集中区域具有低的能量，大多数可能的状态的概率几乎为零。能量函数的局部极小值对应着局部稳定或最优的系统状态，局部极小值及其附近的低能量状态是最相关的系统状态，因为它们出现的概率最高，并且可以通过检查局部极小值的结构来分析整个系统。由最相关的低能量区域占据的那部分状态空间只是相对比较"微小"，实际上仍然十分庞大，不可能使用暴力计算进行分析。

能量曲面的流形定义了状态空间上的非欧几里得几何。两个极小值之间的最低能垒是一个测地距离，它从系统的势方面来衡量状态之间的相似性。因此，欧几里得空间中距离较远的两个状态在使用沿能量曲面的测地度量时却可能距离很近，反之亦然。能量流形的非欧几里得几何揭示了能量函数所代表的系统的重要结构。直观上，由低能垒分离的局部极小值在系统性质方面是相似的，而由高能垒分离的局部极小值则代表不同的子系统。可以用能量函数及其最小结构表示的复杂系统的例子如表 11-1 所示。

表 11-1　可用能量函数及其最小结构表示的复杂系统例子

系统状态	能　级	局部极小值
模型参数	损失	局部极优参数
物理状态	物理能级	稳定态
图像	存储	有效存储
生物学 / 社会特性	效用	适应性 / 社会标准

在文献中，Becker 和 Karplus[2]第一次呈现了多维能级图可视化的工作。他们通过物理实验获取分子系统的能量结构，并根据这些能量结构可视化了分子系统的局部极小值。这些能级图是用一个非连通图（DG[2]）实现的，DG 是一个树状结构，每个叶节点代表一个局部极小值，每个非叶节点代表相邻能量盆地之间的势垒。图 11-1 显示了一个简单的一维能级图及其相关的 DG，图中 ELM 的 y 轴是能级，每个叶节点是局部极小值，叶节点在其能量盆地的脊处连接。DG 用以下信息描述了能级图：

（1）局部极小值的数量及其能级；

（2）相邻局部极小值之间的能垒；

（3）每个局部极小值的概率质量和体积，可参见本书 11.2.2 节和图 11-6 的内容。

Wales 等人[34-35]提出了可视化定量分子模型势能曲面的计算方法，并使用文献[2]中的 DG 可视化来展示映射关系。统计学家还提出了一系列 MCMC 方法来提高遍历复杂状态空间的采样算法的效率。

尤其值得注意的是，文献[21]将 Wang-Landau 算法[36]推广到状态空间中的随机游走。Zhou[40]利用广义 Wang-Landau 算法可视化了具有上百个局部极小值的伊辛模型的 DG，并提出了一种估计能垒的有效方法。此外，文献[41]中的实验通过聚类蒙特卡罗样本构建了用于 DNA 序列分割的贝叶斯推理的能级图。

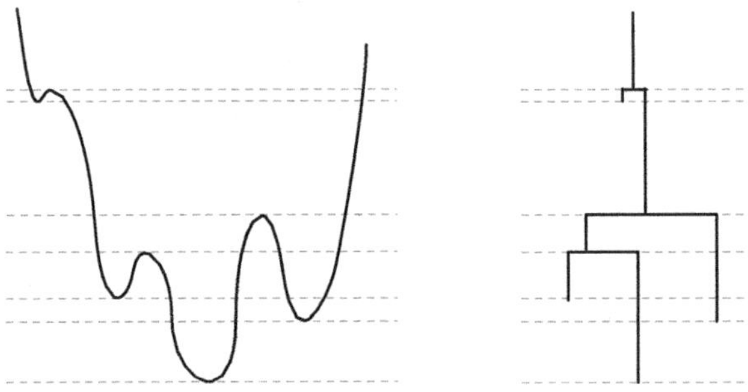

图 11-1　能量函数和相应的能级图（ELM）

©[2019] Brown University，获许可使用，来自参考文献[16]

通过计算辨识能级图的结构有助于完成以下任务：

（1）分析优化问题的内在困难（或复杂度），用于推理或学习任务。例如，在双聚类中，我们将问题分解为在不同条件下的简单、困难和不可能的情况。

（2）分析各种条件对 ELM 复杂性的影响，例如，聚类中的可分离性、训练样本的数量、监督的级别（标记样本的百分比），以及正则化的强度（先验模型）。

（3）通过显示访问各种极小值的频率来分析各种算法的行为。例如，在高斯混合聚类问题中，我们发现当高斯分量高度可分时，k 均值聚类（k-means）比 EM 算法效果更好[10]，而当分量可分离性较差时则相反。与 k 均值聚类和 EM 反复访问局部极小值相反，Swendsen-Wang 切分方法[1]在所有分离条件下都收敛于全局最小值。

（4）分析能级图为漏斗状的蛋白质折叠[25]。局部来看，不同折叠结构的能级图具有非常大的噪声以及巨量极小值。另外，全局结构本质上是单峰和凸的，因为绝大多数局部极小值是沿能量漏斗两侧的浅特征。这种结构能有效地引导未折叠的蛋白质回到它的天然态，因为在折叠过程中，环境的扰动足以跳出浅层的中间极小值。一旦折叠完成，能量漏斗的深度将允许蛋白质保持稳定的形状并发挥其功能。蛋白质折叠的势能图如图 11-2 所示，通过能级图的漏斗结构将未折叠的蛋白质引导至其天然态。能级图有大量的局部极小值，但它们大多数都很浅。能级图的宏观结构只有一个全局盆地。在病理性案例中，可能存在多个能量漏斗，其中只有一个会产生天然态（全局最优），而其他的则会产生稳定的错误折叠蛋白质。大量此类错误折叠的蛋白质与神经组织退化疾病有关，如阿尔茨海默病、帕金森病、疯牛病等。

（5）分析概率图像模型学习到的概念 / 记忆。训练一个图像模型去学习图像空间上的势能函数（见本书 10 章）之后，我们可以通过可视化图像能级的局部极小值来辨识图像空间中的稳定区域。由于我们是通过训练图像的势来近似训练数据的负对数密度，因此图像空间的低能量区域对应着那些外观与训练数据相似的图像，而高能量图像的外观则与训练数据显著不同。相似的图像应该用低能垒隔开，因为相似图像可能在不违反能级约束的情况下通过形变相互转化。另外，应该用高能垒将显著不同的图像分隔开，因为这些图像之间几乎不存在平滑的变化，除非找到一个几乎不可能存在的中间图像。所以，我们可以通过可视化图像空间的局部极小值，来辨识在训练过程中学习到的不同记忆概念。更多信息可参阅本书 11.7 节。

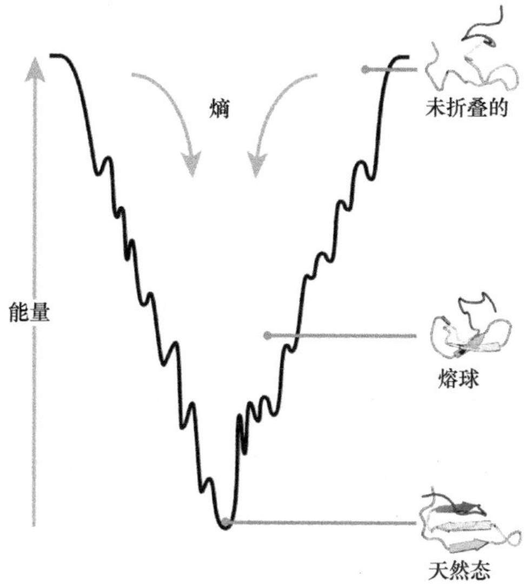

图 11-2　蛋白质折叠的势能图

11.2.1　基于能量的状态空间划分

在本章中，“可视化”非凸目标函数的能级图是指使用某种方法对状态进行划分，该方法反映了在目标能级图梯度流或扩散流下每个点的演化过程。设 Ω 是定义概率分布 $p(x)$ 和能量 $U(x)$ 的状态空间。可视化能级图的目标是将 Ω 划分为 J 个不相交的能量盆地 D_j：

$$\Omega = \bigcup_{j=1}^{J} D_j, \bigcap_{j=1}^{J} D_j = \varnothing \tag{11-1}$$

本章将使用能量盆地 D_j 的两个不同定义来处理不同的可视化情况。第一个定义将在本节讨论，另一个定义将在本书 11.5.1 节中通过宏观可视化技术介绍。

定义基于能量的划分 $\mathcal{D} = \{D_j\}_{j=1}^{J}$ 的最简单方法是将每个不同的局部极小值与梯度下降中收敛到该极小值的点集相关联。形式上，设 $\{x_j^*\}_{j=1}^{J}$ 是 U 的局部极小值的集合，设 $\varphi(x)$ 是一个函数，它将最速下降中的一个点 x 映射到它的目标局部极小值。然后 x_j^* 定义一个盆地 $D_j = \{x : \varphi(x) = x_j^*\}$，如图 11-3 中的竖直虚线所示。图 11-3 示意了一个一维状态空间和能量区间的划分示意。一维状态模型空间 Ω 被划分为能量盆地 D_j（沿 x 轴），能量 $\mathbb{R}$（y 轴）被划分为均匀的区间 $[u_k, u_{k+1})$；这些划分的交叉处产生了能量容器 B_{jk}，图中标注了非空容器。

只要 U 具有有限 J 个局部极小值，这种划分方法就可以用来可视化（能级图）。如果 U 足够规则，或者 Ω 离散且是有限的，那么能级的极小值个数应当是有限的。如果 U 有无穷多个局部极小值，那么不能用这种定义 $\mathcal{D}$ 的方式来实现可视化，因为这样将会无限地持续出现新的极小值。当局部极小值的数量有限却仍然巨大时，为每个不同的极小值定义一个单独的盆地仍然很困难。在本书 11.5.1 节中的宏观划分解决了这个问题。

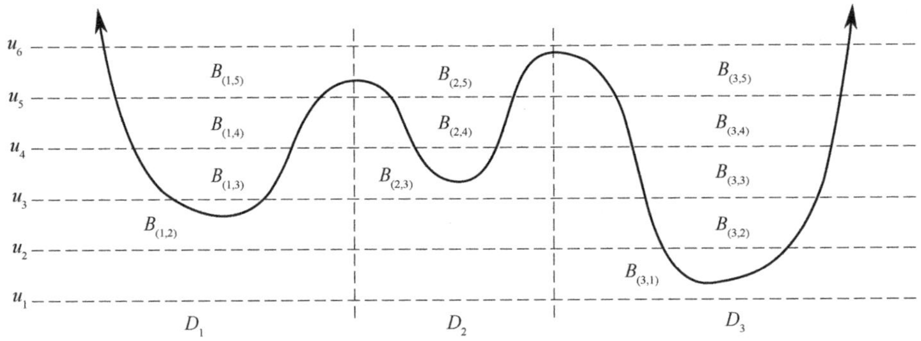

图 11-3 一维状态空间和能量区间划分示意

划分 $\mathcal{D}$ 中的盆地 D_j 可以进一步划分为能量谱上的区间 $\{[u_1,u_2),[u_2,u_3),\ldots,[u_K,u_{K+1})\}$，图 11-3 描述了这种划分，由此得到一组容器 $\mathcal{B}=\{B_{jk}\}_{1\leqslant j\leqslant J,1\leqslant k\leqslant K}$，其中

$$B_{jk}=\{x:x\in D_j,U(x)\in[u_k,u_{k+1})\} \tag{11-2}$$

在本章前半部分介绍的广义 Wang-Landau 算法中，划分 $\mathcal{B}$ 起着核心作用。区间的选择取决于能量函数，要获得好的结果，必须仔细调整区间数 K 和区间宽度。

11.2.2 构造非连通图（DG）

一旦能量盆地 D_j 被可视化算法所标识，就可以用非连通图（DG）来可视化能级划分 $\mathcal{D}=\{D_j\}_{j=1}^J$ 的结构。回想一下，两个系统状态之间的能垒给出了两个状态之间距离的非欧几里得度量，它表明了在系统属性方面状态的相似性。因此，两个盆地之间的最小能垒可以用来标识盆地之间的层级关系。在 DG 中，盆地之间的能垒下方的频谱中盆地是独立显示的，而在能垒上方的频谱中这些盆地合并了。合并过程分级进行，直到在 DG 中的所有盆地都合并了。算法 11-1 给出了构造非连通图算法。

算法 11-1 构造非连通图（DG）

Input: 对称的 $N\times N$ 矩阵 $\boldsymbol{M}$（矩阵的每行或每列的值表示单个盆地和其他盆地之间的最低能垒，对角线上的元素表示每个盆地中的最小能量）

Output: 每个节点都有标签和 y 值的树图 G（给定盆地最小能量或合并所需要的能量）

将 G 的叶节点初始化为 N 个盆地。每个叶节点的 y 值对应每个盆地的最小能量。令 $\boldsymbol{M}_1=\boldsymbol{M}$ 且 $L_1=\{1,2,\ldots,N\}$ 为初始节点的有序集

for $n=1:(N-1)$ **do**

1. 找到 $(i_n^*,j_n^*)=\operatorname{argmin}_{i\neq j}[\boldsymbol{M}_n]_{(i,j)}$。令 $a_n=L_n(i_n^*)$ 且 $b_n=L_n(j_n^*)$，其中 $L_n(k)$ 表示有序集 L_n 的第 k 个元素

2．将标签为 $(N+n)$，y 值为 $[\boldsymbol{M}_n]_{(i_n^*,j_n^*)}$ 的节点及其子节点 a_n 和 b_n 添加到 G 中

3．令 $L_{n+1}=(L_n\setminus\{a_n,b_n\})\cup\{(N+n)\}$ 表示那些尚未合并的节点

4．定义更新后的 $(N-n)\times(N-n)$ 对称矩阵 $\boldsymbol{M}_{n+1}$ 为

$$[\boldsymbol{M}_{n+1}]_{(i,j)}=\begin{cases}[\boldsymbol{M}_n]_{(\varphi_n(i),\varphi_n(j))} & \text{如果}L_{n+1}(i)\in L_n\text{且}L_{n+1}(j)\in L_n\\ \min([\boldsymbol{M}_n]_{(\varphi_n(i),i_n^*)},[\boldsymbol{M}_n]_{(\varphi_n(i),j_n^*)}) & \text{如果}L_{n+1}(i)\in L_n\text{且}L_{n+1}(j)\notin L_n\\ \min([\boldsymbol{M}_n]_{(i_n,\varphi_n(j))},[\boldsymbol{M}_n]_{(j_n^*,\varphi_n(j))}) & \text{如果}L_{n+1}(i)\notin L_n\text{且}L_{n+1}(j)\in L_n\\ [\boldsymbol{M}_n]_{(i_n^*,j_n^*)} & \text{如果}L_{n+1}(i)\notin L_n\text{且}L_{n+1}(j)\notin L_n\end{cases}$$

式中，$\varphi_n(i)=L_n^{-1}(L_{n+1}(i))$

end for

DG 显示树的叶节点中的盆地及其最小能量，以及最小能垒处的盆地、组或在分支节点中合并的盆地。还可以显示每个盆地的概率质量和体积，参见本书 11.3.2 节和图 11-6。构造 DG 需要对每对盆地之间的最小能垒进行估计，这个估计可以存储为一个对称矩阵。在给定对称能垒矩阵的情况下，利用算法 11-1 可以一次生成一个盆地。图 11-4 说明了该过程。构造完成后，可以移除深度小于常数 ϵ 的伪盆地。表示概率质量和体积的圆圈可以在构造后添加到每个叶节点。

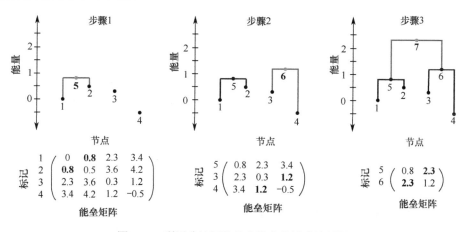

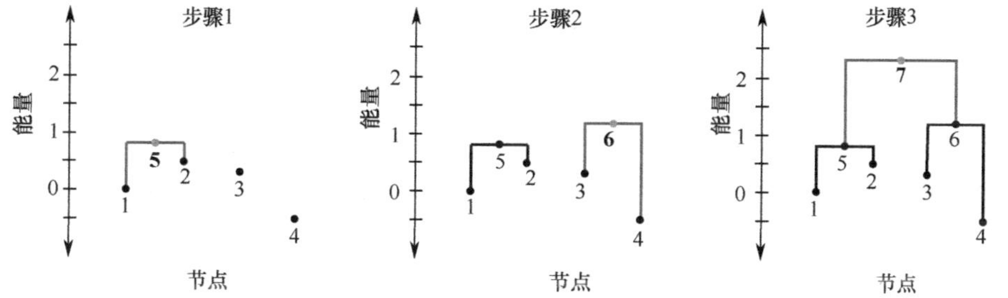

标记 1–4，能垒矩阵（步骤1）：

$$\begin{pmatrix}0 & \mathbf{0.8} & 2.3 & 3.4\\ \mathbf{0.8} & 0.5 & 3.6 & 4.2\\ 2.3 & 3.6 & 0.3 & 1.2\\ 3.4 & 4.2 & 1.2 & -0.5\end{pmatrix}$$

标记 5、3、4，能垒矩阵（步骤2）：

$$\begin{pmatrix}0.8 & 2.3 & 3.4\\ 2.3 & 0.3 & \mathbf{1.2}\\ 3.4 & \mathbf{1.2} & -0.5\end{pmatrix}$$

标记 5、6，能垒矩阵（步骤3）：

$$\begin{pmatrix}0.8 & \mathbf{2.3}\\ \mathbf{2.3} & 1.2\end{pmatrix}$$

图 11-4　利用盆地间的能垒迭代构造非连通图

11.2.3　二维 ELM 示例

我们在图 11-5 和图 11-6 中呈现了能级图可视化的一个简单解释性例子。假设基础概率分布是一维空间中的 4 分量高斯混合模型（GMM），并且分量已经被很好地分离了。模型空间是 11 维的，参数 $\{(\mu_i,\sigma_i,\alpha_i):i=1,2,3,4\}$，其中 μ_i、σ_i和α_i 表示每个分量的均值、方差和权重。我们从真实 GMM 中采样 70 个数据点 $\{X_i\}_{i=1}^{70}$，并以 GMM 样本的负对数似然为能量函数，在模型空间中构建 ELM。图 11-5 是能级图示意，图 11-5（a）是 4 分量一维 GMM 的能级图，除两个均值外，所有参数均已固定，水平集以条纹突出显示，局部极小值以白点显示，前 200 个 MCMC 样本以黑点显示；图 11-5（b）展现了 ELM 以及叶节点

与能级图中的局部极小值之间的对应关系。

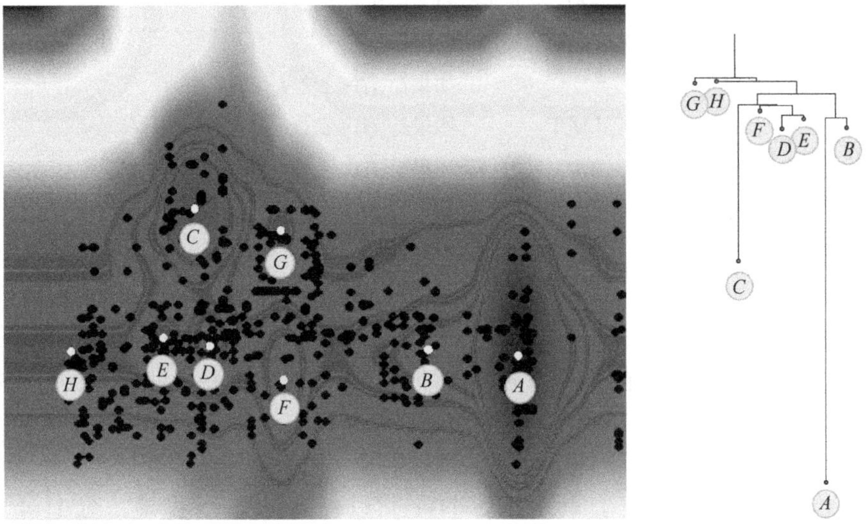

(a) (b)

图 11-5 能级图示意

©[2014] Maria Pavlovskaia，获许可使用，来自参考文献[26]

在这个例子中，我们将把 11 维模型约束到二维空间上，这样就可以完整地可视化原始能量函数，并且可以很容易地将能量函数的结构与 ELM 的结构进行比较。为了做到这一点，除 μ_1 和 μ_2 未知外，我们将所有参数设置为真值。那么能量函数为

$$U_{\mu_3,\mu_4,\{\sigma_j\}_{j=1}^4,\{\alpha_j\}_{j=1}^4}(\mu_1,\mu_2)=\sum_{i=1}^{70}\sum_{j=1}^{4}\frac{\alpha_j}{\sigma_j}\varphi\left(\frac{X_i-\mu_j}{\sigma_j}\right)$$

式中，φ 为标准正态分布密度。图 11-5（a）显示了 $0\leqslant\mu_1,\mu_2\leqslant5$ 范围内的能级图。能级图中的非对称性是因为真实模型在第一和第二分量之间具有不同的权重。有限样本量造成的小“凹痕”，如 E、F、G 和 H，是一些弱的局部极小值。

图 11-5（a）中所有的局部极小值都被标识了。此外，图中的黑点表示广义 Wang-Landau 算法中前 200 个被接受的样本，本书 11.3 节将会讨论该算法。样本聚集在样本局部极小值附近，并且覆盖了所有能量盆地。如期望的那样，这些样本并没有分布在远离局部极小值的高能量区域中。此外，图 11-6（a）和图 11-6（b）进一步显示了这些能量盆地的概率质量和体积。

这个小例子中的伪局部极小值预示着在实际应用中尝试可视化能级图时将会遇到的主要困难。大多数非凸能级都有相当多的局部极小值，因此完全枚举本节所述的所有极小值并不现实。能量盆地往往有宽而平的底部，其中包含丰富的相关但互不相同的极小值，实现高效可扩展的可视化技术必须克服这一困难。更多信息参见本书 11.5 节。

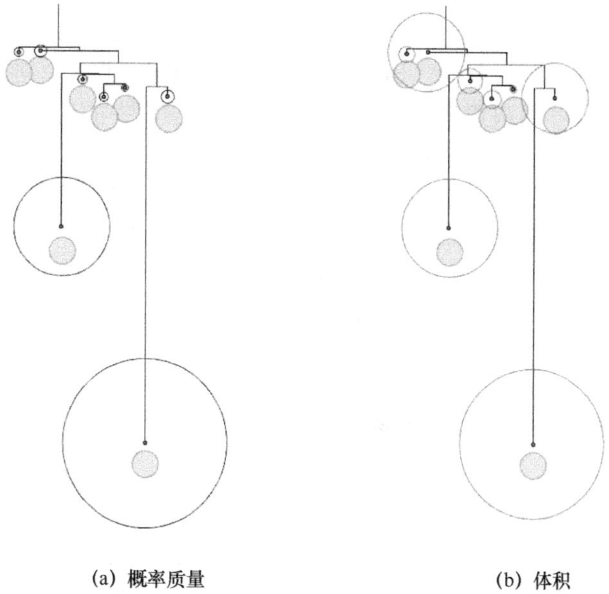

图 11-6　图 11-5 所示二维能级图中能量盆地的概率质量和体积

11.2.4　表征学习任务的难度（或复杂度）

我们通常需要度量学习任务的难度。可视化非凸目标函数的结构可以揭示优化学习的复杂度。例如，图 11-7 显示了 ELM 中学习的难度。对于使用 ELM I 和 ELM II 的两个学习任务，灰色条显示学习算法收敛到盆地的频率，从中绘制两条误差-召回曲线。关于该算法，学习任务的难度可以通过在可接受的最大误差内曲线下的面积来度量。

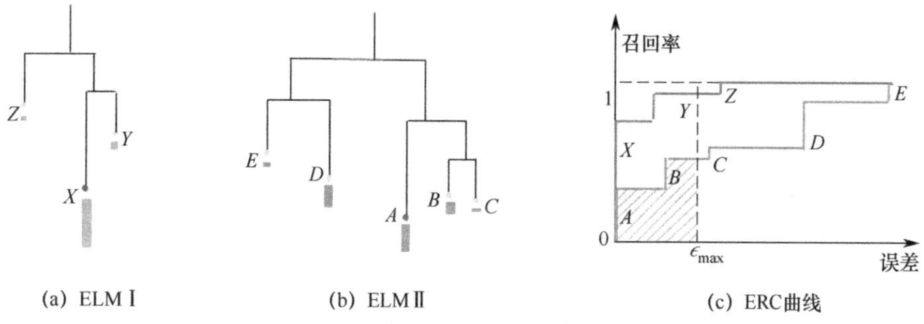

图 11-7　ELM 中学习难度的表征

我们比较图 11-7 中的两个 ELM，可能得出在 ELM I 中学习看起来比在 ELM II 中更容易的结论。然而，学习的难度还取决于优化学习算法。因此，我们可以多次运行学习算法，并记录其收敛到每个盆地或最小值的频率。频率由叶节点下的灰色条的长度表示。

假设 Θ^* 是需要学习的真实模型。在图 11-7 中，Θ^* 对应于 ELM I 中的节点 X 和 ELM II 中的节点 A。通常，Θ^* 可能不是全局最小值，甚至不是局部极小值。然后我们测量 Θ^*

和任何其他局部极小值之间的距离（或误差）。随着误差的增加，我们可以绘制累积频率曲线，并称之为误差–召回曲线（ERC），因为水平轴代表误差，垂直轴代表召回解的频率。此曲线类似于贝叶斯决策理论、模式识别和机器学习中的受试者操作特征（ROC）曲线。通过滑动最大容许误差的阈值 $\epsilon_{\max}$ ，曲线表征了 ELM 关于学习算法的难度。

表征学习难度的一个量化指标是给定 ERC 和 $\epsilon_{\max}$ 时的曲线下面积（AUC）。图 11-7（c）ELMⅡ的 ERC 曲线下的阴影区域展示了该度量。当 AUC 接近 1 时，任务很容易；当 AUC 接近 0 时，学习是不可能的。在学习问题中，我们可以设置一系列与能级结构相对应的不同条件。在这些条件下，对学习任务的难度度量可以在参数空间中可视化为难度图谱。

11.3 广义 Wang-Landau 算法

广义 Wang-Landau（GWL）算法的目的是模拟等概率访问所有容器 $\{B_{jk}\}_{1\leqslant j\leqslant J,1\leqslant k\leqslant K}$ 的马尔可夫链，从而有效地揭示能级图的结构。设 $\phi:\Omega\to\{1,\ldots,J\}\times\{1,\ldots,K\}$ 是模型空间和容器索引之间的映射：如果 $x\in B_{jk}$，那么 $\phi(x)=(j,k)$。给定任意 x，通过梯度下降或其变体，我们可以找到并记录它所属的盆地 D_j，计算其能量 $U(x)$，从而找到索引 $\phi(x)$。

我们将 $\beta(j,k)$定义为容器的概率质量，即

$$\beta(j,k)=\int_{B_{jk}}p(x)\mathrm{d}x \tag{11-3}$$

然后，我们可以定义一个新的概率分布，它在所有的容器中具有相同的概率，即

$$p'(x)=\frac{1}{Z}\cdot\frac{p(x)}{\beta(\phi(x))} \tag{11-4}$$

式中，Z 是一个缩放常数。

为了从 $p'(x)$ 采样，可以用变量 γ_{jk} 来估计 $\beta(j,k)$。我们定义概率函数 $p_\gamma:\Omega\to\mathbb{R}$ 为

$$p_\gamma(x)\propto\frac{p(x)}{\gamma_{\phi(x)}}=\sum_{j,k}\frac{p(x)}{\gamma_{jk}}\mathbf{1}(x\in B_{jk})\text{，满足}\int_\Omega p_\gamma(x)\mathrm{d}x=1$$

我们把 γ^0 作为初始值，并使用随机近似[22]迭代更新 $\gamma^t=\{\gamma^t_{jk},\forall j,k\}$。假设 x_t 是时间 t 处的 MCMC 状态，则 γ^t 以指数速率更新，即

$$\log\gamma^{t+1}_{jk}=\log\gamma^t_{jk}+\eta_t\mathbf{1}(x_t\in B_{jk}),\quad\forall j,k \tag{11-5}$$

式中，η_t 是在时间 t 的步长。步长随着时间的推移而递减，并且递减的方式需要预先确定[22]，或者自适应地确定[39]。

给定 γ^t 的每次迭代都使用 Metropolis 步骤。设 $Q(x,y)$ 为从 x 变化到 y 的提议概率，则接受概率为

$$\alpha(x,y)=\min\left(1,\frac{Q(y,x)p_\gamma(y)}{Q(x,y)p_\gamma(x)}\right)=\min\left(1,\frac{Q(y,x)}{Q(x,y)}\frac{p(y)}{p(x)}\frac{\gamma^t_{\phi(x)}}{\gamma^t_{\phi(y)}}\right) \tag{11-6}$$

直观来说，如果$\gamma_{\phi(x)}^{t} < \gamma_{\phi(y)}^{t}$，那么访问 y 的概率就会降低。为了探索能级图，GWL 算法改进了传统方法，例如模拟退火[14]和回火[23]过程。后者从 $p(x)^{\frac{1}{T}}$ 采样，即使在高温下也不会用相同的概率访问容器。

在执行梯度下降时，我们采用 Armijo 线搜索来确定步长；如果模型空间Ω是$\mathbb{R}^n$中的流形，我们执行投影梯度下降，如图 11-8 所示。在图 11-8 中，该算法用 MCMC 样本 x_t 初始化，$\boldsymbol{v}$ 是点 x_t 处 $U(x)$ 的梯度，Armijo 线搜索用于确定沿向量 $\boldsymbol{v}$ 的步长 α，x_t' 是经变换 $T(x_t + \alpha\boldsymbol{v})$ 到子空间 Γ 上的投影，然后 x_t'' 是投影变换 $T(x_t + \alpha'\boldsymbol{v}')$ 的投影，以此类推。为了避免在同一盆地内错误地标识多个局部极小值（特别是当存在大的平坦区域时），我们基于以下标准合并通过梯度下降标识的两个局部极小值：（1）两个局部极小值之间的距离小于常数 ϵ；（2）沿两个局部极小值之间的直线没有能垒。

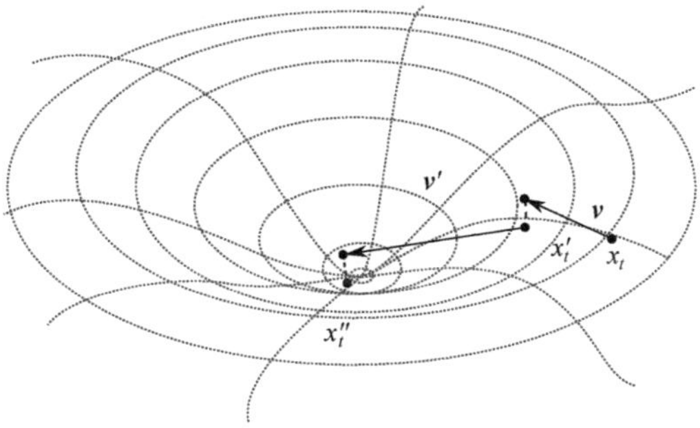

图 11-8　投影梯度下降的前两步

©[2014] Maria Pavlovskaia，获许可使用，来自参考文献[26]

11.3.1　GWL 映射的能垒估计

GWL 映射完成后，有必要估算由 GWL 标识的盆地之间的能垒，从而构建 DG（非连通图），并可视化能级图。假设我们收集了一系列来自 GWL 算法的样本 $x_1,\ldots,x_N$，由于链中的每个状态都是局部 MCMC 提议从先前状态获得的，因此 GWL 路径可以通过标识属于不同盆地的连续样本来确定能量盆地之间的迁移。图 11-9 展示了两个能量盆地上的马尔可夫链状态 $x_t,\ldots,x_{t+9}$ 序列，对于每个样本，我们执行投影梯度下降以确定样本属于哪个能量盆地。如果两个连续样本落入不同的盆地（本例中为 x_{t+3} 和 x_{t+4}），我们估计或更新各自盆地之间能垒的上界（本例中为 B_1 和 B_2）。图中的虚曲线是能量函数的水平集，从一个盆地到另一个盆地的迁移发生在 x_{t+3} 和 x_{t+4} 之间。

属于不同盆地的连续 GWL 状态的能量是盆地之间最小能垒的上界。这种最小能垒的保守估计可以使用脊下降算法进行改进。我们收集跨越两个盆地 D_k 和 D_l 的所有连续 MCMC 状态，即

$$X_{kl} = \{(x_t, x_{t+1}) : x_t \in D_k, x_{t+1} \in D_l\} \tag{11-7}$$

我们选择能量最低的 $(a_0, b_0) \in X_{kl}$，即

$$(a_0,b_0)=\text{argmin}_{(a,b)\in\Omega_{kl}}[\min(U(a),U(b))]$$

接下来，我们进行迭代，其迭代步骤如下：

$$a_i=\text{argmin}_a\{U(a):a\in \text{Neighborhood}(b_{i-1})\cap D_k\}$$
$$b_i=\text{argmin}_b\{U(b):b\in \text{Neighborhood}(a_i)\cap D_l\}$$

直到 $b_{i-1}=b_i$。邻域由自适应半径定义。其中 b_i 是能量盆地，$U(b_i)$ 是能垒的能级。这种脊下降算法的离散形式的使用示例见参考文献[40]。

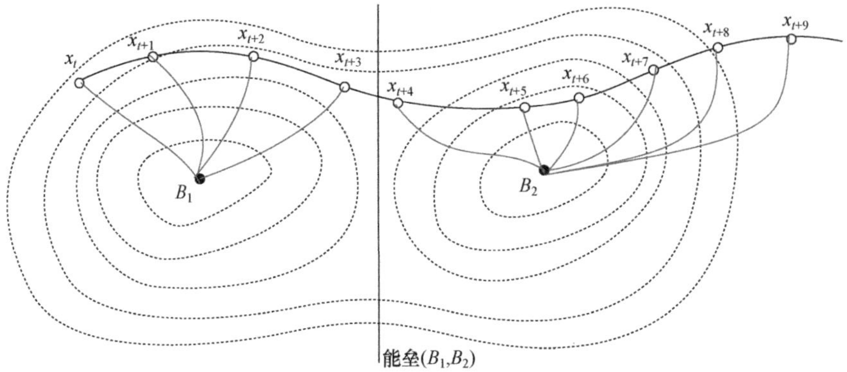

图 11-9 马尔可夫链状态序列能量盆地示意

脊下降算法示意如图 11-10 所示，该算法用于估算在连续 MCMC 样本 $a_0=x_t,b_0=x_{t+1}$ 中初始化的盆地 D_k 和 D_l 之间的能垒，其中，$a_0\in D_k$，$b_0\in D_l$。

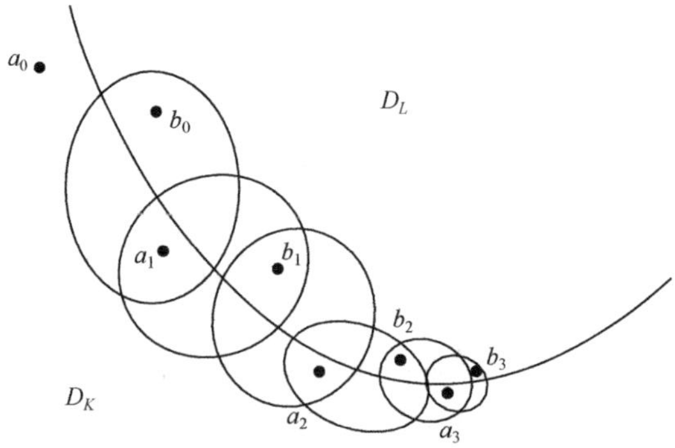

图 11-10 脊下降算法示意

11.3.2 用 GWL 估算体积

我们可以利用从 GWL 映射中获得的信息来估计每个能量盆地的概率质量和体积。当算法收敛时，γ_{jk} 的归一化值逼近容器 B_{jk} 的概率质量：

$$\hat{P}(B_{jk})=\frac{\gamma_{jk}}{\sum_{i,l}\gamma_{il}}\to\beta(j,k)\text{，几乎一定}$$

因此，盆地 D_j 的概率质量可以由式（11-8）进行估算。

$$\hat{P}(D_j)=\sum_k\hat{P}(B_{jk})=\frac{\sum_k\gamma_{jk}}{\sum_{i,l}\gamma_{il}} \tag{11-8}$$

假设能量 $U(x)$ 被划分为大小为 $\mathrm{d}u$ 的足够小的区间。基于概率质量，我们可以估计模型空间 Ω 中的容器和盆地的大小。具有能量区间 $[u_k,u_k+\mathrm{d}u)$ 的容器 B_{jk} 可以视为具有能量 u_k 和概率密度 $\alpha\mathrm{e}^{-u_k}$（α 是归一化因子）。容器 B_{jk} 的大小可以通过下式估算：

$$\hat{A}(B_{jk})=\frac{\hat{P}(B_{jk})}{\alpha\mathrm{e}^{-u_k}}=\frac{\gamma_{jk}}{\alpha\mathrm{e}^{-u_k}\sum_{i,l}\gamma_{il}}$$

盆地 D_j 的大小可以通过式（11-9）估算。

$$\hat{A}(D_j)=\sum_k\hat{A}(B_{jk})=\frac{1}{\sum_{i,l}\gamma_{il}}\sum_k\frac{\gamma_{jk}}{\alpha\mathrm{e}^{-u_k}} \tag{11-9}$$

此外，我们可以估算能级图中盆地的体积，其定义为 $\Omega\times\mathbb{R}$ 空间中盆地所包含的空间大小，即

$$\hat{V}(D_j)=\sum_k\sum_{i:u_i\leqslant u_k}\hat{A}(B_{ji})\times\mathrm{d}u=\frac{\mathrm{d}u}{\sum_{l,m}\gamma_{lm}}\sum_k\sum_{i:u_i\leqslant u_k}\frac{\gamma_{ji}}{\alpha\mathrm{e}^{-u_i}} \tag{11-10}$$

式中，k 的范围取决于盆地的定义。在限制性定义中，盆地仅包括最近的能垒下的体积，如图 11-11 所示，图中假设 $\mathrm{d}u$ 足够小，能量盆地的体积可以近似为每个能量区间体积的估计量的总和。盆地 1 和盆地 2 上方的体积由两个盆地共享，并且位于两个能垒 C 和 D 之间。因此，我们将 ELM 中非叶节点的体积定义为其子节点的体积和加上能垒之间的体积。例如，节点 C 的体积为 $V(A)+V(B)+V(AB)$。

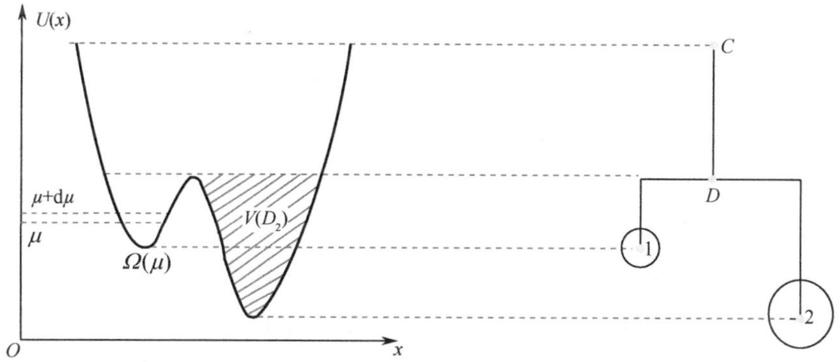

图 11-11　盆地的体积

如果我们的目标是通过重复平滑能级图来得出 ELM 的尺度空间表示，那么盆地 A 和 B 将以一定的比例合并到一个盆地中，并且两个盆地上方的体积也将被添加到这个新的合并盆地中。请注意，将空间划分为容器而不是盆地有助于计算能垒、盆地的质量和体积。

11.3.3 GWL 收敛性分析

两个 MCMC 链生成的 ELM 示意如图 11-12 所示，图中两条在不同起始点初始化的 MCMC 链 C_1 和 C_2 在 24000 次迭代后收敛，生成两个 ELM。由于能垒估计精度问题，由两种不同的方案构造的 DG（非连通图）可能会有细微的不同。在实验中，我们可以监测模型空间中 GWL 的收敛情况。我们运行多个使用随机起始值初始化的 MCMC。在老化期后，我们收集样本并通过多维缩放把样本投影到一个 2～3 维空间中。我们使用 Gelman 和 Rubin 准则的多变量扩展[6,13]来检查链是否已收敛到稳态分布。

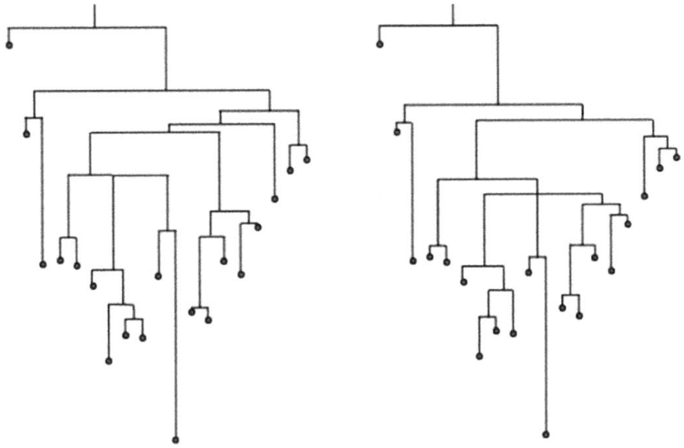

图 11-12 MCMC 链 ELM 示意

©[2014] Maria Pavlovskaia，获许可使用，来自参考文献[26]

一旦认为 GWL 已经收敛，我们就可以随时间 t 检查以下两个集合的收敛来监测 ELM 的收敛：

（1）树 S_L^t 的叶子集合，其中每个点 x 是具有能量 $U(x)$ 的局部极小值。随着 t 的增加，S_L^t 单调增长，直到找不到局部极小值，如图 11-13（a）所示。

（2）树 S_N^t 的内部节点集合，其中每个点 y 是 $U(y)$ 的能垒。随着 t 的增加，当马尔可夫链穿过盆地之间的不同脊，我们可能会发现更低的能垒，从而 $U(y)$ 单调减小，直到在某一时间段内 S_N^t 中没有能垒被更新。

我们进一步计算由两个具有不同初始化的 MCMC 构造的两个 ELM 之间的距离度量。为此，我们计算两棵树之间最佳节点匹配，然后根据匹配的叶节点和能垒的差异以及对不匹配节点的惩罚来定义距离。图 11-13（b）显示了随着生成更多的样本，距离是如何减小的。

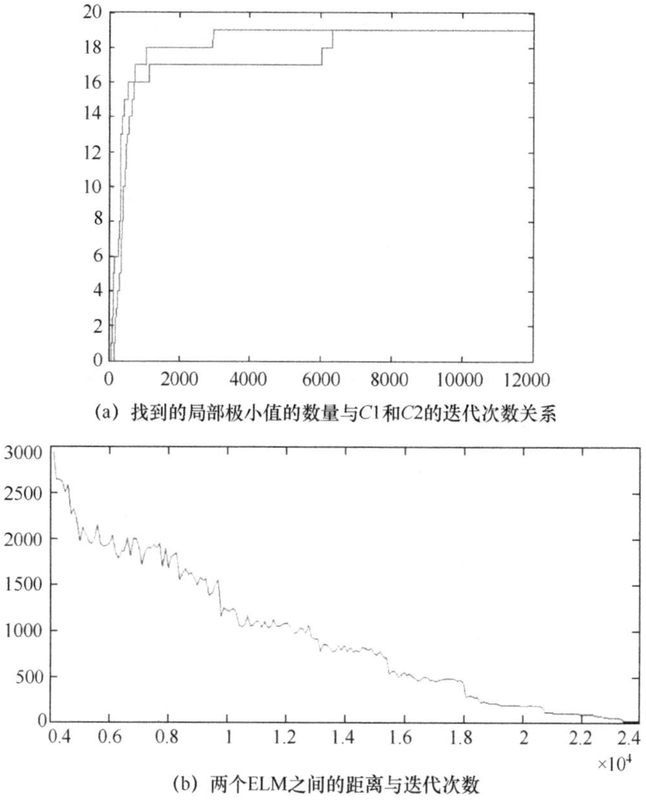

图 11-13　监测从不同起始值初始化的两个 MCMC 链 C_1 和 C_2 产生的 ELM 的收敛性

©[2014] Maria Pavlovskaia，获许可使用，来自参考文献[26]

11.4　GWL 实验

11.4.1　高斯混合模型的 GWL 映射

在本节中，我们计算了用于学习两种类型的高斯混合模型的 ELM 来实现以下两个目的：

（1）研究不同条件下的影响，例如可分离性和监督水平；

（2）比较流行算法的行为和性能，包括 k 均值聚类、EM（期望最大化）、两步 EM 和 SW 切分。

我们在实验中同时使用合成数据和真实数据。

11.4.1.1　GMM 能量和梯度计算

n 个 d 维分量的高斯混合模型 Θ 具有权重 $\{\alpha_i\}$ 、均值 $\{\mu_i\}$ 和协方差矩阵 $\{\boldsymbol{\Sigma}_i\}$ ，其中 $i=1,\ldots,n$ 作为模型参数。给定一组观测数据点 $\{z_i, i=1,\ldots,m\}$ ，我们将能量函数写为

$$U(\Theta) = -\log P(z_i : i=1,\ldots,m|\Theta) - \log P(\Theta) \tag{11-11}$$

$$= -\sum_{i=1}^{m} \log f(z_i|\Theta) - \log P(\Theta) \tag{11-12}$$

式中，$P(\Theta)$ 是狄利克雷（Dirichlet）先验和 NIW 先验的乘积。它的偏导数计算起来很简单。$f(z_i|\ \Theta)=\sum_{j=1}^{n}\alpha_j G(z_i;\mu_j,\boldsymbol{\Sigma}_j)$ 是数据 z_i 的似然，其中

$$G(z_i;\mu_j,\boldsymbol{\Sigma}_j)=\frac{1}{\sqrt{\det(2\pi\boldsymbol{\Sigma}_j)}}\exp\left[-\frac{1}{2}(z_i-\mu_j)^{\mathrm{T}}\boldsymbol{\Sigma}_j^{-1}(z_i-\mu_j)\right]$$

是高斯模型。在数据点已标记的情况下（已知数据点是从哪个分量采样的），似然为 $G(z_i;\mu_j,\boldsymbol{\Sigma}_j)$。

在梯度下降的过程中，我们需要限制 $\boldsymbol{\Sigma}_j$ 矩阵，使其每个逆 $\boldsymbol{\Sigma}_j^{-1}$ 都存在，这样就可以获得有定义的梯度。每个 $\boldsymbol{\Sigma}_j$ 都是半正定的，因此每个特征值大于或等于零。总之，我们只需要对 $\boldsymbol{\Sigma}_j$ 的每个特征值 λ_i 进行微小的限制，对于某些 $\epsilon>0$，使 $\lambda_i>\epsilon$。但是，在一个梯度下降步骤之后，新的 GMM 参数可能会位于有效的 GMM 空间之外，即步骤 t+1 处的新 $\boldsymbol{\Sigma}_j^{t+1}$ 矩阵将不是对称正定的。因此，我们需要将每个 $\boldsymbol{\Sigma}_j^{t+1}$ 投影到对称正定空间中，这种投影变换为

$$P_{\text{pos}}(P_{\text{symm}}(\boldsymbol{\Sigma}_j^{t+1}))$$

函数 $P_{\text{symm}}(\boldsymbol{\Sigma})$ 将矩阵投影到对称矩阵的空间：

$$P_{\text{symm}}(\boldsymbol{\Sigma})=\frac{1}{2}(\boldsymbol{\Sigma}+(\boldsymbol{\Sigma})^{\mathrm{T}})$$

假设 $\boldsymbol{\Sigma}$ 是对称的，函数 $P_{\text{pos}}(\boldsymbol{\Sigma})$ 将 $\boldsymbol{\Sigma}$ 投影到特征值大于 ϵ 的对称矩阵空间。因为 $\boldsymbol{\Sigma}$ 是对称的，所以它可以被分解成 $\boldsymbol{\Sigma}=\boldsymbol{Q}\boldsymbol{\Lambda}\boldsymbol{Q}^{\mathrm{T}}$。其中，$\boldsymbol{\Lambda}$ 是对角特征值矩阵，即 $\boldsymbol{\Lambda}=\operatorname{diag}\{\lambda_1,\dots,\lambda_n\}$；$\boldsymbol{Q}$ 是正交特征向量矩阵。则函数

$$P_{\text{pos}}(\boldsymbol{\Sigma})=\boldsymbol{Q}\begin{pmatrix}\max(\lambda_1,\epsilon) & 0 & \dots & 0\\ 0 & \max(\lambda_2,\epsilon) & \dots & 0\\ \vdots & \vdots & \ddots & \vdots\\ 0 & 0 & \dots & \max(\lambda_n,\epsilon)\end{pmatrix}\boldsymbol{Q}^{\mathrm{T}}$$

确保 $P_{\text{pos}}(\boldsymbol{\Sigma})$ 是对称正定的。

11.4.1.2 合成 GMM 数据实验

我们从二维空间上分量数为 n=3 的 GMM 合成数据开始，采样 m 个样本，然后执行我们的算法以在不同设置下绘制 ELM。

（1）可分离性的影响。GMM 的可分离性表示模型分量之间的重叠部分，定义为 $c=\min\left(\frac{\|\mu_i-\mu_j\|}{\sqrt{n}\max(\sigma_1,\sigma_2)}\right)$，通常用于度量学习真实 GMM 模型的难度。

图 11-14 显示了三个具有代表性的 ELM，对于 m=100 个数据点，从具有低、中和高可

分离性分别为 $c=0.5,1.5,3.5$ 的 GMM 采样得到，圆圈代表盆地的概率质量。该图清楚地表明，在 $c=0.5$ 时，许多局部极小值都在相近的能级中，模型很难辨识。随着可分离性的增加，能级图变得越来越简单。当 $c=3.5$ 时，突出的全局最小值在能级图中占主导地位。

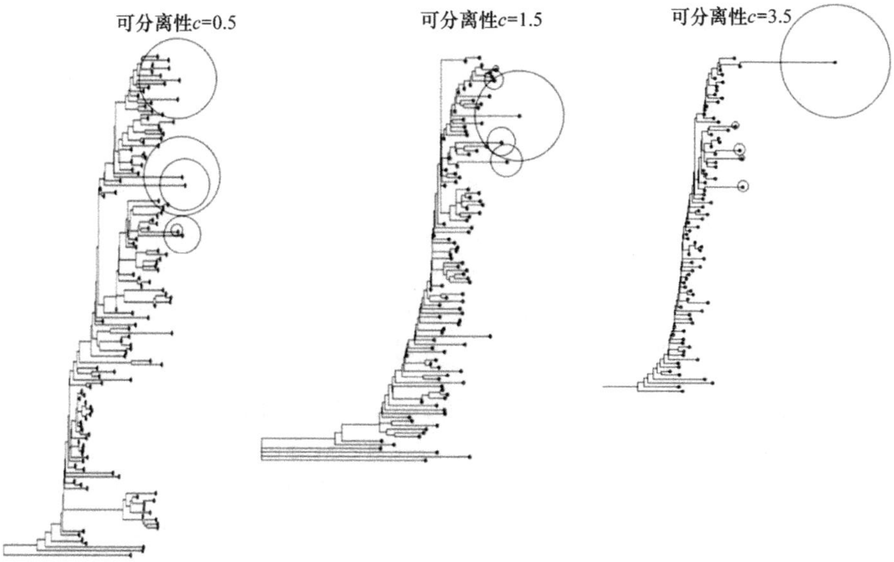

图 11-14　三个代表性的 ELM

©[2015] Springer，获许可使用，来自参考文献[27]

（2）部分监督的影响。我们将真值标签分配给 m 个数据的一部分。对于 z_i，其标签 ℓ_i 表示它属于哪个分量。我们设置 m=100，可分离性 $c=1.0$。不同数据点标记的 ELM 如图 11-15 所示，图中显示了具有合成 GMM（可分离性 $c=1.0, m=100$）、数据点标记比例分别为 $\{0\%, 5\%, 10\%, 50\%, 90\%\}$ 的 ELM。虽然无监督学习（0%）非常具有挑战性，但当有 5%或 10%的数据被标记时，它就会变得简单得多。当 90%的数据被标记时，ELM 只有一个最小值。局部极小值的数量如图 11-16 所示，图 11-6 显示了可分离性 c=1.0 的 GMM 中，局部极小值的数目与标记数据点的百分比之间的关系，即当标记 1,…,100 个样本时 ELM 中的局部极小值的数量。这表明，前 10%个标签对应的能级图的复杂度显著下降，并且在最初的 10%之后监督输入的收益递减。

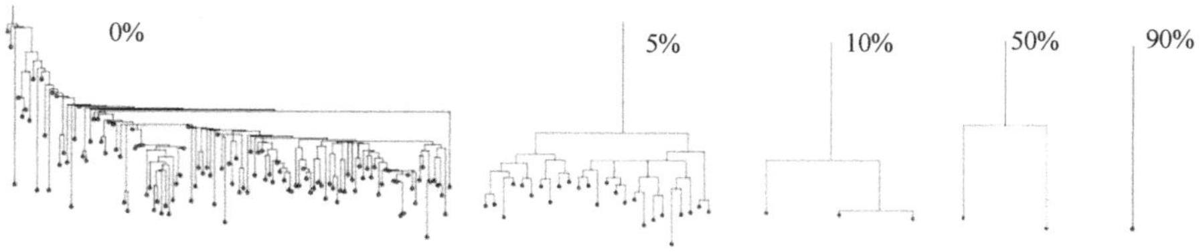

图 11-15　不同数据点标记的 ELM

©[2015] Springer，获许可使用，来自参考文献[27]

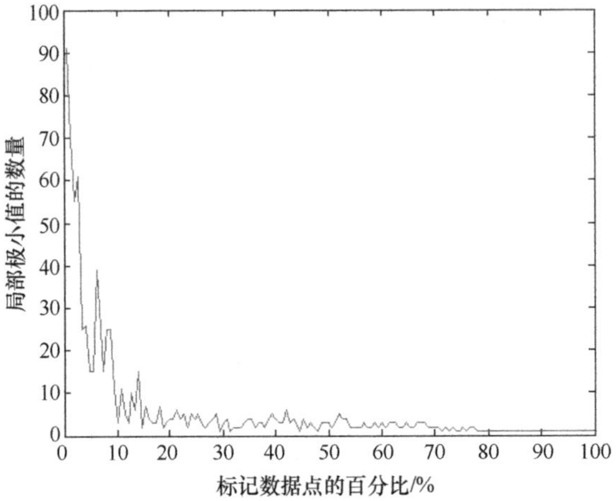

图 11-16 局部极小值的数量

©[2015] Springer，获许可使用，来自参考文献[27]

（3）学习算法的行为。我们比较了不同可分离性条件下的算法行为：

- 期望最大化（EM）是统计学中最流行的学习 GMM 的算法。
- k 均值聚类是机器学习和模式识别中的一种流行算法。
- 两步 EM 是文献[9]中提出的 EM 的变体，已证明在某些可分离条件下能够保证性能。它从过量的分量开始，然后对它们进行修剪。
- 文献[1]中提出的 SW 切分（Swedsen-Wang 切分）算法，将 SW 算法[31]从伊辛 / 波茨模型推广到任意概率。

我们在实验中修改了 EM、两步 EM 和 SW 切分，以便最小化式（11-11）中定义的能量函数。k 均值聚类并没有优化我们的能量函数，但它经常被用作学习 GMM 的近似算法，因此我们将其包括在我们的比较之中。

对于实验中的每个合成数据集，我们首先构造 ELM，然后运行每个算法 200 次并记录算法落在哪个能量盆地。因此，获得了不同算法中盆地的访问频率，其在图 11-17 和图 11-18 中的叶节点处显示为不同长度的长条。

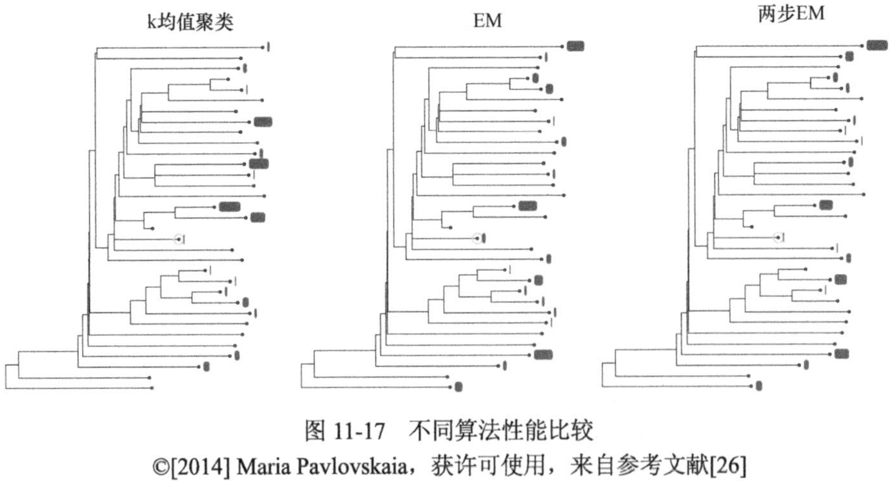

图 11-17 不同算法性能比较

©[2014] Maria Pavlovskaia，获许可使用，来自参考文献[26]

(a) EM　　(b) k均值聚类　　(c) SW切分

(d) EM　　(e) k均值聚类　　(f) SW切分

图 11-18　EM、k 均值聚类和 SW 切分算法的性能比较

©[2015] Springer，获许可使用，来自参考文献[27]

不同算法性能比较如图 11-17 所示，图中比较了从可分离性较低的（c=0.5）GMM 中抽取 n=10 个样本时 EM、k 均值聚类和两步 EM 算法的性能。无论哪种算法，结果都分散在不同的局部极小值中。这说明当能级图中的许多局部极小值被强能垒分隔开时，从这样的能级图中学习模型是非常困难的。

图 11-18 比较了分别从具有低可分离性（c=0.5）［图 11-18（a）～图 11-18（c）］和高可分离性（c=3.5）［图 11-18（d）～图 11-18（f）］的 GMM 中抽取 m=100 个样本时 EM、k 均值聚类和 SW 切分算法的性能。SW 切分算法在每种情况下都表现最佳，始终收敛于全局最优解。在低可分离性的情况下，k 均值聚类算法表现时好时坏，而 EM 算法几乎总能找到全局最小值，因此性能比 k 均值聚类算法更好。然而，在高可分离性的情况下，k 均值聚类算法大多数时候都收敛到真实模型，而 EM 几乎总是收敛到比真实模型能量更高的局部极小值。这一结果证实了最近的一个理论结果，hard-EM 的目标函数（k 均值聚类为特例）包含有利于高可分离性模型的归纳偏置[29,33]。具体来说，我们可以证明 hard-EM 的实际能量函数为

$$U(\Theta) = -\log P(\Theta| Z) + \min_{q}(\mathrm{KL}(q(L) \| P(L| Z,\Theta)) + H_q(L))$$

式中，Θ 是模型参数，$Z=\{z_1,\ldots,z_m\}$ 是可观测数据的集合，L 是隐变量的集合（GMM 中的数据点标签），q 是 L 的辅助分布，而 H_q 是用 $q(L)$ 度量的 L 的熵。上式中的第一项是 GMM 聚类的标准能量函数。第二项被称为后验正则项[12]，它促使分布 $P(L| Z,\Theta)$ 具有低熵。在 GMM 的情况下，很容易看出 $P(L| Z,\Theta)$ 中的低熵意味着高斯分量具有高可分离性。

11.4.1.3 实际数据的 GMM 实验

我们运行算法绘制 UCI 库中的著名鸢尾花数据集的 ELM[4]。鸢尾花数据集包含 4 个维度的 150 个点，可以用三个分量 GMM 进行建模。这三个分量各自代表一种鸢尾花，其真实分量标签是已知的。对应于第一分量的点是线性可分的，对应于其余两个分量的点不是线性可分的。

图 11-19 显示了鸢尾花数据集的 ELM。我们利用四维数据的其中二维，画出每个分量中以均值为中心的协方差矩阵的椭圆，从而实现对局部极小值的可视化。

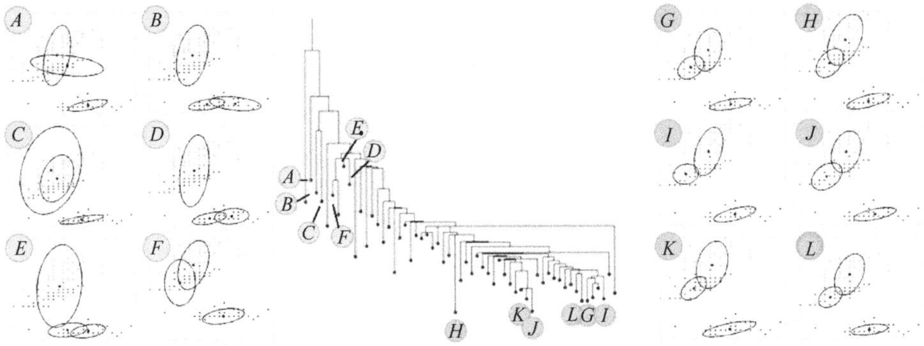

图 11-19 ELM 和鸢尾花数据集的一些局部极小值
©[2015] Springer，获许可使用，来自参考文献[27]

6 个最低能量的局部极小值显示在右侧，6 个最高能量的局部极小值显示在左侧。相比高能量局部极小值，低能量局部极小值对应的模型更为精确。局部极小值（E）、（B）和（D）将第一个分量分成两个，剩余的两个（不可分）分量合并为一个。局部极小值（A）和（F）在第二和第三个分量之间有着明显的重叠，（C）具有完全重叠的分量。低能量局部极小值（G~L）都具有相同的第一分量和位置稍微不同的第二和第三分量。从鸢尾花数据集学习的全局最小值示意如图 11-20 所示。

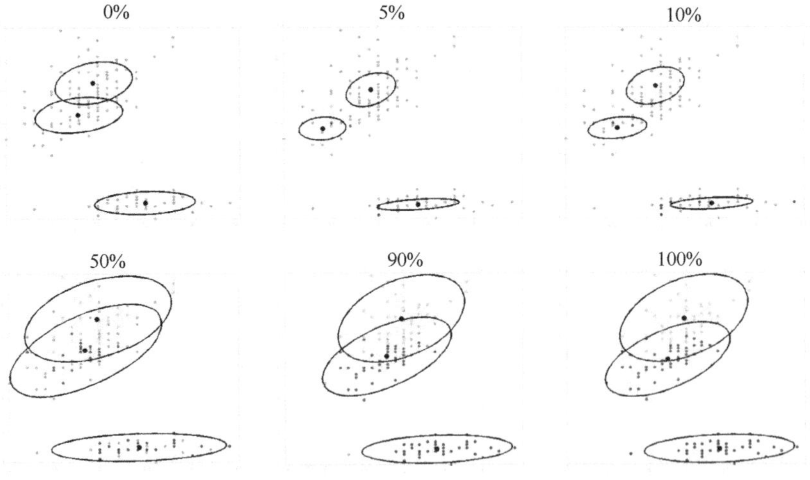

图 11-20 从鸢尾花数据集学习的全局最小值示意
©[2014] Maria Pavlovskaia，获许可使用，来自参考文献[26]

我们在真值标签百分比分别为 0%、5%、10%、50%、90%、100%的数据上运行算法，图 11-20 显示了这些情况下能级图的全局最小值，图中未标记的点以灰色可视化，标记的点以其他颜色表示。

11.4.2　语法模型的 GWL 映射

11.4.2.1　学习依存语法

依存语法通过句子单词之间的一组依存关系对句子的句法结构进行建模，如图 11-21 所示。依存语法已被广泛用于自然语言句法解析，特别是对于具有自由词序的语言 [8,20,24]。依存语法包含一个特殊的根节点和一组代表语言单词的其他 n 个节点。该语法包含以下参数：

（1）从根节点到单词节点的转移概率向量；

（2）单词节点之间的转移概率矩阵；

（3）每个单词节点在左右方向上继续或停止生成子节点的概率。

因此，节点数为 n 的依存语法空间维度为 $n^2+n+2\times2\times n$。由于每个概率向量的总和都被约束为 1，因此有效依存语法形成了维度为 n^2+2n-1 的子空间。要使用依存语法生成句子，首先从根节点开始，然后从每个节点递归地生成子节点；每个节点处的子节点生成过程由连续 / 停止概率（是否生成新的子节点）以及转移概率（生成哪个子节点）控制。生成过程可以用解析树表示，如图 11-21 所示。解析树的概率是生成期间所有选择的概率的乘积。句子的概率是句子的所有可能的解析树的概率的总和。

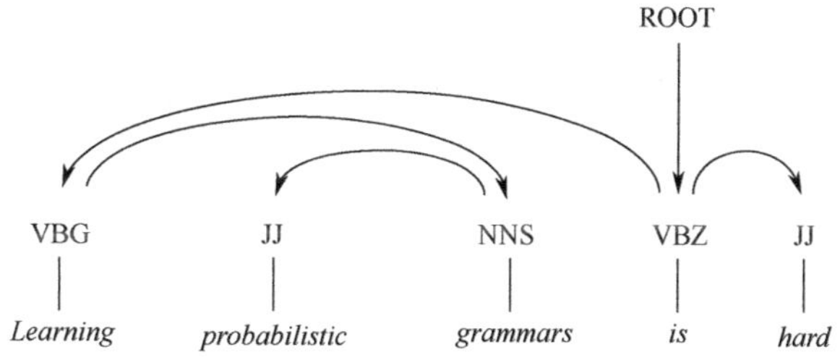

图 11-21　依存语法生成的语法结构

©[2014] Maria Pavlovskaia，获许可使用，来自参考文献[26]

人们越来越关注以监督的方式（如参考文献[7-8]）或无监督的方式（如参考文献[15,19]）从数据中学习依存语法。学习问题通常是非凸的，特别是在无监督的情况下对训练句子的依存解析是隐式的。大多数学习算法试图确定局部最优解，而关于这种局部最优质量的理论分析却很少。

大多数现有的学习依存语法的自动方法都是从训练语料库的所有句子开始的，并尝试学习整个语法。与之相反，人类以一种非常不同的方式学习母语的语法：他们在婴儿时期接触到非常简单的句子，而随着长大他们会接触到越来越复杂的句子。这种学习策略被称为课程学习[3]。早期对课程学习语法的研究产生了积极的[11]和消极的结果[28]。最近，经验证明，课程有助于无监督地依存语法学习。[30]

为了解释课程的好处，文献[32]指出理想的课程应逐渐突显那些能帮助学习者连续发现目标语法的新语法规则的数据样本，这样更有助于学习。文献[3]给出了可能与前一种解释兼容的另一种解释，它假设一个好的课程对应于从平滑的目标函数开始的学习，并逐渐降低课程阶段的平滑度，从而引导学习者更好地收敛到能量函数的局部极小值。

11.4.2.2 依存语法的能量函数

无监督学习依存语法的能量函数为 $U(\boldsymbol{\theta})=-\log P(\boldsymbol{\theta}|D)$，其中，$\boldsymbol{\theta}$ 是语法的参数向量，而 D 是训练句子的集合。$\log P(\boldsymbol{\theta}|D)$ 是语法的对数后验概率，定义如下：

$$\log P(\boldsymbol{\theta}|D)=\sum_{x\in D}\log P(x|\boldsymbol{\theta})+\log P(\boldsymbol{\theta})$$

式中，$P(x|\boldsymbol{\theta})$ 是 11.4.2.1 节中定义的句子 x 的概率，$P(\boldsymbol{\theta})$ 是 Dirichlet 先验。

11.4.2.3 依存语法假设空间的离散化

在实验中，即使我们发现节点数 n 很小，WL 算法也无法有效地遍历依存语法的连续假设空间，因为：

- 空间中局部极小值的数量太大（局部极小值的数量在 100000 次迭代后仍然呈线性增长）；
- 梯度计算很慢，特别是长句子，每次迭代通常都要计算梯度超过 100 次；
- 拒绝率超过 90%，因此不到 10%的 MCMC 提议被接受。

为了解决或缓解这些问题（特别是前两个），我们提出对参数空间进行离散化。离散化减少了局部极小值的数量，并且将梯度下降替换成了最速下降，这使得计算更加高效。离散化的 ELM 是原始 ELM 的近似，仍然包含能级图的有用信息。

我们通过以下方式对参数空间进行离散化。设 Ω_r 为离散化参数空间，离散化分辨率为 $r>4$，那么

$$\Omega_r=\left\{\boldsymbol{\theta}=[\theta_1,\ldots,\theta_{n^2+n+4n}]\left|\ \theta_i\in\left\{0,\frac{1}{r},\frac{2}{r},\ldots,\frac{r-1}{r},1\right\}\text{且}\sum_{j\in I_k}\theta_j=1\right.\right\}$$

式中，索引集 I_k 涉及 $\boldsymbol{\theta}$ 中的所有概率向量。

在离散空间中，我们执行最速下降（代替梯度下降）以找到局部极小值。给定 $\boldsymbol{\theta}_t=[\theta_1,\ldots,\theta_{n^2+n+4n}]\in\Omega_r$，对于在同一个概率向量里面的索引概率分量的每一个有序对 $(i,j)(i,j\in I_k)$，设 $\boldsymbol{\theta}_t^{(i,j)}=\left[\theta_1,\ldots,\theta_i-\frac{1}{r},\ldots,\theta_j+\frac{1}{r},\ldots,\theta_{n^2+n+4n}\right]$。一步最速下降为

$$\boldsymbol{\theta}_{t+1}=\mathrm{argmin}_{(i,j)}(E(\boldsymbol{\theta}_t^{(i,j)})|\ i,j\in I_k\text{ 对某些 }k)$$

对于一些 t，当 $\boldsymbol{\theta}_t\leqslant\boldsymbol{\theta}_{t+1}$ 时，下降算法会终止，这表明 $\boldsymbol{\theta}_t$ 是离散空间中的局部极小值。

对于广义 Wang-Landau 算法中的提议分布 $Q(\boldsymbol{\theta}_t,\boldsymbol{\theta}')$，我们为 $\boldsymbol{\theta}_t$ 中相同的概率向量选择两个概率所生成的所有 $\boldsymbol{\theta}'$ 的空间上使用均匀分布，将 $\frac{1}{r}$ 加到第一个概率，并从第二个概率中减去 $\frac{1}{r}$。

当我们尝试执行简单实现的离散化算法时，会出现两个问题：

（1）存在多个离散局部极小值属于连续空间中的同一能量盆地；

（2）如果梯度在离散局部极小值处陡峭，则离散空间中局部极小值的能量可能是连续空间中相应局部极小值的能量较差的一个的近似。

因此，我们采用了混合离散连续方法。主算法循环在离散空间中运行，当每个样本 $\boldsymbol{\theta}_t$ 被接受后：

（1）在离散空间中用 $\boldsymbol{\theta}_t$ 初始化进行最速下降，以找到离散局部极小值 $\boldsymbol{\theta}_t^*$；

（2）在连续空间中用 $\boldsymbol{\theta}_t^*$ 初始化进行梯度下降，以找到更精确的局部极小值 $\boldsymbol{\theta}_t'$。

离散空间的使用限制了局部极小值的数量和梯度下降计算的数量，随后在连续空间中合并那些属于同一连续能量盆地的离散局部极小值。为了改善能量边界估计，我们重复以下两个步骤直到收敛：在离散网格上运行脊下降，并进一步离散化为 2 倍。

11.4.2.4　GWL 依存语法实验和课程学习

我们通过简化从宾夕法尼亚树库的《华尔街日报》语料库中学习的树库语法，构建了几个简单英语语法的依存语法。依存语法中的每个节点代表一个词性标签，如名词、动词、形容词和副词。通过删除《华尔街日报》语料库中出现频率最低的节点来实现简化。

我们首先基于样本句子的长度探索课程。我们使用 3 节点依存语法，并使用离散化因子 r=10 对假设空间进行离散化。用 θ_e 表示该语法，接下来我们从 θ_e 中采样 m=200 个句子，表示为 $D=\{x_j|\ j=1,\ldots,200\}$。我们将 $D_i \subset D$ 定义为包含 i 个或更少的单词的所有句子 x_j 的集合。设 $w(x_j)$ 为句子 x_j 的单词数量，则 $D_i=\{x_j|\ w(x_j)\leqslant i\}$。集合 D_i 是嵌套的 $(D_i \subseteq D_{i+1})$ 且 $\bigcup_i^\infty D_i = D$。在课程学习过程中，第 i 阶段使用 D_i 训练。图 11-22（a）～图 11-22（g）显示了课程 1 至 7 阶段的能级图。

接下来，我们基于语法中的节点数 n 来探索课程。我们使用了 5 节点依存语法，以及其通过离散因子 r=10 简化的节点数为 $n=4,3,2,1$ 的依存语法。我们从每个语法 $\theta_i, i=1,\ldots,5$ 中采样 m=200 个句子，表示为 $D_i=\{x_j|\ j=1,\ldots,200\}$。和上面一样，课程学习的第 i 阶段使用 D_i 训练。图 11-23（a）～图 11-23（d）显示了课程阶段 2 到阶段 5 的能级图。由于能级图是凸的，所以阶段 1 对应的 ELM 与图 11-22（a）中的 ELM 相同，因此移除此 EML。

对于这两个课程［基于句子长度（简称句长）和语法中节点的数量］，我们观察到 ELM 在课程的后期阶段变得更加复杂；后期的能级图更平坦，局部极小值更多。在图 11-22 和图 11-23 中所示的每个 ELM 中，全局最小值以小圆圈突出显示，和上一课程阶段的全局最小值最接近的局部极小值以小方块突出显示。很明显，对于基于句子长度［图 11-22（c）～图 11-22（g）］的课程的第 3～7 阶段和基于节点数量的课程阶段 3～5［图 11-23（b）～图 11-23（d）］，课程阶段 i 的全局最小值与阶段 $i+1$ 的全局最小值很接近。这为课程学习的性能优势提供了解释：早期阶段（可以更容易地学习）为后期阶段提供了良好的初始猜测，这允许后期阶段能够收敛到更好的局部极小值，同时也减少了全局计算时间。

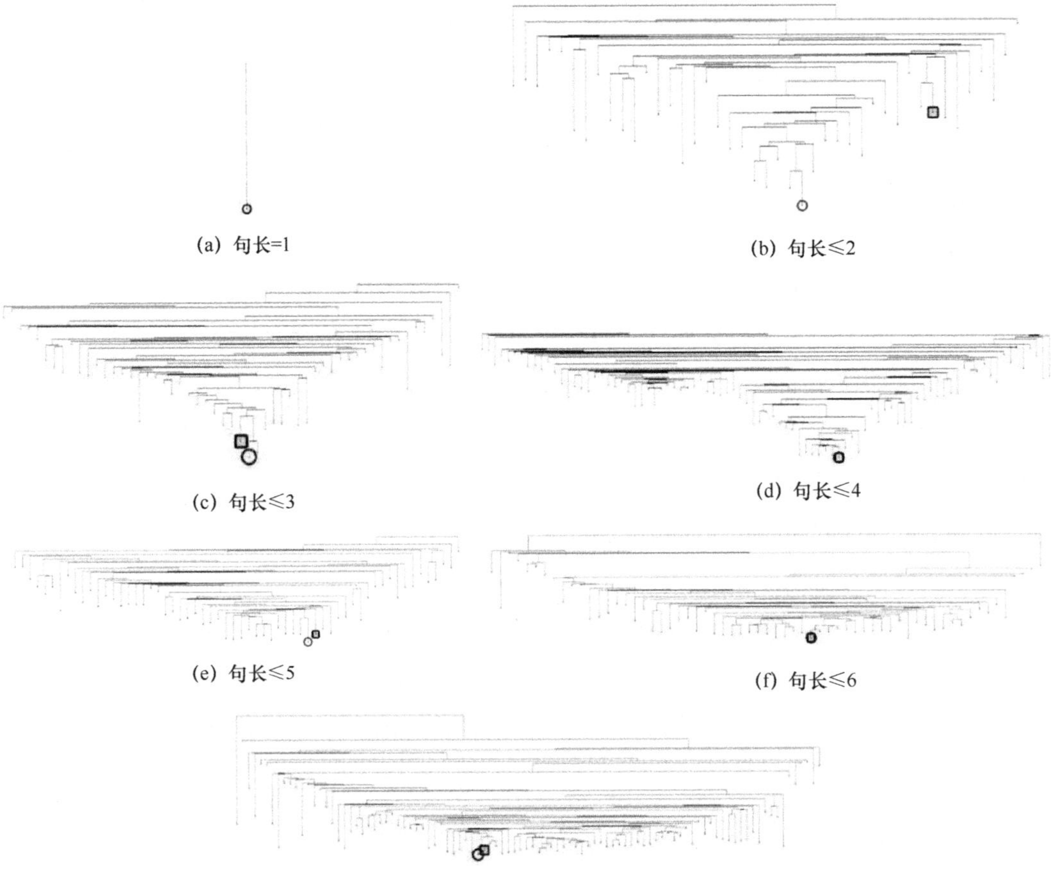

(a) 句长=1 (b) 句长≤2 (c) 句长≤3 (d) 句长≤4 (e) 句长≤5 (f) 句长≤6 (g) 句长≤7

图 11-22 基于训练样本句子长度的课程

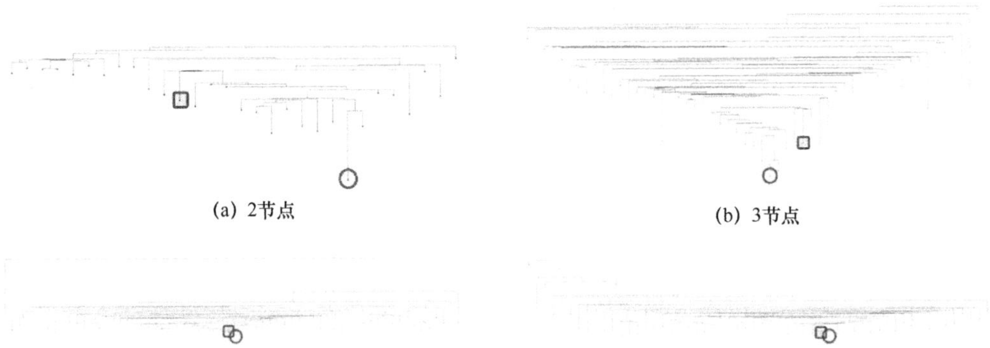

(a) 2节点 (b) 3节点 (c) 4节点 (d) 5节点

图 11-23 基于节点数的课程

最后，我们对训练数据运行了期望最大化学习算法，以确认课程学习的优势。在实验中使用第二课程（基于语法中的节点的数量）。为了加速课程学习，我们为每次运行分配了 18000 秒的总运行时间，并为每个连续阶段分配两倍于前一阶段的时间。设计课程时选择指数增长时间是因为后期阶段比较复杂从而需要更多时间收敛。我们运行了 1000 次学习算法，找到了学习模型所属 ELM 的能量盆地。因此，我们在 ELM 的叶节点上获得了学习模型的直方图，如图 11-24（b）所示。为了方便比较，图 11-24（a）显示了在不使用课程的情况下学习模型的直方图。利用课程可以更加频繁地收敛到全局最小值，以及全局最小值附近的能量盆地。在图 11-24 中，直方图表示属于每个能量盆地的学习语法的数量，箭头表示真实解的能量盆地。

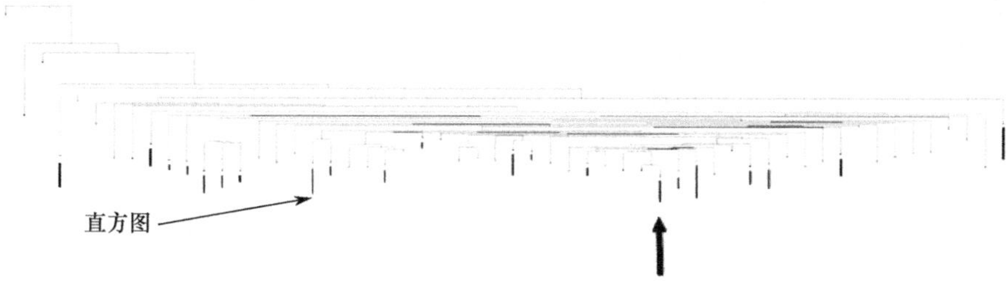

(a) 没有学习课程

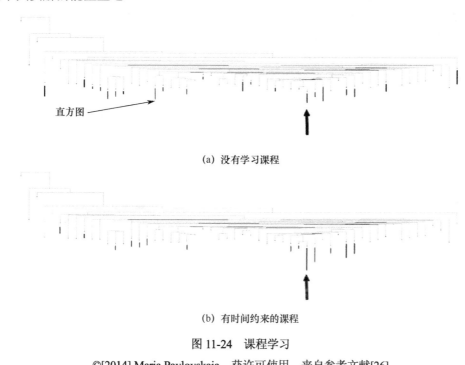

(b) 有时间约来的课程

图 11-24　课程学习

11.5　用吸引-扩散可视化能级图

ELM 应用的一个主要障碍是在实践中遇到的非凸能级图中存在着巨量的局部极小值。当不可能完全枚举所有局部模式时，使用本书 11.2.1 节定义划分的可视化无法收敛，而且局部极小值和能垒信息过多会使 DG 可视化过于复杂，无法成为对能级图的有用总结。

高度非凸的能级图应具有简单且可识别的全局结构。一个众所周知的例子是与蛋白质折叠相关的势能表面的“漏斗”结构。漏斗形状适合于将未折叠或部分折叠的蛋白质引导至其天然态。沿折叠路径可能出现弱稳定的中间状态，但是来自环境的随机扰动足以扰乱这些浅层的局部极小值并允许折叠过程继续进行。一旦蛋白质变为天然态，其构造变得稳定并且对微小的扰动具有抵抗力。宏观能级图具有单一的全局盆地，尽管沿漏斗“两侧”有巨量的弱稳定中间态。

在这种观测的启发下，可以为 ELM 定义一个新的框架，该框架旨在识别非凸能级图中的宏观结构，同时忽略杂乱的局部结构。直观来说，人们可以将高维状态空间 Ω 想象成一个巨大且大部分为空的宇宙，非凸能量 U 为引力势能，而 U 的局部极小值为致密恒星。由低能垒（在系统能量方面具有相似性质的状态）分隔的相关局部极小值组形成连通的低能量区域，这些低能区域是状态空间宇宙中的“星系”。在一个能级图中，通常只有少数的极小“星系”，而每个极小“星系”实际上包含无限多个具有几乎相同系统性质的局部极小值。将盆地定义为最小“星系”，而不是为每个局部极小值定义单独的盆地，可以极大地提高绘图效率和可解释性。吸引-扩散算法示意如图 11-25 所示，其中图 11-25（a）是局部极小“星系”的简化图，图中的圆是具有高密度的低维流形，在星系之间是高能量、空区域（实际上，与星系大小相比，空的空间是巨大的）；图 11-25（b）是图像星系中亚稳定性行为图，可采用吸引-扩散算法检测这种行为。

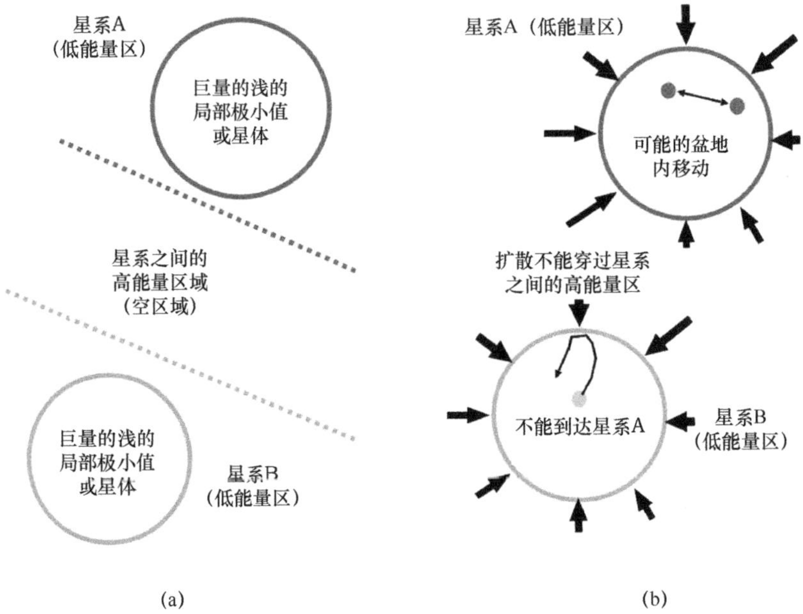

图 11-25　吸引-扩散算法示意

11.5.1　亚稳定性和宏观划分

可以使用亚稳定性的概念来定义非凸能级图中局部极小值的“星系”。可以将图像空间划分为亚稳定性区域，而不是将状态空间划分为每个局部极小值的吸引盆地，使得 U 上的扩散过程在一个区域内短时间尺度混合，而在区域间长时间尺度混合。换言之，初始于一个极小星系的 p 的局部 MCMC 样本将在同一星系中遍历相当长的时间，这是因为随机波动足以克服星系内的小能垒，而更大的能垒则限制了星系之间的移动。

根据 Bovier[5]的工作，我们可以正式地将“星系”定义为不相交集 $\{D_j\}_{j=1}^{J}$，它们满足 $\bigcup_{j=1}^{J} D_j \subset \Omega$，且

$$\frac{\sup\limits_{x\notin\bigcup_j D_j} E[\tau(x,\bigcup_j D_j)]}{\inf\limits_{x\in\bigcup_j D_j} E[\tau(x,\bigcup_{k\neq\varphi(x)} D_k)]} < \varepsilon \tag{11-13}$$

式中，$\tau(x,S)$ 表示从点 x 开始的集合 S 的击中时，$\varphi(x)$ 给出了索引 j，其中 $x\in D_j$，$\varepsilon>0$ 是一个表示亚稳定性的小的参数。分子项量化了在 $\Omega\setminus(\bigcup_{j=1}^{J} D_j)$ 上星系吸引状态的强度。在星系外初始化的 MCMC 样本应在短时间内访问其中一个星系。分母根据星系间的期望混合时间来量化星系之间的分离程度。由任何 D_j 初始化的 MCMC 样本应仅在一个长周期的扩散后访问另一个 D_k。当星系间的混合时间相对于来自星系外的吸引时间较慢时达到亚稳定性。至关重要的是，击中时的定义 $\tau(x,S)$，以及分区的定义 $\{D_j\}_{j=1}^{J}$ 隐式地取决于所使用的 MCMC 采样器。在检测亚稳定性时，实际上更希望使用混合不良而不是混合良好的采样器，因为这里提出的亚稳定性的定义实际上依赖于 MCMC 样本在陷入强模式下时所表现出的高自相关性。

11.5.2　吸引-扩散简介

吸引-扩散（AD）[16]是一种表征高度非凸能级图中局部极小值的相对稳定性的方法。给定能量函数 U 和两个局部极小值，一个局部极小值指定为起始位置 X_0，另一个指定为目标位置 X^*。通过使用修改后的密度从 X_0 初始化 MCMC 样本

$$p_{T,\alpha,X^*}(X)=\frac{1}{Z_{T,\alpha,X^*}}\exp\left\{-\left(\frac{U(X)}{T}+\alpha\,\|X-X^*\|_2\right)\right\} \tag{11-14}$$

其能量函数是原始能量 U 和磁化项的和，磁化项惩罚了当前位置和目标位置 X^* 之间的距离。T 给出了系统的温度，α 是“磁场”的磁化强度，惩罚了与目标最小值的距离。起始位置和目标位置的角色是任意的，可以双向扩散。这种思想如图 11-26 所示，状态空间 Ω 可以是连续的或离散的。图 11-26 是用 AD 检测亚稳定性行为的可视化，AD 惩罚指向整个能级图中具有恒定强度 α 的目标。从与目标相同的图像星系初始化的 MCMC 样本将快速移动到目标；从不同星系初始化的 MCMC 样本可以在短时间内接近目标，但最终会被分隔星系的强大能垒所困。

Mitchell K. Hill

通过调整 α 和 T 的值，可以调整修改后的能级图，使得扩散路径可以克服原始能级图中的小障碍物，同时困在强盆地中。如果马尔可夫链与目标状态很接近，那么起始状态属于与目标状态相同的能量盆，其能量分辨率由磁化强度隐式定义。如果经过 M 次连续迭代，马尔可夫链不能改进链的历史状态和目标状态间的最小距离，那么在起始位置和目标位置之间必须存在比磁化力更强的能垒。图 11-27 显示了具有两个全局盆地的简单一维能级图中 AD 的基本原理，图中给出了目标位置 $X=5.1$（左）和 $X=10$（右）简单一维能级图的磁化。原始能级图有两个平坦且有噪声的盆地。即使两个目标位置在欧几

里得空间中相隔很远，它们也都属于同一个盆地。磁化能级图具有易于识别的最小值，并保留分隔两个盆地的大能垒。由于在图 11-27 的左侧能级图中，从 $X=10$ 开始的扩散将达到 $X=5.1$，在右侧能级图中反之亦然，所以这些点属于同一盆地。从能垒左侧开始的低温扩散将无法到达任何一个能级图的目标位置。

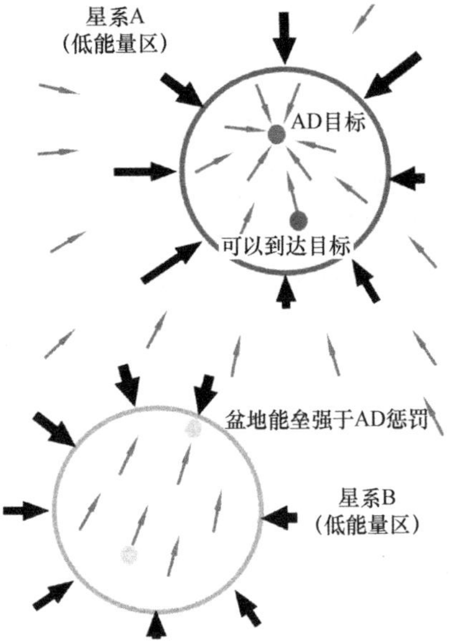

图 11-26　用 AD 检测亚稳定性行为的可视化

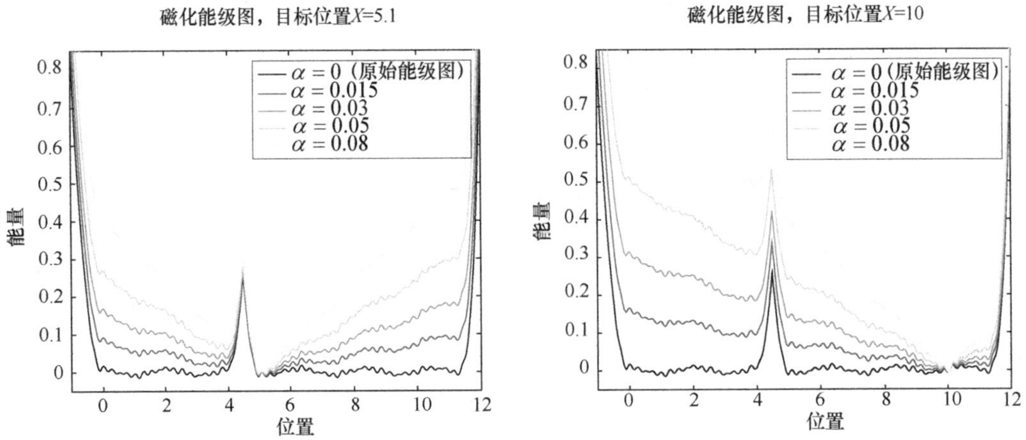

图 11-27　一维能级图中 AD 的基本原理

©[2019]Brown University，获许可使用，来自参考文献[16]

AD 旨在加速亚稳定性星系内的混合，同时保留分离星系的长时间尺度。亚稳定性行为取决于状态是否在“慢”或“快”的时间尺度上混合，但所谓的星系内混合的“快”时间尺度对于有效模拟来说仍然太长，无法进行有效模拟。在可行的计算时长内，两个马尔可夫链在高维状态空间相遇的可能性很小，即使它们属于同一亚稳定性星系。AD 中的吸引项改变了原系统的动态过程，以减少击中磁化目标的时间。通过正确的调整，这种加速的收敛只会发生在同一星系的极小值上，即使磁化了来自不同星系的极小值，长时间尺度的混合仍然会存在。只要 α 足够小，已修改密度 p_{T,α,X^*} 的亚稳定性分区 $\{\tilde{D}_j\}_{j=1}^{\tilde{J}}$ 应与原密度 p 的亚稳定性分区 $\{D_j\}_{j=1}^{J}$ 有大致相同的结构，p_{T,α,X^*} 的亚稳定性行为应与目标 p 的亚稳定性行为近似。

AD 也可以用于估计最小值之间的能垒，因为沿成功扩散路径的最大能量是最小能垒高度的上界。可以通过将 α 设置在扩散路径未能达到目标的阈值之上来改进该估计。通过使用局部 MCMC 方法，如随机游走 Metropolis-Hastings、分量 Metropolis-Hastings、吉布斯采样或哈密顿蒙特卡罗方法，可以限制扩散路径中各点之间的最大欧几里得距离，并确保步长小到足以使连续图像之间的一维能级图表现良好。AD 链根据磁化能级图中的测地距离移动，只要磁化强度不太强，就应该与原始能级图中的测地距离类似。

选择 L_2 – 范数作为磁化惩罚的动机是由于观察到 $\frac{\mathrm{d}}{\mathrm{d}X}\|X\|_2 = X/\|X\|_2$，这意味着 AD 磁化力在整个能级图内指向均匀强度 α 的目标最小值。这可以从与磁化动态过程相关的郎之万方程中看出：

$$\mathrm{d}X(t) = -\left(\frac{\nabla U(X(t))}{T} + \alpha\frac{X(t)-X^*}{\left\|X(t)-X^*\right\|_2}\right)\mathrm{d}t + \sqrt{2}\mathrm{d}W(t) \tag{11-15}$$

L_1 惩罚可能会产生类似的结果。惩罚项 $\alpha\left\|X-X^*\right\|_2^2$ 不会具有令人满意的特性，因为磁化强度依赖于点之间的距离，并且改变的幅度将在整个能级图中都会有所不同。

11.5.3　吸引-扩散和伊辛模型

AD 惩罚项与统计物理能量函数中的磁化项密切相关。可以考虑 N 态磁化 Ising 能量函数：

$$U_{T,H}(\sigma) = -\frac{1}{T}\sum_{(i,j)\in\mathcal{N}}\sigma_i\sigma_j - H\sum_{i=1}^{N}\sigma_i \tag{11-16}$$

式中，$\sigma_i = \pm 1$，$\mathcal{N}$ 是相邻节点的集合，$T>0$ 表示温度，H 表示外部磁场的强度。该能量函数有时通过稍微不同的形式 $U_{T,H}(\sigma) = \frac{1}{T}(-\sum\sigma_i\sigma_j - H\sum\sigma_i)$ 来表达，但是这两种表达具有相同的性质和图示。第一项 $-\frac{1}{T}\sum\sigma_i\sigma_j$ 是标准伊辛模型的能量函数，第二项 $-H\sum\sigma_i$ 代表作用在每个节点上强度为 H 的均匀磁场。当 $H>0$ 时，该磁场具有正磁化，鼓励每个节点处于+1 状态。在这种情况下，$U_{T,H}$ 可以改写为

$$\begin{aligned} U_{T,H}^*(\sigma) &= U_{T,H}(\sigma) + NH \\ &= -\frac{1}{T}\sum_{(i,j)\in\mathcal{N}}\sigma_i\sigma_j + H\sum_{i=1}^{N}(1-\sigma_i) \\ &= -\frac{1}{T}\sum_{(i,j)\in\mathcal{N}}\sigma_i\sigma_j + H\left\|\sigma-\sigma^+\right\|_1 \end{aligned}$$

式中，σ^+是所有节点$\sigma_i^+=1$的状态。由$U_{T,H}^*$定义的概率分布与$U_{T,H}$定义的分布相同，因为它们仅仅相差一个常数。类似地，当$H<0$且磁场为负时，能量函数可以改写为

$$U_{T,H}^*(\sigma)=-\frac{1}{T}\sum_{(i,j)\in\mathcal{N}}\sigma_i\sigma_j+|H|\left\|\sigma-\sigma^-\right\|_1$$

式中，σ^-是所有${\sigma^-}_i=1$的状态。这表明 H 在磁化伊辛模型中的作用与 α 在式（11-14）中的作用相同，因为$U_{T,H}^*$是未磁化的伊辛能量和一个惩罚到σ^+或σ^-距离项的总和，即镜像全局最小值。引入磁化项会扰乱标准伊辛能量函数的对称性，并导致σ^+或σ^-成为唯一的全局最小值，而这些具体取决于H的符号。

系统相对于参数（T, H）的行为可以用图 11-28 中的简单相图表示。图 11-28 中左图是磁化伊辛模型的相图。低于临界温度时，将磁场 H 从正向扫描到负向（或反向），导致σ^+和σ^-的盆地之间发生跳跃。但是，如果磁化力较弱，则相反盆地中的状态可以长时间保持稳定。图 11-28 中右图显示了对于固定的$T^*<T_c$，磁化$M=\sum_i\sigma_i$是H的函数。亚稳定性区间是沿左图中垂直线$T=T^*$的虚线之间的区域。图 11-28 中的点是系统的临界温度，实线是一阶过渡边界。当系统的参数扫过一阶过渡边界，系统从正态为主翻转为负态为主时，状态空间发生不连续的变化，反之亦然。另外，在临界温度之上穿过 0 扫描磁场 H 会带来正节点和负节点共存的平滑过渡。

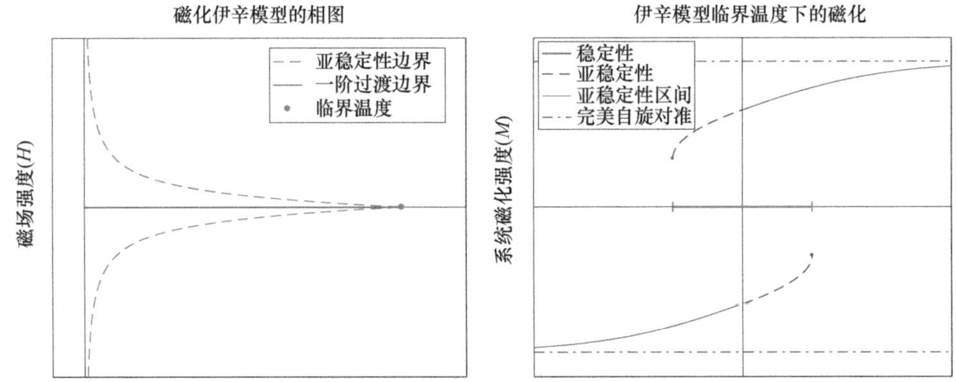

图 11-28　系统行为的简单相图示意

令$H>0$为弱磁场，并假设温度T低于临界温度T_c。在这种情况下，磁化伊辛模型呈现较强的亚稳定性行为。如果系统是从随机配置初始化的（每个节点+1或−1，概率为$1/2$），磁场的影响将导致系统较大的概率崩溃到σ^+，或状态空间中附近的主要正区域。然而，如果系统从σ^-初始化，并且如果 H 足够小，则系统将表现出亚稳定性，因为磁场 H 将无法克服σ^-中在临界温度以下非常强的键强度。尽管能级图的全局最小值是σ^+，但系统将长时间保持稳定的、负值为主的状态，因为磁场力无法克服原始伊辛能级图中σ^+和σ^-之间的能垒。

11.5.4　吸引-扩散 ELM 算法（ADELM 算法）

ELM 算法有三个基本的探索步骤：

步骤 1，获取状态 X 作为最小值搜索的起点。

步骤 2，从 X 开始查找 Y 的局部极小值。

步骤3，确定 Y 是否与之前找到的最小盆地组合，或者 Y 是否开始一个新的最小盆地。

重复这些步骤，直到在一定次数的迭代中找不到新的局部极小值，并且盆地之间的能垒估计已经收敛。

步骤 2 可以使用标准梯度下降方法完成，GWL 算法提供了在步骤 1 中提出 X 的原则性方法。之前的 ELM 算法缺乏可靠的方法来处理步骤 3。传统上，ELM 算法的研究试图列举所有吸引盆地能级图（或者 N 个最低能量最小值），无论它们存在的“凹痕”有多浅。只有最小值在离散空间中相同，或者在连续空间中非常接近，它们才会被组合在一起。除最简单的情况外，这种方法注定要失败，因为不同的局部极小值的数量随能级图复杂性 / 维度的增加呈指数增长。另外，对于一些能量函数族，随着能级图复杂性 / 维度的增加，其宏观结构可能保持不变。例如，无论邻域结构或节点数量如何，Ising 能级图将始终具有两个全局盆地。

下面的 ADELM 算法（见算法 11-2）说明了在 ELM 算法的第 3 步中，如何使用 AD 算法将新发现的极小值与已知的盆地进行组合。在整个映射过程中使用的固定磁化强度为 α，当在新的最小值和有代表性的最小值之间有可能成功移动时，就会进行组合。如果新的最小值不能成功地扩散到任何先前确定的最小值，那它就定义了一个新的亚稳定性盆地。ADELM 算法的步骤 1 和步骤 2 是开放的，特别是，利用 GWL 算法为步骤 1 中的梯度下降提议新的初始状态，可以实现 GWL 算法和 ADELM 算法的无缝集成。

用于映射的 MCMC 采样器 S 应该是局部的，即相对于具有高概率的能级图特征而言，单个步骤后的位移较小。具有步长参数 ε 的 MCMC 方法（如具有高斯提议的 Metropolis-Hastings 或 HMC / 朗之万动力学）是局部采样器，因为可以调整 ε 以控制位移。吉布斯采样也是局部的，因为每次更新只改变一个维度。要求 S 是局部的是为了确保使用 S 更新的马尔可夫链在低温度区域下不脱离局部模式。例如，当使用 ADELM 来映射伊辛模型的局部极小值时，必须使用吉布斯采样而不是 SW 切分，因为 SW 切分方法会很容易地从局部模式中逃脱，从而破坏整个 AD 过程。通常，高自相关被认为是 MCMC 方法的一个不利的特性，但在 AD 中，马尔可夫样品在没有磁化的情况下仍然被捕获是至关重要的。通过引入磁场来改变这种基线行为，从而有助于发现能级图特征。

在 ADELM 算法中，每个盆地的全局最小值 Z_j 被用作 AD 试验的目标。这种选择的一个原因是这样的一个直觉，即对于相同的强度 α，AD 链更可能成功地从较高能量的最小值移动到较低能量的最小值，而不是相反。虽然一般情况下并非如此，但在实践中，这种直觉在大多数情况下都适用，特别是对于非常深的最小值。更细致地实施可以考虑将来自同一盆地的多个候选对象作为扩散目标，而不仅仅是全局盆地最小值。

算法 11-2 吸引-扩散 ELM（ADELM）算法

Input: 目标能量 U，局部 MCMC 采样器 S，温度 $T>0$，磁化强度 $\alpha>0$，距离分辨率 $\delta>0$，改进限制 M，迭代次数 N

Output: 具有局部极小值 $\{Y_1,\ldots,Y_N\}$、最小组标签 $\{l_1,\ldots,l_N\}$ 和分组全局最小值 $\{Z_1,\ldots,Z_L\}$ 的状态 $\{X_1,\ldots,X_N\}$，其中 $L=\max\{l_n\}$

for $n=1:N$ **do**

1. 求出用于最小值搜索的提议状态 X_n（随机初始化，或 GWL MCMC 提议）
2. 从 X_n 开始局部极小值搜索，并且找到一个局部极小值 Y_n
3. **if** $n=1$ **then**

   使 $Z_1=Y_1$，$l_1=1$

   end

   else

   判断 Y_n 是否可以用 AD 分入一个已知组。令 $L_n=\max\{l_1,\ldots,l_{n-1}\}$，最小分组成员集为 $G_n=\varnothing$

   for $j=1:L_n$ **do**

   （1）令 $C=Y_n, X^*=Z_j, d_1=\|C-X^*\|_2, d^*=d_1, m=0$

   while $d_1>\delta$ 和 $m<M$ **do**

   用一个单步采样器 S 更新 C，取密度

   $$P(X)=\frac{1}{Z}\exp\left\{-\left(\frac{U(X)}{T}+\alpha\|X-X^*\|_2\right)\right\}$$

   求出与目标最小值的距离：$d_1\leftarrow\|C-X^*\|_2$

   if $d_1\geqslant d^*$ **then** $m\leftarrow m+1$, **else** $m\leftarrow 0, d^*\leftarrow d_1$

   end

   （2）令 $C=Z_j, X^*=Y_n, d_2=\|C-X^*\|_2, d^*=d_1, m=0$，循环执行步骤（1）

   （3）若 $d_1\leqslant\delta$ 或 $d_2\leqslant\delta$，则将 j 加入 G_n，并令 B_j 是成功路径的能垒。如果两条路径都能成功，则令 B_j 是两个能垒中较小的那个

   end

   if G_n 是空集 **then**

   Y_n 开启一个新的最小值分组。令 $l_n=\max\{l_1,\ldots,l_{n-1}\}+1, Z_{l_n}=Y_n$

   end

   else

   Y_n 属于前一个最小值分组。令 $l_n=\mathrm{argmin}_j B_j$

   if $U(Y_n)<U(Z_{l_n})$ **then**

   更新分组全局最小值：$Z_{l_n}\leftarrow Y_n$

   end

   end

   end

end

理想情况下，在 ADELM 算法的每个步骤中，仅扩散到一个盆地代表 Z_j 应该是成功

的。成功扩散到大量先前发现的盆地是不良调优的标志，特别是 T 或 α（或两者）的值太高，导致盆地之间的泄漏。另外，最小值之间的一些泄漏通常是不可避免的，因为通常在位于较强的全局盆地之间存在高原区域。只要盆地代表保持分离，这就不是一个太大的问题。应定期检查全局盆地代表$\{Z_j\}$，以确保它们在当前参数设置下保持良好分离。如果 AD 链成功地在两个$\{Z_j\}$之间移动，则这些最小值应合并为一个组。这在映射的早期阶段尤其重要，因为还没有找到好的盆地代表。如果早期代表不是整个盆地的有效吸引状态，那么单个盆地可以分成多个组。在巩固最小值时，较低能量最小值保留为组的代表。

ADELM 算法有两个计算瓶颈：步骤 2 中的局部极小值搜索和步骤 3 中的 AD 分组。步骤 2 的计算成本对于任何 ELM 方法都是不可避免的，并且只要具有相当的运行时间，步骤 3 中的 MCMC 采样就不是不合理的。在实验中，我们发现局部极小值搜索和单个 AD 试验的运行时间大致相同。ADELM 算法的第 3 步涉及新的最小值和几个已知候选之间的 AD 试验，并且通过并行运行，AD 试验可以大大提高 ADELM 的效率。

11.5.5　调优 ADELM

对 T 和 α 的正确调优是取得良好结果的必要条件。温度 T 必须设置得足够低，以使动态过程被限制在当前模式，但不低到链条完全冻结。在实验中，我们首先通过从局部极小值初始化未磁化的链，并观察长轨迹中能量的变化，独立于 α 来调整温度。相对于存在能级图中的能垒，能量的变化应该是很小的。如果温度过高，即使没有磁化，MCMC 样品也可以很容易地在亚稳定性区域之间穿越，映射也不能恢复有意义的结构。AD 试验的理想温度似乎比系统临界温度 T_c 小一个数量级。图 11-29 是调优 AD 温度的示例。在图 11-29 的顶部显示 AD 试验中调整温度 T。系统必须足够冷，这样 MCMC 链就不会在高于最低能垒的能量谱中运动。临界温度 T=1 太热，我们用 T=0.1 代替。在图 11-29 的底部显示 AD 试验中调整磁化强度 α。我们运行 100 个映射迭代，并记录所遇到的不同盆地的数量。在 $\alpha\to 0$ 的情况下，我们为几乎每一个迭代找到一个新的极小值。在 $\alpha\to\infty$ 的情况下，所有的极小值合并成一个盆地。在极限情况之间的临界范围内，可以检测到宏观行为。我们使用 $\alpha=0.35$，用垂直虚线表示。

磁化强度 α 必须足够强，以克服能级图中有噪声的浅层能垒，同时考虑大尺度能垒。一旦温度 T 被调整和固定，链就可以扩散到一个有限的亚稳定性区域，人们可以在 α 的光谱上运行试验性的映射来定位临界范围，在这个范围内 α 会产生有意义的映射结果。在 $\alpha\to 0$ 的情况下，每个不同的最小值定义自己的亚稳态区域，而在 $\alpha\to\infty$ 的情况下，所有的最小值在一个盆地内合并。将在少量的试验步骤中发现的最小值的数目可视化为 α 的函数，就有可能快速确定在近似相等的基础上磁化和能量特征竞争的临界范围。图 11-29 是调优 AD 磁化的例子。在实验中，我们发现在低于临界温度 T 的范围内，AD 的行为是相当一致的。由此可见，选择 α 似乎是最重要的调优决策。

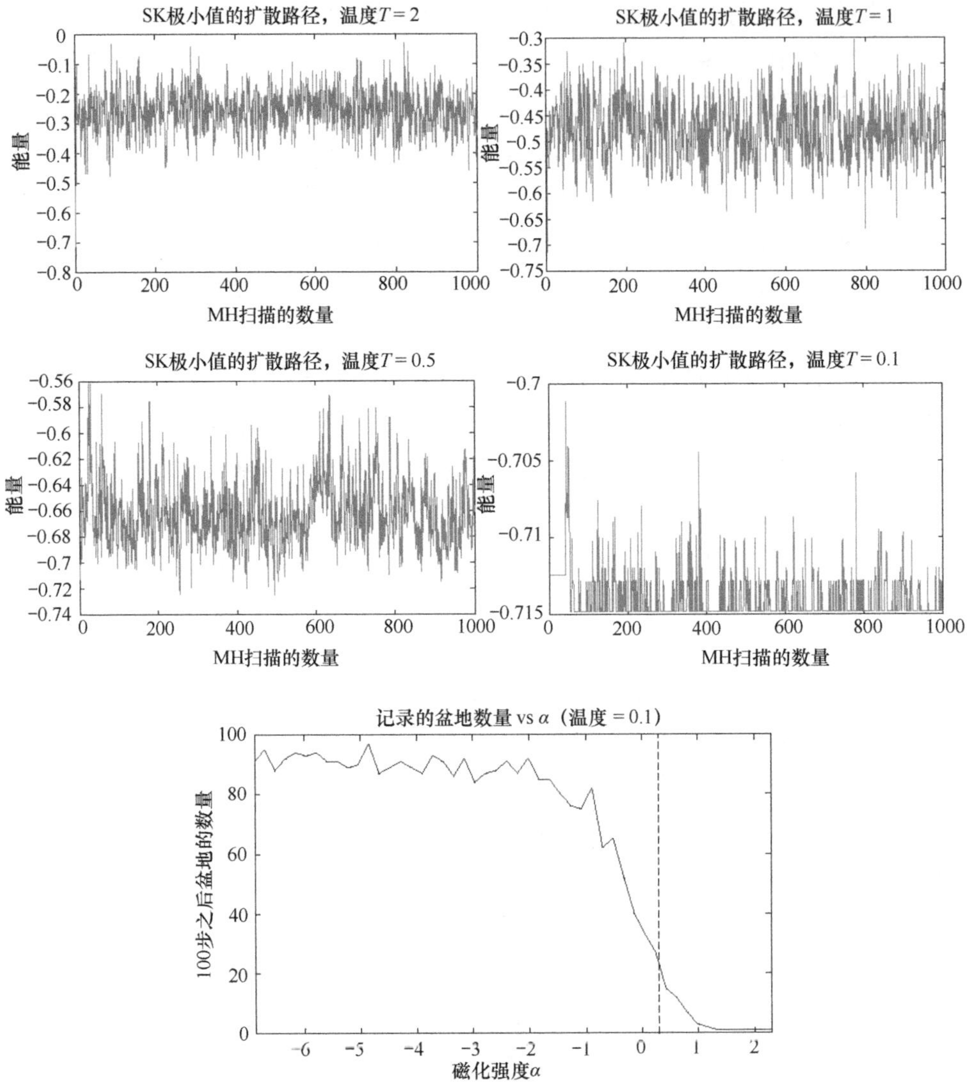

图 11-29　调整 AD 温度的例子

11.5.6　AD 能垒估计

AD 可用来估计各盆地代表之间的能垒，构建勘探后的非连通图（DG）。这是通过将温度 T 设置为低于临界温度（参见本书 11.5.5 节），并调整 α 以找到一个阈值实现的，在这个阈值中，最小值之间的成功传输几乎是不可能的。当 α 足够大，足以克服能级图上的障碍时，AD 能垒的估计值最低，并且估计值会随着 α 的增加而增加。在极限 $\alpha\to\infty$ 时，由于 MCMC 样本会简单地沿直线向目标移动，因此 AD 能垒与一维线性能垒相同。在低于临界温度 T_c 的 T 范围内，估计的能垒层高度是一致的。

在可视化过程中，我们主要对全局盆地代表之间的能垒感兴趣，这是宏观能级图中最重要的特征。每个盆地内的全局最小值和全局最小值之间的能垒，被用来根据使用本书 11.2.2 节中所述的相同方法执行 ADELM 的结果来构建 DG。ADELM 的盆地 D_j 包含多个局部极小值，而本书 11.2.1 节中定义的盆地 D_j 只包含一个局部极小值。在 ADELM 结果的 DG 可视化中，我们可以包含每个盆地在终端节点下的局部极小值的可视化，按能量下降的顺序从上到下排序。还可以将圆圈添加到 ADELM DG 中，以表示每个盆地中所包含的可视化最小值的比例，如图 11-36 和图 11-38 所示。

11.6 用 GWL 和 ADELM 可视化 SK 自旋玻璃模型

在第一个 ADELM 实验中，我们从 100 个状态的 SK 自旋玻璃（Spin Glass）模型中可视化了样本的结构。N 态 SK 自旋玻璃模型是标准 N 态化伊辛模型的推广，其中耦合系数未指定。N 态 SK 自旋玻璃模型的能量函数为

$$U(\sigma)=-\frac{1}{TN}\sum_{1\leqslant i<k\leqslant N} J_{ik}\sigma_i\sigma_k \tag{11-17}$$

式中，$\sigma_i=\pm 1$，$T>0$ 表示温度，而 J_{ik} 表示的是耦合数。在标准的伊辛模型中，耦合系数为 1（节点相邻）或 0（节点不相邻）。SK 自旋玻璃模型的能级图包含了多个分离良好的全局盆地，具有嘈杂的局部结构。就像伊辛模型，能级图是完全对称的，因为 $U(\sigma)=U(-\sigma)$。Zhou[40]证明，GWL 算法可以准确地识别 $N=100$ 个状态的最低能量的最小值和能垒。同时使用 ADELM 和 GWL 可视化 100 维 SK 自旋玻璃模型，可以揭示 ADELM 是如何有效地捕获出现在细尺度 GWL 可视化中的相同粗尺度特征的。

我们复现了文献[40]中的 GWL 可视化，结果如图 11-30 所示。可视化图记录了能级图中的 500 个最低能量最小值，“树”几乎是对称的。黑色和白色的点表示由我们的 ADELM 可视化确定的盆地。黑色的点表示它的镜像状态在 ADELM 运行期间被识别出来的最小值，而白色的点表示它的镜像状态没有被识别出来的最小值。黑色的点覆盖了能级图中最重要的特征，对于 AD 参数（$T=0.1$，$\alpha=1.35$）来说非常稳定，而白色的点记录了靠近亚稳定性边界的较强盆地内的子结构。与原始实验一样，耦合 J_{ik} 是独立的高斯函数，均值为 0，方差为 $1/N$。我们使用原始论文中描述的相同的 GWL 参数运行了 5×10^8 次的映射迭代，并搜索能级图中的 500 个最小值。运行 GWL 可视化后，确定的 500 个最小值是完全对称的，这意味着对于发现的每个最小值，我们也将其镜像状态确定为可视化中的最小值。即使只有 $N=100$ 个状态，SK 自旋玻璃模型中的局部极小值也远远超过 500 个，但之前的可视化表明，500 个能量最低的局部极小值捕获了主要的能级图特征。在更复杂的能级图或更大的模型中，即使是最低能量区域也可能包含天文数字量级的局部极小值，使得 GWL 方法存在问题。

我们使用 ADELM 可视化了相同的能级图来比较结果，看看 ADELM 是否能可靠地识别出最重要的能级图特征。我们采用的温度 $T=0.1$，远低于临界温度 $T_c=1$，磁化强度 $\alpha=1.35$ 作为 AD 参数。将 T 精确地设置在临界温度产生了不好的结果，因为在没有磁化的情况下，能量链的波动大于地貌特征的深度，因此需要一个更冷的系统来限制扩散到最

低的能量水平。在调优和固定 T 之后，我们通过在对数尺度上运行 100 个映射迭代，对不同的间隔均匀分布进行调优，并记录所识别的最小值的数量。调优结果可参见图 11-29。在每个实验中，我们使用相同的方法对 T 和 α 进行调优。

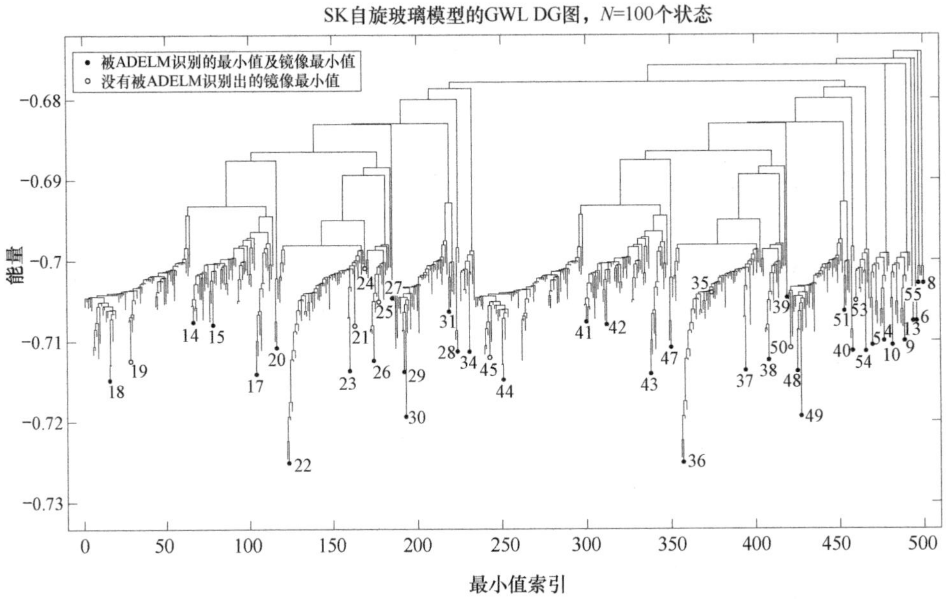

图 11-30 SK 自旋玻璃模型的 GWL DG 图

©[2019] Brown University，获许可使用，来自参考文献 [16]

我们对算法进行了 5000 次迭代，将所有状态的 AD 改进限制为 M =100 的吉布斯扫描，并将距离分辨率设置为 $\delta=0$，这要求 AD 链精确地移动到它们的目标，以获得成功的试验。我们的 ADELM 结果如图 11-31 所示，ADELM 和 GWL 可视化的并列对比如图 11-32 所示。图 11-31 是 SK 自旋玻璃模型的 AD DG 图，AD 图是相当对称的（如图 11-30 所示），并且 DG 的结构与 GWL 可视化生成的 DG 图非常一致，如图 11-32 所示。其中，44 个 AD 最小值也在 GWL 中表示出来，而 14 个 ADELM 最小值不在 500 个最低能量最小值之列。GWL 的可视化只记录了最低能量的极小值，忽略了高能量区域的显著稳定特征。最小节点周围的圆的大小与排序后每个区域的最小节点的数量成比例，可参见本书 11.5.6 节。图 11-32 是伊辛 AD 和 GWL 可视化叠加，水平虚线表示分支合并的 ADELM DG 节点与 GWL DG 一致。水平点画线表示 ADELM DG 和 GWL DG 以不同顺序合并分支的节点。不一致性很小，而且大多发生在高能量区域。大多数不一致只在一次合并中出现，并在下一次合并时得到纠正。ADELM 可视化有效地捕捉了 GWL 可视化的宏观特征。ADELM 可视化确定了能级图中所有主要盆地以及盆地内的子结构的最低能量的最小值。ADELM 还能够确定一些稳定但 GWL 可视化没有记录的盆地，因为这些局部极小值不在能级图上 500 个最低能量最小值之列。总体而言，有 44 个 AD 盆地也被纳入 GWL 可视化，而 AD 确定的 14 个稳定盆地超过了 GWL 可视化的能量阈值。

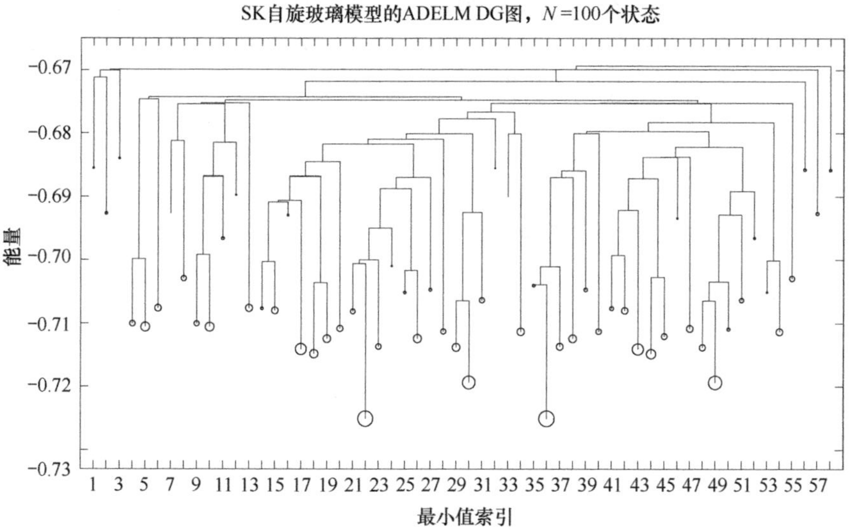

图 11-31　SK 自旋玻璃模型的 AD DG 图

©[2019] Brown University，获许可使用，来自参考文献[16]

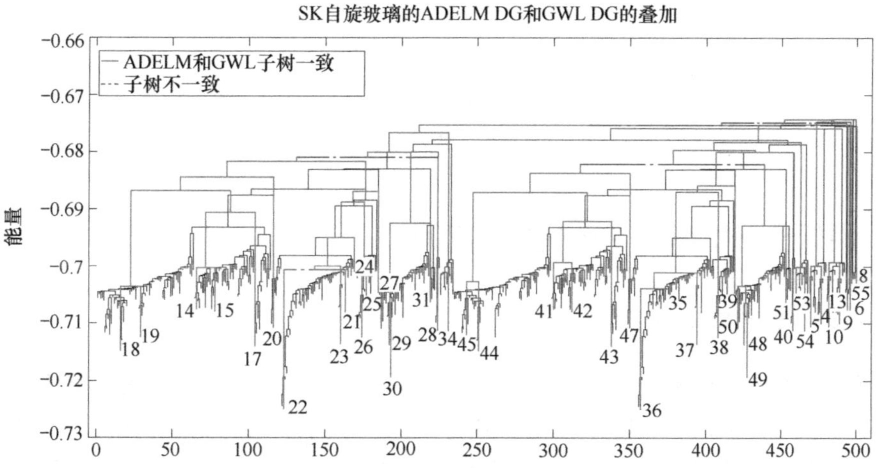

图 11-32　伊辛 AD 和 GWL 可视化叠加

©[2019] Brown University，获许可使用，来自参考文献[16]

由 GWL 可视化和 ADELM 可视化估计的能垒非常相似，尽管在大多数情况下 GWL 能垒比 AD 估计的能垒略低。这表明，在能垒估计期间使用大量的局部极小值是有益的，因为浅层局部极小值可以帮助缩小较强吸引力盆地之间的差距。尽管 GWL 所识别的几乎所有个体能垒都高于 AD 所识别的能垒（见图 11-33），但 500 个最小值之间的能垒估计的总信息会导致整体能垒低于仅使用 58 个最小值所获得的估计。另外，也许不可能详尽地确定其他能级中所有相关的最低能量最小值，并且重要的是能够准确地估计距离较远的最小值之间的能垒，而不需要许多浅层的中间最小值来连接盆地。图 11-33 显示了 SK 自旋玻璃模型的两个全局最小值之间的 AD 路径，AD 路径的能量谱非常接近 GWL 和 ADELM DG 的能量谱。同时，沿该路径的最大能量仅略高于 GWL 和 ADELM DG 中确定的能垒。这证明 AD 可以在远距离的位置之间提供可靠的插值。

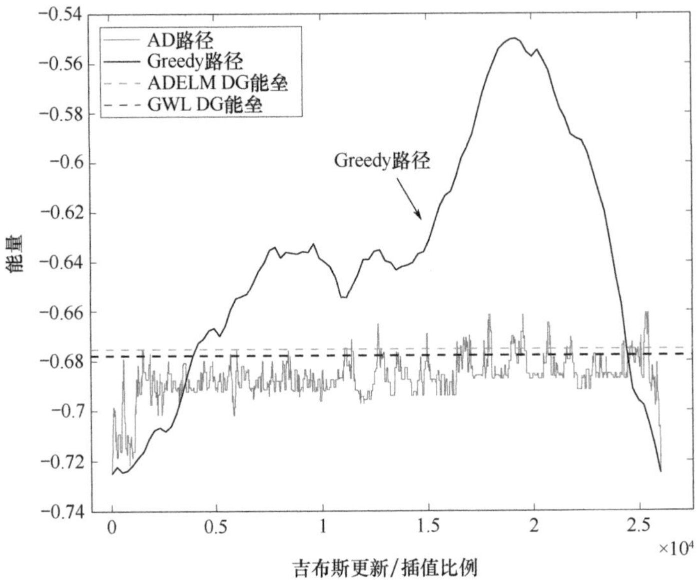

图 11-33　SK 自旋玻璃全局最小值之间的插值

©[2019] Brown University，获许可使用，来自参考文献[16]

11.7　用吸引-扩散可视化图像空间

11.7.1　图像星系的结构

本节研究了吉布斯密度 p（或等效能量 $U=-\log p$）的结构，这些吉布斯密度被训练来模拟未知图像密度 f。在训练过程中，密度学习在 f 的样本周围形成众数，U 的局部极小值可以解释为训练数据的“记忆”。图像密度的亚稳星系在训练图像中代表了不同概念，通过寻找一个图像密度的星系，我们可以将巨大的高维图像空间减少到能概括典型图像外观的几个组。我们还对测量星系之间的能垒感兴趣，因为它们刻画图像或概念之间的相似性。一个学习到的图像密度的结构可以对模式流形的记忆进行编码，但这一信息隐藏在 p 中，必须通过可视化来恢复。

纹理（隐式流形）和纹理基元（显式流形）的图像星系图如图 11-34 所示，纹理形成没有内部结构的宽大的阴影区域，而纹理基元形成具有稳定子结构的星系，以编码不同典型的纹理基元外观。图 11-34 显示，能级图结构根据建模的图像模式而有所不同。特别是，图像尺度应该对图像记忆的结构具有强烈影响。在模式表示的一个中心范式中，Julesz 确定了两种主要的图像尺度：纹理和纹理基元。纹理是高熵模式，被定义为在邻近像素之间共享相同统计信息的集合[17]；而纹理基元是低熵模式，可以理解为原子要素或局部显著特征，如条形、斑点或角点[18]。

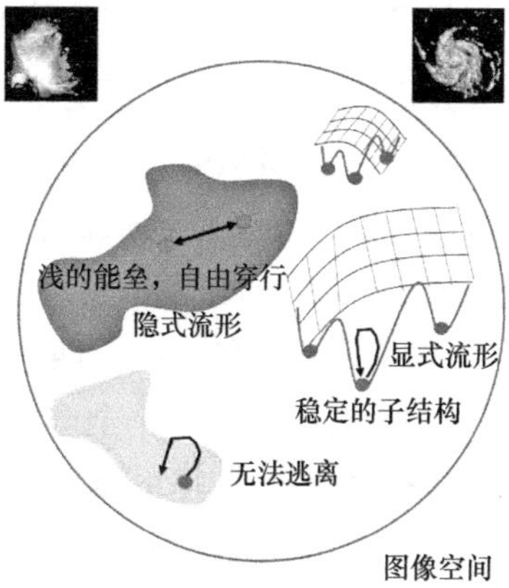

图 11-34　纹理和纹理基元的图像星系图

图 11-35 显示了不同的尺度的常春藤叶子。从左到右随着图像尺度的增加，越来越多样的图像组可以被识别，直到达到可感知的阈值，之后变得难以区分图像。第四个尺度接近人类的感知阈值，而第五个尺度超出人类可感知的范围。当超越阈值时，会发生从显式、稀疏结构到隐式、密集结构的状态转变。类似的转变也发生在能级图中，可参见图 11-39。从图 11-35 中可知，纹理基元-尺度的图像具有易于识别的显式结构，并且该结构允许人类将纹理基元图像可靠地分类为连贯的组。纹理-尺度图像具有隐式结构，并且通常难以或不可能在相同纹理的图像中找到组，因为在一个纹理组合中无法识别出明显的特征。随着图像尺度的增加，可识别图像组的数量趋于增加，直到达到可感知阈值，其中纹理基元-尺度图像转变为纹理-尺度图像，并且人类开始失去辨别特征的能力。当超出可感知阈值，纹理图像不能被分开或被可靠地分组。图像尺度的变化导致图像的统计特征的变化，我们将这种现象称为信息缩放[37]。

图 11-35　不同的尺度的常春藤叶子

©[2019] Brown University，获许可使用，来自参考文献[16]

信息缩放反映在图像能级图的结构中，并且模式图像之间差异的可感知性与局部极小图像的稳定性 / 深度之间存在联系。当能级图模拟纹理基元-尺度图像时，其中图像之间的组很容易被区分，我们期望在能级图中找到许多单独的、稳定的盆地，这些盆地表达各组的单独外观。另外，对纹理-尺度图像建模的能级图应表现出与人类感知类似的行为，并形成单一的宏观吸引盆地，并通过许多浅层的局部极小值来编码纹理。通过在多个尺度上可视化来自相同模式的图像，我们可以看到，发生在尺度之间的可感知性的转变导致了图像记忆的能级图结构的转变，如图 11-34 和图 11-39 所示。

11.7.2　可视化实验

本节的目标能量函数为

$$U_{W_1,W_2}(Z)=U(g(Z|\ W_2)|\ W_1) \tag{11-18}$$

式中，$U(\cdot|\ W_1)$ 和 $g(\cdot|\ W_2)$ 通过 Co-Op 网络算法[38]学习。ADELM 的步骤 1 中的提议可以通过从生成器网络的隐式分布中采样来获得。式（11-18）利用 ADELM 对定义在实际大小的图像上的 DeepFRAME 函数进行了高效可视化。

11.7.2.1 隐空间中的数字 0～9 ELM

我们应用 ADELM 可视化 Co-Op 网络的能量式（11-18），来对 MNIST 的所有数字建模。我们使用 MNIST 测试集的前半部分作为我们的训练数据（每个数字约 500 个样本）。这次，我们将图像大小增加到 64×64 像素。由于我们只在低维度的隐式空间中进行采样，因此我们可以在训练期间使用实际大小的图像。

描述子网络有三层：两个卷积层（分别对应卷积核大小为 5×5 的 200 个滤波器和 100 个滤波器）以及一个全连接层（10 个滤波器）。每层后面有一个 ReLU 激活函数。隐式的生成器分布是 8 维正态分布 $N(0,I_8)$。生成器网络具有三层，尺寸分别为 4×4、7×7 和 7×7，分别具有 200、100 和 10 个滤波器。前两层的激活函数为 ReLU，最后一层的激活函数为 tanh。在每个生成器层之后使用上采样因子 4。AD 参数为 $T=1200$ 和 $\alpha=230$。其他 ADELM 参数与斑点 / 条纹隐空间 ELM 中的相同。对于可视化，使用了 500 次老化迭代和 5000 次测试迭代，结果如图 11-36 所示，该图是隐空间中数字 0～9 ELM 的 DG，图中描述子网络作用于 64×64 的图像，但生成器隐空间只有 8 个维度，使可视化效率更高。值得注意的是，所有 10 个数字在 DG 中至少有一个分离良好的分支。代表相同数字的最小值通常以低能量水平合并。

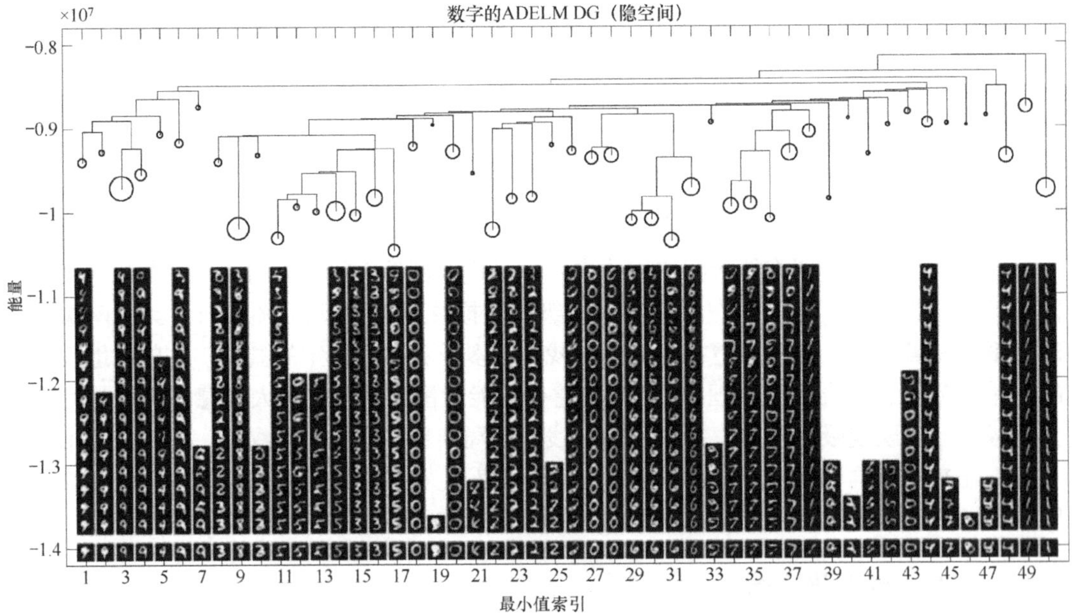

图 11-36 隐空间中数字 0～9 ELM 的 DG

©[2019] Brown University，获许可使用，来自参考文献[16]

图 11-36 中的 ELM 具有许多强的、分离良好的能量盆地。仔细观察 DG 可以看到，所有 10 个数字都至少由一个强的极小盆地代表。盆地成员和 DG 的全局结构都与人类视觉、直觉紧密相关。

11.7.2.2　隐空间中的常春藤纹理基元 ELM

我们现在可视化一个 Co-Op 网络，该网络是通过常春藤纹理图片进行训练的。在近距离范围内，常春藤图像块具有独特且可识别的结构，并且可视化的目标是识别在常春藤纹理基元中重现的主要模式。图 11-37 显示了整个常春藤纹理图像以及从四个不同尺度拍摄的纹理中的图像块。本实验中的网络经过训练，可以从尺度 2 中对 1000 个图像块进行建模。

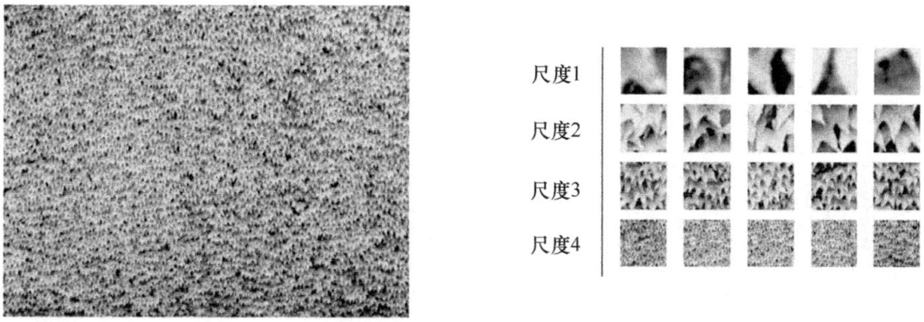

图 11-37　常春藤纹理图像和四个尺度的图像块

常春藤纹理基元在两种不同的磁化强度 α 下的 DG 如图 11-38 所示，这两种可视化结果都显示出这些盆地中有 3 个强的全局盆地和子结构，这些盆地在不同的磁化条件下是稳定的。图 11-38 中的盆地代表下方的颜色表示同时出现在两个可视化中的区域。图 11-38 中用于常春藤纹理基元可视化的 DG 显示，该能级图由三个或四个全局盆地组成。盆地内的图像非常一致，盆地之间的能垒代表了最小图像之间的视觉相似性。与数字可视化不同，最小值分组没有真值，因此探索不同能量分辨率的能级图以识别不同视觉相似度的图像分组是有用的。ADELM 的一个主要优点是能够简单地通过改变 AD 试验期间使用的磁化强度 α 来执行不同能量分辨率的可视化。图 11-38 为在不同的能量分辨率下的两个相同能级图的可视化。根据磁化强度的不同，这两种可视化的子结构或多或少都具有相同的能级图特征。

11.7.2.3　隐空间中的多尺度常春藤 ELM

本节将继续 11.7.2.2 节中的常春藤纹理图像的研究，主要方法是可视化一个分别从图 11-37 中所示的四个尺度上训练 1000 个图像块得到的 Co-Op 网络。在这个实验中，我们想要研究不同尺度之间记忆形成的差异，尤其对辨别能级图中局部极小值的亚稳定性与最小值之间的视觉差异的可感知性之间的关系很感兴趣。我们期望在极端尺度具有较少的结构。尺度 1 的图像块大多是纯色图像，几乎没有变化，这些图像块在能级图中应当显示为一些显著的盆地。尺度 4 的图像块没有明显的特征，因此人类很难区分，所以我们期望这些图像形成没有太多子结构的宽盆地。对于中间尺度，我们期望找到更丰富的各种各样的稳定局部极小值，因为中间尺度包含比尺度 1 更多的变化。不过与尺度 4 的图像相比，这些变化仍然可以在视觉上辨认。

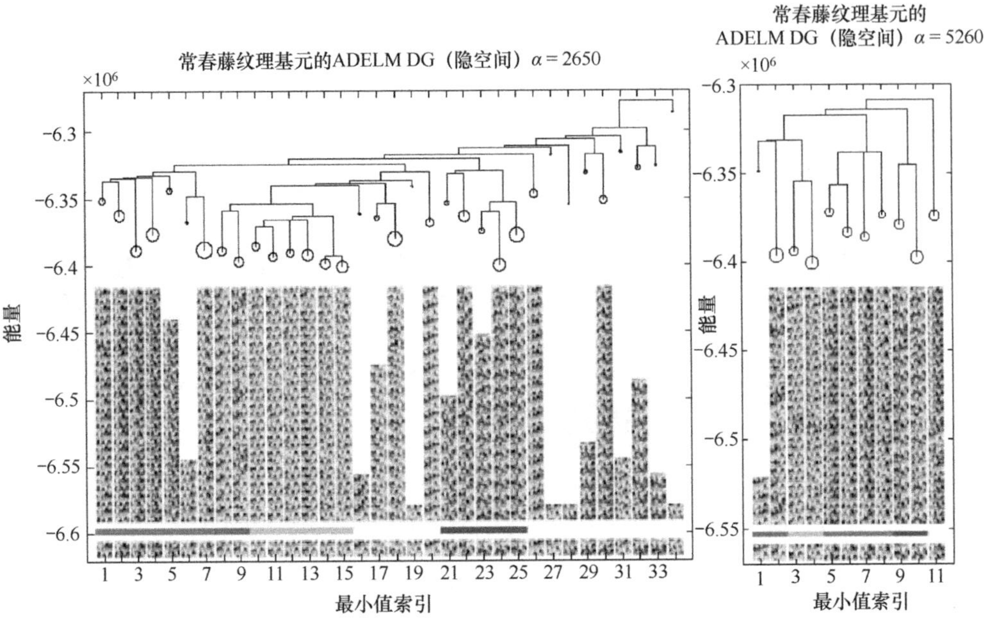

图 11-38　常春藤纹理基元在两种不同的磁化强度 α 下的 DG

不同图像尺度之间的能级图的结构的确存在不同。正如预测的那样，尺度 1 的记忆形成了一些显著的盆地。尺度 2 的图像形成了能级图中大部分的盆地，因为该尺度包含多种可感知的图像外观。尺度 2 的盆地在 DG 可视化中与尺度 1 的盆地合并，表明能级图的这些区域之间存在可访问的低能量连接。来自尺度 3 和尺度 4 的图像各自形成能级图的单独区域，这些区域具有很少的子结构。该图表明常春藤纹理图像的可感知阈值（至少在 Co-Op 网络学习的记忆方面）介于尺度 2 和尺度 3 之间。在可感知阈值之上，网络不能准确地分辨图像之间的变化，能级图形成的单一区域也没有明显的子结构。对于人类而言，会很难区分尺度 3 的图像之间的组，因此网络的可感知阈值看起来与人类的可感知阈值相似。四种不同尺度的常春藤图像块的能级图如图 11-39 所示，图中尺度 1 和尺度 2 的图像是纹理基元的，而尺度 3 和尺度 4 的图像是纹理的。纹理基元-尺度的图像占能级图中出现的盆地的大部分。尺度 2 中发现了比尺度 1 中更多的盆地，因为尺度 2 具有更丰富多样的易区分的外观，而尺度 1 最小值能量更低，因为来自该尺度的外观更可靠。纹理-尺度图像形成具有很少子结构的独立盆地。更详细的解释可阅读本书 11.7.1 节。

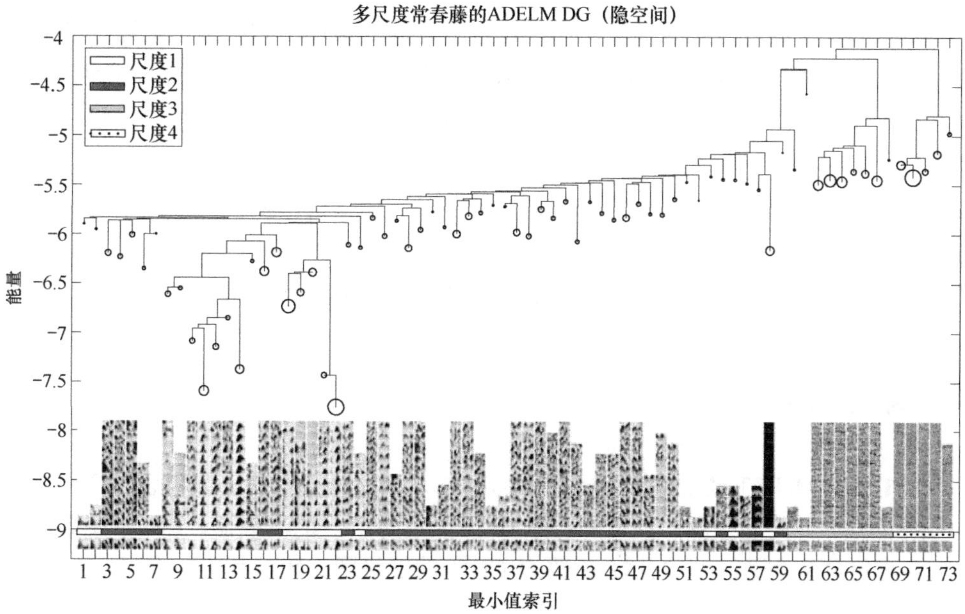

图 11-39 四种不同尺度的常春藤图像块的能级图

11.7.2.4 隐空间中的猫脸 ELM

在最后的实验中，我们可视化了一个在对齐的猫脸图像数据集上训练的 Co-Op 网络，使用到的对齐猫脸数据集是在互联网上收集的，其可视化结果如图 11-40 所示。图 11-40 是猫脸在隐空间中的 DG，能级图有一个单一的全局盆地，可能是因为很容易找到猫脸之

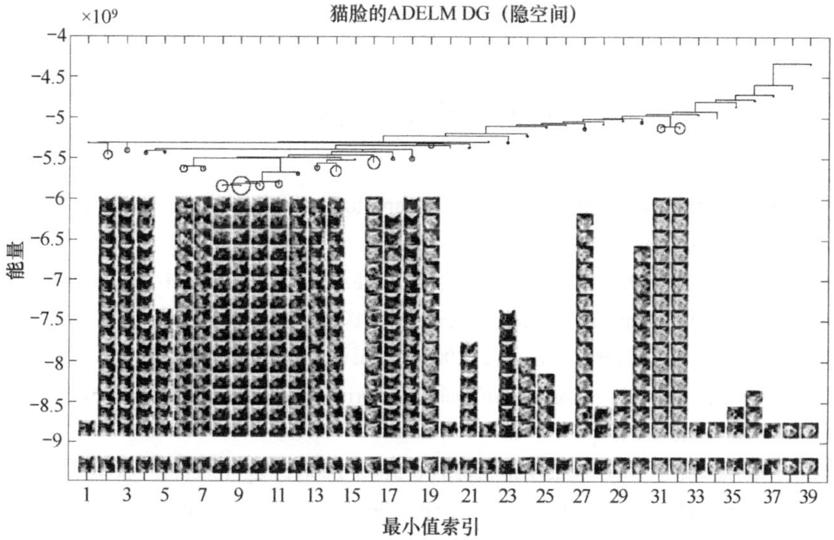

图 11-40 猫脸在隐空间中的 DG

间关于几何形状和颜色约束的插值，而不像数字之间的插值，它必须沿着路径通过高能量几何构型。尽管缺乏整体能级图结构，但 AD 仍然能够找到有意义的显示各种猫脸的图像盆地。DG 有一个能垒很低的分支，局部极小值的主要特征是猫脸的几何形状和颜色，但是这些可以在不遇到非真实图像的情况下通过插值进行平滑变形，与诸如数字的图像相反，它们必须沿着插值路径进入非真实的几何构型。由于这个原因，整个猫脸的能级图中的能垒非常低。尽管如此，ADELM 发现的全局盆地一致地识别出猫脸的主要群组。即使大多数盆地成员的能量高于盆地合并的能垒，AD 也能有效地识别能级图结构。

11.8 本章练习

问题 1 在 MNIST 数据集上的两个数字（5 和 9）样本上找出只包含一个隐层的卷积神经网络（CNN）的能级图，该 CNN 有 16 个大小为 5×5 的滤波器、ReLU 函数和交叉熵损失。并与包含两个隐层和 ReLU 函数的 CNN 的能级图比较，其中每个隐层有 8 个大小为 5×5 的滤波器。

问题 2 考虑 p 维观测值 $\boldsymbol{x}=(x_1,\dots,x_p)\in\mathbb{R}^p, \boldsymbol{x}\sim N(0,I_p)$ 的 k 维 XOR 分类问题 $y(\boldsymbol{x})=I\left(\prod_{i=1}^{N}x_i>0\right)$。此问题有 $p-k$ 个独立变量 $x_{k+1},\dots,x_p$。

（1）在 $p=3$ 和 $n=1000$ 个观测值的三维 XOR 问题上，找出一个包含 10 个隐藏节点隐层、ReLU 和交叉熵损失的神经网络的能级图，并将能级图与拥有 500 个节点的网络能级图进行比较。

（2）对于 $p=10$ 和 $p=100$，重复（1）的实验，保持 $k=3$ 和 $n=1000$。可以观察到，随着独立变量数量的增加，能级图变得越来越复杂。

本章参考文献

[1] Barbu A, Zhu S-C (2005) Generalizing Swendsen-wang to sampling arbitrary posterior probabilities. IEEE Trans Pattern Anal Mach Intell 27(8):1239–1253.

[2] Becker OM, Karplus M (1997) The topology of multidimensional potential energy surfaces: theory and application to peptide structure and kinetics. J Chem Phys 106(4):1495–1517.

[3] Bengio Y, Louradour J, Collobert R, Weston J (2009) Curriculum learning. In: ICML, pp 41–48.

[4] Blake CL, Merz CJ (1998) UCI repository of machine learning databases. University of California, Oakland. Robustness of maximum boxes.

[5] Bovier A, den Hollander F (2006) Metastability: a potential theoretic approach. Int Cong Math3:499–518.

[6] Brooks SP, Gelman A (1998) General methods for monitoring convergence of iterative simulations. J Comput Graph Stat 7(4):434–455.

[7] Charniak E (2001) Immediate-head parsing for language models. In: Proceedings of the 39th annual meeting on association for computational linguistics, pp 124–131.

[8] Collins M (1999) Head-driven statistical models for natural language parsing. PhD thesis, University of Pennsylvania.

[9] Dasgupta S, Schulman LJ (2000) A two-round variant of em for gaussian mixtures. In: Proceedings of the sixteenth conference on uncertainty in artificial intelligence (UAI'00), pp 152–159.

[10] Dempster AP, Laird NM, Rubin DB (1977) Maximum likelihood from incomplete data via the em algorithm. J R Stat Soc Ser B (Methodol) 39(1):1–38.

[11] Elman JL (1993) Learning and development in neural networks: the importance of starting small. Cognition 48(1):71–99.

[12] Ganchev K, Graça J, Gillenwater J, Taskar B (2010) Posterior regularization for structured latent variable models. J Mach Learn Res 11:2001–2049.

[13] Gelman A, Rubin DB (1992) Inference from iterative simulation using multiple sequences. Stat Sci 457–472.

[14] Geyer CJ, Thompson EA (1995) Annealing Markov chain Monte Carlo with applications to ancestral inference. J Am Stat Assoc 90(431):909–920.

[15] Headden WP III, Johnson M, McClosky D (2009) Improving unsupervised dependency parsing with richer contexts and smoothing. In: Proceedings of human language technologies: the 2009 annual conference of the North American chapter of the association for computational linguistics, pp 101–109.

[16] Hill M, Nijkamp E, Zhu S-C (2019) Building a telescope to look into high-dimensional image spaces. Q Appl Math 77(2):269–321.

[17] Julesz B (1962) Visual pattern discrimination. IRE Trans Inf Theory 8(2):84–92.

[18] Julesz B (1981) Textons, the elements of texture perception, and their interactions. Nature 290:91References 419.

[19] Klein D, Manning CD (2004) Corpus-based induction of syntactic structure: models of dependency and constituency. In: Proceedings of the 42nd annual meeting on association for computational linguistics, p 478.

[20] Kübler S, McDonald R, Nivre J (2009) Dependency parsing. Synth Lect Hum Lang Technol 1(1):1–127.

[21] Liang F (2005) A generalized wang-landau algorithm for Monte Carlo computation. J Am Stat Assoc 100(472):1311–1327.

[22] Liang F, Liu C, Carroll RJ (2007) Stochastic approximation in Monte Carlo computation. J Am Stat Assoc 102(477):305–320.

[23] Marinari E, Parisi G (1992) Simulated tempering: a new Monte Carlo scheme. EPL (Europhys Lett) 19(6):451.

[24] Mel'čuk IA (1988) Dependency syntax: theory and practice. SUNY Press, New York.

[25] Onuchic JN, Luthey-Schulten Z, Wolynes PG (1997) Theory of protein folding: the energy landscape perspective. Ann Rev Phys Chem 48(1):545–600.

[26] Pavlovskaia M (2014) Mapping highly nonconvex energy landscapes in clustering, grammatical and curriculum learning. PhD thesis, Doctoral Dissertation, UCLA.

[27] Pavlovskaia M, Tu K, Zhu S-C (2015) Mapping the energy landscape of non-convex optimization problems. In: International workshop on energy minimization methods in computer vision and pattern recognition. Springer, pp 421–435.

[28] Rohde DLT, Plaut DC (1999) Language acquisition in the absence of explicit negative evidence: how important is starting small? Cognition 72(1):67–109.

[29] Samdani R, Chang M-W, Roth D (2012) Unified expectation maximization. In: Proceedings of the 2012

conference of the North American chapter of the association for computational linguistics: human language technologies. Association for Computational Linguistics, pp 688– 698.

[30] Spitkovsky VI, Alshawi H, Jurafsky D (2010) From baby steps to leapfrog: how “less is more” in unsupervised dependency parsing. In: NAACL.

[31] Swendsen RH, Wang J-S (1987) Nonuniversal critical dynamics in Monte Carlo simulations. Phys Rev Lett 58(2):86–88.

[32] Tu K, Honavar V (2011) On the utility of curricula in unsupervised learning of probabilistic grammars. In: IJCAI proceedings-international joint conference on artifificial intelligence, vol 22, p 1523.

[33] Tu K, Honavar V (2012) Unambiguity regularization for unsupervised learning of probabilistic grammars. In: Proceedings of the 2012 conference on empirical methods in natural language processing and natural language learning (EMNLP-CoNLL 2012).

[34] Wales DJ, Doye JPK (1997) Global optimization by basin-hopping and the lowest energy structures of lennard-jones clusters containing up to 110 atoms. J Phys Chem 101(28):5111– 5116.

[35] Wales DJ, Trygubenko SA (2004) A doubly nudged elastic band method for fifinding transition states. J Chem Phy 120:2082–2094.

[36] Wang F, Landau DP (2001) Effificient, multiple-range random walk algorithm to calculate the density of states. Phys Rev Lett 86(10):2050.

[37] Guo C-E, Zhu S-C (2007) From information scaling of natural images to regimes of statistical models. Q Appl Math 66(1):81–122.

[38] Xie J, Lu Y (2018) Cooperative learning of energy-based model and latent variable model via MCMC teaching. In: AAAI.

[39] Zhou Q (2011) Multi-domain sampling with applications to structural inference of Bayesian networks. J Am Stat Assoc 106(496):1317–1330.

[40] Zhou Q (2011) Random walk over basins of attraction to construct Ising energy landscapes. Phys Rev Lett 106(18):180602.

[41] Zhou Q, Wong WH (2008) Reconstructing the energy landscape of a distribution from Monte Carlo samples. Ann Appl Stat 2:1307–1331.